石油石化职业技能培训教程

U0273540

苯乙烯装置操作工

（上册）

中国石油天然气集团有限公司人力资源部　编

石油工业出版社

内 容 提 要

本书是由中国石油天然气集团有限公司人事部统一组织编写的《石油石化职业技能培训教程》中的一本。本书包括苯乙烯装置操作工应掌握的基础知识、初级工操作技能及相关知识、中级工操作技能及相关知识，并配套了相应等级的理论知识试题，以便于员工对知识点的理解和掌握。

本书既可用于职业技能鉴定前培训，也可用于员工岗位技术培训和自学提高。

图书在版编目(CIP)数据

苯乙烯装置操作工. 上册/中国石油天然气集团有限公司人事部编. —北京:石油工业出版社,
2022. 8

(石油石化职业技能培训教程)
ISBN 978-7-5183-5207-4

Ⅰ.①苯… Ⅱ.①中… Ⅲ.①苯乙烯-化工设备-操作-技术培训-教材 Ⅳ.①TQ241.2

中国版本图书馆 CIP 数据核字(2022)第 018679 号

出版发行:石油工业出版社
　　　　(北京市安定门外安华里 2 区 1 号楼　　100011)
　　网　　址:www. petropub. com
　　编辑部:(010)64251682
　　图书营销中心:(010)64523633
经　　销:全国新华书店
印　　刷:北京中石油彩色印刷有限责任公司

2022 年 8 月第 1 版　　2022 年 8 月第 1 次印刷
787 毫米×1092 毫米　开本:1/16　　　　印张:32. 5
字数:780 千字

定价:90. 00 元

(如发现印装质量问题,我社图书营销中心负责调换)
版权所有,翻印必究

《石油石化职业技能培训教程》

编 委 会

主　任：黄　革

副主任：王子云　何　波

委　员（按姓氏笔画排序）：

丁哲帅	马光田	丰学军	王　莉	王　雷
王正才	王立杰	王勇军	尤　峰	邓春林
史兰桥	吕德柱	朱立明	刘　伟	刘　军
刘子才	刘文泉	刘孝祖	刘纯珂	刘明国
刘学忱	江　波	孙　钧	李　丰	李　超
李　想	李长波	李忠勤	李钟馨	杨力玲
杨海青	吴　芒	吴　鸣	何　峰	何军民
何耀伟	宋学昆	张　伟	张保书	张海川
陈　宁	罗昱恒	季　明	周　清	周宝银
郑玉江	胡兰天	柯　林	段毅龙	贾荣刚
夏申勇	徐春江	唐高嵩	黄晓冬	常发杰
崔忠辉	蒋革新	傅红村	谢建林	褚金德
熊欢斌	霍　良			

《苯乙烯装置操作工》

编审组

主　编：黄　斌

参编人员（按姓氏笔画排序）：

吴耀文　张　哲　张红东　姜　义　贾士英

董继华

参审人员（按姓氏笔画排序）：

王　宇　王彦斌　王祥祥　王璐瑶　牛寿旺

田兴国　兰晓东　关　涛　孙　鹏　孙庆华

孙京礼　孙爱明　李可可　李昌领　李宝娟

张广伟　庞　伟　侯　波　贾　哲　徐永涛

殷振华　曹　兵　崔成林　崔会英　蒋秀丽

窦华中

PREFACE 前言

随着企业产业升级、装备技术更新改造步伐不断加快,对从业人员的素质和技能提出了新的更高要求。为适应经济发展方式转变和"四新"技术变化要求,提高石油石化企业员工队伍素质,满足职工鉴定、培训、学习需要,中国石油天然气集团有限公司人事部根据《中华人民共和国职业分类大典(2015年版)》对工种目录的调整情况,修订了石油石化职业技能等级标准。在新标准的指导下,组织对"十五""十一五""十二五"期间编写的职业技能鉴定试题库和职业技能培训教程进行了全面修订,并新开发了炼油、化工专业部分工种的试题库和教程。

教程的开发修订坚持以职业活动为导向,以职业技能提升为核心,以统一规范、充实完善为原则,注重内容的先进性与通用性。教程编写紧扣职业技能等级标准和鉴定要素细目表,采取理实一体化编写模式,基础知识统一编写,操作技能及相关知识按等级编写,内容范围与鉴定试题库基本保持一致。特别需要说明的是,本套教程配套了相应等级的理论知识练习题,以便于员工对知识点的理解和掌握,加强了学习的针对性。

此外,为了提高学习效率,检验学习成果,本套教程为员工免费提供学习增值服务,员工通过手机登录注册后即可进行移动练习。本套教程既可用于职业技能鉴定前培训,也可用于员工岗位技术培训和自学提高。

苯乙烯装置操作工教程分上、下两册,上册为基础知识,初级工操作技能及相关知识,中级工操作技能及相关知识;下册为高级工操作技能及相关知识,技师、高级技师操作技能及相关知识。

本工种教程由大庆石化分公司任主编单位,参与审核的单位有吉林石化分公司、兰州石化分公司、独山子石化分公司、锦州石化分公司、锦西石化分公司,在此表示衷心感谢。

由于编者水平有限,书中不妥之处在所难免,请广大读者提出宝贵意见。

编者

CONTENTS 目录

第一部分　基础知识

第二部分　初级工操作技能及相关知识

第三部分　中级工操作技能及相关知识

理论知识练习题

附 录

第一部分

基础知识

模块一 无机化学基础知识

项目一 基本概念和相关计算

化学是自然科学的一种,在分子、原子层面上研究物质的组成、性质、结构与变化规律,是创造新物质的科学。无机化学是研究无机化合物的化学,是化学领域的一个重要分支。通常无机化合物如一氧化碳、二氧化碳、二氧化硫等都属于无机化学研究的范畴。

一、基本概念

(一)物理性质和化学性质

1. 物理性质

物质的变化是多种多样的。例如水加热变成水蒸气,而水蒸气冷凝又变成水;木材加工制成家具。这些变化只改变了物质的外部状态和形状,而没有改变物质的组成,更没有新物质产生,这种变化叫作物理变化。物质在物理变化时所表现出来的性质叫作物理性质,如状态、颜色、气味、密度、沸点、熔点、硬度、溶解性、延展性、导电性、导热性等,这些性质是能被感官感知或利用仪器测定的,都属于物质的物理性质。

2. 化学性质

物质在变化时,不仅外形有了改变,物质本身的组成也发生了变化,产生了新的物质。例如,炭在空气中燃烧产生了二氧化碳;铁在潮湿空气中生锈变成了铁锈。把由一种物质生成另一种物质的变化叫作化学变化。物质在化学变化时所表现出来的性质叫作化学性质。如燃烧、化合、分解、氧化和还原等。

(二)原子、分子和化学键

1. 原子

物质是由分子组成的,而分子则是由原子和离子等微粒组成的。这些微粒统称为物质的结构微粒。原子由原子中心带正电的原子核和核外带负电的电子组成。原子核又由质子和中子组成。质子和中子的质量很相近($1.67×10^{-24}$ g),相当于一个碳原子的质量的 1/12。质子带一个单位的正电荷。中子不显电性。电子质量很小($9.11×10^{-28}$ g),带一个单位负电荷。由于核内的质子数和核外的电子数相等,而它们的电量相等,电性相反,所以原子是不显电性的。又因为电子的质量很小(为质子或中子质量的 1/1840),与原子核的质量相比可以忽略不计,所以原子的质量主要集中在原子核上。我们把质子、中子和电子统称为物质的基本粒子。

这些粒子之间的关系如下:

原子的质量数=原子核内的质子数+原子核内的中子数。

原子核电荷数=原子核内质子数=原子核外电子数。

2. 分子

分子是物质中能够独立存在的相对稳定并保持该物质物理化学特性的最小单元。分子由原子构成，原子通过一定的作用力，以一定的次序和排列方式结合成分子。有的分子只由一个原子构成，称单原子分子，这种单原子分子既是原子又是分子。由两个原子构成的分子称双原子分子。由两个以上的原子组成的分子统称多原子分子。分子中的原子数可为几个、十几个、几十个乃至成千上万个。

3. 化学键

化学键是纯净物分子内或晶体内相邻两个或多个原子（或离子）间强烈的相互作用力的统称。使离子相结合或原子相结合的作用力统称为化学键。

4. 化合价

化合价是一种元素的一个原子与其他元素的原子化合（即构成化合物）时表现出来的性质。一般地，化合价的价数等于每个该原子在化合时得失电子的数量，即该元素能达到稳定结构时得失电子的数量，这往往取决于该元素的电子排布。元素化合价与其价电子构型有关，价电子构型的周期性变化决定了元素化合价的周期性变化。化合价是指某元素一个分子与一定数目的其他元素分子相结合的个数比。

（三）物质的量

物质的量是表示物质所含微粒数 N（如分子、原子等）与阿伏加德罗常数 N_A 之比，即 $n = N/N_A$。阿伏加德罗常数的数值一般计算时取 6.023×10^{23}。物质的量是国际单位制中基本物理量之一，其符号为 n，单位为摩尔（mol）。它是一种把微观粒子与宏观可称量物质联系起来的物理量。

（四）临界参数

1. 临界温度

使物质由气态变为液态的最高温度称为临界温度。每种物质都有一个特定的温度，在这个温度以上，无论怎样增大压强，气态物质都不会液化，这个温度就是临界温度。

2. 临界压力

临界压力是物质处于临界状态时的压力（压强），就是在临界温度时使气体液化所需要的最小压力，也就是液体在临界温度时的饱和蒸气压。

二、理想气体状态方程及其应用

（一）标准状态的概念

标准状态是指在 273.15K，和 1.01325×10^5 Pa（即环境条件为 0℃，1atm）。标准状态下，1mol 任何气体占的体积都约等于 22.414×10^{-3} m³（22.414L）。

（二）理想气体状态方程

1. 理想气体的概念

理想气体是指分子之间没有作用力，分子本身的体积相对于气体所占体积可以忽略，每个气体分子本身只是几何质点，只占位置不占体积。实际气体在压力不太高（不高于 101.325kPa）和温度不太低（不低于 0℃）的条件下，分子间的距离很大，气体本身的体积和分子间的作用力忽略不计，可作为理想气体处理。

2. 理想气体状态方程

理想气体状态方程可表示为：

$$pV = nRT$$

式中　p——气体压力，Pa；

　　　V——气体体积，m^3；

　　　T——气体温度，K；

　　　n——气体物质的量，mol；

　　　R——气体常数，J/(mol·K)。

气体常数 R 的数值与气体的种类无关，也不随着 p、V、n、T 而改变。其值由实验数据测定而得。标准状态 273.15K，1.01325×10^5Pa 下，1mol 气体占有的体积是 22.414×10^{-3} m^3。$R = pV/(nT) = 1.01325 \times 10^5Pa\times 22.414 \times 10^{-3}$ $m^3 \div (1mol \times 273.15K) = 8.314$J/(mol·K)。

真实气体的分子本身有体积，分子之间有引力存在，在使用理想气体状态方程 $pV = nRT$ 时，存在一些误差，不过温度不太低和压力不太高的情况下，这种误差是可以忽略的。

根据理想气体状态方程可推出：

压力相同条件下，气体的体积与其温度成正比，即 $V_1/V_2 = T_1/T_2$。

温度相同条件下，气体的体积与压强成反比，即 $p_1/p_2 = V_2/V_1$。

温度、压力相同的条件下，气体的体积比等于物质的量之比，即 $V_1/V_2 = n_1/n_2$。

(三)理想气体状态方程的应用

用理想气体状态方程式在研究真实气体时往往存在偏差，压力越低，偏差越小。理想气体可以看作是真实气体在压力趋于零的极限情况。

推导出气体密度 ρ 与 p、V、T 之间的关系。设气体质量为 m，摩尔质量为 M，把 $\rho = \dfrac{m}{V}$，

$n = \dfrac{m}{M}$ 代入 $pV = nRT$，则气体密度

$$\rho = \frac{pM}{RT}$$

式中　p——气体的绝对压强，Pa；

　　　V——气体的体积，m^3；

　　　T——气体的热力学温度，K。

[例1-1]　一氧气(氧的相对原子质量16)储罐体积为 $0.024m^3$，温度为 25℃，压力为 1.5×10^3kPa，该罐中储有氧气多少千克？

已知：$p = 1.5 \times 10^3$kPa，$V = 0.024m^3$，$M = 16 \times 2 = 32$g/mol，$T = 25$℃，$R = 8.314$J/(mol·K)

解：$pV = \dfrac{mRT}{M}$

$m = \dfrac{pVM}{RT} = 1.5 \times 10^3 \times 10^3 \times 0.024 \times 32 \times 10^{-3} \div [8.314 \times (25 + 273.15)] = 0.46(kg)$

答：该罐中储有氧气 0.46kg。

理想气体状态方程既适合于单一气体，也适合于混合气体。

三、混合气体的状态及其应用

混合气体中各组分的相对含量可以用气体的压力分数、摩尔分数、体积分数、体积比、质量分数来表示。

（一）气体分压

一定温度下，混合气体中某组分气体单独存在并占有与混合气体相同体积时所产生的压力，称为该组分气体的分压，一般用 p_i 表示。

道尔顿分压定律：混合气体的总压等于混合气体中各组分气体分压之和，即

$$p_{总} = p_1 + p_2 + \cdots + p_i \quad 或 \quad p_{总} = \sum p_i$$

$$p_i V = n_i RT$$

$$p_{总} V = n_{总} RT$$

$$\frac{p_i}{p_{总}} = \frac{n_i}{n_{总}} = y_i$$

$$或 \quad p_i = p_{总} y_i$$

混合气体中，各组分气体的分压与总压之比等于该组分气体的摩尔分数（y_i），或混合气体中各组分的分压等于总压乘以该组分气体的摩尔分数。

依据分压定律可以计算混合气体的总压，也可以根据总压、物质的量计算混合气体的分压。在计算时必须弄清楚分体积、分压的基本概念。

（二）气体分体积

一定温度下，混合气体中某组分气体单独存在，并具有和混合气体相同压力时所占体积，称为该组分的分体积，用 V_i 表示。

在温度和压力不变的情况下，混合气体总体积 $V_{总}$ 等于各组分气体的分体积 V_i 之和。

$$V_{总} = V_1 + V_2 + V_3 + \cdots + V_i \quad 或 \quad V_{总} = \sum V_i$$

$$p V_i = n_i RT$$

$$p V_{总} = n_{总} RT$$

$$\frac{V_i}{V_{总}} = \frac{n_i}{n_{总}} = y_i$$

$$或 \quad V_i = V_{总} y_i$$

混合气中，各组分气体的分体积与总体积之比等于该组分气体摩尔分数（y_i），或混合气体中各组分的分体积等于总体积乘以该组分气体的摩尔分数。混合气体中某组分分体积与总体积之比称为该组分气体的体积分数（体积比），混合气体中各组分气体的压力分数、体积分数与摩尔分数均相等。

$$\frac{p_i}{p_{总}} = \frac{V_i}{V_{总}} = \frac{n_i}{n_{总}} = y_i$$

应注意，当组分气体占有与混合气体相同的总体积时，具有分压力；当组分气体占有与混合气体相同的总压时，占有分体积。当气体用分压时必须用总体积；当用气体分体积时必须用总压。

［例 1-2］ 当温度为 25℃时，把 17g 氨气、48g 氧气和 14g 氮气，装放在一个体积为 5L

的密闭容器中。试计算(1)三种气体物质的量;(2)各组分分压;(3)混合气体总压。

解:(1)三种气体物质的量

$$n_{NH_3} = m_{NH_3}/M_{NH_3} = 17 \div 17 = 1(mol)$$

$$n_{O_2} = m_{O_2}/M_{O_2} = 48 \div 32 = 1.5(mol)$$

$$n_{N_2} = m_{N_2}/M_{N_2} = 14 \div 28 = 0.5(mol)$$

(2)各组分分压

根据 $p_iV = n_iRT$ 得 $p_{NH_3} = n_{NH_3}RT/V = 1 \times 8.314 \times 298 \div 0.005 \times 10^{-3} = 495.51(kPa)$

$$p_{O_2} = n_{O_2}RT/V = 1.5 \times 8.314 \times 298 \div 0.005 \times 10^{-3} = 743.27(kPa)$$

$$p_{N_2} = n_{N_2}RT/V = 0.5 \times 8.314 \times 298 \div 0.005 \times 10^{-3} = 247.76(kPa)$$

(3)混合气体总压

根据混合气体的总压等于混合气体中各组分气体的分压之和得

$$p_{总} = p_{NH_3} + p_{O_2} + p_{N_2} = 495.51 + 743.27 + 247.76 = 1486.54(kPa)$$

项目二　化学反应

一、化学反应类型

四大基本反应类型是化学反应中十分重要的反应类型,分别为化合反应、分解反应、置换反应和复分解反应。

(一)化合反应

化合反应指的是由两种或两种以上的物质反应生成一种新物质的反应。其中部分反应为氧化还原反应,部分为非氧化还原反应。化合反应一般释放出能量。反应方程式可简记为:A+B ===AB。

(二)分解反应

由一种物质生成两种或两种以上其他的物质的反应称为分解反应。只有化合物才能发生分解反应。反应方程式简记为:AB ===A+B。

(三)置换反应

置换反应是一种单质与化合物反应生成另外一种单质和化合物的化学反应,是四大基本反应类型之一,包括金属与金属盐的反应、金属与酸的反应等。反应方程式可简记为:AB+C ===A+CB。

(四)复分解反应

复分解反应是由两种化合物互相交换成分,生成另外两种化合物的反应。其实质是发生复分解反应的两种物质在水溶液中相互交换离子,结合成难离解的物质———沉淀、气体、水,使溶液中离子浓度降低,化学反应即向着离子浓度降低的方向进行。反应方程式可简记为:AB+CD ===AD+CB。

二、化学方程式

化学方程式,也称化学反应方程式,是用化学式表示化学反应的式子。书写化学方程式必须以客观事实为基础,必须遵守质量守恒定律。

化学方程式不仅表明了反应物、生成物和反应条件,同时化学计量数代表了各反应物、生成物物质的量的关系,通过相对分子质量或相对原子质量还可以表示各物质之间的质量关系,即各物质之间的质量比。对于气体反应物、生成物,还可以直接通过化学计量数得出体积比。

以 $NaHCO_3$ 受热分解的化学方程式为例,化学方程式的书写方法为:

第一步,写出化学反应方程式。

$$NaHCO_3 \longrightarrow Na_2CO_3 + H_2O + CO_2$$

第二步,配平化学反应方程式。

$$2NaHCO_3 = Na_2CO_3 + H_2O + CO_2$$

第三步,注明反应条件和物态等。

$$2NaHCO_3 = Na_2CO_3 + H_2O + CO_2 \uparrow$$

第四步,检查化学反应方程式是否正确。

三、化学反应速率及其影响因素

化学反应速率就是化学反应进行的快慢程度(平均反应速率),用单位时间内反应物或生成物的物质的量来表示。在容积不变的反应容器中,通常用单位时间内反应物浓度的减少或生成物浓度的增加来表示。化学反应速率的单位为 $mol/(L \cdot s)$ 或 $mol/(L \cdot min)$。

影响化学反应速率的因素分为内因和外因。

(一)内因

内因即反应物本身的性质,是化学反应速率大小的决定因素。例如,不同的卤族单质气体在与氢气的反应里,在相同条件下,氟气与氢气在暗处就能发生爆炸(反应速率大),而碘蒸气与氢气在较高温度时才能发生反应(反应速率较大)。

(二)外因

1. 压强

对于有气体参与的化学反应,其他条件不变时(除体积外),增大压强,即体积减小,反应物浓度增大,单位体积内活化分子数增多,单位时间内有效碰撞次数增多,反应速率加快;反之则减小。若体积不变,加压(加入不参加此化学反应的气体),反应速率就不变,因为浓度不变,单位体积内活化分子数就不变。但在体积不变的情况下,加入反应物,同样是加压,增加反应物浓度,速率也会增加。若体积可变,恒压(加入不参加此化学反应的气体)反应速率就减小,因为体积增大,反应物的物质的量不变,反应物的浓度减小,单位体积内活化分子数就减小。

2. 温度

当升高温度,反应物分子获得能量,使一部分原来能量较低分子变成活化分子,增加了活化分子的百分数,使分子运动速率加快,单位时间内反应物分子碰撞次数增多,反应速率会相应加快。

3. 催化剂

使用正催化剂能够降低反应所需的能量,使更多的反应物分子成为活化分子,大大提高了单位体积内反应物分子的百分数,从而成千上万倍地增大了反应速率。负催化剂则反之。催化剂只能改变化学反应速率,却改不了化学反应平衡。

4. 浓度

当其他条件一致时,增加反应物浓度就增加了单位体积的活化分子的数目,从而增加有效碰撞,反应速率增加,但活化分子百分数是不变的。

5. 其他因素

增大一定量固体的表面积(如粉碎),可增大反应速率;光照一般也可增大某些反应的速率;此外,超声波、电磁波、溶剂等对反应速率也有影响。

四、化学平衡

(一)定义

化学平衡是指在宏观条件一定的可逆反应中,化学反应正逆反应速率相等,反应物和生成物各组分浓度不再改变的状态。

化学平衡的建立是以可逆反应为前提的。可逆反应是指在同一条件下既能正向进行又能逆向进行的反应。绝大多数化学反应都具有可逆性,都可在不同程度上达到平衡,如图 1-1-1 所示。

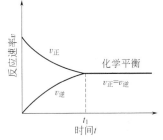

图 1-1-1 可逆反应化学平衡图

(二)化学平衡的特征

化学平衡具有以下特征:

(1)达到化学平衡的反应都是可逆反应;

(2)平衡时,正逆反应速率相等;

(3)平衡不是静止的,是动态的平衡;

(4)达平衡状态时,反应物中各组分的浓度保持不变,反应速率保持不变,反应物的转化率保持不变,各组分的含量保持不变;

(5)化学平衡是有条件的、暂时的、相对的,当条件发生变化时,平衡状态就会被破坏,由平衡变为不平衡,再在新的条件下达到新的平衡。

(三)化学平衡的移动及其影响因素

在化学反应中,因反应条件的改变,使可逆反应从一种平衡状态转变为另一种平衡状态的过程,称为化学平衡的移动。化学平衡发生移动的根本原因是正逆反应速率不相等,而平衡移动的结果是可逆反应到达了一个新的平衡状态,此时正逆反应速率重新相等(与原来的速率可能相等也可能不相等)。

影响化学平衡移动的因素主要有:

(1)浓度。

在其他条件不变时,增大反应物的浓度或减小生成物的浓度,有利于正反应的进行,平衡向右移动;增加生成物的浓度或减小反应物的浓度,有利于逆反应的进行,平衡向左移动。

单一物质的浓度改变只是改变正反应或逆反应中一个反应的反应速率而导致正逆反应速率不相等,导致平衡被打破。

（2）压强。

对于气体反应物和气体生成物分子数不等的可逆反应来说，当其他条件不变时，增大总压强，平衡向气体分子数减少即气体体积缩小的方向移动；减小总压强，平衡向气体分子数增加即气体体积增大的方向移动。若反应前后气体总分子数（总体积）不变，则改变压强不会造成平衡的移动。压强改变通常会同时改变正逆反应速率，对于气体总体积较大的影响较大。

（3）温度。

在其他条件不变时，升高反应温度，有利于吸热反应，平衡向吸热反应方向移动；降低反应温度，有利于放热反应，平衡向放热反应方向移动。与压强类似，温度的改变也是同时改变正逆反应速率，升温总是使正逆反应速率同时提高，降温总是使正逆反应速率同时下降。

对于吸热反应来说，升温时正反应速率提高得更多，而造成 $v_正>v_逆$ 的结果；降温时吸热方向的反应速率下降得也越多。与压强改变不同的是，每个化学反应都会存在一定的热效应，所以改变温度一定会使平衡移动，不会出现不移动的情况。

（四）化学平衡常数

化学平衡常数是指在一定温度下，可逆反应无论是从正反应开始，还是从逆反应开始，也不管反应物起始浓度大小，最后都达到平衡，这时各生成物浓度的化学计量数次幂的乘积除以各反应物浓度的化学计量数次幂的乘积所得的比值是个常数，用 K 表示，这个常数称为化学平衡常数。通常认为化学平衡常数只与温度有关，吸热反应平衡常数随温度升高而增大，放热反应则相反。

1. 化学平衡常数的表示方法

在一定温度下，可逆反应达到化学平衡时，生成物浓度幂之积与反应物浓度幂之积的比值是一个常数，这个常数称"浓度平衡常数"，用 K_c 表示。

平衡常数表达式：对于可逆反应 $aA+bB \rightleftharpoons cC+dD$

$$K_c = \frac{c^c(C) \cdot c^d(D)}{c^a(A) \cdot c^b(B)}$$

式中 $c(A)$、$c(B)$、$c(C)$、$c(D)$ 分别是平衡时 A、B、C、D 的浓度，mol/L。

在一定温度下，可逆反应达到化学平衡时，生成物分压幂之积与反应物分压幂之积的比值也是一个常数，这个常数称"分压平衡常数"，用 K_p 表示。

$$K_p = \frac{p^c(C) \cdot p^d(D)}{p^a(A) \cdot p^b(B)}$$

式中 $p(A)$、$p(B)$、$p(C)$、$p(D)$ 分别是平衡时 A、B、C、D 分压。

一个反应的平衡常数越大，正向反应进行的程度越大，平衡时转化率越高；一个反应的平衡常数越小，正反应进行的程度越小，平衡时转化率越低。平衡常数的大小是反映化学反应正反应进行、负反应进行、平衡的标志。平衡常数有压力平衡常数 K_p、浓度平衡常数 K_c。

2. 化学平衡常数之间的关系

对于气体反应，写平衡常数表示式时，其平衡浓度既可以用物质的量浓度 K_c 表示化学平衡常数，也可以用平衡时各气体的分压来代替浓度。此时用 K_p 表示平衡常数。则 K_p 和 K_c 的关系为

$$K_p = K_c (RT) \Delta n$$

式中　R——气体常数;

　　　T——热力学温度;

　　　Δn——反应方程式中气态生成物系数之和与气态反应物系数之和的差,即 $\Delta n = (c + d) - (a+b)$。

[例 1-3]　合成氨的反应 $N_2 + 3H_2 \Longleftrightarrow 2NH_3$ 在某温度下达到平衡时,各物质的浓度是 $c_{N_2} = 3mol/L, c_{H_2} = 9mol/L, c_{NH_3} = 4mol/L$,求该温度下的平衡常数。

解:根据化学平衡定律得

$$K_c = \frac{[c_{NH_3}]^2}{[c_{N_2}][c_{H_2}]^3} = \frac{4^2}{3 \times 9^3} = 7.32 \times 10^{-3}$$

答:该温度下的平衡常数为 7.32×10^{-3}。

项目三　石油天然气生产中常见单质及化合物

一、工业常用气体

(一)空气的组成

空气是由多种物质组成的混合物,其中,氮(N_2)约占78%,氧(O_2)约占21%,二氧化碳(CO_2)约占0.031%,稀有气体约占0.939%,还有其他气体和杂质约占0.03%,如臭氧(O_3)、一氧化氮(NO)、二氧化氮(NO_2)、水蒸气(H_2O)等。

(二)氧气

1. 物理性质

氧气化学式为 O_2,常温常压下,氧气是一种无色无味的气体,氧气的相对分子质量是32。在1个标准大气压下,氧气在-183℃时,变为淡蓝色的液体,液态氧透明且易于流动。

2. 化学性质

通常情况下,氧气的化学性质非常活泼。大部分的元素都能与氧气反应,这些反应称为氧化反应,而经过反应产生的化合物称为氧化物。氧气具有助燃性、氧化性。氧气是一种氧化剂。接触的高压设备必须进行脱脂防氧化处理。

(三)氮气

氮气化学式为 N_2,常温常压下是一种无色、无味、无毒的气体,而且一般氮气比空气密度小。氮气的化学性质不活泼,常温下很难跟其他物质发生反应,所以常被用来制作防腐剂。工业上利用氮气的稳定性,作为工艺管线、设备吹扫介质或向碳钢设备充氮防止设备氧化。

(四)氢气

1. 物理性质

常温常压下,氢气是一种极易燃烧、无色透明、无臭无味的气体。与同体积的空气相比约为空气质量的1/14,是最轻的气体。标准状况下,氢气的密度为0.0899g/L。氢气难溶于水,但微溶于有机溶剂。

2. 化学性质

可燃性:在常温下,氢气的化学性质是稳定的,在点燃或加热的条件下,氢气很容易和多种物质发生化学反应(可在氧气中或氯气中燃烧)。

$$2H_2+O_2 \xrightarrow{\text{点燃}} 2H_2O（化合反应）$$

纯净的氢气在空气中点燃时发出淡蓝色的火焰,放出热量,有水生成。

还原性:使某些金属氧化物还原。

$$H_2+CuO \xrightarrow{\triangle} Cu+H_2O$$

$$3H_2+Fe_2O_3 \xrightarrow{\triangle} Fe+3H_2O$$

燃料油、润滑油的生产通过加氢处理将非理想组分转化为理想组分,并除去氧、硫、氮及重金属杂质,提高油品质量及收率。

二、硫及硫化物

(一)硫

硫的物理性质:硫通常是一种淡黄色晶体,俗称硫黄。常温时,硫晶体以菱形硫的形式存在,外观为菱形。通常情况下,硫的密度大约是水的 2 倍。硫单质难溶于水,但是与 CS_2 互溶。硫蒸气遇冷直接凝结成硫粉,这种现象叫作凝华。硫主要用于肥料、火药、润滑剂、杀虫剂和抗真菌剂生产。

硫的化学性质:比较活泼,能与氧、金属、氢气、卤素(除碘外)及已知的大多数元素化合。还可以与强氧化性的酸、盐、氧化物,浓的强碱溶液反应。它存在正氧化态,也存在负氧化态,可形成离子化合物、共价化合物和配位共价化合物。

(二)硫化氢

硫化氢的物理性质:硫化氢(H_2S)是无色、有臭鸡蛋味、剧毒的气体。硫化氢气体比空气密度大,标况下密度为 1.25g/L。当空气中含有 0.1% H_2S 时,就会引起人们头疼、晕眩,当吸入大量硫化氢时,会造成昏迷,甚至死亡。硫化氢可溶于水,易溶于醇类、石油溶剂和原油中。燃点为 292℃。硫化氢为易燃危化品,与空气混合能形成爆炸性混合物,遇明火、高热能引起燃烧爆炸。硫化氢是一种重要的化学原料。

硫化氢的化学性质:硫化氢化学性质不稳定,具有可燃性,完全干燥的硫化氢在室温下不与空气中的氧气发生反应,但点火时能在空气中燃烧,硫化氢燃烧时产生淡蓝色火焰,并产生有毒的二氧化硫气体。

(三)二氧化硫

二氧化硫(SO_2)是最常见、最简单的硫氧化物。二氧化硫为无色有强烈刺激气味的气体,相对分子质量为 64.07,熔点为 -75.5℃,沸点为 -10℃,溶于水、甲醇、乙醇、氯仿等有机溶剂。二氧化硫是常见工业废气及大气主要污染的成分,属于中等毒物,对眼睛、呼吸道有强烈刺激作用,吸入高浓度二氧化硫可引起喉水肿、肺水肿、声带水肿或痉挛导致窒息。当发生二氧化硫中毒时,应立即将中毒者转移至通风处,松开衣领注意保暖、安静,观察病情变化并通知 120 进行救护。

三、二氧化碳与一氧化碳

二氧化碳是空气中常见的温室气体，是一种气态化合物，碳与氧反应生成其分子式为 CO_2，一个二氧化碳分子由两个氧原子与一个碳原子通过共价键构成。二氧化碳常温下是一种无色无味、不助燃、不可燃的气体，密度比空气大，略溶于水，与水反应生成碳酸。二氧化碳压缩后俗称干冰。工业上可由碳酸钙强热下分解制取，实验室一般采用石灰石（或大理石）和稀盐酸反应制取。

一氧化碳纯品在标准状况下，为无色、无臭、无刺激性的气体。相对分子质量为 28.01，密度为 1.25g/L，冰点为 -205.1℃，沸点为 -191.5℃。一氧化碳在水中的溶解度甚低，极难溶于水，与空气混合爆炸极限为 12.5%~74.2%。一氧化碳极易与血红蛋白结合，形成碳氧血红蛋白，使血红蛋白丧失携氧的能力和作用，造成组织窒息，严重时死亡。一氧化碳对全身的组织细胞均有毒性作用，尤其对大脑皮质的影响最为严重。在冶金、化学、石墨电极制造以及家用煤气或煤炉、汽车尾气中均有 CO 存在。

四、氨气

氨气，分子式为 NH_3，是无色有刺激性气味的气体，比空气轻，极易溶于水，氨的水溶液叫作氨水，氨水越浓密度越低。氨极易液化，在常温下加压即可使其液化（临界温度为 132.4℃，临界压力为 11.2MPa），液化后凝聚为无色液体。液氨汽化时会吸收大量的热量，致使周围介质温度下降，因此工业生产中氨常作为制冷剂。氨气溶于水、乙醇和乙醚，在高温时会分解成氮气和氢气，有还原作用。有催化剂存在时可被氧化成一氧化氮。氨气可用于制液氮、氨水、硝酸、铵盐和胺类等，氨气可由氮和氢直接合成而制得，能灼伤皮肤、眼睛、呼吸器官的黏膜，人吸入过多氨气会引起肺肿胀，甚至死亡。

模块二　有机化学基础知识

项目一　有机化合物的分类及特点

一、有机化合物的分类

有机物种类繁多,按组成元素可分为烃和烃的衍生物两大类。根据有机物分子的碳的骨架结构可分为开链化合物,如丙烷、丙烯等;脂环族化合物,如环戊烷、环己烯等;芳香族化合物,如苯、萘等;杂环化合物,如吡咯、吡啶等。根据有机物分子中所含官能团的不同进行分类,分为烷烃、烯烃、炔烃、芳香烃、卤代烃、醇、酚、醚、醛、酮、羧酸、酯等。

二、有机化合物的结构

（一）有机物中碳原子的成键特点

碳原子最外层有4个电子,不易失去或获得电子而形成阳离子或阴离子。碳原子通过共价键与氢、氧、氮、硫、磷等多种非金属形成共价化合物。由于碳原子成键的特点,每个碳原子不仅能与氢原子或其他原子形成4个共价键,而且碳原子之间也能以共价键相结合。碳原子间不仅可以形成稳定的单键,还可以形成稳定的双键或三键。多个碳原子可以相互结合成长短不一的碳链,碳链也可以带有支链,还可以结合成碳环,碳链和碳环也可以相互结合。因此,含有原子种类相同,每种原子数目也相同的分子,其原子可能有多种不同的结合方式,形成具有不同结构的分子。

（二）有机化合物的同分异构现象

化合物具有相同的分子式,但结构不同,因此产生了性质上的差异,这种现象叫作同分异构现象。具有同分异构现象的化合物互为同分异构体。在有机化合物中,当碳原子数目增加时,同分异构体的数目也就越多。同分异构体现象在有机物中十分普遍,这也是有机化合物在自然界中数目非常庞大的一个原因。

三、有机化合物的一般特点

有机化合物与无机化合物在结构上不同,在性质上也有明显的差异。有机化合物一般有以下特性。

（1）有机化合物大多数都容易燃烧。

有机化合物大多数都容易燃烧,燃烧后生成二氧化碳和水。若含有其他元素,则生成这些元素的氧化物。同时有机化合物对热的稳定性较差。常用的燃料大多是有机化合物,如气体燃料(天然气、液化石油气等)、液体燃料(酒精、汽油等)、固体燃料(煤、木柴等)等。

(2)有机化合物大多数熔点和沸点较低。

有机化合物的熔点较低,一般不超过 400℃,如冰醋酸的熔点为 16.6℃,沸点为 118℃;而无机物的熔点一般都较高,如氯化钠的熔点为 801℃,沸点为 1413℃。纯的有机化合物大多有固定的熔点,含有杂质时,熔点一般会降低。因此,可利用测定熔点来鉴别固体有机物或检验其纯度。

(3)有机化合物一般难溶于水而易溶于有机溶剂。

绝大多数有机化合物都难溶于水,而易溶于有机溶剂,无机物大多易溶于水,如油脂不溶于水,而能溶解在乙醚、汽油等有机溶剂中。利用这一性质可将混在有机物中的无机盐类杂质用水洗去。

(4)有机化合物的反应速率一般都比较慢,常需在加热或有催化剂存在下进行反应。

由于有机化合物中的共价键,在反应时不像无机物分子中的离子键容易离解,因此反应速率比较慢。例如,酯化反应常需几个小时才能完成,煤与石油则是动植物在地层下经历了几百万年的变化才形成的。为了提高有机化合物的反应速率,往往采取加热、搅拌以及加入催化剂、光照等措施来加速反应。

(5)有机化合物的反应产物都比较复杂,常常伴有副反应发生。

有机化合物的结构比较复杂,发生反应时,分子中各部位的共价键都可能断裂,从而导致产物多样化,副反应多,产率较低。产物通常是复杂的混合物,为得到所需要的产物,还需要分离和提纯。

四、有机化合物反应的类型

有机化合物一般为分子间的反应,反应速率取决于分子间的有效碰撞,所以,反应速率较慢。通常情况下,为了加快反应,往往需要加入催化剂。有机化合物反应类型包括加成反应、卤代反应、聚合反应等。

项目二 烃的分类及其性质

分子中含有碳和氢两种元素的化合物统称为碳氢化合物,简称烃。烃是有机化合物最基本的化合物,也是有机化学工业的基础原料。按照分子中碳架结构的不同,烃可以分为脂肪烃、脂环烃、芳香烃三类。

一、烷烃

(一)烷烃的结构和性质

碳原子之间都是以单键相结合,成链状结构,碳原子的其余价键全部被氢原子所饱和的碳氢化合物,称为饱和烃或烷烃。烷烃的通式为 C_nH_{2n+2}。最简单的烷烃是甲烷(CH_4)。

相邻的两个烷烃相差一个 CH_2,CH_2 称为系差,不相邻的两个烷烃组成上相差 CH_2 的整数倍。这种具有同一通式、在组成上相差一个或几个 CH_2 的一系列化合物称为同系列。同系列中的各个化合物互为同系物。同系物具有相似的结构和相似的化学性质,物理性质也随着碳原子数的增加而有规律地变化。在有机化学中,把分子组成相同而分子结构不同的化合物，叫作同分异构体，简称异构体。这种现象叫作同分异构现象。在甲烷、乙烷、丙烷分子中，碳原子之间只有直链连接一种连接方式。从丁烷开始，分子中碳原子之间有不同的连接方式，即除直链连接外，还有侧链连接。例如戊烷（C_5H_{12}）有下列三种排列方式：

$$CH_3\!-\!CH_2\!-\!CH_2\!-\!CH_2\!-\!CH_3 \qquad 正戊烷$$

$$\begin{array}{c} CH_3\!-\!CH\!-\!CH_2\!-\!CH_3 \qquad 异戊烷 \\ | \\ CH_3 \end{array}$$

$$\begin{array}{c} CH_3 \\ | \\ CH_3\!-\!C\!-\!CH_3 \qquad 新戊烷 \\ | \\ CH_3 \end{array}$$

上述化合物有相同的分子式，但结构不同。这种具有相同分子式，而结构不同的物质称为同分异构体。正丁烷和异丁烷是同分异构体；正戊烷、异戊烷和新戊烷是同分异构体。随着碳数的增加，异构体的个数也会迅速增加。

烷烃物理性质：烷烃不溶于水，易溶于有机溶剂，在常温下，直链烷烃 $C_1 \sim C_4$ 为气体，$C_5 \sim C_{16}$ 为液体，C_{17} 以上的为固体；饱和烃的相对密度随着碳原子数的增加而增加，但是总小于1。烷烃的熔点、沸点随碳原子数的增加而升高。相同压力下，相同碳原子数的烷烃，直链烷烃的沸点比支链烷烃的沸点高，并且直链烷烃的熔点、沸点都随着相对分子质量的增加而升高。

烷烃化学性质：化学性质很稳定，在烷烃的分子里，碳原子之间都以碳碳单键相结合成链关，同甲烷一样，碳原子剩余的价键全部跟氢原子相结合。因为 C—H 键和 C—C 单键相对稳定，但在一定条件下也会发生化学反应。

1. 氧化反应

烷烃在空气中燃烧生成二氧化碳和水，并放出大量的热。其反应方程式如下：

$$CH_4(g)+2O_2(g) \xrightarrow{点燃} CO_2(g)+2H_2O \quad \Delta H=-890kJ/mol$$

适当控制反应条件，烷烃可以发生部分氧化，生成醇、醛、酮和羧酸等含氧有机物，例如：由于这些反应生成的产品用途广泛，原料来源丰富，价格低廉，因此是科研攻关的热点。

$$CH_4+O_2 \xrightarrow[600℃]{催化剂} HCHO+H_2O$$

2. 取代反应

有机化合物中原子或原子团，被其他原子或原子团代替而生成另一种化合物的反应称为取代反应。在紫光和漫射光照射下或高温作用下，烷烃的氢原子可以被卤素原子取代，生成卤代烷，这种反应称为卤代反应，又叫作卤化反应。例如甲烷与氯气的反应，产物为四种氯化物的混合物，工业上常用这种混合物作为有机溶剂或原料使用。

烷烃与氯气在室温和黑暗中不起反应，但在高温或光照下反应却很剧烈。例如甲烷与氯气的混合物在日光照射下可发生爆炸，生成氯化氢和碳。若在漫射光或热（约在400℃）的作用下，甲烷中的氢原子可逐渐被氯原子取代，得到一氯甲烷、二氯甲烷、三氯甲烷和四氯化碳四种产物的混合物。

甲烷与氯气的取代反应分四步进行：

$$第一步 \quad CH_4+Cl_2 \xrightarrow{光} CH_3Cl+HCl$$

$$第二步 \quad CH_3Cl+Cl_2 \xrightarrow{光} CH_2Cl_2+HCl$$

第三步　$CH_2Cl_2 + Cl_2 \xrightarrow{\text{光}} CHCl_3 + HCl$

第四步　$CHCl_3 + Cl_2 \xrightarrow{\text{光}} CCl_4 + HCl$

一般情况下,烷烃与卤素进行卤代反应时,其反应速率次序是 $F_2 > Cl_2 > Br_2 > I_2$。但由于氟与烷烃的反应过于激烈,难以控制,而碘代反应又难于进行。实际上,卤代反应通常是对氯代反应和溴代反应而言。

3. 裂化与裂解反应

在高温和隔绝空气条件下,烷烃分子中的 C—C 键或 C—H 键发生断裂,由较大分子转变成较小分子的过程称为裂化反应。裂化反应是一个复杂的过程,碳原子数目越多,结构越复杂,裂化的产物就越复杂。例如:

$$C_{16}H_{34} \xrightarrow{\triangle} C_8H_{16} + C_8H_{16}$$

$$C_{16}H_{34} \xrightarrow{\triangle} C_{12}H_{26} + C_4H_8$$

$$C_{16}H_{34} \xrightarrow{\triangle} C_{14}H_{30} + C_2H_4$$

……

在炼油装置中采用裂化反应有热裂化和催化裂化两种,一般不加催化剂在 500~700℃和压力 2~5MPa 下进行的裂化叫作热裂化。以硅酸铝为催化剂,在 450~500℃进行裂化反应叫作催化裂化。裂化反应就是把重油、石蜡等相对分子质量大、沸点高的烷烃断裂成相对分子质量小、沸点低的烷烃的过程,其目的是增产汽油、煤油、柴油等轻质燃料油。

裂解是在石油化工生产过程中常以石油馏分为原料,采用比裂化更高的温度(一般 720~850℃),使长链的烷烃断裂为短链不饱和烃以提供有机化工原料。工业上把这种方法称为石油的裂解。石油裂解是深度裂化,裂解气中含有乙烯、丙烯、丁烯、丁二烯等不饱和烃以及甲烷、乙烷、氢气和硫化氢等气体。裂解产物不饱和烃可以进一步生产塑料、橡胶及合成纤维等产品。

4. 异构化反应

异构化反应是在催化剂作用下,使烷烃碳骨架重新排列的一种化学反应,如正丁烷在酸性催化剂存在下可转变为异丁烷:

$$CH_3CH_2CH_2CH_3 \xrightarrow{AlCl_3, HCl} CH_3-\underset{\underset{CH_3}{|}}{CH}-CH_3$$

在炼油装置中,利用烷烃的异构化反应,把直链烷烃转变成带支链的烷烃,可以提高汽油的辛烷值,即降低汽油燃烧时爆震的程度,从而提高汽油的质量。

烃分子失去一个或几个氢原子所剩余的部分叫作烃基,如果这种烃是烷烃,那么烷烃失去氢原子后所剩的原子团叫作烷基。烷基的通式为 $-C_nH_{2n+1}$,通常用 R 表示。例如:

$$CH_3- \qquad CH_3CH_2- \qquad CH_3CH_2CH_2- \qquad \underset{\underset{CH_3}{|}}{CH_3CH}- \qquad CH_3CH_2CH_2CH_2-$$

甲基　　　乙基　　　正丙基　　　异丙基　　　正丁基

（二）烷烃的命名

有机化合物为数众多，结构比较复杂，新的有机化合物又在不断地出现，为了识别它们，需要一个科学合理的命名方法来为它们命名。有机化合物的名称必须反映出分子的元素组成和所含元素的原子数目，而且还要反映出分子的结构，以便根据一个化合物的名称正确地写出结构式来。烷烃(饱和烃)的命名方法有三种，习惯命名法、衍生物命名法和系统命名法。

1. 习惯命名法(普通命名法)

习惯命名法是一种习惯的叫法。通常按照分子中的碳原子数，把直链烷烃称为"正"某烷；带支链的烷烃称为"异"某烷；把链端第二个碳原子上有两个甲基的烷烃叫作"新"某烷。例如：

$$CH_3CH_2CH_2CH_2CH_3 \qquad 正戊烷$$

$$CH_3—CH—CH_2—CH_3 \qquad 异戊烷$$
$$\underset{CH_3}{|}$$

$$\overset{CH_3}{\underset{CH_3}{\overset{|}{CH_3—C—CH_3}}} \qquad 新戊烷$$

习惯命名法简单方便，但只能适用于少数低级烷烃，而且不能反映出化合物结构上的特征。

2. 衍生物命名法

一种化合物分子中的原子或原子团直接或间接被其他原子或原子团取代而形成的化合物，叫作衍生物。用衍生物命名法命名烷烃时，首先选择连有烷基最多的碳原子作为"母体"，然后把它所连接的烷基，依相对分子质量从小到大的顺序排列，分别写在母体名称"甲烷"之前。例如：

$$\overset{H}{\underset{CH_3}{\overset{|}{CH_3—C—CH_2—CH_3}}} \qquad 二甲基乙基甲烷$$

$$\overset{CH_3}{\underset{\underset{CH_3}{|}}{\overset{|}{CH_3—CH_2—C—CH—CH_3}}} \qquad 二甲基乙基异丙基甲烷$$

这种命名法能够清楚地表示出化合物的结构，但仍不能用来命名结构更复杂的烷烃。

3. 系统命名法

直链烷烃：按照分子中所含碳原子数而称为某烷。碳原子数在十个及以下时，用"天干"，即甲、乙、丙、丁、戊、己、庚、辛、壬、癸表示；碳原子数大于十个以上的，用中文数字表示，如十一烷、十二烷等。例如："$CH_3CH_2CH_2CH_2CH_2CH_2CH_3$"命名为庚烷，"$CH_3CH_2CH_2CH_2CH_2CH_2CH_2CH_2CH_2CH_2CH_3$"命名为十一烷。

带支链的烷烃：把带支链的烷烃看成是直链烷烃的烷基衍生物，再按下列规定，给予适当的名称。

(1)从结构式中选择最长的碳链作为主链，把支链看作取代基，根据主链所含碳原子的数目而称为某烷。例如,下式主链上含有六个碳原子,其母体名称应是己烷。

$$CH_3{-}CH_2{-}CH{-}CH_2{-}CH_2{-}CH_3 \leftarrow 母体$$
$$\underset{\underline{CH_3}}{\vert} \leftarrow 取代基$$

(2)从靠近支链的一端开始,将主链上的碳原子用阿拉伯数字依次编号。例如:

$$\overset{1}{CH_3}{-}\overset{2}{CH_2}{-}\overset{3}{CH}{-}\overset{4}{CH_2}{-}\overset{5}{CH_2}{-}\overset{6}{CH_3}$$
$$\underset{CH_3}{\vert}$$

(3)把取代基的位次和名称写在母体名称之前。取代基的位次,以它所连接的主链上碳原子的号数来表示,在号数和基之间加一短横线。例如:

$$\overset{1}{CH_3}{-}\overset{2}{CH_2}{-}\overset{3}{CH}{-}\overset{4}{CH_2}{-}\overset{5}{CH_2}{-}\overset{6}{CH_3} \quad 3\text{-甲基己烷}$$
$$\underset{CH_3}{\vert}$$

(4)如果含有几个不同的取代基,把简单的写在前面,复杂的写在后面,基和基之间用短横线隔开。如果含有几个相同的取代基,则用二、三、四等表明相同取代基的数目。例如:

$$\overset{1}{CH_3}{-}\overset{2}{CH_2}{-}\overset{3}{CH}{-}\overset{4}{CH}{-}\overset{5}{CH_2}{-}\overset{6}{CH_2}{-}\overset{7}{CH_3} \quad 4\text{-甲基-3-乙基庚烷}$$
$$\underset{\underset{CH_3}{\vert}}{\overset{\vert}{CH_2}} \quad CH_3$$

$$\overset{4}{CH_3}{-}\overset{3}{CH_2}{-}\overset{2}{C}{-}\overset{1}{CH_3} \quad 2,2\text{-二甲基丁烷}$$
$$\overset{CH_3}{\vert} \\ \underset{CH_3}{\vert}$$

(5)如果含有两个相等的最长碳链,应选择带支链多的为主链。例如:

$$\overset{7}{CH_3}{-}\overset{6}{CH_2}{-}\overset{5}{CH}{-}\overset{4}{CH}{-}\overset{3}{CH}{-}\overset{2}{CH}{-}\overset{1}{CH_3} \quad 2,3,5\text{-三甲基-4-丙基庚烷}$$
$$CH_3 \quad CH_2 \quad CH_3 \quad CH_3$$
$$\underset{CH_3}{\overset{\vert}{CH_2}}$$

二、烯烃

(一)烯烃的通式及性质

烯烃是指链烃分子里含有碳碳双键的不饱和烃,单烯烃的通式为 $C_nH_{2n}(n \geq 2)$。

烯烃的物理性质:其物理性质和烷烃近似。在常温下,乙烯、丙烯、丁烯是气体,从 $C_5 \sim C_{15}$ 为液体,高级烯烃是固体。直链烯烃的沸点、熔点、相对密度也都随着相对分子质量的增加而升高。所有烯烃的相对密度都小于1,难溶于水而易溶于有机溶剂。烯烃容易和卤化氢发生加成反应,不同卤化氢活泼程度依次为 $HCl < HBr < HI$。

烯烃的化学性质:烯烃分子的结构特点就是分子中含有 $\overset{\diagup}{\underset{\diagdown}{C}}{=}\overset{\diagdown}{\underset{\diagup}{C}}$。碳碳双键并非两个完全一样的单键,由一个 σ 键和一个 π 键组成。由于 π 键键能小,易破裂,所以烯烃的反应都是围绕着 π 键进行的。烯烃在碳碳双键上易发生加成、氧化和聚合反应,以及 α-氢原子易发生取代反应等。

加成反应是指有机物分子中打开不饱和链加入其他原子或原子团的反应。烯烃可与氢气、氯气、卤化氢及水等在一定条件下进行加成反应。

$$\underset{\diagdown}{C}=\underset{\diagup}{C}\diagup +X-Y \rightarrow \underset{\diagup X}{\overset{\diagdown}{C}}-\underset{\diagup Y}{\overset{\diagdown}{C}}$$

$$CH_2=CH_2+HCl \xrightarrow[130\sim250℃]{AlCl_3} CH_3CH_2Cl$$

烯烃可发生聚合反应：在一定条件下，烯烃能以双键加成的方式互相结合，生成相对分子质量较高的化合物，这种反应称为聚合反应。能进行聚合反应的低相对分子质量的化合物称为单体。由不同单体的加成聚合反应，称为共聚反应，如乙烯聚合生产聚乙烯。

$$nCH_2=CH_2 \xrightarrow[50\sim60℃,1\sim1.5MPa]{(C_2H_5)_3Al/TiCl_4} \left[CH_2-CH_2 \right]_n$$
聚乙烯

烯烃可发生氧化反应，烯烃的双键容易被氧化，生成含氧化合物。当原料烯烃、氧化剂和反应条件不同时，可以得到不同的产物。

$$3CH=CH_2+2KMnO_4+4H_2O \xrightarrow{碱性或中性介质} 3CH(OH)CH_2OH+2MnO_2\downarrow+2KOH$$

反应中高锰酸钾的紫色消失，并有褐色的二氧化锰沉淀产生，因此常用这个反应来检验烯烃和其他不饱和化合物。

α—氢的卤代反应：与双键相邻的碳原子称为 α—碳原子，α—碳原子上的氢原子称为α—氢。由于 C—H 键受双键的影响较大，在一定条件下也表现出活泼性，α—碳氢键易断裂，在高温气相或紫外光照射下易发生游离基取代反应。例如：丙烯与氯气混合，在 500℃ 的高温下，主要是 α—氢被取代，生成 3—氯丙烯。

$$CH_3CH=CH_2+Cl_2 \xrightarrow{500℃} CH_2ClCH=CH_2+HCl$$

（二）烯烃的命名

烯烃的命名方法，通常采用衍生物命名法和系统命名法，只有个别烯烃用习惯命名法命名。

1. 衍生物命名法

烯烃的衍生物命名法，是以乙烯作为母体，把其他烯烃看成是乙烯的烷基衍生物。命名时，把烯烃分子中两个以双键相连的碳原子看作"乙烯"，烷基看作取代基，叫作某烷基乙烯。例如：

$$CH_3-CH=CH_2 \qquad 甲基乙烯$$
$$CH_3-CH=CH-CH_3 \qquad 对称二甲基乙烯$$
$$CH_3-\underset{\underset{CH_3}{|}}{C}=CH_2 \qquad 不对称二甲基乙烯$$
$$CH_3-\underset{\underset{CH_3}{|}}{C}=CH-CH_3 \qquad 三甲基乙烯$$

这种命名法只适用于比较简单的烯烃。

2. 系统命名法

烯烃的系统命名法与烷烃相似，只把"烷"字改成"烯"字，碳原子数在十个以下的烯烃用天干表示，称为某烯；十一个碳原子以上的烯烃用中文数字表示，再加上个"碳"字，称为

某碳烯。四个碳原子以上的烯烃,双键的位置可以不同,因此必须标明双键的位次,才能正确反映分子的结构。命名的要点如下:

(1)选择含有双键的最长碳链作为主链,按主链上碳原子的数目而称为某烯。例如,下式中带有双键的最长碳链有四碳原子,故母体名称应为"丁烯"。

$$\begin{array}{c} CH_3 \\ | \\ CH_3-C-C=CH_2 \leftarrow 母体 \\ |\ \ | \\ CH_3\ CH_2 \\ | \\ CH_3 \end{array}$$

(2)主链上的碳原子,从靠近双键的一端开始,用阿拉伯数依次编号。双键的位次以双键上编号较小的数字表示,写在烯烃名称之前。例如:

$$\overset{1}{C}H_3-\overset{2}{C}H=\overset{3}{C}H-\overset{4}{C}H_2-\overset{5}{C}H_3 \qquad 2-戊烯$$

$$\overset{11}{C}H_3-\overset{10}{C}H_2-\overset{9}{C}H_2-\overset{8}{C}H_2-\overset{7}{C}H_2-\overset{6}{C}H_2-\overset{5}{C}H_2-\overset{4}{C}H_2-\overset{3}{C}H_2-\overset{2}{C}H=\overset{1}{C}H_2$$
1-十一碳烯

(3)支链作为取代基。取代基的位次、数目和名称,写在双键的位次之前。例如:

$$\overset{3}{C}H_3-\overset{2}{C}=\overset{1}{C}H_2 \qquad 2-甲基-1-丙烯$$
$$\quad\ |$$
$$\quad CH_3$$

$CH_3—C(CH_3)=CH_2$,读作2-甲基-1-丙烯,又叫作异丁烯。

(三)二烯烃

二烯烃是指分子中含有2个碳碳双键的烃,它的通式为$C_nH_{2n-2}(n\geqslant 4)$。二烯烃的性质与单烯烃的性质相似,但它的加成反应有两种方式,即1,2加成和1,4加成。我们以1,3-丁二烯为例来认识二烯烃的性质。

加成反应:

$$CH_2=CH-CH-CH_2+Br_2$$

1,2加成 → $CH_2-CH-CH=CH_2$　　Br　Br
3,4-二溴-1-丁烯

1,4加成 → $CH_2-CH=CH-CH_2$　　Br　　　　Br
1,4-二溴-2-丁烯

双烯合成:共轭二烯烃可以和某些具有碳碳双键、三键的不饱和化合物进行1,4-加成,生成环状化合物。此反应叫作双烯合成或狄尔斯-阿得尔反应,是共轭二烯烃特有的反应。例如:

$$\begin{array}{c}CH_2\\ \|\\ CH\\ |\\ CH\\ \|\\ CH_2\end{array} + \begin{array}{c}CH_2\\ \|\\ CH_2\end{array} \xrightarrow[900大气压]{165℃} 环己烯$$

共轭二烯烃都能发生这类反应,产物是环己烯的衍生物。利用双烯合成,可以从链状化合物合成具有六元环的化合物。

聚合反应：丁二烯在催化剂作用下，按一定的方式进行聚合，可得顺丁橡胶。

三、炔烃

（一）炔烃的通式

分子中含有一个碳碳三键的开链不饱和烃，称为炔烃。炔烃比相应的烯烃又少两个氢原子。炔烃同系列的通式是 C_nH_{2n-2}，与碳原子数相同的二烯烃互为不同系列的同分异构体。碳碳三键是炔烃的官能团。乙炔是最简单的炔烃。炔烃的碳碳三键中含有两个不稳定的 π 键，所以炔烃的化学性质比较活泼。

（二）炔烃的物理性质

乙炔是无色无臭的气体。由电石制得的乙炔，因含有少量硫化氢、磷化氢等气体，而具有难闻的臭味，能和某些金属原子反应，生成金属炔化物。

乙炔难溶于水而易溶于丙酮中。在 12 个大气压下，1 体积丙酮能溶解 300 体积的乙炔。在加压下乙炔不稳定，液态乙炔受震动会发生爆炸，而乙炔的丙酮溶液却很稳定。工业上根据这种特性，在储存乙炔的钢瓶中充填浸透丙酮的多孔物质（如石棉、活性炭等），再将乙炔压入钢瓶，就可以安全地运输和使用。乙炔是三大合成材料工业重要的基本原料之一，可生产塑料、橡胶纤维等化工产品。

（三）乙炔的化学性质

乙炔的三键和乙烯的双键同属于不饱和键，所以它的许多化学性质和乙烯很相似，如也能发生加成反应、聚合反应和氧化反应，但三键和双键在结构上有所不同，因此乙炔又表现出一定的特殊性，例如，能与两分子的试剂加成，氢原子可被某些金属取代等。炔烃三键上的氢具有弱酸性。炔烃的亲电加成比烯烃的亲电加成难。当分子中兼有双键和三键时，与卤素的加成反应首先发生在双键上。炔烃与烯烃的不饱和程度相比都一样大。

（四）炔烃的命名

炔烃的命名方法也和烯烃相似，一般采用系统命名法和衍生物命名法。用系统命名法命名时，选择含有三键的最长碳链作为主链，由靠近三键一端开始编号，含四个碳原子以上的炔烃须将三键的位次标明于名称之前。例如：

$$CH \equiv CH \qquad\qquad 乙炔$$
$$CH_3—C \equiv CH \qquad\qquad 丙炔$$
$$CH_3—CH_2—C \equiv CH \qquad\qquad 1\text{-}丁炔$$
$$CH_3—C \equiv C—CH_3 \qquad\qquad 2\text{-}丁炔$$
$$CH_3—\underset{\underset{CH_3}{|}}{CH}—C \equiv CH \qquad\qquad 3\text{-}甲基\text{-}1\text{-}丁炔$$

衍生物命名法是以乙炔作母体，把其他烃基当作取代基。例如：

$$CH_2 \!=\! CH—C \equiv CH \qquad\qquad 乙烯基乙炔$$
$$CH_2 \!=\! CH—C \equiv C—CH \!=\! CH_2 \qquad\qquad 二乙烯基乙炔$$

四、芳香烃

（一）苯的分子结构式及性质

芳香族的碳氢化合物，叫作芳香族烃，也叫作芳香烃。这类化合物中一般含有一个或多个苯环。苯是最简单的芳香烃,它的分子式是 C_6H_6,是无色易挥发液体,沸点 80.1℃,有芳香气味,不溶于水,毒性较大。苯的结构式如下:

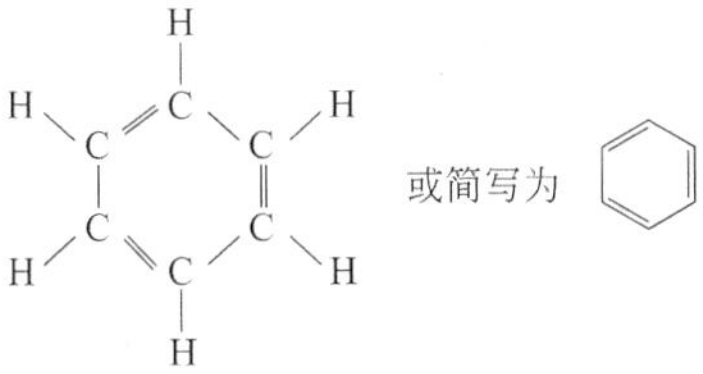

或简写为

苯及其同系物一般是无色液体,相对密度为 0.86~0.9,不溶于水而溶于有机溶剂,如乙醚、四氯化碳、石油醚等非极性溶剂,而且它们本身也是很好的溶剂。沸点随着碳原子增加而升高。苯及其同系物在一定条件下可以发生取代反应、氧化反应、加成反应。

(二)芳香烃的命名

单环芳烃的命名,一般是以苯为母体,把烷基当作取代基,而称为某烷基苯,但"基"字常略去不写。例如:

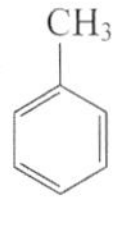

甲(基)苯 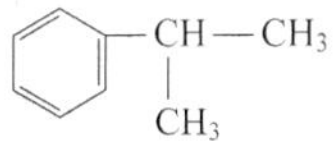　　　异丙(基)苯

在芳香族化合物中,从苯环上去掉一个氢原子后所剩下的原子团叫作芳基。如果苯环上连有两个或两个以上的取代基,可用阿拉伯数字表明取代基的相对位置。但二元取代物也可以用"邻""间""对"命名。苯环编号的原则同环烷烃,即一般选择含碳原子最少的取代基为 1 位,使取代基的号数尽可能小。例如:

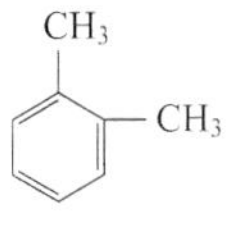

邻二甲苯 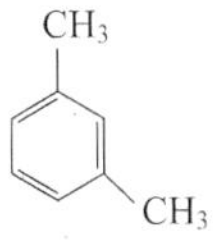　　　间二甲苯 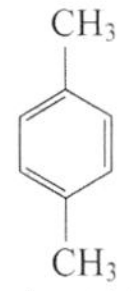　　　对二甲苯

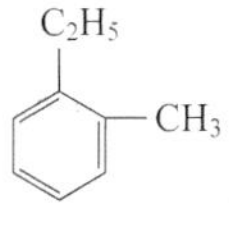

1-甲基-2-乙基苯 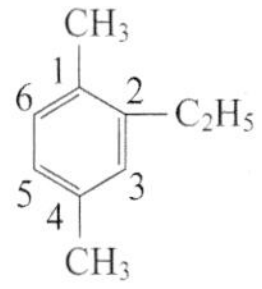　　　1,4-二甲基-2-乙基苯

如果苯环上连有不饱和烃基,通常以不饱和烃作母体,将苯环当作取代基来命名。例如:

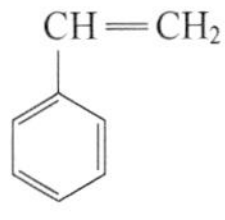

苯乙烯 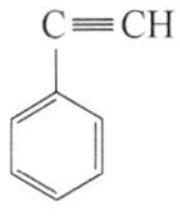　　　苯乙炔

模块三　单元操作基础知识

单元操作在炼化生产中占据重要的地位，不同工艺过程同一种单元操作，具有共同的基本原理和通用的典型设备。按照理论基础不同将单元操作分类如下：

（1）以动量传递即流体力学为理论基础的单元操作，包括流体输送、沉降、过滤等，主要设备有泵、沉降器、过滤机等。

（2）以热量传递为理论基础的单元操作，包括加热、冷凝冷却、蒸发等，主要设备有换热器、冷凝器、加热炉、蒸发器等。

（3）以质量传递为理论基础的单元操作，包括蒸馏、吸收、萃取等，主要设备是塔。

因此单元操作过程也被称为"三传"过程，或传递过程。

项目一　流体力学

一、流体静力学

流体静力学主要研究流体处于静止状态时的平衡规律，其基本原理在化工生产中应用广泛，如流体压力（差）的测量、容器液位的测定和设备液封等。

（一）流体的主要物理量

1. 流体

流体是具有流动性的物质，包括气体和液体。流体的特征是具有流动性、压缩性，无固定形状，随容器的形状而变化，在外力作用下其内部发生相对运动。化工生产中所处理的物料，包括原料、半成品及产品等，大多为流体。

流体具有流动性，流体抗剪和抗张的能力很小，在外力作用下，流体内部会发生相对运动，使流体变形，这种连续不断的变形就形成流动，即流体的流动性。

流体的压缩性是指流体的体积随压力变化的关系。流体的体积随压力变化，则该流体称为可压缩流体；流体的体积不随压力变化，则该流体称为不可压缩流体。对于液体，由于体积随压力变化很小，可视为不可压缩流体；对于气体，压力的变化对体积影响较大，可视为可压缩流体，但如果压力的变化率不大，该气体也可视为不可压缩流体。

2. 密度

单位体积的流体所具有的质量称为流体的密度。其表达式为

$$\rho = \frac{m}{V}$$

式中　ρ——流体的密度，kg/m^3；

　　　m——流体的质量，kg；

　　　V——流体的体积，m^3。

　　不同的单位制中,密度的单位和数值都不同,需要进行换算。流体的密度随着温度和压强的变化而变化,对于液体,温度改变时其密度有变化,但压强对密度的影响却很小,工程应用中可忽略压强对液体密度的影响,但极高压力除外;对于气体,温度和压强的改变对流体密度影响明显,低压气体密度可按理想气体状态方程计算,高压气体密度可按实际气体的状态方程计算,因此,气体的密度必须标明其状态。

　　3. 压强

　　单位面积上所受的压力,称为流体的静压强,简称压强,其表达式为

$$p = \frac{F}{A}$$

式中　p——流体的静压强,Pa;

　　　　F——垂直作用于流体表面上的压力,N;

　　　　A——作用面的面积,m^2。

　　工程上为了使用和换算方便,常将 $1kgf/cm^2$ 近似地作为 1 个大气压,称为 1 工程大气压(at)。以绝对零压做起点计算的压强,称为绝对压强,是流体的真实压强。流体的压强可以用测压仪表来测量,当被测量流体的绝对压强大于外界大气压强时,所用的测压仪表称为压强表。表上的读数表示被测流体的绝对压强比大气压强高出的数值,称为表压强,即

　　　　　　　　　　表压强=绝对压强−大气压强

　　当被测量流体的绝对压强小于外界大气压强时,所用的测压仪表称为真空表。真空表上的读数表示被测流体的绝对压强低于大气压强的数值,称为真空度,即

　　　　　　　　　　真空度=大气压强−绝对压强

　　不同压强单位之间的换算单位如下:

$$1atm = 760mmHg = 1.013 \times 10^5 Pa = 10.33mH_2O$$

$$1kgf/cm^2 = 0.981 \times 10^5 Pa$$

　　4. 比容

　　单位质量流体所占有的体积称为比容。在 SI(国际单位制)中,比容的单位是 m^3/kg。比容与密度互为倒数。

　　(二)流体静力学方程式及其应用

　　流体静力学基本方程式是研究流体在重力和压力作用下处于静止时的平衡规律。由于重力是不变的,静止流体内部各点的压力是不同的,所以实际上是研究静止流体内部压力变化的规律。

　　1. 流体静力学方程式

　　流体静力学基本方程式是描述静止流体内部压强变化规律的数学表达式,称为流体静力学基本方程式,表示为

$$p = p_0 + \rho g h$$

式中　p——静止液体某液面的压力,MPa;

　　　　g——自由落体加速度,m/s^2;

　　　　ρ——流体的密度,kg/m^3;

　　　　p_0——液面上方的压力,MPa;

h——液体所处的深度，m。

流体静力学基本方程式，表明了在重力作用下静止流体内部压强变化规律：

（1）当容器液面上方压强一定时，静止液体内部任一点的压强与液体密度和其深度有关系。液体的密度越大，深度越深则该点的压强就越大。

（2）在静止的、连续的同一液体内，处于同一水平面上各点的压强均相等。压强相等的截面称为等压面。

（3）当液体上方的压强或液体内部任一点的压强有变化时，必将使液体内部其他各点的压强发生同样大小的变化。

（4）该方程式是以液体为例，在密度一定的情况下推导出来的，气体的密度除随温度变化外还随压强而变化，因此也随它在容器内的位置高低而改变，但在化工容器中这种变化一般可以忽略，因此静力学方程式对于压力变化不大的气体以及均相混合物都适用。

2. 流体静力学基本方程的应用

流体静力学方程式在炼化生产中应用广泛，通常用于测量流体的压强或压差、流体的液位高度等。

1）压差与压强的测量

应用流体静力学基本方程式的测压仪器中最典型的是液柱压差计，可用来测量流体的压强或压强差。较典型的液柱压差计有 U 形管压差计等。

2）液位的测量

化工厂中最原始的液位计是于容器底部器壁及液面上方器壁处各开一小孔，两孔之间用玻璃管相连的玻璃管液位计，玻璃管中的液面高度即为容器的液面高度。玻璃管液位计也是流体静力学基本方程的一种实际应用。

二、流体动力学

（一）流量与流速

1. 流体的流量

单位时间内流体流过管路任意截面积的总量称为流量，常用两种方法表示：

（1）体积流量。单位时间内通过导管任一截面积的流体体积，称为体积流量。

$$Q = \frac{V}{t}$$

式中　Q——体积流量，m^3/h 或 m^3/s；

　　　V——流体的体积，m^3；

　　　t——时间，h 或 s。

（2）质量流量。单位时间内通过导管任一截面的流体质量，称为质量流量。

$$W = \frac{m}{t}$$

式中　W——质量流量，kg/h 或 kg/s；

　　　m——流体质量，kg；

　　　t——时间，h 或 s。

生产中,常说的流量指的是体积流量,气体的体积随温度和压强而变化,因此气体的体积流量应注明温度和压强。当流体密度为 ρ 时,流体的质量流量应等于体积流量与密度的乘积,即体积流量 Q 与质量流量 W 的关系为 $Q = W\rho$。

2. 流体的流速

单位时间内流体在流动方向流过的距离,称为流速。流速也有两种表示方法,平均流速和质量流速。

(1)平均流速。流体在同一截面上各点流速的平均值,也就是流体流经单位管道截面积的体积流量,称为平均流速,也叫作流体的线速度或体积流速,以符号 u 表示,单位为 m/s。工程计算中经常采用平均流速表征流体在该截面的速度。实验证明:流体在管道截面上各点的流速并不相同,管中心的流速最快,越靠近管壁流速将越小,在管壁处的流速为零。

平均流速(或体积流速)为流体的体积流量与管道截面积之比,即 $u = \dfrac{Q}{A}$。

(2)质量流速:单位时间内流过管道单位截面积的质量,称为质量流速,以符号 G 表示,单位为 kg/$(m^2 \cdot s)$。

$$G = \frac{W}{A}$$

式中　A——管路截面积,m^2,对于一般圆形管道有 $A = \dfrac{\pi d^2}{4}$,d 为管道内径。

平均流速(或体积流速)与质量流速的关系:

$$u = \frac{Q}{A} = \frac{W\rho}{A} = \frac{GA\rho}{A} = G\rho$$

即体积流速等于质量流速乘以密度。

(二)流体流动的状态及类型

1. 流体流动的状态

在流动系统中,若各截面上流体的流速、压强、密度等有关物理量仅随位置而变化,不随时间而变,这种流动称为稳定流动;若流体在各截面上的有关物理量即随位置而变,又随时间而变,则称为非稳定流动。化工生产过程中多属于连续稳定过程,但开停车过程中流体流动是非稳定流动过程。

2. 流体流动的类型及判断

雷诺用实验证明了流体在管路中存在两种不同的流动状态,即层流和湍流。层流又称滞流,流体质点沿着与管道中心线相平行的方向流动。湍流又称紊流,流体质点除沿管道中心方向向前流动外,还有其他方向的脉动,质点的速度大小与方向都随时发生变化,质点互相碰撞扰乱。

实验证明,影响流动状态的因素,主要是流体流速 u、管道直径 d、流体黏度 μ 和密度 ρ,雷诺把影响流动状态的主要因素,总结出一个复合数群 $du\rho/\mu$,此数群称为雷诺数,以 Re 表示,即 $Re = \dfrac{du\rho}{\mu}$,通过雷诺数可以判断管道中流动类型。

当 $Re \leqslant 2000$ 时,流动类型为层流,此区称为层流区;当 $Re \geqslant 4000$ 时,流动类型为湍流,此区称为湍流区；当 $2000<Re<4000$ 时，流动类型可能是层流，也可能是湍流，此区称为过渡区。

三、流体阻力

（一）流体的黏度

决定流体内摩擦力大小的物理性质称为黏性，衡量流体黏性大小的物理量称为黏度，以符号 μ 表示，黏度的 SI 单位是 $N\cdot s/m^2(Pa\cdot s)$。黏度大的流体不易流动，比如油的黏度比水大，因此油的流动性比水差。流体的黏度随温度升高而降低，气体的黏度则反之。单位面积上的内摩擦力称为剪应力，以符号 τ 表示。在相同的流动情况下，黏度 μ 越大的流体，产生剪应力 τ 越大。

（二）流体的阻力特性

流体在管路中流动，由于流体的黏性作用，在壁面附近产生低速度区，这种流体内部的动量传递作用在壁面上即为流动的阻力，通常这种流动阻力为摩擦阻力。流体流动时具有动能、位能和静压能。

（三）阻力的简单计算方法

流体在管路中流动时的阻力可分为直管阻力和局部阻力，在炼化装置中，所指的管路主要是圆形直管。流体在圆形直管阻力引起的能量损失可以由以下表达式表示：

$$h_f=\lambda\frac{l}{d}\frac{u^2}{2} \quad 或 \quad \Delta p_f=\lambda\frac{l}{d}\frac{\rho u^2}{2}$$

其中 λ 为摩擦系数，层流时 $\lambda=64/Re$，湍流时 λ 是 Re 与相对粗糙度 ε/d 的函数，可由经验公式或相关图表查取。

流体流经管路的进口、出口、各种管件、阀门、扩大、缩小及各种流量计时，其速度大小和方向都发生了变化，且流体受到干扰或冲击，使涡流现象加剧而能量损失，这部分能耗损失称为局部阻力损失。局部阻力损失的计算一般包括阻力系数法和当量长度法。

1. 阻力系数法

将流体经过阀门、弯头等产生的局部阻力 $\lambda\frac{l}{d}$，用一个系数 ξ 代替，则有

$$h_f=\xi\frac{u^2}{2} \quad 或 \quad \Delta p_f=\xi\frac{\rho u^2}{2}$$

式中　ξ——局部阻力系数；

　　　ρ——流体宽度，kg/m^3；

　　　u——流体流动速度，m/s。

2. 当量长度法

当流体经过阀门、弯头等产生局部阻力时，将这一局部阻力当量为相同长度 l_e 的直管的阻力，那么，局部阻力又可以表示为

$$h_f=\lambda\frac{l_e}{d}\frac{u^2}{2} \quad 或 \quad \Delta p_f=\lambda\frac{l_e}{d}\frac{\rho u^2}{2}$$

式中　ρ——流体密度，kg/m^3；

u——流体流动速度，m/s；

d——管径，m。

项目二 传热

一、传热的方式及相关概念

（一）传热的方式

传热的基本方式有三种，即热传导、对流传热和热辐射。工业上采用的换热方法很多，按其工作原理和设备类型可分为间壁式、蓄热式、直接混合式三种。在石油化工企业，间壁式换热被广泛应用于生产中。直接混合式换热适用于两股流体直接接触并混合的场合，工业上使用的喷洒式冷却塔的换热方式就属于直接混合式换热。

（二）热传导

热传导又称导热。物体中温度较高部分的分子或自由电子，由于它们的运动比较剧烈，通过振动或碰撞将热能以动能的形式传给相邻温度较低的分子，这种物体内分子不发生宏观位移的传热方式称为热传导。传导的特点是物体内相邻分子的振动和碰撞，物体中分子并不发生相对位移。导热的条件是系统两部分间存在温度差，此时热量将从高温传向低温部分，直到整个物体的各部分温度相等为止。傅里叶定律是热传导的基本定律，表示通过等温面积的导热速率与温度梯度及传热面积成正比。

（三）对流传热

流体各部分间发生相对位移所引起的热传递过程称为对流传热（又称热对流）。流体中产生对流的原因有二：一是流体质点之间的相对位移是由于各处温度不同而引起的密度差别，这种对流称为自然对流；二是由于受外力作用而引起的质点强制运动，这种称为强制对流。强制对流传热的速率比自然对流传热速率快。在同一种流体中，有可能同时发生自然对流和强制对流。

在化工传热过程中，常遇到的并非单纯的对流方式，而是流体流过固体表面时发生的对流和热传导联合作用的传热过程，即是热由流体传到固体表面（或反之）的过程，通常将它称为对流传热。对流传热的特点是靠近壁面附近的流体层中依靠热传导方式传热，而在流体主体中则主要依靠对流方式传热。由此可见，对流传热与流体流动状况密切相关，而且在对流传热中，同样有流体质点之间的热传导，但起主导作用的还在于流体质点的相对位置变化。

（四）热辐射

热量以电磁波形式传递的现象，称为辐射。辐射传热不需要任何介质做媒介。物体的温度越高，其辐射能力越强。

（五）冷凝与冷却

物质在蒸发过程中要吸收热量，在冷凝过程中要放出热量。流体冷凝时有相变。单组分气体冷凝时只有相的变化而没有温度的变化。气体混合物冷凝时既有相的变化，同时混合物的温度也会降低。

物质冷却过程中有温度的变化。冷却过程的特点是无相变。一般情况下，相同质量的流体降低相同的温度冷凝所释放的热量要高于冷却所放出的热量。

(六)传热的基本原理

在换热过程中热流体放出热量，冷流体吸收热量。在其他条件一定时，换热器传热面积越大，传递的热量也越多。在其他条件相同的情况下，逆流传热所需要的换热面积小于并流传热面积。传热的设备有换热器、冷凝器、再沸器等。

(七)稳定传热

稳定传热的特点是冷、热流体内任一点的温度保持不变，传热速率在任何时刻都为常数。对于稳定传热而言，流体在各个点位置的温度可以不同，但是各点的温度不随时间变化而变化。稳定传热中温度随位置而变化，但不随时间而变化，传热速率是常数，系统中不积累能量。在换热器中，稳定传热的两种常见形式有逆流传热和并流传热。

1. 稳定传热过程中的逆流传热

换热器中，冷热两流体的流动方向相反称为逆流传热，也称对流传热。炼化装置中的对流传热多为强制对流。在其他条件相同的情况下，逆流传热所需要的换热面积小于并流传热面积。

2. 稳定传热过程中的并流传热

换热器中，冷热两流体的流动方向相同称为并流传热，在进出口物料温度一定的条件下，通常并流传热的平均温度差小于逆流传热的平均温度差。

二、间壁式换热器传热的计算及分析

(一)传热速率及热量衡算

传热过程的计算均是从总传热速率方程出发，即

$$Q = KA\Delta t_m$$

式中　Q——冷流体吸收或热流体放出的热流量，W；

　　　K——传热系数，W/(m² · ℃)；

　　　A——传热面积，m²；

　　　Δt_m——对数平均温差，℃。

若热、冷流体的质量流量分别为 m_h 和 m_c，忽略热损失，则热量 Q 由下式计算：

$$Q = m_h c_{p,h}(T_1 - T_2) = m_c c_{p,c}(t_2 - t_1)$$

式中　Q——单位时间内，从热流体取走的或加给冷流体的热量，kJ/h；

　　　$c_{p,h}、c_{p,c}$——热、冷流体的比定压热容，kJ/(kg · K)，通常可视为常数；

　　　$m_h、m_c$——热、冷流体的质量流量，kg/h；

　　　$T_1、T_2$——热流体的进、出口温度，K；

　　　$t_1、t_2$——冷流体的进、出口温度，K。

若间壁换热器一侧流体有相变化，如热流体一侧为饱和蒸汽冷凝，且冷凝液为饱和温度下离开换热器，则

$$Q = m_h r = m_c c_{p,c}(t_2 - t_1)$$

式中　m_h——饱和蒸汽的质量流量，kg/s；

　　　r——饱和蒸汽冷凝潜热，J/kg。

当冷凝液离开换热器时低于饱和温度,则还应该计入冷凝液所放出的显热,即

$$Q = m_h [r + c_{p,h} (T_g - T_2)] = m_c c_{p,c} (t_2 - t_1)$$

式中 T_g——饱和温度,K。

(二)换热器热负荷

换热器的热负荷是生产上要求换热器在单位时间里所具有的换热能力。热负荷的单位是 J/s 或 W。对特定的换热器来说,影响其热负荷的因素是传热的平均温差及传热系数。工艺生产中,提高蒸汽加热器热负荷的有效方法是提高蒸汽管网压力。一个能满足工艺要求的换热器其传热速率必须等于或略大于热负荷。

(三)传热系数

传热系数(K)是指在稳定传热条件下,围护结构两侧流体温差为 1K(℃),1h 内通过 $1m^2$ 面积传递的热量,单位是 $W/(m^2 \cdot K)$(此处 K 可用℃代替)。传热系数影响因素包括:

(1)流体的种类及相变化情况不同,其传热系数不同,如有相变化时的传热系数比无相变化时的大。

(2)流体的物性不同,其传热系数不同,流体的导热系数大,传热系数大;流体的比热容和密度大,传热系数大。

(3)流体的温度不同,传热系数不同。

(4)流体的流动状态影响传热系数,如湍流传热系数比层流传热系数大。

(5)流体流动的原因影响传热系数,如强制对流传热系数比自然对流传热系数大。

(6)传热面的形状、位置、大小直接影响传热系数。

(四)平均温差

液体在进行热量传递时,其热量传递的推动力是传热的平均温差。如果换热器的进、出口物料温度不变,采用逆流操作与并流操作比较,则其传热的平均温差是逆流操作大。在进出口物料温度一定的条件下,通常并流传热的平均温度差小于逆流传热的平均温度差。

计算换热器传热速率时,因传热面各部位传热的温差不同,所以必须算出平均温差 Δt_m。Δt_m 的数值与流体的流动情况有关。

1. 恒温传热时的平均温差

如果换热器内冷、热流体的温度在传热过程中都是恒定的,称为恒温传热,通常传热间壁两侧流体在传热过程中均发生相变时就是恒温传热。在蒸发器内用饱和蒸汽作为热源,在饱和温度 T_s 下冷凝放出潜热;液体物料在沸点温度 t_s 下吸热汽化,T_s 和 t_s 在传热过程中保持不变,其平均温差为 $\Delta t_m = T_s - t_s$,其中,T_s、t_s 分别为热、冷流体的温度,℃ 或 K。

2. 变温传热时的平均温差

传热过程中冷、热两流体中有一个或两个发生温度变化时,则称为变温传热。变温时的平均温差工业上采用换热器两端热、冷流体温度差的对数平均值。

1)逆流和并流

$$\Delta t_m = \frac{\Delta t_{大} - \Delta t_{小}}{\ln \dfrac{\Delta t_{大}}{\Delta t_{小}}}$$

式中 $\Delta t_{大}$ 和 $\Delta t_{小}$——换热器两端冷、热流体温差中较大值和较小值,℃ 或 K。

在计算时注意 $\dfrac{\Delta t_{大}}{\Delta t_{小}} \leqslant 2$ 时，平均温差 Δt_m 可用温度差 $\Delta t_{大}$ 和 $\Delta t_{小}$ 的算术平均值，即

$$\Delta t_m = \frac{\Delta t_{大} - \Delta t_{小}}{2}$$

2）错流和折流

$$\Delta t_m = \varepsilon_{\Delta t} \cdot \Delta t'_m$$

其中，校正系数 $\varepsilon_{\Delta t}$ 与流体实际流动情况有关，可在相应图表中查得，$\Delta t'_m$ 为对应的逆流对数平均温差。

［例1-4］　用温度为573K的石油裂解产物来预热石油。石油进换热器的温度为298K，出换热器温度为453K，裂解产物最终温度为473K，试分别计算并流和逆流下的对数平均传热温度差，并加以比较。

解：并流时　　热流体从　573K→473K

冷流体从　298K→453K

$$\Delta t_{大} = 275K \qquad \Delta t_{小} = 20K$$

$$\Delta t_m = \frac{\Delta t_{大} - \Delta t_{小}}{\ln \dfrac{\Delta t_{大}}{\Delta t_{小}}} = \frac{275 - 20}{\ln \dfrac{275}{20}} = 97（K）$$

逆流时　　热流体从　573K→473K

冷流体从　453K←298K

$$\Delta t_{小} = 120K \qquad \Delta t_{大} = 175（K）$$

$$\Delta t_m = \frac{\Delta t_{大} - \Delta t_{小}}{\ln \dfrac{\Delta t_{大}}{\Delta t_{小}}} = \frac{175 - 120}{\ln \dfrac{175}{120}} = 146（K）$$

由于 $\dfrac{\Delta t_{大}}{\Delta t_{小}} = \dfrac{175}{120} < 2$，可以用算数平均值计算平均温差。

$$\Delta t_m = \frac{\Delta t_{大} + \Delta t_{小}}{2} = \frac{175 + 120}{2} = 147.5（K）$$

由此可见其误差很小，在工程计算中这么小的误差是允许的。

从计算结果可知，当流体进出换热器的温度已经确定的情况下，逆流比并流具有较大的平均温差。

三、提高传热速率途径

从传热速率方程 $Q = KA\Delta t_m$ 可以看出，提高换热器传热速率的途径有增大传热面积 A、提高冷热流体的平均温差 Δt_m 和提高传热系数 K。

增大传热面积意味着提高设备费用，增加单位体积内的传热面，使设备紧凑、结构合理，是强化传热的重要途径。改进传热面的结构，如有些场合用螺纹管代替光滑管，或采用翅片管换热器等即可以显著提高换热效果。

增大传热温度差可以提高传热速率。传热温度差是传热过程的推动力，平均温度差的

大小取决于两流体的温度条件和两流体在换热器中的流动形式。流体的温度由生产工艺条件所规定,当换热器中两侧流体均变温时,采用逆流操作或者增加壳程数,均可得到较大的平均温度差。

增大传热系数是强化传热过程的最有效途径。通过减小管壁两侧的对流传热热阻、污垢热阻和管壁热阻,可以提高传热系数。对流传热热阻经常是主要控制因素,可采用提高流体的流速、增强流体的扰动、在流体中加固体颗粒、采用短管换热器、防止垢层形成和及时清除垢层的方式来减小热阻。

在实际的传热过程中,要对设备结构、动力消耗、运行维修等方面进行全面考虑,选用经济而合理的强化方法。

项目三 蒸馏

一、基本概念

(一)蒸馏的定义及分类

蒸馏就是通过加热液体混合物使之部分汽化,利用混合物中各组分挥发性的差异(沸点的不同)实现分离的单元操作。液体混合物中沸点较低的组分称为易挥发组分或轻组分,而沸点较高的组分称为难挥发组分或重组分。

蒸馏操作有多种分类方法,按蒸馏方式可分为简单蒸馏、平衡蒸馏(闪蒸)、精馏及特殊精馏等方式,其中精馏应用最广泛;按操作压强可分为常压蒸馏、减压蒸馏(真空蒸馏)和加压蒸馏,一般情况下多采用常压蒸馏;按操作流程可分为间歇蒸馏和连续蒸馏;按物系的组分数可分为两组分蒸馏和多组分蒸馏。

1. 简单蒸馏和平衡蒸馏

1)简单蒸馏

简单蒸馏又称为微分蒸馏,是一种单级蒸馏操作,常以间歇方式进行。简单蒸馏是不稳态过程,虽然瞬间形成的蒸气与液相可视为互相平衡,但形成的全部蒸气并不与剩余的液体平衡。简单蒸馏只适用于相对挥发度较大、分离程度要求不高的情况,或作为初步加工将原料仅做粗略分离情况,其流程如图 1-3-1 所示。原料液加入蒸馏釜,在恒压下加热至沸腾,

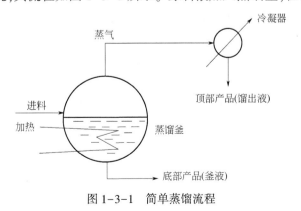

图 1-3-1 简单蒸馏流程

溶液不断汽化,产生蒸气经过冷凝器冷凝为液体,由于釜内易挥发组分浓度不断降低,相应馏出液中易挥发组分也随之降低,当釜内液相浓度低于分离规定要求时停止操作,将残液从釜内排出后再重新进料进行蒸馏。

2）平衡蒸馏

平衡蒸馏也是一种单级蒸馏操作,生产中多采用连续操作方式进行。平衡蒸馏是一个相对稳定的过程,如果维持恒定的操作条件,产物的组成不随时间而变化,气、液两相一次平衡,流程如图1-3-2所示。

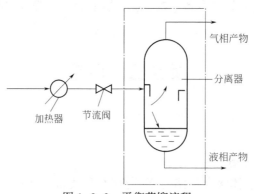

图 1-3-2　平衡蒸馏流程

2. 饱和蒸气压

蒸气压是指在某一温度下,一种物质的液相与其上方的气相呈平衡状态时的压力,也称饱和蒸气压,该液体称为该温度下的饱和液体。蒸气压是液体的一项重要性质,饱和蒸气压的大小,在数值上表示液体挥发能力的大小,蒸气压越高的液体越容易汽化。饱和蒸气压与温度有关,与压力无关。将液体加热至完全汽化时的物系称为饱和蒸气。

3. 相对挥发度

通常纯液体的挥发度是指该液体在一定温度下的饱和蒸气压,而溶液中各组分的挥发度可用它在蒸气中的分压和与之平衡的液相中的摩尔分数之比来表示,即

$$v_A = \frac{p_A}{x_A} \qquad v_B = \frac{p_B}{x_B}$$

式中 v_A 和 v_B 分别为溶液中 A、B 两组分的挥发度。

挥发度表示某组分挥发能力的大小,随温度而变,在使用上不太方便,故引出相对挥发度的概念。习惯上将易挥发组分的挥发度与难挥发组分的挥发度之比称为相对挥发度,即

$$a_{AB} = \frac{v_A}{v_B}$$

式中　a_{AB}——A、B 两组分的相对挥发度。

对于低压、液相为理想溶液的情况：$a_{AB} = \dfrac{p_A^0}{p_B^0}$；

对于气相服从道尔顿定律的物系：$a_{AB} = \dfrac{y_A/x_A}{y_B/x_B} = \dfrac{y_A/y_B}{x_A/x_B}$。

　　根据相对挥发度 α 值的大小可判断某混合液是否能用一般蒸馏方法分离及分离的难易程度。若 α>1，表示组分 A 较 B 容易挥发，α 值偏离 1 的程度越大，挥发度差异越大，分离越容易。

(二)精馏原理及相关概念

1.精馏的概念

　　由挥发度不同的组分所组成的均匀混合液，在精馏塔中同时进行多次部分汽化和部分冷凝，使气相中轻组分由塔底到塔顶逐级提高，液相中重组分浓度由塔顶至塔底逐级增浓，从而使混合物分离成较纯组分，这样的操作过程称为精馏。精馏是传热与传质同时进行的过程。

2.精馏的原理

　　蒸馏的基本原理就是以液体混合物的汽液平衡为基础，利用混合物中各组分(或馏分)在同一温度下具有不同的饱和蒸气压的性质，使混合物得以分离提纯。精馏是分馏精确度较高的蒸馏过程，在提供回流的条件下，气液两相多次逆流接触，进行相间传质传热，使混合物中的各组分因挥发性不同而有效分离。在精馏塔中，塔板由下至上的气、液相组成中，易挥发组分浓度是逐板升高的。图 1-3-3 为一典型的连续精馏过程。

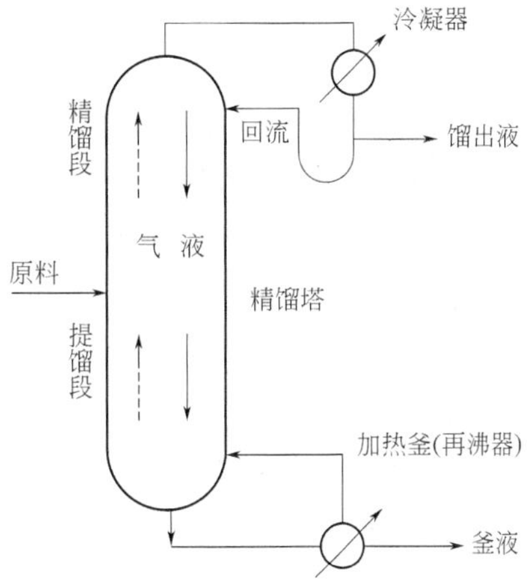

　　精馏装置主要由精馏塔、冷凝器及加热釜(再沸器)组成。精馏塔包括精馏段和提馏段，精馏塔操作中要注意物料平衡、热量平衡和气液平衡关系。

　　在精馏塔内，上升的蒸气遇到板上的冷液体，受冷而部分冷凝，冷凝时放出冷凝潜热，板上的冷液体吸收了蒸气在部分冷凝时放出的热量而部分汽化。这样，气液两相在塔板上进行了热量交换。

图 1-3-3　连续精馏过程

　　在精馏塔内，上升的蒸气遇到塔板上的冷液体而被部分冷凝后，由于难挥发组分被冷凝成液体而较多地转入液相，这样，气相中易挥发组分含量提高了；而塔板上的液体在部分汽化时易挥发组分转入气相，液相中难挥发组分含量提高了。这样，气液两相在塔板上进行了质量交换。精馏塔内的温度自下而上逐板降低。

　　提高冷剂的流量、定期对冷凝器的管壳程进行清洗可以提高精馏塔顶冷凝器的传热系数。

　　精馏操作是利用各物质的相对挥发度的不同来进行分离提纯。混合液中，各组分的挥发能力相差越大，越容易用蒸馏方法分离。

3.回流比、最小回流比的概念

　　回流是精馏操作的必要条件，回流包括塔顶的液相回流与塔底釜液部分汽化后形成的气相回流。回流有两个作用，一是提供塔板上的液相回流，创造气液两相充分接触的条件，达到传质传热的目的，二是回流可以取出塔内多余的热量，维持全塔热平衡，以利于控制产品质量。精馏塔的回流比是塔顶回流量与塔顶产品量之比。在精馏操作中，回流比有两个极限值，上限为全回流时的回流比，下限为最小回流比。当塔顶下降的液相回流量越大时，塔顶温度降低，上升蒸气中轻组分浓度越高；同理，当上升的气相回流量越大时，则下降液相中重组分的浓度越高。因此，要提高精馏段产品分离效果，在塔板数一定的条件下，可以增加塔顶回流比，要提高提馏段分离效果，可以增加塔底气相回流量。

当精馏塔的精馏线、进料线与气液平衡线交于一点时的回流比为最小回流比，若在最小回流比下操作，则所需的理论塔板层数为无限多。精馏塔的最小回流比可用来计算实际回流比。在工业生产上，回流比应根据操作费用和设备折旧费用之和最低来选择，通常最适宜的回流比约为最小回流比的 1.2~2 倍。

4. 全回流的概念

若塔顶上升蒸气经冷凝后全部回流至塔内，这种方式称为全回流。在全回流时，回流比为无穷大。精馏塔全回流操作时，所需的理论塔板数最少。在全回流的情况下，得不到精馏产品，生产能力为零，全塔没有精馏段和提馏段之分，两段的操作线合二为一，因此对正常生产没有实际意义，但在精馏的开工阶段、平时生产事故处理或实验研究时，多采用全回流操作，以便于过程的稳定或控制。

5. 泡点和露点的概念

在一定的压力下，将油品加热至液体内部刚刚开始汽化，也就是刚出现第一个气泡时相应的平衡温度，称为油品的泡点温度（简称泡点）或称平衡汽化 0% 的温度。继续升高温度，直到油品全部汽化或是气态油品冷却至刚出现第一滴液珠时所相应的平衡温度，称为露点温度（简称露点）或称平衡汽化 100% 的温度。处于泡点状态的液体和处于露点状态的气体都是饱和的。对于泡点和露点必须指明系统的压力和混合物的组成才有意义。

6. 过热蒸气的概念

过热蒸气是在一定压力下，蒸气温度高于饱和蒸气的温度。蒸气过热的目的是防止蒸气发生冷凝产生液击，以免损坏使用蒸气的设备。

7. 关键组分的概念

轻关键组分是指在进料中比其还要轻的组分及其自身绝大部分进入馏出液中，而在釜液中的含量应加以限制的组分。重关键组分是指在进料中比其还要重的组分及其自身的绝大部分进入釜液中，而在馏出液中的含量应加以限制的组分。

8. 精馏段的概念

精馏操作中，原料液进入的那层板称为加料板，加料板（不包括加料板）以上的塔段称为精馏段。上升蒸气和回流液之间进行着逆流接触和物质传递，上升蒸气中所含的重组分向液相转移，而回流液中的轻组分向气相转移。如此交换的结果使上升蒸气中轻组分浓度逐板升高，最后到达塔顶的蒸气将含高浓度的轻组分，可见，塔的上半部完成了轻组分的精制。

9. 提馏段的概念

精馏塔加料板以下的塔段称为提馏段。在提馏段中下降液体中的轻组分向气相转移，上升蒸气中所含的重组分向液相转移。如此交换的结果使下降液体中重组分浓度逐板升高，最后到达塔底的液体将含高浓度的重组分，可见，塔的下半部完成了下降液体中重组分的提浓。

10. 精馏操作的异常现象

漏液是指气相通过塔板上的开孔时,气速较小或气体分布不均,从而造成液体不经正常的降液管管道流到下一层塔板而是从孔口直接落下的现象。产生漏液的主要原因是气速太小,板面液面落差太大,气体分布不均。由于上层板上的液体未经与气相充分混合进行传质就落到下一层,降低了传质效果。漏液严重时将导致塔板上不能积液而无法操作。故漏液一般不能超过某一规定值,通常认为漏液应小于液体流量的10%。漏液量为液体流量的10%时的速度称为漏液速度,是塔正常操作的下线速度。

液沫(雾沫)夹带:上升的气体穿过塔板上液层时,无论是喷射型还是泡沫型操作,都会产生大量的液滴,这些液滴会被上升的气流带入上一层塔板,这种现象称为液沫(雾沫)夹带,属于液相返混,使塔板效率降低,对传质不利。

液沫(雾沫)夹带量与气速和塔板间距有关,板间距越小夹带量就越大,同样板间距如果气速越大,则夹带量也越大。为保证传质达到一定效果,1kg上升气体夹带到上一层塔板的液体量不允许超过0.1kg。

泡沫夹带是指气泡随着液体进入降液管,停留时间不够,来不及进行气液分离,而随液体进入下一层塔板,生产上规定液体在降液管中至少停留5s。

液泛(淹塔):塔内上升气相流量过大,降液管内的液面会随之升高,当降液管液体积累到超过溢流堰顶部的高度时,两塔板液体连通,导致液流阻塞,这种现象称为液泛(淹塔)。液泛气速为塔操作上限气速,称为液泛速度。板式塔操作要避免液泛。

当液相流量过大时,降液管不足以让液体正常通过,管内液面上升,也会发生液泛。导致液泛的原因有气、液流体的流量;流体的物性以及塔板间距等。

二、实现精馏的必要条件

要使精馏过程能够顺利进行,必须具备以下几个条件:

(1)混合液各组分相对挥发度不同;

(2)气液两相接触时必须存在有传质传热的推动力,即浓度差和温度差;

(3)塔内有塔底部气相回流和塔顶部液相回流;

(4)必须提供气液两相密切接触的场所,即塔板。

三、精馏塔操作的主要影响因素

(一)进料状态

进料状态有五种,分别为冷液进料、泡点进料(饱和液体进料)、气液混合物进料、饱和蒸气进料、过热蒸气进料。

对于固定进料的某个塔来说,进料状态的改变,将会影响产品质量和损失量。当进料状态改变时,应适当改变进料位置,并及时调节回流比。一般精馏塔常设几个进料位置,以适应生产中的进料状态,保证精馏塔在适宜的位置进料,如进料状态改变而进料位置不变,会引起馏出液和釜残液组成的变化。当精馏塔的进料温度降低时,为保证分离效果应增加塔底热量供应。

（二）回流比

回流比的大小,对精馏过程的分离效果和经济性有着重要的影响。对一定塔板数的精馏塔,在进料状态等参数不变的情况下,回流比增大,将提高产品纯度,但也会使塔内气、液循环量增大,塔压差增大,冷却和加热负荷增加;当回流比太大时,则可能发生淹塔,破坏塔的正常生产;回流比太小,塔内气液两相接触不充分,分离效果差。精馏塔塔顶回流量不变时,塔顶产品采出量越大,回流比越小。

（三）塔顶产品采出量

精馏塔塔顶采出量的大小和该塔进料量的大小有着对应的关系,进料量增大,采出量增大,否则将会破坏塔内的气液平衡。

如果进料量未变,而塔顶采出量增大,则回流量减小,使各塔板上的回流量减少,气液接触不好,传质效率下降,同时操作压力也下降,各塔板上的气液组成发生变化,重组分会被带到塔顶,使塔顶产品质量不合格,在强制回流的操作中,还容易造成回流罐抽空。

如果进料量增大,而塔顶采出量不变,回流比会增大,塔内物料增多,上升蒸气速度增大,塔顶、塔底压差增加,严重时会引起液泛,在强制回流的操作中,还容易引起回流罐满导致憋压。在进料状态不变的情况下,精馏塔塔顶产品采出量增加,则塔顶产品纯度一定减小,轻组分回收率一定减小。

（四）塔釜产品采出量

如果精馏塔进料量发生变化,再沸器、冷凝器能承受相应的负荷变化,而塔本身结构、尺寸不能承受此负荷时,将发生漏液、淹塔、液泛、雾沫夹带等不正常现象,其结果使塔的平衡遭到破坏,塔顶、塔釜产品都不合格。

精馏塔塔釜的采出量通常受到精馏塔塔釜液位的影响。当精馏塔塔釜的采出量增加时,塔釜的液位将下降或排空,使通过再沸器的釜液循环量减少,从而导致传热不好,液位排空会导致泵不上量,造成事故。如果塔釜采出量过小,会造成塔釜液面过高,严重时会超过挥发管,增加了釜液循环的阻力,造成传热不好,使塔釜温度下降,影响操作。

（五）操作压力

在精馏塔正常运行时,一般从塔顶到塔底压力逐渐升高。采用部分冷凝器的精馏塔一般通过调节塔顶气相采出量来控制塔压。压力升高,则气相中重组分减少,提高了气相中轻组分的浓度,同时改变了气液相质量比。

精馏塔的设计和操作都是在一定的压力下进行的,应保证在恒压下操作。精馏塔投用前,要先启动塔顶冷凝器,目的是防止超压。压力增加,相对挥发度降低,分离效率将下降,影响产品的质量和产量;压力增加,液体汽化更困难,气相中难挥发组分减少,气相量降低,馏出液中易挥发组分浓度增大,但产量却相对减少。残液中易挥发组分含量增加,残液量增加。

四、连续精馏理论塔板确定

所谓理论塔板,是指在其上气液两相都充分混合,且传热和传质过程阻力均为零的理想化塔板。因此,不论进入理论板的气液两相组成如何,离开该板时气液两相达到平衡状态,即两相温度相等,组成互成平衡。实际上,理论塔板是不存在的,理论塔板仅作为衡量实际塔板分离效率的依据和标准。通常,在精馏计算中,先求得理论塔板数,然后利用塔板效率予以修正,求得实际塔板数。

计算精馏塔理论塔板数的方法有逐板计算法、简易图解法、简捷法,通常采用前两种方式来确定。计算精馏塔理论塔板数的基本依据是板上气液的平衡关系,相邻两塔板之间的气液相之间的操作关系。求算理论塔板数时,必须已知原料液的组成、进料热状态、操作回流比和分离程度,并利用气液平衡关系和操作线方程计算,这里不进行讨论。

五、生产过程中精馏塔的控制

所谓生产过程的控制,也就是控制塔板上气相负荷和液相负荷的大小。对一个既定的设备来说,能影响气液相负荷大小的因素是很多的,回流比的大小、进料量的多少以及进料状态等都直接影响到气液相的负荷。

从理论上讲,在进料状态稳定的情况下,气相负荷的大小可以通过控制精馏塔的温度来实现,实际上就是调节塔内加热蒸气的通入量或压力的大小。根据从观察口所观察到的操作状况,适当调整蒸气阀门的开启程度,就能保证塔内蒸发量的大小和稳定。

液相负荷的大小是通过调整回流比来实现的。必须指出,调整回流比是实际操作中实现精馏操作的主要手段。设计时,由于板效率的数据不很准确,加之影响精馏操作的因素很多,所确定的塔板数往往与实际情况不符,通常都需要通过试车时的反复实践来确定一个切合实际的回流比。在生产过程中,由于某种干扰因素而导致操作不够正常,例如产品的纯度不符合要求时,也是通过调整回流比来满足工艺要求。

在生产中,由于生产任务的变化、在既定设备内改变进料量,或者因为某种客观原因导致进料发生变化。进料量的变化将破坏系统内已经建立起来的物料平衡,造成气液相负荷的增大或减小,使精馏系统的热负荷相应地也发生变化,从而导致产品的质量和产率不符合要求。此外,进料的热状态也可能发生变化,它也会导致塔内气液相负荷的增大或减小,破坏正常的操作平衡。在发生上述情况时,应及时调整精馏塔的回流比以及系统载热体的流量,或者将进料状况调整到正常状况,从而使设备经常处于正常的操作状态。

六、精馏有关计算

(一)物料平衡及计算

物料平衡:对一定的系统而言,若系统无累计量或损耗量,则输入物料量一定等于输出物料量。

保持精馏装置的物料平衡是精馏塔稳态操作的必要条件,通过物料衡算,可以求出精馏产品的流量、组成和进料流量、组成之间的关系。

对稳定操作的精馏塔,不管塔内的操作情况如何,加料、馏出液和釜液的流量与组成之间的关系受全塔物料衡算的约束。以整个双组分精馏装置为控制体做全塔物料衡算。

对连续精馏塔做全塔物料衡算(图 1-3-4),并以单位时间为基准,即

总物料 $$F = D + W$$

易挥发组分 $$Fx_F = Dx_D + Wx_w$$

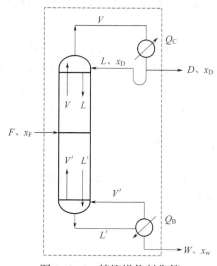

图 1-3-4　精馏塔物料衡算

式中　F——原料液流量，kmol/h；

　　　D——塔顶产品（馏出液）流量，kmol/h；

　　　W——塔底产品（釜残液）流量，kmol/h；

　　　x_F——原料液中易挥发组分的摩尔分数；

　　　x_D——馏出液中易挥发组分的摩尔分数；

　　　x_w——釜残液中易挥发组分的摩尔分数。

在精馏计算中，分离程度除用两产品的摩尔分数表示外，有时还用回收率表示，即

$$塔顶易挥发组分回收率 = \frac{Dx_D}{Fx_F} \times 100\%$$

$$塔底难挥发组分回收率 = \frac{W(1-x_w)}{F(1-x_F)} \times 100\%$$

在其他条件不变的情况下，如果进料组成中轻组分减少，塔底物料纯度上升、塔顶物料纯度下降。

（二）热量平衡及计算

热量平衡：对一定的系统而言，输入能量等于输出能量与损失能量之和。

通过对连续精馏塔做全塔的热量衡算，可以确定塔顶冷凝器所需冷却介质用量及塔底再沸器所需加热蒸气消耗量。进入精馏塔的热量有加热蒸气带入的热量、原料带入的热量、回流带入的热量。离开精馏塔的热量有塔顶蒸气带出的热量、塔釜残液带出的热量、塔顶冷凝器吸收的热量、损失于周围的热量。

模块四　化工机械与设备

项目一　化工机械基础

一、常用材料及化工设备选材原则

(一)化工常用材料

化工常用材料分类见表1-4-1。

表1-4-1　化工常用材料分类

化工常用材料	金属材料	黑色金属	铁、铬、锰及它们的合金(如钢、铸铁等)
		有色金属	铜、铝、镍、钛等
	非金属材料	无机非金属	陶瓷、搪瓷、岩石、玻璃等
		有机非金属	塑料、涂料、不透性石墨等

(二)化工设备选材原则

化工设备选材的一般原则:一是必须了解介质和工作条件;二是考虑材料的物理机械性能;三是考虑本系统中其他材料的适应性;四是考虑材料的价格和来源。

在化工机械设计中尽管有些材料的耐腐蚀性能很好,但强度不够,则可以选作衬里式喷镀用的材料。

二、化工常用零件

轴承、连接件是化工炼油设备中最常用的零件。

(一)轴承的分类

轴承按其所能承受的负荷的方向可分为径向轴承和推力轴承两种。

根据摩擦性质的不同,轴承可分为滑动轴承和滚动轴承两大类。

滚动轴承较滑动轴承的寿命短。

(二)滚动轴承的原理

滚轴承的原理是以滚动摩擦代替滑动摩擦。滚动轴承用以支撑轴及轴上的零件,并与机座做相对旋转、摆动等运动,使转动副之间的摩擦尽量降低,以获得较高的传动效率。根据滚动形状,滚动轴承分为球轴承和滚子轴承;按其承受负荷的主要方向,可分为向心轴承和推力轴承。

(三)滑动轴承的原理

滑动轴承是利用轴颈在转动时将润滑油带入轴颈与轴承瓦之间的间隙而产生油膜压力,以支撑轴颈锁甲的载荷。滑动轴承的承载能力大,回转精度高,润滑油膜具有抗冲击作用,因此在大型旋转机械上获得广泛应用。巴氏合金通常被用来制作滑动轴承的轴承衬。

按承受载荷的方向不同,滑动轴承分为径向轴承和推力轴承。滑动轴承主要失效形式为磨损、挤压变形、疲劳破坏。

三、机械传动

一台完整的机器,主要由原动机、工作机和传动系统组成。机械传动主要是指利用机械方式传递动力和运动的传动。常见机械传动方式有带传动、链传动、齿轮传动以及轮系与减速机。

带传动是利用带作为中间挠性件来传递运动或动力的一种传动方式。按传动原理不同,带传动分为摩擦型(平带传动、V带传动等)和啮合型(同步带)两类。各种皮带运输机、链条机的转动部位,除装防护罩外,还应有安全防护绳。

链传动是由两个具有特殊齿形的齿轮和一条闭合的链条所组成,工作时主动链轮的齿与链条的链节相啮合带动与链条相啮合的从动链轮传动。链条传动主要用于传动比要求较准确,且两轴相距离较远,而且不宜采用齿轮的地方。如自行车就是采用的链条传动。

齿轮传动是由分别安装在主动轴及从动轴上的两个齿轮相互啮合而成。齿轮传动是应用最多的一种传动形式。斜齿圆柱、人字齿圆柱、直齿圆柱属于平行轴传动。

蜗杆传动应用在大传动比的减速装置、起重装置、增速装置、机床的分度机构。

减速机是一种由封闭在刚性壳体内的齿轮传动、蜗杆传动、齿轮-蜗杆传动所组成的独立部件,常用作原动件与工作机之间的减速传动装置。在原动机和工作机或执行机构之间起匹配转速和传递转矩的作用。减速箱用的是小齿轮带动大齿轮,而变速自行车在上坡时脚踏轮搭配也采用小齿轮带动大齿轮。

项目二 转动设备

一、化工生产常用泵

作为可以输送液体并增加液体能量的一种机械,泵在石油化工生产中的应用十分广泛,如炼油厂内的各种油泵;化工厂中的各种酸泵、碱泵;化肥厂的熔融尿素泵及各种给排水用的清净水泵和污水泵等。

根据泵的工作原理和结构形式,常用泵可分为以下几类:

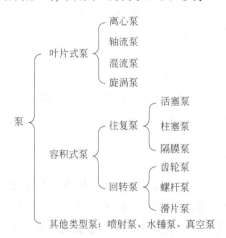

(一)离心泵

离心泵具有结构简单、使用范围广、流量均匀、运转可靠、维修方便等优点,在石油化工生产中得到广泛应用。

1. 离心泵的适用场合

离心泵主要应用于流量范围为 $1.6\sim30000\mathrm{m}^3/\mathrm{h}$,扬程范围为 $10\sim2600\mathrm{m}$,液体黏度不高的场合。

2. 离心泵的结构

离心泵的基本结构如图 1-4-1 所示。

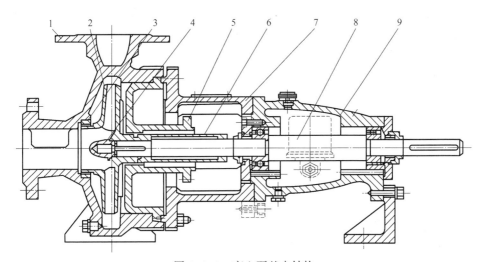

图 1-4-1　离心泵基本结构

1—泵体;2—叶轮;3—密封环;4—叶轮螺母;5—泵盖;6—密封;7—中间支撑;8—轴;9—轴承箱

离心泵的主要部件有叶轮、泵体、轴承、密封装置和平衡装置等。

离心泵常用的轴封有填料密封和机械密封。

泵体既作为泵的外壳汇集流体,它本身又是一个能量转换装置,将液体的大部分动能在泵壳中转化为静压能。

3. 离心泵的工作原理

离心泵一般选择电动机作为驱动,启泵前必须进行灌泵,即令泵体中充满所输送的液体。当叶轮高速运转时,液体在离心力的作用下,从叶轮中心被甩向叶轮边缘,流速增大,动能增加。当液体进入泵体后,由于蜗壳形泵壳中的流道逐渐扩大,流速逐渐降低,一部分动能转化为静压能,液体以较高的压力输出。同时,叶轮中心处由于液体被甩出而形成一定的真空,使得液面处的压力高于叶轮中心的压力,吸入管处的液体在压差作用下进入泵内。只要叶轮连续旋转,液体就不断地吸入和压出,这就是离心泵的工作原理。

4. 离心泵的性能参数

离心泵的主要性能参数有流量、扬程、功率和效率等。一般离心泵铭牌上标注的是泵在效率最高时的主要性能参数。

(1)流量:泵的输送能力,指单位时间内排出液体的数量,通常用体积流量 Q 表示,单位为 m^3/s 或 m^3/h。

（2）扬程：单位质量液体进出泵的机械能差，即泵对单位质量液体所提供的外加能量，通常用 H 表示，单位为米液柱，简写为 m。扬程与离心泵叶轮直径平方成正比，离心泵的吸上高度不是泵的扬程。当离心泵工作时，流量稳定，则它的扬程大于管路所需的有效压头。

（3）离心泵的功率：离心泵在运转中由于有一些能量损失，电动机传给泵的功率称为轴功率，用 $N_{轴}$ 表示，有效功率是指单位时间内泵出口流出的液体从泵中获得的能量，常称为输出功率，用 N_e 表示，单位为 kW 或 W。轴功率 $N_{轴}$ 总是大于泵的有效功率 N_e，如果离心泵输送介质的密度改变，则轴功率也将随着变化。由于离心泵在运转时可能出现超负荷的情况，因此，制造厂配备的电动机常按（$1.1 \sim 1.2$）$N_{轴}$ 来配备。

（4）离心泵的效率：有效功率与轴功率之比称为泵的总效率，用 η 表示。计算方法为 $\eta = N_e / N_{轴} \times 100\%$。

5. 离心泵的选型

若需用扬程较高而流量很大的水泵，可采用多级离心泵。如泵型号为"100D45×4"的，其中"D"表示"多级"。清水泵可以选用 B 型、D 型、Sh 型的离心泵。

6. 离心泵的有关计算

1）离心泵功率的计算

离心泵的有效功率计算公式如下：

$$N_e = \frac{\rho g Q H}{1000}$$

式中　g——重力加速度，m/s^2；

　　　ρ——液体密度，kg/m^3；

　　　Q——体积流量，m^3/s；

　　　H——扬程，m。

2）离心泵扬程的计算

在工程计算中，已知管路中输送一定流量时，可用伯努利方程计算泵提供的扬程。一般用 H 表示扬程。最常用的扬程计算公式如下：

$$H = \frac{(p_2 - p_1)}{\rho g} + \frac{(u_2 - u_1)}{2g} + z_2 - z_1$$

式中　H——扬程，m；

　　　ρ——液体密度，kg/m^3；

　　　p_2——泵出口液体压力，Pa；

　　　p_1——泵入口液体压力，Pa；

　　　u_2——泵出口液体流速，m/s；

　　　u_1——泵入口液体流速，m/s；

　　　z_2——泵出口高度，m；

　　　z_1——泵入口高度，m；

　　　g——重力加速度，m/s^2。

3）离心泵安装高度的计算

离心泵应安装在所吸液槽的液面之上，液面至泵入口中心线允许的最大垂直距离，称为允许安装高度或吸上高度。允许安装高度可通过伯努利方程式确定。

设液面压力为p,泵入口处的压力为p_1,液体密度为ρ,吸入管路中液体的流速为u_1,阻力损失为$h_\text{损}$,泵的允许安装高度为$z_\text{大}$,列出液面至泵入口之间的伯努利方程:

$$\frac{p}{\rho g}=z_\text{大}+\frac{p_1}{\rho g}+\frac{u_1^2}{2g}+h_\text{损}$$

则泵的允许安装高度为:

$$z_\text{大}=\frac{p-p_1}{\rho g}-\frac{u_1^2}{2g}-h_\text{损}$$

(二)往复泵

往复泵包括柱塞泵、活塞泵和隔膜泵,往复泵是容积泵的一种。

1. 往复泵的作用

往复泵具有自吸能力,且在压力剧烈变化下仍可维持流量几乎不变,适用于在小流量、高压力情况下输送黏度较大的液体。

2. 往复泵的结构

往复泵基本结构示意图如图1-4-2所示,主要由曲轴、连杆、十字头、轴承、机架、液缸、活塞(或柱塞)、吸入阀和排出阀、填料函和缸盖等组成。

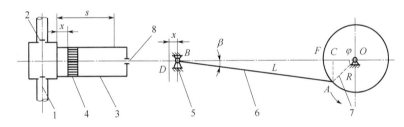

图1-4-2 往复泵结构

1—吸入阀;2—排出阀;3—液缸;4—活塞;5—十字头;6—连杆;7—曲轴;8—填料

3. 往复泵的工作原理

往复泵是通过缸内容积的变化来实现液体的吸入和排出。当曲轴以一定的角速度旋转时,活塞向右移动,液缸的容积增大,压力降低,排出阀在出口管道内液体压力的作用下关闭,被输送的液体在压差的作用下克服吸入管道和吸入阀的阻力进入液缸。当曲轴转过180°后,活塞向左移动,液体就被挤压,压力急剧上升,在液体压力作用下吸入阀关闭而排出阀打开,液缸内液体在压力差的作用下被排送到出口管道中去。当往复泵的曲轴以一定的角速度不停地旋转时,往复泵就不断地吸入和排出液体。

(三)真空泵

1. 真空泵的作用

真空泵主要是用来抽真空和输送气体介质。

2. 真空泵的结构

真空泵由吸入室、泵壳、叶轮、排气室、水环、排气孔和进气孔组成(图1-4-3)。

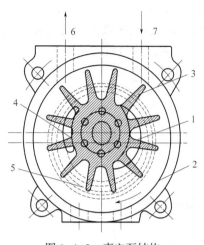

图 1-4-3 真空泵结构
1—叶轮；2—泵壳；3—吸入室；4—排气室；
5—水环；6—排气孔；7—进气孔

3. 真空泵的工作原理

真空泵也称液环泵，叶轮偏心安装在泵壳内，启泵前需引入一定量的液体，通常选用水作为工作液体。当叶轮旋转时，液体在离心力的作用下被甩向四周形成一个液环。液环上部内表面与叶轮轮毂相切，形成一个月牙形的空间。该空间被叶轮叶片分成若干容积不同的小室，随着叶轮旋转，一侧的小室逐渐扩大，另一侧的逐渐缩小。当叶轮旋转一圈，每个小室扩大、缩小一次，并与吸入口和排出口各连通一次，实现吸气、压缩、排气的过程。

（四）螺杆泵

1. 螺杆泵的作用

螺杆泵具有流量连续均匀、工作平稳、脉动小、流量随压力变化小、吸入性能较好等特点，常用于输送黏度变化范围大的介质。

2. 螺杆泵的结构

螺杆泵分为单螺杆和多螺杆泵（多螺杆泵包括双螺杆泵、三螺杆泵和五螺杆泵等）。单螺杆泵是一种按回转内啮合容积式原理工作的泵，主要由偏心转子和固定的衬套定子构成。

常见的多螺杆泵有双螺杆泵和三螺杆泵。双螺杆泵是外啮合的螺杆泵，由一根呈右旋凸螺杆（主动螺杆）和一根呈左旋凹螺杆（从动螺杆）组成，这两根螺杆互相啮合、互不接触，两根螺杆的传动由同步齿轮完成。三螺杆泵的内部由一根主动螺杆、两根从动螺杆和包容三根螺杆的衬套组成密封腔，腔内的液体随着螺杆的旋转做轴向移动，达到输送液体的目的。

3. 螺杆泵的工作原理

单螺杆泵工作时，具有特殊几何形状的偏心转子和定子在泵的内部形成多个密封的工作腔，随着转子的旋转，这些密封腔在一端不断地形成，在另一端不断地消失，各密封腔可连续无脉动地从一端吸入液体，并从另一端压出。单螺杆泵中的液体沿轴向均匀流动，因此内部流速较低，且容积保持不变，对所输送的液体无压损。

双螺杆泵工作时，当螺杆转动，吸入腔容积增大，压力降低，液体在泵内、外压差作用下沿吸入管进入吸入腔，随着螺杆转动，密封腔内的液体连续均匀地沿轴向移动到排出腔，由于排出腔一端容积逐渐减小，将液体排出。双螺杆泵由于结构的独特性，可实现自吸，由于运动部件在工作时互不接触，可短时间干转。

三螺杆泵的特殊结构保证了主从杆不受径向力的作用，轴向力采用液压平衡，轴承只承受螺杆的自重及很小的剩余轴向力，从动杆是由输送液体的压力作用而旋转，泵运转时各密封腔完全隔开，具有较高的容积效率，使用寿命较长。其广泛用于各油田的油气集输。

（五）屏蔽泵

1. 屏蔽泵的作用

屏蔽泵采用法兰密封连接泵壳与驱动电动机,这种连接结构取消了泵轴动密封结构,电动机与泵同轴连接成为一体,可解决流体输送中跑、冒、滴、漏的问题,适合输送有毒有害液体、贵重液体或带放射性的液体。

屏蔽泵可用于工业及军工航天领域,如化工及医药行业的有毒有害液体输送,航天用火箭发射前燃料加注,核电站用核级屏蔽电泵。

2. 屏蔽泵的结构

屏蔽泵基本结构如图1-4-4所示。

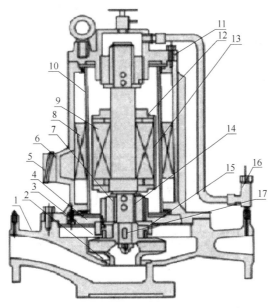

图1-4-4 屏蔽泵基本结构

1—泵体;2—密封环;3—叶轮;4—下轴承座;5—电动机接线盒;6—电动机壳体;7,14—轴承;
8—定子总成;9—转子总成;10,13—定子屏蔽套;11—上轴承座;12—转子端盖;
15—泵盖;16—冷却水管部件;17—轴

屏蔽泵的结构与离心泵大致相同,区别在于屏蔽泵的驱动电动机完全封闭在屏蔽套内。电动机与泵的一体化结构、静密封的连接形式使泵轴运转中发生泄漏的概率大大降低。屏蔽泵电动机的冷却是通过定子与转子之间的循环介质实现的,冷却风扇的取消也降低了泵的运行噪声。电动机定子内侧与转子外侧有屏蔽套,屏蔽套内侧与泵内连通,密封焊接的屏蔽套确保定子绕组和转子铁芯不会被工作液体浸入。石墨滑动轴承的采用使屏蔽泵可以低噪声运行,且润滑介质为输送的介质,无须人工加油,降低人工成本。立式结构可以像阀门一样安装在管道上,安装方便快捷,维修时只需将电动机与叶轮抽出即可,无须拆除管路。

常用屏蔽泵可分为:输送普通物料的基本型、输送易汽化物料的逆循环型及逆向加压型、输送350℃以下高温物料的高温分离型、输送有颗粒的物料的泥浆型、输送高熔点物料的高熔点型、输送物料液体低于泵吸入口的自吸型。

3.屏蔽泵的工作原理

屏蔽泵是一种无密封泵，泵和驱动电动机都被密封在一个被泵送介质充满的容器内，该容器只有静密封，并有一个电线组提供旋转磁场并驱动转子。这种结构将泵和电动机连在一起，电动机的转子和泵的叶轮固定在同一根轴上，利用屏蔽套将转子和定子隔开，转子在泵送介质中运转，动力通过定子磁场传给转子实现介质的输送。

此外，屏蔽泵的制造并不复杂，其液力端可以按照离心泵通常采用的结构类型和有关的标准规范来设计、制造。

(六)磁力泵

1.磁力泵的结构特点

磁力传动泵不同于通常的单轴转动式机械泵，由泵、磁力传动器(磁力联轴器)、磁力泵的特有结构及电动机组成。其关键部件磁力传动器由外磁转子、内磁转子与不导磁的隔离套(密封套)组成，内、外磁转子与隔离套之间均有约2mm的间隙，其具体结构如图1-4-5所示。

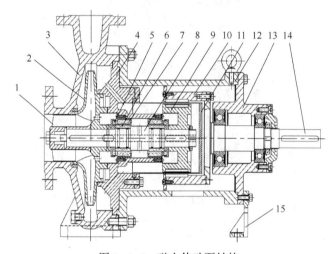

图 1-4-5　磁力传动泵结构

1—诱导轮；2—叶轮；3—泵体；4—泵盖；5—止推环；6—轴套；7—滑动轴承；8—泵轴；9—内磁转子；
10—外磁转子；11—隔离套；12—连接架；13—轴承架部件；14—传动轴；15—支架

该泵为单级单吸卧式结构，带轴承架与加长膜片联轴器，在检维修时可以不需拆卸管路和电动机，也无润滑油部分。

2.磁力泵工作原理

根据磁学原理，当电动机带动外磁转子时，永久磁场能穿透空气隙和用非磁性材质制造的隔离套，带动与叶轮相连的内磁转子做同步旋转，实现动力的无接触式传递，将动密封转化为静密封，从而彻底解决了"跑、冒、滴、漏"问题。设备运行过程中不存在介质泄漏或漏油现象，具有结构简单，运行平稳，噪声振动小，维修方便等诸多优点。

二、化工生产常用压缩机

(一)压缩机的分类

压缩是指加以压力，来减小体积、大小、持续时间、密度和浓度等。根据过程，可以分为定容压缩、定温压缩和绝热压缩。

根据工作原理,压缩机可分为容积式和速度式两大类。根据结构类型,压缩机可分为离心机、轴流机、往复式和螺杆式压缩机。

(二)离心式压缩机结构原理

离心式压缩机结构如图 1-4-6 所示,离心式压缩机的转子由叶轮、主轴、平衡盘、推理盘组成。叶轮是离心式压缩机对气体做功的元件之一。离心式压缩机蜗壳主要作用是把扩压器或叶轮后面的气体汇集起来,并把它们引出压缩机。此外,蜗壳还起到了一定的降速扩压作用。

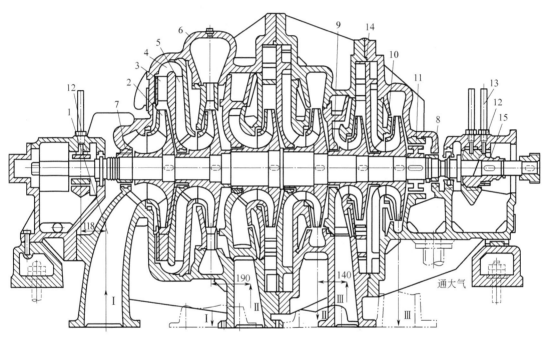

图 1-4-6 离心式压缩机结构

1—吸气室;2—叶轮;3—扩压器;4—弯道;5—回流器;6—蜗壳;7—前轴封;8—后轴封;9—轴封;
10—气封;11—平衡盘;12—径向轴承;13—温度计;14—隔板;15—止推轴承

离心式压缩机常用的气量调节方法有压缩机出口节流调节、压缩机进气节流调节、改变转速调节、转动进口导叶调节。

离心式压缩机使用寿命与压缩机质量、辅助设施、安装、介质、工作条件、操作及维护、检修有关,主要取决于压缩机质量、安装、操作和维护检修。

(三)往复式压缩机结构原理

往复式压缩机是典型的容积式压缩机,依靠气缸内活塞的往复运动实现气体压缩。一般由机身、气缸、活塞、活塞杆、气阀、曲轴、连杆、十字头、填料密封、润滑系统、冷却系统和气路系统组成。常见的对置式压缩机的结构如 1-4-7 所示。

往复式压缩机的适应性强、功耗低,但体积大、易损件多、压力不稳定,因此多用于中小流量的高压场合。

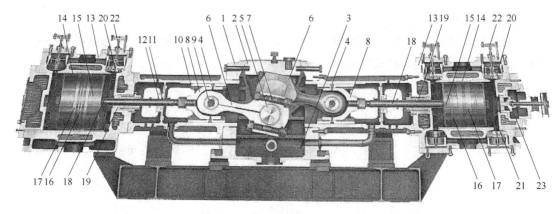

图 1-4-7　对置式压缩机结构

1—曲轴箱；2—撑杆；3—润滑油；4—十字头滑道；5—曲轴；6—连杆；7—连杆螺母；8—十字头；9—十字头销；
10—十字头滑履；11—刮油环；12—密封环；13—气缸；14—缸套；15—活塞；16—活塞环；17—导向环；
18—活塞杆；19—活塞杆填料；20—吸气阀；21—排气阀；22—吸气阀卸荷器；23—余隙腔

往复式压缩机送气量的调节方法有补充余隙调节法、旁路回流调节法、降低吸入压力调节法、改变转速调节。

（四）压缩机的检修

1. 离心式压缩机检修方案的主要内容

离心式压缩机非事故检修方案的主要内容包括压缩机解体检查、修理；齿轮箱解体检查、修理；汽轮机解体检查、修理及辅助系统的检查、修理；地脚螺栓检查及整个机组找正。

离心式压缩机本体大修的主要内容：

（1）检查径向轴承和止推轴承。

（2）检查或更换机械密封或干气密封；检查、紧固各部件的连接螺栓、导向销及支座螺栓，进行无损检测。

（3）抽出内缸，解体检查内缸，进行无损检测，检查转子迷宫密封的间隙，清理迷宫密封上的积焦和污物，必要时更换迷宫密封。

（4）检查转子叶轮、隔板、缸体等零件腐蚀、磨损、冲刷、结垢等情况，检查、修理隔板及外缸上的裂纹、破损及其他有害缺陷，清理隔板上的积焦，进行无损检测。

（5）检查清理转子，检查转子各有关部位的跳动值，测量几何尺寸；对转子做无损探伤、动平衡校验。

离心式压缩机本体外大修的主要内容：

（1）检查、调校各仪表传感器、联锁及报警。

（2）检查、清洗联轴节，检查联轴节齿面磨损、润滑油供给以及转子轴向窜动、螺栓螺母连接情况，进行无损检测，复查、调整机组同轴度。

（3）检查、清理油、水、气系统的管线、过滤器等，阀门、法兰的泄漏；检查各弹簧支架，检查、清理入口管线上的过滤网和进出口管线内的积焦。

（4）机组对中。

2. 离心式压缩机检修后的验收标准

离心式压缩机轴承检修的质量要求包括：巴氏合金内不准有夹渣、裂纹、脱壳现象；瓦块工作面允许的条状缺陷深度、长度、宽度、数量、电蚀深度等应在质量要求范围内;止推瓦块与止推盘的接触面不低于80%并且瓦块在支撑环上摆动灵活;止推轴承、径向轴承的间隙应在质量要求范围内,径向轴承间隙最大允许值不允许超限,超限应更换整副轴承。

3. 离心式压缩机大修后的试车程序

离心式压缩机检修完后的试车条件:

(1)检修工作结束后,检修质量得到确认;机组全部机械、仪表、电气设备的检修工作已经完成,保温、防腐工作已经结束,确认符合要求。

(2)机体整洁,试车环境良好,无油污、杂物与积水,照明充足。

(3)制订好试车方案、操作控制要点及试车注意事项,准备好试车记录表格,确定试车人员且明确各自职责。

(4)通过生产调度联系落实试车的供电、供气、供水,加强岗位之间的操作联系。

离心式压缩机试车前的准备工作有:

(1)检查检修记录,确认检修数据正确。

(2)润滑油全面循环正常,调节油温、油压到正常,相关仪表探头安装、调试、指示准确。

(3)确认机组启动条件,报警停机,辅助油泵自启动的联锁试验。

(4)对机组进行盘车,应无卡涩、摩擦及异常响声,机电仪联合检查,确认开车任务书的全部内容。

离心式压缩机试车的具体步骤:

(1)按操作规程启动机组,当机组在低转速运行时,检查确认轴承温度、振动等正常,检查密封油有无泄漏。

(2)当机组在额定转速运行时,检查轴承温度、机组轴振动、轴位移处于正常范围内。

(3)试车时,严格按照相关标准的升速曲线提速。

(4)做好试车记录。

离心式压缩机检修后试车时要注意的操作要点:

(1)严格按照升速曲线操作,每升高一个梯度的转速,应详细检查轴承、机体内有无异常响声和振动,检查轴承温度的变化,并做好记录。

(2)迅速通过临界转速区域,试车中发现异常现象,须研究处理,必要时停车处理。

(3)动密封可靠,静密封无泄漏。

(4)试车过程中径向轴承和止推轴承的温度、轴位移、轴承部位的水平和垂直轴振动最大峰值应小于压缩机制造商给定的限值。

(5)压缩机出口压力达到设计要求。

4. 往复式压缩机检修方案的主要内容

根据往复式压缩机的运行状况,压缩机检修应贯彻"预防为主,强制维护"的原则,及时发现和消除故障或隐患,避免压缩机损坏,保持设备完好。根据状态检测结果、设备运行状况以及是否有备机可适当调整检修周期。

往复式压缩机的检修分为小修、中修和大修。其对应的检修方案如下:

(1)小修。

检查或更换各吸、排气阀片、阀座、弹簧及负荷调节器,清理气阀部件上的结焦及污垢。

检查并紧固各部连接螺栓和十字头防转销。检查并清理注油器、单向阀、油泵、过滤器等润滑系统，并根据油品的化验结果决定是否更换润滑油。检查并清理冷却水系统，使之畅通。检查或更换压力表、温度计等就地仪表。

（2）中修。

包括小修内容。检查更换填料、刮油环、负荷调节器密封件。检查修理或更换活塞组件（活塞环、导向环、活塞杆、活塞等）。必要时活塞杆做无损探伤，如有缺陷必须修复或更换。缸头螺栓做无损探伤，探伤螺栓数量至少达到50%；每组气阀阀盖螺栓至少抽检2条做无损探伤；出、入口法兰螺栓至少各抽检2条做无损探伤。抽检后的螺栓做好标记，避免下一次重复抽检。检查机身螺栓和地脚螺栓的紧固情况。检查调整活塞余隙。

（3）大修。

包括中修内容。检查测量气缸内壁磨损。检查各轴承磨损、并调整其间隙，或修复、更换。检查十字头滑板及滑道、十字头销、连杆大头瓦和小头瓦、主轴颈和曲轴颈的磨损；检查曲轴张合度。十字头销、连杆螺栓、活塞杆、曲轴无损探伤；气缸螺栓、中体螺栓、主轴承紧固螺栓做无损探伤检查，如有裂纹，同一部位螺栓必须全部更换。气缸螺栓、中体螺栓、主轴承紧固螺栓做尺寸检查，如有弯曲、拉长等残余变形，同一部位螺栓必须全部更换。根据机组运行情况及设备监测情况，调整机体水平度和中心位置，调整气缸及管线的支撑。气缸套做尺寸、表面探伤检查，如有缺陷进行更换，或做镗缸、镶缸处理。缸套、缸盖做无损检验，如缸套无法进行无损检验，进行直观检验。按相关规定检查校验安全阀、压力表、温度计等。检查清扫冷却器、缓冲罐、分离器等，按相关规定进行水压试验、气密性试验及其他相关检验。检查及修补基础。检查卧式压缩机支撑板螺栓，如有缺陷及时更换。基础和机体及有关管线进行防腐。清理油箱更换润滑油。

5. 往复式压缩机检修后的验收标准

往复式压缩机检修后质量及验收标准具体查阅 SHS 01020—2004《活塞式压缩机维护检修规程》。大致应从以下几个方面进行验收。

（1）机体验收标准：机体的纵向和横向水平度偏差不大于 0.05mm/m、各列滑道中心线平行度为 0.1mm/m、十字头滑道中心线与主轴承座孔中心线垂直度为 0.01mm/m、曲轴箱用油面粉清理干净。

（2）气缸验收标准：气缸内表面应光洁，无裂纹、气孔、拉伤痕迹等；气缸内径圆柱度公差应符合要求，否则需进行镗缸或更换气缸套；气缸内表面只有轻微的擦伤或拉毛时，用半圆形的油石沿气缸圆周进行研磨修理，但当表面拉伤超过圆周 1/4 并有严重沟槽、沟槽深度大于 0.4mm、宽度大于 3mm 时，应进行镗缸处理，表面粗糙度达到 Ra1.6，气缸经镗缸处理后，其直径增大值不得超过原设计缸径的 2%，气缸壁厚减少量不大于壁厚的 1/12；带级差活塞的串联气缸，各级气缸镗去的尺寸应一致；镗缸后，如气缸直径增大值大于 2mm 时，应重新配置与新缸径相适应的活塞和活塞环；气缸经过镗缸或配镶缸套后，应进行水压试验。试验压力为操作压力的 1.5 倍，但不得小于 0.8MPa，稳压 30min，应无浸漏和出汗现象；气缸与十字头滑道同轴度应符合要求，气缸水平度偏差不大于 0.05mm/m。

（3）活塞及活塞环验收标准：活塞、活塞环表面应光滑，无磨损、划伤、裂纹、变形及铸造、机加工等缺陷；活塞环在活塞槽内应活动自如，有一定的胀力，用手压紧时，活塞环应全部埋入环槽内,并应比活塞表面低 0.5~1.0mm;活塞与气缸的安装间隙应符合设计要求,或符合下式算得的数值:铸铁活塞为 $(0.8~1.2)\%_oD$,铸铝活塞为 $(1.6~2.4)\%_oD(D$ 为气缸直径)。活塞与气缸的极限间隙应符合设计要求;活塞余隙应符合设计要求;活塞环安装时,相邻两活塞环的搭接口应错开 120°,且尽量避开进气口;活塞环与气缸要贴合良好,活塞环外径与气缸接触线不得小于周长的 60%,或者在整个圆周上,漏光不多于两处,每处弧长不大于 45°,漏光处的径向间隙不大于 0.05mm;活塞环、导向环置于活塞中,其热胀间隙(接口间隙及侧间隙)应符合设计要求;检查活塞环的平行度,将活塞环平放在平板上,用手指沿环的上表面四周轻敲,活塞环两端与平板之间无间隙为宜。

(4)活塞杆验收标准:活塞杆做无损探伤检查,不得有裂纹及其他缺陷;活塞杆表面应光滑,无纵向划痕、镀层脱落等缺陷,表面粗糙度为 $Ra0.8$;活塞杆直线度公差值为 0.06mm/m,最大不大于 0.1mm/m;用盘车方式检查活塞杆的摆动量,其值不大于 0.10mm/m;活塞杆拧入十字头或连接螺母时,用手摆动不得有松动现象,活塞杆螺纹不得有变形、断裂等缺陷。

(5)气阀验收标准:阀片不得有变形、裂纹、划痕等缺陷;阀座密封面不得有腐蚀麻点、划痕,表面粗糙度为 $Ra0.8$;阀座边缘不得有裂纹、沟槽等缺陷;阀座与阀片接触应连续封闭,金属阀片组装后应进行煤油试漏,在 5min 内不得有渗漏;阀弹簧应有足够的弹力,在同一阀上各弹簧直径及自由高度基本保持一致。阀片、阀板升降自由,不得有卡涩及倾斜现象。阀片的升降高度应符合设计要求。

(6)密封填料和刮油环验收标准:填料函中心线与活塞杆中心线应保持一致;密封环内圆面和两端面应光洁无划痕、磨伤、麻点等缺陷,表面粗糙度为 $Ra0.8$;密封圈与活塞杆接触面积应达 70%以上。接触点不少于 $4~5$ 点/cm^2,严禁用金刚砂研磨;组合式密封填料接口缝隙一般不小于 1mm,而锥面密封填料的接口缝隙一般不小于 $(0.01~0.02)d(d$ 为活塞杆直径),各圈填料开口均匀错开组装,对于三瓣的密封圈靠气缸侧,对于六瓣的密封圈靠十字头侧;金属填料和石墨填料在填料盒内的轴向间隙应符合设计要求,或为 0.05~0.10mm,最大不超过 0.25mm,聚四氟乙烯填料轴向间隙比金属填料大 $2~3$ 倍;填料轴向端面应与填料盒均匀接触;刮油环与活塞杆接触面不得有沟槽、划痕、磨损等缺陷,接触线应均匀分布,且大于圆周长的 70%。

(7)十字头、滑板与导轨验收标准:十字头、十字头销、滑板及导轨应无裂纹、划痕等缺陷;十字头滑板与十字头体的连接应紧密,不得有松动现象;十字头滑板与导轨之间的间隙应符合设计要求;滑板与导轨应接触均匀,用涂色法检查其接触面积不小于全面积的 70%,或接触点不少于 2 点/cm^2;十字头销与连杆小头瓦之间的间隙应符合设计要求;锥形十字头销,锥面与十字头孔对研配合,其接触面不小于 90%;十字头销孔中心线对十字头摩擦面中心线不垂直度不大于 0.02mm/100mm。

(8)曲轴、连杆及轴承衬验收标准:曲轴、连杆及连杆螺栓不允许有裂纹等缺陷;曲轴安装水平度误差不大于 0.1mm/m,曲轴中心线与气缸中心线垂直公差值不大于 0.15mm/m;曲轴直线度公差值不大于 0.05mm/m,主轴颈径向圆跳动公差不大于 0.05mm;主轴颈中心线与曲轴颈中心线平行度偏差不大于 0.03mm/m;曲轴最大弯曲度不大于 0.01mm/m;主轴颈及曲轴颈擦伤凹痕面积不得大于曲轴颈面积的 2%,轴颈上沟槽深度不大于 0.1mm;轴颈与轴承应均匀接触,接触角为 60°~90°(轴颈与连杆大头轴承的接触角为 60°~70°),接触点不少于 2~3 点/cm²，轴承衬套应与轴承座、连杆瓦窝均匀贴合，接触面积应大于 70%；轴承合金层与轴承衬结合良好，合金层表面不得有裂纹、气孔等缺陷，薄壁轴承不得用刮研方法修复。轴承合金的磨损不得超过原厚度的 1/3；连杆螺栓的残余变形量不大于 2‰。连杆螺栓上紧时的伸长量或上紧扭矩应符合设计要求。

（9）联轴器验收标准：联轴器检修时，严禁用手锤直接锤打，以免损伤联轴器；联轴器对中找正应符合设计要求。

三、常用风机的类型、结构与工作原理

（一）常用风机的类型

根据 JB/T 2977—2005《工业通风机、鼓风机和压缩机 名词术语》中规定：表压小于或等于 15kPa 的称为通风机，表压大于 15kPa 且小于 0.2MPa 的称为鼓风机。

根据工作原理的不同，风机可分为容积式风机和速度式风机。常见的容积式风机有活塞式风机、回转式风机；常见的速度式风机有离心式风机和轴流式风机。

（二）风机的结构

1. A 式传动离心风机

A 式传动离心风机的结构如图 1-4-8 所示。叶轮直接装配在电动机轴上，结构简单、紧凑，但因受电动机承载能力或介质（如高温）限制，只适用于介质无特殊要求的小型风机。

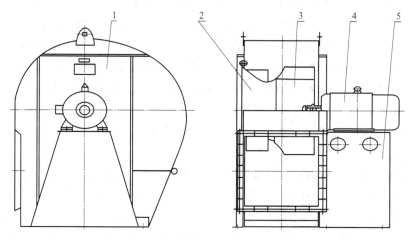

图 1-4-8 带支架的 A 式传动风机结构
1—机壳；2—进风口；3—叶轮；4—电动机；5—支架

2. C 式传动（皮带传动）离心风机

C 式传动离心风机与直联及联轴器传动相比，风机的转速可以根据需要做成任意转速，满足性能要求，但机械传递效率相对要低，其结构如图 1-4-9 所示。

3. D 式传动（联轴器传动）离心风机

D 式传动离心风机的传递效率高于皮带传动，风机转速与电动机转速相同，其结构如图 1-4-10、图 1-4-11 所示。

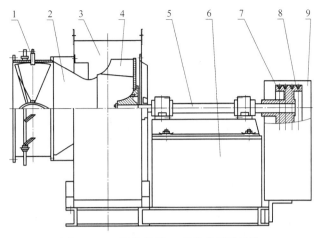

图 1-4-9 带支架的 C 式传动风机结构

1—调风门;2—进风口;3—机壳;4—叶轮;5—传动组;6—支架;7—皮带轮;8—三角胶带;9—皮带罩

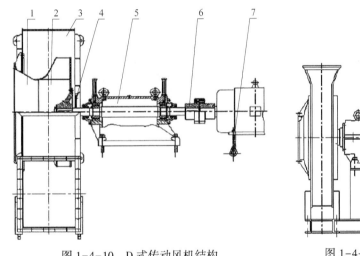

图 1-4-10 D 式传动风机结构

1—进风口;2—叶轮;3—机壳;4—后密封;
5—传动组;6—联轴器;7—地脚螺栓

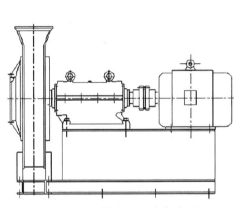

图 1-4-11 带底座 D 式传动风机

4. F 式传动(联轴器传动)离心风机

F 式传动风机与 D 式传动风机相比,轴承的径向载荷小,其结构如图 1-4-12 所示。

5. 直联式轴流风机

直联式轴流风机的结构简单,单级叶轮风机压力低,在对介质无特殊要求的通风场合常选用这种类型的风机,如机泵房、厂房用于通风的墙壁式风机,其结构如图 1-4-13 所示。

6. 罗茨风机

罗茨风机属于正位移型,其剖面如图 1-4-14 所示,其风量与转速成正比,与出口压强无关。该风机的风量范围为 2~500m³/min,出口表压可达 80kPa,在 40kPa 左右效率最高。

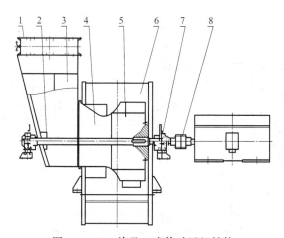

图 1-4-12　单吸 F 式传动风机结构

1—调风门；2—轴封；3—进气箱；4—进风口；5—叶轮；6—机壳；7—传动组；8—联轴器

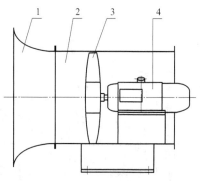

图 1-4-13　直联式轴流风机结构

1—集流器；2—机壳；3—叶轮；4—电动机

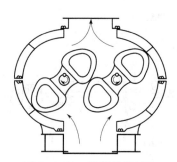

图 1-4-14　罗茨风机结构

（三）风机的工作原理

离心式通风机的构造及工作原理：当电动机带动叶轮转动时，叶轮中的空气也随叶轮旋转，空气在惯性力的作用下，被甩向四周，汇集到螺旋形机壳中。空气在螺旋形机壳内流向排气口的过程中，由于截面不断扩大，速度逐渐变慢，大部分动压转化为静压，最后以一定的压力从排气口压出。当叶轮中的空气被排出后，叶轮中心形成一定的真空度，吸气口外面的空气在大气压力的作用下被吸入叶轮。叶轮不断旋转，空气就不断地被吸入和压出。显然，通风机是通过叶轮的旋转把能量传递给空气，从而达到输送空气的目的。

轴流式风机的工作原理：旋转叶片的挤压推进力使流体获得更高的压能及动能，叶轮安装在圆筒形泵壳内，当叶轮旋转时，流体轴向流入，在叶片叶道内获得能量后沿轴向流出。一般的轴流风机的风压较低，但风量较大，适合冷却设备使用。

罗茨风机的工作原理与齿轮泵类似，机壳内有两个渐开摆线形的转子，两转子的旋转方向相反，可使气体从机壳一侧吸入，从另一侧排出。转子与转子、转子与机壳之间的缝隙很小，使转子能自由运动而无过多泄漏。

项目三 静止设备

一、化工压力容器

(一)压力容器的分类

固定式压力容器是指安装在固定位置使用的压力容器。根据 TSG 21—2016《固定式压力容器安全技术监察规程》,压力容器按设计压力 p 划分为低压、中压、高压和超高压四个压力等级:

(1)低压(代号 L),$0.1MPa{\leqslant}p{<}1.6MPa$。

(2)中压容器(代号 M),$1.6MPa{\leqslant}p{<}10MPa$。

(3)高压容器(代号 H),$10MPa{\leqslant}p{<}100MPa$。

(4)超高压容器(代号 U),$p{\geqslant}100MPa$。

根据在生产工艺过程中的作用原理,压力容器可分为反应压力容器(代号 R)、换热压力容器(代号 E)、分离压力容器(代号 S)、储存压力容器(代号 C,其中球罐代号 B)。

(二)压力容器检验程序

1.压力容器操作规程

压力容器的使用单位,应当在工艺操作规程和岗位操作规程中,明确提出压力容器的安全操作要求。操作规程至少应包括以下内容:操作工艺参数(含工作压力、最高或者最低工作温度),岗位操作方法(含开、停车的操作程序和注意事项),运行中重点检查的项目和部位、运行中可能出现的异常现象、防止措施以及紧急情况的处置和报告程序。

2.压力容器的检验程序

1)外部检查

外部检查指的是运行中检查。检查的主要内容包括:压力容器外表面有无裂纹、变形、泄漏、局部过热等不正常现象;安全附件是否齐全、灵敏、可靠;紧固螺栓是否完好、全部旋紧;基础有无下沉、倾斜以及防腐层有无损坏等异常现象。外部检查既是检验人员的工作,也是操作人员日常巡回检查的项目。发现受压元件产生裂纹、变形、严重泄漏等现象时,应立即停运并及时报告有关人员。

2)内外部检验

压力容器的内外部检验必须在停车和容器内介质清理干净后方能进行。检验的主要内容,除外部检查的全部内容外,还包括以下检验内容:

(1)检验内外表面的腐蚀磨损现象。

(2)用肉眼和放大镜对所有焊缝、封头过渡区及其他应力集中部位检查有无裂纹,必要时采用超声波或射线探伤检查焊缝内部质量。

(3)壁厚测量,若测得壁厚小于容器最小壁厚时,应重新进行强度校核,提出降压使用或修理措施。

(4)对可能引起金属材料的金相组织变化的容器,必要时应进行金相检验。

（5）对高压、超高压容器的主要螺栓应利用磁粉或着色，检验螺栓上有无裂纹。

通过内外部检验，对检验出的缺陷要分析原因并提出处理意见，修理后要进行复验。

3）全面检验

压力容器全面检验除外部检查、内外部检验等项目外，还要进行耐压试验（一般进行水压试验）。对主要焊缝进行无损探伤抽查或全部焊缝检查。但对压力很低、非易燃或无毒、无腐蚀性介质的容器，若没有发现缺陷，取得一定使用经验后，可不做无损探伤检查。

4）压力容器检验周期

金属压力容器一般于投用后3年内进行首次定期检验，以后的检验周期由检验机构根据压力容器的安全状况等级，按以下要求确定：

（1）安全状况等级为1.2级的，一般每6年检验一次。

（2）安全状况等级为3级的，一般每3年至6年检验一次。

（3）安全状况等级为4级的，监控使用，其检验周期由检验机构确定，累计监控使用时间不得超过3年，在监控使用期间，使用单位应当采取有效的监控措施。

（4）安全状况等级为5级的，应当对缺陷进行处理，否则不得继续使用。

二、常用冷换设备

（一）基本概念

1. 热交换器

热交换器是将热流体的部分热量传递给冷流体的设备，也叫作换热器。

2. 冷凝器

物质在蒸发过程中要吸收热量，在冷凝过程中要放出热量。使饱和蒸气变为饱和液体的设备，称为冷凝器。

3. 再沸器

再沸器，也称重沸器，是能够交换热量，同时有汽化空间使液体再一次汽化的特殊换热器。

（二）换热器的分类

换热器的种类繁多，根据不同的分类方法，分为不同的换热器。

（1）按用途划分：加热器、预热器、过热器、蒸发器、重沸器、冷却器、深冷器、冷凝器。

（2）按操作压力划分：普通换热器（$p < 10MPa$）、高压换热器（$10MPa \leqslant p < 35MPa$）；按相关规定，换热面积$\geqslant 350m^2$或压力$\geqslant 10MPa$的称为主要设备。

（3）按冷却介质划分：水冷器、氨冷器、空冷器（干式空冷、湿式空冷、干湿联合空冷）。

（4）按换热效果划分：普通换热器、高效换热器（翅片式、螺旋槽式、折流杆、管内插件）。

（5）按制造材料划分：石墨换热器、玻璃换热器、钢制换热器等。

（6）按其工作原理和设备类型可分为间壁式、蓄热式、直接混合式三种。在石油化工企业，间壁式换热被广泛应用于生产中。工业上使用的喷洒式冷却塔的换热方式属于直接混合式换热。直接混合式换热适用于两股流体直接接触并混合的场合。化工企业生产中应用最广的一种换热方式是间壁式换热。一般条件下,换热器的传热速率大于或等于热负荷。

(7)按其结构划分:套管式换热器、列管式换热器、固定管板式换热器、浮头式换热器等。

(三)常见换热器的结构、特点

1.固定管板式换热器

固定管板式换热器如图1-4-15所示,其两端管板采用焊接方式与壳体连接固定,适用于壳程介质清洁且不结垢,介质温差不大或温差较大但壳程压力不高的场合。其缺点是壳程清洗不方便,检修困难。

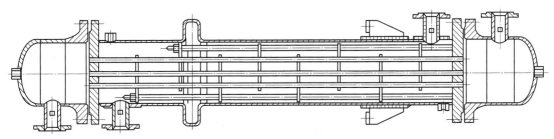

图 1-4-15 固定管板式换热器

2.浮头式换热器

浮头式换热器是化工生产中最常见的换热器。其管板一端与壳体固定,另一端可在壳体内自由移动,可移动端称为浮头,浮头可以拆卸,方便管束的抽出、回装,便于检修和清理。其缺点是运行时无法确认小浮头是否发生泄漏,因此密封安装要求比较高。浮头式换热器压力试验的顺序是:

(1)管子与固定管板及浮头管板连接口检查试压。

(2)管箱及浮头盖试压。

(3)壳程与外头盖试压。

3.列管式换热器

列管式换热器由若干管束组成,结构坚固,操作弹性大,是使用范围较广的换热器。在石化生产过程,列管式换热器中两流体的热量传递方式是热传导和热对流。

换热器中安装折流挡板,可以提高流体在壳程的速度,迫使流体多次改变方向,提高流体的湍动程度,提高壳程流体的对流传热系数。

(四)换热器选型及操作基本原则

1.换热器选型

(1)热管式换热器特别适用于等温性要求高的场合。

(2)管内流体流量较小,而所需传热面积较大时宜选用多管程换热器。

(3)浮头式换热器适用于两种流体温差较大且易结垢的场合。

2.换热器操作基本原则

(1)换热器投用的原则是先开冷流体,后开热流体。

（2）换热器停用时，要先停热流，后停冷流。

（3）水冷却器的水从下部进入，上部排出的目的是使换热器的管程充满水，最大限度地利用水冷却器的传热面积。

3. 管壳式换热器管程和壳程选择原则

（1）在确定换热介质的流程时，通常走管程的有高压气体、易结垢的流体、腐蚀性流体。

（2）在确定换热介质的流程时，通常走壳程的有蒸汽、黏度大的流体、被冷却的流体。

（3）在列管式换热器中，用水冷凝乙醇蒸气，乙醇蒸气宜安排走壳程。

（4）在列管式换热器中，用饱和蒸气冷却苯，苯宜走管程。

（五）换热器检修方案的内容及验收标准

换热器检修时应注意：

（1）换热器换热管在更换时，管子表面应无裂纹、折叠等缺陷，管子与管板采用胀接时应检验管子的硬度，管子需拼接时，同一根换热管，最多只准有一道焊口（U 形管除外）。

（2）管壳式换热器的管子与管板的胀接工作不宜在 0℃ 以下的环境中进行。

（3）换热器管子与管板的胀接宜采用液压胀，每个胀口重胀不得超过两次。

（4）换热器更换换热管时，管子与管板的连接可采用胀接、焊接、胀焊连接。

（5）当换热器的管内介质为高温高压介质时，其管子与管板的连接适宜采用胀焊连接方法。

（6）更换换热管时，必须对管板孔进行清理、修磨和检查。

（7）在对检修后的换热器进行验收时，必须对其进行压力试验，试压方式首选水压试压。

（8）对高压换热器进行压力试验时，当压力缓慢上升至规定压力，保压时间不低于 20min，然后降到操作压力进行详细检查，无破裂渗漏、残余变形为合格。

（9）对低压换热器进行压力试验时，当压力缓慢上升至规定压力，保压时间不低于 5min，然后降到操作压力进行详细检查，无破裂渗漏、残余变形为合格。

换热器检修后验收合格的要求是：

（1）换热器投用运行一周，各项指标达到技术要求或能满足生产需要。

（2）换热器防腐、保温完整无损，达到完好标准。

（3）提交设计变更材料代用通知单及材质、零部件合格证；提交检修记录、试验记录。

（4）提交焊缝质量检验（包括外观检验和无损探伤等）报告。

三、塔设备

在装置中，塔的作用是通过塔内部构件，使得气—液相或液—液相之间充分接触，实现质量传递和热量传递。

根据操作压力，塔可分为常压塔、减压塔、加压塔；根据单元操作，塔可分为精馏塔、吸收塔、萃取塔、反应塔和干燥塔；根据内部结构，塔可分为板式塔（图 1-4-16）和填料塔（图 1-4-17）。

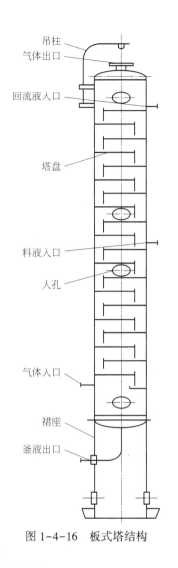

图 1-4-16　板式塔结构

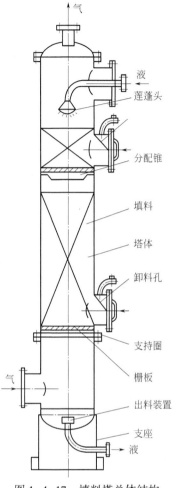

图 1-4-17　填料塔总体结构

(一) 板式塔

1. 板式塔的分类

板式塔根据塔盘结构的不同(塔板上气—液接触元件的不同)主要可分为泡罩塔、筛板塔、浮阀塔等。

浮阀塔广泛用于精馏、吸收以及解吸等传质过程中。浮阀塔的特点是雾沫夹带量少,板效率高,操作弹性大,适应性好,处理能力大,塔板压力降小。浮阀的结构特点是开启程度随气体负荷量的大小而自动调节。

2. 板式塔的结构

板式塔的操作特点是气液逆流逐级接触,主要部件包括塔体、塔体支座、接管、人孔和手孔以及塔盘等塔内件。板式塔的空塔速度不能任意增大,空塔速度越大,气液两相间的接触时间越小,塔的传质效率越低。

板式塔除装设塔板、降液管以及各种物料的进出口之外,还有很多附属装置,如除沫器、人孔(手孔)、裙座,有时外部还有扶梯和平台等。

筛板塔的塔板由开有大量小孔（筛孔）、溢流堰、降液管及无孔区等几部分组成。筛板塔的主要优点在于结构简单、生产能力大、板效率高，但筛板易堵塞、操作弹性小、塔的安装质量要求高。

3. 板式塔检修内容及验收标准

板式塔在检修前应对塔内件进行检查，检查内容包括塔板的腐蚀情况、塔板各部件的结焦、污垢、堵塞情况；检修内容包括：清扫塔盘等内件、更换塔盘板和鼓泡元件、检查修理塔体和内衬垫腐蚀变形及各部焊缝。

检修时的注意事项：

（1）关于板式塔塔板的组装，组装时对塔板各零件要轻拿轻放，塔板的组装可采取卧装或立装，对分块式塔板的安装，塔板两端支撑板间距、塔板长度、宽度应符合规定。

（2）塔体内径小于等于1600mm的塔设备，塔盘组装后，塔盘面水平度在整个面上的水平度允差为4mm。浮阀弯脚角度一般为45°～90°，且浮阀应开启灵活，开度一致，不得有卡涩和脱落现象。塔体厚度均匀减薄至设计的安全壁厚下，会影响设备使用。其中鼓泡元件安装不牢、操作条件破坏、泡罩材料不耐腐蚀，塔板上鼓泡元件脱落和腐蚀。

（3）板式塔检修前检查验收浮阀塔时，应注意塔盘上阀孔直径冲蚀后，其孔径增大值不大于2mm。

（4）板式塔检修后应对其塔内件的检修质量进行验收，其中支撑圈的标准是相邻两层支撑圈的间距尺寸偏差为3mm，还应检查的塔内件有支撑梁、受液盘、溢流堰。

（5）泡罩塔检修后对塔盘应做充水和鼓泡试验，试验前应将所有泪孔堵死，加水至泡罩最高液面，充水后10min，水面下降高度不大于5mm为合格。泡罩塔盘鼓泡试验的方法是将水不断地注入受液盘内，在塔盘下部通入0.001MPa以下的压缩风，要求所有齿缝都均匀鼓泡，且泡罩无振动现象为合格。

（二）填料塔

1. 填料塔的结构

填料塔由塔体、液体分布装置、填料、再分布器、栅板（填料支撑结构）以及气、液的进出口管等部件组成。

液体分布装置的作用，是把来自进液管的液体均匀地分布到填料层的表面上，使填料层表面能够全部被润湿，其种类有管式分布器、喷头式分布器、盘式分布器等。

2. 填料的特性（主要性能参数）

填料润湿表面越大，气液接触面积越大。

填料塔对填料的要求是传质效率高、比表面积大、取材容易、价格便宜。一般情况下，填料尺寸越小，则传质效率越低。

填料的比表面积大、空隙率大对吸收操作是有利的。比表面积是指单位体积填料的表面积。填料的比表面越大，吸收速率越大，吸收的效果越好。填料的空隙率越大，气液两相接触的机会越多，对于吸收是有利的。因此选择填料时原则是单位体积填料的表面积（又称比表面积）应尽可能大，单位体积填料的空隙大、制造容易、价格便宜；质量小而又有足够的机械强度；对于接触的气体和液体均具有较好的化学稳定性，即耐腐蚀性。显然，对于任何一种填料来讲，要全部满足这些要求是很困难的，在选择中，我们应根据具体情况从多方面进行比较决定。

颗粒填料在装填时，要求填料应干净，不得含泥沙、油污和污物，对规则排列的填料，应靠塔壁逐圈整齐正确排列。

3. 常用的填料

填料塔常用的填料有拉西环、鲍尔环、弧鞍形填料、矩鞍形填料、阶梯环、波纹板填料等。实体填料的种类有鲍尔环、弧鞍形、拉西环。鲍尔环的优点有液体分布比较均匀、稳定操作的范围较大、对气体的阻力小。

4. 填料塔检修的注意事项

(1)填料塔检修后，其支撑结构应平稳、牢固、通道孔不得堵塞。

(2)填料塔在检修时，必须检修其塔内件，包括支撑结构、液体分布装置、除沫器。

5. 填料塔检修后的验收标准

(1)填料安装时，填料与塔壁应无间隙。

(2)溢流式喷淋装置其开口下缘(齿底)应在同一水平面上，允差为 2mm。

(3)填料塔的检修质量标准：塔体的保温材料符合图纸要求，塔内构件不得有松动现象、喷雾孔不得堵塞。

(4)在检查验收填料塔的除沫器时，应注意除沫器的丝网不得堵塞、破损。

(5)填料支撑结构的安装要求：

① 填料支撑结构安装后应平稳、牢固。

② 填料支撑结构的通道孔径及孔距应符合设计要求，孔不得堵塞。

③ 填料支撑结构安装后的水平度不得超过 $2D/1000$，且不大于 4mm。

(6)填料塔检修后验收时，必须提交检修记录、零部件合格证、试验报告、焊缝质量检验报告等技术资料。

四、加热炉

(一)加热炉的分类

根据外形，可将加热炉分为箱式炉、立式炉、圆筒炉、大型方炉。

根据用途，则可将加热炉大致分为炉管内进行化学反应的炉子(如制氢转化炉)、加热液体的炉子、气体加热炉、加热混相流体的炉子。

(二)加热炉的结构

加热炉一般由辐射室、对流室、余热回收系统、燃烧及通风系统五部分组成，结构包括炉管、炉墙(内衬)、燃烧器、钢结构等。

(三)加热炉的有关计算

1. 热负荷

热负荷指的是加热炉单位时间内向管内介质传递热量的能力，单位为 MW。常以热负荷作为衡量加热炉生产能力大小的指标。

管式加热炉热负荷的计算公式为：

$$Q' = W_F [eI_v + (1-e) I_L - I_i] \times 10^3 + Q''$$

式中 Q'——加热炉计算总热负荷，MW；

W_F——管内介质流量,kg/s;

e——管内介质在炉出口的汽化率,%;

I_v——炉出口温度下介质气相热焓,kJ/kg;

I_L——炉出口温度下介质液相热焓,kJ/kg;

I_i——炉入口温度下介质液相热焓,kJ/kg;

Q''——其他热负荷,MW。

在加热炉设计时,设计热负荷 Q 通常取计算值 Q'' 的 1.15~1.2 倍。

2. 热效率

热效率是向炉子提供的能量被有效利用的程度,是衡量燃料消耗、评价炉子设计和操作水平的重要指标。

$$\eta = \frac{被加热流体吸收的有效热量}{供给炉子的能量}$$

(四)延长加热炉使用寿命的措施

加热炉炉膛回火,是由于加热炉热负荷高、炉膛负压低、点火时发生爆鸣或者炉膛内燃料不完全燃烧。在热负荷一定的情况下,炉膛负压高,加热炉热效率下降,气流对炉墙冲刷加剧,加热炉寿命下降。有利于延长加热炉的使用寿命的方法是在工艺条件许可的条件下尽可能降低其热负荷,按时巡检,发现问题及时处理。

加热炉提高热效率的方法有优化换热降低管式炉热负荷;集中联合回收余热。

五、常用阀门与管件

(一)阀门的分类

根据用途和作用对阀门的分类见表 1-4-2。

表 1-4-2 常用阀门

序号	阀门分类	用途	举例
1	截断阀	用来截断或接通管道介质	闸阀、截止阀、球阀、蝶阀、隔膜阀、旋塞阀等
2	止回阀	用来防止管道中的介质倒流	止回阀
3	分配阀	用来改变介质的流向,起分配、分离或混合的作用	三通球阀、三通旋塞阀、分配阀、疏水阀等
4	调节阀	用来调节介质的压力和流量	减压阀、调节阀、节流阀等
5	安全阀	防止装置中介质压力超过规定值,从而对管道或设备提供超压安全保护	安全阀、事故阀等

化工生产中常用的阀门有闸阀、截止阀、球阀、蝶阀等,旋塞阀在化工装置中不常用。由系统中某些参数的变化而自动启闭的是减压阀。阀门的基本参数包括公称直径、公称压力、工作温度。阀门的公称直径就是阀门的进出口通道的规格大小。

疏水器是一种自动作用的阀门,也叫作阻气排水阀、凝液排除器等。常用疏水器类型有钟形浮子式疏水器、热动力式疏水器、脉冲式疏水器。

压力容器的安全附件包括安全阀、爆破片、紧急切断装置、压力表、液位计、测温仪表、快开门式压力容器的安全联锁装置。

安全阀应按规定进行定期检验,一般每年至少一次。

(二)常用管件

化工装置里常见的管件有法兰、弯头、大小头、丝堵。用来改变管路方向的管件叫作弯头。用来改变管路直径的管件叫作大小头。用来堵塞管路的管件是丝堵。管箍的作用是连接两段管道。管子与管件的连接,通常既可采用螺纹连接,也可采用法兰连接,又可采用焊接等形式。在化工生产中,管子与阀门连接一般都采用法兰连接。焊接、铆钉连接、胶接属于不可拆连接。

常用法兰密封面的形式有平面型、凹凸型、槽型三种。法兰按其本身结构型式分为整体法兰、活套法兰和螺纹法兰。整体法兰与被连接件(筒体或管道)牢固地连接成一个整体,其特点是法兰与被连接件变形完全相同。活套法兰不是将法兰焊接在接管上,而是活套在设备接口管和接管的边缘或卷边上。螺纹法兰与接管采用螺纹连接,由于造价较高,使用逐渐减少,目前只用在高压管道和小直径的接管上。

六、反应器分类、结构及化工生产对反应器的要求

(一)反应器的分类

根据设备结构,反应器可分为固定床反应器、流化床反应器、鼓泡床反应器、釜式反应器、管式反应器等。常见的石油化工反应器如图1-4-18所示。

根据用途,反应器可分为加氢反应器、催化反应-再生器等。

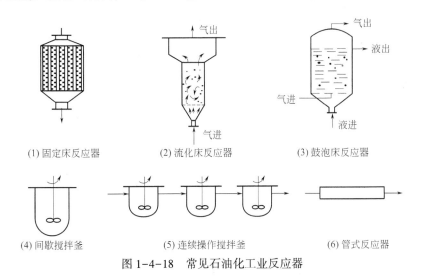

(1)固定床反应器　　(2)流化床反应器　　(3)鼓泡床反应器

(4)间歇搅拌釜　　(5)连续操作搅拌釜　　(6)管式反应器

图1-4-18　常见石油化工业反应器

(二)反应器的结构

1.固定床反应器

加氢反应器是一种典型的固定床反应器,通过顶部分配盘将反应物料均匀流入各催化剂床层进行反应,其特点是降低床层压降,允许采用颗粒小、活性高的催化剂,并降低能耗。

目前,炼化装置中常采用的是热壁式加氢反应器,其结构如图1-4-19所示。

加氢反应器的内部构件包括:

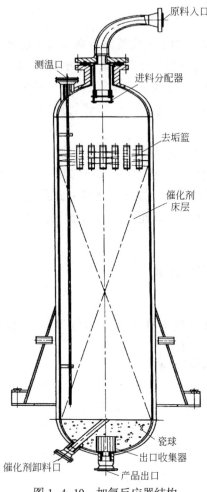

图 1-4-19　加氢反应器结构

（1）入口扩散器——原料油自反应器顶部入口弯管流入，自上而下喷入，通过入口扩散器使流体在上封头中均匀向下流动。

（2）顶部分配盘——一般为板式，在分配盘上装有规则排列的泡帽，令流体可以均匀分布到催化剂床层上。

（3）积垢篮——埋设在催化剂上部的瓷球层中，可防止铁锈等固体杂质造成催化剂床层堵塞或偏流。

（4）催化剂支撑盘——支撑盘固定在反应器器壁的凸台上，零件之间的缝隙中填满填料，栅板上铺两层不锈钢丝。

（5）出口收集器——阻止反应器底部的瓷球从出口漏出，导出反应油。

2. 釜式反应器

釜式反应器也称槽式、锅式反应器，因其结构较为简单，应用比较广泛，可用来进行均相反应或以液相为主的非均相反应。适用的温度和压力范围宽、适应性强、操作弹性大、连续操作时温度浓度易控制，产品质量均一等特点，但工艺要求转化率较高时，需要更大的容积，适用于常压、温度较低且低于物料沸点的场合。

间歇釜式反应器（图 1-4-20），优点是适应不同操作条件和产品品种、操作灵活，缺点是需要有装卸料等辅助操作，产品质量不稳定。适用于小批量、多品种、反应时间较长的产品生产，如发酵反应等。连续釜式反应器（图 1-4-21），又称连续釜。

图 1-4-20　间歇釜式反应器

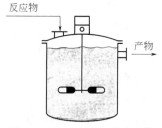

图 1-4-21　连续釜式反应器

釜式反应器主要结构由釜体、搅拌装置、换热装置和轴封四大部分组成。

釜式反应器的搅拌装置常见的有桨片式、齿片式、弯叶开启涡轮、螺杆式、锚式等，如

图 1-4-22 所示。

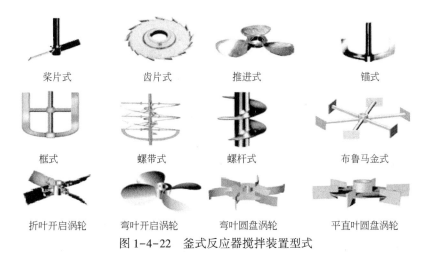

桨片式　　　齿片式　　　推进式　　　锚式

框式　　　螺带式　　　螺杆式　　　布鲁马金式

折叶开启涡轮　弯叶开启涡轮　弯叶圆盘涡轮　平直叶圆盘涡轮

图 1-4-22　釜式反应器搅拌装置型式

釜式反应器的换热装置一般有三种类型：回流冷凝式、盘管式和蛇管式，如图 1-4-23 所示。

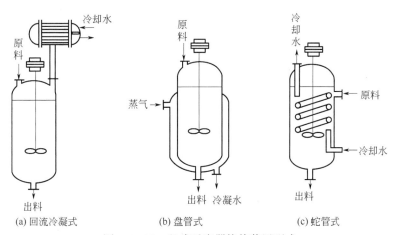

(a) 回流冷凝式　　　(b) 盘管式　　　(c) 蛇管式

图 1-4-23　釜式反应器换热装置型式

3. 管式反应器

管式反应器是一种呈管状、长径比大、无内部构件、可连续操作的反应器，其可承受较高压力，既适用于液相反应，又适用于气相反应。其具有容积小、比表面大、返混少、反应参数连续变化、易于控制的优点，但对于慢速反应，则体现出了其不足之处，即需要管子长、压降大。

管式反应器可分为水平管式反应器、立管式反应器、U 形管式反应器、盘管式反应器、多管式反应器。

管式反应器属于平推流反应器，常见的有管式裂解炉、列管式固定床反应器等。

水平管式反应器由无缝钢管与 U 形管连接而成，易于加工制造与检修。高压反应管道的连接采用标准槽对焊法兰，可承受 1.6~10MPa 压力。

立管式反应器包括单程式立管式反应器、中心插入管式立管式反应器、夹套式立管式反应器,其特点是将一束立管安装在一个加热套筒内,以节省地面。立管式反应器常被应用于液相氨反应、液相加氢反应、液相氧化反应等工艺中。

盘管式反应器是做成盘管型式的管式反应器,结构更紧凑,但检修和清刷管道困难较大。

U形管式反应器的管内设有多孔挡板或搅拌装置,以强化传热传质过程。其直径大,拉长了物料在反应器内的停留时间,可应用于反应速率较慢的反应。

气固相反应还可以采用多管并联结构的管式反应器,如气相氮与氢的混合物在多管并联装有固相催化剂的反应器中合成氨,气相氯化氢和乙炔在多管并联装有固相催化剂的反应器中反应制成氯乙烯。

4. 塔式反应器

塔式反应器分为鼓泡塔式反应器、填料塔反应器、板式塔反应器和喷淋塔反应器。

鼓泡塔式反应器结构如图1-4-24所示,气体从反应器底部通入充满液体的塔内,分散成气泡沿液体上升,既与液相接触进行反应同时搅动液体以增加传质速率。此类反应器多用于液相也参与反应的中速、慢速反应和放热量大的反应。其结构简单、造价低、易控制、易维修、不易腐蚀,也可用于高压环境。但因塔内液体返混严重,气泡易集聚,因此效率比较低。

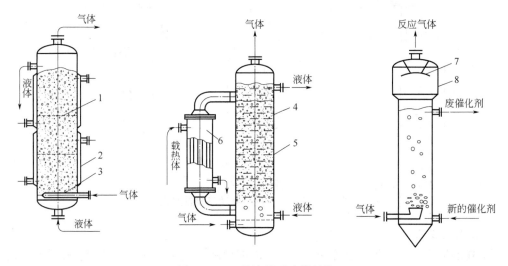

图 1-4-24 鼓泡塔反应器结构

1—分布隔板;2—夹套;3—气体分布器;4—塔体;5—挡板;6—塔外换热器;7—液体捕集器;8—扩大段

填料塔反应器是以塔内的填料作为气液两相接触的媒介,液体自塔顶经液体分布器喷淋到填料上,并沿填料表面流下,气体自塔底送入,经气体分布装置分布后,与液体呈逆流连续通过填料层的空隙,气液两相在填料表面密切接触进行传质。填料塔属于连续接触式气液传质设备。两相组成沿塔高连续变化,在正常操作状态下,气相为连续相,液相为分散相。

板式塔反应器内的液体横向流过塔板经溢流堰溢流进入降液管,液体在降液管内释放夹带的气体,从降液管底隙流至下一层塔板。塔板下方的气体穿过塔板上气相通道,如筛孔、浮阀等,进入塔板上的液层鼓泡,气、液接触进行传质。气相离开液层而奔向上一层塔板,进行多级的接触传质。

喷淋塔反应器是气膜控制的反应系统,结构较为简单,液体以细小液滴的形式分散于气体中,气体为连续相,液体为分散相,适于瞬间、界面和快速反应过程。塔内中空,特别适用于有污泥、沉淀和生成固体产物的体系。

(三)化工生产对反应器的要求

反应器一般都处于化工生产的核心,是化工生产过程的心脏,其技术的先进性、运行的平稳性对于装置运行至关重要,直接影响装置的投资规模、生产成本和产品质量。因此,在日常生产中,要加强对反应器的维护,根据催化剂协议定期在检修期对催化剂进行更换,确保催化剂活性,运行过程中严格控制升温、升压、降温、降压的速度及先后顺序,严禁温度、压力的突然大幅变化,开停工过程中要严格按照方案执行。

项目四　设备的润滑

润滑是摩擦学研究的重要内容。润滑是改善摩擦副的摩擦状态以降低摩擦阻力,减缓磨损的技术措施。一般通过润滑剂来达到润滑的目的。另外,润滑剂还有防锈、减振、密封、传递动力等作用。充分利用现代的润滑技术能显著提高机器的使用性能和寿命并减少能源消耗。

一、润滑剂的类型及作用

润滑就是在具有相对运动的两个固体表面之间施加润滑剂来减少或控制摩擦面之间的摩擦力。

润滑剂若依其物理状态可分为固体润滑剂、气体润滑剂、液体润滑剂、半固体润滑剂。润滑剂按用途分为车用润滑剂、工业润滑剂。

工业润滑剂包括机械油(高速润滑油)、织布机油、主轴油、道轨油、轧钢油、汽轮机油、压缩机油、冷冻机油、气缸油、船用油、齿轮油、机压齿轮油、车轴油、仪表油、真空泵油等。

润滑剂主要起润滑、冷却、防锈、清洁、密封和缓冲等作用。

二、润滑剂的选择与使用

润滑剂选择的基本原则为能够有效地降低摩擦副零件之间的摩擦阻力,从而减少零件的磨损,对设备无腐蚀或堵塞等破坏作用,具有较长的使用寿命、合理的价格。具体选用时应依据以下原则:

(1)载荷大、温度高的轴承,宜选用黏度大的油;载荷小、转速高的轴承,宜选用黏度小的润滑油。

(2)在选择润滑剂时,要考虑其主要特性。

首先要考虑润滑剂应具有适合的黏度;润滑剂应当有良好的氧化稳定性,以便长期使用中不变质；润滑剂应当有高黏度指标，以防在温度变化中黏度发生变化；根据条件要求，润滑剂应具有极压性；在润滑剂性能中，泡沫能促进变质，所以润滑剂应具有良好的防泡性；润滑剂应具有低倾点，以便在低温时不变硬；润滑剂应具有良好的油水分离性，以便在混水后不发生乳化，并能及时将水分离出来；润滑剂应具有良好的洗涤去污性，以便将活动部位上的碳粉及变质新生物清除；润滑剂应具有防锈性，防止生锈。

（3）润滑剂使用时应遵循"五定三过滤"的原则。

其中设备润滑的"五定"指的是：

① 定点，规定每台设备的润滑部位及加油点。

② 定人，规定每个加、换油点的负责人。

③ 定质，规定每个加油点的润滑油品牌号。

④ 定时，规定加、换油时间，定时油质分析。

⑤ 定量，规定每次加、换油数量。

项目五　设备的密封

一、密封类型

泄漏是设备常见的故障之一，造成泄漏的原因主要有两个方面：一是受加工精度和密封面形式等因素影响，密封面难免存在各种缺陷及形状、尺寸的偏差，在密封面连接时就会产生间隙；二是密封两侧存在压力差或浓度差，这是造成泄漏的推动力，介质在推动力的作用下通过间隙发生泄漏。想要减少泄漏，必须使接触面最大程度契合，即减小泄漏通道的截面积，使泄漏阻力大于推动力。

能够防止泄漏的部件叫作密封。其作用就是封住结合面的间隙，隔离或切断泄漏通道，增加泄漏阻力，或在通道中加设小型做功元件，对泄漏介质造成压力，平衡抵消引起泄漏的压力差或浓度差，从而阻止泄漏的发生。设备中起密封作用的零部件称为密封件。

根据密封部位结合面的状况可把密封分为静密封和动密封两大类。

（一）静密封

静密封指的是两个相对静止的结合面之间的密封，结合面之间无相对滑动，只要确保两结合面之间有连续闭合的压力区，就可防止泄漏。常见的静密封有垫片密封、胶密封和直接接触密封。

生产中常见的静密封的密封原理是采用螺栓紧固的方式，以一定的压力将垫片夹加在结合面间，使垫片发生弹塑性形变，填塞密封面上的不平消除间隙来实现静密封。垫片材质可以是金属或非金属的。

（二）动密封

密封部位的结合面有相对运动的密封称为动密封。按照密封结合面是否接触，动密封可分为接触式和非接触式；按照介质形态的不同，动密封可分为气体、液体和固体密封；按照密封位置不同，动密封可分为端面密封和圆周密封；按照密封的工作原理，动密封可分为液膜（压）、抽气、动力及阻尼式密封。

二、炼化生产装置常用的密封

(一)密封圈

密封圈常用耐油橡胶、塑料等制成,一般装在机座上,靠材料本身的弹力或弹簧的作用以一定的压力紧套在轴上起到密封作用。密封圈可根据需要做成各种不同的断面型式,常见的有 O 形圈、U 形圈等。当介质要往外泄漏时,密封圈借助流体的压力挤向沟槽的一侧,在接触边缘上压力增高,构成有效的密封。这种随着介质压力升高而提高密封效果的性能称为"自紧作用"。

(二)机械密封

机械密封,又称端面密封,指由两个圆环组成的一对密封元件,在其垂直于轴线的光洁而平整的表面上相互贴合,并做相对转动而构成的装置。它通常由静环、动环、弹簧加荷装置(包括推环、弹簧、传动座、固定螺钉)、辅助密封圈(动环密封圈、静环密封圈)等元件组成。机械密封与填料密封相比,具有密封性好、结构紧凑、消耗功率小等优点。

机械密封一般有四个密封点:

(1)静环与压盖之间的密封。这是一静密封点,用橡胶或聚四氟乙烯密封圈来防止液体从静环与压盖之间的泄漏。

(2)相对旋转密封点。它靠弹性元件和密封流体压力,在相对运动的动环和静环的接触面(端面)上,产生一个适当的压紧力(比压),使这两个光洁,平直的端面紧密贴合而达到密封的目的。

(3)动环与轴套(或轴)之间的密封,也是静止密封点。当动环与静环磨损时,辅助密封圈与动环应能作补偿磨损的轴向移动。

(4)压盖上的密封垫片。它用螺栓压紧,可以实现无泄漏。

为了适应不同条件的需要,机械密封有各种结构型式,但是都具有相同的基本元件和工作原理。

(三)干气密封

干气密封同样由动、静环和弹性元件组成。不同于机械密封的是其动环与静环端面上存在沟槽,并且在两个密封面间产生一个具有较强刚度的、稳定的气膜,用带压密封气替代带压密封液实现密封。

(四)迷宫密封

当设备轴转速高时,密封圈与轴之间摩擦发热严重,促使密封圈老化、磨损,这将大大缩短密封圈的使用寿命,此时宜选择非接触式的迷宫密封。这种结构使静止件与动件之间设有多个拐弯的缝隙,形成"迷宫",使油或气不易泄漏。

三、密封材料的选择与使用

常用的密封材料有两大类,金属材料和非金属材料。

非金属材料通常有聚四氟乙烯、氟橡胶、尼龙、聚甲醛、石墨、硅橡胶、聚氨酯橡胶、碳化硅陶瓷、非石棉橡胶等。

金属密封材料通常有 10#钢、镍基硬质合金(304/316 等)、铜、其他合金(铬钼钢、铸铁、

45#钢等）。

常用的密封材料选用见表1-4-3。

表 1-4-3　常用密封材料

密封材料	工作特点	用途
非石棉纤维橡胶	硬度较低，弹性较高，可塑性好，能冲压成各种形状的密封件，但易粘连在密封面上	用于油品、石油化工、原料、蒸汽等介质
丁腈橡胶	耐油、耐热、耐磨性好。广泛用于制作密封制品，但不适用于磷酸酯系列液压油及含极性添加剂的齿轮油	用于制O形圈、油封，适用于一般液压气动系统的密封
聚四氟乙烯	化学稳定性好，耐热、耐寒性好，耐油、水、汽、化学药品等各种介质；机械强度较高，耐高压、耐磨性好；摩擦系数极低，自润滑性好	用于制造耐磨环、导向环挡圈，用于各种腐蚀性介质及有清洁要求的介质，常用于机械上
石墨	具有优良的耐酸碱性和耐溶剂性，可在酸碱交替的介质中使用，机械强度较高，硬度高，具有良好的耐磨性和自润滑性，但脆性大，加工困难，且对介质有一定的污染性	用于耐酸碱、油、水、醇、溶剂中做密封环
金属密封材料	用在高温、低温、高真空、高压或强腐蚀性、放射性流体等工况条件下，金属垫片的种类很多，常用的有中空O形环，金属环及金属波形、平形、齿形密封垫片等。常用的材料有软钢、铜、铝、不锈钢、铬钢等，金属垫片密封要求较大的密封比压，法兰面应有足够的硬度和表面粗糙度，金属平垫不适用于温度、压力波动较大的场合	高温（≥300℃）、低温、高真空、高压（压力800LB级以上）或强腐蚀性（管道介质强酸强碱）、放射性（放射性介质）流体等工况条件下

四、机械密封失效的原因

机械密封属于接触型密封，动环和静环常用不同材料制成，因此需要动环硬度较大、静环硬度较小。

机械密封容易发生的主要故障：一是密封端面的故障，如磨损、热裂、变形、破损（尤其是非金属密封端面）；二是弹簧的故障，如松弛、断裂和腐蚀；三是辅助密封圈的故障，如装配性的故障有掉块、裂口、碰伤、卷边和扭曲，非装配性的故障有变形、硬化、破裂和变质。机械密封故障在运行中表现为振动、发热、磨损，最终以介质泄漏的形式出现。

机械密封失效检查正确程序：

（1）了解受操作的密封件对密封性能的影响。

（2）依次对密封环、传动件、加载弹性元件、辅助密封圈、防转机构、紧固螺钉等仔细检查磨损痕迹。

（3）对附属件，如压盖、轴套、密封腔体以及密封系统等也应进行全面的检查。

（4）还要了解设备的操作条件，以及以往密封失效的情况。

（5）进行综合分析，找到产生失效的根本原因。

机械密封振动、发热的主要原因有动静环端面粗糙、动静环与密封腔间隙太小，由于振摆引起碰撞、密封端面耐腐蚀和耐温性能不良，摩擦副配对不当、冷却不足或端面在安装时夹有颗粒杂质。

造成多级离心泵机械密封泄漏的原因：

（1）泵转子轴向窜动，动环来不及补偿位移。

（2）操作不稳，密封腔中压力经常变动。

（3）转子周期性振动。

（4）动静环密封面磨损。

（5）密封端面比压力过小。

（6）密封内夹入杂物。

（7）使用并圈弹簧方向不对，弹簧力偏斜，弹簧力受到阻碍。

（8）轴套表面在密封圈处有轴向沟槽、凹坑或腐蚀。

（9）静环与动环的密封面与轴的不垂直度太大。

五、垫片、法兰、螺栓材料的选择与使用

密封元件的选择，必须根据介质的温度、压力、腐蚀性能等确定密封元件的材质，明确型号。

垫片应具备耐温、耐腐蚀能力以及适宜的变形和回弹能力。常用的垫片材料有金属、非金属和金属与非金属共同结合。常用垫片按结构不同可分为板材裁制垫片、金属包垫片、缠绕式垫片和金属垫片。垫片选用的基本原则：

（1）适合介质温度、压力，适合相配法兰的密封面型式和尺寸、公称直径、公称压力。

（2）有良好的压缩及回弹性能，能适应温度和压力的波动。

（3）垫片材质不含会引起腐蚀的超量杂质。

（4）不污染介质。

（5）加工性能好，安装及压紧方便，不黏结法兰密封面，易拆卸。

法兰密封面的形式有三种：平面型密封面法兰、凹凸型密封面法兰、榫槽型密封面法兰。应根据不同的公称压力等级选择不同型式的法兰。

常见的几种法兰形式见表 1-4-4。

表 1-4-4 常见法兰型式

名称	示意图	名称	示意图
整体法兰		带颈承插焊法兰	
整体平焊法兰		带颈螺纹法兰	
对焊法兰		对焊环带颈松套法兰	

常见的密封面型式有平面、凸面、凹凸面、榫槽面，见表 1-4-5。

表 1-4-5 常见密封面型式

密封面型式	示意图	密封面型式	示意图
平面（FF）		突面（RF）	

密封面型式	示意图		密封面型式	示意图	
凹凸面（MF）	凸面 M		榫槽面（TG）	榫面 T	
	凹面 F			槽面 F	

选用螺栓螺母时，标准螺栓、标准螺母的长度一样、公称直径一样、压力等级一样，严禁高低压螺栓螺母混用。

项目六　设备的防腐

一、腐蚀的分类

腐蚀，一般指材料与其所处环境之间发生反应导致材料性能的降低或破坏。

腐蚀按腐蚀机理分为化学腐蚀和电化学腐蚀两类。按腐蚀形态可分为均匀腐蚀和局部腐蚀。局部腐蚀又可分为点蚀、缝隙腐蚀、电偶腐蚀、冲蚀、应力腐蚀开裂、晶间腐蚀等。按腐蚀环境分类，可分为土壤腐蚀、大气腐蚀、海水腐蚀、高温硫腐蚀等。

影响大气腐蚀的因素有温度和相对湿度。

二、化工腐蚀的危害

炼油化工生产的过程伴随着高温、高压，各种酸、碱、有机溶剂的广泛应用在推进生产工艺进步的同时，也大大增加了金属材料设备腐蚀的风险，给设备防腐带来了极大的挑战。

一旦设备或管线因腐蚀失效，出现"跑、冒、滴、漏"和零部件损坏，更有可能导致火灾、爆炸、中毒、整个单元甚至整套装置的停工等各种事故的发生，带来环境污染和巨大的损失。石油化工行业因腐蚀造成的损失远高于其他行业，一旦发生事故往往伴随着人员伤亡，因此，必须重视腐蚀防护工作的重要意义，采取有效的防腐蚀措施。

三、设备腐蚀的分类与腐蚀原理

腐蚀通常是因为化学作用和电化学作用引起，分为化学腐蚀和电化学腐蚀。化学腐蚀是指金属与介质发生纯化学作用而引起的破坏。电化学腐蚀是金属与介质之间因电化学作用引起的破坏，其特点是腐蚀介质中有能导电的电解质溶液存在。

设备腐蚀还分为全面腐蚀和局部腐蚀。全面腐蚀，也称均匀腐蚀，遍布在金属结构的整个表面，腐蚀结果是壁厚减薄、质量减少。可通过设计时增加设备壁厚，确保设备具有一定寿命的方法，来控制全面腐蚀。在石油化工生产时，局部腐蚀对于设备的危害远大于全面腐蚀。因为局部腐蚀只集中在局部区域，大部分金属表面几乎不被腐蚀。局部腐蚀分为电偶腐蚀、缝隙腐蚀、小孔腐蚀、晶间腐蚀和应力腐蚀。

四、设备防腐措施

目前主要的设备防腐技术有表面防腐蚀技术、电化学保护、缓蚀剂等。

金属表面常见的机械清理方法有喷砂、抛光、滚光、火焰清理、高压水除锈、抛丸清理法及手工工具除锈等。金属覆盖层的保护方法有金属衬里、喷镀、电镀。

在设备选材时，充分考虑工艺介质的腐蚀特性、流动状态与相态、温度、压力及设备的应力状况、冲击载荷等因素，根据相应标准或导则合理选材。在设备设计时，应充分考虑结构对腐蚀的影响，选择合理的结构，避免设计不合理造成设备腐蚀。在石油化工生产中，工艺防腐才是解决腐蚀的最有效方法。

(一)表面防腐蚀技术

在现有的防腐蚀手段中，表面耐蚀涂层和金属表面技术应用最为广泛，采用正确的表面防蚀技术，可极大提高整体材料的耐蚀性能，有效提高设备使用寿命、减少维修费用，提升设备管理水平。在石油化工行业中常应用的表面防蚀技术包括涂、衬、镀等，其中以涂层和衬里的应用最为普遍。

耐蚀涂料主要用于建筑物、构筑物、装置及储罐的内外壁及输水、输油、输气管线。在实际应用中，因表面处理不当造成防腐蚀涂层的损坏比较常见，因此在涂刷耐蚀涂料前，必须重视表面处理的质量。

衬里技术常用于化工设备、管道等，该技术是利用强度高的材料(如玻璃钢、碳钢等)作为结构材料，用耐蚀性能优异的材料作为衬里层，分为紧衬、松衬等。

电镀主要有镀铬、镀锌和镀镍。化学镀指的是采用金属盐和还原剂在同一溶液中进行自催化氧化还原反应，在固体表面沉积出金属镀层的成膜技术，目前国内外发展速度最快的表面处理工艺之一就是化学镀镍磷合金及三元镍系合金，其产品比电镀产品具有更优异的耐蚀性和更大的选择性。

(二)电化学保护

通过改变金属电解质溶液的电极电位从而控制金属腐蚀的方法称为电化学保护，在应用时可分为阴极保护和阳极保护。作为一种经济有效的防腐蚀手段，目前在石油化工生产中得到广泛应用。

阴极保护是在金属表面通入足够的电流使金属电位为负，减小金属溶解速度。阴极保护可防止一般的均匀腐蚀，还可防止一些材料的点蚀、选择性腐蚀等。阴极保护主要用在水及土壤中的金属结构上，适用于设备结构简单、介质腐蚀性不太强的环境中。

阳极保护是指被保护的金属构件与外加直流电源的正极相连，在电解质溶液中使金属构件阳极极化至一定电位，建立并维持稳定的钝态从而抑制阳极溶解，降低腐蚀速度保护设备。对于没有钝化特征的金属，不能采用阳极保护。阳极保护主要应用于硫酸生产、氨水及铵盐溶液中结构物。

(三)缓蚀剂

缓蚀剂是一种在低浓度下可降低金属在腐蚀性介质中的腐蚀速率的物质。在化工生产中，缓蚀剂主要用于防止工业冷却水系统的腐蚀和化工设备、管道及锅炉等化学清洗时的腐蚀。

五、设备堵漏、抢修

当设备管线发生泄漏时，要第一时间组织进行堵漏、抢修工作。若可切除系统，应第一时间将泄漏设备切除系统，确认介质清理退净、压力卸净再进行检维修，尽量减少带压堵漏的次数。如必须进行在线带压堵漏时，应根据实际情况选取相应的带压密封技术。

（1）注剂式带压密封技术。当泄漏量较大、压力较高时，采用注剂式带压密封技术处理管道泄漏是最安全最可靠的技术手段。其基本原理是，密封注剂在人为外力的作用下，被强行注射到夹具与泄漏部位部分外表面所形成的空腔内，迅速弥补各种复杂的泄漏缺陷，在注剂压力远大于泄漏介质压力的条件下，泄漏被强行止住，密封注剂自身能够维持住一定的工作密封比压，并在短时间内由塑性体变为弹性体，形成一个坚硬的、富有弹性的新的密封结构，达到重新密封的目的。

（2）带压黏结密封技术。在发现及时、泄漏处于萌芽状态时，采用带压黏结密封技术处理管道泄漏是最经济、最简便的技术手段。其基本原理是采用某种特制的机构在泄漏缺陷形成一个短暂的无泄漏介质影响区间，利用黏合剂适用性广、流动性好、固化速度快的特点，在泄漏处建立起一个有黏合剂和各种密封材料构成的新的固体密封结构，达到止住泄漏的目的。

（3）带压焊接密封技术是指金属设备或金属工艺管道一旦出现裂纹，发生压力介质外泄，在不降低工艺介质温度、压力的条件下，利用热能使融化的金属将裂纹连成整体焊接接头或在可焊金属的泄漏缺陷上加焊一个封闭板，使之达到重新密封目的的一种特殊技术手段。

模块五　仪表自动化知识

项目一　基本概念

在石油化工生产中,应用仪表对准确度的要求并不总是越高越好,应该根据生产操作的实际情况和该参数对整个工艺过程的影响程度所提供的误差允许范围来确定。

一、测量仪表的精度与灵敏度

仪表的精度等级是以最大相对百分误差来表示的。灵敏度是表征检测仪表对被测量变化的灵敏程度。

仪表指针的线位移或角位移与引起这个位移的被测参数变化量之比称为仪表的灵敏度,即输出变化量和输入变化量之比。通常仪表灵敏度的数值应不大于仪表允许绝对误差的一半。

二、误差的概念及分类

由仪表读得的测量值与被测参数的真实值之间,总是存在一定的偏差,这种偏差就称为测量误差。测量误差用绝对误差和相对误差两种方法来表示。

绝对误差在理论上是指仪表指示值和被测量值的真实值之间的差值。再多次的测量也不是真实值。测量过程改变,系统误差的大小和方向都不变。系统误差在测量过程中容易消除或加以修正。测量误差按其产生的原因不同可分为系统误差、疏忽误差、偶然误差。偶然误差的大小反映了测量过程的精度。液体的密度受压强的影响很小,一般可以忽略不计。由仪表本身的缺陷造成的误差属于系统误差。两台测量范围不同的仪表,如果它们的绝对误差相等,测量范围大的仪表准确度高。

项目二　压力检测仪表

一、压力表分类

压力测量仪表是用来测量气体或液体压力的工业自动化仪表,又称压力表或压力计。压力测量仪表按工作原理分为液柱式、弹性式、负荷式和电测式等类型。

二、压力表工作原理

(一)液柱式压力计

它是根据流体静力学原理,将被测压力转换成液柱高度进行测量的。常用的液柱式压力计有 U 形管压力计、单管压力计、斜管压力计。单管压力计同 U 形管压力计相比,其读数误差减少一半。

(二)弹性式压力计

它是将被测压力转换成弹性元件变形位移进行测量的。常见压力计弹性元件有平薄膜、波纹膜、波纹管、单圈弹簧管和多圈弹簧管等,如图 1-5-1 所示。

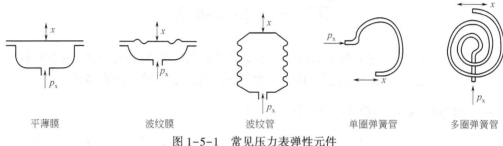

平薄膜　　　　　波纹膜　　　　　波纹管　　　　单圈弹簧管　　　　多圈弹簧管

图 1-5-1　常见压力表弹性元件

(三)电气式压力计

它是通过机械和电气元件将被测压力转换成电量来进行测量的仪表。

(四)活塞式压力计

它是根据水压机液体传送压力的原理,将被测压力转换成活塞上所加砝码的质量来进行测量的。

三、压力表选型与安装

(一)压力表的选型

(1)选用的压力表,必须与容器或管道的介质相适应。

(2)低压压力容器使用的压力表精度不应低于 2.5 级;中压及高压容器使用的压力表精度不应低于 1.5 级。

(3)压力表盘刻度极限值应为最高工作压力的 1.5~3.0 倍,表盘直径不应小于 100mm。

(二)压力表的安装

(1)装设位置应便于操作人员观察和清洗,且应避免受到辐射热、冻结或振动的不利影响。

(2)压力表与压力容器之间,应装设三通旋塞或针形阀;三通旋塞或针形阀上应有开启标记和锁紧装置;压力表与压力容器之间,不得连接其他用途的任何配件或接管。

(3)用于水蒸气介质的压力表,在压力表与压力容器之间应装有存水弯管。

(4)用于具有腐蚀性或高黏度介质的压力表,在压力表与压力容器之间应装设能隔离介质的缓冲装置(选用隔膜式的压力表)。

(5)压力表的校验和维护应符合国家计量部门的有关规定。压力表安装前应进行校验,并在刻度盘上划出指示最高工作压力的红线,注明下次校验日期。压力表校验后应加铅封。

压力表有下列情况之一时应停止使用并更换:

(1)指针不回零位和限止钉处的。

（2）表盘封面玻璃破裂或刻度模糊不清的。

（3）铅封损坏或超过校验期的。

（4）指针松动，弹簧管泄漏的。

（5）指针断裂或外壳腐蚀严重的。

四、压力传感器基本知识

压力传感器的作用是把压力信号检测出来，并转化为电信号输出。能适应快速变化的脉动压力和高真空超高压条件下的压力传感器有压阻式压力传感器和电容式传感器。电容式压力传感器是将压力的变化转化为电容的变化。

项目三 温度检测仪表

一、温度计的分类

根据敏感元件和被测介质接触与否，测温仪表分为接触式与非接触式两大类。根据其测量原理及方法不同，又可分为以下 5 类。

（一）膨胀式温度计

膨胀式温度计又分液体膨胀式（玻璃温度计）和固体膨胀式（双金属温度计），是利用液体或固体受热膨胀的原理进行测量的。此类温度计简单可靠，选用测温点灵便，但一般只能作现场指示用。比如双金属温度计是一种固体膨胀式温度计，是由两片膨胀系数不同的金属牢固地黏在一起，可将温度变化直接转换成机械量变化。

（二）压力表式温度计

压力表式温度计分充液体式、充气体式、充蒸汽式三种。此类温度计又称温包温度计，是利用封闭在固定容器中的液体、气体或蒸汽受热膨胀引起压力变化的原理来测量温度的，压力式温度计中的毛细管越长，则仪表的反应时间越慢。此类仪表简单、价廉，具有防爆性；但精度低，远传时滞后性较大。

（三）热电阻式温度计

热电阻式温度计是利用金属线（例如铂线）的电阻随温度做几乎线性的变化，电阻值发生相应变化的原理来测量温度的。此类仪表测量精度高，便于多点集中测量、实现远传和调节，但有时间延迟的缺点。高温时精度差，故只适用于低、中温的测量。同时，由于体积较大，不能测量"点"的温度。

（四）热电偶式温度计

热电偶式温度计是利用物体的热电性能来测量温度的。此类仪表与热电阻式温度计基本相同，比电阻式能测更高的温度，但在低温段测量时精度较低，同时测量时需冷端补偿。在热电偶测温回路中，只要显示仪表和连接导线两端温度相同，热电偶总热电势值不会因它们的接入而改变，这是根据中间导体定律得出的结论。

（五）辐射式高温度计

上述四种测温仪表是接触式测量仪表，辐射式高温度计是非接触式测量仪表，它是利用受热物体的热辐射性能来测量该物体温度的。此类仪表测量方便，能测其他仪表不能测的高温，但只能测高温，其测量的准确度受环境条件的影响。

二、温度计测量原理

（1）压力式温度计是利用气体、液体或蒸汽的体积或压力随温度变化性质设计制成。

（2）玻璃温度计是利用感温液体受热膨胀原理工作的。

（3）热电偶一般用于远程测量，以便自动控制。热电偶测量温度是应用了热电效应，热电偶是将两根不同的导体或半导体材料焊接或铰接而成。焊接的一端作为热电偶的热端（工作端），另一端与导线连接成为冷端，热电偶的热电势为两种材料所产生电势的差值，它只与两端温度有关。热电偶或补偿导线短路时，显示仪表的示值约为短路处的温度值。热电阻或信号线断路时，显示仪表的示值约为最大。

项目四　流量检测仪表

一、流量计的分类

流量计是用于测量流体流量的仪表。根据结构原理，可分为质量流量计、容积流量计、转子流量计、电磁流量计、差压式流量计和涡街流量计等。

二、流量计工作原理

（一）质量流量计

质量流量计可分为直接式质量流量计和推导式质量流量计。热式质量流量计是一种直接式质量流量计，它采用感热式测量，通过分体分子带走的分子质量的多少来测量流量，因为是用感热式测量，所以不会因为气体温度、压力的变化而影响到测量的结果。

（二）容积式流量计

容积式流量计利用机械测量元件把流体连续不断地分割或单个已知的体积部分，根据测量室逐次重复地充满和排放该体积部分流体的次数来测量流体体积总量。

（三）转子流量计

转子流量计中转子上下的压差由转子的质量决定。转子流量计的转子粘污后对精度影响很大。

（四）电磁流量计

电磁流量计不能测量气体介质流量；电磁流量计的输出电流与介质流量有线性关系；电磁流量变送器和工艺管道紧固在一起，可以不必再接地线。电磁流量计对上游侧的直管要求不严。

（五）差压式流量计

差压式流量计由节流装置、差压信号引压管和差压变送器组成。流体经过安装在工艺管道中的节流件时产生压力差，这个压力差与流体的流量成一定的函数关系，因此，通过测量压力差即可得出流体的流量。差压式流量计包括文丘里管、同心锐孔板、偏心锐孔板。

(六)涡街流量计

涡街流量计是速度式流量计,其变送器输出信号的频率与流量成正比。

项目五　液位检测仪表

一、液位计分类

常用液位测量仪表有玻璃板液面计、浮球液面控制器、浮筒浮球液面变送器、一般差压式液面变送器、单法兰、双法兰差压变送器。

用差压法测量容器液位时,液位的高低取决于压力差、介质密度和取压位置,测量液位用的差压计,其差压量程由介质密度和取压点垂直高度决定,和封液高度无关。

浮筒式液位计测量液位的最大测量范围就是浮筒长度。当被测轻介质充满浮筒界面计的浮筒室时,仪表应指示 0%;当充满被测重介质时,仪表应指示 100%。玻璃板液位计是直读式物位仪表。

二、液位计工作原理

(1)液面的高低与液体的压强成比例关系,因此测出液体的静压,即可知道液位的高低,要靠差压变送器输出压力信号。用差压变送器测液位,差压计的安装高度不可高于下面的取压口。

(2)浮力式液位计是根据浮在液面上的浮球或浮标随液位的高低而产生上下位移,或浸于液体中的浮筒随液位变化而引起浮力变化的原理而工作的。利用浮子本身的重力和所受的浮力均为定值,使浮子始终漂在液面上,并跟随液位的变化而变化的原理制成的液位计叫作恒浮力式液位计。

(3)法兰变送器的响应时间比普通变送器要长,为了缩短法兰变送器的传输时间,毛细管应尽可能选短。用双法兰液面计测量容器内的液位,其零点和量程均已校正好,后因需要仪表的安装位置上移了一段距离,则液面计零点和量程都不变。

项目六　自动控制基础

一、PID 控制规律

当构成一个控制系统的被控对象、测量变送环节和调节阀都确定后,控制器参数是决定控制系统控制质量的唯一因素。控制系统的控制质量包括系统的稳定性、系统的静态控制误差和系统的动态误差三个方面。通用的工业控制器通常是 PID 三作用控制器。它有 3 个可调整参数,即比例度 δ、积分时间 T_i、微分时间 T_D。

系统受到扰动时,经过控制作用进行调整,当系统重新稳定后,被控参数与期望值之间的偏差称为余差。控制器为纯比例控制时,系统的余差与比例放大系数成反比,与比例度成正比。当控制器为比例积分控制时可消除余差。对比例微分控制器,微分作用对余差没有影响。比例控制器的比例度 δ 与放大系数 k_c 成反比关系，比例放大系数 k_c 增大，控制精度提高（余差减小），但系统稳定性下降。积分时间越小，消除余差的能力越强，系统趋向不稳定。在实践中，为消除余差增加积分作用后，会适当增大比例度维持一定的衰减比。微分时间调整得当，可以使过渡过程缩短，增加系统稳定性，减少动态偏差。如果微分作用过大，系统变得非常敏感，控制系统的控制质量将变差，甚至变成不稳定。由于微分作用的特点，使其对惯性较大的被控对象有超前调整作用，所以一般用在有较大滞后被控对象的场合。

二、气动执行器组成及分类

气动执行器一般是由气动执行机构和调节机构两部分组成。

气动执行机构主要有薄膜式与活塞式两种。薄膜式执行机构具有维修方便、结构简单、动作可靠的特点。对于一台直立安装的气动执行器，当气压信号增加时，推杆上移动的为反作用。当控制阀阀杆下移时，通过阀的介质流量减少的称为控制阀的正作用。控制阀典型的理想流量特性是直线流量特性、百分比流量特性、快开型流量特性。

三、简单的控制回路组成

简单控制系统如图 1-5-2 所示。

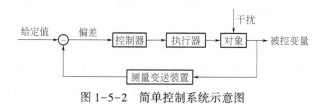

图 1-5-2　简单控制系统示意图

所谓简单控制系统，通常是指由一个测量元件、一个变送器、一个控制器、一个控制阀和一个控制对象所构成的单闭环控制系统。在简单控制系统中，只有一条反馈控制回路。

四、复杂的自动控制系统

（一）选择性控制系统

能实现软限控制的控制系统称为选择性控制系统。选择性控制系统常用的防积分饱和方法有限幅法、积分切除法、积分外反馈法。可编程控制器主要适用于开关量控制，也能进行连续的 PID 控制。

安全软限控制是指当一个工艺参数将要达到危险值时，就适当降低生产要求，让它暂时维持生产，并逐渐调整生产，使之朝正常工况发展。

选择性控制系统在结构上的特点是使用了选择器，选择器可以接在调节器的输出端，也可以接在几个变送器的输出端。

（二）串级调节系统

从系统结构来看，串级调节系统有 2 个闭合回路。主回路是由主测量变送、副控制器、副对象、执行器等所构成的回路。串级控制系统的副回路没有操纵变量。

（三）分程调节系统

把控制器的输出信号分割成若干个信号范围段，由每一段信号去控制一台控制阀，这样的控制系统是分程控制系统。在分程控制系统中，一台控制器的输出可以同时控制两台（含两台）以上的控制阀。在生产过程中，要求物料调节有较大范围的，应选用两台控制阀并联的分程控制方案。分程控制系统就两个控制阀的开关形式可以分为同向、异向。

（四）比值控制系统

为了保持两种或两种以上物料量的比值为一定值的控制叫作比值控制。比值控制包括开环比值控制、单闭环比值控制、双闭环比值控制。实现两个或两个以上物料流量符合一定比例关系的调节系统，称为比值调节系统。

比值控制器要求从动物料迅速跟上主动物料量的变化，且越快越好，一般不希望发生振荡。在比值控制系统中，一般用比值系数 K' 来表示两种物料经过变送器以后的流量信号之间的比值，它与生产上要求两种物料的比值 K 是不完全一样的。

若以 Q_1 表示主物料流量（主流量），Q_2 表示副物料流量（副流量），K 表示副流量与主流量的流量比值系数，$K = Q_2/Q_1$。

五、DCS 系统的组成与工作原理

（一）DCS 系统的组成

DCS 是分布式控制系统的英文缩写，也称集散控制系统，是为满足大型工业生产和复杂的过程控制要求，将微处理器、微计算机技术、数字通信技术、人机接口技术、I/O 接口技术相结合，用于数据采集、过程控制和生产管理的综合控制系统。

集散控制系统一般主要由操作站、控制站、检测站、通信装置四部分组成。

（二）DCS 工作原理

DCS 的硬件系统通过网络将不同数目的工程师站、操作站、现场控制站连接起来，完成数据采集、控制、显示、操作和管理功能，充分反映了分散控制、集中管理的特点。操作站、工程师站和监控计算机构成了 DCS 的人机接口，用以完成集中监视、操作、组态和信息综合管理等任务。数据采集站和现场控制站构成 DCS 的过程接口，用以完成数据采集与处理和分散控制任务。通信系统是连接 DCS 各部分的纽带，是实现集中管理、分散控制目标的关键。

常见的 DCS 产品有美国霍尼韦尔（Honeywell）公司的 TPS、日本横河电机株式会社（YOKOGAWA）生产的 CENTUM-CS 等。

（三）DCS 的显示操作画面知识

DCS 的显示画面大致可以分为四层。概貌显示画面的显示方式有多种，不同的 DCS 系统提供的显示方式不相同。DCS 操作画面中，液位的变化可直观地用棒图来显示。由用户过程决定的显示画面是过程显示画面。

DCS 显示操作页面上有许多的符号，常见符号的含义如下：PV 表示测量值；PH 表示测量值上限报警值；PL 表示测量值下限报警值；SV 表示设定值；SH 表示给定值上限；SL 表示给定值下限；MV 表示输出值；AUT 表示自动方式；MAN 表示手动方式；NR 为报警；CAS 表示串级方式；IOP 表示输入开路；OOP 表示输出开路；HH 表示高高限报警；HI 表示高限报警；LL 表示低低限报警值；LO 表示低限报警；DV+表示偏差高报警；DV 表示偏差低报警；

ANS+表示开反馈信号没有回来;ANS 表示关反馈信号没有回来。

六、PLC 系统的组成与工作原理

可编程序控制器(Programmalbe Logic Controller),简称 PLC,是一种以微处理器为核心器件的逻辑和顺序控制装置。它是一种数字式的电子装置,使用可编程序的存储器来存储指令,并实现逻辑运算、顺序运算、计数、计时和算术运算等功能,用来对各种机械或生产过程进行控制。PLC 的硬件系统由中央处理单元、存储器、输入输出单元、输入输出扩展接口、外部设备接口以及电源等部分组成。

PLC 的主要特点如下:

(1)构成控制系统简单。

(2)改变控制功能容易。可以用编程器在线修改程序,很容易实现控制功能的变更。

(3)编程方法简单。程序编制可以用接点梯形图、逻辑功能图、语句表等简单的编程方法来实现,不需要涉及专门的计算机知识和语言。

(4)可靠性高。

(5)适用于工业环境使用,它可以安装在工厂的室内场地上,而不需要空调、风扇等。

目前比较常见的系统有德国西门子公司的 SIMATIC—PCS7、日本三菱公司的 FX2N、美国 AB 公司的 SLC-500 系统等。

七、调节器的类型及其工作原理

调节器,是将生产过程参数的测量值与给定值进行比较,得出偏差后根据一定的调节规律产生输出信号,推动执行器消除偏差量,使该参数保持在给定值附近或按预定规律变化的控制器。

可编程调节器又称数字调节器或单回路调节器,是一种以微处理器为核心部件的调节器,它的各种功能通过编程的方法来实现。可编程调节器一机多能,可简化系统工程,缩小控制室盘面尺寸,编程方便,不需要计算机软件即可操作,通信接口可与计算机联机,扩展性好。

模块六　安全生产

项目一　石油石化安全生产要求

安全生产是企业生存和发展的永恒主题,安全生产管理是企业管理的重要组成部分。安全生产管理工作在整个石油化工生产经营活动中占有十分重要的地位。石油化工企业安全生产管理的基本内容主要包括:建立健全安全生产责任制和规章制度;保证必要的安全生产投入;加强安全生产教育;开展多种形式的安全生产检查;进行事故调查处理;坚持建设项目"三同时"原则;定期进行安全评价;辨识和监控重大危险源;建立安全生产重大事故应急救援体系;有效运行 HSE 体系等。

一、国家安全生产方针

《中华人民共和国安全生产法》将防止和减少生产安全事故,保障人民群众生命和财产安全,促进经济社会持续健康发展作为立法目的,提出安全生产工作应当以人为本,坚持安全发展,确立了"安全第一、预防为主、综合治理"的工作方针。明确建立生产经营单位负责、职工参与、政府监管、行业自律和社会监督的机制,赋予工会对安全生产进行监督的职责,要求各级政府制订安全生产规划,推动有关协会组织发挥自律作用。这些规定,明确了安全生产的重要地位、主要任务和实现途径,对于做好安全生产工作具有重要和长远的意义。安全生产方针为中国安全生产确定了总原则,这里所说的安全第一,是把人身安全放在首位。"预防"是实现安全生产、劳动保护的基础。"防消结合,以防为主"是安全生产方针在消防工作中的具体体现。当生产与安全工作发生矛盾时,要把安全放在首位。

二、安全教育

安全教育培训的形式分为三级安全教育、日常安全教育培训、专业安全教育培训和补充安全教育培训。安全教育培训要做到培训率 100%、考核准确率 100%、持证率 100%。其中,三级安全教育制度是企业安全教育的基本教育制度。所有新进厂人员,包括新调入的工人、干部、学徒工、临时工、合同工、季节工、代培人员和实习人员,上岗前都必须进行三级安全教育,并经考试合格后方可分配工作。其中,三级安全教育制度是企业安全教育的基本教育制度。所有新进厂人员,包括新调入的工人、干部、学徒工、临时工、合同工、季节工、代培人员和实习人员,上岗前都必须进行三级安全教育,并经考试合格后方可分配工作。危险化学品生产经营单位新上岗的从业人员安全培训时间不得少于 72 学时。具体如下:

(1)厂级安全教育。

厂级安全教育一般由企业安全部门负责进行,不少于 40 学时。

(2)车间级安全教育。

各车间有不同的生产特点和不同的要害部位、危险区域和设备，在进行本级安全教育时，应根据各自情况详细讲解，一般由车间安全管理人员负责进行 24 学时的安全教育。工人的日常安全教育应以"周安全活动"为主要阵地进行，并对其进行每月一次的安全教育考核。

（3）班组级安全教育。

班组安全教育一般由班组长或班组安全员负责进行，不少于 8 学时。

三、安全检查

（一）石化行业生产的不安全因素

石化产品和生产方法的多样性、装置规模的大型化、生产工艺的高参数、生产过程的连续化、自动化、生产过程涉及的危险化学品多，决定了石化生产中存在的不安全因素较多、事故后果严重，对安全生产的要求更严格。其不安全因素体现在以下几个方面。

1. 易燃、易爆、有毒和有腐蚀性的物质多

石化生产中一种主要产品可以联产或副产多种其他产品，同时又需要多种原料和中间体来配套生产，这些原料、中间产品、成品往往具有易燃、易爆、有毒或有腐蚀性的特点。如化肥生产中的原料氢气、中间产品氨；聚烯烃生产中的中间产品乙烯、丙烯、化学品硫酸、盐酸；聚苯乙烯生产中的原料苯、副产物甲苯等。其中氢气、乙烯、丙烯属易燃物质，与空气混合可形成爆炸性混合物；氨、苯、甲苯属有毒物质，其蒸气与空气混合也能形成爆炸性混合物；硫酸、盐酸具有腐蚀性。这些危险化学品一旦管理失控，发生火灾、爆炸事故，不但导致生产停顿，也会造成人身伤亡和财产损失，甚至是灾难性的损失和伤害。

2. 高温、高压设备多

石化生产中的氧化还原反应、裂解反应、聚合反应、化合反应等，都需要在一定温度、压力下进行，因此可以说化工生产几乎都离不开高温高压设备。如氨合成塔的工作压力在 30MPa 左右；生产高压聚乙烯的压力高达 280MPa；乙烯生产装置中裂解的温度为 1000℃。由于石化生产工艺中采用了高温、高压等高参数，大大提高了设备的单机生产效率、产品收率，缩短了产品的生产周期，使化工生产获得了更佳的经济效益，但同时也增加了生产中的危险性。如高温设备和管道表面易引起与之接触的可燃物着火；高温下的可燃气体，一旦空气抽入系统与之混合并达到爆炸极限时，极易在设备和管道内爆炸；温度达到或超过自燃点的可燃气体，一旦泄漏即引起燃烧爆炸事故的发生。在高压条件下，可使可燃物质的爆炸极限变宽，尤其对爆炸上限的影响更大。如甲烷常压下的爆炸上限为 15%，而在 12.5MPa 时，将扩大到 45.7%，增加了爆炸的危险性。另外，高压操作也给工艺设备的选材、制造和维护等增加了难度，同时高压下的设备易发生疲劳损坏，造成泄漏，引起环境污染、人员中毒甚至火灾爆炸事故。

3. 工艺复杂、操作要求严格

在石化生产中，一种石化产品的生产往往由一个或几个车间（或工段）组成，每个生产车间又包括许多化工操作单元和许多特殊要求的设备和仪表；每个操作单元都要求在规定的工艺参数下进行，同时，生产装置大多管道纵横、各种阀门星罗棋布；而各种参数的干扰因素又很多，所设定的参数很容易发生偏移，其工艺参数的偏移正是造成事故的根源之一。如

温度、压力、流量及物料的成分等，即使在自动控制调节过程中也会发生失控、失调现象，人工调节更易发生事故。另外，由于人的素质或人机工程设计欠佳，往往会造成误操作。如看错仪表、开错阀门等，特别是现代化工的生产中，人是通过控制台进行操作的，发生误操作的机会就更多。因此，对操作人员的要求就必须十分严格。只有严格按操作规程进行操作、严格遵守操作纪律，才能确保生产的正常进行。否则，一个小的失误或疏忽，就会导致严重的后果。

4.三废多、污染严重

石化企业"三废"(废水、废气、废渣)多，污染严重，是不可否认的事实，另一方面，石化企业违规排放"三废"也是潜在的不安全因素。石化企业的"三废"污染已成为水污染、空气污染、土壤污染的根源。随着人们环保意识的提高，企业的"三废"污染也引起了人们的广泛关注，搞好"三废"处理已成为石化企业安全生产工作的一项重要内容。

(二)石化行业安全检查的内容

石化行业安全检查的任务是发现和查明各种危险和隐患，督促整改；监督各项安全管理规章制度的实施，制止违章指挥、违章作业。安全检查一般分为日查、周查、月检查、综合性季度检查。

经常性的"日查"一般在日常生产活动中进行，由班组长组织，主要是检查落实安全技术规程及岗位安全生产责任制，交接班检查，设备的巡回检查，发现隐患，纠正违章。

周查由值班长或工段长组织实施，组织工人的安全活动，查思想、查设备、查制度、查隐患。

月检查由各分厂(车间)领导组织职能人员按"安全检查表"所列内容进行月安全检查，并安排隐患整改工作，进行查领导、查思想、查纪律、查制度、查隐患。

综合性季度检查由厂级领导组织有关部门的人员对各分厂处室进行全面的综合性大检查，季节性定期安全生产检查内容包括防汛、防雷击、防冻保温。安全生产不仅是重要内容，还实行一票否决权。

(三)防凝防冻知识

做好防冻防凝工作，应加强报告制度，有情况立即汇报领导和上级部门。在防冻防凝工作中，严禁用高压蒸汽取暖、严防高压蒸汽串入低压系统。具体要求如下：

(1)运转和临时停运的设备、水管、汽管、控制阀要有防冻保温措施，或采取维持小量的长流水、少过汽的办法，达到既节约又防冻的要求。

(2)长期停用的设备、管线与生产系统连接处要加好盲板，并把积水排放吹扫干净。

(3)加强脱水检查，如各设备低点及管线低点有水的部位要经常检查脱水；泵的冷却水不能中断；备用泵按规定时间盘车；蒸汽伴热系统、取暖系统经常保持畅通。各处的蒸汽与水线甩头应保持长冒气、长流水，压力表、液面计要经常检查，并做好保温工作。

(4)低温处的阀门井、消火栓、管沟要逐个检查，排除积水，采取防冻保温措施。

(5)对冻凝的铸铁阀门要用温水解冻或少量蒸汽慢慢加热，防止骤然受热损坏。

(6)冬季生产中开不动或关不动的阀门不能硬开硬关。机泵盘不动车，不得启用。

(7)冬春交替要注意防化冻，冰溜子要随时打掉，楼梯走道积雪及时清理，确保人身安全。

（8）每日做好防冻防凝检查记录。

四、厂内交通安全知识

企业应在管理组织、交通信号标志、交通路线、车辆驾驶、车辆装载等方面制订具体的管理制度，在企业中以厂规厂法颁布施行。非机动车和行人应遵守以下安全注意事项：

（1）自行车、三轮车不准牵引其他车辆，也不准被机动车辆牵引。转弯需慢行，并伸手示意，不准猛拐弯。

（2）骑自行车时，不准两人搭肩而行，带人牵车同行。车闸不灵的不骑行，不准打闹骑行。

（3）不准在厂房内、设备旁停放非机动车辆，自行车应集中管理。

（4）行人和骑车人禁止进入检修、吊装作业现场，以免影响作业，防止事故发生。

（5）厂内行人要注意风向及风力，以防在企业突发的事故中被有毒气体侵害。遇到情况时，要绕行、停行、逆风而行，防止在顺风中受到侵害。

（6）行走时要注意路面上有无沟、坑、井，注意头顶上部有无管线、架子、电缆、电线等障碍物。

（7）在雪天行路时，要注意防滑、防摔、防碰撞，保障自身安全。

（8）厂内机动车装载货物超高、超宽时，必须经厂内安全管理部门审核批准。

（9）不要在有毒、有害物堆放、排放的地方停留。

五、四不伤害原则

所谓四不伤害就是不伤害自己、不伤害别人、不被他人伤害和保护他人不被伤害。四不伤害原则，体现了安全第一的安全生产方针。

（1）不伤害自己：保持正确的工作态度及良好的身体心理状态，保护自己的责任主要靠自己，掌握设备正常操作步骤，遵守各项安全规则，使用必要的防护用品，不违章作业；杜绝习惯性违章，积极参加安全教育培训提高识别和处理危险的能力，虚心接受他人对自己不安全行为的纠正。

（2）不伤害他人：尊重他人生命，不制造安全隐患，设备操作时要确保他人在免受影响区域内，将你所知、造成的危险及时告知受影响人员，加以消除或予以标识。

（3）不被他人伤害：提高自我防护意识，及时发现并报告维修，经常与同事进行安全知识经验共享，帮助他人提高事故预防技能，远离已标识的危险，纠正他人可能危害自己的不安全行为，正确应用所学安全技能冷静处理所遭遇的突发事件，拒绝他人违章指挥。

（4）保护他人不被伤害：发现任何事故隐患要主动告知或提示他人，提示他人遵守各项规章制度和安全规范，提出安全建议互相交流，关注他人身体精神状况等异常变化，一旦发生事故，在保护自己的同时，要主动帮助身边的人摆脱困境。

六、个体防护

个体防护用品是保护职工在生产过程中的人身安全和健康所必备的防御性装置，对于减轻职业危害起到相当重要的作用。防护用具包括工作服、工作帽、工作鞋、手套、口罩、眼镜、过滤式防毒呼吸器、隔离式防毒呼吸器等。

（一）头部的防护方法

安全帽是为保护头部不因重物坠落或其他物件碰撞而伤害头部的防护用品。在化工生产区域、建筑施工现场、起重作业现场、设备维修和检修现场，所有作业人员必须按要求戴好合格的安全帽。女工在从事转动设备作业时必须将长发或发辫盘卷在工作帽内，以确保安全。《中华人民共和国安全生产法》规定，柳条编制安全帽禁止使用。安全帽有效期为3年。

（二）眼睛和面部的防护方法

在从事对眼睛及面部有伤害危险的作业时，必须佩戴有关的防护镜或面罩。从事酸碱作业时，作业人员必须佩戴封闭式眼镜；专业从事机动车驾驶人员需戴防冲击变色镜；从事钻、车、铣、刨、凿、磨、铲、刮、除锈作业时，均须佩戴眼镜；从事计算机、焊接及切割作业、X射线或其他各种射线作业时，需佩戴专用防护镜。

（三）脚部的防护方法

穿用防护鞋时不能将裤脚插入鞋筒内，防护鞋的鞋底均须有防滑功能。从事有腐蚀性、热水、热地作业时应穿相应胶鞋；从事各种油类作业时应穿耐油胶鞋；从事搬倒、吊装作业应穿防砸鞋；从事检修、机床作业的工人应穿防刺穿鞋；从事电气仪表作业的应穿有相应要求的耐压等级的绝缘鞋，所有防护鞋底，均有防滑功能。

（四）手部的防护方法

在从事可能会导致手部伤害的作业人员，必须戴上合适的防护手套。从事酸碱作业时，作业人员需戴耐酸碱各种橡胶手套；从事焊接、切割、电气作业时需戴相应的绝缘专用手套。线手套或布手套只可作为一般的劳动防护用品；从事机床加工作业时，机床运行操作中，作业人员严禁戴手套；从事车工作业的人员，作业时严禁戴手套。对于那些在生产过程中通过皮肤而侵入人体的有害尘、毒作业的人员，需有工业护肤用品，涂在手、臂、脸部，以保护职工的健康。

（五）耳部的防护方法

耳部的防护，即听力的保护。在企业中，听力防护设施有耳罩、耳塞、防声头盔。衡量声音对人耳是否有损伤的指标是强度。在整个听觉系统中，噪声对耳蜗中的听觉细胞的损害是不可恢复的。

（六）口鼻的防护方法

口鼻的防护，即呼吸系统的防护。工作地点有有毒的气体、粉尘、雾滴时，为保护呼吸系统，作业人员应按规定携带戴好过滤式防毒面具。在严重污染或事故抢救中，因污染严重，作业人员应佩戴隔绝式防毒面具。进入有毒设备内的作业人员，应备有长管呼吸器。

（七）皮肤的防护方法

人体皮肤是化工生产中有毒有害物质侵入人体的主要途径。在夏季生产中禁止穿短袖衣、短裤上岗。工作服必须是三紧式，即紧领、紧摆、紧袖。一般工作岗位穿着普通棉布料工作服；在特殊岗位工作的职工，应穿着不同面料的工作服。例如，易燃、易爆岗位，应穿着阻燃布工作服；从事苯、石油液化气等易燃液体作业人员，应穿着防静电工作服；从事酸碱作业人员，应穿着耐酸碱工作服；从事焊接、切割作业人员，应使用阻燃隔热的防护服。

（八）机械设备对人体伤害的防护方法

一般情况下，应将转动、传动部位用防护罩保护起来；在全部裸露的转动、传动部位可作整体防护；在设备一侧的转动、传动部位要做好外侧及周边的防护。各种皮带运输机、链条机的转动部位，除装防护罩外，还应有安全防护绳。

进入搅拌装置的设备内作业，要求该装置的电气开关要用带门的铁盒装起来；作业人员本人应用锁具将该装置的开关盒锁好，钥匙由本人亲自保管。在其他传动设备的检修工作中，电气开关上应挂有"有人作业，禁止合闸"的安全警告牌，并设专人监护。

在旋转机房作业的人员，必须穿齐、穿好有关的工作服，戴好工作帽。不允许不扣衣扣、无扣、腰扎绳索等现象的发生，以有效保护自身安全。

项目二 安全用电及防火防爆

化工生产具有易燃易爆的特点，要求电气设备和线路具有防火防爆的要求，电气设备要求自动控制、自动调节、远距离操作等，要求电气设备具有相应的绝缘性和较强的耐腐蚀性。由于化工生产的连续性，要求供电不间断，一般采用双电源供电，并且有备用电源自动投入装置，保证不间断供电。

一、安全用电

（一）静电产生的原因、危害及预防静电的方法

静电是物体间相互摩擦或感应产生的，当两种物体发生摩擦时，就会产生极性相反的两种电荷并存于这两种物体上。产生静电的原因有摩擦，液体、气体流动，粉碎、研磨、搅拌等。粉尘运送排出的过程中也会产生静电。静电荷产生的多少与生产的物料的性质、过程和喷射强度都有关。物体带有静电，其周围形成电场，在放电时产生的电火花很容易引起爆炸。

静电的危害主要是易引起爆炸和火灾、电击或人身触电，妨碍生产或降低产品质量。静电电压有时会很高，超过安全电压时会引起人身触电。

静电产生的具体原因包括：

（1）当物体产生的静电荷越积越多，形成很高的电位时，与其他不带电的物体接触时，就会形成很高的电位差，并发生放电现象。当电压达到 300V 以上，所产生的静电火花，即可能引燃周围的可燃气体、粉尘。此外，静电对工业生产也有一定的危害，还会对人体造成伤害。

（2）一般可燃液体都有较大的电阻，在灌装、输送、运输或生产过程中，由于相互碰撞、喷溅与管壁摩擦或受到冲击时，都能产生静电。特别是当液体内没有导电颗粒、输送管道内表面粗糙、液体流速过快时，都会产生很强的摩擦，所产生的静电荷在没良好导除静电装置时，便积聚而发生放电现象，极易引发火灾。

（3）压缩气体和液化气体，因其中含有液体或固体杂质，从管道口或破损处高速喷出时，都会在强烈摩擦下产生大量的静电，导致燃烧或爆炸事故。

工业上预防静电危害的方法有工业控制法、泄漏导走法、复合中和法、静电屏蔽法、整净措施、人体防静电措施、安全操作。

将带电体缠上线匝，即能将电荷对外的影响局限在屏蔽层里面，同样处在屏蔽层里的物质也不会受到外电场的影响，这种消除静电危害的方法叫作静电屏蔽法。工业上采用静电屏蔽法是防止静电产生危害的主要措施。人体防静电措施是穿防静电工作服、鞋和手套。

化工生产中发生静电事故必须同时具备的条件有：

(1)有静电危害的静电电荷。

(2)产生火花放电。

(3)静电火花有一定的能量。

(4)在放电的环境中有可燃烧气体。

为了防止静电所造成火灾和爆炸事故，必须在消除设备所带静电和预防人体带静电两方面都要采取可靠措施。

(二)防触电措施及触电人的救护

工业上采取防触电的措施主要是管理措施和技术措施，即建立健全电气安全规章制度；建立安全检查制度；对从业人员加强安全教育和培训；保护接地与接零；设置漏电保护器；设置安全电压。人手触及带电的电动机(或其他带电设备)的外壳，相当于单相触电。两相触电比单相触电更危险。

1. 建立健全电气安全规章制度

化工企业应严格执行国家和行业的标准、规范、规程，并以标准、规范、规程为依据，结合本单位的具体情况，制订行之有效的具体电气安全规定和实施细则。这是保障安全、促进生产、防止触电事故的有效手段。

2. 建立安全检查制度

安全检查是对工程、系统设计、装置条件、实际操作、维修等进行详细检查，以识别所存在的危险性。安全检查的目的是使操作人员保持对电气危险的警觉性，审查修订的操作规程，识别设备的变化可能带来的危险性，审查维护是否充分，评价电气安全系统和控制的设计依据等。电气安全检查的具体内容有：检查电气设备绝缘情况，裸露带电部分防护情况，屏护装置是否符合要求，安全距离，保护接零、接地情况，移动式电气设备采取安全措施情况，电气设备的安装是否合理和电气线路的连接是否完好，以及制度是否健全等。对以上内容必须定期检查或测定，才能预防触电事故的发生。

3. 对从业人员加强安全教育和培训

在建立了各类安全生产管理制度和安全操作规程、落实机构和人员的责任后，电气安全管理的另一个措施是安全教育和培训。保证从业人员具备必要的安全生产知识，熟悉有关的安全生产规章制度和安全操作规程，掌握本岗位的安全操作技能。未经安全生产教育、未达到培训合格的从业人员不得上岗。对电气的从业人员进行安全教育和培训的目的是使他们有高度的安全责任心，懂得电的理论知识，认识安全用电的重要性，掌握安全用电的基本方法和操作规程，从而能安全有效地进行工作。

4. 保护接地与接零

保护接地的作用是当电气设备的金属外壳带电时，如果人体触及此外壳时，由于人体的电阻远大于接地体电阻，则大部分电流经接地体流入大地，而流经人体的电流很小。这时只要适当控制接地电阻,就可减少触电事故发生。保护接零的作用是当电气设备的金属外壳带电时,短路电流经零线而成闭合电路,使其变成单相短路故障,因零线的阻抗很小,所以短路电流很大,一般大于额定电流的几倍甚至几十倍,这样大的单相短路将使保护装置迅速而准确地动作,切断事故电源,保证人身安全。

5. 设置漏电保护器

一是总配电箱和开关箱应至少设置两级漏电保护器,而且两级漏电保护器的额定漏电动作电流和额定漏电动作时间应做合理配合,使之具有分级保护的功能;二是开关箱中必须设置漏电保护器,施工现场所有设备,除做保护接零外,必须在设备负荷线的首端处安装漏电保护器;三是漏电保护器应装设在配电箱电源隔离开关的负荷侧和开关箱电源隔离开关的负荷侧;四是漏电保护器的选择应符合国家标准。

6. 安全电压

在能够使用安全电压的工作场合,尽量使用 12V 安全电压。当电气设备采用的电压超过安全电压时,必须采取防直接接触带电体的保护措施。

发现有人触电时,首先应切断电源,使触电者尽快脱离电源。触电人的生命能否获救,关键在于能否迅速脱离电源和正确施行心肺复苏。当触电人有呼吸但心跳停止时,应立即采用胸外心脏按压进行抢救。当触电人心跳停止呼吸中断时,应立即采用人工呼吸和胸外心脏按压进行抢救。当发现高处有人触电时,应采取相应措施,以防切断电源后触电人从高空摔下。

（三）电动机安全运行主要参数及监视的内容

电动机的安全运行包括电流、电压、温升和温度不超过允许范围;绝缘良好、连接和接触良好、整体完好无损、清洁、标志清晰等,应将所有不带电金属物体做等电位连接。

电动机的额定功率是指电动机额定工作状况下运行时轴上能输出的机械功率。电动机的额定电压是指电动机额定运行时电动机定子绕组规定使用的线电压。电动机正常运行时电压允许波动范围为额定电压的-5%~10%,各相电流差不应超过额定电流的10%,并且最大一相不可超过额定电流。三相异步电动机正常情况下在冷状态下允许启动2~3次,在热状态下只允许启动一次。

电动机容易起火的部位是定子绕组和转子绕组。电动机发生跳闸后应立即通知班长,由电气值班人员检查保护装置动作情况,同时对电动机、开关、电缆进行外观检查,并停电测其绝缘电阻,合格后方可再次启动。

二、防火防爆的要求及措施

（一）燃烧与爆炸

1. 物质燃烧的条件及灭火机理

燃烧必须同时具备下列三个条件:可燃物、助燃物、点火源。

（1）可燃物。凡能在空气、氧气或其他氧化剂中发生燃烧反应的物质,都称为可燃物。

（2）助燃物(氧化剂)。凡是与可燃物质相结合并能帮助、支持和导致着火或爆炸的物质,称为助燃物。

（3）点火源。凡是能引起可燃物着火或爆炸的热能源,统称为点火源(又称着火源)。

可分为明火焰、炽热体、火星、电火花、化学反应热和生物热、光辐射等。点火源温度越高,越容易引起可燃物燃烧。

燃烧"三要素"是发生燃烧的基本条件,此外,要发生燃烧还必须具备一个充分条件,即可燃物和助燃物具备一定数量和浓度,点火源具备一定的能量。"三要素"同时存在并且发生相互作用,才是引起燃烧的必要条件。

根据燃烧三要素,灭火基本原理是消除一个以上的燃烧条件,采取除掉可燃物,隔绝氧气(助燃物),将可燃物冷却至燃点以下等措施均可灭火。

2. 爆炸极限

可燃物质(可燃气体、蒸气和粉尘)与空气(或氧气)必须在一定的浓度范围内均匀混合形成预混气,遇着火源才会发生爆炸,这个浓度范围称为爆炸极限,或爆炸浓度极限。

油蒸气和空气形成的混合物,其浓度在该油品爆炸极限以外,不会发生闪爆。油品表面上的蒸气与周围的空气形成爆炸性的混合气浓度处于爆炸上限和爆炸下限之间时,可以引起爆燃。

(二)化工生产对电气的安全防爆要求

石油化工行业在争创效益的同时,以人为本、安全生产的意识正逐步提高,因此,对于化工生产中涉及的电气设备的安全防爆要求也越来越高。

在爆炸危险场所安全运行的所有带电设备称为防爆电气设备,主要有隔爆型电气设备、增安型电气设备、本质安全型电气设备、正压型电气设备、浇封型电气设备、充油型电气设备、充砂型电气设备、"N"型电气设备,除这些结构以外的,并经检验机构检验确认的为防爆特殊型"S"。

在进行电气设备选择时,应根据安装地点的危险等级、危险物质的组别和级别、电气设备的种类和使用条件选用爆炸危险环境的电气设备。在爆炸危险环境,应尽量少用或不用携带式电气设备,尽量少安装插销座。电气线路的安装位置、敷设方式、导线材质、连接方法等均应与区域危险等级相适应。危险性大的设备应分室安装,并在隔墙上采取封堵措施。保持电气设备和电气线路安全运行。

(三)防火防爆的技术措施

1. 防火技术措施

(1)消除着火源。安装防爆灯具、禁止烟火、接地避雷、隔离和控温等。

(2)控制可燃物。用难燃和不燃材料代替可燃材料;降低可燃物质在空气中的浓度;对于那些相互作用能产生可燃气体或蒸气的物品加以隔离,分开存放。

(3)隔离空气。在必要时可以使生产置于真空条件下进行,或在设备容器内充装惰性介质保护,也可将可燃物隔离空气储存,如将钠储存在煤油中。

(4)防止形成新的燃烧条件,阻止火灾范围的扩大。设置阻火装置,筑构防火墙或在建筑物之间留防火间距,一旦发生火灾,使之不能形成新的燃烧条件,从而防止火灾范围扩大。

2. 防爆技术措施

(1)避免可燃物质与空气(或氧气)混合。

(2)控制爆炸性混合物浓度,避免达到爆炸极限。

(3)抑制导致爆炸性混合物爆炸的引爆能量。

（4）严格控制操作过程，防止压力容器和管道超温和超压。

（5）定期进行检测检验，及时消除压力容器（管道）壁厚减薄等设备隐患。

（四）常用防火防爆电气设备的操作使用及注意事项

电气设备外壳及其通风、正压系统的门或盖子上，应有警告标志或联锁装置，防止运行中错误打开。在爆炸危险环境内，防爆电气设备的金属外壳一般应可靠接地。

灌注液体的金属管口与金属容器必须用金属可靠连接并接地，否则不能工作。电气设备上红、绿指示灯的作用有指示电气设备的运行与停止状态，信号是否越限，用红灯监视跳闸回路是否正常，用绿灯监视合闸回路是否正常。

电气设备应与通风、正压系统联锁。运行前必须先通风，通过的气体量大于系统容积的5倍时才能接通电气设备的电源。进入电气设备其通风、正压系统内的气体，不应含有易燃物质或其他有害物质。对于闭路通风的防爆通风型电气设备及其通风系统，应供给清洁气体以补充漏损，保持系统正压。运行中停机时，应先停止电气设备，再停止通风设备。更换防爆型灯具的灯泡时，应更换与标明瓦数相同且同型号灯泡。

电气线路发生火灾的原因主要有漏电、短路、过负荷、接触电阻过大、产生电火花和电弧等。

（五）常用灭火器材类型及使用方法

灭火器担负的任务是扑救初期火灾。通常将 $1m^2$ 可燃液体表面着火视为初期灭火范围。初期火灾的范围小，火势弱，是扑救火灾的最佳时机。

我国目前生产的灭火器按充装的灭火剂的类型划分，主要有泡沫灭火器、卤代烷灭火器、二氧化碳灭火器、干粉灭火器、清水灭火器等。按加压方式划分，可分为化学反应式灭火器、储气瓶式灭火器、储压式灭火器。按充装的灭火剂质量和移动方式划分，可分为手提式灭火器、推车式灭火器。使用灭火器时，必须站在上风处，喷嘴对准火焰根部。下面以三种常见的灭火器为例，对灭火器的使用方法进行介绍。

1. 手提式干粉灭火器

干粉灭火器是以干粉为灭火剂、二氧化碳或氮气为驱动气体的灭火器。

干粉灭火器适于扑救石油及其产品、油漆等易燃可燃液体、可燃气体、电气设备的初期火灾。工厂、仓库、机关、学校、商店、车辆、船舶、科研部门、图书馆、展览馆等单位可选用此类灭火器。若充装多用途干粉，还可扑救 A 类火灾。

手提式干粉灭火器的使用方法：上下颠倒使干粉松动；拔掉铅封；拉出保险销；保持安全距离（距离火源 2~3m），左手扶喷管，喷嘴对准火焰根部，右手用力压下压把。

2. 空气机械泡沫灭火器

泡沫灭火器是指充装空气泡沫灭火剂的灭火器。常用的储压分装式空气机械泡沫灭火器的筒体储存清水，筒胆内储存泡沫原液，动力气体通常采用氮气。其喷射管路上采用两级喷嘴结构，以保证形成优质的灭火泡沫。

空气机械泡沫灭火器主要用于灭小型油品火灾，如汽油、煤油、柴油、植物油、油脂等的初期火灾，也可用于扑救木材、竹器、棉花、织物、纸张等的初期 A 类火灾。除抗溶性泡沫灭火器外，一般泡沫灭火器不能用于扑救水溶性可燃、易燃液体，如醇、酯、醚等火灾。泡沫灭火器不能用于扑救带电设备、轻金属、碱金属和遇湿可能发生燃烧、爆炸物质的火灾。

3. 二氧化碳灭火器

二氧化碳灭火器属于储压式灭火器,它以二氧化碳的饱和蒸气压作为喷射动力。喷出的液态二氧化碳因迅速汽化吸热,导致喷筒处存在气态、液态和固态二氧化碳混相流。按照二氧化碳灭火剂的灭火范围,二氧化碳灭火器可用于灭 A、B、C、E 类火灾。

但是从二氧化碳灭火器的灭火特性看,应尽量选择在无风的场所,如图书档案、工艺品、陈列品等的初期火灾扑救,以及放置有贵重物品的仓库、展览馆、博物馆、图书馆、档案馆、实验室、配电室、发电机房等场所。在利用二氧化碳灭火器扑救棉麻、纺织品火灾时需注意防止复燃;二氧化碳灭火器不可用于轻金属火灾的扑救。

装置电气设备灭火常识:如果电气设备发生火灾,在许可的情况下,应首先关闭电源开关,切断电源。电器火灾可以采用四氯化碳、沙土、干粉灭火。适于扑灭电气火灾的是二氧化碳灭火器、干粉灭火器。

(六)常见危险化学品的火灾扑救方法

从事化学品生产、使用、储存、运输的人员和消防救护人员平时应熟悉和掌握化学品的主要危险特性及其相应的灭火措施,并进行防火演习,加强紧急事态时的应变能力。

1. 扑救放射性物品火灾

首先派出精干人员携带放射性测试仪器,测试辐射(剂)量和范围;对燃烧现场包装没有损坏的放射性物品,可在水枪的掩护下佩带防护装备,设法疏散。无法疏散时,应就地冷却保护,防止造成新的破损,增加辐射(剂)量;对燃烧现场已破损的容器切忌搬动或用水流冲击,以防止放射性沾染范围扩大;现场施救人员必须采取防护措施。

2. 扑救腐蚀品火灾

灭火人员必须穿防护服,佩带防护面具;扑救时应尽量使用低压水流或雾状水,避免腐蚀品溅出;遇腐蚀品容器泄漏,在扑灭火势后应立即采取堵漏措施;遇酸碱类腐蚀品最好调制相应的中和剂稀释中和。

3. 扑救爆炸物品火灾

如果有疏散可能,人身安全确有可靠保障,应迅速组织力量及时疏散着火区域周围的爆炸物品,使周围形成一个隔离带;扑救爆炸物品堆垛时,水流应采取吊射;灭火人员应尽量利用现场的掩蔽体或采取卧式等低姿射水,注意自我保护措施。

4. 扑救易燃液体火灾

液体有机物的燃烧可以采用泡沫灭火。扑救毒害性、腐蚀性或燃烧产物毒害较强的易燃液体火灾,扑救人员必须携带防护面具,采取防护措施,遇易燃液体管道或储罐泄漏着火,在切断蔓延,把火势限制在一定范围内的同时,对输送管道应设法找到进出阀门并关闭,切断火势蔓延的途径,冷却和疏散受火势威胁的压力及密闭容器和可燃物,控制燃烧范围。

(七)火场逃生知识

在日常生活中,发生火灾时应迅速报警、注意防烟、选择正确的逃生路线。在禁火区发生化学危险品燃烧时应速扑灭初期火灾,迅速报火警,沿着逆风向快速脱离火灾区,若可能,切断燃烧物的供给。

火灾报警时应讲清楚起火地点、单位、燃烧物、燃烧程度等。身上着火千万不要奔跑,可就地打滚或用厚重的衣物压灭火苗。身处高层建筑,下方发生火灾,远离着火点、用纺织物弄湿捂住口鼻,禁止乘坐电梯逃离,在得不到及时救援时,切不可盲目跳楼,可用房间内的床单、被里窗帘等织物撕成能负重的布条连成绳索,系在窗户或阳台的构件上向楼下滑去自救。

项目三　危险化学品

危险化学品是指具有易燃、易爆、有毒、有害及有腐蚀等特性,会对人员、设施、环境造成伤害或损害的化学品,包括爆炸品、压缩气体和液化气体、易燃液体、易燃固体、自燃物品和遇湿易燃物品、氧化剂和有机过氧化物、有毒品、腐蚀品等。

一、危险化学品的定义与分类

按照国标《化学品分类和危险性公示 通则》(GB 13690—2009)可分为以下八类危险品。

(一)爆炸品

本类化学品指在外界作用下(如受热、受压、撞击等)能发生剧烈的化学反应,瞬时产生大量的气体和热量,使周围压力急骤上升,发生爆炸,对周围环境造成破坏的物品,也包括无整体爆炸危险,但具有燃烧、抛射及较小爆炸危险的物品。

(二)压缩气体和液化气体

压缩气体和液化气体指压缩、液化或加压溶解的气体,并应符合下述两种情况之一者:

(1)临界温度低于50℃时,其蒸气压力大于294kPa 的压缩或液化气体。

(2)温度在21.1℃时,气体的绝对压力大于225kPa 的液化气体或加压溶解气体,如压缩(液体的)空气、压缩氧气、氮气、二氧化碳、液化石油气及各种可燃气体等。

(三)易燃液体

本类化学品是指易燃的液体、液体混合物或含有固体物质的液体,但不包括由于其危险特性已列入其他类别的液体。其闭杯试验闪点等于或低于61℃,如石油、汽油、煤油等易燃液体。

(四)易燃固体、自燃物品和遇湿易燃物品

易燃固体是指燃点低,对热、撞击、摩擦敏感,易被外部火源点燃,燃烧迅速,并可能散发出有毒烟雾或有毒气体的固体,但不包括列入爆炸品的物品。

自燃物品是指自燃点低,在空气中易发生氧化反应,放出热量而自行燃烧的物品。

遇湿易燃物品是指遇水或受潮时,发生剧烈化学反应,放出大量的易燃气体和热量的物品。有的不需明火,即能燃烧或爆炸,如三乙基铝、二硫化碳等。

(五)氧化剂和有机过氧化物

氧化剂指处于高氧化态,具有强氧化性,易分解并放出氧和热量的物质,包括含有过氧基的无机物,其本身不一定可燃,但能导致可燃物的燃烧,与松软的粉末状可燃物能组成爆炸性混合物,对热、震动或摩擦较敏感。有机过氧化物是指分子组成中含有过氧基的有机物,其本身易燃易爆,极易分解,对热、震动或摩擦极为敏感。

(六)有毒品

本类化学品是指进入肌体内后,累计达一定的量,能与体液和器官组织发生生物化学作

用或生物物理作用,扰乱或破坏肌体的正常生理功能,引起某些器官和系统暂时或持久性的病理改变,甚至危及生命的物质。经口摄取半数致死量:固体 LD50≤500mg/kg,液体 LD50≤200mg/kg;经皮肤接触 24h,半数致死量 LD50≤1000mg/L;粉尘、烟雾及蒸气吸入半数致死量 LD50≤1000mg/L 的固体或液体。

(七)放射性物品

本类化学品是指含有放射性核素,并且其活度和比活度均高于国家规定的豁免值的物品。放射性物品能不断地、自发地放出肉眼看不见的 α、β、γ 等射线。这些物品含有一定量的天然或人工的放射性元素。放射性物品所具备的放射能被广泛地应用于工业、农业、医疗卫生等方面,具有重要的价值。但是,人和动物如果受到这些射线的过量照射,会引起放射性疾病,严重的甚至死亡。感光材料,某些化学物品等受到这些射线的影响,会发生变质。

(八)腐蚀品

本类化学品是指能灼伤人体组织并对金属等物品造成损坏的固体或液体,与皮肤接触在 4h 内出现可见坏死现象,或温度在 55℃时,对 20 钢的表面均匀年腐蚀率超过 6.25mm/a 的固体或液体,如有机、无机酸、碱等。

二、危险化学品的危害

危险化学品的危害主要包括燃爆危害、健康危害和环境危害。

(一)危险化学品燃爆危害

燃爆危害是指化学品能引起燃烧、爆炸的危险程度。化工、石油化工企业由于生产中使用的原料、中间产品及产品多为易燃、易爆物,一旦发生火灾、爆炸事故,会造成严重的后果。了解危险化学品火灾、爆炸危害,正确进行危害性评价,及时采取防范措施,对搞好安全生产,防止事故发生具有重要意义。

(二)危险化学品健康危害

健康危害是指接触后能对人体产生的危害。由于危险化学品的毒性、刺激性、腐蚀性、麻醉性、窒息性等特性,导致人员中毒事故每年都在发生。危险化学品的毒性危害导致的人员伤亡比例大,关注危险化学品健康危害,将是化学品安全管理的重要内容。

碳氢化合物中,直链化合物的毒性比支链化合物的毒性要小。脂肪烃化合物同系物中,一般随碳原子数增加,其毒性增大。毒物的沸点越低,毒性越大。

(三)危险化学品环境危害

环境危害是指危险化学品对环境影响的危害程度。随着工业发展,各种危险化学品的产量大量增加,新的危险化学品也不断涌现,人们充分利用危险化学品的同时,也产生了大量的废弃物,其中不乏有毒有害物质。如何认识危险化学品污染危害、最大限度地降低危险化学品的污染、加强环境保护力度,已是人们亟待解决的问题。

三、生产工作场所的防护措施

石化生产的显著特点是工艺复杂、操作要求严格,因此生产工作场所要求设置一定的防护措施。

易燃物品必须储放在危险品仓库内。根据《中华人民共和国消防法》，生产易燃易爆危险物品的单位，对产品应当附有燃点、闪点、爆炸极限等数据的说明书，并且注明防火防爆注意事项。对独立包装的易燃易爆危险物品应当贴附危险品标签。从事化学品生产、使用、储存、运输的人员和消防救护人员平时应熟悉和掌握化学品的主要危险特性及其相应的灭火措施，并进行防火演习，加强紧急事态时的应变能力。

要进行高毒作业场所应当设置红色区域警示线、警示标识和中文警示说明，并设置通信报警设备。职业中毒危害防护设备、应急救援设施和通信报警装置处于不正常状态时，用人单位应当停止使用有毒物品作业。有毒物品作业场所，除应当符合职业病防治法规定的职业卫生要求外，还必须符合作业场所与生活场所分开，作业场所不得住人、有害作业与无害作业分开，高毒作业场所与其他作业场所隔离、设置有效的通风装置；可能突然泄漏大量有毒物品或者易造成急性中毒的作业场所，设置自动报警装置和事故通风设施、高毒作业场所设置应急撤离通道和必要的泄险区。

四、危险化学品中毒与处理

（一）职业中毒

防尘防毒是劳动保护的重要工作之一，尤其在化学工业的生产过程中，其原材料、中间产物以及成品，大多是有毒有害物质。由于这些物质在生产过程所形成的粉尘、烟雾或气体，如果散发出来便会侵入人体，引起各种不同程度的危害，严重时就会造成职业中毒或使人员出现生命危险。

职业中毒是指在生产过程中使用的有毒物质或有毒产品，以及生产中产生的有毒废气、废液、废渣引起的中毒。

由于生产性毒物的毒性、接触时间和接触浓度、个体差异等因素的不同，职业中毒可分为三种类型：

（1）急性中毒。毒物一次或短时间内大量进入人体后所引起的中毒。在正常生产情况下，这种中毒少见，往往发生在生产过程出现意外时。

（2）慢性中毒。小量毒物长期进入人体后所引起的中毒。这是由于毒物在体内蓄积所致。

（3）亚急性中毒。介于急性和慢性中毒之间，在较短时间内有较大剂量毒物进入人体所致。

（二）尘毒物质的分类

在化工生产过程中，散发出来的有害尘毒物质，按其物理状态可分为五大类：

（1）有毒气体是指在常温常压下是气态的有毒物质，如光气、氯气、硫化氢气、氯乙烯气体等。这些气体能扩散，在加压和降温条件下，它们都能形成液体。

（2）有毒蒸气如苯、二氯乙烷、汞等有毒物质，在常温常压下由于蒸气压大，容易挥发成蒸气，特别在加热或搅拌的过程中，这些有毒物质就更容易形成蒸气。

（3）雾悬浮在空气中的微小液滴，是液体蒸发后，在空气中凝结而成的液雾细滴；也有的是由液体喷散而成的，如盐酸雾、硫酸雾、电镀铬时产生的铬酸雾等。盐酸、浓硫酸等挥发出来的气体遇空气中的水分而生成悬浮在空气中的微小液滴叫作有毒雾滴。

（4）烟尘又称烟雾或烟气,是在空气中飘浮的一种固体微粒(0.1μm以下),如有机物在不完全燃烧时产生的烟气,橡胶密炼时冒出的烟状微粒。

（5）粉尘用机械或其他方法,将固体物质粉碎形成的固体微粒。一般在10μm以上的粉尘,在空气中很容易沉降下来,但在10μm以下的粉尘,在空气中就不容易沉降下来或沉降速度非常慢。

尘毒物质在劳动环境中,对人体的危害程度主要取决于以下六个方面:尘毒物质物理及化学特性和毒性的关系、尘毒物质在空气中的浓度、接触尘毒物质的时间、工作岗位的劳动条件、个人因素、尘毒物质的联合作用。

总之,尘毒物质对人体的危害程度,受到多种因素的影响。因此,在防尘防毒工作中,要采取有效措施,改造或控制各种有毒因素,才能达到防止尘毒物质对人体健康危害的目的。

防止粉尘的个体防护方法是佩戴防尘口罩。当尘毒物质浓度超过国家卫生标准时,可采用通风净化方法使尘毒物质尽快排出。一级除尘又叫作机械除尘。一般粉尘粒径在20μm以上可选用离心集尘装置。

（三）高毒物品的防护方法

需要进入储存高毒物品的设备、容器或者狭窄封闭场所作业时,用人单位应当事先采取的措施包括保持作业场所良好的通风状态;确保作业场所职业中毒危害因素浓度符合国家职业卫生标准;为劳动者配备符合国家职业卫生标准的防护用品;设置现场监护人员和现场救援设备。佩戴防毒面具是常用的个体防护措施之一。使用过滤式防毒面具,要求作业现场空气中的氧含量不低于18%。

车间空气中有毒物质的检测工作是搞好防毒工作的重要环节。通过测定可以了解生产场所污染的程度、污染的范围及动态变化,以了解毒害的程度及评价劳动条件,采取防毒措施。通过测定有毒物质浓度的变化,还可以判明防毒措施的效果;通过对作业环境的测定,可以为职业病的诊断提供依据,为制订和修改有关法规标准积累资料。

（四）现场救护

1. 急性中毒的现场抢救原则

（1）救护者应做好个人防护。急性中毒发生时毒物多由呼吸道和皮肤侵入体内,因此救护者在进入毒区抢救之前,要做好个人呼吸系统和皮肤的防护,穿戴好防毒面具、氧气呼吸器和防护服。

（2）尽快切断毒物来源。救护人员进入事故现场后,除对中毒者进行抢救外,同时应采取果断措施(如关闭管道阀门、堵塞泄漏的设备等)切断毒源,防止毒物继续外逸。对于已经扩散出来的有毒气体或蒸气应立即启动通风排毒设施或开启门、窗等,降低有毒物质在空气中的含量,为抢救工作创造有利条件。

（3）采取有效措施,尽快阻止毒物继续侵入人体。

（4）在有条件的情况下,采用特效药物解毒或对症治疗,维持中毒者主要脏器的功能。在抢救病人时,要视具体情况灵活掌握。

（5）出现成批急性中毒病员时,应立即成立临时抢救指挥组织,以负责现场指挥。

（6）立即通知医院做好急救准备。通知时应尽可能说清是什么毒物中毒、中毒人数、侵入途径和大致病情。

2. 急性中毒的抢救措施

现场救护的一般方法如下：

（1）首先将病人转移到安全地带，解开领扣，使其呼吸通畅，让病人呼吸新鲜空气；脱去污染衣服，并彻底清洗污染的皮肤和毛发，注意保暖。

（2）对于呼吸困难或呼吸停止者，应立即进行人工呼吸，有条件时给予吸氧和注射兴奋呼吸中枢的药物。

（3）心脏骤停者应立即进行胸外心脏按压术。现场抢救成功的心肺复苏患者或重症患者，如昏迷、惊厥、休克、深度青紫等，应立即送医院治疗。

3. 眼与皮肤化学性灼伤的现场救护

1）强酸灼伤的急救

硫酸、盐酸、硝酸都具有强烈的刺激性和腐蚀作用。硫酸灼伤的皮肤一般呈黑色，硝酸灼伤呈灰黄色，盐酸灼伤呈黄绿色。被酸灼伤后立即用大量流动清水冲洗，冲洗时间一般不少于15min。彻底冲洗后，可用2%～5%碳酸氢钠溶液、淡石灰水、肥皂水等进行中和，切忌未经大量流水彻底冲洗，就用碱性药物在皮肤上直接中和，这会加重皮肤的损伤。处理以后创面治疗按灼伤处理原则进行。

强酸溅入眼内时，在现场立即就近用大量清水或生理盐水彻底冲洗。冲洗时应将头置于水龙头下，使冲洗后的水自伤眼的一侧流下，这样既避免水直冲眼球，又不至于使带酸的冲洗液进入好眼。冲洗时应拉开上下眼睑，使酸不至于留存眼内和下穹隆而形成留酸无效腔。如无冲洗设备，可将眼浸入盛清水的盆内，拉开下眼睑，摆动头部，洗掉酸液，切忌惊慌或因疼痛而紧闭眼睛，冲洗时间应不少于15min。经上述处理后，立即送医院眼科进行治疗。

2）碱灼伤的现场急救

碱灼伤皮肤，在现场立即用大量清水冲洗至皂样物质消失为止，然后可用1%～2%醋酸或3%硼酸溶液进一步冲洗。对Ⅱ、Ⅲ度灼伤可用2%醋酸湿敷后，再按一般灼伤进行创面处理和治疗。

眼部碱灼伤的冲洗原则与眼部酸灼伤的冲洗原则相同。彻底冲洗后，可用2%～3%硼酸液做进一步冲洗。

3）氢氟酸灼伤的急救

氢氟酸对皮肤有强烈的腐蚀性，渗透作用强，并对组织蛋白有脱水及溶解作用。皮肤及衣物被腐蚀者，先立即脱去被污染衣物，皮肤用大量流动清水彻底冲洗后，继用肥皂水或2%～5%碳酸氢钠溶液冲洗，再用葡萄糖酸钙软膏涂敷按摩，然后再涂以33%氧化镁甘油糊剂、维生素AD软膏或可的松软膏等。

4）酚灼伤的现场急救

酚与皮肤发生接触者，应立即脱去被污染的衣物，用10%酒精反复擦拭，再用大量清水冲洗，直至无酚味为止，然后用饱和硫酸钠湿敷。灼伤面积大，且酚在皮肤表面滞留时间较长者，应注意是否存在吸入中毒的问题，并积极处理。

5）黄磷灼伤的现场急救

皮肤被黄磷灼伤时，及时脱去污染的衣物，并立即用清水（由五氧化二磷、五硫化磷、五氯化磷引起的灼伤禁用水洗）或5%硫酸铜溶液或3%过氧化氢溶液冲洗，再用5%碳酸氢钠溶液冲洗,中和所形成的磷酸。然后用1∶5000高锰酸钾溶液湿敷,或用2%硫酸铜溶液湿敷,以使皮肤上残存的黄磷颗粒形成磷化铜。注意,灼伤创面禁用含油敷料。

4. 护送病人

(1)为保持呼吸畅通,避免咽下呕吐物,取平卧位,头部稍低。

(2)尽力清除昏迷病人口腔内的阻塞物,包括假牙。如病人惊厥不止,注意不要让他咬伤舌头及上下唇。

(3)在护送途中,随时注意患者的呼吸、脉搏、面色、神志情况,随时给予必要的处置。

(4)护送途中要注意车厢内通风,以防患者身上残余毒物蒸发而加重病情及影响陪送人员。

5. 解毒治疗

(1)消除毒物在体内的毒作用。溴甲烷、碘甲烷在体内分解为酸性代谢产物,可用碱性药物中和解毒;碳酸钡和氯化钡中毒,可用硫酸钠静脉注射,生成不溶性硫酸钡而解毒;急性有机磷农药中毒时,用氯解磷定、解磷定等乙酰胆碱酯酶复活剂能使被抑制的胆碱酯酶活力得到恢复,用阿托品可拮抗中枢神经及副交感神经反应,消除或减轻中毒症状;氰化物中毒可用亚硝酸盐—硫代硫酸钠法进行解毒。

(2)促进进入体内的毒物排出。如金属或类金属中毒时,可恰当选用络合剂促进毒物的排泄。利尿、换血、透析疗法也能加速某些毒物的排除。

(3)加强护理,密切观察病情变化。护理人员应熟悉各种毒物的毒作用原理及其可能发生的并发症,便于观察病情并给以及时的对症处理。根据医嘱及时搜集患者的呕吐物及排泄物、血液等,送检做毒物分析。

6. 不同类别中毒的救援

(1)吸入刺激性气体中毒的救援。应立即将患者转移离开中毒现场,给予2%~5%碳酸氢钠溶液雾化吸入、吸氧。应预防感染,警惕肺水肿的发生;气管痉挛应酌情给解痉挛药物雾化吸入;有喉头痉挛及水肿时,重症者应及早实施气管切开术。

(2)口服毒物中毒的救援。须立即引吐、洗胃及导泻,如患者清醒而又合作,宜饮大量清水引吐,亦可用药物引吐。对引吐效果不好或昏迷者,应立即送医院用胃管洗胃。催吐禁忌证包括:昏迷状态;中毒引起抽搐、惊厥未控制之前;服腐蚀性毒物,催吐有引起食管及胃穿孔的可能;食管静脉曲张、主动脉瘤、溃疡病出血等,孕妇慎用催吐救援。

(五)噪声的防护方法

噪声泛指嘈杂、刺耳的声音。噪声污染主要来源于交通运输、车辆鸣笛、工业噪声、建筑施工、社会噪声等。噪声强弱的感觉不仅与噪声的物理量有关,而且还与人的生理和心理状态有关。

噪声治理的三个优先级顺序是降低声源本身的噪声、控制传播途径、个人防护。防治噪声污染的最根本的措施是从声源上降低噪声。防止噪声危害的措施通常有控制和消除噪声源、控制噪声的传播、个人卫生保健。最根本的措施是从声源上降低噪声,其次是控制噪声的传播,再次是个人防护。

工业生产中采用隔振技术、吸声技术、带耳塞等技术措施来防止噪声。同时要求员工在噪声场所佩戴耳塞来减少噪声造成的职业伤害。

依据 GB 3096—2008《声环境质量标准》，夜间突发的噪声，其最大值不准超过标准值 15dB。工作场所 8h 内加权平均噪声不应超过 85dB。

建设项目的环境噪声污染防治设施必须与主体工程同时设计、同时施工、同时投入使用。受到环境噪声污染危害的单位和个人，有权要求加害人排除危害，造成损失的，依法赔偿损失。

在城市市区范围内，建筑施工过程中使用机械设备，可能产生环境噪声污染的，施工单位必须在工程开工 15 日以前向工程所在地县级以上地方人民政府环境保护行政主管部门申报相关材料。

（六）防尘的管理措施及技术措施

1. 管理措施

防尘工作是一件关系到广大职工的健康和安全的大事，企业及其主管部门在组织生产的同时，必须加强对防尘工作的领导和管理。一般来说，要做好以下几点：

（1）加强领导。防尘防毒治理设施要与主体工程同时设计、同时施工、同时投产。同时进行计划、布置、检查、总结、评比生产工作。各级组织要指定一名领导干部分管防尘防毒工作，建立和健全安全生产责任制和安全技术教育制度，并把这些制度纳入经济责任制中，同对干部、工厂的考核以及经济利益联系起来。

（2）加强教育。通过宣传教育，不断提高广大干部和群众对防尘防毒工作重要性、必要性和迫切性的认识。宣传教育还应包括对企业领导干部、劳动保护干部和从事作业的工人进行技术知识的普及教育。

（3）加强维护管理。对待防尘防毒设施，必须像对待主机设备一样，加强维护管理。必须有专人负责管理，定期维修。建立健全有关防尘防毒管理制度和操作制度。这样才能使设备经常保持良好的运行状态，发挥其应有的效能。如无人管理，通风除尘设备不能正常使用，会给工人的身体健康和作业环境带来严重危害。

2. 技术措施

防尘技术措施一般分为以下几个方面：

（1）改革工艺，采用新技术。改革工艺设备和工艺操作方法，采用新技术，是消除和减少粉尘危害的根本途径。在工艺改革中，首先应当采取使生产过程不产生粉尘危害的治本措施，其次才是产生粉尘以后通过治理减少其危害的治标措施。例如，采用高压静电技术对开放性尘源实行就地抑制，可以有效地防止粉尘扩散，使作业点的含尘浓度大大降低。

（2）湿式作业，水力消尘。湿式作业，水力消尘是一种简便、经济、有效的防尘措施，在生产和工艺条件许可的情况下，应首先考虑采用。水对大多数粉尘有良好的"亲和力"，如将工件的清理、原料的制备改为湿式作业，将物料的干法破碎、研磨、筛分、混合改为湿法操作，在物料的装卸、转运过程中往物料中加水，可以减少粉尘的产生和飞扬。

（3）密闭尘源，使生产过程管道化、机械化、自动化。密闭尘源，是防止粉尘外逸的有效措施，它常与通风除尘措施配合使用。耐火材料、陶瓷、玻璃、铸造、建材等行业通过密闭尘源、消除正压、降低物料落差等措施，有效地防止了破碎、筛分、混合、装卸、运输等生产过程的粉尘外逸，使作业点含尘浓度大大降低。

（4）通风除尘。通风除尘是目前应用较广、效果较好的一种防尘措施。通风除尘就是用通风的方法,把从尘源处产生的含尘气体抽出,经除尘器净化后排入大气。按照通风过程中使空气流动动力的不同,可分为自然通风与机械通风两大类。按照通风范围的大小又可分为局部通风与全面通风两大类。

(5)定期检测。定期测定作业点的含尘浓度和排放浓度,检查防尘设施和除尘设备的运行情况,从而查看粉尘危害程度,评价已有防尘措施的实际效果,为制订和改进防尘措施,正确选用除尘设备提供科学依据。测定内容一般包括粉尘真密度的测定、粉尘分散度的测定、管内气体参数的测定、通风除尘系统的测定、工作区测尘等。

(6)个人防护。个人防护是防尘技术措施中重要的辅助措施。个人防护用品很多,用于防尘的个人防护用品有防尘工作服、防尘眼镜和防尘口罩等。从事粉尘作业工人佩戴的防尘口罩、防尘面具、防尘头盔是保护呼吸器官不受粉尘侵害的个人防尘用具,也是防止粉尘侵入人体的最后一道防线。防尘工作的实践表明,即使粉尘作业场所已采取了通风除尘、湿法防尘、静电抑尘等防尘措施,并使作业点的含尘浓度显著降低,甚至已达到或接近国家规定的卫生标准,但总还有一些未被捕集,而危害性又大的微细粉尘飘浮在车间空气中。因此,使用防尘用具阻挡这部分粉尘侵入人体呼吸器官,对保障工人的身体健康,防止尘肺病的发生仍具有重要意义。

(七)心肺复苏的现场抢救要点

施行心肺复苏法救护伤员时,需要先清除患者口内异物,胸外按压心脏,下压深度为4~5cm,按压频率为80~100次/min,伤员如有脉搏表明心脏尚未停跳,可仅做人工呼吸,每分钟12~16次。

项目四 作业许可证制度

一、动火作业

(一)安全知识

1.动火作业的分类

动火作业是指焊接作业、金属切割作业、明火作业、产生火花的其他作业,以及生产装置和罐区连接临时电源并使用非防爆电器设备和电动工具的作业。

焊接作业是指气焊、电焊、铅焊、锡焊、塑料焊等各种作业;金属切割作业是指气割、等离子切割或使用砂轮机、磨光机等各种作业;明火作业是指使用喷灯、液化气炉、火炉、电炉等作业;产生火花的其他作业是指烧(烤、煨)管线、熬沥青、炒砂子、铁锤敲击(产生火花)物件、喷砂的作业。

动火作业级别与企业生产的不同性质有关,一般分为生产用火、固定动火、临时动火。根据动火部位危险程度,临时动火分为三级,即特殊动火、一级动火、二级动火。

动火作业的安全监督,以防止发生火灾、爆炸为重点,要严格坚持"三不动火"的原则,即没有经批准的用火作业许可证不动火,用火安全措施不落实不动火,没有用火监护人或监护人不在场不动火。作业前必须严格执行安全用火规范,落实好相应的防范措施后才能办证作业。

2. 动火作业综合安全技术

动火施工区域应设置警戒，严禁与动火作业无关人员或车辆进入动火区域。动火现场应放置灭火器，并对现场的移动及固定式消防设施全面检查，必要时动火现场应配备消防车及医疗救护设备和器材。

在存有可燃或有毒有害物料的设备、容器、管道上动火，须首先进行退料及切断各种物料的来源，彻底吹扫、清洗置换，将与之相连的各部位加好盲板并挂牌（无法加盲板的部位应采取其他可靠隔断措施或拆除），防止物料的串入或火源窜到其他部位。盲板应符合压力等级要求，严禁用铁皮及石棉板代替。

储存氧气的容器、管道、设备应与动火点隔绝（加盲板），动火前应置换，保证系统氧含量不大于 23.5%（V/V）。距动火点 30m 内不准有液态烃或低闪点油品泄漏；半径 15m 内不准有其他可燃物泄漏和暴露；距动火点 15m 内所有的漏斗、排水口、各类井口、排气管、管道、地沟等应封严盖实。需要动火的塔、罐、容器、槽车等设备和管线经清洗、置换和通风后，应检测可燃气体、有毒有害气体、氧气浓度，达到许可作业浓度才能进行动火作业。

（二）安全程序

动火作业由属地单位项目负责人提前预约，经有关部门审批后方可开始办理动火作业许可证。动火作业涉及其他单位时，由属地单位与相关单位联系，共同采取安全措施并在动火作业许可证相关方栏内签署意见。

动火作业前应进行气体检测，动火分析应由有资格的分析人员进行。气体检测的位置和所采的样品应具有代表性，取样点应由属地单位工艺负责人提出，并安排人员带领分析人员到现场进行取样。有气体检测分析单的由属地单位安全监督人员判定检测结果是否符合要求，合格后将分析数据填写到作业许可证上并签字，项目负责人核查确认签字。现场使用便携式检测仪检测的数据，由现场检测人员填在作业许可证上并签字。使用便携式可燃气体报警仪或其他类似手段进行分析时，被测的可燃气体或可燃液体蒸汽浓度应小于其与空气混合爆炸下限的 10%（LEL）。分析合格超过 30min 后动火，需重新采样分析。动火作业中断超过 30min 及以上，继续动火前，动火作业人、监护人应重新确认安全条件。

工艺风险削减措施中的排空、吹扫、置换、分析，拆加盲板、设置隔离屏障，消防器材的准备，含油污水井、地漏的封堵等措施，均由属地单位提出并落实。

所有作业人、监护人及相关人员共同对风险控制措施的落实情况现场核查，确认合格，在相应栏目内签字，批准人最后签署作业许可证。动火作业时批准人需到现场确认签字。

动火作业人员在动火点的上风作业，应位于避开物料可能喷射和封堵物射出的方位。用气焊（割）动火作业时，乙炔瓶必须直立放置，并有防倾倒措施，氧气瓶与乙炔气瓶的间隔不小于 5m，二者与明火距离均不得小于 10m。氧气瓶和乙炔瓶应远离热源及电气设备，不准在烈日下暴晒。使用电焊时，电焊工具应完好，电焊机外壳须接地。

每处动火点属地单位和动火作业单位至少各派一人进行监护，以属地单位人员监护为主。动火监护人变更须经动火作业批准人同意。变更后的监护人在许可证签字并进行现场交接。

高处动火作业时使用的安全带、救生索等防护装备应采用阻燃的材料，必须采取防止火花溅落的措施。氧气瓶、乙炔瓶与动火点垂直投影点距离不得小于 10m。遇有五级以上（含五级)风应停止室外高处动火作业,遇有六级以上(含六级)风应停止室外一切动火作业。

进入受限空间的动火还应遵循《进入受限空间作业安全管理规定》的相关要求。挖掘作业中的动火作业还应遵循《挖掘作业安全管理规定》的相关要求。带压不置换动火作业中,由管道内泄漏出的可燃气体遇明火后形成的火焰,如无特殊危险,不宜将其扑灭。若有两种以上的混合可燃气体,应以爆炸下限低者为准。盛装易燃易爆物品的容器倒空后,必须经安全处理后才可以动火。化工设备动火检修时,不可用空气置换可燃气体。

发生下列任何一种情况时,任何人可以提出立即终止作业的要求,监护人确认后收回动火作业许可证,并告知批准人许可证终止的原因,需要继续作业应重新办理动火作业许可证。

(1)作业环境和条件发生变化。

(2)作业内容发生改变。

(3)动火作业与作业计划的要求不符。

(4)发现有可能造成人身伤害的情况。

(5)现场作业人员发现重大安全隐患。

(6)事故状态下。

二、高处作业

(一)安全知识

高处作业是指在坠落高度基准面 2m 以上(含 2m),有坠落可能的位置进行的作业,含临边作业(当工作面的边沿没有围护设施或虽有围护设施但其高度低于 800mm 时,称为临边作业)。高处作业分为一般高处作业和特殊高处作业两类,作业应办理"高处作业许可证"。

高处作业人员应接受培训。患有高血压、心脏病、贫血、癫痫、严重关节炎、肢体残疾或服用嗜睡、兴奋等药物的人员及其他禁忌高处作业的人员不得从事高处作业。作业基准面 30m 及以上作业人员,作业前必须体检,合格后方可从事作业。

(二)安全程序

凡高处作业都必须办理作业许可证。进行高处作业前,针对作业内容进行危害识别,制订相应的作业程序及安全措施,并将安全措施填入作业许可证内。

(1)应制订安全应急预案,内容包括作业人员紧急状况时的逃生路线等高空避险方法,现场应配备的应急救援设施和灭火器材等。现场人员应熟知应急预案的内容。

(2)高处作业人员应使用与作业内容相适应的安全带,安全带应系挂在施工作业处上方的牢固构件或"生命线"上,实行高挂(系)低用。安全带系挂点下方应有足够的净空。

(3)劳动保护服装应符合高处作业的要求。

(4)高处作业严禁上下投掷工具、材料和杂物等,所用材料应堆放平稳,应设安全警戒区,并设专人监护。工具在使用时应系有安全绳,不用时应将工具放入工具套(袋)内。在同一坠落平面上,一般不应进行上下交叉高处作业;如需进行交叉作业,中间应设置安全防护层,坠落高度超过 24m 的交叉作业,应设双层防护。

(5)高处作业人员不应站在不牢固的结构物上进行作业,不应高处休息。脚手架的搭设必须符合国家有关规程和标准。应使用符合安全要求的吊笼、梯子、防护围栏、挡脚板和安全带等。作业前,应仔细检查所用的安全设施是否坚固、牢靠。夜间高处作业应有充足的照明。

（6）在邻近地区设有排放有毒、有害气体及粉尘超出容许浓度的烟囱及设备的场合,严禁进行高处作业,如在容许浓度范围内,也应采取有效的防护措施。遇有不适宜高处作业的恶劣气象（如六级风以上、雷电、暴雨、大雾等）条件时,严禁露天高处作业。

（三）防护措施

高处作业禁止上下投掷工具和材料,所用材料应堆放平稳,必要时应设安全警戒区,并设专人监护。高处作业的工作台围栏高度应不低于 1050mm。防坠落护具包括安全带、安全网、安全绳等。高处作业人员禁止抛掷物品。进行高空作业时,现场作业人在作业过程中,发现情况异常应立即发出信号后,迅速离开现场。在坠落防护措施中,最优先的选择是设置固定的楼梯、护栏和限制系统,防坠落的最后措施是安全网。遇到 6 级以上的风天和雷暴雨天时,不能从事高处作业。

三、进入受限空间作业

（一）安全知识

受限空间是指生产区域内炉、塔、釜、罐、仓、槽车、管道、烟道、隧道、下水道、沟、坑、井、池、涵洞等封闭、半封闭的设施及场所。

进入受限空间可能会涉及用火、高处、临时用电等作业,此时还要办理相应的作业许可证。进入受限空间作业的安全监督,除防止发生火灾爆炸外,应以防止中毒窒息和人员触电为重点,必须严格执行作业安全规范,落实好相应的防范措施后才能办证作业。

（二）安全程序

进入受限空间作业分为一般进入受限空间作业和特殊进入受限空间作业。进入受限空间作业前应按规定办理作业许可证,针对作业内容进行危害识别,制订相应的作业程序及安全措施。

（1）制订安全应急预案,内容包括作业人员紧急状况时的逃生路线和救护方法,现场应配备的救生设施和灭火器材等。现场人员应熟知应急预案的内容。

（2）在进入受限空间作业前,应切实做好工艺处理,与其相连的管线、阀门应加盲板断开。不得以阀门代替盲板,盲板处应挂牌标示。

（3）作业前应对容器进行工艺处理,采取蒸煮、吹扫、置换等方法,并进行采样分析。

（4）无监护人在场,不应进行任何作业。当受限空间状态改变时,为防止人员误入,在受限空间的入口处设置"危险！严禁入内"警告牌。

（5）为保证设备内空气流通和人员呼吸需要,可采用自然通风,必要时采取强制通风方法,但严禁向内充氧气。进入受限空间内的作业人员每次工作时间不宜过长,应安排轮换作业或休息。

（6）取样分析应有代表性、全面性。设备容积较大时应对上、中、下各部位取样分析,应保证设备内部任何部位的可燃气体浓度和氧含量合格（氧含量在 19.2%~23.5%）,并且有毒有害物质不超过国家规定的工作场所空气中有毒物质和粉尘的容许浓度。作业期间应至少每隔 2h 取样复查一次,若有一项不合格应停止作业。

（7）带有搅拌器等转动部件的设备，应在停机后切断电源，摘除熔断器或挂接地线，并在开关上上锁，挂"有人工作、严禁合闸"警示牌，必要时派专人监护。

（8）进入受限空间作业照明应使用安全电压不大于24V的安全行灯。金属设备内和特别潮湿作业场所作业，其安全行灯电压应为12V且绝缘性能良好。当作业环境内存在爆炸性气体，则应使用防爆电筒或电压≤12V的防爆安全行灯，行灯变压器不应放在容器内或容器上；作业人员穿戴防静电服装，使用防爆工具。

（9）进入受限空间作业的人员及所带工具、材料须进行登记。作业结束后，进行全面检查，确认无误后，方可交验。

四、起重作业

（一）安全知识

使用吊装机具进行施工的作业称为起重作业。吊装机具包括：桥式起重机、门式起重机、装卸桥、汽车起重机、轮胎起重机、履带起重机、塔式起重机、门座起重机、桅杆起重机、升降机、电动葫芦及简易起重设备和辅具等。

在任何情况下，接到施工任务后，应明确任务的范围、性质、安全要求，进行危害识别和风险评估，做出方案、落实措施后再组织施工作业。重大施工作业前，应制订落实施工安全措施和应急处理措施。重大危险的施工作业，应有区域管理单位、施工单位同时派出安全监护人。

（二）安全程序

进行起重作业前，必须按规定办理好吊装作业许可，作业时间、地点、人员等与许可证相符，核实特种设备作业人员资格，吊装区域设置警戒带及安全标识，禁止非作业人员进入警戒区域，作业半径不得超出安全警示区域。

做好起重作业前的安全检查，对吊装机具进行安全检查确认，确保处于完好状态。检查确认吊装机具作业时或在作业区静置时各部位活动空间范围内没有在用的电线、电缆和其他障碍物。检查地面坚实平坦状况及附着物情况、吊装机具与地面的固定情况或枕木的设置情况。

作业过程中，起重机起吊机械停放的地面应平整、坚实，如作业场地地面松软，履带式起重机还应夯实后铺设钢板。支撑下必须垫枕木，调整机体水平度，正式起吊前要进行试吊，正式吊装时严禁歪拉斜吊。严禁利用管道、管件、电杆、机电设备等作为吊装锚点。根据重物的具体情况选择合适的吊具和吊索。不准用吊钩直接缠绕重物，不得将不同种类或不同规格的吊索、吊具混在一起使用。吊具承载不得超过额定起重量，吊索不得超过安全负荷；起升吊物，应检查其连接点是否牢固、可靠。吊物捆绑必须牢靠，吊点和吊物的重心应在同一垂直线。明确吊装总指挥和中间指挥，统一指挥信号。用两台或多台起重机械吊运同一重物时，钢丝绳应保持垂直。按安全技术交底的要求与沟渠、基坑保持安全距离。

在停工或休息时，不得将吊物、吊篮、吊具和吊索悬在空中。使用液压式吊臂起重机吊装作业时，司机不得离开操作室，如离开操作室时，必须将起重臂收回。在吊装机具工作时，不得对吊装机具进行检查和维修，不得在有载荷的情况下调整起升机构的制动器。下放吊物时，严禁自由下落（溜），不得利用极限位置限制器停车。

起重作业完毕，将吊钩和起重臂收放到规定的位置，所有控制手柄均应放到零位，电气控制的吊装机具，应断开电源。对在轨道上作业的起重机，应将起重机停放在指定位置，并有效锚固。吊索、吊具应收回，规范放置，并对其检查、保养和维护。对接替工作人员，应告知设备、设施存在的异常情况及尚未消除的故障。对吊装机具进行维护保养时，应切断主电源并挂上标识牌或加锁。

五、临时用电

（一）安全知识

关于临时用电的要求，在开关上接引、拆除临时用电线路时，其上级开关应断电上锁，安装、维修、拆除临时用电线路的作业，应由电气专业人员进行，各类移动电源及外部自备电源，不得接入电网，动力和照明线路不可以合用。临时用电设备现场就近要装设在紧急情况下能断开电源的开关。临时用电的一个开关或插座只允许控制一台电动机具。

临时用电设备的熔断器熔体的额定电流不能随意换大，额定电流根据用电设备容量等条件合理选择。

（二）安全程序

在易燃易爆区进行临时用电作业时，必须办理临时用电许可证和动火作业许可证。在非易燃易爆区进行临时用电作业，临时用电许可证的有效期限为一个作业周期；在易燃易爆区有效期限与用火作业许可证有效期限相同。建设工程临时用电，按照三级配电两级漏电保护的规定，合理布置临时用电系统。

临时用电涉及的工程竣工后，电气施工人员必须立即拆除临时用电设施。使用周期在1个月以上的临时用电线路应采用架空方式安装，临时架空线最大弧垂与地面距离，在施工现场不低于 2.5m，穿越机动车道不低于 5m。

（三）注意事项

即使生产需要，也不可以将临时用电直接转为正式用电。保护接零就是将电气设备的金属外壳接到中性线上。在中性接地系统中，除采用保护接零外，还要采用重复接地，就是将零线相隔一定距离，多处进行接地。

项目五　HSE 管理体系

一、概念

HSE 管理体系是指实施安全、环境与健康管理的组织机构、职责、做法、程序、过程和资源等构成的整体。安全、环境与健康管理体系是一种事前进行风险分析，确定其自身活动可能发生的危害及后果，从而采取有效的防范手段和控制措施防止事故发生，以减少可能引起的人员伤害、财产损失和环境污染的有效管理方法。HSE 管理体系在实施中突出责任和考核，以责任和考核保证管理体系的实施。

HSE 中的 H（健康）是指人身体上没有疾病，在心理上保持一种完好的状态。HSE 中的 S（安全）是指在劳动生产过程中，努力改善劳动条件，克服不安全因素，使劳动生产在保证劳动者健康、企业财产不受损失、人民生命安全得到保障的前提下顺利进行。HSE 中的 E（环境）是指与人类密切相关的、影响人类生活和生产活动的各种自然力量或作用的总和。它不仅包括各种自然因素的组合，还包括人类与自然因素间相互形成的生态关系的组合。由于安全、环境与健康管理在实际工作过程中，有着密不可分的联系，因而把健康（Healthy）、安全（Safety）和环境（Environment）管理形成一个整体管理体系，称作 HSE 管理体系。

在 HSE 管理体系中，事故就是造成死亡、职业病、伤害、财产损失或环境破坏的事件。HSE 管理体系规定，公司应建立事故报告、调查和处理管理程序，所制定的管理程序应保证能及时地调查、确认事故（未遂事故）发生的根本原因。

HSE 管理体系中，危害是指可能造成人员伤亡、疾病、财产损失、工作环境破坏的根源或状态。危害主要是指危险源和事故隐患。

在 HSE 管理体系中，危害识别是认知危害的存在并确定其特性的过程。危害和环境因素识别以及风险和环境影响评估是建立和实施 HSE 管理体系的重要环节，也是首要的步骤。

在 HSE 管理体系中，不安全行为是指违反安全规则或安全常识，使事故有可能发生的行为；物的不安全状态是指使事故可能发生的不安全条件或物质条件。

二、意义

（一）建立 HSE 管理体系是贯彻国家可持续发展战略的要求

为了人类的生存与发展的需要，将保护环境作为基本国策。化学工业的风险较大，对环境影响较广，建立和实施符合我国法律法规和有关安全、职业卫生、环境保护要求的 HSE 管理体系，有效地规范生产活动，进行全过程的安全、环境与健康控制，是安全生产、环境保护和人员健康的需要，是化工企业的社会责任，也是对实现国民经济可持续发展的贡献。

（二）实施 HSE 管理体系对化工企业进入国际市场将起到良好的促进作用

HSE 管理体系已成为国际一些大型公司对安全、环境和健康一体化管理的国际通行做法。不实行 HSE 管理的企业在对外合作中将受到限制。实施 HSE 管理，可以促进我们的管理与国际接轨，树立良好的企业形象，有利于公司顺利进入国际市场。

（三）实施 HSE 管理可以节约能源和资源

HSE 管理体系采取积极的预防措施，将安全、环境与健康管理体系纳入企业总的管理体系之中，通过实施 HSE 管理，对企业的生产实行全面控制，降低事故发生率，减少环境污染，降低能耗，减少用于事故处理、环境治理、"三废"治理和预防职业病发生的费用。

（四）实施 HSE 管理可以减少各类事故发生

HSE 管理体系通过对人（企业）的行为可能导致的危害及后果进行分析，从而采取有效的防范手段和控制措施，减少或消除人（企业）的行为对人身、财产和环境造成的伤害，将事故影响和损失降低到最低限度。

（五）实施 HSE 管理可以提高企业安全、环境与健康管理水平

加强安全、环境与健康的教育培训，引进新的管理技术，促使企业在满足职业安全卫生和环境法规要求、健全管理机制、改进管理质量、提高运营效益等方面建立一体化管理体系。

（六）实施 HSE 管理可以改善企业形象，提高经济效益

随着人们安全、环境与健康意识的不断提高，对环境友好产品、人身健康及财产安全的要求日益增高。如果企业接连发生事故，造成环境污染，就会导致与周边社区和居民之间的关系恶化，严重影响企业的经济活动。企业通过 HSE 管理，减少和预防事故发生，不仅满足了职工和社会对健康、安全与环境的要求，而且有利于改善企业形象，取得商业利益和增强市场竞争优势，使企业的经济效益、社会效益和环境效益有机地结合在一起。

三、HSE 审核

在 HSE 管理体系中，审核是判别管理活动和有关的过程是否符合计划安排、是否得到有效实施，并系统地验证企业实施安全、环境与健康方针和战略目标的过程。

HSE 管理体系的认证除符合标准外，也必须符合我国的法律法规及其他要求（或行业标准）。HSE 管理体系的审核总则：公司应按适当的时间间隔对 HSE 管理体系进行审核和评审。在 HSE 管理体系中，评审是高层管理者对安全、环境与健康管理体系的适应性及其执行情况进行正式评审。公司 HSE 管理体系的审核分为内部审核、第三方审核，第三方审核一般每三年进行一次。

内部 HSE 体系审核的目的：

（1）为了确定公司所建立的体系是否符合 HSE 管理体系标准的要求。

（2）作为一种管理手段，以及发现健康、安全与环境管理中的问题，组织力量加以纠正或预防，确保体系的正确实施与保持。

（3）检验 HSE 管理体系的适用性、充分性和有效性。

（4）在第二、第三方审核前，发现问题并加以纠正，为顺利通过外审进行准备。

（5）作为一种自我改进机制，使体系保持有效性，并能不断改进，不断完善。

四、化工行业污染的防控措施

（一）石化行业污染的来源

1. 化学反应不完全

石化生产过程中，随着反应条件和原料纯度的不同，一般的转化率只能达到 70% ~ 80%。原料不可能全部转化成为成品或半成品，剩下的低浓度或成分不纯的物料，常作为废弃物排出而进入环境。

2. 化学反应的副产品

石化生产在进行主反应的同时，也常常伴随一些副反应。如果这些副反应生成的副产品不加以回收利用，当作废料排出就会污染环境。

3. 辅助生产过程

石化生产过程中离不开辅助生产，如石化生产要消耗大量燃料。这些燃料燃烧时，排出大量的废气，废气中含有粉尘、二氧化硫、氮氧化物、一氧化碳、碳氢化合物和恶臭气体等污染物，特别是氮氧化物与碳氢化合物混合后，在阳光作用下，会产生一种光化学烟雾，对环境危害极大。

4. 生产异常

石化生产原料、产品或半成品很多都是具有腐蚀性的,容器、管路等容易被腐蚀,如不及时检修,就会出现跑冒滴漏现象,流失的原料、产品或半成品就会造成对环境的污染;还有工艺事故的发生,也会造成大量气体、液体的排放,数量多、浓度大,会造成一时的严重污染。

5. 产品和中间产品

石化产品或中间产品在储存、运输过程中也会产生污染。在运输过程中,产品或中间产品会出现各种损耗,如化学药品、化工产品等因包装不严密或容器破损而洒出、流失,造成污染。产品或中间产品在储存过程中,有的还会继续发生化学变化、有些产品易挥发、有些产品易潮解等,都会造成对环境的污染。

（二）石化行业污染的途径及特点

石化生产污染物都是在生产过程中产生的,但进入环境的途径却是多种多样,主要有以下几种:

(1)工艺过程排放。

生产中有些化学反应过程常需要加入惰性气体、催化剂、蒸气或溶剂等物料以利于反应进行。这些不参加反应的物料,由于不能被全部使用,常常作为废料排出。

(2)设备、管路的泄漏。

石化生产大多是在气相和液相条件下进行,利用管路输送。在生产和输送过程中,由于设备和管路密封不良、腐蚀严重或操作不当等原因,往往造成物料泄漏,尤其是运转设备和活动部件更容易造成泄漏而污染环境。

(3)成品、副产品夹带。

有些石化产品本身就带有毒性,在使用过程中会产生有害作用,将污染物夹带进入环境,它们虽不属于废弃物,但由于用量逐年增多,使其在环境中不断积累,产生危害。同时,化学反应和副产品中没有回收利用价值的,就会当作废弃物排出,夹带的有害物质进入环境,造成污染。

石化行业污染的特点主要有以下几种:

(1)危害大,毒性大。有刺激或腐蚀性,能直接损害人体健康,腐蚀金属、建筑物,污染土壤、森林及河流、湖泊等。

(2)污染物种类多、危害大,有酸类、碱类、无机物、有机物、气体、液体、固体等,它们对人体危害严重,会直接损害人体的各个器官,造成疾病。

(3)污染后恢复困难,损害具有持续性,特别是水体被污染后,要恢复到原来的状态,需要很长时间;被污染的生物,即使停止排放污染物后也极难消除污染。

(4)影响范围大,作用时间长,具有广泛性、长期性和潜伏性的特点,还具有致癌、致畸、致突变等作用,导致慢性病的发生。

（三）石化污染的控制方法

1. 改革生产工艺

(1)采用无污染或污染小的生产工艺,如用直接法代替间接法进行生产;采用污染较少或无污染的新工艺;改革设备;实现闭路循环;淘汰有毒产品;回收和综合利用等。

(2)改变流程,减少副反应。

（3）选用新型催化剂，提高转化率，减少污染物。

2. 加强管理，控制污染

（1）选择最佳工艺条件，严格操作过程控制。

（2）加强设备和管路管理，定期检查维护保养，防止设备和管路泄漏，减少物料跑冒滴漏污染环境。

（3）制定污染物排放标准，实现达标排放，并制定相应的奖惩制度。

（4）制定环境规划，包括资源开发利用规划。

3. 利用环境的自净能力

在正常情况下，受到污染的环境经过某些自然过程以及在生物的参与下，都具有一定的恢复原来状态的自净能力。应该合理利用环境的自净能力来消除环境污染。

（1）开展绿化，增强净化大气的能力，减轻空气污染对生态系统的危害。

（2）利用水体的自净能力，发展氧化塘，利用污水灌溉，实现资源综合利用。

（四）污染的治理

石化生产产生的废气、废水、废渣多，污染严重。

1. 废水治理

工业废水处理中最常用的吸附剂是活性炭和树脂。工业废水由于水量大、水质复杂，废水处理问题要从多方面进行综合考虑，以求合理解决。工业废水在厂内处理，使水质达到排放水体或接入城市雨水管道或灌溉农田的要求后直接排放。现代的污水处理技术，按其作用原理可分为物理法、化学法、物理化学法和生物处理法四大类。

1）物理法

通过物理作用，分离、回收污水中不溶解的呈悬浮状的污染物质（包括油膜和油珠），在处理过程中不改变其化学性质。物理法操作简单、经济。常采用的有重力分离法、过滤法、气浮法、离心分离法、反渗透等。

（1）重力分离法（即沉淀）。利用污水中呈悬浮状的污染物和水密度不同的原理，借重力沉降（或上浮）作用，使水中悬浮物分离出来。沉淀（或上浮）处理设备有沉砂池、沉淀池和隔油池。在污水处理与利用方法中，沉淀与上浮法常常作为其他处理方法前的预处理。

（2）过滤法。利用过滤介质截流污水中的悬浮物。过滤介质有钢条、筛网、纱布、塑料、微孔管等，常用的过滤设备有格栅、栅网、微滤机、砂滤机、真空滤机、压缩机等。

（3）气浮法（即浮选）。将空气通入污水中，并以微小气泡的形式从水中析出成为载体，污水中相对密度接近于水的微小颗粒状的污染物质（如乳化油）黏附在气泡上，并随气泡上升至水面，形成泡沫—气、水、悬浮颗粒（油）三相混合体，从而使污水中的污染物质得以从污水中分离出来。根据空气打入方式的不同，气浮处理设备有加压溶气气浮法、叶轮气浮法和射流气浮法等。

（4）离心分离法。含有悬浮污染物质的污水在高速旋转时，由于悬浮颗粒（如乳化油）和污水的质量不同，因此旋转时受到的离心力大小不同，质量大的被甩到外围，质量小的则留在内圈，通过不同的出口分别引导出来，从而回收污水中的有用物质（如乳化油）并净化污水。常用的离心设备按离心力产生的方式可分为两种：由水流本身旋转产生离心力的旋流分离器；由设备旋转同时也带动液体旋转产生离心力的离心分离机。

(5)反渗透。利用一种特殊的半渗透膜,在一定的压力下,将水分子压过去,而溶解于水中的污染物质则被膜所截留,污水被浓缩,而被压透过膜的水就是处理过的水。制作半透膜的材料有醋酸纤维素、磺化聚苯醚等有机高分子物质。反渗透处理工艺流程应该由三部分组成:预处理、膜分离及后处理。

2)化学法

向污水中投加某种化学物质。利用化学反应来分离,回收污水中的某些污染物质,或使其转化为无害的物质。常用的方法有化学沉淀法、混凝法、中和法、氧化还原法(包括电解)等。

(1)化学沉淀法。向污水中投加某种化学物质,使它与污水中的溶解性物质发生互换反应,生成难溶于水的沉淀物,以降低污水中溶解物质的方法。这种处理法常用于含重金属、氰化物等工业生产污水的处理。

(2)混凝法。水中呈胶体状态的污染物质通常都带有负电荷,胶体颗粒之间互相排斥形成稳定的混合液。若向水中投加带有相反电荷的电解质(即混凝剂),可使污水中的胶体颗粒改变为呈电中性,失去稳定性,并在分子引力作用下,凝聚成大颗粒而下沉。通过混凝法可去除污水中分散的固体颗粒、乳状油及胶体物质等。所以该法可用于降低污水的浊度和色度,该法在工业污水处理中应用得非常广泛,既可作为独立处理工艺,又可与其他处理法配合使用,作为预处理、中间处理或最终处理。

(3)中和法。中和法用于处理酸性废水和碱性废水。向酸性废水中投加碱性物质如石灰、氢氧化钠、石灰石等,使废水变为中性。对于碱性废水,可吹入含有 CO_2 的烟道气进行中和,也可用其他的酸性物质进行中和。

(4)氧化还原法。废水中呈溶解状态的有机或无机污染物,在投加氧化剂或还原剂后,由于电子的迁移而发生氧化或还原作用,使其转化为无害的物质。根据有毒物质在氧化还原反应中能被氧化或还原的不同情况,污水的氧化还原法又可分为氧化法和还原法两大类。

3)物理化学法

萃取、吸附、离子交换、吹脱等物理化学法都是传质过程。利用这些操作过程处理或回收利用工业废水的方法可称为物理化学法。工业废水在应用物理化学法进行处理或回收利用之前,一般均需先经过预处理,尽量去除废水中的悬浮物、油类、有害气体等杂质,或调整废水的 pH 值以便提高回收率及减少损耗。

常用的物理化学法有以下几种。

(1)萃取法。将不溶于水的溶剂投入污水之中,使污水中的溶质溶于溶剂中,然后利用溶剂与水的密度差,将溶剂分离出来。再利用溶剂与溶质的沸点差,将溶质蒸馏回收,再生后的溶剂可循环使用。

(2)吸附法。利用多孔性的固体物质,使污水中的一种或多种物质吸附在固体表面而去除的方法。常用的吸附剂有活性炭。

(3)离子交换法。用固体物质去除污水中的某些物质,即利用离子变换剂的离子交换作用来置换污水中的离子化物质。在污水处理中使用的离子交换剂有无机和有机两大类。

(4)电渗析法。电渗析法是在离子交换技术基础上发展起来的一项新技术。它与普通离子交换法不同,省去了用再生剂再生树脂的过程,因此具有设备简单、操作方便等优点。

基本原理是在外加直流电场作用下,利用阴、阳离子交换膜对水中离子的选择透过性使一部分溶液中的离子迁到另一部分溶液中去,以达到浓缩、纯化、合成、分离的目的。

4)生物处理法

污水的生物处理法就是利用微生物的新陈代谢功能,使污水中呈溶解和胶体状态的有机污染物被降解并转化为无害的物质,使污水得以净化,属于生物处理法的工艺又可以根据参与作用的微生物种类和供氧情况分为两大类,即好氧生物处理及厌氧生物处理。

(1)好氧生物处理法。在有氧的条件下,借助于好氧微生物(主要是好氧菌)的作用来进行的处理。依据好氧微生物在处理系统中所呈的状态不同又可分为活性污泥法和生物膜法两大类。

(2)厌氧生物处理法。在无氧的条件下,利用厌氧微生物的作用来进行处理。厌氧生物处理法具有能耗小、可回收能源、剩余污泥量少、生成的污泥稳定、易处理、对高浓度有机污水处理效率高等优点。目前还可用于低浓度有机污水的处理。

2. 废气治理

二氧化硫可直接用碱液吸收处理。苯、甲醇、乙醚可以作为吸收有机气体的吸收剂。对于化工装置中用于易燃、易爆气体的安全放空管,必须将其导出管置于密闭排放回收。

工业废气的处理分为颗粒和气态污染物的治理。

1)颗粒污染物的治理技术

从废气中将颗粒物分离出来并加以捕集、回收的过程称为除尘。实现上述过程的设备装置称为除尘器。

(1)除尘装置的分类。

依照除尘器除尘的主要机制可将其分为机械式除尘器、过滤式除尘器、湿式除尘器和静电除尘四类。

(2)各类除尘装置的除尘原理。

① 机械式除尘器:通过重力的作用达到除尘目的。

② 过滤式除尘器:使含尘气体通过多孔滤料,把气体中的尘粒截留下来,使气体得到净化。按滤尘方式有内部过滤与外部过滤之分。

③ 湿式除尘器:湿式除尘也称为洗涤除尘。该方法是用液体(一般为水)洗涤含尘气体,使尘粒与液膜、液滴或气泡碰撞而被吸附,凝集变大,尘粒随液体排出,气体得到净化。

④ 静电除尘器:利用高压电场产生的静电力(库仑力)的作用实现固体粒子或液滴与气流的分离。

2)气态污染物的治理技术

(1)吸收法。当气、液相接触时,利用气体中的不同组分在同一液体中的溶解度不同,可使气体中的一种或数种溶解度大的组分进入液相中,使气相中各组分的相对浓度发生改变,气体即可得到分离净化,该过程称为吸收。吸收法即是采用适当的液体作为吸收剂,使含有害物质的废气与吸收剂接触,废气中的有害物质被吸收于吸收剂中,使气体得到净化。

(2)吸附法。由于固体表面上存在着未平衡和未饱和的分子引力或化学键力,因此当其与气体接触时,就能吸引气体分子,使其浓集在固体表面,这种现象称为吸附。吸附法治理废气的原理就是利用固体表面的这种性质,使废气与大表面多孔性固体物质相接触,将废气中的有害组分吸附在固体表面上,使其与气体混合物分离,达到净化目的。

(3)催化法。催化法净化气态污染物是利用催化剂的作用,使废气中的有害组分发生化学反应并转化为无害物或易于去除物质的一种方法。

(4)燃烧法。燃烧是伴随有光和热的激烈化学反应过程。在有氧存在的条件下,当混合气体中可燃组分浓度在燃烧极限范围浓度以内时,一经明火点燃,可燃组分即可进行燃烧。燃烧净化法即是对含有可燃有害组分的混合气体进行氧化燃烧或高温分解,从而使这些有害组分转化为无害物质的方法。

(5)冷凝法。物质在不同温度下具有不同的饱和蒸气压,利用这一性质,采用降低废气温度或提高废气压力的方法,使一些易于凝结的有害气体或蒸气态的污染物冷凝成液体并从废气中分解出来。

3. 废渣处理

废渣处理首先考虑综合利用的途径。废渣的处理大致采用焚烧、固化、陆地填筑等方法。

1)固体废物的一般处理技术

(1)预处理技术。固体废物预处理是指采用物理化学或生物方法,将固体废物转变成便于运输、储存、回收利用和处置的形态。

(2)焚烧回收技术。焚烧是高温分解和深度氧化的过程,目的在于使可燃的固体废物氧化分解,借以减容、去毒并回收能量及副产品。

(3)热解技术。固体废物热解是利用有机物的热不稳定性,在无氧或缺氧条件下受热分解的过程。热解法与焚烧法相比是完全不同的两个过程。焚烧是放热的,热解是吸热的,焚烧的产物主要是二氧化碳和水,而热解的产物是可燃的低分子化合物。

(4)微生物分解技术。利用微生物的分解作用处理固体废物的技术,应用最广泛的是堆肥化。堆肥化是指依靠自然界广泛分布的细菌、真菌等微生物,人为地促进可生物降解的有机物向稳定的腐殖质生化转化的微生物学过程,其产品称为堆肥。

2)危险固体废物的处理方法

(1)填埋法。

① 卫生土地填埋是处置一般固体废物而不会对公众健康及环境安全造成危害的一种方法,主要用来处置城市垃圾。含烷烃的废渣通常采用陆地填筑法。

② 安全土地填埋是一种改进的卫生土地填埋方法,也称为安全化学土地填埋。安全土地填埋主要用来处置危险固体废物,因此,对场地的建造技术要求更为严格。

(2)焚烧法是高温分解和深度氧化的综合过程,通过焚烧可以使可燃性固体废物氧化分解,达到减少容积、去除毒性、回收能量及副产品的目的。

(3)固化法是将水泥、塑料、水玻璃、沥青等凝结剂与危险固体废物加以混合进行固化,使得污泥中所含的有害物质封闭在固化体内不被浸出,从而达到稳定化、无害化、减量化的目的。

(4)化学法是一种利用危险物的化学性质,通过酸碱中和、氧化还原以及沉淀等方式,将有害物质转化为无害的最终产物的方法。

(5)生物法。许多危险废物是可以通过生物降解来解除毒性的,解除毒性后的废物可以被土壤和水体所接受。

3）有毒废渣回收处理与利用

（1）砷渣。砷矿一般与铜、铅、锌等有色金属矿共生,随着矿产资源的开采和冶炼转变为含砷废物,如黄渣、铅渣、铜浮渣等,利用含砷废渣可以提取白砷和回收有色金属。

（2）汞渣。化学工业中的水银法制碱、电解法生产烧碱、定期更换下的含汞催化剂等都有大量的含汞废物排出。目前,国内外多采用焙烧法处理并回收废物中的汞。

（3）氰渣。氰盐生产中排出的废渣含有剧毒的氰化物,可以采用高温—汽化法处理。

（4）电镀污泥。其中含有多种重金属,目前较难回收。比较成熟的处理方法是用水泥固化。

五、清洁生产

（一）清洁生产的定义

清洁生产是指在生产过程、产品寿命和服务领域持续地应用整体预防的环境保护战略,增加生态效率,减少对人类和环境的危害。对生产过程,要求节约原材料和能源,淘汰有毒原材料,减少降低所有废弃物的数量和毒性。对产品,要求减少从原材料提炼到产品最终处置的全生命周期的不利影响。对服务,要求将环境因素纳入设计和所提供的服务中。

清洁生产的核心是源头治理,清洁生产的目的是提高资源利用效率,减少和避免污染物的产生,保护和改善环境,保障人体健康。

（二）清洁生产的内容

清洁生产的内容包括清洁的能源、清洁的生产过程、清洁的产品以及贯穿于清洁生产的全过程控制。清洁生产体现了污染预防为主的方针,实现经济、环境效益统一,产品生产过程预防污染,减少废物产生。

1. 清洁的原料与能源

清洁的原料与能源,是清洁生产的首要条件,是指在产品生产中要选择能被充分利用而极少产生废物和污染的原料和能源。

清洁的原料和能源包含两重意义。其一,是指其能在生产过程中被充分利用。一般生产原料中,通常含有部分在生产中不能充分利用的"杂质",从而作为废弃物扔掉。一些能源也由于存在不能转化的"杂质",影响能源的充分转化和利用。而在清洁生产中,则要求尽量选择杂质少的原料和能源,减少废物的排放,提高资源和能源的利用率和转化率。其二,清洁的原料和能源不含有毒物质,即原料中不含有毒物质,能源及其使用过程中也不产生有毒物质。清洁生产通过有效的技术和手段,淘汰有毒的原料和能源,采用无毒或低毒的原料和能源。如采用洁净燃煤技术,逐步提高液体燃料和天然气的使用比例;尽量利用可再生能源,如水力资源的充分开发利用;新能源的开发,如太阳能、生物能、风能、潮汐能、地热能和核能等。

2. 清洁的生产过程

清洁的生产过程是指采用先进的技术、工艺和完善的管理,实现生产过程废物的减量化、资源化和无害化,直至将废物消灭在生产过程之中。废物的减量化,要求采用先进的生产技术、工艺和设备,提高原材料的利用率,使其尽可能转化为产品。废物的资源化,则要求生产过程中的废物综合和高效利用,将废物变为资源,循环利用。废物的无害化,则要求减少和消除将要离开生产过程的废弃物的毒性,避免其危害环境和生命。

3. 清洁的产品

清洁的产品是指该产品在生产、使用和处置的全过程中,不产生任何有害的影响。清洁产品在国外又称为绿色产品、环境友好产品以及可持续发展产品等。清洁的产品要求有利于资源的有效利用,如少用昂贵和稀有原料,利用二次资源做原料;清洁产品的设计要满足人们的需要和功能实用的原则,使产品既容易使用又容易回收和循环再用;清洁的产品还要求产品在整个生命周期中对环境的影响最小,对生产人员和消费者无害。

4. 清洁生产的全过程控制

清洁生产的全过程控制包含两方面的内容,即产品生命周期的全过程控制和生产组织的全过程控制。

产品生命周期的全过程控制,是指生产原料和物料转化成产品,以及产品的使用直至报废处置的整个过程的污染预防和控制。

生产组织的全过程控制,是指工业生产的全过程控制,即从产品的开发、规划、设计、建设直至运营和管理,全过程采取的防止污染发生的有效措施。

在上述清洁生产的主要内容中,"三清洁"是环环相扣,而要点是"全过程控制"。如清洁的原料和能源,是清洁生产过程的首要保证;清洁的生产过程,则为清洁的产品打下了良好的基础;而清洁的产品,不仅仅是对产品本身的要求,而是在产品的整个生命周期内对所有环节都有清洁生产的要求,也是清洁生产成果的最终体现。而"全过程控制"是清洁生产的核心,并贯穿在清洁生产的始终,为清洁生产提供重要的原则指导和实施保障。

清洁生产除强调"预防"外,还体现了两层含义:一是防止污染物转移,即将气、水、土地等环境介质作为一个整体,避免末端治理中污染物在不同介质之间进行转移;二是可持续性,清洁生产是一个相对的、不断的、持续进行和不断追求完善的过程。随着社会经济的发展和科学技术的进步,将会适时采取更新的清洁生产方法和手段,争取达到更高的清洁生产目标。

项目六　管理与培训

一、班组管理

(一)班组管理的基本概念

班组管理,就是运用科学的管理思想、方法和手段,对班组进行的计划、组织、指挥、协调、控制和激励等管理活动。强化班组管理,使班组管理系统化、规范化、科学化,是实现企业管理的基础,也是提高企业素质、推动企业发展的一个重要因素。

班组管理是在企业整个生产活动中,由班组自身进行的管理活动。班组建设不同于班组管理,班组建设是一个大概念,班组管理从属于班组建设。班组管理的职能在于对班组人、财、物合理组织,有效利用。班组管理是企业最终端的管理,班组管理是全面综合的管理,班组管理是双重压力下的管理。

(二)班组的成本核算

一般来说,班组进行成本核算时,一般计算直接成本。班组经济核算属于局部、群众核算。班组经济核算具有考核、分析、核算和控制功能。在班组经济核算中,从项目的主次关系上看,属于主要项目的有产量、质量和工时指标。班组经济核算的基础工作包括原始记录、定额管理、计量工作、规章制度和市场价格五个方面,具有直接性、群众性、局部性、多样性的特点。在进行班组经济核算时应遵循"干什么、管什么、算什么"的原则,力求注意三个问题:一是计算内容少而精;二是分清主次;三是方法简洁。

(三)班组管理的基本要求

(1)班组管理的目标和活动要实现数据化。要一切凭数据说话,以定量为主代替定性为主,班组的生产活动和劳动成果,都要用数据反映。班组反馈各种原始数据,要做到流向清晰、传递迅速、内容完整、真实准确。

(2)班组管理的内容要规范化。每个工作岗位都要有明确的岗位责任,各项管理动作都要有明确的工作流程和标准。

(3)班组管理的方法要科学化。要积极将现代化的管理方法应用于班组管理中,如生产活动采用看板管理、目视管理等方法来控制在制品流量,按期量标准组织生产,在生产现场应用全面质量管理方法,采用预防性工序抽样检验,关键工序建立质量控制点等。

(4)班组管理的基础工作要制度化。班组管理的一个重要特征,是由班组成员分别承担管理基础工作。为此,要明确各自的职责、权利和工作标准,将各项管理基础工作的内容和要求落实到人,并通过规章制度,使管理工作的要求标准化。例如数据的采集、整理、传递,要制定程序,规定期限,制订责任者,建立作业标准、文明生产标准等。一般应遵循以下十项制度:岗位专责制度、巡回检查制度、交接班制度、设备维护保养制度、质量负责制度、岗位练兵制度、安全生产制度、班组经济核算制度、班组文明生产制度、班组思想政治工作制度。

(四)班组管理基本内容

班组管理主要包括现场管理、生产管理、安全环保管理、设备管理、质量管理、劳动管理、经济核算、民主管理和思想政治工作等。

班组现场管理的核心要素包括人员和机器、材料和方法、环境。

班组日常生产管理一般按照班前准备工作、班中生产管理、班后整理维护三个阶段进行。

班组的劳动管理包括班组劳动纪律管理;班组劳动分工与协调调配管理;班组定额管理;班组经济核算的基础工作包括原始记录、定额管理、计量工作、规章制度和市场价格五方面,具有直接性、群众性、局部性、多样性的特点。班组生产技术管理的主要内容有定时查看各岗位的原始记录,分析判断生产是否处于正常状态,指挥岗位或系统的开停车,建立指标管理账。班组安全管理的主要内容包括进行安全教育、新产品、新设备、新工艺投入生产前的准备工作、参加事故调查分析。班组设备管理应按照"四懂、三会",使用维护设备。

二、生产管理理念

生产管理在企业中处于中心地位,其中心任务是生产出满足社会需要的廉价优质产品的服务。在进行生产管理时,应遵循以下原则:

(1)讲求经济效益。按传统观点和做法是把降低成本的重点放在原材料节省和工时节省上,而按现代观点和做法则是把降低成本的重点放在提高生产能力和降低库存上。

(2)实行科学管理。建立适宜的生产指挥系统,做好基础工作,包括数据完整、准确,制度完善,管理工作程序化、制度化以及运用现代管理思想和方法。

(3)坚持以销定产。防止盲目生产,提高对市场的适应能力,发展新产品;确保交货期,缩短生产周期。

(4)组织均衡生产。组织均衡生产既是科学管理的要求,也是建立正常生产秩序和管理秩序、保证质量、降低消耗的前提条件。

(5)实现清洁生产。实现清洁生产是将综合预防的环境策略持续地运用于生产过程和产品中,以减少对人类和环境的风险性。对于生产过程而言,清洁生产包括节约原料和能源,淘汰有毒原材料并在全部排放物离开生产过程以前减少它们的数量和毒性。对产品而言,清洁生产策略旨在减少产品在整个生命周期过程中对人类和环境的影响。

三、设备管理理念

设备管理的基本内容包括设备的检查、设备的维护、保养、设备的修理、检验。在进行设备管理时,应遵循以下几点:

(1)坚持安全第一、预防为主,确保设备安全经济可靠运行。

(2)坚持设备全过程管理的理念,坚持设计、制造与使用相结合,维修与检修相结合,修理、改造与更新相结合,专业管理与群众管理相结合,技术管理与经济管理相结合。

(3)坚持可持续发展,努力保护环境和节能降耗。

(4)坚持依靠技术进步,以科技创新作为发展动力,推广应用现代设备管理理念和自然科学技术成果,实现设备管理的科学、规范、高效、经济。

四、现场管理理念

现场管理是综合性、全面性、全员性的管理。现场管理方法有 7S 管理、目视管理、定置管理三个方面。"实行标准化,消除五花八门的杂乱现象"体现了现场目视管理的统一要求。狭义的现场管理,多是指对劳动者的精神状态、生产组织、劳动对象、劳动手段等方面为主的生产现场管理。

现场 7S 管理的内容包括整理、整顿、清扫、清洁、素养、节约、安全。现场目视管理的基本要求是统一、简约、鲜明、实用。现场管理的具体要求有:

(1)组织均衡生产。

(2)保持设备状态良好。

(3)加强定额管理。

(4)组织安全生产,减少各种事故。

（5）严格执行纪律。

（6）保持环境整洁,促进文明生产。

（7）实施现代化管理。

（8）确保管理信息准确。

石油化工行业生产现场要求"一平二净三见四无五不缺"："一平"即地面平整；"二净"即门窗玻璃净,四周墙壁净；"三见"即沟见底,轴见光,设备见本色；"四无"即无垃圾,无杂草、无废料、无闲散器材；"五不缺"即保温油漆不缺,螺栓手轮不缺,门窗玻璃不缺,灯泡灯罩不缺,地沟盖板不缺。

五、工艺管理理念

工艺技术管理是建立正常的生产秩序和工作秩序,提高企业经济效益、实现企业经营目标、提高企业适应能力的基本手段,是企业进行技术创新、技术发展的基本平台。

工艺技术管理是生产管理的重要组成部分,包括工艺技术管理制度的建立和完善、生产技术和工艺优化。具体管理范围是制订、完善并实施装置工艺技术操作规程；制订、完善并实施工艺技术管理制度；制订、完善并实施岗位操作法。

在石油化工行业中,运用程序分析法、动作分析法、环境因素分析法、行为因素分析法、生理因素分析法、现场控制法、实施现代化管理离线统计分析法、过程能力标定法等进行工艺技术管理。其中查找生产运行、工艺控制过程的薄弱环节和瓶颈问题,组织改进优化制订技术改进方案并组织实施,是工艺技术管理的一项重要内容。

六、培训教学常用的方法

在职工培训活动中,培训的指导者可以是组织的领导、具备特殊知识和技能的员工、专业培训人员和学术讲座。培训过程由识别培训需要、提供培训、评价培训有效性等阶段组成。培训方案应包括培训目标、培训内容、培训指导者、培训方法等内容。在培训教学中,制订培训规划的原则是政策保证、系统完美、务求实效。

培训教学常用的教学方法有多种,如讲授法、演示法、案例法、讨论法、视听法、角色扮演法、头脑风暴法等。在企业培训中,适宜知识类培训的直接传授培训形式主要有讲授法、专题讲座法、研讨法,其中最基本的培训方法是讲授法。但讲授法的缺点在于讲授内容具有强制性、学习效果易受教师讲授水平的影响、没有反馈。

演示法是运用一定的实物和教具,通过实地示范,使受训者明白某种事务是如何完成的。演示法优点在于：

（1）有助于激发受训者的学习兴趣。

（2）可利用多种感官,做到看、听、想、问相结合。

（3）有利于获得感性知识,加深对所学内容的印象。

头脑风暴法是围绕某个中心议题,毫无顾忌、畅所欲言地发表独立见解的一种创造性的思想方法。

案例用于教学有三个基本要求：

（1）内容应是真实的,不允许虚构。为了保密有关的人名、单位名、地名可以改用假名,称为掩饰,但其基本情节不得虚假,有关数字可以乘以某掩饰系数加以放大或缩小,但相互间比例不能改变。

(2)教学中应包含一定的管理问题,否则便无学习与研究的价值。

(3)教学案例必须有明确的教学目的,它的编写与使用都是为某些既定的教学目的服务的。在培训教学中,案例法有利于参加者培养分析解决实际问题能力。在职工培训中,案例教学具有提供了一个系统的思考模式、有利于使受培训者参与企业实际问题的解决、可得到有关管理方面的知识与原则等优点。

第二部分
初级工操作技能及相关知识

模块一 工艺操作

项目一 相关知识

一、开车准备

(一)技术概述

苯乙烯生产由乙苯生产技术和苯乙烯生产技术两部分组成。随着科学技术的发展,乙苯和苯乙烯生产工艺也在不断地进步。苯乙烯装置主要是利用苯和乙烯为原料,利用液相烷基化或气相烷基化、负压绝热脱氢等工艺技术生产出苯乙烯产品,同时副产甲苯、非芳烃、焦油等重组分。装置由烷基化及烷基转移反应(烃化及反烃化反应)、乙苯精馏、脱氢反应、苯乙烯精馏、中间罐区等区域构成。

1. 乙苯生产技术

1)气相分子筛工艺

气相分子筛工艺使用 ZSM-5 型分子筛催化剂,催化性具有良好的活性,乙苯、多乙苯的选择性可达 99.5%。烷基化反应器一般由六段催化剂床层串联组成,反应温度在 400℃ 左右,反应压力为 1.2~1.6MPa,苯与乙烯在气相条件下进行烷基化反应,苯/乙烯质量比为 18.5 左右,乙烯转化率可在 98%~99% 之间。

气相分子筛催化剂有效期约为 2 年,再生周期可达 1 年以上。气相分子筛生产乙苯工艺没有腐蚀,无污染,乙苯收率高,流程相对较短,投资较少。

2)液相分子筛生产乙苯工艺

液相分子筛工艺采用 Y 型、β 型或 MCM 型分子筛催化剂,催化剂活性高,寿命可达 3 年以上,选择性较好,结焦率低。

苯与乙烯在液相条件下发生烷基化反应生成乙苯,反应温度为 200~270℃,反应压力为 2.9~4.4MPa,苯/乙烯摩尔比为 3~6,苯的单程转化率可达到 30%,乙烯的转化率几乎为 100%。

苯与多乙苯在烷基转移反应器中发生烷基转移反应,反应压力为 2.6~3.7MPa,温度为 170~275℃,苯/多乙苯摩尔比为 3~15。

3)催化干气生产乙苯工艺

在国外乙苯生产工艺中,Alkar 法烷基化工艺、Monsanto 公司的技术和 Mobil/Badger 公司的技术均可以利用催化裂化干气中的乙烯生产乙苯。这 3 种技术的共同特点是对原料气中的杂质含量要求严格,原料气均需经过脱硫、脱水、脱氧和深冷分离丙烯等较为复杂的精制。

2. 苯乙烯的生产技术

在国内的苯乙烯装置中，苯乙烯的生产主要采用 Lummus/UOP 乙苯脱氢工艺、Fina/Badger 乙苯脱氢工艺、乙苯脱氢选择性氧化工艺和乙苯-丙烯共氧化联产环氧丙烷-苯乙烯工艺，下面主要介绍这几种苯乙烯生产工艺。

1）Lummus/UOP 乙苯脱氢工艺

该工艺的脱氢反应在脱氢反应器中进行，反应温度为 600~640℃，反应压力为 40kPa(A)左右，同时向反应器加入蒸汽以降低苯乙烯分压，水蒸气/乙苯质量比（水比）为 1.3~1.5，乙苯转化率 60%以上，苯乙烯选择性可达 95%以上。

第二脱氢反应器出口的反应产物首先将乙苯/水蒸气预热，然后产生两个压力等级的低压蒸汽。

脱氢液先经过乙苯/苯乙烯塔，从塔顶分离出苯、甲苯、乙苯等比苯乙烯轻的组分去乙苯回收塔及苯/甲苯分离塔，从塔底采出的粗苯乙烯去苯乙烯塔，然后得到苯乙烯产品。

苯乙烯的分离采用四塔流程，苯乙烯经历二次加热。乙苯/苯乙烯塔采用低真空高釜温的工艺，操作压力为 12~40kPa(A)，焦油生成量少。

2）Fina/Badger 乙苯脱氢工艺

该工艺同样采用绝热脱氢方法，反应系统、脱氢液分离、尾气压缩及洗涤等部分与 LUMMUS/UOP 的乙苯脱氢工艺基本相同，但废热回收换热器的型式及流程与 Lummus/UOP 乙苯脱氢工艺不同。

在 Fina/Badger 工艺中，第二脱氢反应器出口的反应产物首先在第一个换热器中将乙苯/水蒸气预热，然后进入第二换热器产生高压蒸汽，最后进入第三个换热器中，利用反应产物的余热将脱氢单元的乙苯汽化。

Fina/Badger 工艺的苯乙烯精馏工艺与 Lummus/UOP 工艺差别较大，脱氢液先经过苯/甲苯塔，从塔顶分离出苯、甲苯等比乙苯轻的组分，从塔底得到乙苯、苯乙烯等比乙苯重的组分；苯/甲苯塔底物料进入乙苯回收塔，在乙苯回收塔顶得到回收乙苯，塔底为含有重组分的苯乙烯；乙苯回收塔底的物料进入苯乙烯塔，去除重组分后在苯乙烯塔塔顶得到苯乙烯产品。

脱氢液的精馏虽然也采用四塔流程，但苯乙烯经历了三次加热。

3）乙苯脱氢选择性氧化工艺（Smart 工艺）

乙苯脱氢选择性氧化工艺主要是向脱氢反应器的出口物流中加入定量的氧气及水蒸气，然后进入氧化/脱氢反应器，该反应器中装有高选择性氧化催化剂及脱氢催化剂，氧与氢反应产生的热量使反应物流升温，同时使反应物中的氢分压降低，打破了传统脱氢反应的热平衡，反应向生成苯乙烯的方向移动。选择氧化催化剂活性很高，对氢具有高选择性，同时烃损失很少。

此工艺可将乙苯单程转化率提高至 70%以上，同时有效地利用了氢气氧化反应所放出的热量，适用于对常规苯乙烯装置改造，可使生产能力提高 30%~50%。

4）乙苯/丙烯共氧化联产环氧丙烷/苯乙烯工艺（PO/SM 工艺）

该工艺的生产过程共分 3 个步骤，先将液态乙苯氧化，生成乙苯氢过氧化物；然后在钼催化剂作用下，丙烯与乙苯氢过氧化物发生液相反应，生成 α-苯乙醇与环氧丙烷；最后 α-苯乙醇在 TiO_2-Al_2O_3 催化剂存在下进行液相或气相脱水生成苯乙烯，该工艺能同时生产苯乙烯和环氧丙烷，苯乙烯与环氧丙烷的产量比为 2.5∶1。

(二)化工原料、产品物理性质及指标

1.原料性质及指标

1)苯

苯在常温下是一种无色、味甜、有芳香气味的透明液体,易挥发。与乙醇、乙醚、丙酮、四氯化碳、二硫化碳和醋酸混溶。微溶于水,分子式为 C_6H_6 ,相对分子质量为 78.11,相对密度为 0.8737 (25℃),沸点为 80.1℃,闪点为-11℃,冰点为 5.3℃,爆炸极限为 1.33%~7.9%(体积分数)。

苯属于中等毒类。吸入高浓度苯蒸气对中枢神经系统有麻痹作用,引起急性中毒,人体吸入苯后,应马上将受害人转送到新鲜空气处。长期接触高浓度苯,对造血系统有损害,引起慢性中毒。对皮肤、黏膜有刺激、制敏作用。可引起白血病。大气中苯允许的最大浓度值为 10mg/L。苯的质量标准见表 2-1-1。

表 2-1-1　苯的质量标准

项目	指标		试验方法
	互供 1	互供 2	
外观	清晰透明,无机械杂质和游离水		目测
颜色(铂-钴色号),号	≤20	≤20	GB/T 3145
苯(质量分数),%	≥99.90	≥99.80	Q/SY DH1205
甲苯(质量分数),%	≤0.05	≤0.10	Q/SY DH1205
非芳烃(质量分数),%	≤0.10	≤0.15	Q/SY DH1205
结晶点(干基),℃	≥5.45	≥5.35	GB/T 3145
密度(20℃),kg/m³	实测		GB/T 2013
酸洗比色	酸层颜色不深于 1000mL,稀酸中含 0.10g 重铬酸钾的标准溶液	酸层颜色不深于 1000mL,稀酸中含 0.20g 重铬酸钾的标准溶液	GB/T 2012
总硫含量,mg/kg	1	2	GB/T 0689
中性试验	中性		GB/T 1816
水,mg/kg	200		GB/T 11133

国家标准中,原料苯控制的合格品冰点温度为 5℃,一级品冰点温度为 5.35℃,优级品冰点温度为 5.4℃。

苯作为原料,如果进料中含有过高的水含量,会降低乙苯催化剂的活性,严重时会造成催化剂的物理损坏,造成催化剂失活,同时其中的杂质硫会使烷基化/烷基转移催化剂失活,缩短使用寿命,而且它还会腐蚀设备。

2)乙烯

乙烯为最简单的烯烃,存在于焦炉气和热裂石油气中,是带有甜香味的无色气体,几乎不溶于水。其分子式为 C_2H_4 ,相对分子质量为 28.05,相对密度为 0.975(气体),熔点为-169℃,沸点为-103.9℃。闪点为-135℃。爆炸极限为 3.02%~34%(体积分数)。

乙烯在作为原料的纯度最低要求控制在 99.7%(质量分数),乙烯中的杂质硫会使烷基化/烷基转移催化剂失活,缩短使用寿命;同时会影响苯乙烯产品中的硫含量。

2. 产品及副产品性质及指标

1）苯乙烯

苯乙烯为无色油状液体,有芳香气味,高折光性,能溶于醇和醚,不溶于水。受热或暴露光线或空气中易聚合成稠厚或透明固体。分子式为 C_8H_8,相对分子质量为 104.14。相对密度为 0.91（液体）,熔点为 $-30.6℃$,沸点为 146℃,自燃点为 490℃,闪点为 34.℃,爆炸极限为 1.1%~6.1%（体积分数）。

最重要的用途是作为合成橡胶和塑料的单体,用来生产丁苯橡胶、聚苯乙烯、泡沫聚苯乙烯,也用于与其他单体共聚制造多种不同用途的工程塑料。例如与丙烯腈、丁二烯共聚制得 ABS 树脂,广泛用于各种家用电器及工业上;与丙烯腈共聚制得的 SAN 是耐冲击、色泽光亮的树脂;与丁二烯共聚所制得的 SBS 是一种热塑性橡胶,广泛用作聚氯乙烯、聚丙烯的改性剂等。苯乙烯的质量标准见表 2-1-2。

表 2-1-2　苯乙烯的质量标准

项目	指标			试验方法
	优等品	一等品	合格品	
外观	清晰透明,无机械杂质和游离水			目测
纯度（质量分数）,%	≥99.8	≥99.6	≥99.3	GB/T 12688.1b
总醛（如苯甲醛）,mg/kg	≤100	≤100	≤200	GB/T 12688.5
过氧化物（as H_2O_2）,mg/kg	≤50	≤100	≤100	GB/T 12688.4
聚合物,mg/kg	≤10	≤10	≤50	GB/T 12688.3
乙苯（质量分数）,%	≤0.08	警告		GB/T 12688.1b
色度（铂-钴色号）,号	≤10	≤15	≤30	GB/T 605
阻聚剂（TBC）,mg/kg	10≤TBC≤15			GB/T 12688.8

在苯乙烯工艺过程中,为了防止苯乙烯聚合,分别在苯乙烯精馏系统和苯乙烯产品中加入高温阻聚剂和低温阻聚剂（TBC）,TBC 原料不合格、铁锈带入产品、铜或铜合金与产品接触,漏入塔内的氧气量太多都会导致苯乙烯产品色度太深,从而影响产品质量。

2）甲苯

甲苯为无色澄清液体,有苯样气味,有强折光性,能与乙醇、乙醚、丙酮、氯仿、二硫化碳和冰乙酸混溶,极微溶于水。其相对密度为 0.866,凝固点为 $-95℃$,沸点为 110.6℃,折光率为 1.4967,闪点（闭杯）为 4.4℃,易燃。其蒸气能与空气形成爆炸性混合物,爆炸极限为 1.2%~7.0%（体积分数）。其化学性质活泼,与苯相像,可进行氧化、磺化、硝化和歧化反应以及侧链氯化反应。甲苯能被氧化成苯甲酸。

甲苯大量用作溶剂和高辛烷值汽油添加剂,也是有机化工的重要原料,但与同时从煤和石油得到的苯和二甲苯相比,目前的产量相对过剩,因此相当数量的甲苯用于脱烷基制苯或歧化制二甲苯。

3）乙苯

乙苯为无色液体,不溶于水,溶于乙醇、苯、乙醚和四氯化碳。带有强烈的刺激味。分子式为 $C_6H_5CH_2CH_3$,相对分子质量为 106.16,相对密度为 0.8669（液体）,熔点为 $-94.9℃$,沸点为 136.2℃,蒸气压为 1.33kPa(25.9℃),闪点为 15℃,爆炸极限为 1%~6.7%(体积分数),自燃点为 432.22℃。

乙苯主要用于生产苯乙烯,进而生产苯乙烯均聚物以及以苯乙烯为主要成分的共聚物(ABS,AS 等)。乙苯少量用于有机合成工业,例如生产苯乙酮、乙基蒽醌、对硝基苯乙酮、甲基苯基甲酮等中间体。在医药上用作合霉素和氯霉素的中间体,也用于香料。此外,其还可作溶剂使用。

(三)工艺流程说明

1. 乙苯单元

乙苯单元生产高质量的乙苯,用于生产苯乙烯。在沸石催化剂的作用下,通过苯和乙烯的烷基化反应生成乙苯。

第一个反应是苯和乙烯在酸性的催化剂作用下生成乙苯的烷基化反应。尽管催化剂显示出对乙苯的高选择性,但在烷基化反应的过程中发生产生二乙苯、三乙苯的反应,这些重组分都被称为多乙苯。烷基化反应在苯过量的条件下进行,以使多烷基反应达到最小的程度,并减少乙烯的齐聚反应。所有的烷基化反应都是强放热反应。另外的一些副反应也在比较小的程度上进行,副产物的产率都非常小,这些副产物包括丁苯和高沸物。

烷基化反应:

$$C_2H_4 \quad + \quad C_6H_6 \quad \longrightarrow \quad C_2H_5C_6H_5$$
$$\text{乙烯} \qquad \text{苯} \qquad\qquad \text{乙苯}$$

$$C_2H_4 \quad + \quad C_2H_5C_6H_5 \quad \longrightarrow \quad (C_2H_5)_2C_6H_5$$
$$\text{乙烯} \qquad \text{乙苯} \qquad\qquad \text{二乙苯}$$

$$C_2H_4 \quad + \quad (C_2H_5)_2C_6H_5 \quad \longrightarrow \quad (C_2H_5)_3C_6H_5$$
$$\text{乙烯} \qquad \text{二乙苯} \qquad\qquad \text{三乙苯}$$

转烷基化反应:

$$C_6H_6 \quad + \quad (C_2H_5)_2C_6H_5 \quad \longrightarrow \quad 2C_2H_5C_6H_5$$
$$\text{苯} \qquad \text{二乙苯} \qquad\qquad \text{乙苯}$$

$$C_6H_6 \quad + \quad (C_2H_5)_3C_6H_5 \quad \longrightarrow \quad (C_2H_5)_2C_6H_5 \quad + \quad C_2H_5C_6H_5$$
$$\text{苯} \qquad \text{三乙苯} \qquad\qquad \text{二乙苯} \qquad\qquad \text{乙苯}$$

在烷基化反应器中产生的少量多乙苯在蒸馏区被回收。这股多乙苯物流主要由二乙苯组成,多乙苯循环到转烷基化反应器,在这里与过量的苯反应生成另外一部分乙苯产品。多乙苯循环物流中的三乙苯、四乙苯也都参与了转烷基化反应,并最终转化成乙苯。

2. 脱氢反应单元

生成苯乙烯的化学反应是以乙苯分子为中心的。乙苯分子是由一个六个碳的苯环和一个有两个碳的乙基官能团组成,乙基连接到苯环的一个碳原子上。化学原理基于碳原子和氢原子以不同的方式组合,每个碳原子拥有四个键位用于连接其他原子,每个氢原子拥有一个键位用于连接其他原子。

发生在脱氢反应器内的主反应是一个从乙苯分子脱去一个氢分子,在苯环支链的两个碳原子之间形成一个双键的热分解反应。产生的分子,就像一个乙烯分子取代苯环上的一个氢原子,称为苯乙烯单体分子。这种从有机化合物上分离氢的反应就是脱氢反应。

迫使氢分子从乙苯分子上离开需要大量热量。能量从反应物流转移到刚刚形成的反应出料分子中，导致反应出料物流的温度比进料物流的温度低很多。温度降低脱氢反应会逐渐慢下来，最终停止。为了使更多的乙苯在反应系统内转化，从第一级反应器来的出料被再加热并被送到第二催化剂床层来提高乙苯在反应系统内的单程总转化率。增加乙苯转化率，直到从其他的反应产物中分离出苯乙烯产品的成本相对较低。

在乙苯分子生成苯乙烯和氢分子的同时，氢分子与苯乙烯分子重组形成乙苯分子。在这种反应环境下，完全的乙苯进料发生脱氢反应是不可能的。

在反应进料温度下，乙苯分子也能发生热分解，这样整个二碳乙基官能团从苯环上分离出来生成苯和乙烯分子。如果没有脱氢催化剂，大部分乙苯进料将发生热分解反应生成苯和乙烯。因而脱氢反应系统设计的一个指导原则，就是在热分解生成苯和乙烯之前尽可能快地使反应进料到达催化剂表面。

热分解反应生成的乙烯也可以与系统内存在的其他有机分子发生反应，主要的乙烯反应是有一个碳（连同和它结合的两个氢原子）和苯分子结合生成具有一个甲基官能团的苯环，这就是甲苯。另外一个碳没有足够的氢原子去满足它所需要的四个化学键，与两个氢原子分离沉积在催化剂上形成焦炭。焦炭是相邻的碳原子沉积下来形成的一种固体。

焦炭沉积在催化剂表面会隔离促进乙苯脱氢反应生成苯乙烯和氢气的活性中心。高温的气相水分子（以蒸汽的形式）与碳（焦炭）发生水煤气反应，水分子是由一个氧原子（拥有两个键位）与两个分别拥有一个键的氢原子组成。在高温下一个碳原子（来自焦炭沉积物）与水分子反应，生成拥有一个碳原子和一个氧原子的分子叫作一氧化碳，同时一分子的氢（在水分子上的两个氢原子）分离出来，形成氢气。这种固体焦炭和气相水之间的反应称为清焦反应。

一氧化碳仍然活泼，因为碳原子的四个键位没有填满。为了填满碳原子四个键的要求，大多数一氧化碳会和水分子发生反应形成由一个碳原子和两个氧原子组成的二氧化碳分子，同时，水分子上的两个氢原子再次分离出来形成一个氢分子。

蒸汽持续地和乙苯进料混合进入脱氢反应器是为了持续地给催化剂清焦。降低脱氢反应器系统的蒸汽/乙苯进料比例，将会使清焦反应的反应速率降低。催化剂将有更多的活性中心被堆积的焦炭覆盖，催化剂期望的脱氢反应活性变差。

在高温操作下会引起脱氢催化剂中钾组分逐渐迁移，导致催化剂表面结焦速率加快，使得催化剂失活速率更快。在其他条件不变的情况下，反应温度适当提高，反应转化率升高。

脱氢反应的蒸汽进料同时起到另外两个作用。首先，蒸汽携带热量进入吸热反应区。生成苯乙烯的反应所需的热量从蒸汽分子获得，同时全部混合物在吸热的脱氢反应作用下冷却。增加蒸汽/乙苯的比例对减缓吸热反应的冷却有效果，所以能够推动苯乙烯反应的平衡向更高的乙苯转化率的方向发展；其次，蒸汽可以隔开氢分子，进一步减少苯乙烯和氢分子相遇的概率，这样在高蒸汽/乙苯进料比例下，发生反方向的苯乙烯分子加氢反应的概率减小，最终的乙苯转化率趋于增加。反应器的蒸汽进料是一个相对昂贵的能量消耗。因而脱氢反应的蒸汽/乙苯进料比例要从经济方面考虑。

尽管催化剂的结焦和清焦反应几乎平衡，但是随着时间的推移，催化剂还是会缓慢地丧失一些脱氢反应的活性中心。以氧化铁为基础的催化剂含有一些微量元素，以促进反应发生。在较高的反应温度下,这些微量元素在一定程度上被蒸发到蒸汽中,而以这种方式转移的微量元素有一部分不再对反应起作用。为了在催化剂的运转周期内保持苯乙烯的产率,反应器的进料温度要不断地增加从而来补偿损失的催化剂活性。新鲜催化剂下的反应器的温度叫作"运行初期"条件,当催化剂已经达到它最经济的使用寿命终点时,反应器的温度叫作"运行末期"条件。

随着从运行初期到运行末期温度的提高,热副反应生成苯和甲苯的比例增加。另外在混合进料进入催化剂床层,找到催化剂活性中心之前经过的距离,增加了导致发生热副反应的停留时间。因而在运行末期的条件下乙苯转化成苯乙烯的量相对于运行初期将减少。最终转化为苯乙烯的那部分乙苯叫作催化剂的选择性,从运行初期到运行末期,催化剂的选择性随着反应器进料温度升高而降低。

在较高的脱氢反应温度下,反应进料(除乙苯)中几乎所有类型的有机物分子都有一定比例的发生热分解反应,还有一定比例与系统中存在的乙烯发生反应。

一小部分苯乙烯分子经过第二级脱氢反应作用分离出另一个氢分子,结果生成一个附着二碳侧链的苯环,两个碳之间有三个键,这种化合物叫作苯基乙炔。

一部分甲苯和乙烯在反应器内结合生成具有乙烯基官能团的苯环化合物,类似于苯乙烯,但是也包括最初在甲苯分子上的甲基官能团,这种化合物叫作甲基苯乙烯。甲基苯乙烯有三种可能的结构,依赖于苯环上在附着的乙烯基和甲基支链的位置,大多数甲基苯乙烯产品是乙烯基和甲基支链附着在苯环相邻的碳上,这种化合物叫作 α-甲基苯乙烯。反应器内的一部分甲苯、乙烯和氢气结合形成一个三个碳的支链(也叫作丙烷基官能团)附着在苯环的某个碳上。如果丙烷基官能团三碳支链上最末的碳原子附着在苯环上,这个分子叫作正丙苯(NPB),如果丙烷基官能团三碳支链上中间的碳附着在苯环上,这个分子叫作异丙苯。

在苯乙烯分子的乙烯基官能团上有一个双键,非常容易相互反应形成以乙烷基官能团连接在一起的一个单体链分子。一个链上只有两个苯乙烯单体分子的叫作二聚物,链上有三个苯乙烯单体分子的叫作三聚物,依次类推。聚合物链的长度是无限的,在聚苯乙烯工艺中有意地促进聚合发生,使链增长。

发生聚合反应的速度是温度作用以及其他分子与单体混合的作用。一旦二聚物产生,分子结构的紊乱引发一个"自由基",它能接纳附着更多的单体分子。在比较低的环境温度下,纯苯乙烯的聚合反应速率相对较慢,只占很小的百分比。但是,聚合反应是放热的,苯乙烯单体液体会由于聚合反应而使自身加热。当温度在 135℃ 左右的时候,聚合反应产生的热量使聚合的速率非常迅速,引起"失控的聚合反应"。

其他与苯乙烯单体混合的分子有些能够促进(引发)聚合反应,有些能够抑制(终止)聚合反应,有些不起作用(既不促进也不抑制反应)。乙苯与苯乙烯混合在一起一般不起作用。但是,它确实能够通过稀释单体分子的浓度降低聚合反应速度。化学药剂能抑制聚合反应,笼统地说通过占据现有聚合物链末端的"自由基"来阻止与其他单体分子进一步的反应。

如果二乙苯偶然地随着乙苯进料进入脱氢反应器系统,两个乙基官能团都能发生脱氢反应。最终的化合物是在一个苯环上带有两个乙烯基官能团,称为二乙烯基苯(DVB)。DVB 比苯乙烯更活泼。另外,两个乙烯基官能团都能发生聚合反应,连接两个聚苯乙烯单体链,最终的物质叫作交连聚合物,交连聚合物容易形成固体物质,造成设备及管线的堵塞,只能通过机械手段才能清除。

脱氢反应蒸汽在反应器的下游冷凝,冷凝是在脱氢反应产生的二氧化碳存在的情况下进行的。二氧化碳与水反应生成碳酸,碳酸分子在水里分离生成具有酸性的氢离子(H^+)和碳酸根离子(HCO_3^-),酸性的氢离子(H^+)容易腐蚀碳钢,氢离子(H^+)通过注入系统的能够提供 OH^- 的胺中和剂来中和。添加胺中和剂一般使粗苯乙烯沉降罐 MS-202 内的水溶液达到中性(pH 值大约是 7)。当粗苯乙烯沉降罐 MS-202 来的水在凝液汽提塔内用蒸汽汽提时,大部分二氧化碳从水中汽提出来,除去部分的氢离子(H^+),留下氢氧根离子(OH^-),结果汽提过的水变成碱性(含有过剩的氢氧根离子 OH^-,pH 值通常在 8.0~8.5 之间)。

在苯乙烯单元所有的蒸汽供应中都含有一种或多种的化学中和药剂以阻止在整个凝液系统中造成腐蚀。为脱氢反应器系统提供的蒸汽内的中和剂在被加热到脱氢反应器的温度时发生热分解(分解成小分子)。因而注入反应器系统出料中的那部分胺中和剂,有效补充了在反应器系统内由于热分解而损失的中和剂。

在脱氢反应区,苯乙烯单体通过乙苯脱氢生成,乙苯在一种氧化铁催化剂的作用下生成乙苯和氢气。催化剂的寿命一般是 2 年。脱氢反应是强吸热反应,高温、低压有利于反应的进行。反应中加入过热蒸汽,用来为反应提供热量,同时蒸汽降低反应物的分压,以提高乙苯转化率。尽管现在脱氢催化剂对苯乙烯有很高的选择性,但仍有副反应发生。主要的副产品是乙苯在高温下的断烷基反应产生的苯和甲苯。在很多苯乙烯装置,副产品苯被循环回乙苯单元,甲苯经提纯后,作为有价值的副产品采出,轻组分通常作为燃料气烧掉。

$$(C_2H_5)C_6H_5 \rightleftharpoons C_6H_5(C_2H_3) + H_2$$
$$\text{乙苯} \qquad\qquad \text{苯乙烯} \qquad \text{氢气}$$

除以上主反应外,与乙苯脱氢反应有关的副反应是:

$$C_6H_5(C_2H_5) \rightleftharpoons C_6H_6 + C_2H_4$$
$$\text{乙苯} \qquad\qquad \text{苯} \qquad \text{乙烯}$$

$$C_6H_5(C_2H_5) + H_2 \rightleftharpoons C_6H_5(CH_3) + CH_4$$
$$\text{乙苯} \qquad \text{氢气} \qquad\qquad \text{甲苯} \qquad \text{甲烷}$$

催化剂的结焦和除焦:

$$\text{芳烃} \longrightarrow \text{焦炭} + \text{氢气}$$

$$C + H_2O \longrightarrow CO + H_2$$
$$\text{碳} \qquad \text{蒸汽} \qquad \text{一氧化碳} \qquad \text{氢气}$$

$$CO + H_2O \longrightarrow CO_2 + H_2$$
$$\text{一氧化碳} \qquad \text{蒸汽} \qquad \text{二氧化碳} \qquad \text{氢气}$$

断环:

$$16H_2O + C_6H_5(C_2H_5) \longrightarrow 8CO_2 + 21H_2$$
$$\text{水} \qquad\qquad \text{乙苯} \qquad\qquad \text{二氧化碳} \quad \text{氢气}$$

重整:

$$2H_2O + C_2H_4 \rightleftharpoons 2CO + 4H_2$$
$$\text{水} \qquad \text{乙烯} \qquad \text{一氧化碳} \qquad \text{氢气}$$

$$H_2O + CH_4 \rightleftharpoons CO + 3H_2$$
水　　甲烷　　一氧化碳　氢气

$$2C_6H_5(CH_3)_2 + H_2 \rightleftharpoons 2C_6H_5(CH_3) + 2CH_4$$
二甲苯　　　氢气　　　　甲苯　　　甲烷

重组分生成：

$$C_6H_5(C_2H_3) \rightleftharpoons C_6H_5(C_2H) + H_2$$
苯乙烯　　　　苯乙炔　　氢气

$$C_6H_5CH(CH_3)_2 \rightleftharpoons C_6H_5(C_3H_5) + H_2$$
异丙苯　　　　　α-甲基苯乙烯　　氢气

$$C_6H_5(C_2H_5)_2 \rightleftharpoons C_6H_{10} + H_2$$
二乙苯

上述的乙苯脱氢生成苯乙烯和副反应也可以在除催化剂之外的其他高温区域发生,如反应器的入口管和反应器入口管导槽等,这些区域统称为"无效容积",乙苯在无效容积的反应比起它在催化剂上反应成苯乙烯的选择性要小得多,因此,尽量把入口管和反应器的无效容积设计成最小。

来自反应器部分的液体副产物是苯、甲苯、α-甲基苯乙烯和高沸物。气态的副产物是氢气、甲烷、乙烯(来自脱烷基反应)、CO_2 和 CO。蒸汽重整反应发生在反应器部分两种类型的催化剂中。

3. 苯乙烯脱氢精馏单元

在精馏区,苯乙烯被从未反应的乙苯中分离出来并被提纯为高纯度的产品。此外,脱氢反应中副反应产生的苯、甲苯也被分离和除去,为了限制苯乙烯单体的聚合,存在苯乙烯的塔都在真空条件下操作,以降低操作温度。

脱氢反应系统的产物通过一系列精馏塔分离得到期望的苯乙烯产品。为了减少苯乙烯在精馏过程中的聚合反应,通过在真空条件下操作使精馏塔的温度降低。另外,为了减缓聚合反应速率需要在精馏过程的进料中加入聚合抑制剂(阻聚剂)。这些"蒸馏阻聚剂"比塔里的蒸馏物都重,会从塔底高温物流中离开每个塔。塔底聚合物数量增加就意味着塔底液体的黏度增加。塔底物流黏度的增加对于工艺操作非常关键,因为这样会降低塔底再沸器的能力。

苯乙烯产品是精馏区最后一个塔的塔顶馏出物,蒸馏阻聚剂进入塔底。为了阻止精制塔塔顶及产品物流中的苯乙烯聚合,添加产品阻聚剂。产品阻聚剂在氧气存在时才有"活性",因此需要微量的氧才能发挥作用。需要的氧一般通过精制塔系统的法兰及阀杆处的空气泄漏即可获得。

在乙苯/苯乙烯分离塔中,在塔顶回收乙苯和轻组分,而苯乙烯产品和重组分留在塔底。在塔底,乙苯浓度的要求是很严格的,因为在苯乙烯产品中,乙苯是主要成分。真正阻聚剂加入乙苯/苯乙烯分离塔,用于阻止苯乙烯的聚合。乙苯/苯乙烯分离塔为真空操作,以使聚合物的产生量最小。乙苯/苯乙烯分离塔使用规整填料,压降最小。

乙苯/苯乙烯分离塔的塔底给苯乙烯塔进料,在苯乙烯塔的塔顶回收苯乙烯产品。苯乙烯产品被冷却后,加入 TBC 阻聚剂防止聚合,然后苯乙烯产品被送到储罐。苯乙烯塔也是在真空下操作,以减少聚合物的产生。苯乙烯塔塔底残留的苯乙烯在强制再沸器中得到回收。来自强制再沸器的汽相进入苯乙烯塔的塔底，来自脱氢反应单元的焦油和来自乙苯单元的残液混合后被送到焦油储罐。一部分焦油混合物循环回乙苯/苯乙烯分离塔（先经过滤器过滤），以减少蒸馏阻聚剂 DNBP 的净消耗。

乙苯/苯乙烯分离塔的汽相，与乙苯/蒸汽的混合物换热后冷凝，排放气被进一步冷却，回收其中残留的有机物，分离塔被冷凝的物流送到苯/甲苯塔。

在苯/甲苯塔的塔底，未转化的乙苯被循环回脱氢反应区。苯/甲苯塔的塔顶采出由苯和甲苯的混合物组成。这部分苯/甲苯混合物被送到界区外的芳烃装置进行进一步的分离。

（四）系统吹扫

对于新增设备，与其相连接新增的蒸汽、蒸汽冷凝水、仪表风、工业风、氮气、物料管线在安装完成后都必须进行吹扫，防止管道内的杂质堵塞设备、仪表。

管线吹扫时，应尽量从高处往低处吹扫。管线吹扫前，应将系统内孔板、喷嘴、滤网、节流阀、单向阀及疏水器内芯拆除。蒸汽管线吹扫时，应用相同压力等级的蒸汽进行充分暖管、排凝，暖管的目的是使管线受热均匀，防止出现水锤，保护管线和设备。对于新铺设的中、高压蒸汽，在使用前，必须进行吹扫检验，应以检查装于排气管的铝板为准，如铝板上肉眼可见的冲击波斑痕不多于 10 个点即为合格。

（五）系统确认

（1）开工前，必须对系统的流程进行彻底检查，检查所有阀门，确认填料完整，灵活好用，阀门的开关位置正确。

（2）各机械设备、管道、电器、仪表等必须安装和检修完毕，试压和试运转正常合格，验收手续齐全并留有试压检查记录。

（3）各液面计、温度计、压力计、调节阀及一切安全设施必须安装正确，并经校对灵活好用。

（4）各设备静电接地及物料管线的跨接线安装应符合要求。

（六）公用工程准备

1. 循环水

一般化工厂的循环冷却水的入口温度一般不超出 32℃，入口压力一般为 0.4 ~ 0.55MPa。循环水引入装置后，检查确认所有使用循环水的换热器的循环水系统已正常投用，流程设定正确；检查确认所有泵的循环水系统已正常投用，流程正确；检查确认压缩机机体和油路的循环水系统已正常投用，流程正确。

换热器使用循环水作为冷却介质的一般为下进上出。引入循环水时应先打开水冷却器的进口阀门进行排气，然后再打开其出口阀门，确保各水冷却器内充满水；水冷却器中，冷却水走管程下进水、上出水的目的是便于管程内充满水，最大限度地利用其传热面积；水冷却器投用时，对水冷却器进行排气的目的是防止冷却器内有空气的存在减少水冷却器的有效传热面积并防止形成气阻；水冷却器进出口管线上加装压力表的目的是便于判断水冷却器的堵塞及循环水压力是否正常。

2. 氮气

氮气引入装置前，需要将氮气管线低点的导淋打开，然后引入氮气，置换掉管线中存有的空气，采样合格（纯度 ≥99.9%）后才可正常使用，正常氮气管网的操作压力是 0.6 ~ 0.8MPa。

氮气引入后确认装置中需要保持氮封的设备(罐区各储罐)其氮气压力正常稳定。正常生产时不可以大量地向常压的设备内充入氮气,对于脱氢反应器出口膨胀节双波纹管内通入氮气产生微正压后切断氮气,如果内层波纹管泄漏,则压力降低。

3. 仪表风

仪表风指的是给各生产用气动动力,如气动阀和用来控制、显示工艺参数的仪表用气,空气质量要求较高,压力稳定。仪表风的关键参数是露点,要求小于−40℃。仪表风引入后检查其系统压力正常。

4. 蒸汽系统

确认蒸汽已经全部引入,蒸汽引入时必须按安全要求进行,对所经过的管线要充分暖管排凝,防止蒸汽引入时发生水击损坏设备或人身伤害事故。

苯乙烯装置五种等级蒸汽,主要操作温度和操作压力见表2−1−3。

表 2−1−3　蒸汽系统五种等级蒸汽的操作温度及操作压力

蒸汽类型	操作温度,℃	操作压力,kPa	蒸汽类型	操作温度,℃	操作压力,kPa
高压蒸汽	380	3500	中压蒸汽	250	1000
次中压蒸汽	160	470	低压蒸汽	130	175
超低压蒸汽	107	30			

饱和水蒸气和温度见表2−1−4。

表 2−1−4　饱和水蒸气和温度对应表

压力,MPa	温度,℃	压力,MPa	温度,℃	压力,MPa	温度,℃	压力,MPa	温度,℃	压力,MPa	温度,℃
0.1	119.61	1.9	211.39	3.7	246.17	5.5	269.83	7.3	288.23
0.2	132.87	2.0	213.85	3.8	247.68	5.6	270.96	7.4	289.15
0.3	142.92	2.1	216.23	3.9	249.17	5.7	272.08	7.5	290.06
0.4	151.11	2.2	218.53	4.0	250.63	5.8	273.19	7.6	290.96
0.5	158.07	2.3	216.23	4.1	252.07	5.9	274.27	7.7	291.85
0.6	164.17	2.4	222.90	4.2	253.48	6.0	275.35	7.9	293.6
0.7	169.60	2.5	224.99	4.3	254.86	6.1	276.41	8.0	294.47
0.8	174.53	2.6	227.01	4.4	256.22	6.2	277.46	8.1	295.32
0.9	179.03	2.7	228.98	4.5	257.56	6.3	278.5	8.2	296.17
1.0	183.20	2.8	230.89	4.6	258.87	6.4	279.52	8.3	297.01
1.1	187.08	2.9	232.76	4.7	260.16	6.5	280.53	8.4	297.85
1.2	190.71	3.0	234.57	4.8	261.44	6.6	281.53	8.5	298.67
1.3	194.13	3.1	236.34	4.9	262.69	6.7	282.52	8.6	299.49
1.4	197.36	3.2	238.07	5.0	263.92	6.8	283.50	8.7	300.30
1.5	200.43	3.3	239.76	5.1	265.14	6.9	284.47	8.8	301.11
1.6	203.35	3.4	241.42	5.2	266.34	7.0	285.42	8.9	301.90
1.7	206.14	3.5	243.03	5.3	267.52	7.1	286.37	9.0	302.69
1.8	208.82	3.6	244.62	5.4	268.68	7.2	287.31		

5. 锅炉水

确认锅炉水罐已经引入锅炉水,引入的锅炉水必须经除氧器除去溶解的氧,其目的是防止锅炉水进入废热锅炉后,其氧气与金属发生腐蚀。锅炉水在废热锅炉中与不同温度的介质换热,产生不同等级的蒸汽。

（七）催化剂装填

装置停车检修后,烷基化单元和脱氢单元要进行催化剂的装填,装填要选择晴朗的天气进行。

在装填前,必须针对不同的反应器及容器制订周密的装填方案并对装填人员技术交底,装填人员必须经过培训,在装填过程中要注意劳动保护和正确使用安全器具,装填前要清除随身携带的与装填无关的物品,装填过程中尽量避免阴雨天。

为了保证物流在反应器中能够良好分布,要求催化剂床层的密度均匀,否则将会产生沟流、短路,可能导致反应的转化率和选择性下降,影响催化剂的寿命。另外,催化剂破碎产生粉末将增加催化剂床层的压降,因此催化剂装填必须严格按程序操作。

催化剂等装填完成后,必须注意催化剂的保护,必要时加盲板隔离,防止水等杂质进入。

（八）电气、仪表、DCS 系统、联锁系统调试

苯乙烯装置的所有电气设备在投用前均需由专业人员按照规定程序检查确认合格,包括现场照明、呼叫对讲系统、火灾报警系统、防雷、防静电系统,所有电动机必须单试合格。

工艺人员应检查检修中拆除的仪表是否全部回装,调节阀的安装方向和阀门开度是否正确;确认所有仪表指示均正常;所有调节阀均应进行试动作,必须开启灵活,阀位与调节器输出值相对应,确认动作正常,所有现场执行机构应与控制室各调节仪表一一对应;调节阀气开、气关符合要求。DCS 系统由仪表专业人员调试合格。

所有联锁、信号报警仪表进行模拟动作试验,应达到动作准确可靠,模拟动作结束后,所有联锁、信号报警值应置于正常开车规定值。

（九）转动设备检查

检查电动机情况完好;检修过的泵对中找正完成并试车正常;泵的润滑油已加注正常,润滑油的闪点应高于机件的正常操作温度,润滑油在机泵内部部件做相对运动时,在表面形成油膜;泵的循环水已运转正常;检查泵的压力表及其他仪表正常可用;检查泵的出入口阀门和单向阀正常可用;手动盘车正常。

（十）气密试验

气密试验是对系统的严密性进行检验,是苯乙烯装置开车操作过程中不可缺少的步骤。苯乙烯装置生产所用的原料乙烯、苯以及苯乙烯产品等多为易燃易爆物品,对设备的严密性要求较高,因此对气密试验更应引起足够的重视。装置经检修拆装过的塔、罐人孔、再沸器、冷凝器封头,各部位的连接法兰等都必须进行气密检验,发现有泄漏点及时进行消除,以确保下道工序工作安全顺利进行。

气密试验时应注意各系统单独进行,气密试验一般使用氮气进行,气密试验的压力应为设计压力的 1.15 倍,真空管道的试验压力为 0.1MPa。

气密试验的方法是用氮气将各系统充到规定压力,然后用肥皂水对要气密的部位进行涂刷,观察该部位是否有冒泡,如果该部位有冒泡,说明该部位存在泄漏,应联系重新进行处理,处理后再用肥皂水对该部位进行涂刷和观察,直到不冒泡为止。

气密试验过程中需注意以下事项:

(1)气密试验所用的压力表必须准确可靠,每个气密单元最少配备两块压力表。

(2)充压过程中应防止系统出现超压,根据压力表指示,接近气密压力时要放慢充压速度,使系统缓慢升至气密压力。

(3)气密试验过程中需要处理泄漏时必须注意安全,在确认相关系统已泄压后方可更换垫片。

(十一)氮气置换

设备经检修后,系统内存在较多的空气,需要在开车前把空气置换出去,防止物料与氧气接触。系统进行氮气置换时,要确认其施工结束、验收合格;确认氮气置换的系统与其他检修或施工系统完全隔离。吹扫置换时乙苯单元、脱氢单元、苯乙烯精馏单元、罐区单元置换应分开单独进行,采用充气-泄压充气-泄压的办法重复进行置换,尽量避免采用流动置换的方法,防止产生死角。置换时关闭系统所有与大气、火炬等外界相连的阀门,把氮气充入系统内。先吹主管后吹支管。当压力充到所需要的值时,关闭充氮气阀门,然后从塔釜和过滤器以及泵的现场导淋排放氮气。通过排放氮气把系统内的空气排出系统。如此重复进行几次,直到系统内无明显的杂质为止,然后再进行其他导淋口的排放。排放应做到细致周密,不能出现有遗漏的死角,系统上所有能排放的部位都应进行排放。尤其要特别注意的是现场压力表、仪表导压管等不能遗漏,现场压力表最好要卸下来进行排放。

氮气置换到一定程度后对系统进行氧含量分析,分析要多选择几个具有代表性的点,一个独立的系统不能只选一两个点分析。分析点的氧含量小于0.5%时,置换合格。

对于没有连接氮气管线的设备、系统,吹扫置换时应用胶皮管连接氮气进行吹扫置换。各系统(重点是塔、罐、压缩机)吹扫置换合格后,需用氮气进行保压备用。需要注意的是氮气置换的最高压力,不应超过该系统的操作压力。

(十二)安全设施

在装置区域内,均有一定数量的安全设施,这些安全设施对于装置的安全起着重要作用。在装置控制室内有一定数量的空气呼吸器和其他类型的呼吸器以及灭火器,必要时让操作人员使用。

在危险场所内,根据各危险区域的类别等级,分别选用了不同类型的防爆电动机,电力和照明及其他防爆电气设备。

在各区域内,干粉灭火器是一种主要的通用灭火器材,用于扑救石油及其产品、可燃气体、电器设备的初期火灾。干粉灭火器要注意防止受潮和日晒,严防漏气,每月检查一次。

安全阀和防爆膜是为防止设备超压而设置的,是保证设备安全的重要设施。

消防栓和消防水炮是装置内的主要消防设施,它为消防提供0.8MPa的高压灭火用水,冷却火源周围的设备,防止因高温而出现着火或爆炸。

为了检测装置内的泄漏,在各单元均安装了可燃气体报警器,当装置内发生泄漏或可燃气体超标,就会触发装置内的可燃气体检测报警仪而发出报警信号,以便操作人员及时处理。

洗眼器是当发生有毒有害物质喷溅到工作人员身体、脸、眼或发生火灾引起工作人员衣物着火时，用于紧急情况下，暂时减缓有害物对身体的进一步侵害，进一步的处理和治疗需要遵从医生的指导，避免或减少不必要的意外。

除压力表、温度计和液面计外，各单元的安全设施如下：

（1）烷基化单元。

在烷基化单元区域内的安全设施主要有干粉式灭火器、洗眼器、安全阀、安全联锁装置、消防栓和消防水炮、可燃气体检测报警仪等。

为保证该单元的安全平稳运行，在烷基化单元设置了安全联锁系统，当设备超压、超温或其他危险情况发生，联锁装置就会启动，防止事故的发生。

（2）乙苯精馏单元。

在乙苯精馏单元区域内的安全设施主要有干粉式灭火器、洗眼器、安全阀和防爆膜、消防栓、可燃气体报警仪等。

（3）乙苯脱氢单元。

乙苯脱氢单元区域内的安全设施主要有干粉式灭火器、安全阀和防爆膜、安全联锁装置、可燃气体检测报警仪、氧含量检测报警仪、消防栓和消防水炮等。

为保证脱氢单元的安全平稳运行，在该单元设置了安全联锁系统，当设备超温或其他危险情况发生时，联锁装置就会启动，防止事故的发生。

当乙苯脱氢单元的蒸汽过热炉和反应器内氧含量超过安全警戒线时，氧含量检测报警仪就会发出报警信号，尾气中氧含量超高还会触发联锁动作，以保证装置的安全。

（4）苯乙烯精馏单元。

苯乙烯精馏单元区域内的安全设施主要有干粉式灭火器、安全阀、安全联锁装置、可燃气体检测报警仪、消防栓和消防水炮等。

（5）罐区。

罐区单元区域内的安全设施主要有干粉式灭火器、安全阀和呼吸阀、可燃气体检测报警仪、消防栓、消防水炮、防护堤、水喷淋装置、泡沫灭火系统等。

罐区单元是装置内原料、中间产品、产品的储存处，是易燃易爆物质最集中的地方，因此，为防止发生火灾时火灾事故的扩大，各储罐设置有喷淋水系统，火灾时用于储罐降温，各储罐均有泡沫灭火系统，用于扑灭火灾。

二、开车操作

（一）乙苯反应单元开车

1．烷基化系统开车操作

1）烷基化反应系统苯冲洗

首先用新鲜苯将烷基化反应系统冲洗干净，苯冲洗的流程如下：

新鲜苯→新鲜苯处理器→苯塔（或预分馏塔）回流罐→烷基化原料苯泵→开/停工加热器→混合器→烷基化反应器的旁路→烷基转移进料预热器→烷基化反应器压力调节阀→苯塔（或预分馏塔）。

2）烷基化反应系统冷苯充填

烷基化系统充填冷苯之前，投用新鲜苯处理器，控制新鲜苯处理器在正常运行状态，可以提供精制后的苯。冷苯充填流程如下：

新鲜苯→新鲜苯处理器→苯塔(或预分馏塔)回流罐→烷基化原料苯泵烷基化原料苯换热器→开/停工加热器→混合器→烷基化反应器→烷基转移进料预热器→烷基化反应器压力调节阀→苯塔(或预分馏塔)。

3)烷基化反应系统热苯循环

当苯塔(或预分馏塔)的回流流量稳定、塔顶苯的质量合格后,可以开始进行烷基化系统的热苯循环。用蒸汽冷凝液(或脱氧水)充填烷基化反应器出料冷却器(蒸汽发生器)到正常液位的一半,并将冷凝器液位控制器投入自动,打开烷基化反应器出料冷却器壳层的放空口使之与大气相通,以便排出产生的蒸汽。

重新启动烷基化原料苯泵,设定烷基化反应器的苯进料流量到规定值,按冷苯充填的流程将热苯送到烷基化反应系统。将烷基化反应器出口压力设定在正常操作压力,投入自动。当烷基化反应器压力达到规定值并且烷基化液循环泵的导淋有出料时,启动烷基化液循环泵,建立热苯循环。循环量由循环调节阀控制,热苯循环的流程如下：

苯塔(或预分馏塔)冷凝器→苯塔(或预分馏塔)回流罐→烷基化原料苯泵→烷基化原料苯换热器→开/停工加热器→混合器→烷基化反应器→烷基转移进料预热器→烷基化反应器压力调节阀→苯塔(或预分馏塔)→苯塔(或预分馏塔)回流罐。

来自乙苯精馏单元的热苯温度较低,通过烷基化反应器入口进料调节阀控制热苯的流量,使烷基化反应器的升温速度控制在指标范围内。热苯加入反应器后,反应器进口温度和床层温度将上升,烷基化系统中的冷苯被逐渐置换出来,返回到苯塔(或预分馏塔)。热苯循环期间,必须投用开/停工加热器,将反应温度升高到规定值。将烷基化反应器的原料苯流量调整至正常流量,并投入自动。

4)向系统投乙烯

(1)将烷基化反应器进口温度控制器置于手动,并手动控制开/停工加热器的高压蒸汽流量,使烷基化反应器升温速度控制在指标范围内,将反应器温度升至要求值。

(2)反应器温度、压力达到要求值后,开启烷基化液循环泵,然后慢慢提高烷基化液循环泵流量至正常流量。

(3)投用压缩机旁路冷却器的冷却水,排空乙烯压缩机进出口缓冲罐内的液体。按照制造商的说明书启动乙烯压缩机,乙烯先经旁路循环,并做好向烷基化反应器提供乙烯的准备。

(4)反应器温度压力达到要求值后,开始向烷基化反应器下部乙烯注入点注入乙烯。乙烯流量由调节阀调节和控制,首先将乙烯流量调节至正常值的50%左右,观察温升,如果在指标在控制范围内,可以逐渐提至正常流量的100%。观察烷基化反应器温度分布,如果下一段催化剂床层的上部无温升,表面乙烯已经100%转化。然后按同样的方法向烷基化反应器的中部乙烯注入点加入乙烯,控制床层温升在正常范围内。

(5)由于烷基化反应是放热反应,随着进入烷基化反应器中的乙烯接近正常流量,烷基化反应器的出口温度将上升。需要将烷基化液的温度降低至要求值才能进入后续的烷基化反应器。根据装置的不同,烷基化反应器的数量也不相同,一般情况下由第一烷基化反应器出来的较高温度的热物流进入烷基化原料换热器,将原料苯加热到规定的反应器入口温度。

（6）烷基化液进入烷基化液冷却器（蒸汽发生器）的管程,加热壳程的蒸汽凝液,发生低压蒸汽,在产生蒸汽的初期,将发生的蒸汽排入大气,将系统中的空气转换干净。然后,关闭放空阀,将蒸汽并入低压蒸汽管网。

（7）随着反应进行,返回烷基化反应器入口的循环物料温度也将逐渐升高,开/停工加热器需要的蒸汽量逐渐减少,如果烷基化反应器的进料温度在规定值,循环量达到设计正常值后,逐渐关闭开停工加热器的蒸汽,停用该换热器。

2. 烷基转移系统开车操作

首先用新鲜苯将烷基转移系统冲洗干净,苯冲洗的流程如下。

1）烷基转移反应系统苯冲洗

新鲜苯→新鲜苯处理器→混合器→烷基转移进料预热器→烷基转移反应器旁路→苯塔（或预分馏塔）→苯塔（或预分馏塔）塔釜→不合格乙苯罐。

经一段时间冷苯冲洗后,断开旁路,连通苯进入反应器的流程,开始烷基转移反应器的冷苯充填。

如果需要,也可启用苯塔（或预分馏塔）再沸器,用热苯冲洗。待热苯冲洗完成后,关闭苯塔（或预分馏塔）再沸器蒸汽入口阀,用冷苯向反应器中进行充填。

2）烷基转移反应系统冷苯充填

（1）连通以下流程,准备从新鲜苯处理器引冷苯充填和润湿烷基转移反应器。

新鲜苯→新鲜苯处理器→混合器→烷基转移进料预热器→烷基转移反应器→苯塔（或预分馏塔）→不合格乙苯罐。

苯塔（或预分馏塔）塔顶出料管线→苯塔冷凝器管程→苯塔（或预分馏塔）回流罐→脱非芳塔→脱非芳塔塔顶出料管线→脱非芳塔顶冷凝器壳程→脱非芳塔回流罐→火炬系统。

（2）将脱非芳塔塔顶压力控制器设定在规定值,投入自动,以方便冷苯充填时排放氮气。

（3）将烷基转移反应器的压力控制器置于手动位置,并完全打开压力调节阀。

（4）启动新鲜苯进料泵,将中间罐区的新鲜苯连续加入新鲜苯处理器,脱出其中的微量杂质。手动调节烷基转移反应器原料苯进料调节阀,按上述流程向烷基转移反应器中充填冷苯,润湿催化剂床层。随着冷苯填充的进行,烷基转移反应器及管线中的氮气将排入火炬。

（5）当烷基转移反应器中充满冷苯后,冷苯将进入苯塔（或预分馏塔）,并下流到塔釜。当确认烷基转移反应器流出的冷苯进入苯塔（或预分馏塔）,且塔釜液位达到正常液位时,停新鲜苯泵,停止向烷基转移反应器进苯。

（6）暂时关闭烷基转移反应器的进口阀和出口阀。苯塔（或预分馏塔）开车,当苯塔（或预分馏塔）塔顶的热苯合格后,开始进行热苯循环。

3）烷基转移反应系统热苯循环

当苯塔（或预分馏塔）塔顶苯的质量合格后,就可以进行烷基转移系统的热苯循环,烷基转移系统的热苯循环可以与烷基化系统热苯循环同时进行。

（1）设置烷基转移反应器出口压力调节阀在正常的反应压力,并投用自动控制。

（2）启动烷基转移原料苯泵,将苯送入烷基转移反应器,控制流量在规定值。烷基转移反应器中的冷苯被置换出来,返回到苯塔(或预分馏塔)。从而建立苯塔(或预分馏塔)、烷基转移反应器之间的热苯循环。

(3)开始热苯循环时,由烷基转移原料苯泵来的热苯先经烷基转移进料预热器的旁路进入烷基转移反应器。控制热苯循环量,使系统温升控制在指标范围内,直至温度不再上升。

(4)当烷基化反应器出口温度超过要求值时,将烷基转移原料苯泵送来的烷基转移原料苯切入烷基转移进料预热器壳程,以适当的温升速度给烷基转移反应器升温。

(5)当烷基转移反应器的入口温度达到要求值时,将烷基转移进料预热器温控阀设定在合适值,并投入自动。

(6)设定烷基转移反应原料苯流量在正常值,并投入自动,在乙苯精馏系统产出合格多乙苯后,即可投料。

4)烷基转移反应投多乙苯

烷基转移反应器的进料需由烷基化反应器的出料来预热,烷基化单元开车正常并产生多乙苯后,多乙苯塔才能开工,为烷基转移反应器提供多乙苯原料。因此,一般情况下烷基化系统要比烷基转移系统先开工。当多乙苯塔操作正常、多乙苯塔顶罐中的多乙苯合格后,按下列步骤开烷基转移反应部分。

(1)连通多乙苯流程。

多乙苯塔回流罐→多乙苯进料泵→调节阀→混合器→烷基转移换热器壳程→烷基转移反应器。

(2)启动多乙苯进料泵,通过流量控制器向烷基转移反应器注入多乙苯,开始烷基转移反应。因烷基转移反应热很小,所以反应器床层各测点温度基本相同。烷基转移反应器的进料用烷基化反应器的出料进行预热,通过控制烷基化液经过烷基转移预热器的流量控制烷基转移反应器的入口温度,使反应温度达到要求值,稳定后设定为自动控制。

(3)当烷基转移反应器中的原料苯流量和多乙苯流量稳定后,投用苯/多乙苯比值控制器,以控制苯/多乙苯的比值。

(4)烷基转移反应器出口压力由烷基转移反应器出口压力调节阀控制在规定值。

(二)乙苯精馏单元开车

部分改造的装置设有预分馏塔,烷基化液和烷基转移反应物首先进入预分馏塔预分离,然后再进入苯塔进一步分离。新建装置一般不设预分馏塔,烷基化液和烷基转移反应物直接进入苯塔进行分离。本书按照设有预分馏塔的情况介绍乙烯精馏单元的开车步骤。

1.预分馏塔开车操作

(1)不合格有机物冷却器通入冷却水。

(2)连通新鲜苯进入预分馏塔回流罐的流程:

来自罐区的新鲜苯→新鲜苯泵→新鲜苯处理器→流量控制阀→预分馏塔回流罐。

(3)连通新鲜苯进入苯塔顶罐的流程:

来自罐区的新鲜苯→新鲜苯泵→新鲜苯处理器→苯塔顶罐。

(4)预分馏塔(或苯塔)和脱非芳塔准备接收烷基化系统排出的氮气。将脱非芳塔冷凝器中通入循环冷却水。将脱非芳塔顶压力控制器置于自动,并设定在正常操作压力。连通预分馏塔（或苯塔）回流罐至脱非芳塔的进料管线，将流量控制器置于手动，并全开。

（5）启动新鲜苯泵，将新鲜苯经新鲜苯处理器脱除微量杂质后送入预分馏塔（或苯塔）回流罐，当回流罐的液位达到正常时，将回流罐液位投入自动。

（6）开始向烷基化反应系统充冷苯，直到预分馏塔（或苯塔）塔底液位达到正常值，烷基化反应器的充填结束后，关闭烷基化反应器出口的截止阀。在充填过程中，从预分馏塔（或苯塔）置换出的氮气，经脱非芳塔回流罐排入火炬系统。

（7）连通用冷苯充填烷基转移反应器的流程：

新鲜苯泵→新鲜苯处理器→流量调节阀→混合器→烷基转移进料预热器→烷基转移反应器→预分馏塔（或苯塔）进料板→预分馏塔（或苯塔）塔底。

（8）按照上述流程向烷基转移反应器充填冷苯。

（9）当苯进入预分馏塔（或苯塔）塔底时，塔底液位上升，此时停新鲜苯泵，关闭烷基转移反应器出口截止阀，烷基转移反应器充填冷苯结束。

（10）向预分馏塔（或苯塔）塔顶冷凝器壳程通蒸汽冷凝液（或脱氧水）至规定液位，将预分馏塔（或苯塔）冷凝器中水的液位控制器投入自动，并设定在正常操作的液位。

（11）打开预分馏塔（或苯塔）冷凝器蒸汽侧（壳程）通大气的排放阀。连通蒸汽到低压蒸汽管网的流程，置压力调节阀于手动，并且完全关闭。

（12）连通预分馏塔（或苯塔）的回流线，并置回流流量控制器于手动，且稍开。

（13）连通蒸汽至预分馏塔（或苯塔）再沸器的流程，连通再沸器液位罐的流程，且置液位控制器于手动，暂时关闭。

（14）缓慢引高压蒸汽进入预分馏塔（或苯塔）再沸器，预热再沸器，然后慢慢地增加蒸汽量，控制塔底升温速度在工艺技术要求范围内，并注意塔的压力变化情况。

（15）当再沸器加热一段时间后，塔压升高，苯开始汽化，系统中的氮气等惰性气体会按照下面的路线排入火炬：

预分馏塔（或苯塔）塔顶→预分馏塔冷凝器（或苯塔）→预分馏塔（或苯塔）回流罐→控制器→脱非芳塔→脱非芳塔顶冷凝器→脱非芳塔回流罐→压力控制器→火炬系统。

（16）随着预分馏塔（或苯塔）塔底的苯被蒸发到塔顶，预分馏塔（或苯塔）回流罐的液位不断上升，而塔底液位不断降低，当降至一定液位时，启动塔顶泵，开始塔顶回流操作，通过控制新鲜苯进料量来控制回流罐的液位。

（17）逐渐关闭预分馏塔（或苯塔）塔顶冷凝器通往大气的阀门，当蒸汽压力接近低压蒸汽管网压力时，停止排往大气，蒸汽并入管网。

（18）调节进入再沸器的蒸汽流量，增加塔顶回流量，维持塔釜液位平衡。当回流流量接近正常值时，将回流控制器设定在正常值，并投入自动，使预分馏塔（或苯塔）处于稳定的操作。

2. 脱非芳塔开车操作

脱非芳塔的目的是脱除原料苯中原来含有的以及反应中生成的少量比苯轻的物质和不凝气体，以维持回收苯的非芳烃组分低于设计值。该塔无提馏段，进料为预分馏塔（或苯塔）回流罐中的烃类蒸气，部分改造的装置，烷基转移原料苯罐的气相也进入脱非芳塔，该塔开车程序如下：

（1）连通脱非芳塔回流罐、脱非芳塔顶泵、脱非芳塔顶回流管线的流程。

（2）启用预分馏塔（或苯塔）回流罐气相进入脱非芳塔的流量控制器，设定在正常流量，投入自动。对于部分装置，同时投用烷基转移原料苯罐气相到脱非芳塔的流量控制器。

（3）当脱非芳塔回流罐液位达到一定时，启动回流泵打回流；当回流罐达正常液位时，将回流罐液位控制器设定并投入自动。

（4）随着脱非芳塔的运行，塔釜液位升高，当达到一定时，启动脱非芳塔底泵将回收苯打入预分馏塔（或苯塔）回流罐，将塔釜液位控制器设定在正常值，投入自动。

（5）将塔顶采出的非芳烃物料经流量调节阀送至罐区，将流量控制器设定在正常值，并投自动。将集水器的液位控制器设定在正常液位，投入自动。

3. 苯塔开车操作

（1）连通苯塔顶冷凝器壳程的流程，向苯塔塔顶冷凝器送入蒸汽冷凝液（或除盐水）。

（2）打开苯塔塔顶冷凝器壳程中的排气阀，慢慢向苯塔塔顶冷凝器送蒸汽冷凝液，液位表指示值达到要求值，稍开排污阀，稳定后将冷凝器液位控制器切到自动状态。

（3）把苯塔压力控制器设定在正常值，并切到自动状态。

（4）打开有机物冷却器的进、出口冷却水阀门。

（5）打开苯塔再沸器凝液罐的排水调节阀前后阀门，将凝液罐的液位控制器置于手动状态并关闭。

（6）稍稍打开高压蒸汽的旁通阀，接收高压蒸汽并进行暖管，打开高压蒸汽管线上的所有导淋阀及放空阀，打开苯塔再沸器导淋及放空阀，对苯塔再沸器进行预热。

（7）启动不合格乙苯泵，将不合格乙苯送入苯塔，塔釜液位将逐渐升高，当苯塔液位达到要求值时开始升温。

（8）缓慢调节再沸器蒸汽量，以适宜的速度提高塔釜温度。

（9）当再沸器加热一段时间后，塔压升高，苯开始汽化，系统中的氮气等惰性气体会从苯塔排入脱非芳塔，然后进入火炬系统。苯塔塔釜中的苯汽化，上升至塔顶，然后在苯塔冷凝器中冷凝，苯塔回流罐液位逐渐上升。

（10）苯塔灵敏板温度接近工艺指标并稳定后将温度控制器打至自动，与苯塔再沸器凝液罐液位控制器串级。

（11）当苯塔塔顶罐中液位正常后，手动打开回流调节阀，启动苯塔塔顶泵打回流，并逐渐增加回流量，以保持苯塔塔顶罐的液位正常。

（12）观察苯塔塔顶罐集水器的液位，当液位达到规定值后，打开排水阀，现场手动放水。

（13）当苯塔塔顶罐液位指示适宜时，将塔顶物料送至有机物冷却器冷凝后送不合格乙苯罐，控制塔顶罐液位稳定。

（14）打开塔釜采出调节阀的前后阀，手动打开塔釜采出调节阀，将物料送至有机物冷却器，当苯塔液位稳定后，将塔釜采出流量控制器切入自动状态。

（15）当苯塔顶罐的液位稳定后，塔顶温度压力达到要求值并且稳定后，关闭苯塔冷凝器壳程的排放阀，将苯塔冷凝器产生的蒸汽并入蒸汽管网。

（16）调整各工艺参数，使操作处于最佳状态。

（17）苯塔取样分析合格后,塔顶产品进入烷基化单元,塔釜产品切入乙苯塔。

4. 乙苯塔开车操作

（1）向乙苯塔中充入氮气至规定压力,然后将塔顶压力投自动控制。

（2）向乙苯塔顶冷凝器壳程送入蒸汽冷凝液,当液位达到规定值后,将液位控制器置于自动,打开壳程(发生蒸汽侧)通大气的排放阀。

（3）稍微打开再沸器的蒸汽阀,预热再沸器。

（4）在乙苯塔进料前,乙苯塔应处于稍低于正常操作压力状态,由于压力降的缘故,来自苯塔的加料会部分闪蒸,使乙苯塔压力上升。如果需要,应该暂时打开塔顶压力控制器的旁通阀,避免开始进料时塔超压。当压力稳定后,关闭旁通阀,用塔顶压力控制器控制压力。

（5）打开乙苯冷却器循环水进出口的阀门。

（6）连通苯塔塔底出料线到乙苯塔的进料流程,给乙苯塔加料,当乙苯塔釜液位达到要求值时,打开再沸器的蒸汽调节阀,手动控制蒸汽流量,对乙苯塔升温,升温速度控制在规定的范围内。

（7）乙苯塔液位上升太快时,打开塔釜液位的控制阀,将塔釜物料送往有机物冷却器。

（8）当乙苯塔顶冷凝器产生蒸汽后先排至大气中,压力达到并网压力时,将其并入蒸汽管网。将冷凝器液位投自动,并设定在正常液位。

（9）当乙苯塔顶罐液位升至适宜位置时,打开回流调节阀前后阀,置回流调节阀于手动状态,并打开调节阀。

（10）启动塔顶泵对塔打回流,逐渐调节回流量。

（11）手动打开塔顶采出阀的前后阀,将塔顶物料送至有机物冷却器,并将乙苯塔顶罐液位控制器切自动。

（12）将塔釜物料送至有机物冷却器,调整乙苯塔釜液位稳定后,将液位控制器切自动。

（13）调整各工艺参数,将回流流量控制器切自动。

（14）工艺稳定后,取样分析,合格后,塔顶产品经乙苯冷却器送往乙苯储罐或脱氢单元,塔釜产品送至多乙苯岗位。

（15）所有产品合格后,停有机物冷却器的循环水,并将物料倒空,管线吹扫干净。

5. 多乙苯塔开车操作

乙苯塔开车正常后,多乙苯塔开始开车,向多乙苯塔顶冷却器通入循环水。

（1）启动真空泵。

① 首先打开真空泵冷却器水侧的放空阀,向各冷却器通入冷却水。

② 检查真空泵密封液是否正常,启动真空泵,根据真空泵压力,逐渐调节冷却水量使冷却温度在要求范围内。

③ 待真空泵的真空度达到正常值并稳定 1h 后,再打开真空泵与塔系统连接阀门,使系统抽真空。

（2）当塔顶压力达到规定值时,关闭压力控制阀,停真空泵,关闭吸入阀。检查系统的气密情况,如果气密不合格,应检查处理直至合格。

（3）连通从真空系统密封罐到多乙苯塔顶泵入口的液体管线,并把密封罐液位控制器置于手动。

（4）连通多乙苯塔顶泵、回流流量控制器、多乙苯塔的回流线,置回流控制器于手动。

（5）连通塔顶物料通过有机物冷却器进入不合格乙苯罐的流程。把多乙苯塔顶罐液位控制器置手动并关闭。关闭塔顶泵抽出管线入口的截止阀。确认不合格物料冷却器中循环冷水畅通。

（6）连通塔顶物料通过多乙苯塔顶泵、多乙苯流量控制阀、混合器和烷基转移换热器至烷基转移反应器的流程,将多乙苯流量控制阀置于手动并关闭。

（7）连通多乙苯塔底物料经多乙苯塔底泵到多乙苯塔再沸器返回塔底的流程。

（8）连通多乙苯塔底物料经残油空冷器到残油罐的流程,置流量控制器于手动并关闭。

（9）连通从乙苯塔底到多乙苯塔的进料管线。但暂不向多乙苯塔进料,关上进塔的截止阀。在乙苯塔底物料合格之前,暂将其经有机物冷却器送往不合格乙苯罐。

（10）置多乙苯塔再沸器液位罐的液位控制器于手动,并关闭。打开多乙苯塔再沸器壳程排放阀,稍稍打开蒸汽管线上的截止阀,以预热蒸汽管线、再沸器、再沸器液位罐等。当再沸器预热完成后,关上排放阀。

（11）当塔顶压力达到规定的操作压力后,将来自乙苯塔底的合格物料切入多乙苯塔,开始向多乙苯塔进料。

（12）当多乙苯塔塔底液位接近高液位时,启动多乙苯塔底泵,开始进行多乙苯塔底物料经再沸器返回到塔底的循环。将循环量设定在规定值,并投入自动。

（13）慢慢向再沸器通蒸汽加热,让蒸汽冷凝液在再沸器壳程和再沸器液位罐中积累。当再沸器液位罐中的冷凝液液位达规定值时将其设为自动。打开排气阀,排净再沸器壳程的不凝气之后,完全打开蒸汽进口管线的截止阀。调节蒸汽流量以增大或减小对再沸器的供热量,控制塔釜的升温速度在正常范围之内。

（14）当回流罐液面达到一定高度时,启动回流泵,调节阀置于手动,调节回流量,控制回流罐液面稳定在适当值,打开塔顶泵抽出管线入口的截止阀,将不合格多乙苯物料经有机物冷却器冷却后排入不合格乙苯罐。当真空泵密封罐中显示液位时,把液位控制器投自动。

塔底产物用塔釜泵抽出,经残油冷却器冷却后排至残油罐。

（15）多乙苯塔操作稳定后,分析多乙苯质量,当多乙苯中二苯乙烷含量小于200mg/L、含水量小于50mg/L时,多乙苯合格,将多乙苯送入烷基转移反应器或送入多乙苯储罐。

（16）工艺条件达到正常后,将温度、压力、流量等自控仪表切换成自动调节。

（三）脱氢反应单元的开车

1. 开车前的检查及确认

（1）检查所有管线和设备上的法兰是否松动,盲板是否安装正确,阀门是否打开,检查仪表风是否送到所有仪表。检查所有联锁是否处于开车状态,检查电源是否接通,检查所有密封部位是否到位。

（2）关闭乙苯蒸发器的乙苯进料阀,关闭循环乙苯阀。关闭乙苯总进料阀,关闭脱氢液/水分离器的乙苯排污管线上的截止阀。

（3）打开开车管线上的氮气阀门,确保主蒸汽截止阀处于关闭状态。

（4）检查蒸汽过热炉挡板操作是否活动自由,使挡板部分开启。

2. 真空系统真空试验

（1）正压查漏结束后，通氮气除去系统中的氧气，进行真空试验。

（2）将真空系统与其他设备隔离，开启到喷射泵的蒸汽，打开入口的阀门，对系统抽真空，直到系统压力恒定系统要求为止。

（3）关闭喷射泵入口管线上的阀门，检查系统气密性，如果该系统在 20min 内压力增加不超过 2kPa，可认为真空系统气密性良好，如发生较大的压力增加，必须再重新检查系统可能的泄漏点，重复抽空，直至符合要求。

3. 蒸汽加热炉点火升温

（1）从蒸汽加热炉上游向反应系统通入氮气，加热炉点火升温。在加热炉升温的同时，反应器内催化剂床层及相关设备一同升温。

（2）过热炉升温期间，烟气温度控制在工艺要求范围以内。如有需要，也可点燃其余的火嘴，调节炉子烟道挡板，控制炉膛氧含量，确保每个火嘴燃烧正常。

（3）当过热炉加热时，检查反应器和反应器下游设备是否泄漏，准备抽真空。

4. 锅炉及辅助系统备用

（1）使用来自界外的锅炉给水，向废热锅炉与有关装置提供给水。

（2）开启工艺冷凝液系统，准备压缩机密封系统需要的水。

（3）冷凝液汽提系统准备接收来自脱氢液/水分离器的冷凝液。

（4）尾气压缩辅助系统（润滑、密封等）运行，准备开启进行氮气循环升温。

（5）开启主冷器的电源和水冷器的冷却水。

（6）尾气回收系统准备就绪。

（7）尾气压缩机密封罐注入密封水并保持一定的液位。

5. 反应器进行氮气循环升温

（1）当蒸汽过热炉烟气温度逐渐升高，反应器升温不再明显时，可以开启尾气压缩机，通过循环升温线，使氮气在闭合的流程中循环利用。

（2）依据压缩机开车步骤开启压缩机，根据出口压力情况逐渐关闭氮气补充量，控制压缩机在合适的运行指标范围内，此时尾气不经排放罐，而是经过反应器后重新循环到压缩机吸入口。

（3）循环升温期间，如果压缩机出口压力超过工艺要求值，应通过向火炬系统排放来维持压力。

（4）启动氮气循环后，打开所有到工艺仪表的氮气吹扫管线。

（5）确保密封罐上的尾气压力控制器设在自动上。

（6）氮气循环形成后，通过点燃更多火嘴或开大燃料火嘴来提高过热炉的温度，使过热炉出口按规定的速度提高到 400~500℃，交叉点燃使温度均匀。

（7）催化剂床层温度应每小时检查一次，以确定是否被均匀加热。

（8）当废热锅炉汽包开始沸腾时，应维持最低液位，以避免水的夹带。待产生蒸汽后，慢慢调节到正常液位，并置液位控制器于自动状态。

6. 主蒸汽升温

（1）当反应器床层出口温度在催化剂要求温度以上（一般是床层所有温度在 200℃以

上),准备启动蒸汽来完成反应器的升温。停压缩机和氮气循环,关闭压缩机吸入口截止阀,停加氮气。

(2)在停止氮气升温以前,蒸汽管线应该尽可能被预热,使输送过程中温降最小。手动控制主蒸汽阀门,打开主蒸汽总管截止阀以加热管线,启用主蒸汽分液罐和排凝阀。

(3)手动控制主蒸汽总管阀门,使小流量的蒸汽进入过热炉,以约4000kg/h的数量级增加主蒸汽投入量,需要时点燃其他火嘴。但要使过热炉出来的主蒸汽温升速度不超过在规定的范围内,过热炉出口和反应器出口之间的温差不能大于200℃,调节蒸汽增加量和火嘴增加量,使反应器入口温度上升。

(4)当主蒸汽系统稳定后,准备提高蒸汽投入量;投用一次蒸汽流程,防止乙苯过热器出现异常。

(5)准备启动冷凝液汽提塔系统。

① 向冷凝液汽提塔进少量蒸汽。

② 启动冷凝液泵向塔进料。

③ 按照比例调节蒸汽加入量。

④ 塔釜的水送往无烟煤处理系统,根据分析指标确认是否回收使用。

(6)乙苯过热器出口温度超过200℃时,应逐步关闭废热锅炉的放空阀,将蒸汽并入蒸汽管网。

(7)提高主蒸汽出口温度的同时,继续以规定的速度逐渐增加主蒸汽流量,反应器入口温度接近550℃。

7. 反应器投乙苯进料及调整

(1)打通乙苯进料流程,将乙苯引到乙苯蒸发器的流量控制阀处。

(2)检查并投用乙苯蒸发器的加热蒸汽。

(3)置乙苯进料阀于手动,慢慢将乙苯送入蒸发器。

(4)逐步增加乙苯投入量,保持乙苯完全汽化。

(5)进料及蒸发稳定后,将进料控制仪表切换到自动控制。

(6)当EB/水蒸气进入反应系统后,发生脱氢反应,生成苯乙烯和氢气。

(7)脱氢反应发生的同时,注意调节反应器入口温度,以10℃/h的速度把进口温度提高到所需温度。

(8)继续增加乙苯进料量,直至达到设计投料量值的50%。在增加乙苯进料量的同时,需要增加主蒸汽流量,以保持总蒸汽与总烃比在设计值2倍以上。应先增加蒸汽流量,后增加乙苯流量。

(9)此时压缩机未运转,所以尾气将继续通过尾气排放罐放空或进入火炬系统。当条件较稳定时,准备启动尾气回收系统。

8. 尾气回收系统开车

(1)尾气回收系统事先接收部分多乙苯残油作为吸收剂。

(2)打通尾气回收系统流程。

(3)保证尾气冷却器有正常的冷却水流通。

(4)按照压缩机启动步骤启动压缩机,投用三台氧气分析仪。

（5）逐渐关闭压缩机的返程阀，同时增加其转速，以 10kPa 的速度开始降低压缩机入口压力的设定值，直至达到设计值（28kPa 左右）。每次减压都要检查氧气分析仪，避免不正常的反应器压降。

（6）投用尾气回收系统的残油循环泵及相关换热器，保证尾气中的有机物得到回收。

9. 工艺冷凝液处理系统的调整

（1）反应系统投料反应后，进入冷凝液汽提塔中的有机物就需要通过调整操作来回收。

（2）冷凝液汽提塔在较低的压力下可以达到较好的处理效果。因此应尽快投用压力控制流程，一般其压力可控制在 40kPa 左右，塔顶温度 73℃。

（3）在冷凝液汽提塔开车初期，不合格的冷凝液排放到污水系统，操作条件稳定后，分析冷凝液中的有机物含量，达到要求的指标后投用无烟煤过滤器，以进一步除去冷凝液中的固体杂质等，保证冷凝液可以进入废热锅炉或循环水系统。

（四）苯乙烯精馏单元的开车

1. 粗苯乙烯精馏塔开车

（1）确认蒸汽可供使用。

（2）确认塔的气密良好。

（3）检查粗苯乙烯精馏塔、精苯乙烯塔、闪蒸罐和其他相关设备的阀门，确认与大气隔绝。

（4）连通粗苯乙烯精馏塔与真空泵，并打开管路中的阀门。

（5）连通粗苯乙烯精馏塔与塔顶冷凝器，并供给循环冷却水。连通粗苯乙烯精馏塔尾气深冷器，以及冷冻水。

（6）确认真空泵具备开车条件。

（7）打通粗苯乙烯塔深冷器到真空泵管线上的压力控制阀。

（8）系统抽真空，准备脱氢液进料。

（9）打通阻聚剂进料管线流程。

（10）粗苯乙烯精馏塔塔底流量控制器处于手动状态，并关闭阀门。

（11）打通从粗苯乙烯精馏塔塔底泵到不合格料冷却器的管线流程，并让不合格料总管的最终阀门处于打开状态。关闭通往苯乙烯塔的截止阀。

（12）打通粗苯乙烯精馏塔塔顶泵，以备操作塔打回流（泵暂不启动）。关闭回流控制阀和塔顶产品控制阀，并使其处于手动状态。

（13）检查粗苯乙烯精馏塔的真空度，压力达到设计值后，停真空泵并关闭其入口截止阀。检查 30min 塔内的压力增加量，增长速率超过 1kPa/h，则要检查塔和设备的阀门是否关严，法兰是否泄漏。检查处理泄漏，直至达到正常的要求。

（14）使粗苯乙烯精馏塔再沸器液位罐的液位处于手动控制状态，并关闭控制阀。

（15）打开再沸器壳程排气阀。微开水蒸气管线上的旁路阀，预热蒸汽线、再沸器、再沸器液位罐和冷凝液管线。

（16）当再沸器预热完成后，关再沸器排气阀。

（17）启动脱氢液输送泵，向粗苯乙烯精馏塔供料，流量为正常值的 50%。当流量稳定时，使流量控制器处于自动控制状态，向粗苯乙烯精馏塔加入阻聚剂。

（18）随着塔釜液位增加，启动塔底泵，打开出口阀。利用调节阀使塔底物料流向不合格系统。

（19）塔底物料开始排出后，应不断冲洗塔釜液位计。

（20）打开水蒸气管线旁路阀，缓慢增加再沸器水蒸气流量，使不凝气体从塔顶排出，并保持塔中压力稳定。再沸器的冷凝液进入粗塔凝水罐。使液位调节阀处于自控状态，然后打开水蒸气截止阀。关闭水蒸气管线旁路阀（冬天不要全部关紧，留少量开度以防冻坏）。可以通过改变液位调节阀的给定值来控制水蒸气流量。

（21）继续增加进入再沸器水蒸气流量，以保持塔釜液位在规定范围内。

（22）当进入再沸器水蒸气流量稳定时，使再沸器流量控制器处于自控状态。

（23）当粗塔回流罐开始显示液位时，利用液位界面指示器和液位计检查回流罐集水器的水界面。若有水，将水送到排出罐。

（24）当塔顶回流罐液位达到 20%～30% 时，启动粗苯乙烯精馏塔塔顶泵，开始打回流。使塔顶液位控制计处于自控状态。

（25）打开密封液进料阀，使密封液进入粗塔密封液冷却器。当粗塔真空泵密封罐的有机物开始溢流时，使其液位控制器处于自控状态。

（26）回流开始时，随着塔釜液位增加，增加塔底物料流量，使塔釜液位控制器处于自动重调状态。

（27）随着以上步骤的完成，不断增加进入再沸器的水蒸气量。

（28）当回流量达到正常值的 40% 时，使塔顶产品进入不合格料系统，并确认通往乙苯回收塔的阀是关闭的。

（29）继续增加水蒸气流量，直到回流比达到操作值。根据取样分析，调节排往不合格料系统的塔顶产品流量，从而在塔底产品中获得大约 99.3% 的苯乙烯，其中的乙苯含量小于 0.05%。

（30）利用塔顶出料取样点检查苯乙烯含量。根据需要调整水蒸气流量和回流比，以保持塔顶产品中含苯乙烯量合格。塔底取样并分析阻聚剂含量，如果偏低，则调整进料泵的冲程，增加新鲜阻聚剂的进料量，从而保持分离塔釜液中阻聚剂的含量符合工艺规定要求。

（31）当粗苯乙烯精馏塔塔顶温度已达到工艺要求、塔底物料中苯乙烯含量 ≥99.3%、乙苯含量<0.05% 时，则将粗苯乙烯精馏塔塔底产品从不合格料系统切换到精苯乙烯塔。

（32）当粗苯乙烯精馏塔塔顶产品的苯乙烯含量达到工艺要求，则可将塔顶产品从不合格料系统切换去乙苯回收塔。为了保持脱氢液储罐内组分稳定，塔顶、塔底产品应同时切换。

（33）现粗苯乙烯精馏塔的操作负荷为设计值的 50%，一旦其他塔进料，要对各种流量进行少量的调整（如进料、水蒸气、塔顶产品）。

（34）若脱氢系统生产能力增加，则精馏系统的脱氢液进料也相应增加，保持两系统平衡生产。

（35）开车稳定正常后，投用塔顶在线分析仪。

2. 精苯乙烯塔开车

（1）在精苯乙烯塔开车前，粗苯乙烯塔底温度和塔顶馏出物及塔底产物应至少已稳定在所需条件下 2h 以上。

① 确认蒸汽可以稳定供应。

② 检查精苯乙烯塔、闪蒸罐与有关设备是否正确接通。

③ 接通到苯乙烯塔冷凝器、成品过冷器的冷却水。

④ 接通到成品精塔深冷器的冷却水。

（2）开车步骤。

① 精苯乙烯塔真空系统开车同粗苯乙烯塔真空泵系统开车，检查塔是否泄漏，保证塔顶压力。

② 接通由产品阻聚剂到精苯乙烯塔顶气相管线的流程。不启动泵，关闭溶液流量计下游的截止阀。

③ 将苯乙烯塔底流量控制器放在手动位置，并关闭控制阀，接通塔底泵到不合格物料冷却器的流程，并保持不合格料总管上的截止阀关闭。

④ 将苯乙烯塔回流控制器和回流罐液位控制器打在手动上，同时关闭控制阀。接通苯乙烯塔顶泵到塔的回流线的流程，接通塔顶冷凝器、成品过冷器和塔顶产物控制阀到不合格料的总管的流程，关闭到苯乙烯产品罐的截止阀。

⑤ 将再沸器液面罐的液位控制器放在手动上并关闭控制阀。

⑥ 打开再沸器壳程的排放阀，预热蒸汽进料管线、再沸器、再沸器凝水罐和冷凝管线。在再沸器加温时，不要将此阀开得过大，再沸器变热后关闭排放阀。

⑦ 将粗苯乙烯塔底部物料从不合格冷却器切换到精苯乙烯塔，向精苯乙烯塔进料。清洗苯乙烯塔釜液位变送器及液位计。

⑧ 当塔釜内呈现出液位时，启动塔底泵使物料流入不合格物料总管中。

⑨ 一旦塔釜出现液位，打开蒸汽管线旁通阀慢慢地增加蒸汽流量，使得不凝气从塔顶除去。

⑩ 精苯乙烯塔再沸器凝水罐中的冷凝液液位为 80%，将液位调节阀放在自动位置上。然后打开蒸汽管线截止阀，关闭旁通阀（冬天稍开一点）。

⑪ 逐步增大蒸汽流量，调节蒸汽维持塔釜液位在控制范围内。

⑫ 逐步关闭塔底泵抽出副线的截止阀，重新调节塔底流量控制器，增加再沸器的蒸汽流量以保持塔釜液位稳定。当塔底流量达到正常情况的 50%，再沸器蒸汽流量和塔釜液位处于稳定状态时，自动调节蒸汽进料和维持塔釜液位。

⑬ 启动产品阻聚剂进料泵，调节泵的冲程使产品阻聚剂溶液的进料达到正常值的 50% 左右。

⑭ 苯乙烯塔的回流罐液位达到规定值时，开启泵向塔内回流，将回流控制器打在自动上，同时按需要调节流量，保持较低的回流罐液位。

⑮ 一旦回流开始，开启泵加入产品阻聚剂配制液，流量计的指数为满刻度的 50% 左右。

⑯ 逐渐增加回流量达到正常值的 20%，打开去不合格总管上的阀，使塔顶产品流到不合格总管，继续把回流增加到正常值的 50%。增加回流量时，确认去再沸器水蒸气流量的不断增加并能自动调节，而且塔釜液位稳定。

⑰ 塔顶产品取样分析(苯乙烯含量、颜色、乙苯浓度、α-甲基苯乙烯、产品阻聚剂、阻聚剂和聚合物)。

⑱ 根据需要调整塔底产品流量,维持塔底温度在工艺要求范围内,将塔底产品切换到焦油储罐。

对塔底产品取样,分析其挥发物(苯乙烯、α-甲基苯乙烯)。重新确定产品流量,从而调整塔釜温度,使塔底产品中挥发物的含量在规定值。

⑲ 调整去苯乙烯塔塔顶管线的阻聚剂流量,保持苯乙烯产品中的阻聚剂含量为10~20mg/L。

⑳ 如果苯乙烯塔塔底温度达到要求值,并且至少持续了1h,将塔底产品切换到焦油加热器和闪蒸罐(或薄膜蒸发器)。

由精苯乙烯塔底泵来的精塔釜液被蒸汽加热后进入闪蒸罐,闪蒸罐顶部气体返回精苯乙烯塔,闪蒸罐底部液体焦油去焦油罐。

㉑ 如果塔顶产品各项指标已经达到要求,则将苯乙烯塔塔顶产品从不合格料系统切换到苯乙烯产品储罐。

㉒ 根据需要,调整塔底产品流量和回流量,保持挥发物的含量要求值。

㉓ 精馏区三个塔开车平稳后,应冲洗不合格料总管,以除去其中的焦油和苯乙烯等残聚物,以防止堵塞。

㉔ 开车稳定正常后,投用在线分析仪。

3. 薄膜蒸发器

(1)打开薄膜蒸发器转子的机械密封冲洗循环回路,调整密封冲洗液出口的压力到规定值,打开下部转子轴承的残油冲洗阀门,冲洗轴承部分,并启动转子。

(2)打开蒸汽的切断阀,将蒸汽压力调整到规定值,开始预热薄膜蒸发器的夹套。

(3)为焦油泵补充密封液,打开焦油泵的出入口阀门,使焦油泵处于待启动状态。

(4)将精苯乙烯塔釜物料切进薄膜蒸发器,同时提高蒸汽加入量,蒸汽冷凝液排到冷凝液管网。

(5)当缓冲罐出现液位后,启动焦油泵,将焦油送到焦油罐。

(6)打开缓冲罐液位计的残油冲洗阀门,用残油冲洗液位计。

(7)调节焦油泵的转速,使缓冲罐液位保持稳定。

(8)根据分析结果,调节薄膜蒸发器的蒸汽加入量。

(9)薄膜蒸发器调整正常后,将部分焦油循环到粗苯乙烯塔的进料管线,调节粗苯乙烯塔的阻聚剂加入量及其他工艺参数。

4. 乙苯回收塔开车

(1)确认再沸器蒸汽处于备用状态。

(2)检查乙苯回收塔及辅助设备正确接通。

(3)接通乙苯回收塔冷凝器的工艺水。

(4)接通塔底到不合格料冷却器的流程,保证不合格料总管上阀门处于关闭状态。

(5)接通乙苯回收塔顶泵的流程。

(6)把塔顶产品流量控制器打到手动,关闭控制阀,接通塔顶产品去不合格料冷却器的管线,不合格物料总管上的阀门处于关闭状态。

(7)把从乙苯回收塔回流罐出来的放空气体接到火炬。设定该塔的压力控制器到规定值,缓慢打开氮气,直至塔顶稳定为止。

(8)将再沸器的蒸汽控制器打到手动,并关闭控制阀,慢慢打开蒸汽总管上的截止阀,加热蒸汽管线,当管线被加热后,全部打开蒸汽管线上的截止阀。

(9)关闭乙苯回收塔再沸器蒸汽管线疏水器下游的阀门,打开再沸器放空管线上的放空阀。打开冷凝水排放阀。轻轻打开蒸汽控制阀,加热再沸器和冷凝液管线。当再沸器预执完成后,关闭蒸汽调节阀,然后关闭排放阀和放空阀。

(10)将粗苯乙烯塔顶产品从不合格物料总管切换到乙苯回收塔,给乙苯回收塔进料。

(11)当塔釜内出现液位后,手动缓慢打开蒸汽,观察塔顶压力。

(12)当液体在塔内积累时,继续增加蒸汽流量,但不能使塔内超压。当塔釜液位达到正常值的50%时,开始把塔底物料送到不合格物料冷却器。

(13)当乙苯回收塔回流罐出现液位时,检查集水罐内部的液位计,当需要时排水。

(14)当液位达到10%～20%时,用泵向塔顶打回流。逐步调整设定点,直到液位达到50%为止。

(15)当再沸器蒸汽流量稳定时,把其调节阀打到自动上。

(16)当塔顶回流量达到正常值的40%时,将塔顶产品改去不合格物料总管。逐步增加回流量,避免塔的回流紊乱。

(17)根据需要增加去再沸器的蒸汽流量,直到塔顶温度达要求值。

(18)塔顶温度稳定在要求值后,重新调整塔顶产品流量,灵敏板温度设定较低时,塔釜甲苯含量高。

(19)从乙苯回收塔塔顶和塔底取样分析,塔顶和塔底产品的组分合格后,停止向不合格物料系统排放。塔顶产品送入苯/甲苯塔,塔釜产品送脱氢系统。

(20)当进料量发生变化时,必须相应调节进再沸器的蒸汽流量和塔顶采出量,使塔的各项参数稳定,否则塔釜乙苯不合格。

5. 苯/甲苯塔开车

(1)确认再沸器蒸汽处于备用状态。

(2)检查苯/甲苯塔与辅助设备正确接通。

(3)接通苯/甲苯塔冷凝器的工艺水。

(4)接通塔底到不合格料冷却器的流程,保证不合格料总管上阀门处于关闭状态。

(5)接通苯/甲苯塔塔顶泵的流程。

(6)把塔顶产品流量控制器打到手动,关闭控制阀,接通塔顶产品去不合格料冷却器的管线,不合格物料总管上的阀门处于关闭状态。

(7)把从苯/甲苯塔回流罐出来的放空气体接到火炬。设定该塔的压力控制器到规定值,缓慢打开氮气,直至塔顶压力稳定为止。

(8)将再沸器的蒸汽控制器打到手动,并关闭控制阀,慢慢打开蒸汽总管上截止阀,加热蒸汽管线,当管线被加热后,全部打开蒸汽管线上的截止阀。

(9)关闭苯/甲苯塔再沸器疏水器下游的阀门,打开再沸器放空管线上的放空阀。打开冷凝水排放阀。轻轻打开蒸汽控制阀,加热再沸器和冷凝液管线。当再沸器预热完成后,关闭蒸汽调节阀,关闭排放阀和放空阀。

(10)将乙苯回收塔顶产品从不合格物料总管切换到苯/甲苯塔,给苯/甲苯塔进料。

(11)当塔釜内出现液位时,手动缓慢打开蒸汽,观察塔顶压力。

(12)当液体升高后,继续增加蒸汽流量,但不能使塔内超压。当釜内液面达到正常后,把塔底物料送到不合格物料冷却器。

(13)当苯/甲苯塔回流罐出现液位时,检查集水罐内部的液位计,当需要时排水。

(14)当液位达到10%~20%时,用泵向塔顶打回流。逐步调整回流量,直到液位达到50%为止。

(15)当再沸器蒸汽流量稳定时,将调节阀切换到自动控制。

(16)当塔顶回流量达到正常值的40%时,将塔顶产品改流到去不合格物料总管。

(17)根据需要调节再沸器的蒸汽流量,直到塔顶温度达要求值。

(18)塔蒸顶温度稳定在要求值后,重新调整塔顶产品流量。

(19)从苯/甲苯塔塔顶和塔底取样分析,塔顶和塔底产品合格后,停止向不合格物料系统排放。塔顶、塔釜产品改进储罐。

(20)当进料量发生变化时,必须调节进再沸器的蒸汽流量和塔顶采出量,保持塔的各项参数稳定。

(五)开车操作注意事项

1. 储罐脱水

一般工艺处理过程中有少量水的存在,在某处冷凝聚集并与油分离(如原料罐、产品罐底部以及回流罐水包),但这些大量的水又不允许返回至系统,必须定期脱水。首先确认储罐的工艺条件,确认该操作按要求应该进行,确认接收排放的容器就位,静电接地良好等,做好准备工作。与内操联系好之后,缓慢打开脱水阀,注意观察脱出介质是否是水。如果不是,则立即关闭阀门。如果是水,则密切监控脱水情况。阀门不宜打开过大,通过视镜或玻璃板液位计观察切水情况,当水快脱完时,将阀门关小,等到水脱完开始有工艺介质出现时,立即关闭阀门。乙苯反应单元进原料苯和脱氢精馏塔进粗苯乙烯前,必须对苯罐和粗苯乙烯罐脱水,原料苯罐脱水的主要目的是防止液态的水进入乙苯反应器对催化剂造成中毒,同时也防止物料到带水影响精馏塔的正常,储罐脱水过程中操作人不得离开现场,防止将物料脱出来。

2. 过滤器堵塞的清理

过滤器一般加装在机泵、流量计或是需要过滤的设备管线上,在机泵上加装的最多,也最平常。其主要作用是防止管道内的机械杂质进入泵内,以离心泵为例,当入口的过滤器堵塞表现为入口压力降低,出口流量不足。这时候就需要岗位人员及时切换到备用泵,关闭堵塞泵的出入口阀门,泄压排空物料后,清理过滤器上的机械杂质。

3. 投用蒸汽伴热线

蒸汽伴热线在冬季生产中起着关键性的作用,对一些重要的仪表导压管线,必须在冬季使用伴热,其目的是防止导压管内的物料冻结,从而影响测量仪表的可靠性。伴热蒸汽管线投用的方法是先开凝水侧,后缓慢开蒸汽侧并确认畅通。

4.加热炉点长明灯、增减火嘴

加热炉点长明灯前，必须关闭所有的长明灯旋塞阀，打开流通氮气，在现场机柜上确认长明灯旋塞阀灯亮，如果灯不亮，可能是旋塞阀未完全关闭。全开加热炉烟道挡板，并打开抽风系统，保持炉内负压，吹扫炉膛，吹扫完成后，要对加热炉进行测爆，防止吹扫不完全，可燃气体在炉膛内积聚，遇到明火后发生闪爆。测爆合格后，将烟道挡板关至25%，防止过大的抽吸力，造成点燃的长明灯被熄灭。

长明灯点燃后，按照升温要求，依次点燃对应位号的火嘴。但在加热炉炉前烧嘴管线上的燃料阀门打开之前，要进行泄漏检查。火嘴要对称点燃，防止偏烧。加热炉燃烧时通过观火孔看到火焰应刚度好、不能舔炉管，火焰明亮呈金黄色。火焰高度不大于加热炉辐射段高度的三分之二。增点烧嘴时，要求火焰分布均匀，防止炉管炉墙受损；加热炉熄灭烧嘴或者进行烧嘴切换前，应与控制室保持联系，防止其发生停车。

使用燃料油作为燃烧介质，由于燃料油黏稠，为了使其充分燃烧，必须使用蒸汽将燃料油雾化。在点燃油嘴前，需先打开雾化蒸汽旁路，确认炉嘴燃料管线没有泄漏并可对其进行预热。

5.精馏塔塔压的控制

一般来说，只有将塔压操作在稳定压力下，才能保证分离的纯度和经济性；一般塔的操作常用温度作为衡量产品组成的间接控制指标，而温度与产品组分的一一对应关系是随压力而变的，因此只有在一定压力下才能保持这种一一对应关系。正常生产中常用精馏塔的温度作为衡量产品组成的间接控制指标，精馏塔操作压力要求在指标内控制稳定，这是因为塔的压力与气液平衡有密切关系；精馏塔的设计和操作是基于一定的塔压下进行的。能引起精馏塔塔压变化的因素有进料量、进料组成、进料温度、回流量、回流温度、塔底再沸器蒸汽量等各项因素，当塔压力波动时要综合考虑，逐一排除。对于负压工况下塔压的控制方法，是通过调节从真空泵出口分离罐返回到真空泵吸入口的旁路气体流量来控制塔压。以乙苯/苯乙烯分离塔为例，如果塔塔升高，可能是塔顶缓冲罐液面过高会导致塔压过高；进料中含有大量的水；排气管线进入液体；空气（或氮气）漏入塔内；真空系统的气相线被堵塞；压力控制器不正常；塔顶冷凝器冷量不足。

6.尾气压缩机密封系统投用

尾气压缩机多以密封氮气和密封蒸汽作为密封介质，密封介质起到密封隔离的作用，防止尾气中的氢气泄漏到环境中产生可燃气体。密封氮气在投用前必须彻底排凝，防止氮气中带液进入密封系统。投用时要先通氮气后通密封蒸汽，以防止水进入润滑油系统中，造成润滑油乳化。

7.离心泵切换

开车过程如果机泵出现故障，必须立即切换至备用泵，并对故障的机泵进行维修。离心泵切换后进行停车时，应确认备用泵运行状况及流量正常，待停泵出口阀完全关闭。常规离心泵检修的小修周期为3~6个月一次，大修周期为7~10个月一次。检修离心泵装填料时，相接触的两圈开口处须错开120°。离心泵停车以后，不可以用冷却水浇淋热油泵的方法加快泵的冷却，必须将泵内液体排尽且冷却到常温。在冷却到常温的过程中，必须定期盘车，防止泵轴在热态下弯曲变形。

切换离心泵过程中,在关闭进口阀倒料时,应确认泵出口阀门及热备用阀门全关。切换完成后,在倒料时应确认泵进出口管线上的阀门全关,泵体、过滤器及总的排污阀全开并畅通。

8. 向火炬系统排放气体

向火炬系统排放气体时,要确认火炬系统为微正压,绝对禁止空气串入火炬管网系统。排放尾气时一定要保证没有酸性液体进入火炬线,防止酸性液体对火炬系统造成腐蚀。排放乙烯系统物料至火炬时速度不能太快,防止冷淬和冻堵。火炬线末端需要使用氮气吹扫。

三、正常操作

(一)乙苯反应单元的正常生产操作及控制

1. 乙烯压缩机

1)入口压力控制

乙烯压缩机入口压力由乙烯总管截止阀和入口调节阀共同控制。

2)出口压力控制

乙烯压缩机出口压力由出口循环调节阀控制。刚开车或者不稳定时将其切换到手动控制;工艺稳定时将其切换到自动调节,从而使出口压力保持在一个较稳定的状态。

2. 烷基化反应器

1)入口温度的控制

在开工时,通过调节开停工加热器的加热蒸汽流量来控制第一烷基化反应器进口温度。当开停工加热器蒸汽调节阀全关、循环量达到设计正常值、操作稳定后,通过调节烷基化原料苯换热器的旁路流量控制第一烷基化反应器入口温度。其余烷基化反应器的入口温度通过调整烷基化反应器出料冷却器管程旁路物料的流量来控制。

2)床层温升的控制

由于烷基化反应是一个放热反应,所以床层的温升与反应的深度和反应物的浓度有很大关系。正常操作时,苯的流量基本保持在一个相对稳定的状态,通过调节乙烯的加入量来控制床层温升。乙烯加入量提高则床层温升提高,乙烯加入量降低则床层温升降低。

在初期烷基化反应器出口温度均需要控制在要求范围内。出口温度过低可能是由于乙烯未全部转化或进料流量偏低。出口温度过高,可能是由于乙烯进料流量偏大或原料苯进料量偏小,应该及时查清原因,并进行调整。否则对催化剂寿命和稳定操作带来不良影响。烷基化反应器的床层温升在正常情况下应该在相对稳定状态。在烷基转移催化剂运行末期,为提高烷基转移反应器的入口温度,最后一个烷基化反应器的出口温度将有所增加。

3)出口压力的控制

烷基化反应器在液相条件下进行,故必须保持反应器中有足够的压力,以维持反应物料处于液相。烷基化反应系统的压力由出口压力控制器来控制,压力控制器的调节必须自动控制,不可手动,因手动灵敏度不够,可能导致超压。反应器出口压力与原料苯的流量有很大关系,原料苯流量增加,反应器出口压力也增加;原料苯流量降低,反应器出口压力也降低。

4）苯烯比的控制

乙苯产量主要取决于乙烯进料量，所以需要将其流量控制稳定。苯烯比决定了乙苯选择性、床层温升和乙烯是否能完全溶解在液相物流中，进入烷基化反应器的原料苯流量也需要控制稳定。因此烷基化反应器各床层的乙烯进料应该稳定在设计的比例，乙烯流量由每段床层的加料调节阀控制。原料苯的总进料量由原料苯加料调节阀控制，苯烯比由比值控制器来控制。

5）烷基化液循环量的控制

烷基化液的循环量是一个重要参数，其大小直接影响烷基化反应器催化剂床层的温升，同时还直接影响烷基化反应器进口注入的乙烯是否能完全溶解在苯和循环烷基化液中。烷基化液循环量由循环液流量调节阀来控制，正常操作时应该稳定在设计值。

3. 烷基转移反应器

1）入口温度的控制

烷基转移反应器进料温度是影响多乙苯转化率和乙苯选择性的重要工艺参数。进料温度高则多乙苯转化率高。但是进料温度过高，副反应加快，对目的产物乙苯的选择性和催化剂的稳定性会有不利的影响。

烷基转移催化剂的初期进料温度要控制在较低范围内，以后根据催化剂活性的情况可以逐步提高，以保证多乙苯的转化率。烷基转移反应器进料温度由烷基化液经过烷基转移原料预热器中的旁路流量进行控制。当需要较高温度时，则热烷基化液经过烷基转移原料预热器的流量加大，与冷物料换热量增加，以提高烷基转移反应入口温度；反之则少一些。

2）出口压力的控制

反应压力由烷基转移反应器出口压力控制器控制在要求值，以保证烷基转移反应器中的苯与多乙苯在液相条件下反应。出口压力与原料苯的流量有很大关系，原料苯流量增加，反应器出口压力也增加；原料苯流量降低，反应器出口压力也降低。

3）苯/多乙苯比的控制

苯/多乙苯的比值是影响烷基转移生成乙苯选择性的主要因素之一，比值越大，乙苯选择性越高。但苯/多乙苯比也不宜太高，如果太高，回收苯量增大，能耗增加。苯/多乙苯比由比值器控制要求范围内。

4. 烷基化单元的负荷调整操作

当烷基化单元需要调整负荷时，首先缓慢调节苯的进料量，同时注意观察各烷基化反应器的压力，如果压力变化较快，可以将反应器出口压力切换到手动，手动调节压力，防止发生反应器压力高或低引起的联锁。在调整苯进料量的同时，缓慢调整各段床层的乙烯加入量，使各段床层的温升在要求范围之内。

在烷基化单元调整负荷时，需要同步进行乙苯精馏单元各塔的操作，调整各塔的再沸器蒸汽量、回流量及采出量，保证各塔产品合格。

5. 乙烯压缩机的切换

1）备用压缩机开车前的准备、检查工作

（1）电源线、接地线、控制线完好。

（2）机身油位正常、油质取样分析合格，油温控制合适。

（3）除放水阀外,进/回水管路上各阀门必须全开,确保冷却水畅通。

（4）盘车一周以上,检查有无撞击声音等杂音。

2）启动备用压缩机

（1）关闭进气口阀门,确保开机前无乙烯气体进入压缩机。

（2）打开排气口阀门,开启旁通阀门,确保乙烯压缩气路畅通。

（3）点动电动机一、二次,确保转向正确。

（4）启动备用压缩机。

（5）逐步打开压缩机进气阀门。

（6）运转后要随时注意观察所有仪表的工作情况及数值是否正确。

（7）根据工艺对乙烯压力、流量的要求逐步调节旁通阀至合适开度。

3）停运运行的压缩机

（1）逐渐关闭进气口阀门,确保机器进入无负荷运转状态。

（2）无负荷运转一定时间后,断开电源。

（3）关闭压缩机级间冷却器循环水进出口阀。

（4）排净气液分离罐和储气罐内冷凝液体。

（5）长期停运时,必须把压缩机和冷凝器中的水排放干净,尤其在冬天,以免冻裂机器,导淋阀必须全开。

6.润滑油泵的切换

1）备用机泵启动前的准备、检查工作

（1）电源线、接地线、控制线完好。

（2）检查油冷却器冷却水管路,应该连接完好,无泄漏。

（3）检查仪表应完好。

2）开启备用机泵

（1）微开泵出口阀门,启动润滑油泵。

（2）逐步打开泵的出口阀到正常位置。

（3）注意观察压力表、电流表数值及噪声、振动情况,如有异常情况立即停机,查找原因。

3）停运行机泵

（1）逐步关闭出口阀门。

（2）停电源。

（3）关闭进口阀门。

（4）关闭辅助系统各阀门。

（二）乙苯精馏单元的正常操作与控制

1.预分馏塔

1）塔顶压力的控制

预分馏塔塔顶压力由压力控制器控制在要求范围内,该压力控制器用来设定预分馏塔冷凝器发生蒸汽的压力。通过重新设定产生蒸汽的压力,来调节预分馏塔冷凝器中的传热温差和传热量,从而达到控制塔顶压力的目的。当塔顶压力较高时,就要降低塔顶冷凝器发生蒸汽的压力；当塔顶压力较低时,就要提高塔顶冷凝器发生蒸汽的压力。

　　2)灵敏板温度的控制

　　预分馏塔再沸器用高压蒸汽作加热介质,塔底温度由温度控制器控制。温度控制器与再沸器蒸汽凝液罐的液位调节器构成串级,温度控制器为主回路,再沸器蒸汽凝液罐的液位调节器为副回路。由此来控制塔釜温度,从而达到控制灵敏板温度的目的。当灵敏板温度较低时,可以通过增加蒸汽进入量来提高温度；灵敏板温度较高时,可以通过减少蒸汽进入量来降低温度,也可以通过回流量来调节灵敏板温度。

　　3)塔顶塔釜组分的控制

　　预分馏塔的作用是将从反应系统来的烷基化和烷基转移物料进行预分馏,从塔顶回收一部分苯,使进入苯塔的物料能适应苯塔的操作条件。当塔顶物料含重组分较高时,可以适当降低灵敏板温度或者增加回流量。当塔釜含轻组分较高时,可以适当提高灵敏板温度或者降低回流量。

　　4)塔釜液位的控制

　　预分馏塔底物料经新鲜苯加热器、预分馏塔釜出料冷却器冷却至要求范围内,再经预分馏塔釜液位控制器和塔釜采出流量控制器送往苯塔作为苯塔的进料。预分馏塔塔底液位由塔釜液位控制器和塔釜采出流量控制器串级控制。当塔釜液位较高时增加塔釜采出量,当塔釜液位较低时降低塔釜采出量。

　　5)集水包液位的控制

　　预分馏塔回流罐下部有集水包,正常时,无游离水排出；不正常时,含苯污水排入污水系统。集水包液位通常手动控制,必要时手动放水。

　　2.苯塔

　　1)塔顶压力的控制

　　苯塔塔顶压力由压力控制器控制在要求范围内,该压力控制器用来设定苯塔冷凝器发生蒸汽的压力。通过设定产生蒸汽的压力,来调节苯塔冷凝器中的传热温差和传热量,从而达到控制塔顶压力的目的。当塔顶压力较高时,就要降低塔顶冷凝器发生蒸汽的压力；当塔顶压力较低时,就要提高塔顶冷凝器发生蒸汽的压力。部分装置的苯塔塔顶压力还有氮气的分程控制,当塔顶压力较低时可以通过增加氮气流量来补充；当塔顶压力较高时可以通过减少氮气来降低压力。

　　2)灵敏板温度的控制

　　苯塔再沸器用高压蒸汽作为加热介质,灵敏板温度由温度控制器与再沸器的蒸汽流量串联控制,温度控制器为主回路,再沸器蒸汽流量为副回路。当灵敏板温度较低时,增加蒸汽进入量来提高温度；灵敏板温度较高时,减少蒸汽进入量,来降低温度,也可以通过调节回流量来调节灵敏板温度。

　　3)塔顶塔釜组分的控制

　　当苯塔塔顶物料中含重组分较高时,可以适当降低灵敏板温度或者增加回流量来调节。当塔釜含轻组分较高时,可以适当提高灵敏板温度或者降低回流量来调节。

　　4)塔釜液位的控制

　　苯塔底物料经塔釜液位控制器和塔釜采出流量控制器送往乙苯塔作为乙苯塔的进料。

苯塔底液位由塔釜液位控制器和塔釜采出流量控制器串级控制。当塔釜液位较高时增加塔釜采出量,当塔釜液位较低时降低塔釜采出量。

5)集水包液位的控制

苯塔回流罐下部有集水包,正常时,无游离水排出;不正常时,含苯污水排入污水系统。集水包液位通常放在手动控制,必要时手动放水。

3. 乙苯塔

1)塔顶压力的控制

乙苯塔塔顶压力由压力控制器控制在要求范围内,该压力控制器采用分程控制,通过调节氮气补充量或排火炬量控制塔顶压力稳定。

2)灵敏板温度的控制

乙苯塔再沸器用高压蒸汽作加热介质,灵敏板温度由温度控制器与再沸器的蒸汽流量串联控制,温度控制器为主回路,再沸器蒸汽流量为副回路。当灵敏板温度较低时,通过增加蒸汽进入量来提高温度;灵敏板温度较高时,通过减少蒸汽进入量来降低温度。

3)塔顶塔釜组分的控制

乙苯塔的作用是将从苯塔送来物料进行分馏,从塔顶得到精乙苯,塔釜的物料进入多乙苯塔。当塔顶物料含重组分较高时,适当降低灵敏板温度或者增加回流量。当塔釜含轻组分较高时,适当提高灵敏板温度或者降低回流量。

4)塔釜液位的控制

乙苯塔底物料经塔釜液位控制器和塔釜采出流量控制器送往多乙苯塔作为多乙苯塔的进料。乙苯塔底液位由塔釜液位控制器和塔釜采出流量控制器串级控制。当塔釜液位较高时增加塔釜采出量,当塔釜液位较低时降低塔釜采出量。

5)乙苯罐的控制

乙苯塔顶产出合格的乙苯,采出后进入乙苯罐,如果生产出现异常,导致产品不合格时,应及时将采出的乙苯切除不合格乙苯罐。乙苯罐的液位控制在不大于80%,当液位达到80%时,切至备用乙苯罐,切换时应先打开原乙苯罐进出物料阀门,再关备用罐进出物料阀门。

4. 多乙苯塔

1)塔顶压力的控制

多乙苯塔塔顶压力由压力控制器控制在要求范围内,塔顶压力采用分程控制,通过调节补充氮气量或真空泵出口返回入口的气体量使塔顶压力保持稳定。塔压波动,操作不稳,塔釜三乙苯含量易超标。

2)灵敏板温度的控制

多乙苯塔再沸器用高压蒸汽作加热介质,灵敏板温度由温度控制器与再沸器的蒸汽流量串联控制,温度控制器为主回路,再沸器蒸汽流量为副回路。当灵敏板温度较低时,通过增加蒸汽进入量来提高温度;灵敏板温度较高时,通过减少蒸汽进入量来降低温度。

3)塔顶塔釜组分的控制

多乙苯塔的作用是将从乙苯塔送来物料进行分馏,从塔顶得到多乙苯。当塔顶的二苯乙烷等重组分含量较高时,可以适当降低灵敏板温度或者增加回流量。当塔釜含轻组分较高时,可以适当提高灵敏板温度或者降低回流量。

4)塔釜液位的控制

多乙苯塔底物料经塔釜液位控制器和塔釜采出流量控制器送往残油罐。多乙苯塔底液位由塔釜液位控制器和塔釜采出流量控制器串级控制。当塔釜液位较高时增加塔釜采出量,当塔釜液位较低时降低塔釜采出量。

5. 生产提负荷操作

当精馏塔需要提负荷时,应该缓慢提高加料量,同时缓慢提高再沸器蒸汽加入量,直到灵敏板温度达到要求为止。在提高蒸汽加入量的同时,应该适当提高回流量,并提高塔顶、塔釜采出量,直至满足技术需求、工艺稳定为止。

6. 生产降负荷操作

当精馏塔需要降负荷时,应该缓慢降低加料量,同时缓慢降低再沸器蒸汽加入量,直到灵敏板温度达到要求为止。在降低蒸汽加入量的同时,应该适当降低回流量,降低塔顶、塔釜采出量,直至满足技术需求。

7. 苯进料泵的切换

1)备用机泵启动前的准备、检查工作

(1)电源线、接地线、控制线完好。

(2)检查油冷却器冷却水管路,应该连接完好不泄漏。

(3)检查仪表应完好。

(4)检查机械密封系统完好。

(5)检查增速箱油位、油质是否符合要求,油位应该达到要求值,过多引起泡沫,过少则供油不足。

(6)预润滑实验:开启油泵或操纵手动油泵,从润滑油压力表观察油压,油压不低于要求值为止;带压检查润滑油路的密封性,若有泄漏应排除;重新检查油位,如油位低应补充加油。

2)灌泵与辅助系统开动

(1)打开泵循环冲洗液进出口阀门,确保冲洗液流路畅通、循环冲洗设备工作正常。

(2)打开泵进口阀门,让料液完全充满泵腔,并手动盘车。

(3)打开泵排气阀,排放泵内的气体,预热泵一段时间。

(4)给油冷却器通入冷却水,确保冷却水进出口阀门打开,水路畅通。

(5)带油压点动电动机,检查电动机转向。

3)启动备用机泵

(1)微开泵出口阀门。

(2)操纵手动油泵手柄上下运动4~5次,确认油压不低于要求值,就可以启动备用机泵。

(3)逐步打开机泵出口阀门到正常状态。

(4)检查泵的扬程和电动机的电流电压正常。

(5)调节冷却水流量,使齿轮箱油温控制在要求范围内。

(6)观察齿轮箱润滑油压力,控制在要求范围内。

4)停止运行机泵

(1)逐步关闭出口阀门。

（2）停电源。

（3）关闭进口阀门。

（4）关闭辅助系统各阀门,如油冷却器冷却水进出口阀门、密封液进出口阀门。

5）注意事项

（1）离心泵启动前,应进行热备用,使泵内物料温度与输送物料温度相近,其目的是确保泵的内件受热后膨胀均匀,防止损坏泵的机械密封。

（2）必须盘车。

（3）备用离心泵进行热备用时,单向阀旁路适度打开、进口阀全开,其余阀门全关。

（4）离心泵出口压力表应安装在其单向阀的后面,以便监测泵的出口压力。

（三）脱氢反应单元的正常生产操作与控制

1. 蒸汽过热炉

蒸汽过热炉以燃料气(或燃料油)、工艺尾气作燃料。主蒸汽出口温度是通过调节到辐射煅烧嘴的燃料量来控制,稳定的燃料来源可使主蒸汽出口温度波动最小。烟道气中氧含量的大小决定了过热炉的热效率。空气量太大,大量的显热会随烟道气离开过热炉,降低加热炉的热效率;空气量太小,会使过热炉局部区域氧气不足,燃料燃烧不完全,并在过热炉内形成热点造成炉管损坏。过热炉中剩空气量是通过调节烟道挡板和炉底风门来控制。在日常巡检过程中要查看火嘴的燃烧情况,火焰以偏蓝色为最佳,检查确认所有长明灯都燃烧完好,燃烧器不结焦、不脱火、火焰高度不高于辐射段炉膛高度的2/3。

1）炉膛压力的控制

苯乙烯装置蒸汽过热炉普遍采用门式结构,在对流段有烟道挡板,通过调节烟气挡板开度,使炉膛压力保持微负压,一般控制炉膛压力在-40~0Pa,以保证燃料在炉膛内正常燃烧。

2）炉膛氧含量的控制

蒸汽过热炉的热损失很大一部分是通过烟气排放到大气中的,控制炉膛氧含量,对提高蒸汽过热炉的热效率有益。通过调节炉底燃烧器的风门开度控制氧含量,一般控制烟气氧含量在2%~4%,主要是为了减少加热炉的热损耗及避免烟气中未燃烧燃料的二次燃烧。

3）火焰燃烧的控制

燃烧器使用的燃料主要有燃料气、装置废气、残焦油及其他燃料,保持供应压力稳定,调节使火焰长短和大小均匀一致,避免火焰直接接触到炉管;根据工艺条件变化,及时调整炉膛压力和炉膛氧含量,使燃料充分燃烧。

4）蒸汽出口温度的控制

为乙苯脱氢反应器提供热量的蒸汽,经蒸汽过热炉加热到一定温度,通过调整相应炉膛温度来控制加热炉出口蒸汽温度,一般应保持蒸汽温度波动在±5℃以内。

2. 乙苯蒸发器

乙苯蒸发器普遍采用共沸蒸发流程,通过在进料乙苯中加入一定比例的水蒸气(或冷凝水)来降低蒸发温度。

1）乙苯进料温度的控制

乙苯进料(乙苯蒸发器出口)温度与一次蒸汽量、加热蒸汽量、系统压力均有关联,影响较大的是一次蒸汽（配汽）加入比例，按照工艺要求进行控制，一般控制在乙苯进料量的0.4~0.5（质量）。

2）乙苯蒸发器液位的控制

乙苯蒸发器液位主要依靠管程的加热蒸汽量来控制，另外与系统压力也有一定关系，压力低更有利于蒸发。乙苯蒸发器下游是乙苯过热器，对蒸发物中液体的夹带比较敏感，因此应严格控制其液位在要求范围内（一般不超过40%）。在乙苯蒸发器上安装了高液位报警及联锁仪表，在液位超过高限时切断乙苯进料，防止液体夹带到乙苯过热器中，影响设备的安全运行。

3. 脱氢反应器

脱氢反应器是苯乙烯装置的关键设备，操作温度高、系统压力低、物料易燃易爆，因此设置了高温联锁及空气泄漏安全保护系统。在正常操作过程中要控制乙苯转化率，乙苯转化率的高低主要由控制反应器入口温度来实现。二段反应器出口压力是第二个主要控制点，应保持尽量低，以达到好的反应选择性，这个压力通过调节尾气压缩机吸入口压力来控制。总水比是另一重要控制点，水比过大，蒸汽量消耗大，生产成本上升；水比过小，催化剂表面易积炭，降低催化剂性能。

1）反应压力的控制

二段床层的出口压力是一个主要的控制指标，应保持尽量低，以使乙苯脱氢反应产生较好的苯乙烯选择性。该压力通过调节下游尾气压缩机的吸入口压力来控制，压缩机转速提高，则系统压力降低；反之压力升高。

2）反应器入口温度的控制

第一脱氢反应器入口温度是由蒸汽过热炉"B"室蒸汽出口温度与乙苯蒸发器出口温度相混合产生，其温度是由二者决定，其中蒸汽温度起主要作用，通过调整蒸汽温度来控制反应器入口温度达到要求值；第二脱氢反应器入口温度是由过热炉"A"室蒸汽出口温度决定，通过调整"A"室燃料量来实现温度的控制。

3）水比的控制

乙苯脱氢反应的水比主要与使用的脱氢催化剂有关，目前普遍使用的催化剂，可以在水比工艺要求下稳定运行。水比过小，催化剂表面易结焦，降低催化剂性能；水比过大，蒸汽量消耗大。一般在催化剂运行末期才适当提高操作水比，以维持催化剂的性能，另外当催化剂表面结焦比较严重时，可以通过提高水比来脱除焦炭，恢复催化剂活性。根据一段反应器及二段反应器出口水比的分析数据，通过调整蒸汽（或进料乙苯）加入量，使水比保持在合适状态。

4. 冷却冷凝系统

1）低压废热锅炉液位的控制

低压废热锅炉主要用于回收乙苯脱氢反应物料的热量，并产生要一定等级的低压蒸汽，供装置其他部位使用。锅炉液位是通过给水控制系统控制的，操作人员应密切关注液位变化，要求调节过程平稳进行，防止液位波动过大对设备及蒸汽管网造成影响。当废热锅炉的排污量或泄漏量与蒸发量之和大于供水量时，液位下降。为保证设备的安全运行，每个废热锅炉均设置高、低液位报警及低液位联锁，防止锅炉缺水引发事故。

2)空冷器入口温度的控制

在空冷器(或主冷器)入口,设置急冷器,通过加入雾化的急冷水将脱氢反应物料冷却到饱和温度左右,减少可能发生的聚合反应。控制急冷器加水量,使空冷器入口温度在70℃左右,即要避免水量小造成急冷效果降低,也要避免因加水量过大,未汽化的水串至低压废热锅炉。

3)空冷器出口温度的控制

空冷器出口温度主要通过调节风机风量(或主冷器循环水量)控制,而风量的大小通过改变电动机频率来控制,应尽量使各组空冷器负荷均衡。空冷器出口温度正常控制在52~60℃。

5. 脱氢液/水分离罐

1)水室界面的控制

界面控制是脱氢液/水分离效果好坏的关键,界面过高则容易使脱氢液中夹带水分,反之则水中夹带有机物,增加冷凝液处理难度。水室界面主要通过向下游输送的水量来控制,另外在下游设置的有机物聚结器界面控制对其也有影响。一般界面控制在75%左右,以保证合适的分离时间,达到需要的分离效果。

2)脱氢液室液位的控制

脱氢液室的液位主要依靠向下游的粗苯乙烯分离塔(或脱氢液储罐)输送量控制,应保持有稳定的液位和输送量。

6. 工艺冷凝液汽提塔

1)进料温度的控制

进入汽提塔冷凝器管程的工艺冷凝液被汽提塔来的塔顶蒸汽预热后,通过汽水混合器使之被蒸汽加热到73℃,然后进入顶部塔板。

2)塔压的控制

塔顶含有机物的蒸汽经冷凝器壳程被冷凝,换热出来的冷凝液由液位控制流到脱氢液/水分离罐中。不凝气被排放到后冷器,汽提塔塔顶压力控制在0.042MPa(A)。

3)汽提蒸汽进料量的控制

0.04MPa蒸汽在流量控制下直接加到底部塔盘,在正常操作过程中,蒸汽流量与进料成比例,一般维持在冷凝液进料的1/18(质量)左右。

4)汽提后工艺冷凝液水质的控制

经过汽提处理后的冷凝液,其中的有机物被回收,冷凝液可以根据装置需要循环使用或外送。正常情况下,处理后的水中有机物含量在1mg/L以下,可以作为装置内的锅炉水使用,或者作为循环水系统的补充水使用。

7. 尾气压缩机

尾气压缩机一般由汽轮机驱动,尾气经增压后,通过尾气回收系统从尾气中回收几乎所有的芳烃类有机物。尾气压缩机设置有完善的安全联锁保护系统,防止工艺及设备参数异常损坏压缩机。在压缩机出口尾气管线上有三台氧分析仪,并设置报警、联锁系统,以监测系统的空气泄漏。

1)入口压力的控制

入口压力采用分程控制,调节压缩机转速或循环气量来实现,利用调速器来调节透平转速,从而控制压缩机吸入口压力;当汽轮机达到最小允许速度时,部分排出气循环返回到吸入口以维持吸入口压力。

2）转速的控制

压缩机的转速与驱动透平同步,通过电子（或手动）调速系统输出信号,控制进入汽轮机的蒸汽量,达到控制转速的目的。电子调速系统可以保证转速更加稳定,系统压力平稳。

3）润滑油控制

润滑油是用在各种类型机械上以减少摩擦,保护机械及加工件的液体润滑剂,主要起润滑、冷却、防锈、清洁、密封和缓冲等作用。润滑油总的要求是减摩抗磨,降低摩擦阻力以节约能源,减少磨损以延长机械寿命,提高经济效益;冷却,要求随时将摩擦热排出机外;密封,要求防泄漏、防尘、防串气。

8. 尾气洗涤系统

经尾气压缩机增压后,脱氢尾气中含有相当数量的有机物（芳烃）,一般采用尾气洗涤塔加以回收,该塔多为填料塔,吸收剂一般采用装置内副产的多乙苯残油,这些吸收剂可以循环使用。尾气气流速度、吸收剂喷淋密度、温度、操作压力和吸收剂浓度都能影响尾气的吸收。

吸收剂吸附尾气中有机物后,需要进入残油汽提塔,该塔为填料塔,在该塔中利用超低压蒸汽汽提残油中吸收的 $C_6 \sim C_8$ 的芳烃组分脱,该塔操作采用负压操作。

9. 苯罐

苯乙烯装置原料苯储罐是装置中操作频繁的储罐之一,因此应保证储罐的氮气密封系统运行良好,在保证安全运行的同时减少物料的挥发损失;储存温度应保持在25℃左右,冬季天气可以根据装置特点投用储罐内设置的蒸汽盘管。

10. 残焦油罐

装置副产的残焦油黏度较大,尤其在温度低的情况下,其流动性明显降低。因此残焦油储罐必须保持合适的温度,可以通过蒸汽加热盘管控制温度在规定的温度,以方便装车作业或向蒸汽过热炉燃料系统输送;另外储罐液位应保持在较低位置,减少因残焦油中重组分的积累影响其流动性。

11. 苯乙烯罐

苯乙烯罐是用于储存产品苯乙烯的储罐。储存期间应保持较低的温度,以使外送温度不高于15℃,液位高度最大不得大于罐体容积的80%;按照要求添加产品阻聚剂,防止在储存、运输期间出现聚合。苯乙烯储罐设置有呼吸阀,该部位容易出现苯乙烯聚合堵塞通道等问题,应定期检查呼吸阀并处理积聚的聚合物,同时还应该关注现场有无跑冒滴漏情况。

每批苯乙烯产品经检验合格后输送给其他用户使用,向下游送出产品苯乙烯时应及时与下游接收单位联系,现场准备好外送流程,启动外送泵后要对外送管线进行检查,防止跑料,漏料。

12. 生产提负荷操作

（1）提负荷时首先提高蒸汽加入量,保证水比达到要求。

（2）蒸汽量增加后,通过调节蒸汽过热炉燃料逐渐提高蒸汽温度,使反应器温度逐渐上升,检查并调整过热炉压力及氧含量。

(3)提高乙苯加料量,相应提高一次蒸汽(配汽)量,调节乙苯蒸发器加热蒸汽量,稳定蒸发器液位。

(4)提高尾气压缩机转速(或关闭循环阀),降低系统压力,保证第二脱氢反应器出口压力合适。

(5)适当增加急冷器加水量及空冷器(主冷器)的负荷,使温度符合要求。

(6)根据废热锅炉液位变化情况加以调整。

(7)调整脱氢液/水分离罐外送量,保持各自界面(液位)稳定。

(8)冷凝液汽提塔负荷增加后,按比例增加汽提蒸汽的加入量,维持分离效果。

(9)增大尾气回收系统吸收剂循环量及汽提蒸汽加入量,稳定吸收效果。

(10)增加样品分析,参照分析数据对反应温度进行再调整,满足生产的需要。为了准确分析样品,应对采样瓶贴上标签。在采样点进行取样前,对于有冷却水的采样器,应确认冷却水畅通、取样管线内的被分析物料经取样冷却器在流动。取样时,在确认取样管线内的物料已经建立流动的基础上,应排除取样管内的死体积,确保样品组成与管线内液体的组成一致。如果采集可燃气时,使用的球胆必须使用氮气进行置换。

13. 生产降负荷操作

(1)接到降负荷通知时,先降乙苯再降水蒸气,乙苯的降幅一般不超过 $5m^3/h$,否则可能导致反应器温度异常升高。

(2)乙苯进料降低后,通过调整蒸汽过热炉燃料逐渐降低蒸汽温度,保持反应器入口温度在要求范围内。

(3)逐渐降低蒸汽加入量,维持合适的操作水比,避免蒸汽浪费。如果从高负荷状态调整负荷,也可以维持较高水比一段时间(3天左右),有助于保护催化剂性能。

(4)根据反应系统压力情况调整尾气压缩机负荷,维持反应器出口压力稳定。

(5)调整主冷器(或空冷器)运行负荷及急冷器加水量,使出入口温度达到要求。

(6)根据反应系统总进料变化情况调整脱氢液/水分离罐向下游的输送量,维持液位和界面的稳定。

(7)调整冷凝液汽提塔运行参数,在保证处理效果的前提下减少蒸汽用量。

(8)根据分析结果对脱氢反应温度及水进行再调整。

14. 设备切换操作

乙苯脱氢反应系统设备多在负压下运行,切换设备时应防止空气通过打开的设备进入真空系统,一旦空气进入真空系统,将对系统造成较大影响,严重时导致联锁停车,尤其泵的切换时应注意顺序。

(1)切换泵前确认备用泵电源、检测仪表、过滤器能正常使用。

(2)关闭备用泵的导淋阀及其他放净阀。

(3)打开备用泵的入口阀,通过灌泵流程将入口管线、泵体充满液体。

(4)启动备用泵,观察出口压力,达到要求时逐渐开出口阀,同时逐渐关闭在运泵的出口阀。

(5)确认备用泵运转后能满足生产需要,停需检修的泵,关闭出入口阀门,放净泵体及管线内残液,交检修单位处理。

（四）苯乙烯精馏单元的正常生产操作及控制

1. 粗苯乙烯塔

1）塔顶压力的控制

粗苯乙烯塔压力采用分程控制系统控制，通过调节流入塔顶的氮气流量或真空泵出口气体的返回量使塔压在正常范围内。

2）再沸器蒸汽量的控制

通过调整再沸器内冷凝液的液位来控制进入再沸器水蒸气的量，调节再沸器液位罐排放阀的大小，来控制再沸器液位罐的液位，从而控制再沸器的蒸汽量。

3）塔釜阻聚剂含量的控制

用阻聚剂泵将阻聚剂加入塔中，此外从焦油采出泵循环的阻聚剂进入进料管线中，通过调节阻聚剂泵的冲程和循环阻聚剂的流量来控制塔釜阻聚剂含量在正常范围内。

4）塔顶回流量的控制

通过塔顶回流量调节阀来控制回流量的大小，使塔的组分处于合格状态，一般回流比控制在最小回流比的 1.2~2 倍为宜，在回流量一定的情况下，通过改变塔顶采出量来调整塔的回流比。

5）塔顶、塔釜组分的控制

通过调节塔的采出量和回流量来控制塔顶、塔釜组分。

6）液位控制

塔釜液位控制器与塔釜采出流量控制器进行串级。当液位升高时，增大产品采出量，当液位下降时，减少塔底物料采出量。

7）回流罐集水包液位的控制

根据集水包液位指示器的指示，通过切水阀门来控制集水包液位处于正常液位。

2. 乙苯回收塔

1）塔顶压力的控制

塔顶压力采用分程控制，通过调节塔顶罐到火炬管线的排放气量或进入系统的氮气量，使塔压处于正常状态。

2）再沸器蒸汽量的控制

乙苯回收塔再沸器的蒸汽量采用蒸汽流量调节阀控制，蒸汽冷凝液经疏水器进入冷凝液管网。

3）灵敏板温度的控制

通过调节回流量的大小和再沸器蒸汽的加入量来调节灵敏板温度至正常值。

4）塔顶回流量的控制

塔顶回流量用调节阀来控制，使塔的温度、压力、组成处于正常状态。

5）塔顶、塔釜组分的控制

通过调节回流量、塔顶、塔釜来控制塔顶、塔釜组成合格。

6）液位控制

塔釜液位由塔釜产品采出流量控制器来控制。当液位升高时，增大产品采出量，当液位下降时，减少塔底物料采出量。

7）回流罐集水包液位的控制

根据集水包液位指示器的指示，通过切水阀来控制集水包液位处于正常液位。

3. 精苯乙烯塔

1）塔顶压力的控制

精苯乙烯塔压力采用分程控制系统控制，通过调节流入塔顶的氮气流量或真空泵出口气体的返回量使塔压在正常范围内。

2）再沸器蒸汽量的控制

通过调整再沸器内冷凝液的液位来控制进入再沸器水蒸气的量，调节再沸器液位罐排放阀的大小，来控制再沸器液位罐的液位，从而控制再沸器的蒸汽量。

3）产品阻聚剂含量的控制

用产品阻聚剂泵将产品阻聚剂加入塔中，通过调节产品阻聚剂泵的冲程来控制产品阻聚剂含量在正常范围内。

4）塔顶回流量的控制

通过塔顶回流量调节阀来控制回流量的大小，使塔的组成处于合格状态。

5）塔顶、塔釜组分的控制

通过调节塔回流量、塔底采出量、塔顶采出量来控制塔顶、塔釜组分。

6）产品苯乙烯温度的控制

合格产品苯乙烯经过苯乙烯产品深冷器进入储罐，其温度由深冷器来控制。

4. 薄膜蒸发器

1）进料量控制

薄膜蒸发器的进料量由精苯乙烯塔的塔釜流量控制器控制。

2）苯乙烯回收率控制

夹套加热蒸汽量由流量控制器控制，通过控制蒸汽流量使苯乙烯回收率达到设计要求，一般要求焦油中的苯乙烯含量控制在合理的范围内。

3）缓冲罐液位的控制

缓冲罐主要作用减少物流的波动使系统工作更平稳。缓冲罐有隔膜式缓冲罐和气囊式两种，缓冲罐的液位通过调节焦油泵的转速控制。

4）正常操作的注意事项

（1）转子的上端面密封是双端面密封，用残油作为密封冲洗液，正常操作中要控制好密封液的流量并检查密封液的压力。

（2）转子下端的轴承用残油进行冲洗润滑，残油的加入量要适当控制。

（3）为了防止焦油在缓冲罐的液位计上聚合，必须用小流量的残油冲洗液位计。

5. 苯/甲苯塔

1）塔顶压力的控制

塔顶压力采用分程控制，通过调节塔顶罐到火炬管线的排放气量或进入系统的氮气量，使塔压处于正常状态。

2）再沸器蒸汽量的控制

苯/甲苯塔再沸器的蒸汽量采用蒸汽流量调节阀控制，蒸汽冷凝液经疏水器进入冷凝液管网。

3）灵敏板温度的控制

通过调节回流量的大小和再沸器蒸汽的加入量来调节灵敏板温度至正常值。

4）塔顶回流量的控制

塔顶回流量用调节阀来控制，使塔的温度、压力处于正常状态。

5）塔顶、塔釜组分的控制

通过调节、回流量、塔底采出量、塔顶采出量来控制塔顶、塔釜组分合格。

6. 生产提负荷操作

精馏单元提负荷步骤如下：

（1）负荷提高后，精馏负荷按比例提高，提高塔的进料量，调节回流量和采出量，保持塔的物料平衡。及时提高塔釜的蒸汽量，保证塔顶和塔釜温度在正常范围内，避免塔的组分出现合格。

（2）控制好塔的压力，及时调节压力控制阀，保持压力稳定。

（3）调大阻聚剂的加入量，及时加样分析，保证阻聚剂的浓度在要求的范围。

（4）按比例提高产品塔的蒸汽量，加大回流量和塔顶苯乙烯的采出，调大产品阻聚剂 TBC 的加入量，加样分析苯乙烯产品的纯度和 TBC 含量。

（5）加大闪蒸罐的蒸汽量，控制好焦油闪蒸的温度，保证焦油中的苯乙烯含量在指标范围内。

7. 生产降负荷操作

（1）降低负荷后，精馏负荷按比例降低，降低塔的进料量，调节回流量和采出量，保持塔的物料平衡。及时减少再沸器的蒸汽量，保证塔顶和塔釜温度在正常范围内，避免出现组分不合格。

（2）控制好塔的压力，及时调节压力控制阀，保持压力稳定。

（3）降低脱氢液的进料后，减少阻聚剂的加入量，及时加样分析，保证阻聚剂的浓度在要求的范围。

（4）按比例减少产品塔的蒸汽量，减少回流量和塔顶苯乙烯的采出量，减少产品阻聚剂 TBC 的加入量，加样分析苯乙烯产品的纯度和 TBC。

（5）减少闪蒸罐的蒸汽量，控制好焦油闪蒸的温度，保证焦油中的苯乙烯含量在指标范围内。

8. 设备切换操作

1）备用真空泵的切换前的准备

（1）检查阀门的开闭是否正确；校对压力表、真空表、温度表是否准确。

（2）检查轴承的润滑脂是否足够。

（3）手动盘车。

（4）检查电动机转向是否正确。

（5）启动前应注意阀门的关闭状态。

（6）检查密封液是否已达到正常液位。

（7）检查冷冻水是否正常投用。

2)启动备用泵电动机开关,观察塔顶压力的变化,及时调整塔顶压力至正常。

3)观察备用泵启动后状况

(1)检查真空泵机组的轴功率(电流)是否正常。

(2)气液分离器液位计的液位显示是否在正常范围内。

(3)设备的运转声音是否正常。

(4)机组中泵的轴承温度是否正常。

(5)泵填料密封是否有泄漏。

(6)泵的工作液温是否正常。

4)待备用泵正常运行后,停先前运行真空泵的电动机,关闭出入口阀门,调解塔顶压力至正常值。

(五)关键设备的正常操作及开工过程中的注意事项

1. 日常巡检要求

巡回检查是指化工企业为保证化工设备的安全经济运行,值班人员必须按规定时间、内容及线路对设备进行巡回检查,以便随时掌握设备运行情况,采取必要措施将事故消灭在萌芽状态。操作人员应严格执行巡回检查制度做好巡回检查记录,发现异常情况应及时汇报和处理。巡回检查的项目应包括:

(1)各项工艺操作指标参数、运行情况、系统平衡情况。

(2)管道接头、阀门及管件密封情况,是否存在泄漏。

(3)保温层、防腐层和保护层是否完好。

(4)管道振动情况。

(5)管道支吊架是否完好。

(6)管道之间、管道和相邻构件的摩擦情况。

(7)阀门等操作机构润滑是否良好。

(8)安全阀、压力表、爆破片等安全保护装置的运行、完好状态。

对于运行机泵,循环检查的项目应包括:

(1)检查压力表、电流表的指示值是否在规定区域,且保持稳定。

(2)检查运转声音是否正常,有无杂音。

(3)轴承、电动机等温度是否正常(不超过60℃)。

(4)检查冷却水是否畅通,填料泵、机械密封是否泄漏,如泄漏是否在允许范围内。

(5)检查连接部位是否严密,地脚螺栓是否松动。

(6)检查润滑是否良好,油位是否正常。

2. 加热炉

蒸汽过热炉以燃料气、燃料油、工艺尾气等作燃料。主蒸汽出口温度是通过调节到辐射煅烧嘴的燃料量来控制,稳定的燃料来源可使主蒸汽出口温度波动最小。蒸汽过热炉的烟囱用来排除炉内燃料燃烧所生成的烟气,并保持炉膛一定的负压,烟气不及时排除,燃烧就不能继续正常进行,辐射室没有负压,则空气无法进入。烟道气中氧含量的大小决定了过热炉的热效率。过热炉中过剩空气量是通过调节烟道挡板和炉底风门来控制的,在保持加热炉烟道气氧含量相对稳定的情况下,用以烟道挡板为主,二次风门为辅调整炉膛负压。

正常操作时应注意：

（1）检查蒸汽过热炉出口蒸汽温度，出口蒸汽温度正常时波动范围应在5℃以内。

（2）检查燃料燃烧情况、炉膛温度变化情况，烟囱冒烟情况、炉墙及炉附件情况。

（3）检查烟气氧含量分析仪指示的烟气氧含量，检查炉膛真空度，通过调节烧嘴根部阀门及烟气挡板开度，使烟气氧含量与炉膛真空度控制在工艺指标范围内。

（4）检查蒸汽过热炉辐射段、对流段各部分温度，排烟温度<200℃。

（5）检查现场各设备运行情况，各点温度、压力、流量指示值，及时加以调节，控制其在工艺指标范围内，检查设备、工艺管线系统泄漏情况，发现问题及时汇报处理。

（6）联锁信号报警仪表动作后，必须立即根据具体情况进行处理，并立即向班长汇报，迅速与前后系统取得联系，以取得其他系统的配合。

（7）控制火焰燃烧均匀。

每个烧嘴的火焰长短和大小尽可能地均匀一致。

在任何情况下，都不能使火焰直接接触到炉管，每进行一次温度或燃料气压力调节，每发生一次波动，都应从观火孔检查炉内的燃烧、炉管、炉墙状况，避免其接触到炉管。火焰形状不正常有五种主要原因：

① 空气量不足火焰有烟、不规则而且闪烁。

② 烧嘴堵塞。应将堵塞口进行清理。

③ 烟道抽力过大。抽力太强时火焰闪烁，应调整烟道挡板，减小抽力。

④ 烟道抽力不足。加热炉冒烟，火焰从看火孔、风门或对流段弯头箱盖窜出。应降低烧嘴燃料量，并加大烟道挡板开度。

⑤ 燃料过量。在烧嘴燃料量高的情况下，火苗长而不规则。应降低燃烧量，减小燃料气量。

（8）防止二次燃烧。

当燃烧空气量不足时，烟气中将含有一氧化碳，随其含量不同，会在对流段，烟囱底部甚至顶部发生二次燃烧，其后果是将烧坏对流段炉管。

为防止二次燃烧，应根据烟气氧含量调节风门，控制氧含量为2%~4%。

如果发生二次燃烧，应立即降低燃料量，开大烧嘴风门，加大空气量，风门开大时速度不可过快，应缓慢调节。二次燃烧停止后，再逐渐增大燃料量。

（9）防止烧嘴熄火，烧嘴熄火原因主要是：

① 加热炉抽力太大。

② 烧嘴的燃料气压力比设计压力过高或过低。

③ 燃料量急剧降低时，未及时调节抽力和过剩空气量（即未及时关小风门）。

3. 乙苯/苯乙烯分离塔再沸器投用注意事项

再沸器的管程运行介质是乙苯/苯乙烯混合液，管程介质是蒸汽，两种介质在换热器的管程中逆流传热，在投用管程的蒸汽前，确认管程的冷介质已经运行，然后缓慢开蒸汽阀门，在低点排凝，缓慢暖管，不可直接投用调节阀来控制暖管速度。蒸汽再沸器升温速率一般不大于50℃/h，以防止因升温不均匀出现泄漏。

加热蒸汽带液，蒸汽的潜热无法全部释放出来，将影响塔釜温度的变化。阻聚剂加入量不足,苯乙烯聚合物含量增多,不断聚集的苯乙烯聚合物在再沸器管壁上附着,降低传热系数,同样影响塔釜加热。

4. 乙苯脱氢单元原料乙苯进料时注意事项

脱氢反应乙苯进料主要来自乙苯精馏单元和苯乙烯精馏单元。进料中含有二乙苯、氯根、水、苯乙烯、非芳、苯、甲苯等杂质,进料时必须严格监控其中的二乙苯的含量,因为二乙苯在脱氢催化剂的作用下生成二乙基苯,此物质在高温下比苯乙烯更容易聚合,大量的二乙烯基苯进入精馏单元分离时严重影响苯乙烯精馏单元的正常操作。

提高总乙苯进料前,应先增加蒸汽的流量和反应器的操作温度,后增加乙苯的流量,因为正压生产时低汽烃比的工况下会抑制催化剂的活性,导致更多的副反应发生。

5. 废热锅炉排污操作

为了保持锅炉水的一定含盐量,排除锅炉水中的沉淀物,使锅炉水品质经常合格,必须进行废热锅炉的连续排污和间断排污。连续排污时可连续不断地从炉水表面排出含大量盐质及悬浮物的炉水,用含盐量较小的给水进行补充,使炉水浓度经常稳定在标准范围内。间断定期排污,可定期从锅炉下部联箱门,将锅炉水中的沉淀物排掉,保持炉水清洁。当炉水导电度、碱度等将要超标准时,适当开大排污门并增加分析次数,以确定合格的排污量。在运行中如发现炉水浑浊,或是化验分析后,发现钙、镁离子含量超标等现象时,适当增加底部排污量。如果发现排污管及阀门有堵塞或其他缺陷时,应尽快处理,必要时应报告领导,要求立即安排时间停炉修复。如果在排污时有关设备发生问题,应立即停止排污工作,待恢复正常时,再进行排污。

四、停车操作

(一)乙苯单元的停车

1. 烷基化系统停车步骤

正常停车的目的是使装置安全地停止运行,保证下次开工时能够安全、迅速地开车成功。如果有可能,烷基化反应系统停车时应维持热苯循环,这样重新开车会更容易。但是为维持热苯循环,预分馏塔和苯塔需处于运行状态。

烷基化反应系统存有大量的苯,除非确有必要将苯排出,否则在停车时应将苯封闭在反应器内。

具体的停车程序如下:

(1)关闭烷基化反应器各床层的乙烯加料调节阀,切断烷基化反应器的乙烯物流,乙烯经乙烯压缩机旁路冷却器冷却后返回乙烯缓冲罐维持自循环。

(2)关闭烷基化反应器乙烯加料隔离阀。打开烷基化反应器乙烯进料管线上的排气阀,将管线中的乙烯排入火炬系统。

(3)烷基化反应器停止进乙烯后,要求反应系统进行苯循环 2h 以上,并取样分析反应器出料的组成,以保证乙烯完全反应。停乙烯加料的初期,反应器中的残存乙烯将继续进行烷基化反应,床层温升将逐渐降低。当残存在反应器中的乙烯完全转化后,床层不再有温升,在此阶段各反应器进口温度、出口压力和原料苯流量均应该控制在正常值。必要时可以开启开/停工加热器,向系统补充热量,以便维持各反应器进口温度在要求值。

反应器出料的组成达到规定值后,可以继续维持烷基化系统和苯塔(或预分馏塔)回流罐之间的热苯循环,系统具备随时投乙烯重新开车的条件。如果不启用开/停工加热器,热苯循环温度会下降,此时如果欲注入乙烯重新开车,需要先启用开/停工加热器将第一烷基化反应器入口温度提升至要求值。

由于苯是剧毒物质,排出反应系统中的苯需要时间而且程序复杂,因此,在需要停止热苯循环,但不必要排出苯的情况下,可将苯封存在反应器中。

(4)关闭开/停工加热器,停烷基化原料苯泵,停循环泵,置苯加料调节阀于手动,并关闭。关闭烷基化反应器出口阀和压力控制阀,关闭烷基化反应器进口处的隔离阀。

(5)此时,烷基化系统已经被隔离,热苯被封存其中。如果系统欲注入乙烯重新开工,则系统不需要苯充填,可以较快开工。

(6)当反应器中的催化剂需要卸出或维修反应器时,需要先将其中液位物料排出,然后卸压排放,必须缓慢地给反应器卸压,最后进行装置吹扫。

(7)停乙烯压缩机。

2. 烷基转移系统停车步骤

正常停车的目的是安全地停止运行,使装置在下次开车时能安全、迅速开车成功。如果可能,烷基转移系统停车时应维持苯流量不变,但这时苯塔应保持运行状态。烷基转移系统正常停车步骤如下:

(1)停止向烷基转移反应器进多乙苯。停多乙苯泵,多乙苯流量控制器置于手动关闭状态,多乙苯塔塔顶物料进入多乙苯罐或经有机物冷却器冷却后进入不合格乙苯罐。烷基转移反应器维持热苯循环,苯的流量由苯加料控制器控制在正常值。

(2)保持烷基化反应器出口温度在要求范围内(必要时可以启用开/停工加热器),使烷基转移反应器进料温度在要求范围内,进行热苯循环 2h 以上,并取样分析反应器出料组成,以便在烷基转移停止进多乙苯后,反应器中未转化的多乙苯能完全转化或被置换出来进入苯塔,防止副反应引起催化剂失活。此时烷基转移反应系统在要求温度下维持着热苯循环,故在需要时烷基转移系统可以随时重新开车,恢复多乙苯进料。

由于苯是剧毒物质,排出反应系统的苯需要时间而且程序复杂。因此,在需要停止热苯循环,但不必要排出苯的情况下,可将苯封存在反应器中。

(3)置烷基转移原料苯加料控制器于手动,并关闭。停烷基转移原料苯泵。

(4)关闭烷基转移反应器进料的隔离阀,切断向烷基转移反应器的进料。关闭烷基转移反应器出口截止阀,这样热苯将被存封在烷基转移反应器中。

3. 乙苯反应单元停车后处理

为达到卸催化剂和反应器进人检修的目的,需要将反应器中的烃类物质倒空、置换出来。烷基转移反应器应于烷基化反应器之前首先排放液体苯和降压,因为烷基转移反应器更容易冷却降温,如排苯卸压时床层温度太低,闪蒸出的有机物就少,会造成后续的蒸汽和氮气置换过程延长。在完成烷基转移反应器的排液、降压之后,按步骤接着进行烷基化反应器的处理。凡暂时未被处理的反应器要维持热苯循环,反应器的床层温度控制在要求范围内。

具体步骤如下:

(1)反应器停止热苯循环后,确认反应器进出口处的截止阀已关闭,隔离阀也关闭,将反应器完全隔离。打开反应器各催化剂床层的压力平衡阀,以免排液和卸压时催化剂床层压降过大。

(2)第一步(排放液苯):此时反应器内温度较高。将反应器下部液态苯排放管线与有机物冷却器及不合格乙苯罐相连通。慢慢开启反应器下部排苯线上的阀门,在自身的压力下,逐渐将反应器内的液体苯经有机物冷却器冷却后,排入不合格乙苯罐。排料期间,反应器的温度应基本维持恒定。当反应器压力和温度开始快速下降,由视镜观察液态物料无流量时,关闭排放管线上的截止阀。

(3)第二步(降压汽化):将反应器下部的降压管线与脱非芳塔顶冷凝器、脱非芳塔回流罐、脱非芳塔顶泵、不合格乙苯罐连通。慢慢打开反应器下部降压管线上的阀门进行降压。启动脱非芳塔顶泵,将降压汽化并冷凝下来的苯送至不合格乙苯罐,最终压力降至0.04MPa为止。

(4)第三步(蒸汽置换):向反应器中通入过热蒸汽,直到出来的气体中烃类物质浓度小于5~10为止。置换可采用过热蒸汽(温度不大于180℃),流量适中。置换的蒸汽经脱非芳塔顶冷凝器冷凝后,在回流罐中形成两相,上层为有机相,下层为水相。污水排入污水处理系统,有机相由脱非芳塔顶泵抽出,送至不合格乙苯罐。当反应器出口的吹扫蒸汽中有机物含量小于5~10时,关闭反应器上的吹扫蒸汽进出口阀,停脱非芳塔回流泵,结束蒸汽置换操作,尽快排空蒸汽管线。

(5)第四步(氮气置换):在蒸汽置换之后,立即用热氮气将反应器中的蒸汽置换出来,以免降温后有游离水存留在催化剂床层中。氮气流量适中,由氮气加热器加热到180℃左右,连续置换2h以上。

(6)第五步(空气冷却):通压缩空气,冷却反应器。将反应器下部的公用工程接口接上压缩空气。压缩空气自下而上通过反应器并排空,直到床层温度低于35℃。

(二) 乙苯精馏单元的停车

1. 预分馏塔停车步骤

由于烷基化和烷基转移反应系统的出料只能进入预分馏塔(或苯塔),故当预分馏塔(或苯塔)停车时,反应系统必须停车。一般情况下,烷基化和烷基转移反应系统苯循环结束后,才能进行乙苯精馏系统的停车,预分馏塔的停车步骤如下:

(1)打开有机物冷却器的冷却水。

(2)逐渐减少预分馏塔的加料。

(3)调节塔顶、塔釜采出量和回流量;逐渐减小其流量,保持系统的相对稳定性。

(4)把预分馏塔温度控制器和再沸器液位罐液位控制器打到手动,增加再沸器液位罐的液位,逐渐减少进入预分馏塔再沸器的蒸汽量。液位罐中的液位超过80%时,关闭到预分馏塔再沸器的蒸汽供截止阀。

(5)预分馏塔顶无回收苯馏出后,置回流调节阀于手动并关闭。打开通向有机物冷却器的阀门,烷基化原料苯罐中的苯经冷却后,由预分馏塔顶泵送入不合格乙苯罐,当烷基化原料苯排空后,停预分馏塔顶泵。

(6)借助预分馏塔与烷基转移原料苯罐的压力差将侧线塔板集液斗中的液体苯排入烷基转移原料苯罐。

（7）置预分馏塔顶冷凝器蒸汽压力控制器于手动，当预分馏塔冷凝器蒸汽流量为零时，关闭蒸汽出口线与低压蒸汽管网连接的阀门，打开通往大气的阀门，将预分馏塔冷凝器中的剩余蒸汽放空。

（8）利用塔釜采出调节阀将预分馏塔塔底物料经有机物冷却器入不合格乙苯罐。如果压力不够，可使用停工倒料线，用回流泵将塔底物料经过有机物冷却器送至不合格乙苯罐。

（9）当预分馏塔压力低于0.15MPa时，为了避免系统产生真空，全开烷基化原料苯罐至脱非芳塔加料的调节阀，使预分馏塔与脱非芳塔压力平衡。

（10）打开预分馏塔回流罐去火炬的阀门，将系统中的气体排入火炬系统。

（11）把预分馏塔再沸器的蒸汽放空阀打开，排放再沸器液位罐中的冷凝液，并打开低点导淋。

2. 脱非芳塔停车步骤

（1）脱非芳塔的进料来自苯塔（或预分馏塔），故脱非芳塔需要与苯塔（或预分馏塔）一起停车。

（2）一般情况下当烷基化系统停进乙烯、烷基转移系统停进多乙苯后，烷基化反应器和烷基转移反应器均要维持2~4h的热苯循环冲洗过程，以使烷基化反应器、烷基转移反应器中反应完全。在这一过程中，预分馏塔、苯塔和脱非芳塔仍将继续运行。

（3）确认有机物冷却器已通冷却水。

（4）逐渐关闭苯塔回流罐（或烷基化原料苯罐）至脱非芳塔的加料调节阀，逐渐减少脱非芳塔的进料。

（5）调节塔顶、塔釜采出量和回流量；逐渐减小其流量，保持系统的相对稳定性。

（6）关闭非芳烃通向罐区的阀门，打开通向有机物冷却器的阀门，将回流罐中的物料排入不合格乙苯罐。当回流罐排空时，停脱非芳塔顶泵。

（7）关闭脱非芳塔回流线上的阀门，停止塔回流。

（8）将脱非芳塔底的苯用釜液泵打入苯塔（或预分馏塔）回流罐，或者经有机物冷却器冷却后排入不合格乙苯罐，排空后停泵。

（9）打开脱非芳塔回流罐去火炬的阀门，将系统中的气体排入火炬系统。

3. 苯塔停车步骤

（1）苯塔的停车应与烷基化单元协调进行。

（2）打开有机物冷却器的冷却水，将苯塔塔顶、塔釜的流程切到不合格乙苯罐。

（3）调节塔顶、塔釜采出量和回流量；逐渐减小其流量，保持系统的相对稳定性。

（4）把苯塔塔温度控制器和再沸器蒸汽流量控制器打到手动，逐渐减少进入苯塔再沸器的蒸汽量，蒸汽流量减少到规定值后，关闭到苯塔再沸器的蒸汽截止阀。

（5）把苯塔再沸器的蒸汽放空阀打开，排放再沸器液位罐中的冷凝液，并打开低点导淋。

（6）当苯塔塔顶没有苯馏出后，置回流调节阀于手动并关闭。打开通向有机物冷却器的阀门，回流罐中的苯经冷却后，由苯塔顶泵送入不合格乙苯罐，当回流罐中的苯排空后，停塔顶泵。

（7）置苯塔顶冷凝器蒸汽压力控制器于手动，当苯塔冷凝器蒸汽流量为零时，关闭蒸汽出口线与低压蒸汽管网连接的阀门,打开通往大气的阀门,将苯塔冷凝器中的剩余蒸汽放空。

(8)利用塔釜采出调节阀将苯塔塔底物料经有机物冷却器排入不合格乙苯罐。如果压力不够,可经停工倒料线,用回流泵将塔底物料经过有机物冷却器送至不合格乙苯罐。

(9)开大苯塔回流罐去脱非芳塔的阀门,将系统中的气体经脱非芳塔排入火炬系统。

4. 乙苯塔停车步骤

(1)乙苯塔的停车应与烷基化单元协调进行。

(2)打开有机物冷却器的冷却水,将乙苯塔塔顶、塔釜的流程切到不合格乙苯罐。

(3)调节塔顶、塔釜采出量和回流量;逐渐减小其流量,保持系统的相对稳定性。

(4)把乙苯塔温度控制器和再沸器蒸汽流量控制器打到手动,逐渐减少进入乙苯塔再沸器的蒸汽量。当再沸器蒸汽流量减少到规定值时,关闭到乙苯塔塔再沸器的蒸汽截止阀。

(5)把乙苯塔再沸器的蒸汽放空阀打开,排放再沸器中的冷凝液,并打开低点导淋。

(6)把乙苯塔回流调节阀打到手动并逐渐关闭调节阀,把乙苯塔顶回流罐中物料及乙苯塔塔釜的液体用塔顶泵抽出经有机物冷却器冷却后送不合格乙苯罐,直到泵出口压力降低时停泵。

(7)当乙苯塔冷凝器蒸汽流量为零时,关闭蒸汽出口线与低压蒸汽管网连接的阀门,打开通往大气的阀门,将乙苯塔冷凝器中的剩余蒸汽放空。

(8)利用塔釜采出调节阀将乙苯塔塔底物料经有机物冷却器冷却排入不合格乙苯罐。

(9)打开乙苯塔回流罐去火炬的阀门,将系统中的气体排入火炬系统。

5. 多乙苯塔停车步骤

正常停车如大检修停车或塔进行计划检修时的停车,多乙塔内物料应全部倒空,清洗合格后交出检修。

1)停车倒料

(1)逐渐停止向多乙苯塔加料,逐渐关闭多乙苯塔加料阀门。

(2)调节塔顶、塔釜采出量和回流量;逐渐减小其流量,保持系统的相对稳定性。

(3)把多乙苯塔温度控制器和再沸器液位罐液位控制器打到手动,增加再沸器液位罐的液位,逐渐减少进入多乙苯塔再沸器的蒸汽量。液位罐中的液位超过80%时,关闭到多乙苯塔塔再沸器的蒸汽截止阀。

(4)多乙苯塔塔釜温度低于要求温度时停止真空泵。

(5)塔釜液、回流罐中的液体用釜液泵、回流泵送空,送完后停泵。

(6)所有管线内物料均应倒空、排净。

(7)所有设备内物料均应倒空。

2)乙苯清洗

(1)按照真空泵操作程序启动真空泵,逐渐将多乙苯塔压力控制在要求值。

(2)向各冷凝器通入循环水;打开多乙苯塔加料管线上的阀门;开启加料泵向多乙苯塔加入乙苯。

(3)将加料调节阀置于手动,控制加料量在正常值范围内。多乙苯塔釜液面达一定位置时,开启多乙苯塔再沸器蒸汽管线及凝液排出管线的阀门,排除系统中凝液。开启再沸器蒸汽调节阀前后切断阀。手动开启调节阀,控制塔釜液升温速度。

(4)多乙苯塔釜温度升至正常值后,将回水罐液位控制器切自动。

(5)当回流罐液面达到一定位置时,开启回流调节阀前后切断阀,启动回流泵,调节阀置于手动,调节回流量,控制回流罐液面稳定在适当值,一部分采往中间罐区不合格乙苯罐,一部分回流到塔内。

(6)将塔釜液连续采往不合格罐。

(7)对多乙苯塔釜进行分析,直至塔釜二乙苯含量小于5%为止,停止乙苯清洗。

(8)将塔釜液体、回流罐的液体用釜液泵、回流泵送空,送完后停泵。

(9)所有管线内物料均应倒空、排净。

(10)所有设备内物料均应倒空。

6. 乙苯精馏单元停车后的处理

乙苯精馏各塔停车后,如果需要进人检查和检修,必须对塔进行彻底的处理,以达到进入容器作业的要求,乙苯单元各精馏停车后的处理主要包括物料倒空、水蒸煮、氮气吹扫、蒸汽吹扫和空气置换等几个过程。

1)物料倒空

(1)将氮气用胶管接至回流管线导淋处,确认回流管线至塔内管线畅通。

(2)逐渐打开氮气阀门,将塔充压至要求范围内,关闭氮气阀门。

(3)将与塔连接的物料管线逐条吹扫,直至无物料吹出为止,吹完后逐条关闭与塔连接的阀门,最后打开塔釜最低处导淋阀门,吹扫塔内物料,直至无物料吹出后泄压至常压。

2)水蒸煮

(1)打开有机物冷却器循环水进出阀门。

(2)打开塔顶冷凝器壳程中的排气阀,启动蒸汽凝液泵,缓慢地向塔顶冷凝器加入蒸汽冷凝液,液位稳定后将塔顶冷凝器液位控制器切到自动状态。

(3)将塔压力控制器设定到要求值。

(4)向塔内加水,当塔釜液位达到一定值时,缓慢打开再沸器的蒸汽阀门,打开排气阀,预热再沸器,当预热完成后,关闭排气阀,打开蒸汽阀到适当的开度。

(5)在塔进水前,塔应处于稍低于正常操作压力状态,如果需要,应该暂时打开塔顶压力控制器的旁通阀,避免开始进水时塔超压。当压力稳定后,关闭旁通阀,用塔顶压力控制器控制压力。

(6)当塔釜液位达到一定值时,调节再沸器蒸汽流量,提高塔釜温度,升温速度控制在要求范围内。

(7)塔液位上升太快时,打开塔釜液位的控制阀,将塔釜物料送往不合格乙苯罐。

(8)当塔冷凝器壳程中产生蒸汽时,将塔冷凝器壳程液位提至适宜位置。根据生产实际情况,将蒸汽并入管网或放空。

(9)启动塔顶泵对塔打回流,根据情况调节回流量。手动打开塔顶采出阀前后阀,将塔顶物料送至不合格乙苯罐,并将塔顶罐液位控制器切自动。

(10)将塔釜物料送至不合格乙苯罐,调整塔釜液位稳定后,将液位控制器切自动。工艺稳定后,运转一定时间,从塔顶、塔釜采出物流中观察水中无物料即可停止水蒸煮。

3)氮气吹扫

(1)将氮气用胶管接至回流管线导淋处,确认回流管线至塔内管线畅通。

(2)逐渐打开氮气阀门,使塔内压力充至要求范围内,关闭氮气阀门。

(3)将与塔连接的物料管线逐条吹扫,直至无液体吹出为止,吹完后逐条关闭与塔连接的阀门,最后打开塔釜最低处导淋阀门,吹扫塔内液体,直至无液体吹出后泄压至常压。

4)蒸汽吹扫

塔釜接蒸汽,打开塔顶人孔、塔釜导淋,进行蒸煮。然后进行分析,若分析不合格继续蒸煮,直至合格。

5)空气置换

接空气置换塔系统,然后进行分析,若分析不合格继续置换,直至合格。

(三)脱氢反应单元的停车

开始降低乙苯进料量,降低乙苯进料时与精馏单元做好沟通,降负荷过程中按照首先降低乙苯进料量,再降低主蒸汽和一次蒸汽流量,注意水比,观察反应温度和压力变化的顺序操作。

(1)首先将乙苯回收塔塔塔釜物料送入乙苯罐或不合格乙苯罐,停进脱氢单元。

(2)按规定的速度逐步减少乙苯进料量。如果装置内有氧化脱氢反应器,则逐渐减少并停止往氧化脱氢反应器入口的氧气注入量,以 25℃/h 的速度给氧化床层降温,切断氧气供应截止阀。

(3)停止乙苯进料后,关闭截止阀。

(4)维持乙苯蒸发器的水蒸气流量在规定值,使乙苯过热器口物流温度在规定范围内。

(5)当开始降低乙苯进料时,以约 0.01MPa/h 的速度将系统压力提高到大气压。

(6)当降低乙苯进料时,通过调节辐射段的火嘴,慢慢降低反应器入口温度,当乙苯进料最后停止时,要达到入口温度约为 550℃。

(7)当尾气压缩机循环阀接近全开时,停压缩机、关闭吸入阀。尾气通过排放罐放空或排入火炬。

(8)压缩机停车后,停尾气系统的其他设备。

(9)接氮气到压缩机吸入端,用氮气吹扫尾气系统 2h,以除去系统中的尾气,然后停氮气。

(10)停乙苯后,调节加热炉使床层入口温度在 550℃ 左右。用水蒸气吹扫反应器 2h 后,逐步把主蒸汽流量降到规定值。

(11)维持冷凝液汽提塔系统正常运行。

(12)当脱氢液泵无流量时,停泵,关闭脱氢液的控制阀。

(13)反应器吹扫 2h 后,逐步降低过热炉蒸汽温度直到反应器床层入口温度达到约 350℃。

(14)提高油水分离器中的界面液位,把脱氢液送到脱氢液储罐。

(15)根据油水分离器的界面,调节到冷凝液系统的冷凝液流量。

(16)停进急冷器的急冷水。

(17)当床层入口温度稳定在 350℃ 时,把每个空气供给阀打开约一圈,进行催化剂的烧炭操作。烧炭后的蒸汽、惰性气体和空气必须排到大气中,以防止在排放系统中形成可燃物。

(18)密切注意一段和二段床层出口温度,不要让温度超过 500℃,如果 3h 后,两个床层出口温度稳定或下降到低于500℃，再增加空气流量。

（19）如果温度上升到500℃以上，可通入蒸汽并减少空气量来降低床层温度，床层入口温度应控制在接近350℃。

（20）通入空气后，就要观察一段、二段床层的出口温度，看是否有局部过热点；同时应注意位于反应器顶部的床层温度，至少每1~2h记录一次温度。

（21）分析下游气体中的氧含量可以判断烧炭过程，开始时氧含量较低，而最后接近空气中的氧含量。

（22）当主蒸汽流量接近最小流量、通过床层的温升不大时，降低反应器入口温度直至床层出口温度达到约200℃。关闭主蒸汽阀门和去过热炉火嘴的截止阀，停长明灯，停乙苯蒸发器的一次蒸汽。加热炉停车后要全开烟道挡板，保持炉膛为负压，并严密监测排烟温度，以防止尾部烟道发生二次燃烧。反应器继续保持通入氮气降温。

（23）继续向反应器通空气直到取样氧含量合格，停止供给空气，关闭空气管线上的截止阀。

（24）当废热锅炉停止产汽时，停废热锅炉系统。

（25）当进反应器的所有空气全停时，可以打开过热炉烟囱挡板和过热炉的检查孔，停空冷器和所有冷凝器的冷却水。

（26）当不再有冷凝液送到冷凝液汽提塔时，停该系统。

（四）苯乙烯精馏单元的停车

1. 粗苯乙烯塔

（1）首先停脱氢液进料泵和阻聚剂进料泵，停阻聚剂循环。关闭脱氢液进料管线上截止阀和进料流量控制阀。

（2）逐步减少去再沸器的水蒸气流量。

（3）使再沸器釜液位控制器处于手动状态，并且关闭冷凝液液位控制阀。关闭再沸器的水蒸气截止阀，停止供给水蒸气。

（4）将再沸器和再沸器液位罐排空，关闭液位控制阀后面的截止阀。

（5）停水蒸气后，将塔底物料排到脱氢液罐，倒空两台釜液泵。

（6）停止去再沸器的水蒸气后，切断去回收乙苯塔的进料，将塔顶的物料改进脱氢液罐。

（7）使压力控制器处于手动状态，并关闭控制阀，塔内充氮气至压力稍高于大气压。粗苯乙烯塔停车后，关闭真空系统，停密封液流量计和真空泵。

（8）当塔顶罐内物料抽空后，停回流泵、关闭回流截止阀。

（9）用乙苯冲洗脱氢液进料管线和粗苯乙烯塔。冲洗完毕后，关闭在冲洗管线和粗苯乙烯塔进料管线连接处的截止阀。

2. 精苯乙烯塔

（1）停精苯乙烯塔的进料，将塔顶、塔釜物料送到脱氢液储罐，送至脱氢液储罐前，应检查苯乙烯产品冷却器和深冷器均投用，同时注意脱氢液罐的液位变化，确认液位上涨。

（2）停止供蒸汽，并关闭蒸汽截止阀和旁路阀。

（3）将再沸器和凝水罐排空，并且打开低位排液阀。

（4）停供产品阻聚剂溶液。

（5）利用回流控制器调节回流，当回流泵吸不到物料时，停泵并关闭截止阀。

(6)关闭塔顶馏出液的控制阀和出口的截止阀。

(7)停真空系统,使压力控制器处于手动,并关闭控制阀和截止阀,从而使塔和真空泵系统隔离。

(8)将塔釜和再沸器内的物料由泵送到脱氢液罐。当无吸入物料时,关闭此泵。

(9)苯乙烯塔停车完毕,塔内充氮气到微正压,使塔在氮封状态下。

3. 薄膜蒸发器

(1)将精苯乙烯塔釜物料切到不合格流程,停进薄膜蒸发器。

(2)薄膜蒸发器进料停止后,关闭蒸汽加入阀。

(3)将缓冲罐内的物料排空。

(4)开大残油冲洗液阀门,向缓冲罐充入残油,液位达到50%。

(5)停下薄膜蒸发器的转子,关闭转子的密封冲洗液。

(6)把缓冲罐的物料全部送到焦油储罐,冲洗焦油循环管线,然后停焦油泵。

4. 乙苯回收塔

(1)把塔釜、塔顶物料送到不合格物料系统。

(2)停止向回收乙苯塔进料,关闭控制阀下游的截止阀。

(3)停乙苯回收塔再沸器蒸汽,关闭蒸汽总管上的截止阀。打开排放管线上排放阀,放净再沸器中的冷凝液。

(4)物料送毕后,切断不合格物料总管。

5. 苯/甲苯塔

(1)把塔釜、塔顶的物料送到不合格物料系统。

(2)停止向苯/甲苯塔进料,关闭控制阀下游的截止阀。

(3)把蒸汽控制器打到手动,并关闭控制阀。停蒸汽,并关闭蒸汽总管上的截止阀。打开排放管线上排放阀,放净再沸器中冷凝液。

(4)再沸器停止工作后,关掉冷凝液排放阀,停冷凝水。

(5)塔顶、塔釜内的物料送空后,停止输送苯。

(6)物料送毕后,切断不合格物料总管。

6. 苯乙烯精馏单元停车后的处理

粗苯乙烯、精苯乙烯塔塔内件腐蚀大多发生在长时间的停车中,因此应采取适当措施加以保护。其关键是不能让湿空气进入塔内,因此在停车期间必须保持始终用干燥的氮气充满塔。若需进入塔内修理内件必须进行以下的处理步骤,以达到进入操作的条件。

(1)乙苯冲洗。

塔停止操作后,用乙苯多次冲洗塔及连接设备,使釜液中苯乙烯含量低于5%。冲洗液可以从进料管线(也可以从塔顶回流罐)进入塔内,冲洗后液体排入罐区的不合格罐内。

(2)乙苯蒸煮。

乙苯蒸煮将减少塔内各部件上的苯乙烯和阻聚剂含量,当塔釜物料的阻聚剂小于$50×10^{-6}$、苯乙烯含量5%时,乙苯蒸煮完成。

(3)水蒸煮除去有机物。

接临时线向塔内充水,利用再沸器产生的水蒸气和水流量对塔进行蒸煮除,除去其中的有机物。直到排放的水中基本上无油时,蒸煮完成。

（4）塔内通入水蒸气干燥。

向塔内通入水蒸气,除去塔内件中的水分,水蒸气从进料管线、不合格苯乙烯进料管线和塔底公用口等三个位置喷入塔内。

（5）通氮气冷却。

（6）用空气置换氮气。

用干燥空气置换塔内氮气,直到氧含量达到要求值。

（五）停车操作过程中的注意事项

1. 装置倒空注意事项

无论是储罐、换热器、精馏塔倒空物料时,室内 DCS 调节阀控制要从自动调节改为手动调节。使用机泵导出处,不能使运行机泵抽空,如果机泵短时抽空后,再次启动前必须充分排气。烷基化、转烷基化反应器停车倒空时,要控制物料排放速度,同时打开床层的压力平衡阀,防止压力变化过大,造成催化剂破损。残油洗涤塔、残油汽提塔停车时,在高液位时用泵倒出物料,排不出后停止倒料泵,在塔顶部接氮气加压在低点导淋用桶接倒出的物料。

2. 临时停车系统保压注意事项

（1）临时停车时要保持系统的温度、压力不要下降太快,必要时可以将系统隔离。

（2）乙苯脱氢单元临时停车时,需注意主蒸汽系统的排凝、反应器床层是否有局部过热点、膨胀节系统是否自由伸缩膨胀

（3）苯乙烯精馏真空泵临时停车时需要将密封液补充阀关闭。

（4）蒸汽过热炉临时停车时检查炉管、炉墙、衬里。

（5）检查加热炉主蒸汽的流量变化,通常此流量调节阀有限位控制,其目的是当脱氢单元故障停车时,仍有一定的流量通过炉管以保护蒸汽过热炉炉管不受损害。

3. 停车过程中氮气冷却、置换注意事项

（1）反应器、精馏塔、储罐冷却后为防止空气进入,可将相应的设备置于微正压的氮气保护之下。如果需要人进入设备,必须用空气置换合格。

（2）停工后,动火的设备管线除了要进行蒸汽蒸煮,还要进行氮气置换。

（3）苯乙烯的精馏塔停车后首先用乙苯蒸煮,然后进行水煮除去有机物,用蒸汽吹干,最后用氮气冷却后进行检修。

（4）燃料油系统用蒸汽吹扫、置换。置换之前各炉燃料油线上的单向阀阀芯需抽出。

（5）火炬系统氮气置换时,首先在火炬系统起始点,通入氮气,并打开装置界区上的放空阀,朝着火炬方向对系统进行氮气吹扫、置换,直至系统内氧含量小于1%为止。

4. 系统隔离

为避免设备设施或系统区域内蓄积危险能量或物料的意外释放,对所有危险能量和物料的隔离设施均应进行能力隔离、上锁挂标签并测试隔离效果。隔离前,必须将隔离系统置换合格,如果发现有一条与其他系统相连的管线无法兰,不可以通过阀门来隔离系统。隔离的最高操作是采用盲板隔离,即所有与其他系统相连的管线都应在相应的法兰处加盲板。管道加盲板时应按管道内介质性质、压力、温度选用合适的材料做盲板及其垫片,盲板的直径应依据管道法兰密封面直径制作,厚度要经强度计算。盲板选材要适宜、平整、光滑,经检

查无裂纹和孔洞,高压盲板应经探伤合格。抽加盲板时,作业人员需经过个体防护训练,并做好个体防护,在盲板抽加作业监护人员的监护下,按照抽加盲板位置的工艺图进行作业,松开法兰螺栓应小心,防止管道或设备内物料喷出。

5. 停车后进入设备时的注意事项

在生产区域进入或探入(指头部探入)炉、塔、反应器、罐、槽车以及管道、烟道、下水道、沟、坑、井、池等封闭、半封闭设施及场所作业,均为进入设备作业。停车检查中,(遇到)容器内存有危险气体的可能性更高些。在进入在用装置之间,均应彻底排净(物料)。容器必须经蒸汽处理过,除非蒸汽的引入会对设备内部产生危害,循环通过新鲜空气置换,直至除去内部的所有微量碳氢化合物。如果仍有液态碳氢化合物或有气味存在的话,重复上述过程直至彻底除净。在进入容器之前,必须对该容器的投用情况进行检查,以便有针对性地采取措施。或者采取一些补偿措施或特殊的清理方法来确保容器的安全。容器内部的污垢可以吸收有害的气体(例如硫化氢等),当污垢受到破坏时,可能会释放出有害的气体。当出现上述现象时,在容器内工作的员工需佩带新鲜空气面具和防护服装。

停车检查中,每一个容器管嘴都要毫无例外地盲死。在管线和容器连接处的低点和高点,总会残留有工艺物料,因为在实际操作中,无法将其全部排放净。在容器吹扫前,容器管嘴的盲板必须要就位。

另一个值得注意的因素,尤其当单元刚停车时,由于停车前的工艺操作或蒸汽吹扫导致系统内部仍然很热,操作人员就立即进入容器作业,此时应限制操作人员在热的容器内工作时间,并应该经常在容器外多加休息。

6. 乙苯反应器的卸压和吹扫

在单元停车期间反应器需要排放、卸压和吹扫,清除有机物。这些操作需要特殊的管线和程序。烷基化和转烷基化反应器停止操作时,催化剂床层处在高温(约200℃)和高压(>2.5MPa)下。催化剂床层的热量用于加速退料。当反应器排放液体时,容器的温度和压力稍有变化。反应器的压力将是反应器温度下的气相压力。烃类以液态的形式从容器的底部离开。即使反应器经过了液体排放,仍然有大量的烃类存在于催化剂的孔隙中。在反应器卸压时,烃类,包括那些存在于催化剂孔隙和表面的烃类,以气体形式清除。蒸发和解吸所需的热量由高温的催化剂床层提供。蒸发的结果是反应器床层冷却。

该程序的基本步骤:

(1)液体排放,将反应器内的液体排放掉。

(2)卸压,卸压到0.035MPa,使吸附在催化剂中的有机物蒸发。

(3)热蒸汽吹扫,用中压蒸汽吹扫,使出口蒸汽中苯含量降低到$10\mu g/g$以下。

(4)热氮气吹扫,用氮气吹扫,确认床层中的所有烃类都已经被除去,蒸汽被置换。

(5)冷却,用空气吹扫,直到反应器内部温度达到大约35℃。

7. 停车过程中发生污染事故的处理

化工污染物都是在生产过程中产生的,其主要来源是化学反应不完全的副产品、燃烧废气、产品和中间产品。副操巡检过程中发现现场发生污染事故时,首先采取措施控制污染事故蔓延,尽可能采取回收的方法进行处理。如果在紧急处理过程中,有中毒人员,迅速撤离泄漏污染区人员至安全区,并进行隔离,严格限制出入。中毒人员转移到空气新鲜的安全地带,脱去污染外衣,冲洗污染皮肤,用大量清水冲洗眼睛,淋洗全身,漱口。大量饮水,不能催吐,即送医院。加强现场通风,加快残存污染物的挥发并驱赶蒸气。

如果排污单位在同一个排污口放两种或两种以上工业污水,且每种工业污水中同一污染物的排放标准又不同时,则混合排放时该污染物的最高允许排放浓度为通过一定的方法计算所得。

8. 环保要求

工业"三废"是指废水、废气、废渣。所有在生产中产生的"三废"应无害化处理,无害化指通过适当的技术对废物进行处理(如热解、分离、焚烧、生化分解等方法),使其不对环境产生污染,不致对人体健康产生影响。

1)废气处理

(1)废气产生部位。

在苯乙烯的生产过程中,由于工艺的需要,在装置的不同部位都会产生一定的废气,装置废气的主要来源主要有:脱非芳塔顶回流罐的不凝气;乙苯塔顶回流罐的不凝气;蒸汽过热炉烟道气;精馏塔真空泵密封罐尾气;乙苯回收塔回流罐尾气;苯/甲苯塔尾气;TBC溶解罐和阻聚剂溶解罐的密封气。在装置的开停车过程中,对装置内的设备进行倒空置换时都会产生大量废气,这些废气如果直接排入大气,会对环境造成严重的污染。

装置中产生的废气不能直接排入大气,防止对环境产生污染。苯乙烯装置固定场所中(例如泵房)大气中苯的含量要求控制为 $\leqslant 10mg/m^3$,甲苯的含量要求控制为 $\leqslant 100mg/m^3$,甲苯的含量要求控制为 $\leqslant 100mg/m^3$,乙苯含量要求控制为 $\leqslant 150mg/m^3$,苯乙烯的含量要求控制为 $\leqslant 150mg/m^3$,烟道气中氮氧化物的含量要求 $\leqslant 100mg/kg$。

(2)废气处理措施。

对于苯乙烯装置内的废气,一般是通过直接燃烧法和回收法进行处理,主要的废气处理措施如下:

① 脱非芳塔顶回流罐中排出少量的甲烷、乙烷等不凝气,进入火炬系统。

② 乙苯塔顶回流罐排出的极少量含烃类物质的不凝气和密封氮气也进入火炬系统。

③ 蒸汽过热炉的燃料为燃料气,排放的烟气中所含大气污染物主要是 NO_x 及少量烟尘,采取通过烟囱高空排放的处理方法。装置规模不同,烟气的排放量也不相同,例如国内某 $8\times10^4t/a$ 苯乙烯装置的烟气排放量为 15t/h,排放标准执行 GB 9078—1996《工业炉窑大气污染物排放标准》,三类区要求烟尘浓度小于 $300mg/m^3$。

④ 精馏塔真空系统的尾气通过密封罐后排到蒸汽过热炉作为燃料。

⑤ 乙苯回收塔、苯/甲苯塔尾气排至火炬烧掉。

⑥ 加强管理,减少因设备"跑、冒、滴、漏"而泄漏到大气中的挥发性气体。

2)废水处理

(1)废水产生部位。

在苯乙烯的生产过程中,由于工艺的需要,在装置的不同部位都会产生一定的废水,装置内产生废水的主要部位如下:

① 装置回流罐的分水包中排出的含苯污水。

② 储罐切水时,排出的含苯污水。

③ 尾气密封罐保证密封效果,有一定的溢流水。

④ 汽提塔及工艺水处理器出口过滤器的反冲洗水。

⑤ 废热锅炉的正常排污。

⑥ 设备及地面冲洗水。

⑦ 初期污染雨水。

(2)废水处理措施。

在苯乙烯装置废水的处理过程中,首先是控制装置内的污染源,少排或不排废水,降低废水处理系统的负荷。减少污染物的排放应该遵循改进工艺、回收利用、严格管理、精心操作的原则,减少装置内的跑冒滴漏,减少废水对环境的影响。

对于装置产生的废水,应采取清浊分流、分类处理的治理原则。按运行中排出废水的性质,污水系统分为含油污水系统和生活污水系统。含油污水系统以重力流经含油污水管道系统,进入隔油池进行沉淀、分油处理后,送往污水汽提塔进行汽提处理,合格后排放到污水处理场。生产正常时,污水排放量一般很少,生产异常时,废水排放量较大。根据国家二级标准,一般工业废水可容许排放的 pH 值要求为 6~9;含油量<10mg/L;COD<120mg/L。

COD 即化学耗氧量,其定义是水样在一定条件下,以氧化 1L 水样中还原性物质所消耗的氧化剂的量为指标,折算成每升水样全部被氧化后,需要的氧的毫克数,以 mg/L 表示。它反映了水中受还原性物质污染的程度。该指标也作为有机物相对含量的综合指标之一。COD 值越高,说明水中的需氧的污染越多,污染的程度越大。装置内的污水首先在油水分离器中进行分离,除去不溶的油,然后用泵打到界区外的污水处理场。

3)固体废物处理

苯乙烯装置的固体废弃物主要是烷基化单元的催化剂、脱氢催化剂、白土、无烟煤、废瓷球、清理出的聚合物及池底的污泥。主要的处理措施如下:

(1)烷基化和烷基转移催化剂均不含有毒、有害物质,约 6 年换装一次。在卸出前已用水蒸气和氮气在高温下吹扫置换数小时,已将其吸附的苯等有害物质除去,可以填埋,对环境基本无害。

(2)白土处理器中的白土,需根据使用情况适时更换,卸出前经热氮气长时间吹扫,已将其吸附的苯等有害物质除去,也可填埋,对环境基本无害。

(3)废脱氢催化剂主要成分为氧化铁,经蒸汽吹扫后埋地处理。

(4)工艺水处理器的无烟煤主要成分为碳,可作为燃煤锅炉的燃料,或经蒸汽吹扫后填埋处理。

(5)聚合物及池底的污泥、废渣含有大量的有机物,严禁随意倾倒,必须送到废渣处理场进行焚烧处理。

项目二 蒸汽伴热线的投用

一、准备工作

(1)穿戴劳保着装,选择正确的工具用具。

（2）对讲机、防爆扳手准备齐全。

（3）确认设备管线阀门完好。

二、操作规程

（1）检查伴热站。确认需要投用的伴热管线，确认伴热蒸汽压力等级。

（2）引蒸汽。打开伴热线首端的导淋，缓慢打开蒸汽阀，先预热排凝结水，排出的全部为气态时关闭首端的导淋。

（3）暖线。伴热线预热要充分，避免水锤管线，检查蒸汽末端排凝管线畅通，末端低点导淋微开，确认有凝结水排出，待排出全部为气态时，关闭末端导淋，投用疏水器。

三、注意事项

（1）投用蒸汽伴热线时，必须缓慢开蒸汽阀，排出凝结水，管线应充分预热，防止出现水锤。

（2）逐条投用相应的伴热线，必须保证投用得上、回水管线一一对应。

项目三　　机泵加油的操作

一、准备工作

（1）穿戴劳保着装，选择正确的工具用具。

（2）对讲机、防爆扳手、油壶、合格的润滑油准备齐全。

（3）确认设备管线阀门完好。

二、操作规程

（1）检查机泵各润滑部位的润滑油液位。

（2）打开加油口上的丝堵，将经过三级过滤的润滑油，用油壶将机泵油位加到 $1/2 \sim 2/3$ 处，安装加油口的丝堵。

三、注意事项

（1）润滑油牌号应与泵的工作条件相适应。

（2）加完润滑油后，应检查确认，保证无滴漏。

项目四　　试压试漏的操作

一、准备工作

（1）穿戴劳保着装，选择正确的工具用具。

（2）对讲机、防爆扳手、气密壶、气密液准备齐全。

（3）确认设备管线阀门完好。

二、操作规程

(1)检查确认。检查所有管线、阀门、设备是否符合质量要求。

(2)加盲板。根据盲板图加盲板,选用合适的垫片,检查确认盲板法兰螺栓紧固。

(3)流程准备。打通气密流程,打开系统内的调节阀及其旁路阀,关闭所有取样点的截止阀和相关导淋阀。

(4)通入气密氮气。缓慢通入气密氮气,分级逐渐升压,达到气密压力。

(5)漏点检查。停止升压,进行漏点检查,泄漏点消除后再进行升压。

三、注意事项

(1)盲板的厚度和尺寸必须与所在法兰的大小、等级一致,盲板两侧必须都加垫。

(2)系统设备或是管线冲压时,不能高于其设计压力。

项目五 油品管线的吹扫操作

一、准备工作

(1)穿戴劳保着装,选择正确的工具用具。

(2)对讲机、防爆扳手、吹扫胶带准备齐全。

(3)确认设备管线阀门完好。

二、操作规程

(一)检查确认
检查流程准确无误,计量仪表改跨线运行。

(二)管线吹扫
(1)油品通过换热器壳程或是管程时都要排空。

(2)管线末端必须排空,防止憋压。

(3)如果使用蒸汽吹扫,开汽时先放净冷凝水,缓慢开启,防止水击。

(三)吹扫检查
检查吹扫的排放口是否干净。

(四)关闭末端阀门
吹扫完毕,先关末端阀门后停汽,防止油品倒流。

三、注意事项

(1)油品管线吹扫前必须确认吹扫使用的介质,防止有氧气存在时出现爆炸。

(2)敞口排放时,必须设置警戒线。

项目六　加热炉操作

一、准备工作

（1）穿戴劳保着装，选择正确的工具用具。

（2）对讲机、防爆扳手准备齐全。

（3）确认设备管线阀门完好。

二、操作规程

（一）加热炉吹灰的操作

1. 明确吹灰频次

（1）燃烧器烧油为主，烧气为辅，每24h吹一次。

（2）燃烧器烧气为主，烧油为辅，每72h吹一次。

（3）燃烧器单烧气不烧油，每5天吹1次。

2. 吹灰操作

（1）联系电气、仪表将吹灰器电磁阀、控制盘送电。

（2）引蒸汽到吹灰器前，吹灰蒸汽低点排凝。

（3）全开烟道挡板，专人负责操作吹灰器吹灰程序，逐个吹灰或一组吹灰进行，分手动和自动吹灰。

（4）吹灰开始后，室内密切注意炉膛压力的变化，如出现异常或故障可紧急停止吹灰。

（二）加热炉点长明灯的操作

1. 引燃料气

（1）启动有关仪表。

（2）将燃料气引到装置内燃料气系统排凝，置换。

2. 炉膛做爆炸分析

（1）全开烟道挡板，炉膛做爆炸分析。

（2）化验分析合格后，微开风门，烟道挡板开$\frac{1}{4}$。

3. 点长明灯火嘴

（1）打开长明灯线的燃料气阀门，将点火棒点燃，伸到火嘴附近。

（2）首先点燃一个长明灯。

（3）根据炉膛和出口温度决定是否需要点燃其他长明灯。

（三）加热炉增点油火嘴的操作

1. 检查确认

（1）准备好点火棒、引火油以及火柴，准备点油火。

（2）检查该火嘴长明灯的燃烧情况，确保长明灯燃烧良好。

2.增点油火嘴

(1)稍开油气连通阀,吹扫燃料油阀下部管线。

(2)管线扫通后才可以停汽,稍开雾化蒸汽阀门。

(3)点火棒浸引火油后点燃,从点火孔伸入该火嘴处。

(4)稍开燃料油阀门,火嘴点燃后,取出点火棒,并关闭点火孔门。

3.调节工作

逐渐调节雾化蒸汽和燃料油阀门,使油气比例合适。

(四)灭加热炉火嘴的操作

(1)自动控制切至手动。将燃料油、雾化蒸汽的控制切换到手动操作位置。加热炉联锁摘旁路。

(2)调节压力。根据降温速度,调节雾化蒸汽和燃料油压力,缓慢降低每个火嘴的燃烧负荷。

(3)灭火嘴。关闭燃料油阀门,灭火嘴后,用雾化蒸汽对火嘴燃料油管线吹扫。

(4)灭长明。所有油火嘴关闭后,停长明线气火嘴,打开看火孔及风门。

三、注意事项

(1)吹灰前要提前告知室内主操作,防止加热炉出口温度波动较大,对生产造成影响。

(2)吹灰结束后,将烟道挡板及时关至要求位置,避免烟道氧含量偏高。

(3)点火前,炉膛内必须做爆炸分析,防止燃气泄漏后发生闪爆。

(4)点燃一个长明灯后,再点燃另一个时,需要点燃对称位置。

(5)雾化蒸汽和燃料油的比例要调整好,防止出现燃烧不良的情况。

(6)点火嘴时要注意安全,防止燃烧油滴落下来,出现漏油,应及时进行处理,否则可能会引起火灾。

(7)增点火嘴后要观察加热炉出口温度的变化,调整烟道挡板和风门的开度,保证炉膛内火苗燃烧正常。

(8)蒸汽加热炉开工时,由于火道砖和炉膛温度低,在油管内存有不易雾化的冷油,会引起加热炉油嘴漏油。同时为了防止油嘴漏油,要保证油压及蒸汽压力稳定,要求油压比蒸汽压力小。

(9)关闭加热炉火嘴时,要对称关闭,防止火嘴对管壁造成偏烧。

(10)关闭火嘴的速度要依据降温速度,不可以超出降温速度。

项目七　冬季设备防冻的操作

一、准备工作

(1)穿戴劳保着装,选择正确的工具用具。

（2）对讲机、防爆扳手准备齐全。

（3）确认设备管线阀门完好。

二、操作规程

（一）停用设备防冻的操作

（1）备用设备保持冷却水有流量，并按时检查流通情况。

（2）停用的管线用风扫净后加盲板隔离。

（二）冷却系统防冻的操作

（1）冷却水跨线稍开，并按时巡检。

（2）按时巡检上水压力、回水流量，并及时调节水量。

（三）物料系统防冻的操作

（1）投用伴热，并按时巡检。

（2）无伴热管线的应及时加伴热，并且按时巡检。

（3）盲肠死角盲板隔离，并且按时巡检。

（四）蒸汽系统防冻的操作

（1）疏水器后加强巡检，保证畅通。

（2）各放水点经常调节，防止冻线。

（3）消防蒸汽低点接胶管放空，保证蒸汽有流量。

（4）其他蒸汽、回水死角接胶带放空，保证过量。

三、注意事项

（1）重点检查冷却水的跨线，防止冻凝。

（2）盲肠死角要制订检查表，规定检查频次。

项目八　投用计量表

一、准备工作

（1）穿戴劳保着装，选择正确的工具用具。

（2）对讲机、防爆扳手准备齐全。

（3）确认设备管线阀门完好。

二、操作规程

（一）检查确认

（1）关闭计量表的放空阀门。

（2）检查过滤器是否完好。

（3）记录计量表的原始数据，联系控制室确认数据相同。

（二）投用程序

（1）先开计量表进口阀。

（2）后开计量表出口阀。

（3）逐渐关闭副线阀,待计量表指针运转正常,全关副线阀门;联系控制室确定计量值相同。

（4）如有泄漏及时消除。

三、注意事项

（1）要仔细确认投用的计量仪表位号与要求投用的一致。

（2）发现漏点及时停止操作,将漏点处切出,处理完漏点后再投用。

项目九 离心泵启动

一、准备工作

（1）穿戴劳保着装,选择正确的工具用具。

（2）对讲机、防爆扳手准备齐全。

（3）确认设备管线阀门完好。

二、操作规程

（一）离心泵启动前检查

1. 检查确认

（1）泵运行有关部件是否正常、各处阀门是否好用、压力表是否完好。

（2）轴承箱的油位、油质是否符合标准。

（3）静电接地是否正确。

（4）检查泵轴及填料是否损坏。

（5）确认低点导淋关闭,泵入口阀处于打开状态。

（6）冷却水上、回水管路畅通,上水温度正常。

2. 手动盘车

手动盘车,检查转动是否灵活。

3. 送电确认

（1）确认泵已经送电。

（2）检查电动机转向是否正确。

（二）离心泵的启动

1. 灌泵

打开泵的入口阀,向泵内灌入液体,泵出口放空处排气,待只有液体流出,关闭排气阀。

2. 摘联锁

检查是否有自启动联锁。

3. 启动电动机

先启动电动机,泵出口压力正常时,逐渐打开出口阀,直至全开。

4. 启动后检查

(1)检查电流电压。

(2)电动机轴承温度。

(3)声音及振动。

(4)密封泄漏。

(5)正反转情况。

三、注意事项

(1)机泵通过盘车,看看是否灵活有无卡涩,内部有无异响,防止启动时机泵损坏或电流过大烧毁电动机。机泵盘车时,必须超过 360°。

(2)冷却水上水如果有过滤器,应打开检查是否干净。

(3)发现泄漏后,必须及时停泵,关闭出入口阀门,隔离泄漏部位。

(4)启动过程中如发现异常振动和响声,应立即停泵检查。

项目十　换热器的投用

一、准备工作

(1)穿戴劳保着装,选择正确的工具用具。

(2)对讲机、防爆扳手准备齐全。

(3)确认设备管线阀门完好。

二、操作规程

(一)检查确认

(1)检查安全阀是否投用。

(2)稍开换热器低点导淋阀。

(3)排净换热器内存水,然后关闭导淋阀。

(二)引冷介质

(1)物料应先投用冷介质,后投用热介质,缓慢打开冷介质出口阀,维持系统压力平衡。

(2)冷介质充满后,打开进口阀,同时关闭副线阀。

(三)引热介质

(1)缓慢打开热介质的入口阀,维持系统压力平衡。

(2)热介质充满后,打开出口阀,同时关闭副线阀。

三、注意事项

(1)投用换热器时必须先投用冷介质,后投用热介质。

(2)投用的热介质如果是蒸汽,必须对蒸汽管线充分排凝,确认无凝液后再投入换热器。

项目十一　原料罐进苯的操作

一、准备工作

(1)穿戴劳保着装,选择正确的工具用具。

(2)对讲机、防爆扳手准备齐全。

(3)确认设备管线阀门完好。

二、操作规程

(一)液位确认

原料苯罐液位低于20%时,联系调度准备接收原料苯。

(二)流程准备

(1)关闭收苯线支路阀门,改好流程。

(2)打开位于界区的收苯阀门。

(三)收原料苯

(1)缓慢打开原料苯罐入口进苯的阀门,防止油品输送泵电动机过载。

(2)原料苯罐液位到80%时停收苯,待油品罐区停泵后,关闭界区和原料苯罐的阀门、观察玻璃板是否有水,如含水,应静置后脱水。

(四)记录数据

记录收入苯量,向分析要新收入苯的分析数据。

三、注意事项

(1)收苯前检查苯罐的呼吸阀、氮气密封组件完好。

(2)收苯完成后,通过玻璃板发现底部有水时,必须及时脱水。

(3)收苯过程中,时刻收苯罐的运行状态,发现泄漏,及时停止收苯。

项目十二　启动引风机的操作

一、准备工作

(1)穿戴劳保着装,选择正确的工具用具。

(2)对讲机、防爆扳手、测振仪准备齐全。

(3)确认设备管线阀门完好。

二、操作规程

(一)检查确认

(1)检查引风机润滑油液面是否在1/2~2/3,观察润滑油品质。

（2）检查风道、烟道挡板及执行机构。

（二）盘车

引风机盘车、检查转子是否灵活、检查机体是否有摩擦声。

（三）启动电动机

先启动电动机压力正常时，逐渐打开烟道挡板，至全开。

（四）检查运转情况

检查电动机电流、电压，轴承温度、声音及振动，密封泄漏。

三、注意事项

（1）观察风机启动时的状况，一旦发生异常情况需要立即处理、汇报，以避免风机及有关设备进一步损坏。

（2）风机启动后应对风机及相关设备进行一次检查，看其运行状况是否正常。

项目十三　废热锅炉的投用

一、准备工作

（1）穿戴劳保着装，选择正确的工具用具。

（2）对讲机、防爆扳手准备齐全。

（3）确认设备管线阀门完好。

二、操作规程

（一）检查确认

检查废热锅炉各部位液位计、压力表、液位联锁符合要求；关并网阀，开安全阀隔断手阀、打开放空阀。

（二）引脱盐水

引脱盐水进入锅炉；用控制阀来控制废热锅炉液面至50%，投联锁，开排污阀排放几分钟，然后关闭排污阀。

（三）启用废热锅炉

（1）废热锅炉蒸汽排空阀打开。

（2）废热锅炉正常后改仪表自动控制，缓慢升温保证蒸汽压力达到规定压力。

（四）并网

缓慢开并网阀，将废热锅炉产生的蒸汽引入蒸汽管网，当汽包压力高于系统压力0.1~0.2MPa时开始并网。

三、注意事项

（1）引入锅炉的脱盐水必须除氧，防止对金属设备造成腐蚀。

（2）严格控制锅炉水的液位，室内外液位要对应，防止液位过高，液态水串入蒸汽管网。

项目十四　苯乙烯产品由不合格流程到正常流程的切换

一、准备工作

（1）穿戴劳保着装,选择正确的工具用具。

（2）对讲机、防爆扳手准备齐全。

（3）确认设备管线阀门完好。

二、操作规程

（一）打通流程

打通苯乙烯产品到合格产品储罐的正常流程。

（二）检查确认

（1）检查冷却水换热器、冷冻水换热器投用情况。

（2）确认苯乙烯产品合格。

（3）检查苯乙烯产品罐液位是否小于80%。

（三）流程切换

关闭去不合格苯乙烯产品罐的阀门,缓慢打开去苯乙烯产品罐的阀门。

三、注意事项

（1）产品进入苯乙烯罐前,应检查罐的呼吸阀、氮气密封组件完好。

（2）流程切换操作时要先关闭进入不合格罐的阀门,然后再打开进入合格罐的阀门,防止两个罐相互串料。

项目十五　空冷器的启动操作

一、准备工作

（1）穿戴劳保着装,选择正确的工具用具。

（2）对讲机、防爆扳手准备齐全。

（3）确认设备管线阀门完好。

二、操作规程

（一）检查确认

（1）检查流程是否正确,堵头、温度计、压力表等部件是否完好,风机轴承有无润滑脂,核实电气送电。

（2）检查物料管线有无泄漏,如有则立即处理。

（二）盘车

盘车时观察风机叶轮和皮带有无卡死或松动现象，关闭百叶窗。

（三）启动

(1)启动电动机,检查电动机温度、电流及转向是否正常。

(2)检查皮带是否松动或脱落,检查振动情况。

（四）调整

调整百叶窗角度。

三、注意事项

(1)启动后发现异常振动或是声音有异常,必须及时停机检查。

(2)如发现风机皮带松弛或运转时抖动幅度较大或发出"吱吱扭扭"的声音时,应通知维修人员调节皮带松紧度或予以更新。

项目十六　投用进料过滤器的操作

一、准备工作

(1)穿戴劳保着装,选择正确的工具用具。

(2)对讲机、防爆扳手准备齐全。

(3)确认设备管线阀门完好。

二、操作规程

(1)清洁确认。确认过滤器是否清洁。

(2)填充。少量打开过滤器入口阀及顶部排气阀,当料冒出后关闭排气阀。

(3)投用。微开出口阀,全开过滤器入口阀,慢慢打开出口阀至全开,注意压力变化。

三、注意事项

(1)投用高温介质进入过滤器时,应缓慢打开入口阀,使得过滤器充分预热。

(2)应充分排出过滤器内的气体,避免不凝气进入系统。

(3)投用后注意观察,如有滴漏现象,立即关闭进出口阀门。

项目十七　现场压缩机组压力检查

一、准备工作

(1)穿戴劳保着装,选择正确的工具用具。

(2)对讲机、防爆扳手准备齐全。

(3)确认设备管线阀门完好。

二、操作规程

(一)密封水

(1)检查密封水压力是否符合工艺要求,观察水质量。

(2)检查密封水压力是否大于压缩机压力。

(二)密封氮气

(1)检查密封氮气压力是否符合工艺要求,气体要求干燥。

(2)检查密封氮气压力是否大于密封水压力。

(三)润滑油

(1)检查润滑油压力是否符合工艺要求,观察油品质量。

(2)润滑油过滤器压差否符合工艺要求。

(四)汽轮机蒸汽

检查汽轮机蒸汽出入口压力是否符合工艺要求。

(五)压缩机

检查压缩机出入口压力是否符合工艺要求。

三、注意事项

检查压力变化时要时刻关注压缩机的运行声音,发现异常及时核对压力变化。

项目十八 现场液位检查

一、准备工作

(1)穿戴劳保着装,选择正确的工具用具。

(2)对讲机、防爆扳手准备齐全。

(3)确认设备管线阀门完好。

二、操作规程

(一)塔类检查

(1)检查塔液位是否准确。

(2)引压管是否畅通,对液位计进行冲洗。

(二)储罐检查

(1)检查储罐液位是否小于80%。

(2)检查储罐油水分层情况,是否有水,检查脱水时是否将油脱出。

(3)检查油水分层情况,脱水时不能脱出油。

(4)检查密封罐液位不能空。

三、注意事项

液位检查时要查找各连接法兰或是密封件处是否存在泄漏,发现问题及时处理,不能处理的上报车间。

项目十九　冲洗废热锅炉液面计的操作

一、准备工作

（1）穿戴劳保着装，选择正确的工具用具。

（2）对讲机、防爆扳手准备齐全。

（3）确认设备管线阀门完好。

二、操作规程

（1）蒸汽管线冲洗。关闭水引线阀，开放空阀进行汽管线冲洗，在冲洗过程中开阀要缓慢。

（2）水管线冲洗。关闭汽引压阀，开放空阀进行水管线冲洗，液面计在冲洗后要透明不见杂物。

（3）冲洗后投用。关放空阀，开引汽阀比较冲洗前后水位差并记录。

三、注意事项

冲洗时要注意安全，防止烫伤，冲洗完成后与室内数据对比。

项目二十　调节阀改副线的操作

一、准备工作

（1）穿戴劳保着装，选择正确的工具用具。

（2）对讲机、防爆扳手准备齐全。

（3）确认设备管线阀门完好。

二、操作规程

（一）内外联系

室、内外进行联系，校正仪表的参数，调整阀杆的行程。

（二）副线预热

缓慢打开副线阀，逐渐预热到规定的介质温度，防止过急泄漏。

（三）副线切换

改副线操作先开副线阀，后关调节阀。

（四）副线阀控制

（1）待控制参数稳定后，关闭调节阀，改为副线阀控制。

（2）关调节阀前、后截止阀。

三、注意事项

(1)更改副线操作时需要对照现场一次表指示,先关上游阀虚扣,直到一次表指示有变化即止。

(2)改为副线运行时,必须先开副线阀,后关闭调节阀的前后截止阀。

项目二十一　苯乙烯产品罐切换的操作

一、准备工作

(1)穿戴劳保着装,选择正确的工具用具。

(2)对讲机、防爆扳手准备齐全。

(3)确认设备管线阀门完好。

二、操作规程

(一)检查确认

(1)确认苯乙烯产品罐的液面,当罐液面达到80%时,及时进行切换。

(2)检查将要投用的苯乙烯产品罐冷冻水换热器是否投用,循环泵是否正常。

(二)罐切换

切换流程,打开投用罐的入口阀,关闭切除罐的入口阀。

(三)记录数据

记录收入苯乙烯量,向化验人员要新收入苯乙烯的分析数据。

三、注意事项

(1)切换储罐时,要先打开投用罐的入口阀,后关闭切除罐的入口阀,防止管线憋压,同时注意是否存在串料的情况。

(2)投用罐投入使用后,要认真检查现场管线和罐体是否存在泄漏情况。

(3)切换储罐时,不仅要确认切换流程,切换储罐前需要检查备用储罐的呼吸阀、氮封、温度、液位等情况。

项目二十二　回流罐脱水的操作

一、准备工作

(1)穿戴劳保着装,选择正确的工具用具。

(2)对讲机、防爆扳手准备齐全。

(3)确认设备管线阀门完好。

二、操作规程

（一）内外液位确认
室、内外人员确认回流罐及水包界面液位。

（二）暖线
（1）冬季，脱水管线冻凝，应用蒸汽从下往上暖线。
（2）暖线前应确定阀门是否关严。

（三）脱水操作
（1）打开脱水阀，控制脱水速度，不宜过快。
（2）脱水时人应站在上风口，人员不得离开脱水现场。
（3）水脱净后，缓慢关脱水阀。

三、注意事项

（1）暖线升温要缓慢，防止管线急热后出现泄漏。
（2）脱水过程中操作人员不得离开现场，切水过程中现场要监护，严禁切水时脱岗，做好脱水记录。
（3）脱水前首先要停止周围动火作业，了解储罐的油量、水量、下水井畅通情况。

项目二十三   停换热器的操作

一、准备工作

（1）穿戴劳保着装，选择正确的工具用具。
（2）对讲机、防爆扳手准备齐全。
（3）确认设备管线阀门完好。

二、操作规程

（一）流程确认
（1）检查所有的该换热器管壳程的导淋和放空阀完好。
（2）改好流程，防止系统憋压。

（二）停热介质
（1）稍开换热器高、低点导淋阀，排净换热器内的存气、存水，然后关闭导淋阀。
（2）物料应先停用热介质，后停用冷介质。
（3）缓慢关闭热介质出口阀，维持系统压力平衡。
（4）热介质停止后，关闭进口阀。

（三）停冷介质
（1）缓慢关闭冷介质的入口阀，维持系统压力平衡。
（2）冷介质停止后，打开进口阀，同时关闭副线阀。

三、注意事项

(1)停换热器时,要先停热介质,后停冷介质。

(2)确认好管壳程出入口流程,避免流程更改时出现憋压情况。

项目二十四 压缩机润滑油汽泵切换电泵的操作

一、准备工作

(1)穿戴劳保着装,选择正确的工具用具。

(2)对讲机、防爆扳手准备齐全。

(3)确认设备管线阀门完好。

二、操作规程

(一)检查电泵

(1)检查泵出入口管线、阀门、法兰、压力表是否安装齐全、放空阀关闭。

(2)检查冷却水是否畅通、地脚螺栓及其他连接部分有无松动,润滑油液面是否在1/2~2/3,联轴器、防护罩螺栓是否拧紧。

(二)电泵盘车

备用泵盘车、检查转子是否轻松灵活、检查泵体是否有金属碰击声或摩擦声。

(三)启动电泵

打开泵入口阀,启动电动机压力正常时,逐渐打开出口阀,无异常后全开,检查电动机电流、轴承温度、声音及振动密封泄漏情况。

(四)停止润滑油汽泵

停下主泵,关蒸汽入口阀,背压暖泵,打开蒸汽管线导淋。

三、注意事项

(1)电泵启动前必须对相关设施进行检查,确认具备启动条件。

(2)切换完成后,对电泵的运行状态进行检查,发现异常及时处理。

项目二十五 苯乙烯产品切不合格罐的操作

一、准备工作

(1)穿戴劳保着装,选择正确的工具用具。

(2)对讲机、防爆扳手准备齐全。

(3)确认设备管线阀门完好。

二、操作规程

(一)液位确认

确认不合格苯乙烯产品罐及脱氢液罐液面小于80%。

(二)切不合格苯乙烯产品罐

(1)检查将要投用的不合格苯乙烯产品罐冷冻水换热器是否投用,循环泵是否正常。

(2)切换流程,打开投用罐的入口阀,关闭切除罐的入口阀。

(三)切至不合格罐

切换流程,打开投用罐的入口阀,关闭切除罐的入口阀。

三、注意事项

切换完成后,检查不合格罐的运行状态,发现跑冒滴漏及时处理。

项目二十六　空冷器的停用操作

一、准备工作

(1)穿戴劳保着装,选择正确的工具用具。

(2)对讲机、防爆扳手准备齐全。

(3)确认设备管线阀门完好。

二、操作规程

(1)停机原则。停空冷器电动机时,应先停止向管束内通入介质,后停风机。

(2)调整百叶窗。调整百叶窗角度,逐渐关小百叶窗开度。

(3)停空冷器。停空冷器电动机,检查物料出口温度及压力应符合工艺要求。

三、注意事项

气温低于5℃时,停用的空冷器要用低压蒸汽吹扫管线、排净凝液,防止管束内介质冻凝。

项目二十七　冬季设备解冻的操作

一、准备工作

(1)穿戴劳保着装,选择正确的工具用具。

(2)对讲机、防爆扳手准备齐全。

(3)确认设备管线阀门完好。

二、操作规程

(一)引蒸汽

(1)将消防蒸汽接上接头。

(2)胶管插上接头,用铁丝固定好。

(3)缓慢打开蒸汽阀。

(二)暖线

吹扫冻凝管线。

(三)解冻操作程序

(1)高空管线解冻需要系安全带。

(2)引蒸汽时,开度不宜过大,防止烫伤事故发生。

(3)玻璃管加热应用少量蒸汽,缓慢加热,防止加热过急而破裂。

(4)铸铁阀门应由远而近,缓慢解冻,防止局部过热破裂。

(5)管线解冻,应从两头开始加热,必须随时排空,并且排空开度一定要小,防止管线解冻后大量跑油。

(6)冻凝管线解冻后,注意检查有无冻裂点,应及时处理。

三、注意事项

(1)缓慢解冻冻凝设备,防止管件局部过热破裂。

(2)高处作业解冻管线时,必须有专人监护。

项目二十八　容器操作

一、准备工作

(1)穿戴劳保着装,选择正确的工具用具。

(2)对讲机、防爆扳手准备齐全。

(3)确认设备管线阀门完好。

二、操作规程

(一)容器置换

1.系统隔离

(1)切断设备物料来源。

(2)倒空物料,加盲板。

2.置换

(1)有时需用化学品先处理,再用氮气置换,空气吹扫。

(2)打开所有人孔或通风孔,保持设备内空气流通。

3. 安全确认

直到容器内可燃气体、氧含量分析合格为止。可燃物含量小于 0.1%，氧含量大于 18%。

（二）容器氮封的操作

1. 检查确认

容器呼吸阀投用，排净存水，密封氮气合格。

2. 打开氮封阀

（1）打开进入容器氮气阀。

（2）调整背压阀到规定值。

三、注意事项

（1）如果容器置换结束后，需要进入检查前，必须分析可燃气体、氧含量合格。

（2）隔离的容器必须全部有效隔离，防止可燃介质串入容器。

（3）容器氮封的操作：室内如果能监控容器压力，及时对比查看。投用氮封前需要检查罐顶各部位无泄漏，防止造成氮气损失。

模块二 设备使用与维护

项目一 相关知识

一、机泵盘车

通过盘车,避免机泵由于长时间停置导致泵轴发生弯曲变形。盘车过程还可以发现各转动部件是否存在卡涩现象,泵轴是否存在弯曲变形或轴承损坏现象,泵叶轮和泵壳是否有摩擦现象,泵内介质是否存在低温冻凝现象。

一般情况下,备用机泵间隔 24h 盘车一次,每次盘车 180°,盘车方向应与电动机转动方向相同,如有盘车标记的,最后应使标记处于正确位置。机泵启动前,要进行盘车检查,盘车超过 360°,检查盘车是否灵活。

泵或电动机出现机械故障是泵盘不动车的主要原因,如轴承损坏或泵轴弯曲变形。如出现盘不动车现象,不可强行盘车或启动机泵,应联系维修人员处理,直至故障排除。因为盘车操作需要徒手接触机泵转动部位,所以在盘车操作前必须确认机泵处于停机未转动状态,如是自启动机泵盘车前关闭自启动开关,避免盘车过程中机泵意外自启动,确保安全,避免受伤。

二、气动执行器

气动执行器,即控制阀,一般是由气动执行机构和调解机构两部分组成。气动执行机构主要有薄膜式与活塞式两种。薄膜式执行机构的特点包括维修方便、结构简单、动作可靠。气动执行器有气开、气关型式。活塞式执行机构在结构上是无弹簧的汽缸活塞式,适用于高静压、高压差,只有一个控制阀、大口径的场合。

三、安全阀

压力容器安全附件有压力表、液位计、安全阀、爆破片、温度计等,流量计不属于安全附件。压力容器出现异常情况,如介质温度或者壁温超过规定值、安全附件损坏、主要受压元件发生变形等,要立即汇报处理,内部有压力时,不可以进行修理或紧固。压力容器操作人员应当持有相应的特种设备作业人员证,日常巡检检查工作压力、介质温度、密封点泄漏情况。

安全阀的作用是当压力容器、压力管道的压力超过允许工作压力时,自动跳开,把容器内的气体或液体排出,直至压力恢复正常。安全阀按介质排放方式可分为全封闭式、半封闭式、敞开式三类。

玻璃板液位计是直读式物位仪表,浮筒液位计是浮力式物位仪表。玻璃板式液位计的允许使用压力比玻璃管式液位计要高。

双金属温度计中的双金属片受热后，由于两金属片的膨胀系数不同而产生弯曲，从而带动指针指示出相应的温度数值。孔板流量计是一种差压式流量计。

四、往复泵

往复泵是通过柱塞（或活塞）将功以静压力的形式直接传给流体的。往复泵的柱塞在外力的作用下向外移动时，泵体内体积扩大，压强减小，此时，往复泵排出阀应处于关闭状态，往复泵吸入阀应处于开启状态。当活塞往复一次，只吸入和排出液体各一次，故往复泵称为单动泵。往复泵、齿轮泵、螺杆泵是容积泵。

计量泵是往复泵的一种，基本构造与往复泵相同，它是在往复泵流量固定这一特点上发展起来的。计量泵是由转速稳定的电动机通过可改变偏心轮，带动活塞杆而运行。改变此轮的偏心程度，就可以改变活塞杆的冲程，从而达到调节流量的目的。计量泵的基本形式有柱塞式和隔膜式。计量泵具有流量精确，扬程与流量无关等特点。

当往复泵出口不畅时，会造成超压，为了防止往复泵损坏，应在往复泵出口安装安全阀。

五、离心泵

泵是用来输送液体并使液体增加能量的机械。化工常用泵的类型有离心泵、真空泵、屏蔽泵、螺杆泵、计量泵等。在石油化工生产中应用最多的泵是离心泵。在我国，泵型号中的"YS"表示双吸式油泵。离心泵的主要零部件有叶轮、泵体、轴、轴承等。离心泵通流部分元件有压出室、导叶和吸入室。

螺杆泵一般用于输送高黏度介质。往复泵适用于流量要求较小，计量精度高，扬程也较高的场合。离心泵适用于流量要求较大，扬程较低的场合。真空泵适用于无颗粒、无腐蚀、不溶于水的气体。

离心泵启动前应灌泵、排气，如果排气不充分，会出现泵不上量的现象，离心泵无干吸能力，操作时要防止气体漏入泵内。离心泵启动时，应先关闭出口阀，防止电动机长时间超电流而损坏。启动后应缓慢打开出口阀，可用出口阀门调节流量。离心泵运行时，滑动轴承温度应不大于65℃，滚动轴承温度不大于70℃。

离心泵单试应在不影响正常生产的前提下进行，单试前应进行必要检查，检查项目包括：润滑油油质油位是否正常、地脚螺栓是否松动、入口管线是否充满介质、出入口流程是否正确、密封液及冷却液是否投用、盘车是否正常等。电动机启动电流比正常运转时大得多，所以电动机线圈产生热量多，如连续启动，电动机来不及把启动时产生的热量散掉，很容易把电动机烧坏。

备用离心泵启动前，必须盘车检查，备用离心泵运行时需检查以下项目：泵的出口压力、地脚螺栓是否松动、机械密封是否泄漏、润滑油油质油位情况、轴承箱声音情况。离心泵运行时，泵入口过滤器备用的一台需放净，出入口阀应关死。

热油泵停运时，应待泵体温度降低后再停冷却水。离心泵停车时要先关出口阀后断电。

泵入口过滤网的作用是防止介质中的杂质进入泵内。

对于长周期运转的泵，应定期更换润滑油或润滑脂，保证泵在良好的润滑状态下工作。离心泵运行中，润滑油温度应不大于60℃，不能有乳化、变质现象。离心泵运行中，出口阀不能长期关闭。离心泵要定期加油加脂,油箱中润滑油应保持在油杯 1/2~2/3 处,备用泵定期盘车,经常清理卫生。

操作人员巡检时,应携带听棒,通过听棒可以判断机泵运转状态是否正常。如判断轴承故障情况、判断设备内部机械运动部位故障情况、了解设备内部介质流动情况,即是否存在汽蚀现象。听棒正确的使用部位是轴承箱、电动机轴承和泵壳,应避免接触设备转动部位。

机械密封是靠与轴一起旋转的动环端面与静环端面间的紧密贴合,产生一定的比压而达到密封的。

冬季或长期低温环境下应做好机泵管线防冻、防凝工作,避免由于冻凝现象损坏机泵管线。长期停用设备与生产系统用盲板隔离,并把积水吹扫干净;加强现场巡检,确保伴热线运转正常,检查保温层完好情况;定期对备用泵进行盘车,及时发现冻凝现象并妥善处理。

六、屏蔽泵

屏蔽泵全密闭式无轴封的结构可以保证不泄漏,可输送任何介质不对环境造成污染,从根本上消除了液体的外泄漏。屏蔽泵电动机的转子和泵的叶轮固定在同一根轴上,转子在被输送的介质中运转,利用屏蔽套将电动机的转子和定子隔开。

启动屏蔽泵时,应点动泵以确认泵转向是否正确。屏蔽泵启动前不需要进行灌泵排气。当屏蔽泵有异常响声时,应立即停车。当发现带有 TRG 表的屏蔽泵指示在红区时,应立即停车。

七、设备检修时的监护

动火作业,监火人的职责包括:不得擅离监火现场;纠正和制止作业过程中的违章行为;核实特种作业人员资质;动火作业结束后,监督现场没有遗留火种;现场出现异常情况立即终止作业;出现火情及时进行报警、灭火、人员疏散、救援等初期处置;核实特种作业人员资质。

监火时,监火人应注意以下事项:应消除动火部位的易燃易爆物;动火点附近排水口、各类井口、地沟等应封严盖实;动火前需对空气质量进行化验分析;焊接作业人员应持证上岗;监火人员需经过培训合格;监火人员应熟练使用消防器材;监火人员应熟悉相关管理规定;乙炔瓶使用时必须有防倾倒措施;氧气瓶和乙炔瓶应远离热源及电气设备;电气焊工具应完好;高处动火应采取防止火花溅落措施。必要时携带可燃气体报警仪,用于检测空气中的各种可燃气体的含量。

八、换热器

换热器传热方式分为间壁式、混合式、蓄热式三种。固定管板式换热器、浮头式换热器属于间壁式换热器中的列管式换热器。列管式换热器的主要换热方式以管子表面作为传热面间接换热,主要由外壳、封头、管板和管箱等组成。

浮头式换热器的壳体和管束的热膨胀是自由的,适用于壳体和管束温差较大或壳程介质易结垢的场合。

九、压力表

弹簧管压力表的工作原理是表内弹簧弯管受力形变,产生位移,通过扇形齿轮将位移传递给指针,显示压力。系统压力越高,弹簧弯管的位移就越大。

压力表应定期效验并安装铅封,无铅封、逾期未校验的压力表不得使用。

十、机泵润滑油

润滑油的润滑作用是指减少两个相对运动的金属表面的摩擦。润滑油品质要清澈透明、不乳化、型号正确、不含水。尾气压缩机润滑油的上油温度为 38 ~ 42℃,回油温度为 65℃。尾气压缩机润滑油系统是由电动机驱动的主油泵,通过循环而组成。

润滑油的主要质量指标是黏度、水分、闪点、机械杂质。油品中含水量多少以水占油的百分率表示。油中混入水会破坏油膜的形成。润滑油含水会产生乳化现象。机械杂质指悬浮或沉淀在润滑油中的物质,如砂粒。机械杂质的存在会加速磨损,破坏油膜。抗氧化安定性是指润滑油抵抗氧化变质的能力。

黏度表示润滑油的黏稠程度,是润滑油的重要质量指标。黏度随温度变化而异,常用的测试温度为 50℃、100℃。黏度分为绝对黏度和相对黏度两种。绝对黏度分为动力黏度和运动黏度。运动黏度单位为 m^2/s。选用润滑油黏度的一般原则是:轴颈旋转线速度越快,越有利于形成油膜,选用润滑油黏度越低。工作温度较低时,应选用黏度较低的润滑油。降低润滑油黏度最简单易行的办法是提高轴瓦进油温度。

润滑油管理要遵行"五定""三过滤"原则,即定位、定质、定时、定量、定人,从领油大桶→白瓷桶→油壶→润滑部位的过滤。润滑油一级过滤的滤网精度为 60 目,二级过滤的滤网精度为 80 目,三级过滤的滤网精度为 100 目。离心泵轴承箱的油位应保存 1/2 ~ 2/3,并不是越高越好。

十一、阀门

阀门是流体输送系统中的控制部件,具有截断、调节、导流、防止逆流、稳压、分流或溢流泄压等功能。化工生产中常见的阀种类有闸阀、截止阀、球阀、止回阀、节流阀和旋塞阀。其他功能的阀门还有减压阀、电磁阀、止回阀、呼吸阀等。

如果阀门填料处出现轻微泄漏现象,可通过调整填料压盖的预紧力解决问题。如果仍然泄漏或填料材质与介质特性不符,则需更换填料。新阀门出厂时已检测合格,不用调整填料。阀门日常维护内容包括:阀杆定期涂抹润滑脂防止锈蚀;阀杆加装保护套;经常检查室外阀门紧固件。

闸阀应用于开关管路,同时也可用作调节,适用于含有粒状固体及黏度较大的介质。截止阀比闸阀调节性能好,在开启和关闭过程中,由于阀瓣与阀体密封面间的摩擦力比闸阀小,因而耐磨。截止阀流阻系数比较大,造成压力损失大。蝶阀应用于开关管路,可以同时作为调节用阀。球阀可以做调节流量用阀。电磁阀一般由电磁机构和执行机构组成,通过控制电磁铁的电流通断控制阀瓣开关。电磁阀在化工装置中一般起安全作用,是自动报警、联锁系统中最基本的器件。止回阀也叫单向阀,是指依靠介质本身流动而自动开、闭阀瓣,用来防止介质倒流的阀门。泵出口管线上安装止回阀是为了防止泵停车后出现回流反转。减压阀是自动将设备或管道内介质的压力降低到所需的压力的一类自动阀门。减压阀前需安装过滤器。电磁切断阀、闸阀、截止阀、球阀等均可用于开启或关闭管路。呼吸阀的内部结构实质上是一个低压安全阀和一个真空阀组合而成。

阀门填料也叫盘根,主要是起密封作用,防止阀门输送介质外漏。其种类很多,应根据介质的特性选用合适的填料,常用的有聚四氟乙烯、石墨、石棉密封填料三种。

十二、管件

常见的化工管件一般有弯头、大小头、三通、法兰等。法兰是管道或设备作可拆连接时最常用的重要部件。

垫片放在两片法兰中间起到密封的作用,避免介质泄漏。化工装置中油品管道法兰的垫片一般使用金属缠绕垫。

室内生活用水管道一般应采用镀锌钢管和镀锌管件,螺纹连接,不允许焊接。排水铸铁管一般均采用承插连接。

十三、其他

管道按材质分类可分为金属管道、非金属管道和衬里管道三种。按管道的设计压力分类,则可将管道分类为长输管道、公用管道和工业管道。输送氧气的管路,应进行脱脂处理。尾气压缩机是靠汽轮机驱动的。管架的作用是用于地上管道的支撑。管子托架一般用于管子和钢梁的连接处。

项目二　机泵盘车的操作

一、准备工作

(1)穿戴劳保着装,选择正确的工具用具。

(2)对讲机、防爆扳手准备齐全。

(3)确认设备管线阀门完好。

二、操作规程

(1)确认机泵处于停机未转动状态。

(2)确认联轴节护罩、联轴节及其他紧固件是否完好,盘车标记是否清楚,盘车标记位置是否正确。

(3)如是自启动机泵,关闭自启动开关。

(4)确认电动机转动方向。

(5)打开联轴节护罩。

(6)盘车180°,方向与电动机转动方向一致,最后应使盘车标记处于正确位置,确定盘车有无卡涩、摩擦情况。

（7）恢复联轴节护罩。自启动机泵恢复自动状态。

（8）填写盘车记录。

三、注意事项

（1）确认机泵处于停机未转动状态，如是自启动机泵关闭自启动开关。

（2）如出现盘不动车现象，不可强行盘车或启动机泵，应联系维修人员处理，直至故障排除。

项目三　投用控制阀的操作

一、准备工作

（1）穿戴劳保着装，选择正确的工具用具。

（2）对讲机、防爆扳手准备齐全。

（3）确认设备管线阀门完好。

二、操作规程

（1）检查流程，关闭放空阀，确认控制阀好用。

（2）调整阀杆的行程打开上游阀，逐渐预热到规定的介质温度。

（3）防止过急泄漏先开下游阀，后开上游阀。

（4）逐渐打开放空阀，关闭副线阀，待控制参数稳定后，改为自控。

三、注意事项

室内、室外操作人员保持沟通，避免参数波动影响生产。

项目四　安全阀的投用

一、准备工作

（1）穿戴劳保着装，选择正确的工具用具。

（2）对讲机、防爆扳手准备齐全。

（3）确认设备管线阀门完好。

二、操作规程

（1）检查安全阀有无铅封，检验时间是否在规定范围内。

（2）检查安全阀出、入口法兰连接是否完好。

（3）检查安全阀出、入口阀门是否完好。

（4）如果安全阀有在线备用安全阀,将备用安全阀出、入口阀关闭。

（5）全开主安全阀出口阀。

（6）全开主安全阀入口阀。

（7）检查出口阀、入口阀、各法兰,有无泄漏,检查安全阀有无起跳。

（8）检查无问题,将安全阀出口阀、入口阀打铅封。

（9）填写安全阀投用记录。

三、注意事项

缓慢开关阀门,发现泄漏应立即关闭。

项目五　疏水器的投用

一、准备工作

（1）材料、工具:防爆 F 形扳手、疏水器 1 台。

（2）劳动保护:基本劳动保护用品穿戴齐全。

二、操作规程

（1）确认疏水器本体上指示箭头与管道内凝结水流向一致。

（2）检查疏水器安装情况。

（3）确认疏水器前管道畅通。

（4）缓慢全开疏水器入口阀门。

三、注意事项

（1）严格执行操作规程,明确操作内容和工艺要求,做好自身防护。

（2）操作中正确选择使用工具,严禁在防爆场合使用非防爆工具,杜绝野蛮操作。

（3）操作人员操作完毕后,应将工具摆放在规定的位置,严禁乱扔,并清理现场的垃圾,确保现场整洁。

项目六　备用离心泵的维护

一、准备工作

（1）穿戴劳保着装,选择正确的工具用具。

（2）对讲机、防爆扳手准备齐全。

（3）确认设备管线阀门完好。

二、操作规程

（1）检查联轴器及紧固部位是否正常,检查接地线连接是否完好。

（2）每 24h 盘车 180°,若盘不动车立即联系维修。

（3）检查润滑油是否变质,检查油位是否在 1/2~2/3。

（4）热油泵要处于预热状态,预热速度 30~50℃/h。

（5）预热过程中每 15min 盘车一次。

（6）检查冷却水是否畅通,检查压力表是否完好。

（7）检查出口阀门是否异常、检查入口阀门是否异常。

三、注意事项

（1）冷却水线上如果有过滤器应打开查看是否清洁。

（2）盘车时,应安装盘车线规定的要求盘车。

项目七　机泵管线防冻、防凝的操作

一、准备工作

（1）穿戴劳保着装,选择正确的工具用具。

（2）对讲机、防爆扳手准备齐全。

（3）确认设备管线阀门完好。

二、操作规程

（1）将胶管接上蒸汽,固定好,缓慢打开蒸汽阀。

（2）吹扫冻凝管线,高空管线解冻需要系安全带,引蒸汽时,开度不宜过大,防止烫伤事故发生。

（3）玻璃管加热用少量蒸汽,缓慢加热,加热过急会破裂。

（4）铸铁阀门由远而近,缓慢解冻,防止局部过热破裂。

（5）管线解冻从两头加热,随时排空,且开度一定要小,防止管线解冻后大量跑料。

（6）冻凝管线解冻后,注意检查冻裂点,应及时处理。

三、注意事项

（1）蒸汽线开阀要缓慢,开度由小变大。

（2）冻凝管线加热要缓慢,由远而近,避免加热过急导致破裂,造成更大危害。

项目八　设备检修时的监护

一、准备工作

（1）穿戴劳保着装,选择正确的工具用具。

（2）对讲机、防爆扳手准备齐全。

(3)确认设备管线阀门完好。

二、操作规程

(1)设备检修动火时,检查有无动火作业票、爆炸性气体分析和氧含量分析是否合格,核实特种作业人员资质。

(2)消除动火部位的易燃易爆物,附近排水口、各类井口、地沟等应封严盖实。

(3)气焊时,检查氧气瓶、乙炔瓶摆放是否正确。

(4)监视动火点周围可燃物料的泄漏,动火结束后检查现场不得有余火。

(5)进入设备作业,检查有无专项作业票,检查确认设备内无物料、无压力、无高温。作业期间,随时和设备内人员保持联系。

(6)设备封闭作业时,确认设备内无人员、无杂物。

三、注意事项

(1)严格执行操作规程,明确操作内容和工艺要求,做好自身防护。

(2)操作中正确选择使用工具,严禁在防爆场合使用非防爆工具,杜绝野蛮操作。

(3)操作人员操作完毕后,应将工具摆放在规定的位置,严禁乱扔,并清理现场的垃圾,确保现场整洁。

项目九　更换压力表的操作

一、准备工作

(1)穿戴劳保着装,选择正确的工具用具。

(2)对讲机、防爆扳手准备齐全。

(3)确认设备管线阀门完好。

二、操作规程

(1)关闭待更换压力表手阀。

(2)缓慢拧松螺纹连接处,确认无泄漏现象,把表卸下,严重泄漏应停止更换。

(3)选择新压力表:量程应为工作压力的2倍,结构型式、材质、精度、直径应符合要求,高温部位应选用耐温型。

(4)检查新表,检验日期是否在有效期内。

(5)在表盘面上,标示最高和最低工作压力。

(6)公制螺纹,更换压力表垫,安装新表,拧紧接头;锥管螺纹,缠好生料带,安装新表,拧紧螺纹。

(7)缓慢打开压力表手阀,检查连接部位有无泄漏。

三、注意事项

拆压力表时,应注意避免阀门关闭不严,物料喷出情况。

项目十　阀门填料密封的更换

一、准备工作

(1)穿戴劳保着装,选择正确的工具用具。

(2)对讲机、防爆扳手准备齐全。

(3)确认设备管线阀门完好。

二、操作规程

(1)将阀门所在管路泄压。

(2)选择合适的填料。

(3)拆卸密封填料压盖,用钩子取出旧填料,清理填料函。

(4)将填料接头切口45°拼接,一圈一圈地压入。圈与圈切口错开120°。在圈与圈之间加少许石墨粉。

(5)压紧填料压盖时螺栓对称上紧。压盖与填料腔需留有间隙:DN100以下阀门为20mm,DN100以上阀门为30mm压紧填料时随时转动阀杆。

三、注意事项

更换密封填料前,应确认此阀门压力为常压,不可带压操作。

模块三 事故判断与处理

项目一 相关知识

一、工艺参数异常

(一)脱氢反应器温度升高的原因

每台反应器入口温度是控制脱氢反应最敏感的参数。由于脱氢催化剂的老化和失活,为了保持苯乙烯产率不变,就要增加反应器的入口温度。反应器的温度在正常运行范围内增加时,转化率也增加,但是由于再催化剂床层上游的无效空间中产生的副产品增多了,所以对苯乙烯的选择性也降低。

脱氢反应为强吸热反应,乙苯进料突然中断,如不能快速恢复,加热炉输送来的过热蒸汽携带的热量将无法被及时消耗,反应器床层的温度将迅速上升。同时如果有空气进入脱氢反应器,空气中的氧气和催化剂结焦的碳在水蒸气的存在下发生水煤气反应,放出大量的热,反应器的温度也将升高。

(二)尾气压缩机关键参数异常

1. 汽轮机润滑油压力低的原因

机组的润滑油系统采用汽轮机油,担负着对全部汽轮机各部位提供润滑油的作用。润滑油系统的正常运行,直接对机组的安全起着保障作用,油压若低到一定程度,系统中设置的保护压力开关将使机组紧急停机。润滑油泵发生故障、电力中断、油路堵塞等各种不确定原因,均会造成供油不及时,油压下降。

2. 出口氧气含量高

出口氧气的含量升高,在排除仪表指示故障外,最大的可能是系统有漏点,空气串入负压系统,最终从压缩机出口排出,此时应及时将系统升为正压,查找漏点。

3. 排出罐液位高

排出罐中液位缓慢升高,可能是:

(1)排凝管线流通不畅,导致冷凝液无法顺利流入油水分离罐,可以通过增加压缩机排出压力的方法处理。

(2)液位计故障,造成液位假指示,应联系仪表人员维修处理。

(三)精馏塔灵敏板温度升高的原因

一个正常操作的精馏塔当受到某一外界因素的干扰(如回流比、进料组成发生波动等),全塔各板的组成发生变动,全塔的温度分布也将发生相应的变化。以苯回收塔为例,如果苯回收塔加热蒸汽控制阀失灵,加热蒸汽量突然增加;塔回流泵故障,回流中断;这些因素均会造成该塔的灵敏板温度升高。苯塔灵敏板升高,表明在此塔板上乙苯或是其他含量增加,不及时调整,将会造成大量的乙苯冲入塔顶,造成塔顶采出不合格。

乙苯回收塔的进料中多乙苯含量增加、增加塔顶采出导致的回流量降低也将导致该塔的灵敏板温度升高。同样的问题对于多乙苯塔,塔顶回流罐液位过低,回流泵抽空不上量,塔失去回流,灵敏板温度将升高。当精馏塔进料组成发生改变时,应及时调整,保证精馏塔操作正常。

（四）负压精馏塔压力波动

对于操作工况为负压的多乙苯回收塔和乙苯/苯乙烯分离塔,其负压由真空系统提供,如果操作压力低于正常指标时,不允许通过打开塔顶的放空阀旁路来提高塔的操作压力。当真空系统出现故障,无法有效地为精馏塔提高负压时,精馏塔的操作压力升高,同时进料中如果带水,在负压下迅速汽化变成气相,进入精馏塔后也会造成塔顶压力升高。精馏塔的进料换热器出现异常,导致进料温度升高时,在其他条件稳定的情况下,进入塔内的热量增加,塔顶温度和压力也将升高。

（五）蒸汽系统异常

苯塔顶的冷凝器是利用废热锅炉将气相的苯冷凝成液态的苯,锅炉水温度升高,产生一定等级的蒸汽,由于苯塔的操作压力高于蒸汽的压力,如果废热锅炉内的换热器芯子出现泄漏,苯蒸气将会进入蒸汽系统,导致蒸汽中含油。

乙苯反应是放热反应,放出的热量通过废热锅炉回收,产生相应等级的蒸汽,废热锅炉内的锅炉水液位计故障,可能会导致液态水串入蒸汽系统,造成蒸汽管线中带液,会在管线中产生水击的声音。

通过向减温减压器中喷入脱盐水,将蒸汽由高等级降至低等级,进入加热炉作为主蒸汽,如果减温减压器故障,导致喷淋水量增加,蒸汽压力和温度降低,如未及时调节,易造成蒸汽带液。

二、设备异常

（一）蒸汽加热炉异常

蒸汽加热炉将主蒸汽加热成过热蒸汽为脱氢反应器提供反应温度。蒸汽加热炉开工时,由于火道砖和炉膛温度低,在油管内存有不易雾化的冷油,会引起加热炉油嘴漏油,为防止油嘴漏油,在开工点火之前,应放掉蒸汽管中的冷凝水,并保证油压及蒸汽压力稳定。油压应低于蒸汽压力。

加热炉在运行过程中,受热的炉管表面积灰、结焦是最常见的现象,沉积在炉管受热面上的积灰会降低传热效果,使排烟温度升高,加热炉热效率降低。多数加热炉使用高温高压蒸汽作为吹灰介质,吹扫受热表面清除积灰和挂渣,从而增加传热系数。启动加热炉吹灰器前,应开大烟道挡板,防止吹灰时氧含量突降引起闷炉。吹灰器管线本身的载荷及热膨胀应全部由管线自身解决,不可以由吹灰器承受一部分。

（二）机泵异常

正常工况下,泵类设备运行是相当平稳的,维护成本低,而当工况不稳的情况下,对设备的危害相当大,例如当离心泵输送苯乙烯焦油时,由于苯乙烯容易聚合,容易造成进口堵塞,此时泵就会出现堵塞,一旦堵塞发生,泵就会突然失压,泵腔产生局部真空,少量的介质会造成汽蚀,泵的振动会加大,轴窜量增加,轴承机封磨损加大,甚至机封会因失液干磨造成烧毁,次数多了,泵体液轮等毁坏严重,气孔破损,必须及时巡检,发现泵抽空时,立即切换至备用机泵。

离心泵启动前,必须灌泵,将所送液体灌满吸入管路、叶轮和泵壳。如果灌泵不完全,泵内存有空气,空气密度相对于输送液体很低,旋转后产生的离心力小,导致叶轮中心区所形成的低压不足以将液体吸入泵内,虽启动离心泵也不能输送液体。脱氢反应单元和苯乙烯精馏单元使用的机泵多是负压泵,负压泵启动前与正压操作的离心泵不同,必须通过泵出口的平衡线排出泵体内的气体,否则灌泵不充分,造成机泵的出口流量偏低。

泵启动后出现振动和噪声可能是泵检修时更换转动部件后,未重新做平衡实验;泵基础刚度不足;泵入口过滤网堵等原因。出现这些情况,应需重新做平衡试验;加固泵的基础;备用过滤器排气后快速切换到备用过滤器。

泵的电动机电流高可能是由于调节阀开度太小或单向阀失灵;管路堵塞使泵的排出管路阻力增大;叶轮的口环严重磨损,间隙太大等原因造成。

屏蔽泵在苯乙烯装置应用很普遍,屏蔽泵出口流量不足,可能是启动前未排气,产生了气缚;泵的进出口管道及阀门堵塞;叶轮出现腐蚀等原因,导致泵的流量受影响。屏蔽泵一般使用冷却水来冷却泵体温度,如果泵体温度增高,可能是冷却水管线出现堵塞,冷却能力降低导致。

往复式计量泵主要应用在辅助药剂的添加上,用改变偏心距、柱塞空程、连杆机构的连杆长度和位置来改变活塞或柱塞的行程,以改变往复泵的流量。当计量泵出现异常(入口过滤器堵塞、液位过低、阀内件损坏等),将导致相关药剂无法正常注入系统。要求岗位人员认真巡检,尤其是阻聚剂的消耗,发现药剂液位下降量低于正常值时,应立即查找原因,避免阻聚剂加入不及时,造成苯乙烯聚合,影响装置正常运行。

(三)空冷器异常

空气冷却器是以环境空气作为冷却介质,横掠翅片管外,使管内高温工艺流体得到冷却或冷凝的设备,简称"空冷器",也称"空气冷却式换热器"。苯乙烯装置的空冷器主要是冷却从脱氢反应器出来的经过三联换热器冷却后的粗苯乙烯和蒸汽。空冷器配套的喷淋装置是为夏季最炎热的天气时准备的,它由喷淋泵、托水盘、喷淋管等组成独立的循环系统。在风机和传热管之间增设喷头,少量的水喷射至传热管的翅片表面上,使表面温度降至大气温度以下,从而满足换热温差的要求,喷射到传热管表面的水经过汽化可带走大量的热量,起到对散热能力的补充作用。风机出现反转现象,导致空气不能有效流通,影响空冷器的冷却效果。在运行中也可以通过调节挡板角度,调整风机的冷却效果。适当调节风机桨叶的角度,增加冷却效果,可以降低空冷器出口温度。如果风机部分停转,冷却效果差,空冷器出口温度升高。

(四)疏水器故障

疏水器的作用是排除系统凝结水并减少蒸汽损失,也可以排出管道中的不凝气。根据疏水器的工作原理分有热动力式疏水器、热静力式疏水器和机械式疏水器。圆盘式疏水器属于热动力式疏水器,热动力式疏水器不具有止回作用,疏水器安装方向错误或过滤网被异物堵塞时,将导致疏水器不能正常运行。

（五）控制仪表出现故障

1. 压力表故障

（1）当压力升高后，压力表指针不动。影响因素有：旋塞未开；旋塞、压力表连管或存水弯管堵塞；指针与中心轴松动或指针卡住。

（2）指针抖动，影响因素有：游丝损坏；旋塞或存水弯管通道局部堵塞；中心轴两端弯曲，轴两端转动不同心。

（3）指针在无压时回不到零位，影响因素有：弹簧弯管产生永久变形失去弹性；指针与中心轴松动，或指针卡住；旋塞、压力表连管或存水。

2. 双金属温度计故障

（1）指针总是指向最大，是由于电阻温度计测温元件断跃使电阻无限大，或是两端接触不良，接触电阻大。

（2）指针指向零位或向负的方向偏转，是由于测温元件发生短路，电阻为零，或是由于电阻温度计保护玄管漏气或结冰。

3. 调节阀故障

（1）仪表风线堵塞。由于球阀在仪表分支风线末端有节流作用，风线中脏物在此处易堆积堵塞，致使仪表风压过低，调节阀不能全开全关，甚至调节阀不动作。

（2）空气过滤减压阀故障。空气过滤减压阀长时间使用脏物太多，减压阀漏风，减压阀设定输出压力过低，使输出的仪表风压小于规定的压力，致使调节阀动作迟缓，不能全开全关，甚至不动作。

（3）铜管连接故障。铜管老化漏风，接头连接处松动或脏物堵死铜管使仪表信号风压低，致使调节阀不动作，不能全开全关，手动状态阀位不稳定产生调节振荡。

（4）仪表风系统故障。空压站异常，装置净化风罐异常，切水不及时使风线结冰，仪表风线漏风或被脏物堵死，造成装置仪表风压过低甚至无风。

（5）仪表风支线阀门未开，造成调节阀不动作。

（6）阀内有异物，造成阀门关不到位。

（7）阀芯与阀座或衬套卡死，此时调节阀有信号但不动作。

4. 电磁阀故障

电磁阀是用电磁力开启或关闭的阀门。属于执行器，用在气路或液路上，调整介质的方向、流量、速度和其他参数。其故障主要表现在：

（1）电磁阀不能关闭。主阀芯的密封件已经损坏，需更换密封件；流体温度、黏度过高；有杂质进入电磁阀主阀芯。

（2）电磁阀通电后不工作。电源接线接触不良；电源电压不在工作范围；工作压差不合适；流体温度过高。

（3）内、外泄漏。

三、处理事故

（一）蒸汽过热炉燃烧异常

蒸汽过热炉在生产运行期间，会受到多种因素的影响，导致加热炉在排烟温度、烟气变化、火焰燃烧等方面存在问题。使用燃料油作为燃料的蒸汽过热炉在运行一段时间后,应使用吹灰器除掉对流段的烟尘,如果吹灰器故障,无法及时清除烟道灰尘,排烟温度将高于正常值。烟气温度的变化,也可通过烟道挡板来调节,控制好炉内空气含量,保证排烟温度符合要求。

加热炉烟道挡板开大,烟囱的吸力变大,炉膛负压变大,从底部风门进入炉膛的空气增多,空气中过多的氧气未被消耗,通过烟囱排出,造成烟道中氧气含量增加,应及时关小烟道挡板,让烟道氧含量控制在要求范围内。烟道挡板逐渐关小,烟囱的吸力变小,炉膛负压降低,从底部风门进入炉膛的空气缓慢降低,如果烟道挡板持续关小,会造成进入炉膛的空气量不足,燃料无法充分燃烧,烟气中 CO 含量升高,此时会大幅度降低燃烧效率。底部风门开启过小,也会出现这样的现象。在调整时,应配合调整,保证燃料充分燃烧。

烟道挡板开度过大,炉膛负压过大,造成空气大量进入炉内,热效率降低。负压过大容易使炉管氧化爆皮而减少炉管寿命,应及时关小烟道挡板。出现正压是由于烟道挡板开度过小或是炉子超负荷运转而使炉膛出现正压,炉子闷烧,易产生不安全现象,应及时开大烟道挡板使负压值达到标准。

巡检过程中,通过观火孔发现火焰发黑,可能是加热炉火嘴燃烧不好,造成蒸汽加热炉炉膛发暗,应调整火嘴燃烧状况。调整火嘴的过程中应配合调整底部风门挡板的开度,风门挡板开度较小,造成进入炉膛的空气量不足,使燃料油或燃料气燃烧不完全,燃料油压力突然升高,火嘴熄灭,燃料油喷入炉膛,直接现象是烟囱冒黑烟。燃料油在运行过程中,还会出现加热炉火嘴结焦导致漏油现象,发现后应立即熄灭漏油的火嘴,对漏油点进行有效的处理,否则泄漏的燃料油流淌,可能会引起火灾。

加热炉内火焰发生缩火现象是由于雾化蒸汽中带水、油中带水、油压或汽压过低且波动造成的。回火是由于炉膛内有可燃气体存在或是烟道挡板开度过小,使得炉膛成正压。一般应当在点火前向炉膛吹蒸汽,除去可燃气体,调节烟道挡板,直至烟囱冒蒸汽再微开燃料油的阀门。对于燃料气火嘴回火,多是由于燃料气压力过低或者一次风门开得过大造成的,应关小一次风门。

加热炉出口温度的变化,会因喷嘴结焦,火焰不稳定从而影响炉子出口温度。运行中蒸汽加热炉控制仪表失灵,也会造成炉温升高或熄火,影响出口温度。当蒸汽加热炉进料突然中断,造成炉出口温度急剧上升时,应及时熄火、调节进料。在保证炉子出口温度要求的前提下,炉膛四角的温度要随负荷的变化而缓慢均匀变化,严禁急剧变化。炉子降低负荷要根据降负荷幅度的大小,逐渐关小火嘴,必要时熄灭多余的火嘴。当降低负荷的幅度不大时,也可以关小烟道挡板来解决。加热炉提负荷要根据提负荷幅度的大小,逐渐开大火嘴或增加点燃火嘴的数量,风门、烟道挡板都应配合调节,以满足提负荷的要求。

(二)发生火灾的处理

1.扑救初期

工作人员发现起火情,应立即按下附近的按钮或拨打电话通知控制室或值班人员;消防设施、器材附近的人员,使用消火栓、灭火器等设施器材灭火。报警人拨打"119"向消防队报警,讲清着火地点、时间、火灾情况、着火介质及已经采取的措施、联系电话、人员伤亡情况、报警人姓名。报火警后,由报警人或是指定专人去路口引导消防车到达火灾现场。

2. 急救知识

1）人工呼吸方法

（1）俯卧背压法。

将患者放于硬板或平地上,取俯卧位（趴着）,救护人员两大腿屈膝跪在其大腿两旁,把手平放背部肩胛骨下角,救护人俯身向前,慢慢用力向下按压,用力的方向是向下,稍向前推压,将肺部内空气压出,形成呼气。然后放松,胸部扩大,形成吸气,速度12~16 次/min。

（2）仰卧压胸法。

将患者放于硬板或平地上,取仰卧位（平躺）,头部充分后仰,可能情况下将其舌头拉出固定上。救护人大腿跨其臂部两侧跪下,双手平放在被救人两乳房下部,俯身向下前方挤压,使救护人员肩膀与其成一直线时,便可将被救人肺内空气压出,使其造成呼气,然后停止用力,放松,胸部扩大,形成吸气,速度12~16 次/min。

（3）心脏按压方法。

患者仰卧在硬板或平地上。按压部位在胸骨下 1/3 处,抢救者用食指和中指,沿一侧的肋弓下缘上移到胸骨下端。另一只手重叠其上,手指和手心翘起完全不接触胸壁。救护人员跪在靠近病人胸部旁边,肩膀要在病人胸骨正上方,然后手臂伸直垂直向下压,凭借体重力量,传到臂、手掌,要用力适度、有节奏带冲击性地挤压,使胸骨下陷 4~5cm,按压频率成人 60~80 次/min,按压时间和松开的时间必须相等,按压之间歇时不再使胸部受压,便于心脏受益。如果呼吸和心跳均需复苏,则要进行以下抢救:

① 单人抢救。按压频率 80 次/min,按压与吹气之比为 15∶2,即 15 次心脏按压,两次吹气交替进行。

② 双人抢救。按压速度 60 次/min,按压与吹气之比为 5∶1,即 5 次心脏按压,与 1 次吹气交替进行。

2）中毒现场抢救方法

（1）可能性中毒。

在可能或确已发生有毒气体泄漏的作业场,当突然出现头晕、头痛、恶心、呕吐或无力等症状时,必须想到有发生中毒的可能性,要根据实际情况,采取有效措施。

① 如果身上备有防毒面具,则应憋住一口气,快速、熟练地戴上防毒面具立即离开中毒环境。

② 憋住气,迅速脱离中毒环境和移到上风侧。

③ 发出呼救信号。

④ 如果是氯、氨等刺激性气体,掏出手帕浸上水,捂住鼻子向外跑。

⑤ 如果是无围栏的高处,以最快的速度抓住东西或趴倒在上风侧,尽力避免坠落外伤。

⑥ 如有报警装置,应予以启用。

⑦ 发现人员中毒后,应立即将中毒人员抬至安全地点（泄漏点上风口空旷处）后仰卧平

躺,对于既无心跳又无呼吸的中毒人员,应立即进行胸外按压和人工呼吸;搜救中毒人员,当使用空气呼吸器过程中发出低压鸣叫后应立即撤离。

(2)眼睛。

① 发生事故的瞬间闭上或用手捂住眼睛,防止有毒有害液体溅入眼睛内。

② 如果眼睛被沾污,立即到流动的清洁水下冲洗;如果一只眼睛受污染,在冲洗眼睛最初时间,要保护好另一只眼睛,避免污染。

(3)皮肤。

① 如果化学物质沾污皮肤,立即用大量流动清洁水或温水冲洗;毛发也不例外。

② 如果沾污皮肤、鞋袜,均应立即脱去后冲洗皮肤。

(4)骨折或出血等。

要就地寻找代用品,按照骨折或出血的处理办法,解决固定和止血的问题。

3. 消防设施使用

1)手提式干粉灭火器使用方法

使用手提式干粉灭火器时,将灭火器提到起火地点,站在上风向或侧风面,拔出保险销或铅封,一手握紧喷嘴对准火源根部,另一只手把压把按下,干粉即可喷出。灭火时,要迅速摇摆喷嘴,使粉雾横扫整个火区,由近而远,向前推进将火扑灭,同时要注意不要遗留残火。油品着火,灭火时不要冲击液面,以防液体溅出而造成扑救困难。

2)推车式干粉灭火器使用方法

一手握住喷头,对准火源根部,另一只手逆时针方向旋转动力瓶手轮,待压力表指针达到 0.98MPa 时打开灭火器开关,干粉即可喷出,直到将火完全扑灭。

3)二氧化碳灭火器使用方法

灭火时只要将灭火器提到或扛到火场,在距燃烧物 5m 左右,放下灭火器拔出保险销,一手握住喇叭筒根部的手柄,另一只手紧握启闭阀的压把。对没有喷射软管的二氧化碳灭火器,应把喇叭筒往上扳 70°~90°。使用时,不能直接用手抓住喇叭筒外壁或金属连线管,防止手被冻伤。灭火时,当可燃液体呈流淌状燃烧时,使用者将二氧化碳灭火剂的喷流由近而远向火焰喷射。如果可燃液体在容器内燃烧时,使用者应将喇叭筒提起。从容器的一侧上部向燃烧的容器中喷射。但不能将二氧化碳射流直接冲击可燃液面,以防止将可燃液体冲出容器而扩大火势,造成灭火困难。

4)消防栓使用方法

(1)将盘好的消防水带按出事故方向放开。

(2)接好消防栓枪头。

(3)接好消防水带与消防栓的联授扣。

(4)由专人握住枪头,注意安全。

(5)将手轮左旋转打开阀门。

(6)将枪头对准出事故的方向。

5)消防炮使用方法

当发生火灾事故时,扑救人员迅速到现场摘下炮衣,检查消防炮井根部阀是否打开,用手摇动手轮调整方向,将炮嘴对准火场,打开上部手阀,消防水立即喷出,同时旋转炮头出水阀,调节出水形状及高度,直至最佳状态进行灭火。注意冬季操作时,先将井内排凝阀关闭,打开井内上水阀门,然后按上步操作进行。冬季要做好防冻保温工作。

6)空气呼吸器使用方法

(1)从包装箱中取出呼吸器,将面罩放好。

(2)检查气瓶压力表读数,不得小于27MPa。

(3)背戴气瓶:使气瓶底朝向自己,双手握住两侧把手。将呼吸器举过头顶,使肩带落在肩上,将气瓶阀向下背上气瓶。

(4)扣紧腰带:通过拉肩带上的自由端调节气瓶上下位置和松紧,从腰带扣内向外,插入腰带插头,然后将腰带左右两侧伸缩带向后拉紧,确保扣牢。

(5)打开瓶阀半圈,然后再关闭,检查报警压力,轻压供气阀红色按钮慢慢排气,观察胸部压力表,报警哨响起,指针必须在5~6MPa之间。

(6)将瓶阀重新打开。

(7)佩戴面罩:放松面罩下的两根颈带,拉开面罩头网,先将面罩置于使用者脸上,然后将头网从头部的上前方和后下方拉下,由上向下将面罩戴在头上,调整松紧全程。

(8)检查面罩密封:用手按住面罩接口处,通过呼气检查面罩密封是否良好,调整位置。

(9)检查安装供气阀。确认其接口面罩接口啮合,然后沿顺时针方向旋转90°,当听到咔嚓声时,即安装完毕。

(10)检查装具性能:打开气瓶阀,同时观察压力表指数,气瓶压力应不少于5MPa,通过几次深呼吸检查供气阀性能,吸气和呼气都应舒畅,无不适应感觉,可以投入使用。

(11)注意事项:使用过程中要注意报警器发生的报警信号,听到报警信号后应立即撤离现场,按平均耗气量30L/min计算,从发出报警声到压缩空气用完大约使用8min。有如下症状的人员应立即离开操作现场:呼吸困难、头晕不适、闻或尝到污染物。忽视警告和注意事项会受到严重伤害至死亡。

项目二　离心泵的事故判断与处理

一、准备工作

(1)穿戴劳保着装,选择正确的工具用具。

(2)对讲机、防爆扳手、红外测温仪、测振仪准备齐全。

二、操作规程

(一)汽蚀现象的判断

1.声音判断

(1)泵体内有像搅拌石子的声音。

(2)泵振动。

2. 仪表判断

(1)泵的电流忽大忽小。

(2)现场压力表忽高忽低。

(3)室内流量忽高忽低。

3. 温度判断

(1)泵体温度高。

(2)轴承温度高。

(二)汽蚀处理

1. 提高液位

提高离心泵入口液位。

2. 降低温度

降低离心泵温度。

3. 调整压力

(1)提高离心泵入口压力。

(2)降低离心泵出口压力。

4. 疏通入口

(1)关闭离心泵出入口阀门,倒空物料。

(2)清理离心泵出入口过滤器。

(3)清理离心泵出入口管线。

(三)抽空判断

(1)泵体内有尖锐的响声。

(2)泵的电流低。

(3)泵出口压力表压力低。

(4)泵的流量低。

(5)泵有振动。

(6)轴承温度高。

(四)抽空的处理

1. 工艺处理

(1)关小出口阀。

(2)排除泵内气体。

(3)提高泵入口的液位和压力。

(4)降低出口压力。

2. 电气处理

改变电动机的转动方向。

3. 设备处理

(1)清理入口过滤网和吸入口管线。

(2)修理机械密封。

(3)查找并消除入口管线漏气。

（五）超电流判断

（1）观察电流。

（2）杂音检查。

（3）温度检查。

（4）电动机检查。

三、注意事项

（1）判断要及时准确，检查时要戴手套，使用远红外测温仪要多点测温。

（2）进行处理时要及时联系相应岗位，避免处理时发生生产波动。

项目三　现场机泵泄漏的判断

一、准备工作

（1）穿戴劳保着装，选择正确的工具用具。

（2）对讲机、防爆扳手、红外测温仪、测振仪准备齐全。

（3）确认设备管线阀门完好。

二、操作规程

（一）声音判断

（1）机泵附近可燃气体报警器报警。

（2）有泄漏声音。

（二）物料性质判断

（1）有气味可以用鼻子闻到。

（2）用眼睛可以看到。

（三）测爆仪判断

用可燃气体测爆仪检测。

三、注意事项

（1）现场机泵泄漏判断要及时准确，检查时要戴手套，毒害介质泄漏检查时应佩戴好防毒面具。

（2）判断泄漏后应立即上报，做好切换备用泵的准备。

（3）进行处理时要及时联系相应岗位，避免处理时发生生产波动。

项目四　分离塔塔底液面计指示失灵的判断

一、准备工作

（1）穿戴劳保着装，选择正确的工具用具。

(2)对讲机、防爆扳手准备齐全。

(3)确认设备管线阀门完好。

二、操作规程

(一)室内记录判断

(1)记录分析,记录曲线突然大幅度变化。

(2)记录曲线突然不规则变化;记录曲线出现等幅振荡;记录曲线不变化呈直线状。

(二)室外判断

与室内对比偏差大。

(三)室内指标判断

(1)引起塔釜温度变化。

(2)塔压力的变化。

(3)引起加热量的变化。

三、注意事项

(1)液位计指示失灵出现后要及时判断,避免造成生产波动。

(2)室内发现异常时,及时安排室外人员查看现场液位计的指示,与室内数据对比分析。

(3)在判断出液位计指示失灵后,应立即做出调整,保证装置不出现较大波动。

项目五　机泵机械密封泄漏的处理

一、准备工作

(1)穿戴劳保着装,选择正确的工具用具。

(2)对讲机、防爆扳手准备齐全。

(3)确认设备管线阀门完好。

二、操作规程

(一)停泵情况

(1)正确停泵,离心泵先关出口阀再停泵,往复泵先停泵后关出口阀。

(2)检查关闭出口旁通阀。

(3)关闭入口阀。

(二)倒空置换

(1)倒空物料,开低点排放,用小桶接倒空物料。

(2)检查物料倒空完毕。

(3)用水或氮气置换合格。

(4)带冷却水的泵,关闭前后阀,并把水排干净。

（三）办理手续

（1）到电气车间办理停电手续。

（2）办理机泵检修交出手续。

三、注意事项

（1）进行处理时要及时联系相应岗位，避免处理时发生生产波动。

（2）泄漏介质为可燃、毒害物质时，处理过程应防止静电、佩戴好防毒面具。

项目六　苯类中毒事故的处理

一、准备工作

（1）穿戴劳保着装，选择正确的工具用具。

（2）对讲机、空气呼吸器、防毒面具、胶管、便携式报警仪准备齐全。

（3）确认设备管线阀门完好。

二、操作规程

（一）现场处理

（1）就近切断苯泄漏来源，防止扩大，迅速接胶管，引蒸汽掩护，防止着火爆炸。

（2）组织人员加强装置附近的防火，若泄漏情况难以控制，应立即进行停车处理。

（二）组织人员救护

（1）尽快使中毒人员脱离现场，移至新鲜空气处。

（2）若皮肤或眼接触苯类毒物，用水冲洗。

（3）若吸入苯，松解中毒者纽扣和腰带，保持呼吸畅通。

（4）利用人工呼吸或胸外按压法促进生命器官功能恢复。

（5）使用氧气呼吸器辅助呼吸。

（6）联系救护车，送医院处理。

三、注意事项

（1）进入有毒介质场所救护受伤人员前，应做好劳动防护，佩带好空气呼吸器。

（2）移动中毒人员脱离现场，移至中毒现场的上风向。

项目七　水蒸气水击的处理

一、准备工作

（1）穿戴劳保着装，选择正确的工具用具。

（2）对讲机、防爆扳手准备齐全。

(3)确认设备管线阀门完好。

二、操作规程

(一)正常生产时处理

(1)正常生产时发现水击,在低点导淋接胶管,末端插入地漏并固定好,排蒸汽凝液。

(2)没有水击时,关闭低点排凝阀,拆掉胶管。

(二)投蒸汽时的处理

(1)投蒸汽时发现水击,立即关闭蒸汽阀。

(2)打开排凝阀,排水排气。

(3)排净水后,微开蒸汽阀,进行暖管。

(4)暖管过程中发现排放的蒸汽不带凝液后,慢慢关闭排放阀,同时慢慢打开蒸汽阀。

三、注意事项

(1)排放凝结水时必须充分,待无凝液排出时,关闭蒸汽排放阀。

(2)正常生产期间处理时,必须与岗位人员沟通好,避免出现其他的生产波动。

项目八　仪表调节阀失灵的处理

一、准备工作

(1)穿戴劳保着装,选择正确的工具用具。

(2)对讲机、防爆扳手准备齐全。

(3)确认设备管线阀门完好。

二、操作规程

(一)联系

通知仪表调节阀失灵。

(二)旁路阀的调节

(1)调节两个对讲机为同一频道。

(2)通知内操协助处理,室内外各拿一个对讲机。

(3)快速跑到现场,根据情况,量大先关正路,量小先开旁路。

(4)开旁路和关正路的量,及时与室内联系,避免引起大的波动。

(三)调节阀的倒空置换

(1)若需要倒空,关闭调节阀前后截止阀,打开低点排放阀,用小桶接物料。

(2)排净物料后,置换合格,交给仪表处理。

三、注意事项

(1)判断要准确及时,发现异常及时切至跨线运行。

(2)切换至跨线运行时,要缓慢操作,防止出现波动造成影响。

项目九　空气呼吸器的使用

一、准备工作

（1）穿戴劳保着装，选择正确的工具用具。

（2）空气呼吸器准备齐全。

（3）确认设备管线阀门完好。

二、操作规程

（一）检查压力

检查氧气压力必须在 28MPa 以上。

（二）正确使用

（1）正确背上空气呼吸器。

（2）戴面罩前先打开氧气瓶阀。

（3）按手动补给按钮，排出气囊原有气体。

（4）戴上面罩后，深呼吸几次，观察内部机件是否好用。

（5）进入工作区前找个人监护。

（6）压力报警立即撤离工作区。

（三）归位

空气呼吸器归位。

三、注意事项

（1）在佩戴面罩前，要确认气瓶内压力并打开气瓶开关。

（2）使用过程中要注意报警器发生的报警信号，听到报警信号后应立即撤离现场，按平均耗气量 30L/min 计算，从发出报警声到压缩空气用完大约使用 8min。有如下症状的人员应立即离开操作现场：呼吸困难、头晕不适、闻或尝到污染物。忽视警告和注意事项会受到严重伤害至死亡。

项目十　防毒面具的使用

一、准备工作

（1）穿戴劳保着装，选择正确的工具用具。

（2）过滤式防毒面具准备齐全。

（3）确认设备管线阀门完好。

二、操作规程

(一)过滤式防毒面具的使用

1.使用范围

(1)过滤式防毒面具应在其使用范围内使用。

(2)检查过滤罐是否过期。

2.正确使用

(1)选择相应的过滤罐。

(2)连接面罩、软管和过滤罐。

(3)打开过滤罐下面的软塞。

(4)戴上面罩检查是否漏气。

(5)使用过程中有异味或时间超过过滤罐上规定的时间应及时撤离。

(二)长管式防毒面具的使用

1.检查试验

检查防毒面具是否好用。将面罩自下而上戴好,用手堵住面罩的吸气口,如感觉到憋闷,说明气密性良好;检查长管可用,接上长管。

2.安放

长管式防毒面具通气口要放在通风好、空气新鲜处的上风口,严禁放在地面上,严防被压、踩、戳破或打折。

3.使用

使用长管式防毒面具的人要系上安全绳,并有专人监护。使用过程中严禁摘下面罩。口内有异味,马上撤离有毒区。

三、注意事项

(1)过滤罐需定期称重检查,超重或到期必须更换。

(2)佩戴前确认拔掉过滤罐底胶塞。

项目十一 使用干粉灭火器的操作

一、准备工作

(1)穿戴劳保着装,选择正确的工具用具。

(2)干粉灭火器准备齐全。

(3)确认设备管线阀门完好。

二、操作规程

(一)正确使用灭火器

(1)将灭火器提至距火场7~8m远的地方,灭火人员站在上风口。

（2）干粉灭火器上下翻动几次，松动内部干粉。

（3）将干粉灭火器竖直放在地上，拔掉喷嘴塞子。

（4）去掉铅封，拔掉销子。

（5）一手握喷嘴胶管，一手握灭火器压把，按下压把。

（二）灭火的操作

喷嘴应对准火焰根部，喷粉应垂直切割火焰，喷嘴摆动应迅速。

三、注意事项

（1）干粉灭火器不能从上面对着火焰喷射，而应对着火焰的根部平射，由近及远，向前平推，左右横扫，不让火焰蹿回。

（2）在扑救液体火灾时，因干粉灭火器具有较大的冲击力，不可将干粉直接冲击液面，以防把燃烧的液体溅出，扩大火势。

（3）干粉灭火器在正常情况下，有效期可达 3~5 年，但中间每年应检查一次。

（4）干粉灭火器要放在取用方便、通风、阴凉、干燥的地方，防止筒体受潮，干粉结块。干粉灭火器不可接触高温，不能放在阳光下暴晒，也不能放在温度低于-10℃以下的地方。

模块四 绘图与计算

项目一 相关知识

一、常用单位的换算

(一)流量换算

(1)气体体积流量 $V(\mathrm{m^3/h})$ 与质量流量 $w(\mathrm{kg/h})$ 的换算关系为 $w=\rho V$ (ρ 为气体的密度 $\mathrm{kg/m^3}$)。

(2)气体体积流量(p_1,T_1 状态下)$V_1(\mathrm{m^3/h})$ 与标准状态下($0℃$,1atm)的流量 V_0 的关系式为 $p_1V_1/T_1=p_0V_0/T_0$,$V_0=p_1V_1T_0/(T_1p_0)$。

(3)质量流量 $w(\mathrm{kg/h})$ 与标态流量的换算关系为 $V_0=w/M$(M 为气体的相对分子质量)。

(二)压力换算

(1)绝压与表压,绝压=表压+当地大气压,单位通常用 MPa 表示。例如:0.5MPa(A),表示系统绝对压力为 0.5MPa;0.5MPa(G),表示系统表压为 0.5MPa,绝压则约为 0.6MPa(当地大气压为 0.1MPa)。

(2)物理大气压=101.3kPa=10.33m H_2O=760mm Hg,1 工程大气压=10m H_2O=98.07kPa。

(三)温度换算

(1)热力学温度与摄氏温度的换算关系为 $T=273+t$(T 为热力学温度,t 为摄氏温度)。

(2)华氏温度与摄氏温度的换算关系为 $F=1.8t+32$(F 为华氏温度,t 为摄氏温度)。

二、基本概念

(一)反应转化率

反应转化率是指反应出料中已转化的原料与反应进料中的原料量之比。

(二)反应选择性

反应选择性是生成目的产物所消耗的反应物与生成其他产物消耗反应物的比。

(三)空速

空速是反应器进料量与反应器中催化剂装填量之比。

(四)回流比

回流比(R)是在精馏操作中,由精馏塔塔顶返回塔内的回流液流量(L)与塔顶产品流量(D)的比值,即 $R=L/D$。

(五)压缩比

压缩比是气体被压缩的程度,用压缩前的气缸总容积与压缩后的气缸容积之比来表示,也可指压力之比。

（六）水比

水比是乙苯脱氢反应中总的蒸汽量与总的乙苯量之比。

（七）表压

表压是以当地大气压作为基准来计量的压强，通常由压力表测出，称为表压。气压强的数值不是固定不变的，它随大气的温度、湿度而变化，并不是定值。表压＝绝压－大气压。

（八）真空度

真空度是处于真空状态下的气体稀薄程度，通常用真空度表示。若所测设备内的压强低于大气压强，其压力测量需要真空表。从真空表所读得的数值称真空度。真空度数值是表示出系统压强实际数值低于大气压强的数值，即真空度＝大气压力－绝对压力。

（九）绝对压力

绝对压力是容器中的气体作用于容器内壁的真实压力。其计算方法为绝对压力＝表压＋大气压。

三、相关计算

（一）加热炉热效率

表示向炉子提供的能量被有效利用的程度，即被加热流体吸收的有效热量与燃料燃烧放出的总热量之比，见下式。

$$\eta = Q/(BQ_\mathrm{L})$$

式中　　η——加热炉热效率；

　　　　Q——炉子的有效热负荷，kW；

　　　　B——燃料用量，kg/s；

　　　　Q_L——燃料低发热值，kJ/kg。

加热炉燃料消耗指标用全炉热效率表示，即全炉有效热负荷与燃料总发热量之比，热效率越高说明燃料的有效利用率越高，燃料消耗就低。空气不够，燃烧不完全，部分燃料尚未燃烧就离开炉膛和过剩空气系数太大有关（就是空气量太大），从烟气带出来的热就多，炉子的热效率就低。

（二）板式精馏塔塔径、塔高、塔压差的计算

（1）塔径计算公式：

$$D = \left[4V_\mathrm{h}/(\pi u)\right]^{\frac{1}{2}}$$

式中　　D——塔径，m；

　　　　V_h——塔内气体流量，m³/s；

　　　　u——空塔气速，即按空塔截面积计算的气体线速度，m/s。

（2）塔的有效高度：

$$Z = (N_\mathrm{p}-1)H_\mathrm{T}$$

式中　　Z——塔的有效高度，m；

　　　　N_p——实际板层数；

　　　　H_T——板间距，m。

（3）塔压差：

$$\Delta p = p_1 - p_2$$

式中　Δp——塔的压差,MPa；

　　　p_1——塔底压力,MPa；

　　　p_2——塔顶压力,MPa。

(三)储罐储存液体的体积的计算

(1)球型储罐液体体积：

$$V = \frac{4}{3}\pi r^3$$

式中　V——体积,m^3；

　　　r——截面圆形的半径,m。

(2)立式圆型储罐液体体积：

$$V = \pi r^2 h$$

式中　V——体积,m^3；

　　　r——截面圆形的半径,m；

　　　h——液位的有效高度,m。

(3)卧式圆形储罐液体体积：

假设卧罐半径为 R,油面高度为 H,储罐总长度为 L,L_{AB} 为线段 AB 的长度,L_{OB} 为线段 OB 的长度,θ 为以弧度表示的圆心角,如图 2-4-1 所示。

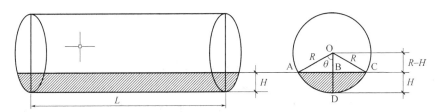

图 2-4-1　卧式圆形储罐液体体积计算示意图

$$V = S_{ABCD}L(\text{当 } H \leq R \text{ 时})$$

$$S_{ABCD} = S_{扇OADC} - S_{\triangle ABCD}$$

$$S_{扇OADC} = \frac{1}{2}R\theta R \times 2 = R^2\theta$$

$$S_{\triangle ABCD} = \frac{1}{2}L_{AB}L_{OB} \times 2 = L_{AB}L_{OB} = \sqrt{R^2-(R-H)^2}\,(R-H)$$

$$S_{ABCD} = R^2\theta - \sqrt{R^2-(R-H)^2}\,(R-H)$$

当 $H>R$ 时,则用全部圆柱体积($\pi R^2 L$)减去上部为空部分体积(将上式中 $R-H$ 改成 $H-R$)即可。

(四)回流比的计算

$$R = L/D$$

式中　R——回流比；

　　　L——塔顶返回塔内的回流液流量,kg/h；

　　　D——塔顶产品采出流量,kg/h。

(五)反应空速的计算

空速是化学反应工程中一个非常重要的概念,反映的是催化剂的时空产率。空速一般可以有两种计算标准，即质量空速和体积空速。

质量空速的计算方法：催化剂床层物料的质量流量除以催化剂的质量。

体积空速的计算方法：催化剂床层物料的体积流量除以催化剂床层的体积。

四、图例符号

（一）DCS 仪表控制键图例

（1）"CANCL PRINT"——撤销打印键，用来停止操作台打印机目前的任何打印输出。

（2）"PRINT DISP"——打印画面键，在该站指定的打印机打印字前屏幕上的画面。

（3）"PRINT TREND"——打印趋势键，启动选定点的趋势打印，在打印机上能打印当前操作组中的所有点的趋势。

（4）"SYST MENU"——系统菜单键，调用系统菜单画面。

（5）"GROUP"——组画面键，调用组画面，需输入所调用组的位号。

（6）"DETAIL"——细目画面键，调用细目画面，需输入所调用细目的位号。

（7）"UNIT TREND"——单元趋势键，调用单元趋势画面，需输入一个单元 ID。

（8）"TREND"——趋势键，从操作组画面上选择一个希望得到趋势的点，并按该趋势键，就可调出趋势画面。

（9）"SLOT 或 GO TO"——槽键，在组画面上选择一个点，需输入一个槽号。

（10）"SCHEM"——用户画面键，调用用户画面，需输入一个用户画面名。

（11）"HELP"——帮助键。

（12）"HOUR AVG"——时平均键，从组画面上调用，显示小时平均值。

（13）"PRIOR DISP"——上一个画面键，调用当前画面之前刚刚显示的画面，当观看组趋势画面时，如按该键，它将清楚该组趋势画面而回到主画面，再次按该键，回到上一画面。

（14）"DISP BACK 和 DISP FWD"——画面翻页键，在当前画面同类型画面中调用上一序号或下一序号画面，例如从第五组画面调用第六组画面用"DISP FWD"，按"DISP FWD"则回到第五组画面。

（15）"PAGE BACK"——页面回翻键。

（16）"PAGE FWD"——页面前翻键，此二键用于调用一多页画面较低或较高号画面。

（17）"MAN"——手动方式键，把指定点设置为手动方式

（18）"AOTO"——自动方式键，把指定点设置为自动方式。

（19）"NORM"——正常方式键。

（20）"SP"——设定点键。

（21）"OUT"——输出键。

（22）"CLR ENTER"——清除输入键。

（23）"SELECT"——选择键，选择光标所处于的那一项。

（24）"▲"——缓慢升降操作，每按一次被选参数的最低有效位就加或减。

（二）电气图例

电气图例如图 2-4-2 所示。

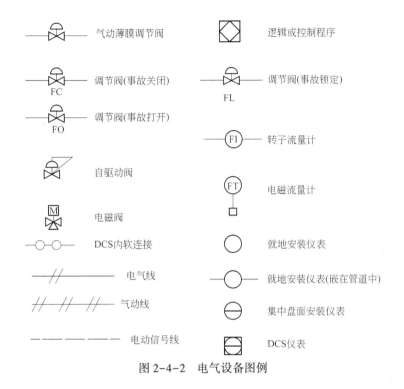

图 2-4-2 电气设备图例

项目二 绘制苯塔再沸器蒸汽加热流程图

一、准备工作

(1)绘图器具、尺具等准备齐全。
(2)2B 等绘图铅笔、绘图用橡皮。
(3)绘图板、绘图纸。

二、操作规程

(一)流程走向
(1)加热蒸汽从总管经再沸器、凝液罐、调节阀至凝液系统。
(2)加热蒸汽来源、等级清楚。
(3)再沸器管壳程介质清楚。

(二)阀门位置
主流程调节阀、截止阀、安全阀位置清楚、不遗漏。

(三)调节阀
温度、液位、流量测量调节系统表示清楚。

(四)再沸器
(1)苯塔塔釜物进出位置正确。

（2）加热蒸气高点放空及排凝位置正确。

（3）压力表、温度表、安全阀位置清楚、不遗漏。

（五）凝液罐

（1）进出蒸汽阀门位置正确。

（2）平衡线、液位计位置正确。

（3）高空排放及排凝阀位置准确。

（六）仪表系统

控制点、信号线、仪表位号清楚、不遗漏。

（七）流程卷面

排布合理，卷面清晰。

三、注意事项

（1）工艺流程绘制正确、整齐。

（2）标注完整、清晰。

（3）卷面清晰、整洁。

项目三　绘制苯塔塔底采出至乙苯塔流程图

一、准备工作

（1）绘图器具、尺具等准备齐全。

（2）2B 等绘图铅笔、绘图用橡皮。

（3）绘图板、绘图纸。

二、操作规程

（一）流程走向

（1）苯塔塔釜物出料位置清楚。

（2）乙苯塔进料位置清楚。

（二）阀门位置

主流程调节阀、截止阀、安全阀位置清楚、不遗漏。

（三）调节阀

温度、液位、流量测量调节系统表示清楚。

（四）苯塔

（1）再沸器位置准确。

（2）压力表、温度表、液位计位置清楚、不遗漏。

（五）乙苯塔

乙苯塔进料板位置正确。

(六)仪表系统

控制点、信号线、仪表位号清楚、不遗漏。

(七)流程卷面

排布合理,卷面清晰。

三、注意事项

(1)工艺流程绘制正确、整齐。

(2)标注完整、清晰。

(3)卷面清晰、整洁。

项目四　绘制苯塔塔顶采出至烃化液罐流程图

一、准备工作

(1)绘图器具、尺具等准备齐全。

(2)2B 等绘图铅笔、绘图用橡皮。

(3)绘图板、绘图纸。

二、操作规程

(一)流程走向

(1)苯塔塔顶采出经冷凝器、塔顶罐、塔顶泵、不合格物料冷凝器至烃化液罐流程清楚。

(2)塔回流支线清楚。

(3)回收苯的支线清楚。

(二)阀门位置

主流程调节阀、截止阀、安全阀位置清楚、不遗漏。

(三)调节阀

温度、液位、流量测量调节系统表示清楚。

(四)苯塔冷凝器

(1)进料位置正确。

(2)压力表、温度表、液位计位置清楚、不遗漏。

(3)蒸汽、凝液进出位置正确。

(五)塔顶罐

(1)进出料位置正确。

(2)温度表、液位计位置清楚、不遗漏。

(六)塔顶泵

进出料位置正确。

(七)不合格物料冷凝器

进出料位置正确。

（八）仪表系统

控制点、信号线、仪表位号清楚、不遗漏。

（九）流程卷面

排布合理，卷面清晰。

三、注意事项

（1）工艺流程绘制正确、整齐。

（2）标注完整、清晰。

（3）卷面清晰、整洁。

模块五 液相分子筛

项目一 相关知识

一、烷基化反应

烷基化反应通常定义为烯烃与非烯烃化合物(可以是链烷烃、环烷烃或芳烃)的加成。烷基化单元主要目的是由苯和乙烯发生烷基化反应生成乙苯。

在一定温度、压力条件下,在显酸性的催化剂上乙烯很快地与苯发生烷基化反应,生成乙苯。

$$C_2H_4 \ + \ C_6H_6 \ \longrightarrow \ C_2H_5C_6H_5$$
$$\text{乙烯} \qquad \text{苯} \qquad \qquad \text{乙苯}$$

然而烷基化反应并没有到乙苯就停止,还会有进一步的烷基化反应发生,理论上可以产生全部系列的多乙苯,如下:

$$C_2H_4 \ + \ (C_2H_5)C_6H_5 \ \longrightarrow \ (C_2H_5)_2C_6H_5$$
$$\text{乙烯} \qquad \text{乙苯} \qquad \qquad \text{二乙苯}$$

$$C_2H_4 \ + \ (C_2H_5)_2C_6H_5 \ \longrightarrow \ (C_2H_5)_3C_6H_5$$
$$\text{乙烯} \qquad \text{二乙苯} \qquad \qquad \text{三乙苯}$$

$$C_2H_4 \ + \ (C_2H_5)_3C_6H_5 \ \longrightarrow \ (C_2H_5)_4C_6H_5$$
$$\text{乙烯} \qquad \text{三乙苯} \qquad \qquad \text{四乙苯}$$

这些反应都是快速的第一级的不可逆反应。反应物通过催化剂的孔隙扩散到"活基",在这里发生反应,然后通过孔道扩散到流动的物流中。

副反应的原理是两个苯环通过一个乙基连接。最简单的副反应产生1,1-二苯基乙烷。苯基可能先被烷基化成一种化合物,如1,1-乙基二苯基乙烷。很少量的苯环缩合物也发生反应生成烷基蒽一类的物质。这些物质代表着产率的损失,要使其产生量最小化。

第二级的反应发生在乙烯中的丙烯与苯之间,生产异丙苯和正丙苯的混合物,如下:

$$C_3H_6 \ + \ C_6H_6 \ \longrightarrow \ (CH_3)_2CHC_6H_5$$
$$\text{丙烯} \qquad \text{苯} \qquad \qquad \text{异丙苯}$$

$$C_3H_6 \ + \ C_6H_6 \ \longrightarrow \ CH_3CH_2CH_2C_6H_5$$
$$\text{丙烯} \qquad \text{苯} \qquad \qquad \text{正丙苯}$$

有很少一部分的异丙苯和正丙苯通过丁苯的分子重排产生。这些化合物在乙苯产品中都是不希望得到的杂质,通过降低乙烯进料中丙烯杂质的含量来降低这些杂质的含量。

非芳烃是苯中比较普遍的杂质。那些比苯轻的，可以通过在苯塔塔顶和苯提纯塔塔顶排放来从系统中除去。那些比苯重的（如甲基环己烷和4-甲基-1-环己烯）将有在循环苯中浓缩的趋势，尽管有一部分在烷基化反应器中被转化。像甲基环己烷这类环烃可能首先进行开环，然后烷基化，生成 C_7 烷基的芳烃。像4-甲基-1-环己烯一类的不饱和化合物不发生开环，烷基化生成4-甲基-苯基环己烷。这些产物（称作庚基苯）的沸点在三乙苯和四乙苯的范围内，与多乙苯一起循环。

在烷基化反应中保持苯过量，这是为了获得100%的乙烯转化率，抑制多乙苯的产生，使导致净产率损失和乙苯杂质的副反应最小化，起到受热器的作用。

苯与乙烯的比例越大，乙苯的选择性越高，多乙苯生成量越小，反之，苯与乙烯的比例越小，乙苯的选择性越低，多乙苯生成量越多。

小心地控制烷基化反应温度，使产率最大、运行周期最长。高的烷基化反应温度增加残液的生成，降低产率。低的烷基化反应温度加快了催化剂的失活速度，降低运行周期。

烷基化反应器出料组成中，乙苯的含量一般控制在18%~21%（质量分数）。烷基化反应单元出料常规分析项目为苯、乙苯、二乙苯、三乙苯、重组分。在分析结果中如果发现反应器出料中苯的含量高于设计值，可能是乙烯负荷较低、苯与乙烯的比例高，也可能化验数据有误。提高反应温度、增加苯和乙烯的比例可以增加反应器出料中乙苯的含量，反应则会增加多乙苯的含量。

二、转烷基化反应

转烷基化反应是指乙基从一个苯环转移到另一个苯环上。例如，苯与二乙苯反应生成两个乙苯。转烷基化单元主要目的是由苯和多乙苯发生转烷基化反应生成乙苯。

以下反应是转烷基化反应：

二乙苯+苯 ⇌ 乙苯

三乙苯+苯 ⇌ 二乙苯+乙苯

四乙苯+苯 ⇌ 三乙苯+乙苯

理论上，所有的较高的烷基苯化合物都能被转烷基。在实践中，只有接近四乙苯（包括四乙苯）的化合物能循环到转烷基化反应器，烷基转移反应除生成乙苯外，还可生成重质化合物，这些产物最终通过多乙苯塔排出，这些副反应的发生同样对装置的物耗造成影响。

转烷基化反应是动态可逆的，达到一个热力学平衡，苯与多乙苯分子比越高，越有利于化学平衡向着目的产物方向移动。这些反应是热中性的，不会导致温度的变化。因此，在这些被乙基化的苯之中的平衡不随温度发生变化，只是受反应混合物的组成影响。

对于一个给定催化剂床层尺寸的反应器，提高多乙苯到目的产物乙苯的转化率（单程），要通过反应物在催化剂床层较长的停留时间，较高的反应温度，较高的苯/多乙苯比率，较低的水含量等方法来实现。像烷基化反应一样，转烷基化反应要保持苯过量，以获得高转化率和对乙苯良好的选择性。

烷基转移反应单元出料常规分析项目同烷基化反应单元一样，也是要分析苯、乙苯、二乙苯、三乙苯、重组分。

三、催化剂毒物

(一) 氮氧化物

所有类型的有机氮氧化物都会使烷基化和转烷基化催化剂失活。这些化合物与催化剂的酸基发生反应,使催化剂失活或结焦(只能通过氧化再生恢复)。原料苯中的碱性物质如胺、甲醇、氧化剂等会与催化剂的酸性中心发生反应,造成催化剂永久失活,因此,氮氧化物必须保持非常低的水平,以确保足够的催化剂寿命,其含量应控制在 1mg/L 以下。装填着树脂或硅藻土的保护床将用来除去苯进料中的碱性有机氮氧化合物。保护床也会将金属阳离子处理掉,这也是催化剂的一种毒物。如果有机氮存在于乙烯进料中,那么这股物流上也需要一个保护床。

(二) 游离水

要避免游离水,因为游离水会造成催化剂的物理损坏,造成催化剂永久失活。然而,溶解在有机相中的水不会对催化剂的活性造成永久的影响。反应器进料中太多的溶解水会降低催化剂的活性。然而影响是可逆的,如果反应器进料中水含量降低,催化剂将恢复较高的活性。为了获得最高的催化剂活性,可能需要向反应器中注入水。烷基化催化剂在水含量为 $100 \sim 600 \mu g/g$ 的范围内能够很好地运行。可是,转烷基化催化剂的活性对水非常敏感,超出一定的范围时,烷基转移催化剂会立即丧失活性,转烷基化反应器入口水含量应该保持在 $200 \mu g/g$ 以下。为了保持催化剂要定期检测烷基转移单元进料中的水含量,以控制在正常范围之内。

(三) 氧化物

有机氧化物,如醛和酮,在酸性的烷基化催化剂的作用下转化成水。因此,氧化物对催化剂的影响与相应数量的水产生的影响很相似。由于氧化物的含量这样低,所以对催化剂几乎不产生影响。

(四) 烯烃

这些化合物比较活泼,可以通过烯-烯反应产生聚合物,也可以与苯烷基化生成重的芳烃。一个后果是这些副产物会导致催化剂失活。只能通过对失效的催化剂进行再生来恢复活性。第二个后果是这些副产品会增加苯的消耗,降低乙苯产品的纯度。

(1) 丙烯和更重的烯烃——这类化合物的最大规格是总量不超过 10×10^{-6}(摩尔分数)。

(2) 乙炔和二烯烃——这类化合物的最大规格是总量不超过 5×10^{-6}(摩尔分数)。

(3) 烯烃——其他的烯烃可能会与系统中的氧化合生成酸,如乙酸或丙酸,这些酸会造成苯提纯塔和苯塔塔顶的腐蚀。

(五) 金属

对于催化剂,所有的金属都是毒物,它们可以造成催化剂的永久失活。金属不能通过催化剂的再生除去。然而,一般在乙烯进料和苯进料中都不含有金属。

(六) 重组分

重组分,如多环芳烃、聚合物和循环苯乙烯,这些都将对催化剂造成不利的影响。重组分可以在活性孔隙空间积聚并抑制活性。

（七）其他

（1）甲烷+乙烷——乙烯进料中的甲烷加乙烷不能超过乙烯进料规格的最大限制。这些化合物对工艺来讲是惰性的，不被认为是毒物。然而，这些轻组分影响烷基化反应器和精馏的设计条件，因此必须对变化仔细评估。甲烷和乙烷的含量高会导致使乙烯保持溶解在液态苯进料中的困难。

（2）芳烃——苯进料中的其他芳烃，如甲苯，不被认为是毒物，但是会影响乙苯产品的纯度，造成直接的污染，或者产生不希望得到的烷基化产物，如乙基甲苯。

（3）非芳烃——环烷烃和其他非芳烃不影响催化剂的性能，只是在反应区通过。非芳烃会逐渐在循环苯中积累，必须向排放气中排放。

（4）硫——硫化物一般不存在于乙烯或苯进料中，然而，长期接触会对催化剂产生不利的影响。硫会攻击催化剂的黏合剂，使催化剂失去强度。硫含量过高会增加乙苯产品中的硫含量。

（5）氯——氯化物有时存在于苯进料中。氯会攻击催化剂的黏合剂，使催化剂失去强度。不推荐长期接触氯。氯类可以增加乙苯产品中的氯含量。氯造成最普遍的问题是增加对苯塔和苯提纯塔的腐蚀。

四、关键的自变工艺参数

参数可以分成两类：自变参数和因变参数。自变参数是那些可以被改变而且将影响工艺条件的参数；而因变参数是指那些由于自变参数变化的影响而其自身不能被更改的参数。

（一）烷基化苯/乙烯比例

苯/烯分子比是指进料中苯与乙烯的物质的量比，烷基化系统关键的自变控制（独立控制）是全部的苯/乙烯的进料流量比例。比例太低会增加多乙苯的产生，而比例太高将增加能耗，而且会增加苯回收塔的负荷。在降低产量（即较低的乙烯进料量）期间，可以保持苯的进料量，从而在不增加苯回收塔负荷的情况下获得较高的比例。

（二）转烷基化苯/多乙苯比例

苯/多乙苯分子比例是指进料中苯与多乙苯的物质的量比，这个比例是控制转烷基化反应器操作的一个主要参数，有时也用苯基与乙基的比例来表示。转烷基化反应器设计的全部苯与多乙苯的质量比由工艺包设定。如果苯/多乙苯比例太低（就是说苯的流量降低，多乙苯的流量升高），多乙苯的转化率会降低，残液量会增加。提高比例对转化率的影响很小，但是会增加公用工程费用。

五、反应温度

（一）烷基化反应器

在较低温度下，乙苯选择性高，但是催化剂的活性较低，随着反应温度升高，催化剂活性增加。同时温度升高也会加速催化剂的失活，缩短催化剂的运行时间，增加高沸物的生成，降低乙苯收率。随着运行时间的延长，催化剂逐渐失活，烷基化催化剂床层上的最高温度点将转移。液相分子筛工艺采用调节循环苯进料量的方法，来控制反应器催化剂床层的温升，反应器出口温度设置温度低联锁,防止催化剂活性降低,乙烯穿透催化剂床层。出口温度设置高联锁,防止副反应增加,催化剂活性降低。反应器的操作温度范围选定在保持催化剂稳定的前提下获得最高的收率。

(二)转烷基化反应器

反应温度是控制催化剂活性的主要工艺参数之一,温度越高,烷基转移催化剂活性越高。通过床层温度可以判断烷基转移催化剂是否失活,当烷基转移催化剂逐渐失活时,通过提高温度使其活性恢复。转烷基化反应器在能够提供足够的转化率的最低温度下操作,这个转化率要使精馏区能够处理产生的循环多乙苯。

六、空速

液体的小时空速在设计阶段确定,一般不变,除非由于产量的原因改变进料量。空速低(经过反应器的流量低),副反应增加,选择性降低。

在烷基化反应器内,高的空速需要能够使乙烯完全反应的较大的床层装填量。这就可以看作是为了达到最大的温升需要更高的床层高度。在转烷基化反应器中,高的空速会降低多乙苯的转化率。烷基化反应器物料向上流动,为了防止催化剂床层流动,流量设定上限。

烷基化反应单元正常生产时,提负荷的操作步骤是先缓慢提高苯进料量,其次提高乙烯进料量,在提负荷过程中必须注意苯烯比,观察反应器温度、压力,防止超温超压。降生产负荷时先缓慢降低乙烯进料量,其次降低苯进料量,操作中不仅要注意苯烯比和观察反应器压力,防止温度低低联锁,而且要注意出料温度和乙烯压缩机的负荷。

烷基转移单元提负荷过程中,首先是提高苯进料量,然后缓慢增加多乙苯进料量,并随时观察反应器压力。降生产负荷时,首先缓慢降低的是多乙苯的进料,同样也要主要观察反应器的操作压力。烷基化和转烷基化提负荷过程中均要防止超压联锁停车。

七、压力

在两个反应器中,压力的控制是为了使反应器内的物质保持液相。烷基化反应器出口压力增加可能是压力控制器出现故障、压力指示错误、乙烯或苯的进料压力增加、反应器出料管线堵塞等。转烷基化反应器出口压力高除了与烷基化的相同因素外,主要是苯或多乙苯的进料压力增加。

因仪表指示错误而引起的烷基化或是转烷基化反应器出口压力高,应及时联系仪表校验压力指示。因反应器入口压力高而引起的两个器出口压力高,应检查出口管线是否有堵塞,并降低进料量。如果因催化剂活性降低而引起的烷基化和转烷基化反应器出口压力高时,可以降低乙烯和多乙苯的进料。

两个反应器停车时,要保持反应器压力不能降低太快,防止压力波动太大,损坏催化剂。停车完成后,关闭反应器的出入口阀门。

八、进料的纯度

乙烯和苯进料中的杂质都会降低乙苯的收率或纯度。有机氮氧化物是催化剂的一种毒物,必须通过化验分析,按照工艺要求监控指标,并采取正确的措施将污染物除去。

九、催化剂的型号和数量

烷基化反应器和转烷基化反应器内的催化剂的型号和数量将直接影响产品的收率和单元的操作,催化剂可以再生。理论上,催化剂的数量是一个自变参数,然而,催化剂的型号和数量在装填的时候会被确定。

十、催化剂活性

分子筛催化剂包含酸性的"活基",烷基化和转烷基化反应就在这些"活基"上进行。一种结构的分子筛能同时用于烷基化和烷基转移。适当的分子筛孔径不仅有利于单烷基苯的生成,而且能够抑制多烷基苯及重质物的生成。大多数液相分子筛催化剂从外观上是圆条形,烷基化催化剂对乙苯具有高选择性,转烷基化催化剂对多乙苯到乙苯的转化有较高的活性,而且能够保持稳定。

(一)烷基化催化剂

活性通过仔细监控烷基化催化剂床层的温度分布来判断。每个床层中都有多个温度指示器,这样就可以监控温度分布。在首次运行期间,将在床层底部看到温升。随着催化剂的失活,催化剂床层中温升的位置将会不断升高。针对烷基化催化剂的性能,其乙基化选择性一般应大于99%,乙苯选择性一般应大于86%。影响烷基化催化剂活性的主要参数是乙烯进料的质量(主要是毒物的存在与否及数量)、苯进料的质量(主要是毒物的存在与否及数量)、苯/乙烯比例,空速(通过反应器的质量流量)、含水量和催化剂床层入口温度。

(二)转烷基化催化剂

影响转烷基化催化剂活性和寿命的参数有:空速、反应器温度、含水量和苯/多乙苯比例。由于转烷基化反应是热中性的,不能像烷基化床层那样,通过温度分布的变化来监控。催化剂的活性特别地被定义为获得要求的多乙苯转化率所需的床层入口温度。在运行期间催化剂的活性降低,到最后保持多乙苯转化率所需的温度成了一种束缚。此外,随着反应器温度的升高选择性下降。如果转化率显著下降,那么单元的生产能力受多乙苯塔的限制。有时,多乙苯的转化率可能造成单元在操作上的浪费,这时就不得不停车,重新装填新鲜的或再生过的催化剂。

项目二 乙烯压缩机的切换

一、准备工作

(1)穿戴劳保着装,选择正确的工具用具。

(2)对讲机、防爆扳手准备齐全。

(3)确认设备管线阀门完好。

二、操作规程

(一)检查备用压缩机系统

(1)检查润滑油油温。

(2)启动辅助油泵,检查润滑油油压。

(3)检查冷却水、仪表风投用正常。

(二)启动备用压缩机

(1)打开出入口阀;启动主电动机。

(2)停辅助油泵。

(3)将辅助油泵打至自动。

(4)零负荷运转 30min,调整油压。

(三)切换压缩机

(1)与室内联系。

(2)运转和备用压缩机同时打至 50% 负荷。

(3)检查备用压缩机 50% 负荷运转情况。

(4)同时将运转压缩机打至零负荷,备用压缩机打至 100% 负荷。

(四)检查备用及运转压缩机

(1)检查备用压缩机运转情况。

(2)检查运转压缩机零负荷情况。

(五)停运转压缩机

(1)将压缩机停止运转。

(2)手动启动辅助油泵。

(3)关闭出入口阀门。

三、注意事项

(1)启动备用压缩机主电动机前,必须对压缩机盘车。

(2)冷却水线上的过滤器必须打开检查。

项目三　乙烯压缩机从 0% 负荷提至 100% 负荷操作

一、准备工作

(1)穿戴劳保着装,选择正确的工具用具。

(2)对讲机、防爆扳手准备齐全。

(3)确认设备管线阀门完好。

二、操作规程

(一)检查备用压缩机系统

(1)检查润滑油油温。

(2)启动辅助油泵,检查润滑油油压。

(3)检查冷却水、仪表风投用正常。

(二)启动备用压缩机

1. 打开出入口阀

(1)启动主电动机。

(2)停辅助油泵。

(3)将辅助油泵打至自动。

(4)零负荷运转 30min。

(5)调整油压。

2. 压缩机提负荷至 50%

(1)与室内联系。

(2)压缩机打至 50%负荷。

(3)检查压缩机 50%负荷运转情况。

3. 压缩机提负荷至 100%

(1)与室内联系。

(2)压缩机打至 100%负荷。

(3)检查压缩机 100%负荷运转情况。

三、注意事项

提负荷前,应与室内联系好,确认室内监控各参数运行正常。

项目四　切换烷基化液循环泵

一、准备工作

(1)穿戴劳保着装,选择正确的工具用具。

(2)对讲机、防爆扳手准备齐全。

(3)确认设备管线阀门完好。

二、操作规程

(一)检查备用泵系统

检查导淋、冷却水、轴承监测器、出入口阀、压力表等。

(二)启动备用泵前的准备工作

(1)打开排气阀;打开出口止逆阀旁路灌泵。

(2)排气后关闭排气阀。

(3)检查出口压力。

(4)关闭出口止逆阀旁路。

(5)打开入口阀。

(三)启动备用泵

(1)启动备用泵。

(2)缓慢打开出口阀。

(3)出口阀全开。

(4)检查压力、电流、轴承监测器及声音等。

(四)停运转泵及关阀

(1)停运转泵。

(2)关闭出入口阀。

三、注意事项

(1)切换机泵过程中,必须保证出口流量稳定,避免造成联锁跳车。

(2)备用泵启动前必须盘车检查。

项目五　烷基化反应器冷苯充填操作

一、准备工作

(1)穿戴劳保着装,选择正确的工具用具。

(2)对讲机、防爆扳手准备齐全。

(3)确认设备管线阀门完好。

二、操作规程

(一)打通冷苯充填流程

按照充填流程指示图逐一打通流程。

(二)冷苯充填

(1)将烷基化反应器压力控制器调至手动。

(2)完全打开压力控制器。

(3)启动苯进料泵。

(4)控制苯流量至合适流量。

(5)充填至精馏塔见液位。

(6)停苯进料泵。

(7)关闭反应器出口阀。

三、注意事项

(1)启动苯进料泵后,必须检查现场跑冒滴漏的情况,防止苯外漏。

(2)严格控制苯进入反应器的流量,防止对催化剂造成损坏。

项目六　烷基转移反应器冷苯充填操作

一、准备工作

(1)穿戴劳保着装,选择正确的工具用具。

(2)对讲机、防爆扳手准备齐全。

(3)确认设备管线阀门完好。

二、操作规程

(一)打通冷苯充填流程
按照烷基转移反应器充填流程指示图逐一打通流程。

(二)冷苯充填
(1)将烷基转移反应器压力控制器调至手动。

(2)完全打开压力控制器。

(3)启动苯进料泵。

(4)控制苯流量至合适流量。

(5)充填至精馏塔见液位。

(6)停苯进料泵。

(7)关闭反应器出口阀。

三、注意事项

(1)启动苯进料泵后,必须检查现场跑冒滴漏的情况,防止苯外漏。

(2)严格控制苯进入反应器的流量,防止对催化剂造成损坏。

项目七　烷基化反应热苯循环操作

一、准备工作

(1)穿戴劳保着装,选择正确的工具用具。

(2)对讲机、防爆扳手准备齐全。

(3)确认设备管线阀门完好。

二、操作规程

(一)热苯循环前的检查
(1)确认预分馏塔开车。

(2)压力控制器设置在正常操作压力。

(3)打开反应器出口阀。

(4)检查流程。

(二)热苯循环操作

(1)启动苯进料泵。

(2)初期以容许的最小流量循环。

(3)逐渐增加热苯循环量。

(4)投用进料加热器。

(5)控制升温速度小于50℃/h。

(6)投用中间冷却器。

(7)启动循环泵。

(8)进口温度控制器投自动。

三、注意事项

(1)热苯循环前,必须检查热苯中微量水的含量,避免催化剂中毒。

(2)严格控制苯温升速度,防止对反应器本体造成伤害。

项目八 烷基转移反应热苯循环操作

一、准备工作

(1)穿戴劳保着装,选择正确的工具用具。

(2)对讲机、防爆扳手准备齐全。

(3)确认设备管线阀门完好。

二、操作规程

(一)热苯循环前的检查

(1)确认苯塔开车正常。

(2)确认预分馏塔开车。

(3)压力控制器设置在正常操作压力。

(4)打开反应器出口阀。

(5)检查流程。

(6)检查烷基转移苯进料罐液位。

(二)热苯循环操作

(1)启动苯进料泵。

(2)初期以容许的最小流量循环。

(3)逐渐增加热苯循环量。

(4)投用进料加热器。

(5)控制升温速度小于50℃/h。

（6）投用中间冷却器。

（7）启动循环泵。

（8）进口温度控制器投自动。

三、注意事项

（1）热苯循环前,必须检查热苯中微量水的含量,避免催化剂中毒。

（2）严格控制苯温升速度,防止对反应器本体造成伤害。

第三部分

中级工操作技能及相关知识

模块一　工艺操作

项目一　相关知识

一、开车准备

(一)基本概念

1. 催化剂的常用类型及装填

在化学反应里能改变反应物的化学反应速率(既能提高也能降低)而不改变化学平衡,且本身的质量和化学性质在化学反应前后都没有发生改变的物质叫作催化剂(固体催化剂也叫作触媒)。

烷基化催化剂是苯和乙烯液相烃化生产乙苯的催化剂,多乙苯液相生产乙苯的烷基转移催化剂包括 AEB-1(具体催化剂型号根据各个装置而定)。

正确的催化剂装填对于获得催化剂期望的性能是一个重要因素。由于需要进入容器内平整催化剂,因此装填催化剂之前将反应器内部使用空气置换合格,氧气浓度至少大于18%后,取得进入容器的许可证,方可进入反应器内作业。

装填催化剂用到的工具有帆布袋、绳子、卷尺、木制耙子。在装填催化剂时,卸料口的盲板法兰已经安装好,通过充满装填漏斗下的帆布软管由反应器内部人员控制,缓慢、均匀地将催化剂加入床层中,帆布软管自由落下的高度应小于1m。装填催化剂期间要通入空气,在反应器内装填催化剂的工作人员需携带报话机,随时与上部人员通话,为保证装填均匀,每上升1.5m,应用耙子平整一次。

催化剂最后一个床层装填完毕时,检查确认反应器内没有遗留工具或其他外来的东西,封盖并用氮气吹扫,清理反应器人孔的法兰面,安装新的垫片,封闭人孔。

2. 隔油池工作原理

隔油池是根据重力分离原理,利用油和水的密度差,达到水油分离的目的。分离时相对密度小于1的油品上浮水面加以回收,相对密度大于1的水或其他机械杂质沉入水池底部。隔油池中的油品一般以悬浮状态、乳化状态、溶解状态存在。

在以下地点动火为一级动火:

(1)处于生产状态的工艺生产装置区(爆炸危险场所以内区域)、工艺管廊。

(2)有毒介质区、液化石油气站。

(3)可燃液体、可燃气体、助燃气体及有毒介质的泵房与机房。

(4)可燃液体、气体及有毒介质的装卸区和洗槽站。

(5)污水处理场、循环水场、凉水塔等地点,包括距上述地点及工业下水井、污水池15m以内的区域。

（6）危险化学品库、油库、加油站等。

（7）储存、输送易燃易爆、有毒液体和气体的容器、管线。

（8）档案室、图书馆、资料室、中控室、网络机房等场所。

（9）装置停车大检修，工艺处理合格后装置内的第一次动火。

由于隔油池中含有油品，属于可燃液体，因此在工业下水和下水系统的隔油池的动火属一级动火。

3. 气密试验的概念及方法

气密试验是指用适当的流体介质在操作压力的 2 倍压力下，对已经吹扫合格并已复位的设备和管道的所有连接点进行试漏。常压设备进行气密试验的压力一般为 0.2MPa。

为避免开车后发生着火爆炸、污染环境、设备、人身事故，保证各工艺参数正常，故在装置投料试车前，必须进行气密试验。气密的目的是清除管线及设备内的杂物，检查管道焊缝、法兰、阀门、压力表等静密封点的密封情况，检验并掌握各特殊阀门性能和使用情况。

一般系统进行气密时通常可以使用的气体是氮气或压缩空气，借助肥皂水对设备和管线的连接点和密封点进行气密检查，以不产生气泡为合格。管路系统试压时，管道焊缝和其他应检查的部位除漆、绝热。在进行气密试验时，要拆换所有超量程仪表（主要是真空表）。

对要求脱脂的进料系统，应采用无油的气体进行气密试验。对使用易燃易爆介质的容器必须进行彻底的清洗和置换，严禁用空气作为气密试验的介质。

进料系统气密时，升压应分段缓慢进行。对气密检查出的泄漏点的处理应在降压和泄压后进行。

4. 联锁的概念及组成

当某一参数偏离正常值到设定值时，某设备自动停止运行，该系统称为联锁系统，是防止工艺参数超过安全值所采取的一系列动作，主要起安全保护的作用。联锁系统由输入部分、逻辑部分、输出部分组成，该紧急措施过程为自动过程。

为了保护蒸汽加热炉，各装置蒸汽加热炉一般都有联锁系统，其中为防止燃气或燃油压力降低引起炉子联锁动作，可通过提高燃气或燃油压力的方式，维持压力。

5. 干燥的基本概念

在化工试车前进行深度干燥除水，一般都要达到 -60 ~ -50℃ 露点的含湿量要求，干燥的目的是将水汽排出，防止催化剂受潮，设备填料生锈。干燥过程中，固体物料中的湿分质量在不断减少。

化工装置开工前，需要进行的干燥除水主要有低温系统的干燥除水，对耐火衬里和热壁式反应器等系统设备的干燥除水以及对工艺介质进入系统后能与水作用的干燥除水。

装置试车前，蒸汽加热炉一般都要进行水压试验，在进行水压试验结束后，应采用压缩空气干燥和吹扫，防止炉膛内过潮。

6. 试压的目的及注意事项

设备试压的目的是检查设备气密性能否达到设计压力，并检查是否有漏点。管道试压的目的是检查已安装好的管道系统的强度和严密性是否能达到设计要求,也对承载管架及基础进行检验,以保证管理正常运行。管路系统试压时,不能同管路一起试压的设备或管路系统,应加盲板隔离。

检修带压系统的设备时,事先应检查是否完全泄压,严禁带压操作。在对压力容器进行水压试验时,试验压力应为设计压力的1.25倍。

7. 引风机的投运注意事项

管式加热炉一般由辐射室、对流室、余热回收系统、燃烧及通风系统五部分组成,其结构通常包括:钢结构、炉管系统、炉墙(内衬)、燃烧器、炉子配件等。

通风系统的作用是把燃烧用空气导入燃烧器,将废烟气引入炉子。它分为自然通风和强制通风两种方式。前者依靠烟囱本身的抽力;后者使用风机。

有引风机的装置在加热炉点火之前须先开引风机试运行,引风机转速一般设定为1450r/min(根据装置不同转速有所不同)。引风机投用前需要检查转向,投用引风机时,要注意对引风机盘车,并检查油杯油量;检查烟道挡板的开度以及风门的开度;运转后检查有无异常声音和振动。需要注意的是脱氢前系统瞬间晃电后,首先启动引风机,加热炉做好开车准备。

8. 空冷器的概念及运行注意事项

空气冷却器是以环境空气作为冷却介质,横掠翅片管外,使管内高温工艺流体得到冷却或冷凝的设备,简称"空冷器",也叫作翅片风机,常代替水冷式壳-管式换热器冷却介质。空冷器由翅片管束、电动机、构架、叶片等组成。

投用空冷器时,注意检查风机是否正常(送电、皮带),投用风机时对角开风机,保持一线风机至少有一个开启,监测运转风机的电流,发现空冷器叶片断裂,应立即停机。

空冷器的各叶片安装角度不一致,通常会造成振动大及发出异响;皮带太松易出现风量偏小;皮带经常脱落可能是找正不好;润滑不好、找正不好、皮带太紧都能引起空冷器声音异常。

9. 废热锅炉及腐蚀的概念

废热锅炉是指利用各种工业过程中的废气、废料或废液中的余热及其可燃物质燃烧后产生的热量把水加热到一定工质的锅炉,废热锅炉正常运行时,需要排污,以除去系统内低点积聚的悬浮固体物,减少污垢积存在废热锅炉管壁,有利于传热。采用的排污方式是连续排污、间歇排污,其中连续排污的位置最高,经常采用连续排污的方式来除去锅炉给水中的Ca^{2+}和Mg^{2+},以防损坏设备。

腐蚀是对锅炉部件金属表面的侵蚀破坏,可以分为外腐蚀和内腐蚀两种。所谓外腐蚀,指的是由于水落在锅炉外表面上,或漏进保温层或耐火砖墙所覆盖的部位而引起的锈蚀过程。腐蚀也可能发生在火管和烟道上,这时的腐蚀是因为烟气中的水分和二氧化硫生成硫酸所引起。内腐蚀是给水中的酸、氧或其他气体腐蚀造成,或者由于电解作用所造成的,此外,pH值和温度对金属腐蚀的速度也有影响,溶解氧腐蚀是最常见的腐蚀。

10. 自启动设备的作用

尾气压缩机的润滑油泵有两台,主油泵和辅助油泵,备用泵设联锁自启动,当主油管油压低或主泵停车时,备用泵能自动启动。

当某一参数偏离正常值到设定值时,某设备自动启动,该系统称为自启动系统。自启动设备的开关有停止、启动和自启动三个位置。压缩机的润滑油泵为自启动设备,A 泵为尾气压缩机润滑油泵的主油泵,B 泵为辅油泵,当 A 泵处于故障状态时,B 泵操作柱上的开关处于自动位置时,B 泵可以自动启动,保证压缩机润滑油系统运转正常。

11. 防冻的措施

寒冬季节,要注意防冻问题,特别是要防止易凝介质在管内冻凝。

冬季气温较低时,蒸汽伴热管线疏水器阀组导淋应稍微打开,水冷却器冷却水旁路在冬季打开。为弱化设备或者管道内的物料与空气之间的传热系数,可对设备或者管道进行保温。设备管线防冻的方法有加伴热、加保温、将物料倒空、泵增加循环量等方法。疏水器投用时的排凝方式为间歇排凝。为了做好防冻预防工作,停用的设备、管线与生产系统连接处要加好盲板,并把积水排放吹扫干净。

12. 防暑降温的意义

装置在高温季节生产时,职工可能发生中暑现象,部分设备容易出现超温、超压、聚合等事故。要做好生产现场防暑降温工作,保障职工身体健康,保证装置正常生产,防止各类因高温引起的生产安全事故。

(二)开车前准备事项

1. 管线吹扫

为确保装置建成后管道的清洁,装置进油开车前,所有管道及精馏塔的塔板均应进行吹扫。管道系统吹扫前,不应安装孔板、节流阀、安全阀仪表件等。

管道进行冲洗或者吹扫的目的是确认系统流程畅通并清除管道内的固体杂质,防止开工试车时,由此而引发的堵塞管道、设备,损坏机器、阀门和仪表,是保证顺利开车和长周期安全生产的一项重要试车程序。

点炉前,要对燃料气及其有关管道进行彻底吹扫,以除去铁屑和灰尘等机械杂质。若燃烧的是湿工艺燃料气,所有的分液灌都要吹扫,目的是不让冷凝液通过燃气燃烧器。

蒸汽吹扫是以不同参数的蒸汽为介质的吹扫,它由蒸汽发生装置提供蒸汽源,蒸汽吹扫具有很高的吹扫速度,因而具有很大的能量,而间断的吹扫方式,又使管线产生冷热收缩、膨胀,这有利于管线内壁附着物的剥离和吹除,故能达到最佳的吹扫效果。

2. 水联运的目的

(1)进一步清洗设备和管线内杂物并鉴定设备、管线有无泄漏现象。

(2)机泵进行试运,进一步考验机泵安装质量及性能。

(3)检查试验各流量、液位、压力等测量及控制仪表,考验 DCS 系统是否正常好用。

(4)操作人员熟悉现场流程,设备、仪表及操作,为油联运做准备。

3. 油联运的目的

苯乙烯装置开工前需要管线吹扫,水联运,再进行油联运。

油联运使用的介质一般是装置生产使用的物料。油联运的目的:

(1)全面考验装置分馏系统的设计能力,考核工艺流程的合理性。

（2）考察装置工艺、设备、机泵、管道、仪表的施工和安装质量。检查管线有无泄漏，检查机泵的状况。

（3）全面了解装置的工艺设备及仪表的操作。检查公用工程及仪表状况。

（4）对岗位人员进行一次技术练兵，熟悉机泵操作和温度、流量、液面、压力等控制方法，进一步提高操作人员利用 DCS 操作控制工艺指标的技能。

（5）通过油联运，进一步冲洗设备和管线内的残存脏物，并将残存的水分脱除。除去系统中防护油层。

（6）处理油联运发现的问题，等待反应系统投料，为反应部分开车做好准备。

4. 联锁校验的内容

仪表联锁校验（简称"联校"）在装置开车前进行。联校的目的是检验仪表回路的构成是否完整合理，能否可靠运行；信号传递能否满足实际生产要求；对存在的问题进行处理，对回路进行调整和校正。

仪表联校前的准备工作有：根据有效图纸，资料对所需联校的仪表回路系统进行校对、检查；核对所需联校仪表的信号、量程范围、调节器、报警联锁值等；选用联校所需的标准仪器及信号发生器。

单回路控制系统的联校包括输入回路和输出回路的联校。联校时对于没有条件在现场检测端接入信号发生器的，可采取替代法接入信号源。用孔板压差法检测流量的，将负压侧通大气，向正压侧送等效气压作为信号源；用热电偶测量温度的，可在热电偶接线盒处的补偿导线端输入等效热电势作为信号源。

5. 数据分析

装置开工前需要化验的项目包括检验原料苯的纯度、原料乙烯的纯度和阻聚剂的浓度。蒸汽过热炉点火前，必须对燃料气组分、加热炉内氧含量、加热炉内燃料气浓度进行化验分析。

装置进行氮气置换后，从多个低点采样分析，从多点采样分析直至系统中的氧含量<0.5%为合格。

6. 氮气置换

乙苯脱氢反应开车时需在系统中充入氮气反复抽空，直至氧含量显著降低，一般充入氮气三次，压力试验就可以完成了。

在乙苯脱氢反应器装填催化剂操作中，应通入空气，人进入反应器必须佩带防尘罩。期间绝不可通入氮气。

7. 气密性试验

气密性试验主要是检验容器和管道系统的各连接部位的密封性能，检查是否有泄漏现象，以保证容器和管道系统在使用压力下保持严密不漏。介质毒性程度为极度、高度危害或设计上不允许有微量泄漏的压力容器，必须进行气密性试验。

检修系统结束后，所有拆检的管法兰或者加装过盲板的法兰处及怀疑泄漏的法兰和阀门填料必须进行气密检查。可以不再对焊缝进行气密检查。

系统气密试验结束后进行保压试验时，以每小时的泄漏率应不大于 0.24% 为合格。真空试验合格标准是在 30min 以内，系统压力下降至 −0.07MPa 为合格。对气密检查出的泄漏点,处理应在降压和泄压后进行。

气密时必须用 2 个以上的压力表进行指示。为保护非升压监视用压力表,在升压之前,应关闭仪表导压管。系统中的孔板差压计,在气密试验时应将两根引压管线全开均压。

烷基化反应器气密升压时要缓慢,分级逐渐升压,每升 0.5MPa 为一个阶段,缓慢升压到设计压力后保持 30min,停止升压后进行漏点检查。将系统内的压力由烷基化反应器的泄压点缓慢地分别泄压,避免积液。

乙苯反应单元需要进行强度试验。

8. 蒸汽加热炉开车准备

瓦斯的理论爆炸极限为 5%～15%,即当瓦斯浓度在 5%～15% 之间时,极易发生爆炸。由于停工检修时设备、管线中均充满空气,空气和瓦斯混合到一定程度达到爆炸极限,就有发生爆炸的危险,所以蒸汽加热炉点炉前必须进行吹扫、测爆。

在蒸汽加热炉点火前十分重要的一点是首先要确认炉管是清洁的,并且没有卡阻现象,在进行水压试验后,应采用压缩空气干燥和吹扫,对于多管程的炉子,也不能多个管程一起进行吹扫。点火之前,必须先开启引风机。

点长明灯前,炉膛内可燃气浓度应小于 0.5%。点长明灯时,需要将烟道挡板开 15%,风门应保持少许开度。长明灯压力必须大于 0.035MPa 以上时才能点火。

9. 精馏塔开车前的条件

苯乙烯精馏单元进料开车前应具备的条件为:所有公用工程必须投用,并具有提供所需数量的能力(蒸汽、冷却水、冷冻水、仪表风和氮气);脱氢单元必须处于开车状态,或即将开始乙苯进料;TBC 溶解系统应该有足够用于一天操作的液位,TBC 进料泵已准备好启动;真空系统已做好运转准备。

精馏塔进料前进行氮气置换,主要目的是防止可燃性气体与空气形成爆炸性混合物,在高温明火条件下产生爆炸事件;为了消除系统漏点,确保装置开车时不泄漏;对阀门和盲板状态进行确认,防止跑料、串料。

精馏塔氮气置换后,塔排放的氮气中不含有水蒸气,以多点分析检测氧气含量<0.5%为合格。

10. 压缩机暖机

压缩机汽轮机调速器的作用是调节汽轮机的转速。一般汽轮机在冷态启动时需进行低速暖机,目的是使机组各部件受热均匀,暖机完成后按照装置要求逐渐增加暖机蒸汽的压力和温度。随着尾气压缩机排放压力的升高,出口温度也将随之升高。

二、开车操作

(一)蒸汽加热炉升温

蒸汽加热炉吹扫时,将吹扫管道上安装的所有仪表元器件等拆除,管道上的调节阀已拆除或已采取了保护措施。

在加热炉升温曲线中,在常温阶段开始点燃蒸汽过热炉的长明灯,其升温曲线如图 3-1-1 所示,第①阶段点燃料气火嘴,第②阶段时通主蒸汽,第③阶段投乙苯,第④阶段的恒温温度为催化剂正常使用温度。

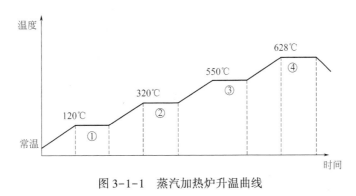

图 3-1-1　蒸汽加热炉升温曲线

加热炉点火前一般要用蒸汽吹扫炉膛,且等测爆合格后才能按步骤进行。升温时要缓慢按照加热炉升温速度升温,调整火嘴时对称调节,使炉膛表面受热均匀,防止迅速升温损坏耐火材料。加热炉的升温一般以 40℃/h 的速率进行。首次开工前蒸汽加热炉必须烘炉来延长加热炉使用周期。

加热炉的防爆门通常位于辐射段上部,作用是加热炉炉膛发生闪爆时及时打开,防止加热炉炉膛因压力高受到破坏,可以通过防爆门前后温差指示说明加热炉防爆门是否需要进行更换。

蒸汽加热炉升温时,要对称点燃火嘴,目的是保护炉管,炉墙受热均匀;减少热应力,避免炉管损坏。

(二)脱氢反应器氮气升温

乙苯脱氢反应器在氮气置换保压合格后进行氮气循环升温。氮气循环升温经过的设备依次是蒸汽过热炉、过热蒸汽降温器、尾气压缩机吸入罐。脱氢反应器开车过程中先氮气升温,然后再蒸汽升温。

脱氢反应器开车时升温速度要求为 20℃/h(根据催化剂要求而定)。脱氢反应器升温过程中加热炉炉膛内温度在 300℃时必须通入氮气。使用氮气将反应器床层升温至一定温度后,再进行蒸汽升温。

(三)蒸汽升温

(1)当反应器床层出口温度在 250℃以上(床层所有温度在 200℃以上),准备启动蒸汽来完成反应器的升温。停压缩机和氮气循环,关闭压缩机吸入口截止阀,停加氮气。

(2)在停止氮气升温以前,蒸汽管线应该尽可能被预热,使输送过程中温降最小。手动控制主蒸汽阀门,打开主蒸汽总管截止阀以加热管线,启用主蒸汽分液罐和排凝阀。

(3)手动控制主蒸汽总管阀门,使小流量的蒸汽进入过热炉,以约 4000kg/h 的数量级增加主蒸汽投入量,需要时点燃其他火嘴。但要使过热炉出来的主蒸汽温升速度在规定的范围内,过热炉出口和反应器出口之间的温差不能大于 200℃,调节蒸汽增加量和火嘴增加量,使反应器入口温度上升。

(4)当主蒸汽系统稳定后,准备提高蒸汽投入量;投用一次蒸汽流程,防止乙苯过热器出现异常。

（5）准备启动冷凝液汽提塔系统。

（6）乙苯过热器出口温度超过200℃时,应逐步关闭废热锅炉的放空阀,将蒸汽并入蒸汽管网。

蒸汽并网时,操作要缓慢,以避免夹带液体进系统,影响到其他单元的用户。并网时并网蒸汽的温度要较高于下游蒸汽温度,且压力一定要高于总管压力。

（7）提高主蒸汽出口温度的同时,继续以规定的速度逐渐增加主蒸汽流量,反应器入口温度接近550℃。

（四）脱氢单元的关键控制

乙苯脱氢反应器的关键控制,是根据测定催化剂床层出口或者脱氢混合物中苯乙烯的浓度,维持乙苯转化率在要求水平。

两个脱氢催化剂床层的入口温度控制了乙苯转化率,因而也依次受到过热炉两组炉管出口温度的控制。为了保持乙苯脱氢单元催化剂长周期运行,要尽量避免脱氢反应温度过高。反应过程恶化,催化剂床层部分局部地区产生温度失控,将发生飞温的现象。

催化剂的活性将会随着反应时间的延长发生变化,如图3-1-2所示,①代表成熟期阶段,②代表稳定期阶段,③代表衰退期。

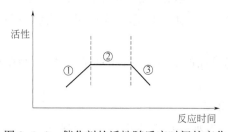

图3-1-2 催化剂的活性随反应时间的变化

使乙苯脱氢单元操作尽可能平稳和顺利,而且保持催化剂长久的使用寿命,应该做到尽量防止温度波动,维持乙苯和蒸汽进料没有短暂的脉冲,避免反应器温度超高,防止长期(超过36h)将蒸汽通入催化剂。

乙苯脱氢反应器要维持蒸汽/乙苯流过乙苯/蒸汽过热器壳程的量,以使得管程出口温度不高于420℃。在低负荷下操作时,如果仅考虑经济因素,应使通过过热炉的蒸汽量减小,使蒸汽与乙苯的质量比不超过1.7,但蒸汽与乙苯的比例不应降到设计值以下。高水比乙苯脱氢反应器中蒸汽进料与总烃类进料的质量比至少为1.3。

乙苯脱氢单元冷系统开车是指装置检修或停工后,脱氢单元没有水和有机物的界面,因此需要氮气循环预热。热系统开车是指脱氢单元已有正常的乙苯凝液液面,已经不需要氮气循环预热。

脱氢反应器系统氮气置换后开启尾气压缩机,使氮气循环加热催化剂床层,当床层温度超过300℃时,停尾气压缩机。

（五）乙苯精馏塔控制方法

乙苯精馏塔关键控制参数有塔顶出料中乙苯浓度、乙苯产品中二乙苯含量和塔底出料中乙苯浓度。控制乙苯产品中二乙苯含量不大于10mg/L,是为了防止在苯乙烯单元中形成难溶的聚合物;在正常生产过程中,控制塔底出料中乙苯浓度的目的,是防止循环多乙苯中乙苯浓度太高,导致减少烷基转移反应的乙苯收率。

生产上为了保持一个参数稳定,通常要改变 2 个或 2 个以上参数,这种由一个调节器控制 2 个或 2 个以上调节阀的系统叫作分程控制调节。分程控制系统的二个调节阀在某一刻通常只有一个调节阀在动作。乙苯塔通过排放不凝气或补氮,是用分程控制器控制塔顶压力。苯塔塔顶压力也是一般采用分程调节的方法保持生产稳定。苯塔塔顶压力偏高的原因主要有:苯塔冷凝器效果不好、苯塔顶管线不畅以及背压高。

苯塔组成变化最敏感的部位是灵敏板。精馏过程中受外界干扰时,各塔板上物料组成将发生变化,其温度也将改变,而温度变化最灵敏的那块塔板称为灵敏板。灵敏板温度可以预示塔内组成尤其是塔顶馏出液的变化。灵敏板温度上升说明重组分上升,下降说明轻组分下降。苯塔通过灵敏板进行温度控制的方法大致有精馏段温控、提馏段温控、温差控制。当灵敏板温度上升时,一般采用增大回流的方法使温度恢复正常。

进料组成变化时,精馏塔灵敏板温度变化最大,进料组成变重时,需要减小塔顶采出,增大塔釜采出,将重组分由塔釜排出去。

苯塔的回流温度下降,塔压、温差、灵敏板温度都将会发生变化。调整精馏塔回流温度和回流量的目的,是保证塔顶产品合格的前提下节能。回流量偏小,可导致苯塔塔顶馏出物中乙苯含量高。回流量减少,再沸量应减少。

实际生产中,改变精馏塔回流比的主要手段是改变塔顶采出流量。苯塔的其他条件不变时,回流比增大则塔顶产品纯度上升。

(六)苯乙烯塔控制方法

回流一般是在精馏塔塔顶的第一块塔板上。精馏塔回流量根据塔底再沸器蒸汽量、精馏塔温度和塔顶压力进行调整,回流过大,会出现淹塔,造成产品不合格,因此苯乙烯精馏塔控制适宜的回流保证塔顶馏出物合格。回流控制阀通常采用气关阀,仪表风中断时,回流调节阀全开。

精馏塔需要根据工艺条件控制合适的回流比来保证塔顶产品纯度。正常操作下,回流比要相对稳定,来减小回流比对精馏操作的影响,但是增大回流比,塔顶产品纯度将会增加。

进料量突然增大可能引起精馏塔塔压升高。在其他参数不变的情况下,塔压差增大。

苯乙烯精馏单元分离乙苯和苯乙烯时,是采用负压分离以避免苯乙烯发生聚合。可以采用先分离乙苯和苯乙烯的工艺方法,也可以采取先分离苯和甲苯的工艺方法。采用先分离乙苯和苯乙烯的工艺方法,苯乙烯需要加热 2 次;采用先分离苯和甲苯的工艺方法,苯乙烯需要加热 3 次。

通过控制精馏塔回流量的大小、苯乙烯塔再沸器加热蒸汽量和返回到苯乙烯塔的苯乙烯温度来改变苯乙烯精馏塔的塔釜温度。苯乙烯精馏塔顶温度过高时可以通过调节塔釜再沸器蒸汽量来降低塔顶温度。生产上常用测量和控制灵敏板的温度来保证苯乙烯产品的质量。

能引起精馏塔塔压变化的因素是进料量、进料组成、进料温度、回流量和蒸汽系统。苯乙烯精馏塔塔压低的原因是全塔顶压力控制器不正常,而真空系统混乱、塔顶压力控制器不正常、系统有水或者空气(氮气)漏入分离塔、到真空系统的气相线被聚合物堵死和半堵死将会引起塔压升高。当苯乙烯精馏塔压力高时，真空泵吸入量会增加，当苯乙烯精馏塔压力低时，适当降低真空泵吸入量。

苯乙烯精馏塔中完成的主要是苯乙烯和重组分的分离，塔底关键控制苯乙烯和重组分的含量；塔顶维持苯乙烯塔预定的苯乙烯产品浓度的关键，是依靠乙苯/苯乙烯分离塔的正常操作。

（七）残油洗涤塔

苯乙烯装置乙苯单元多乙苯精馏塔塔底分离出残油，使用残油的设备有残油洗涤塔、薄膜蒸发器或闪蒸罐、残油汽提塔。

在残油洗涤塔接残油时，应该注意判断流程是否切对，防止物料串料；注意观察残油汽提塔到残油洗涤塔的循环量；注意观察残油进料罐液位的变化幅度，通过进料视镜和残油汽提塔的液位观察来判断残油是否进入残油洗涤塔。

当残油进料罐液位偏低时，残油洗涤系统和汽提系统可以在不补充残油和不进行排污的情况下，运转一段时间，是否补充残油可以通过残油洗涤塔切水中含有的残油量、洗涤后尾气中芳烃量来判断。

（八）安全防护

1. 苯中毒

短期（剧烈）接触苯会引起眼花、心脏病、头痛、恶心、脚步摇晃、身体虚弱、易困、刺激呼吸系统、肺水肿和肺炎、肠胃刺激、痉挛及瘫痪。长期接触苯会引起心智衰弱、神经紧张、易怒、视力下降、呼吸困难。

人体吸入苯后，应立即将受害人转送到新鲜空气处，如有需要，立即对受害人进行人工呼吸，为呼吸微弱者输氧。

2. 苯乙烯中毒

在含苯乙烯 800mg/L 以上浓度的空气中，人的眼睛和鼻孔会立刻受到刺激。短期接触苯乙烯会刺激眼睛、鼻子、咽喉和皮肤，浓度较高时，会使人变得昏昏欲睡以及失去意识等。长期接触液体苯乙烯，会引起皮肤炎。

人体皮肤接触到苯乙烯后，脱去衣物、用清水或肥皂水冲洗。眼睛接触苯乙烯时应立即提起眼睑，用大量流动清水彻底清洗。

三、正常操作

（一）正常巡检

1. 塔的巡检

压力容器的定期检查分为外部检查、内部检查、耐压试验。

罐的主要巡检内容是罐区有无泄漏，是否存在异常；储罐液位和温度是否与中控相符；呼吸阀、氮封等安全附件是否运行正常。

装置运行中塔的主要巡检内容包括塔的运行情况、有无跑冒滴漏现象、塔液位是否与室内相符。检查塔的相关仪表及调节阀的运行状态，发现塔出现异常要及时汇报班长及车间人员。

2. 加热炉的巡检

装置运行中巡检加热炉时，需检查长明灯燃烧情况、混合气燃烧情况、火嘴是否存在偏烧现象。出现漏油(气),应及时进行处理,否则可能会引起火灾。打开加热炉看火孔观察火焰燃烧状况时,注意正压回火,防止烧伤面部。

巡检过程中遇到加热炉的长明灯炉前压力低,可通过调整背压阀的开度来调节;如果加热炉的烟气温度高,可通过调整烟道挡板的开度来调节。

3. 压缩机的巡检

压缩机润滑油的黏度受温度影响很大,当油温过低时,油的黏度很大,会使油分布不均匀,增加摩擦损失,甚至造成轴承摩擦,故启动时油温规定不得低于 25℃;升速时摩擦损失随转速增加而增加,故对润滑要求更高,因此油温要求更高一些,不能低于 30℃。

压缩机组润滑油过滤器压差低于 0.02MPa,说明压缩机润滑油油温过高,黏度降低。当压缩机组润滑油过滤器压差超过 0.08MPa,说明过滤器滤芯堵塞严重,需进行切换。

压缩机组轴承温度高报警后,应检查油箱油温及冷却器循环水流量是否符合要求、润滑油回油视镜是否有油在流动,比较附近温度测量仪表,判断是否为误报,检查压缩机现场仪表盘上指示是否正常,压缩机声音、轴位移、振动等是否存在异常。

(二)机泵操作

1. 负压泵切换

切换负压泵的步骤:

(1)检查结束,打开备用泵的入口阀。

(2)打开备用泵的出口阀。

(3)微开出口旁路阀。

(4)打开泵体排气阀,对泵体进行排气。

(5)启动备用泵。

切换负压泵时,检查结束后要打开备用泵的出口阀,微开出口旁路阀,打开泵体排气阀,对泵进行排气。如果在开启备用泵的过程中发现泵有汽蚀抽空的现象,应马上停泵,并重新排气灌泵。

2. 离心泵

在各种泵中,离心泵的应用最为广泛,因为它的流量、扬程及性能范围均较大,并且有结构简单、体积小、重量小、操作平稳、易损件少、维修方便等优点。但离心泵对高黏度液体以及流量小、压缩比高的情况使用性较差,并且在通常情况下启动之前需先灌泵,这些是它的不足之处。

离心泵在启动之前,泵内应灌满液体,此过程称为灌泵。工作时启动原动机使叶轮旋转,叶轮的叶片驱使液体一起旋转从而产生离心力,在此离心力的作用下,液体沿叶片流道被甩向叶轮出口,经蜗壳送入排出管。液体从叶轮处获得能量使压力能和动能增加,并依靠此能量到达工作地点。

在液体不断地被甩向叶轮出口的同时,叶轮入口处就形成了低压区。输送液体在吸入管和叶轮之间就产生了压差,吸入管中的液体在这个压差的作用下不断地被吸入室并进入叶轮中,致使离心泵能够连续工作。

离心泵轴承箱加油位置最佳在 1/2~2/3。油位过低,轴承黏不到油,会因缺油而烧毁,油位过高,会导致轴承油温过高,加速轴承损坏。

离心泵出口流量调整可以通过调节出口阀的开度来实现。

装置运行中，离心泵检查内容包括：泵的冷却水是否正常，机械密封是否存在泄漏，检查泵的润滑油位、油质情况，泵的出口压力、电动机电流、封油压力是否正常，检查轴承箱及电动机温度、振动情况，检查设备有无杂音。

为了防止离心泵出现紧急状况无法切换，备用离心泵需要完好备用，按照盘车要求盘车，并做好记录。

3. 阻聚剂泵

阻聚剂泵冲程需要根据系统内阻聚剂的含量来进行调整。调节阻聚剂泵冲程时，顺时针调整阻聚剂的量会增加，逆时针调整阻聚剂的量会减少。无硫阻聚剂进料泵密封为填料密封。

校验阻聚剂泵的顺序按照以下几个步骤来完成：

（1）关闭罐至阻聚剂泵的进料阀。

（2）将罐的上下玻璃板上的截止阀关闭。

（3）启动阻聚剂泵。

（4）打通玻璃板至泵入口的进料阀。

（5）用秒表记录玻璃板下降的速度。

（三）疏水器

疏水器的型号有脉冲型疏水器、波纹管型疏水器和浮球型疏水器，其中脉冲型疏水器通过感知蒸气压的变化，使用控制盘实现凝水排放。波纹管型疏水器通过感知温度的变化实现凝水排放。浮球型疏水器通过感知液面的变化实现凝水排放。

疏水器投用的时候需排凝，要预热缓慢，注意防止水锤和堵塞现象。排凝方式有连续排凝和间歇排凝。

冬天气温较低时，蒸汽伴热管线疏水器阀组导淋应稍微打开。

（四）DCS 系统

中控 DCS 系统操作画面上英文缩写，主操作需要熟悉。其中"OOP"表示输出开路的英文缩写，"AOF"表示的中文含义是报警旁路，"INIT"表示某仪表需要串级调节，"CLR"表示清除之前输入的字符，"RAMPTIME"符号表示平滑控制需要的时间等。

（五）精馏塔

精馏系统中苯乙烯塔需要乙苯冲洗的作用是防止苯乙烯聚合，乙苯/苯乙烯塔塔顶液位计可以使用乙苯冲洗。为防止压缩机腔体内的微量的苯乙烯聚合，也需使用乙苯冲洗。

乙苯/苯乙烯分离塔的分离能力主要取决于的回流比大小。塔顶组分可以通过改变回流比调节精馏塔的操作方便而有效。由于加大回流比对精馏塔塔顶产品质量有利，可提高产品纯度，但能耗相应增加，因此精馏塔应该在合适回流比下进行操作。

当精馏段的轻组分下到提馏段造成下部温度降低时，可减小回流比、增加再沸器蒸汽量使塔釜温度提高。当塔顶馏分中重组分含量增加时，常加大回流比将重组分压下去，以保证产品合格。

当进料中轻组分浓度增加，使精馏段的负荷增加，将造成提馏段的轻组分每层塔板分布浓度增加，在不进行调整的情况下，釜液中轻组分含量加大，使塔釜出料不合格。

当进料中重组分浓度增加,使提馏段的负荷增大,将造成重组分带到塔顶,超出精馏段的操作弹性时,使塔顶产品不合格。

(六)乙苯脱氢反应

乙苯脱氢反应器乙苯进料方式有连续进料、直接进料、间接进料。乙苯的来源为乙苯精馏塔、乙苯回收塔、乙苯储罐。直接进料的来源是乙苯精馏塔和乙苯回收塔。新鲜乙苯的指示值一般没有流量补偿,要保持新鲜乙苯的进料稳定。

乙苯与蒸汽过热炉来的蒸汽混合后进入换热器,然后与第二脱氢反应器出来的物料换热,再进入第一脱氢反应器。

乙苯脱氢单元的乙苯进料中,含有的杂质有苯、二乙苯和氯离子。其中二乙苯含量不能过高,过高会导致产生比苯乙烯还容易聚合的二乙烯基苯。二乙烯基苯受热时可生成二乙烯基苯聚合物,二乙烯基苯极易与苯乙烯铰链聚合,生成不溶于乙苯的聚合物,这种聚合物将堵塞换热器、填料、过滤器,严重时将导致装置全面停车。因此,必须严格控制总乙苯进料中二乙苯的含量小于 $10mg/L$。如果乙苯塔顶二乙苯含量过高,可以增大塔顶回流。

如果乙苯脱氢反应器的床层压差变大,说明催化剂表面结焦,堵塞了催化剂间隙;或者催化剂的粉碎程度增加。遇到这种问题,可以采取增加系统压力、提高反应温度或者停工处理来解决。

(七)蒸汽并网

向下游输送副产蒸汽,用减温减压器来调整蒸汽的温度与压力。输送副产蒸汽时需充分排凝后再预热,以减少管道的热应力,必要时可以利用放空阀保持蒸汽平衡,避免蒸汽波动。并网蒸汽的压力与温度需要稍高于下一级蒸汽,并将管线预热后进行并网。

蒸汽品质是指蒸汽含杂质的多少,也就是指蒸汽的洁净程度,蒸汽含杂质过多会引起过热器受热面、汽轮机通流部分和蒸汽管道沉积盐。盐垢如沉积在过热器受热面管壁上,会使传热能力降低,重则使管壁温度超过金属允许的极限温度,导致管子超温烧坏,轻则使蒸汽吸热减少,过热气温降低,排烟温度升高,锅炉效率降低。盐垢如沉积在汽轮机的通流部分时,将使蒸汽的流通面积减小,造成叶片的粗糙度增加,甚至会改变叶片的型线,使汽轮机的阻力增大,出力和效率降低,此外将引起叶片应力和轴向推力增加,甚至引起汽轮机振动增大,造成汽轮机事故。若盐垢沉积在蒸汽管道的阀门处,可能引起阀门动作失灵和阀门漏气。

(八)蒸汽加热炉

1.加热炉燃烧影响因素

加热炉炉膛产生黑烟有可能是烟道挡板开度小,燃烧不完全,或者烟道气氧含量低引起的。加热炉燃料油压力过大,会产生燃烧不完全,特别在调节火焰时容易引起冒黑烟或熄火。

2.加热炉燃烧器调整方法

因蒸汽量太大而燃料油量太小,燃烧器点不着火,应适当将燃料油阀门开大,以达到合适的气油比;检查燃料油压力是否正常,燃料油的压力太低,燃烧器点不着火,应提高燃料油的压力。燃烧器的风门开度太大,燃烧器点不着火,将燃烧器的风门开度调小。

3. 加热炉吹灰方法

加热炉正常运行时,对流段的积灰需要使用吹灰器清除。苯乙烯装置,常使用的吹灰器种类有蒸汽吹灰器、超声波吹灰器、激波吹灰器。其中蒸汽吹灰器使用的介质是 1.0MPa 蒸汽。

启动蒸汽吹灰器前,应开大烟道挡板,以防止吹灰时氧含量突降引起闷炉。具体吹灰步骤是暖管、开大烟道挡板、吹灰、关闭蒸汽。

4. 更换火嘴

加热炉油火嘴炉前压力必须大于 0.17MPa 情况下才能点火;气火嘴炉前压力必须大于 0.008MPa(装置联锁值)的情况下才能点火。

加热炉火嘴出现泄漏,首先应关闭燃料进料,停止使用,吹扫后再进行更换。

5. 防爆膜

泄压防爆装置包括安全阀和防爆膜。其中防爆膜是一种断裂性的超压防护装置,它用来装设在那些不适宜于装设安全阀的压力容器上,作为安全阀的一种代用装置。

防爆膜是装在压力容器上部以防止容器爆炸的金属薄膜。防爆膜一般安装在有爆炸危险气体的管道和设备上,也安装在出来易结晶或聚合的物质的设备上。脱氢单元的防爆膜可以安装在过热蒸汽降温器与主冷凝器之间或加热炉出口集管线上,作用是防止蒸汽集管压力超高,损坏炉子和管道。如果反应器压力得不到控制,系统超压首先容易使防爆膜破裂。在任何情况下,防爆膜的爆破压力都不得大于压力容器的设计压力。

防爆膜膜片按其断裂时受力变形的基本形式,可分为剪切破坏型、拉伸破坏型、弯曲破坏型。具有密封性能好,反应动作快等优点,且不易受介质中黏污物的影响。

防爆膜重要作用:一是当设备发生化学性爆炸时,保护设备免遭破坏。其工作原理是根据爆炸发展的特点,在设备或容器的适当部位设置一定大小面积的脆性材料(如铝箔片),构成薄弱环节。当爆炸刚发生时,这些薄弱环节在较小的爆炸压力作用下,首先遭受破坏,立即将大量气体和热量释放出去,爆炸压力以及温度很难再继续升高,从而保护设备或容器的主体免遭更大损坏,使在场的生产人员不致遭受致命的伤亡。二是如果压力容器的介质不洁净,易于结晶或聚合,这些杂质或洁净体有可能堵塞安全阀,使得阀门不能按规定的压力开启,失去了安全阀的作用,在此情况下,就只得用爆破片作为泄压装置。此外,对于工作介质为剧毒气体或在可燃气体(蒸气)里含有剧毒气体的压力容器,其泄压装置也应采用爆破片,而不宜用安全阀,以免污染环境。因为对于安全阀来说,微量的泄漏是难免的。爆破片的安全可靠性取决于爆破片的厚度、泄压面积和膜片材料的选择。

(九)尾气压缩机

驱动尾气压缩机的汽轮机使用高压蒸汽做动力源。为了保护压缩机,采取气液分离罐液位高高联锁、气液分离罐设置分液装置的保护措施,防止液体进入运行中的压缩机气缸。压缩机组启动时,润滑油系统、密封系统、控制油系统应投入运行,压缩机组润滑油过滤器的正常压差为 0.02~0.08MPa。

脱氢尾气压缩机转速表的测速方式有手动测速和在线测速。

尾气压缩机吸入口压力,由调速器调节汽轮机转速控制。转速表的测速方式是利用与转轴相连的60个界限的圆齿形环,与转速探头相对转动,产生一频率信号,二次表接收这一信号,显示出相应的转速。尾气压缩机当达到汽轮机最低允许转速时,冷却的出口气部分打至循环保持吸入口压力,以防止尾气压缩机喘振。压缩机启动后转速达到2500r/min时,可以打至远程由中控室调整压缩机入口压力。

(十)残油

如果溶液中某一组分的平衡分压低于混合气体中该组分的分压,该组分便要从液相转移到气相,这一过程称为解吸过程。解吸是吸收的反向过程。相对分子质量小的烃易解吸,温度高、压力低对解吸有利。

吸收是利用混合气体中各组分在液体中的溶解度不同达到分离的目的。凡不利于吸收的因素(如提高温度、降低压力、通入蒸汽等),都会对解吸过程产生有利的影响。但需要注意的是,虽然降低压力对解吸有利,有时为了冷凝从吸收油解吸出来的烃类而要求有较高的压力。

残油经冷却后可以吸收脱氢尾气中的芳烃,使用超低压蒸汽将芳烃汽提出来。为防止残油循环系统形成重组分产物,残油要定期排污并排至残油/苯乙烯焦油混合物储罐。

残油加入薄膜蒸发器中可以起到冷却剂、转子机械密封液、润滑剂的作用,但是残油也不能多加。

(十一)各岗位质量调节方法

1. 乙苯单元

乙苯单元苯塔操作的关键控制点是控制塔底液中苯的浓度低于0.17%(质量分数),控制塔顶出料中乙苯浓度小于1.0%(质量分数),目的是保证乙苯产品的质量。降低苯塔塔顶出料中乙苯浓度的方法可以采取增加回流量,降低灵敏板的温度的方法。提高苯塔的灵敏板温度可以增加塔顶出料中的乙苯浓度,降低塔底液中的苯含量。

由灵敏板温度控制器与苯塔再沸器(换热器)液位罐的液位串级调节来控制苯塔塔底液中的苯的含量。

乙苯塔底产品乙苯含量过高,可以提高塔底温度。

多乙苯塔塔顶多乙苯产物中二苯乙烷的浓度要小于200mg/L,塔釜排出物料(重沸物或残油)中三乙苯浓度要求为大于8%(质量分数),三乙苯馏分应尽量回收来生成乙苯产品。

为保证多乙苯塔塔顶、塔釜产品合格,可以通过调节提馏段灵敏板温度、塔顶回流量、再沸器的加热蒸汽量等方法。如果塔顶乙苯浓度高,可以通过增加回流量,提高灵敏板温度来调节。

2. 脱氢单元

在乙苯脱氢反应系统中,关键的控制参数是第一和第二脱氢反应器入口温度、乙苯进料量、蒸汽/乙苯比(质量比)。在设备能力允许的范围内,乙苯脱氢反应器和输送管线达到了设计温度,如稍增加蒸汽/乙苯比,则可以延长催化剂的使用寿命。

乙苯脱氢反应器两个入口温度对转化率的影响是同数量级的,但是如果第二级的入口温度稍高于第一级的入口温度将对转化率有利。操作压力对苯乙烯选择性有关,第二脱氢反应器出口压力必须始终保持它的最低值。脱氢催化剂长期运转到后期，根据转化率的情况可以稍提高反应器的入口温度，或者增加乙苯的进料量，保证乙苯转化率。

废热锅炉中的锅炉给水要加进化学药品，以防止管子损坏，必须定期分析以确定化学药品的量并确认排污量是否合适。

工艺凝液汽提塔的预热器中加入直接蒸汽，蒸汽作为汽提剂，将工艺凝液中含有的微量烃类汽提出去。

苯乙烯产品在储藏时必须添加产品阻聚剂，阻聚剂的含量在 $10 \sim 15 \text{mg/L}$。苯乙烯产品应储存在 $25℃$ 以下，防止聚合变质。使用桶装时应密闭储存。

（十二）换热器

冷热两种流体在热量传递过程中，其温度始终保持不变的传热称为恒温传热。在换热器中被冷却物料一般选壳程，便于散热。

换热器按其换热特性可以分为直接接触式换热器、蓄热式换热器、间壁式换热器。间壁式传热是指冷热两股流体被固体壁面隔开的传热过程，即冷热两股流体不直接接触。间壁式换热器流体的流向有并流、逆流、折流、错流。

常用的换热器有列管式换热器、套管式换热器、夹套式换热器、喷淋式换热器。投用换热器时应先开冷流，后开热流；停换热器时相反，应先停热流，后停冷流。

装置换热器使用循环水作为大型机组、冷换设备及机泵的冷却介质，为了保证循环水的冷却效果，维护装置正常生产运行，要求正常操作中应维持循环水上水压力不低于 0.4MPa，温度不高于 $32℃$，否则应及时联系水场提高循环水压力或降低循环水温度。

四、停车操作

（一）停车注意事项

1. 临时停车

乙苯脱氢单元临时停车时，避免反应器床层温降过大造成催化剂的失活，而且温度太低容易出现水蒸气，影响催化剂的强度。同时应该注意的事项有：主蒸汽系统需要排凝，反应器床层是否有局部过热点，膨胀节系统是否自由伸缩膨胀。开车时，反应器只有保温在 $150℃$ 以上才可以按热系统状态开车，并避免温降过大造成对催化剂的冲击，引起催化剂失活。

烷基化反应器临时停车时，反应器床层通入热苯进行保温。

2. 苯塔停车

苯塔停车时，苯塔顶罐液位较低时是停塔顶泵的最佳时机。如果必要可以将停工排空线与苯塔顶泵进口连通，用苯塔顶泵将苯塔塔釜液位倒空。当倒空压力低时，需通入氮气维持塔压进行倒空。倒空完毕后即要关闭导淋。

停苯塔再沸器的顺序：

（1）逐渐关闭再沸器加热蒸汽进口阀，停止加热。

（2）打开再沸器壳程放空。

（3）打开凝液罐调节阀前导淋。

（4）倒空再沸器蒸汽凝液。

苯塔再沸器倒空时,将物料低点导淋打开,接胶管接桶,直至无物料流出,低点导淋见氮气时为止。

当苯塔塔顶冷凝器不发生蒸汽时,全开排大气放空阀、关闭蒸汽并网阀、关闭进凝液调节阀。

3. 乙苯塔停车

乙苯塔停车期间,排放到乙苯塔塔釜的液体由乙苯塔底泵排出,进入不合格乙苯罐。停车操作时,可以通过压力分程控制调节对乙苯塔压进行控制,压力高时排向火炬,压力低时充入氮气维持塔压。

乙苯塔停车后,确定乙苯脱氢单元进料已改为间接进料,脱氢单元进料变为来自乙苯回收塔的循环乙苯和来自储罐的乙苯。

4. 多乙苯回收塔停车

停多乙苯塔时,应首先切断乙苯塔塔底进料,最后应停掉的泵是残油泵。当停掉多乙苯塔再沸器蒸汽时,多乙苯塔液位会可能升高或者降低也可能不变。停车后,多乙苯塔倒空结束后,打开真空泵的入口阀。停掉真空泵后,关闭真空泵入口阀,停止密封液,并关闭压力控制阀和截止阀,把塔和真空系统隔开。

需要用多乙苯密封的泵无须根据多乙苯塔停车而停车。

5. 苯乙烯精馏塔停车

苯乙烯塔停车用水冲洗后,水排向脱氢液储罐,冲洗完毕后关闭脱氢液储罐的进料阀,目的是回收水中的物料。

苯乙烯塔停车后用乙苯冲洗整个塔系统,乙苯冲洗完毕后,向塔内充入氮气保压,塔压最高为 2atm。

苯乙烯塔塔釜温度降至 60℃ 以下时,停乙苯/苯乙烯分离塔和苯乙烯塔的进料。

苯乙烯塔停车后处理步骤的顺序是乙苯冲洗、乙苯蒸煮、水蒸煮、蒸汽干燥、氮气冷却、置换氮气。苯乙烯塔进行蒸汽蒸煮时的进气渠道有塔釜 UC 阀、进料线导淋。

苯乙烯精馏塔停车期间,整个苯乙烯系统必须处于氮气的保护下,原因是:

(1)塔内件可能在停车期间发生较大的腐蚀问题。

(2)表面积很大,薄钢材料很容易被湿空气氧化,不惜任何代价把湿空气驱逐出去是必要的。

(3)如果塔仅处于停车不需进入塔内,必须在停车期间用干氮气保护。

乙苯/苯乙烯分离塔在停车之前必须加大进入乙苯/苯乙烯分离塔尾气冷凝器的冷却水流量,为改变冷却负荷做准备。在进料量降低到 50% 的设计负荷时,蒸汽进料量、塔釜产品的采出量、塔顶产品的采出量必须根据产品质量的需要,给予相应的重新设定。停车时,回流管液位低时,关闭回流阀。停塔顶泵、进料泵塔釜物料冷运进苯乙烯精馏塔经冷却器至脱氢液罐。塔釜温度降至 60℃ 以下时,停 NSI 进料泵,并用乙苯冲洗 NSI 进料管线。当凝液线截止阀关闭后,将再沸器放空阀打开,排向大气。

乙苯/苯乙烯分离塔停车后进入设备检修前,需要进行乙苯冲洗、乙苯蒸煮、水蒸煮、蒸汽干燥处理、氮气冷却、氮气置换。乙苯/苯乙烯塔进行蒸汽蒸煮时的进汽渠道有塔釜 UC 阀、进料线导淋、不合格苯乙烯线、NSI 进料线。

当乙苯/苯乙烯分离塔再沸器蒸汽停止，塔降温退料，乙苯冲洗结束后，调节压力控制阀，将塔内充入氮气直到塔压 2atm。

当脱氢液进料由乙苯/苯乙烯分离塔经苯乙烯塔至脱氢液储罐冷运时，乙苯/苯乙烯分离塔塔顶物料至乙苯塔。

6. 乙苯回收塔停车

乙苯回收塔停车时，首先切断塔釜向脱氢单元进料，因此停车前应该通知脱氢单元减少循环乙苯量，苯乙烯精馏单元停车前 6h，乙苯回收塔的循环乙苯切至乙苯储罐。

当乙苯回收塔回流罐空时，关闭回流调节阀。当乙苯回收苯塔倒空压力低时，需通入氮气维持塔压进行倒空。倒空后进行蒸煮，乙苯回收塔需蒸煮的时间为24h。

（二）反应器烧焦

乙苯脱氢反应器烧焦前取样分析乙苯/蒸汽分离罐出口有机物含量，做烧焦准备。当脱氢反应器床层入口温度稳定在450℃时，向系统内通入杂用风，并仔细观察两反应器出口温度不超过600℃。

空气通入后，注意观察乙苯脱氢反应器内部测温元件的温度指示，监测可能出现的过热点，如果任何一点的温度指示超过500℃，则减少空气量，或增加稀释蒸汽量，待温度稳定后再继续进行烧焦。还可以通过主冷器下游排放气中的氧含量来监视乙苯脱氢反应器催化剂的烧焦过程。烧焦产生的蒸汽、惰性气体和空气必须排放到大气，以防止在排放系统积存燃烧混合物。

（三）氮气吹扫

蒸汽管线吹扫时，排放口分别设置在主管线及支管线的末端并设立警戒标志。管道吹扫时，吹扫压力应按设计规定，若设计无规定时，吹扫压力一般不得低于工作压力的25%。

氮气管线吹扫时的注意用氮气进行吹扫，先吹主管后吹支管，吹扫时在排放口设立警戒标志。仪表风管线的吹扫介质是干燥空气。

管路系统试压时应准备合格压力表，量程为试验压力的 1.5~2.0 倍。

乙苯/苯乙烯分离塔停车时塔釜 UC 阀处接氮气进行吹扫 24h，并且在吹扫时将引压管打开排放，避免积油。

管道系统吹扫前，不应安装孔板、节流阀、安全阀、仪表件等。氮气吹扫应具备的条件：

（1）强度试验、清洗结束。

（2）拆除仪表、阀节阀、节流孔板，用短管代替。

（3）吹扫用的氮气有保证。

（4）准备必要的耐压橡胶软管、F 形扳手、靶片。

氮气吹扫的要求及原则：接气点、排气点、盲板隔离按照要求加装完毕，吹扫次序和吹扫时落实好安全防护措施。装置氮气置换时，一般将系统充氮气至一定压力后，逐个打开所有排污阀和放空阀，进行排放，并重复此步骤多次，来进行氮气置换，直至达到要求。

（四）系统隔离

打开塔等设备的人孔前，设备需要卸压处理，并与所有的进出物料隔离，与火炬系统隔离。

系统进行隔离前应保证倒空置换合格。隔离或控制能量方式包括：

（1）移除管线，加盲板。

（2）退出物料，关闭阀门。

（3）切断电源或对电容器放电。

（4）双切断阀门，打开双阀之间的导淋。

（五）设备泄漏后环保工作

设备泄漏时，为了达到环保工作要求，要做到油不落地，油不排入下水道，进行最大限量的废物料回收，及时将泄漏处进行消漏。

检修的设备管线打开时，应用铜桶处理管线中存留的物料。当机泵检修时不慎将残余物料洒落在地面，油污要用棉纱、吸油毡或锯末等吸油物质进行吸油处理，严禁冲入下水管道。当机泵检修完毕后，应做到人走、料净、脚下清。

（六）检修前处理

停工检修的生产装置在经认真吹扫处理并化验分析合格，使用测爆仪或其他类似手段分析，被测气体或蒸气浓度小于爆炸下限10%，动火属于二级动火。动火前分析可燃气浓度不合格时需要使用氮气置换，直至测爆合格。

管线设备蒸煮的目的是去除设备中残存的有机物，为动火检修做好安全准备工作。在动火前，需动火的管线或设备加装盲板与系统隔离，配备相应的灭火器材，有专人监火等安全措施落实后方可进行动火。

项目二 乙苯/苯乙烯分离塔氮气置换的操作

一、准备工作

（1）穿戴劳保着装，选择正确的工具用具。

（2）对讲机、防爆扳手、胶管2条、铁丝若干准备齐全。

（3）确认设备管线阀门完好。

二、操作规程

（1）检查确认。联系生产调度准备进行氮气置换，保证供应氮气压力，检查塔顶排放去火炬系统流程是否畅通。

（2）接通氮气。从乙苯/苯乙烯分离塔 UC 阀处接氮气胶管，先开 UC 设备本体阀，后缓慢开氮气阀，控制通入氮气量进行连续置换。

（3）氮气置换。分析乙苯/苯乙烯分离塔排出的氮气中不含有水蒸气，烃类浓度小于10mg/L 置换合格，先关氮气阀，后缓慢关 UC 设备本体阀，置换无问题时将所有放空阀关闭。

三、注意事项

（1）穿戴好合适的劳动保护用品，使用合格的防爆工具。

（2）掌握好开/关阀时的先后顺序。

项目三　脱氢反应系统氮气置换的操作

一、准备工作

（1）穿戴劳保着装，选择正确的工具用具。

（2）对讲机、防爆扳手、胶管 2 条、铁丝若干准备齐全。

（3）确认设备管线阀门完好。

二、操作规程

（1）检查确认。联系生产调度准备进行氮气置换，保证供应氮气压力，检查脱氢反应后系统排放去火炬的流程是否畅通。

（2）先开专门氮气线阀，后缓慢开氮气阀，控制通入氮气量进行连续置换。

（3）分析脱氢反应排出的氮气中氧气含量小于 0.5%，烃类浓度小于 10mg/L 置换合格，先关氮气阀，后缓慢关专门氮气线阀，置换无问题时将所有放空阀关闭。

三、注意事项

（1）穿戴好合适的劳动保护用品，使用合格的防爆工具。

（2）掌握好开/关阀时的先后顺序。

项目四　加热炉点炉条件的确认

一、准备工作

（1）穿戴劳保着装，选择正确的工具用具。

（2）对讲机、防爆扳手、火柴、柴油若干、点火棒、交接班日记准备齐全。

（3）确认设备管线阀门完好。

二、操作规程

（1）工艺确认。燃料气管线用介质贯通试压，保证管线及阀门等无泄漏，将燃料气引至炉前，准备好点炉方案，交接班日记和相关记录，全开加热炉烟道挡板及风门，进行自然通风，炉膛测爆合格。

（2）仪表确认。加热炉相应部位安装上准确、完好的压力表和热电偶，联系仪表校调节阀，确保调节阀灵活好用。

（3）设备确认。确保燃料气压力定压值准确，安全阀合格，检查火嘴及长明灯是否安装，准备好柴油及点火棒，彻底检查炉体及各附件。

三、注意事项

（1）炉膛必须测爆合格后方能点火。

(2)使用合适的工具进行操作。

项目五　换热器开车前的确认

一、准备工作

(1)穿戴劳保着装,选择正确的工具用具。
(2)对讲机、防爆扳手准备齐全。
(3)确认设备管线阀门完好。

二、操作规程

(1)泄漏检查。检查各处连接法兰有无渗漏,检查各放空阀有无渗漏,检查进、出口阀和连通阀有无渗漏。
(2)基础确认。基础是否下沉、变形。
(3)仪表检查。检查各点温度指示是否清晰、正确,检查各点压力表指示是否正确,有无渗漏。
(4)换热器检查。检查换热器是否偏流、结垢。

三、注意事项

所有检修断开的连接部位都要进行泄漏检查,避免遗漏。

项目六　装置开工引蒸汽的操作

一、准备工作

(1)穿戴劳保着装,选择正确的工具用具。
(2)对讲机、防爆扳手、手套准备齐全。
(3)确认设备管线阀门完好。

二、操作规程

(1)检查确认。放净管线内存水,检查所有管线、阀门、压力表,关闭各支线阀门,严禁蒸汽进入反应器等设备。
(2)预热。联系调度及动力车间送汽,缓慢开启总阀预热管线。
(3)引蒸汽。微开蒸汽进口阀门或旁路引入蒸汽暖管,预热管线应加强排凝,打开蒸汽系统末端和所有低点排凝阀,排除凝水,控制总阀开度,以防水击,检查蒸汽总管压力达到设定压力,将压力调节控制阀投自动,关闭各排凝阀门,全开蒸汽进口阀门。

三、注意事项

(1)检查所有管线、阀门、压力表,关闭各支线阀门,严禁蒸汽进入反应器等设备。

（2）进行引蒸汽操作,注意一定要先排净设备和管线内的冷凝水,以免产生水击损坏设备和管线。

项目七　装置引循环水的操作

一、准备工作

（1）穿戴劳保着装,选择正确的工具用具。

（2）对讲机、防爆扳手准备齐全。

（3）确认设备管线阀门完好。

二、操作规程

（1）检查确认。检查各水冷器和机泵的循环水进出口阀门状态应关闭。

（2）打开界区总阀。打开循环水管线进出口总阀门。

（3）系统排气。打开装置最高处水冷器的排空阀,打开各水冷器循环水进口阀,然后打开各水冷器循环水出口阀前导淋,排尽污水。

（4）水冷器引水。打开各水冷器循环水出口阀,关闭各水冷器循环水导淋阀。

三、注意事项

（1）按工艺流程检查所有阀门是否好用,打通流程,拆除试压所加的盲板。

（2）检查全部孔板、流量计、控制阀、温度计、压力表是否安装好。

（3）如要进入机泵,各机泵入口过滤器已清理安装完毕。

（4）水引入装置时要缓慢,末端要排气放空,防止发生水击。

（5）引循环水前注意循环水管线及冷换设备的防腐、防垢。

（6）投冷换设备时,注意先投用循环水,后投介质。

项目八　高压蒸汽管线吹扫的操作

一、准备工作

（1）穿戴劳保着装,选择正确的工具用具。

（2）对讲机、防爆扳手准备齐全。

（3）确认设备管线阀门完好。

二、操作规程

（1）检查确认。在高压蒸汽总管末端安装消音器,拆除管线上疏水器内芯,打开导淋阀,所有支管阀门关闭。

（2）暖管。慢慢打开总阀,暖管,导淋阀有汽后关小。管道先恒温,然后开大总阀吹扫,再降温。吹扫时间为 60~70min。

（3）吹扫。重复吹扫、降温步骤二次。最后一次吹扫时打开疏水器前阀,蒸汽从疏水器喷出,时间为 10~15min,蒸汽总阀开至最大,做铝片打靶试验,持续时间 10min。

（4）系统恢复。疏水器安装内芯,总管末端装上盲法兰,总管内引入高压蒸汽,进行支管吹扫。

三、注意事项

（1）管道吹扫时,应尽量从高处往低处吹。

（2）非热力管道不得用蒸汽吹扫。

（3）蒸汽吹扫前进行暖管。

（4）蒸汽吹扫时,管道上及其附近不得放置易燃物。

项目九　乙苯脱氢反应系统氮气循环的建立

一、准备工作

（1）穿戴劳保着装,选择正确的工具用具。

（2）对讲机、防爆扳手准备齐全。

（3）确认设备管线阀门完好。

二、操作规程

（1）检查确认。系统气密、氮气置换合格,催化剂装填完毕,确认仪表、联锁、机泵送电,密封液罐送密封液;检查加热炉烟道挡板,检查主蒸汽截止阀关闭,联锁在开车旁路状态;投用循环水冷却器、空冷风机,燃料气接至加热炉。

（2）氮气升温。改好脱氢反应系统流程,从主蒸汽截止阀后可拆短管处接氮气,吹扫反应器的氮气从压缩机入口密封水罐处放空。加热炉点火升温,开大氮气热载体量,以 20~30℃/h 的速度提高加热炉温度,当炉管温度达 120℃,恒温,准备氮气升温流程,尾气压缩机开车,氮气循环升温开始后,加热炉点燃更多的火嘴。

三、注意事项

（1）氮气升温时流程确认,准确接入氮气。

（2）压缩机开车后,逐渐提高加热炉的出口温度。

（3）加热炉升温时,炉膛升温速度不可过快。

项目十　阻聚剂打入乙苯/苯乙烯分离塔的操作

一、准备工作

（1）穿戴劳保着装,选择正确的工具用具。

（2）对讲机、防爆扳手准备齐全。

（3）确认设备管线阀门完好。

二、操作规程

（1）配制阻聚剂。配制好浓度 10%～15% 的阻聚剂溶液，阻聚剂储罐温度控制在 60℃，将阻聚剂由配制罐放入缓冲罐，罐液位到 60%～80%，改好流程，关闭支路阀门，打开入、出口阀，泵灌入液体，泵出口放空处排气。

（2）打阻聚剂。按下泵启动按钮，缓慢调节流量冲程至规定流量，压力正常时，记录阻聚剂缓冲罐液位，向化验要打入乙苯/苯乙烯分离塔内阻聚剂的分析数据。按照分析数据相应调整泵冲程大小。

三、注意事项

（1）阻聚剂泵启泵时要充分排气，防止泵憋压。

（2）及时根据分析数据调整冲程大小。

项目十一　乙苯精馏系统烃化液循环的建立

一、准备工作

（1）穿戴劳保着装，选择正确的工具用具。

（2）对讲机、防爆扳手准备齐全。

（3）确认设备管线阀门完好。

二、操作规程

（1）检查确认。气密、氮气置换合格，将设备及管线内存水放净，确认有足够的烃化液原料。

（2）投换热器。改好单塔循环流程，投用循环水冷却器，塔顶废热锅炉通入凝液，打开蒸汽排放大气阀，再沸器进行预热，保持塔顶压力控制在工艺要求范围内。

（3）启泵。启动烃化液泵向塔内进烃化液，先大流量填充，后降下来。

（4）建立循环。塔底液位达 60%～80% 时，塔釜物经冷却器至烃化液罐，待取样分析合格后，向下一塔进料。

三、注意事项

（1）投换热器时，需要控制好塔顶压力。

（2）建立循环时，塔釜物料经冷却器进入烃化液罐，防止流程改错。

项目十二 残油洗涤系统残油循环的建立

一、准备工作

（1）穿戴劳保着装，选择正确的工具用具。
（2）对讲机、防爆扳手准备齐全。
（3）确认设备管线阀门完好。

二、操作规程

（1）检查确认。系统气密、氮气置换合格，将设备及管线内存水放净。
（2）投换热器。改好双塔循环流程，脱氢尾气走塔的旁路，投用循环水冷却器、残油中间换热器、残油加热器。
（3）进残油。确认有足够的残油量，启动进残油泵向塔内进残油，先大流量填充，后降下来。
（4）双塔循环。塔底液位达 60%～80%时，启动塔釜泵，塔釜物经残油中间换热器、残油加热器进残油汽提塔进行双塔循环。

三、注意事项

（1）待塔底液位满足要求时，及时建立双塔进行循环。
（2）投换热器时，先投冷料再投热料。

项目十三 工艺凝液汽提塔的开车操作

一、准备工作

（1）穿戴劳保着装，选择正确的工具用具。
（2）对讲机、防爆扳手准备齐全。
（3）确认设备管线阀门完好。

二、操作规程

（1）流程确认。气密、氮气置换合格，将设备及管线内存水放净。打通工艺凝液汽提塔接收工艺凝液的流程，投用塔顶蒸汽预热器、汽提塔顶进料中间换热器。
（2）进凝液。启动工艺凝液泵，缓慢打开进料控制阀向塔内进工艺凝液，待汽提凝液缓冲罐液位 50%时启动汽提塔凝液泵，保证凝液送出。
（3）投换热器。缓慢打开塔顶蒸汽预热器的加热蒸汽控制阀，打开汽提塔顶进料中间换热器返回脱氢液罐的阀门。
（4）蒸汽汽提。缓慢打开工艺凝液汽提塔加热蒸汽进料控制阀，通入蒸汽，正常后蒸汽量与工艺凝液量按比例调节。

(5)切负压。尾气压缩机稳定后,关闭塔顶气相放空阀,打开气相去压缩机入口截止阀。

三、注意事项

(1)系统切负压时注意操作顺序。

(2)投蒸汽时管线先进行排凝。

项目十四 废热锅炉蒸汽并网的操作

一、准备工作

(1)穿戴劳保着装,选择正确的工具用具。

(2)对讲机、防爆扳手、液位计、压力表准备齐全。

(3)确认设备管线阀门完好。

二、操作规程

(1)流程确认。确认蒸汽放空阀打开;并网阀关闭,开安全阀隔断手阀。

(2)升温升压。确认引锅炉给水系统正常;废热锅炉液面控制在50%,正常后改仪表自动控制。

(3)并网。汽包压力高于系统压力时,缓慢开并网阀将蒸汽导入系统,开始并网;正常后关闭放空阀。

(4)定期排污。开定期排污冲洗管线。

三、注意事项

(1)蒸汽并网时,压力和温度必须稍高于下游蒸汽的压力和温度再进行并网,不能过低。

(2)废热锅炉蒸汽并网时,要求蒸汽并网阀缓慢打开。

项目十五 苯乙烯精馏塔再沸器的投用

一、准备工作

(1)穿戴劳保着装,选择正确的工具用具。

(2)对讲机、防爆扳手准备齐全。

(3)确认设备管线阀门完好。

二、操作规程

(1)检查核实。气密合格,将设备及管线内存水放净。检查核实相对应加热蒸汽可用。改好单塔循环流程,投用循环水冷却器、冷冻水冷却器,开启真空泵系统抽负压,将不凝物从塔顶排出。

(2)暖管预热。将再沸器罐的液面控制器置于手动并关闭控制阀。打开再沸器壳程排气阀,打开蒸汽线上旁路阀,开始缓慢暖管、预热。

(3)升温恒温。塔釜见液面后,开大再沸器加热蒸汽阀,关闭旁路阀、排气阀,以20~30℃/h的速度提高塔底温度,当塔底温达工艺温度时恒温。再沸器罐的液面达60%时控制器置于自动,保持塔顶压力控制在工艺要求范围内。

三、注意事项

再沸器投用时,需首先打开壳程排气阀进行排气防止憋压。

项目十六 日常巡检

一、准备工作

(1)穿戴劳保着装,选择正确的工具用具。
(2)对讲机准备齐全。
(3)确认设备管线阀门完好。

二、操作规程

(一)加热炉的日常巡检

(1)DCS参数检查。检查炉出口温度、流量、温差及炉膛温度是否在工艺指标范围内,辐射室出口处的负压是否符合要求,辐射室的过剩空气系数是否在3%~5%。

(2)燃烧器检查。各个燃烧器的燃烧情况,火焰的形状及颜色是否符合要求,火焰是否烧着炉管等。

(3)炉管检查。各个炉管是否有弯曲、脱皮、鼓泡、发红等现象,注意检查回弯头堵塞、出入口阀门、法兰等处有无漏油现象。

(4)压力温度检查。燃料油压力、雾化蒸汽压力、瓦斯压力是否符合要求,检查炉膛内各点的温度变化情况。

(5)安全附件检查。检查炉子的防爆门、风门、烟道挡板是否符合要求。

(二)罐区的日常巡检

(1)检查储罐。检查储罐液位小于80%,室内外液位计校验准确,进出料阀的开关位置正确,排水不带油,罐区周围及相关管线、围堰无泄漏,避雷设施、呼吸阀、氮封系统、静电接地设施完好。

(2)检查泵。端面不泄漏,电动机无杂音,泵轴承温度不大于65℃,电动机温度不大于

70℃，振动不大于8mm；冷却水畅通，润滑油油位在看窗1/3~1/2之间，不变质；进出口管线法兰、阀门无泄漏，备用热油泵预热正常。

（3）消防设施。消防箱、消防栓、消防水炮、泡沫消防等设施齐全。

（三）压缩机的日常巡检

（1）控制系统。汽轮机控制器、电磁阀、联锁、报警闪光蜂鸣系统是否完好，联锁摘挂情况、主蒸汽切断阀情况。

（2）工艺系统。检查工艺气体出入口温度、压力、流量是否符合工艺要求，检查压缩机出口返入口循环蝶阀及执行机构情况，检查压缩机的声响、振动及轴位移的变化情况。

（3）密封系统。检查密封水、密封氮出入口压力是否符合工艺要求。

（4）润滑系统。检查主油泵运转情况，电动泵备用情况，油温小于65℃，油箱液位控制在2/3处，油压是否符合工艺要求。

（5）冷却系统。检查压缩机夹套冷却水和油冷器冷却水供水压力是否符合工艺要求。

三、注意事项

（1）观察燃烧器燃烧情况时，注意正压回火，防止烧伤面部。

（2）注意检查储罐液位，小于80%。检查机泵运转正常。注意检查消防设施。

（3）压缩机启动后，检查压缩机的声响、振动及轴位移的变化等情况。

项目十七　DCS操作

一、准备工作

（1）穿戴劳保着装，选择正确的工具用具。

（2）对讲机准备齐全。

二、操作规程

（一）系统基本操作

（1）操作程序。对控制台各功能键初步了解。

（2）调用基本操作画面。调出原料苯罐系统总画面；调出烷基化反应器系统总画面；调出乙苯精馏塔系统画面；调出乙苯脱氢反应器系统画面；调出苯乙烯精馏塔系统画面。

（3）调用辅助系统画面。调出苯乙烯装置火炬系统画面；调出苯乙烯装置冷冻水系统画面。

（4）了解各个功能键的作用。指出相关显示键；指出确认键；指出消音键；指出组画面键。

（二）操作参数的调出

1.调出操作仪表

（1）在流程图上双击需要调用参数的仪表。

（2）或点击操作屏幕上的NAME图标，输入需要调用的仪表位号，按回车。

（3）或按功能键盘上 NAME 键，输入需要调用的仪表的工位号，按回车。

（4）或从控制分组中双击需要调用的仪表。

2. 查看操作参数

（1）点击操作屏幕上的"→│←"图标。

（2）或者按键盘上的"→│←"键。

（3）或者点击操作屏幕中 Window Call Menu 中的"→│←TUNING"项。

三、注意事项

（1）按照规定步骤将各个画面调出。

（2）熟知 DCS 操作参数调出方法。

项目十八　加热炉炉膛温度的调节

一、准备工作

（1）穿戴劳保着装，选择正确的工具用具。

（2）对讲机、防爆扳手准备齐全。

（3）确认设备管线阀门完好。

二、操作规程

（1）操作要点。升降温速度应按操作规程控制的升降温速度，避免超负荷运行，火焰舔炉管，升降温度时应控制炉子的排烟温度在规定范围内，多火嘴、齐火焰、对角点燃。

（2）升温步骤。增加燃烧火嘴的给油量，同时调节雾化蒸汽及助燃风量及烟道挡板开度，控制炉膛负压在规定范围内。

（3）降温步骤。减少燃烧火嘴的给油量，同时调节雾化蒸汽及助燃风量及烟道挡板开度，控制炉膛负压在规定范围内。

三、注意事项

（1）熟知操作要点。

（2）升温和降温时控制炉膛压力在规定范围内。

项目十九　加热炉氧含量的调节

一、准备工作

（1）穿戴劳保着装，选择正确的工具用具。

（2）对讲机、防爆扳手准备齐全。

（3）确认设备管线阀门完好。

二、操作规程

（1）调节要点。调节烟道挡板开度为主，风门开度为辅，防止加热炉炉膛出现微正压，炉膛冒黑烟。

（2）氧量调节。氧含量过高时调节方法：适当关小烟道挡板，如烟道挡板开度过小则可关小各火嘴的风门。氧含量过低时调节方法：适当开大烟道挡板，如烟道挡板开度过大则可开大各火嘴的风门。

三、注意事项

（1）熟知炉膛调节要点，防止炉膛压力超出规定范围。

（2）熟知氧量调节方法。

项目二十　废热锅炉蒸汽脱网的操作

一、准备工作

（1）穿戴劳保着装，选择正确的工具用具。

（2）对讲机、防爆扳手、压力表、液位计准备齐全。

（3）确认设备管线阀门完好。

二、操作规程

（1）确认废热锅炉停止产生蒸汽，汽包压力低于系统压力。

（2）脱网。缓慢将废热锅炉蒸汽放空阀打开；并网阀关闭。

（3）降温。关连续排污，如果废热锅炉需要倒空，则开连续排污。

三、注意事项

（1）控制好废热锅炉的液位，防止干锅。

（2）脱网时注意操作顺序。

项目二十一　乙苯/苯乙烯分离塔蒸煮的操作

一、准备工作

（1）穿戴劳保着装，选择正确的工具用具。

（2）对讲机、防爆扳手、铁丝、胶管若干准备齐全。

（3）确认设备管线阀门完好。

二、操作规程

(1)确认条件。乙苯/苯乙烯分离塔内物料已倒空,设备及管线内物料已倒净,确认阻聚剂管线已用乙苯进行了冲洗。

(2)乙苯冲洗。改好塔进乙苯冲洗流程,由乙苯/苯乙烯分离塔进料线乙苯冲洗阀进乙苯,冲洗物经循环水冷却器进入脱氢液罐,取样分析塔釜苯乙烯含量小于5%(质量分数),乙苯冲洗结束。

(3)乙苯蒸煮。乙苯冲洗结束后,塔恢复至正常控制压力,再沸器预热,通蒸汽加热,塔全回流操作,乙苯损失时向系统内补充乙苯,取样分析塔釜阻聚剂含量小于50mg/L,乙苯蒸煮合格,将乙苯倒入脱氢液罐,再沸器停止加热。

三、注意事项

(1)乙苯冲洗时,时间要保证。

(2)乙苯冲洗结束后,塔恢复至正常控制压力。

(3)改变操作时要注意取样分析。

项目二十二　乙苯/苯乙烯分离塔置换的操作

一、准备工作

(1)穿戴劳保着装,选择正确的工具用具。

(2)对讲机、防爆扳手、铁丝、胶管若干准备齐全。

(3)确认设备管线阀门完好。

二、操作规程

(1)确认条件。乙苯蒸煮结束,乙苯/苯乙烯分离塔内物料已倒空,设备及管线内物料已倒净。确认塔顶放空阀打开。

(2)水蒸煮。从塔 UC 阀处、进料线上导淋处接蒸汽进行蒸煮,蒸煮 10~12h(蒸煮时间按各装置具体要求)后,蒸汽中烃类浓度小于 10mg/L,蒸煮结束。

(3)氮气干燥。从塔 UC 阀处接氮气,底点导淋处排放,氮气中不含水蒸气,氮气干燥结束。

(4)空气置换。塔至火炬系统打上盲板后,打开人孔,空气置换冷却到 30~32℃,必要时可通入杂用风强制冷却。

三、注意事项

(1)乙苯蒸煮结束后,塔内物料倒空。

(2)水蒸煮时间要保证。

(3)熟知空气冷却温度。

(4)改变操作时要注意取样分析。

项目二十三　压缩机切换的操作

一、准备工作

（1）穿戴劳保着装，选择正确的工具用具。

（2）对讲机、防爆600mm扳手、100#压缩机润滑油若干准备齐全。

（3）确认设备管线阀门完好。

二、操作规程

（1）检查确认。备用机各个切液点切液，确保缸内无液体；各冷却部位给冷却水；打开压缩机出入口阀，打开各段压力表手阀，检查有无漏点；检查润滑油位及其他压缩机部件和附件是否处于正常工作状况；确认备用机为零负荷，盘车到最轻位置；联系电工送电。

（2）启运备用机空运。按动启动电钮，进行空运。检查注油器、曲轴箱、中冷器的工作情况，将辅助油泵打至自启动位置并调整油压至正常。检查各部温度、压力及电动机电流是否正常。

（3）备用机带负荷运行。与室内联系正常，同时将运转机和备用机打至50%负荷。确认备用机打至50%负荷正常，同时将运转机打至0%负荷、备用机打至100%负荷。

（4）停运在运压缩机。按停机电钮，按顺序关停运机的出入口阀，压缩机机体泄压，停运压缩机20min后停各部冷却水。

三、注意事项

（1）按顺序停运机的出入口阀。

（2）停运行压缩机后，按规定进行操作，泄压。

（3）启备用机前检查要全面。

项目二十四　停加热炉的操作

一、准备工作

（1）穿戴劳保着装，选择正确的工具用具。

（2）对讲机、防爆扳手准备齐全。

（3）确认设备管线阀门完好。

二、操作规程

（1）油气切换。加热炉停运前停止烧油，全部改为烧气。

（2）降温。逐渐减少燃料量以不超过80℃/h的速度降低炉膛温度。

（3）灭火嘴。随着燃料气炉前压力的下降，可通过关小炉前阀或熄灭火嘴的方式提高压力,直至所有主气嘴熄灭;所有主气嘴均熄灭后,通过熄灭长明灯的方式来控制降温;熄灭装置中最后一个长明灯时,应关闭燃料气界区阀,将燃料气管线中的气体通过该长明灯燃尽。

(4)自然降温。关闭相关阀门,打开风门和烟道挡板,炉膛自然通风降温。

(5)停炉管蒸汽。根据需要停止加热炉炉管蒸汽。

三、注意事项

(1)降温时按照降温速度,不可过快。

(2)降温时控制炉前压力。

模块二　设备使用及维护

项目一　相关知识

一、泵类设备

（一）离心泵的工作原理

离心泵的种类很多，但因工作原理相同，构造大同小异，其主要工作部件是旋转叶轮和固定的泵壳。叶轮是离心泵直接对液体做功的部件，其上有若干后弯叶片，一般为 4~8 片。离心泵能够输送液体，主要是依靠高速旋转的叶轮，液体在惯性离心力的作用下获得能量以提高压强，液体由旋转叶轮中心向外缘运动时，在叶轮中心形成了低压（真空）区，是压力最低的工作区域。

离心泵的主要部件有叶轮、泵体、轴、轴承、密封装置和平衡装置等。离心泵铭牌上标明的是泵在效率最高时的主要性能参数。运行中的离心泵出口压力突然大幅度下降并激烈地波动，这种现象称为抽空，所以离心泵在启动前需要进行灌泵排气。离心泵在开车前必须使泵壳内充满液体，目的是避免气缚。

（二）离心泵机械密封的工作原理

离心泵机械密封作用是防止物料向外泄漏。机械密封是一种旋转机械的轴封装置，泵轴通过传动座和推环，带动动环旋转，静环固定不动，依靠介质压力和弹簧力使动、静环之间的密封端面紧密贴合并做相对转动，阻止了介质的泄漏。机械密封靠与轴一起旋转的动环端面与静环端面间的紧密贴合，产生一定的比压而达到密封。

摩擦副表面磨损后，在弹簧的推动下实现补偿。为了防止介质通过动环与轴之间泄漏，装有动环密封圈；而静环密封圈则阻止了介质沿静环和压盖之间的泄漏。对于输送无危害介质的机泵，单机试运时，测定离心泵机械密封泄漏量是 3 滴/min，不大于 5 滴/min，最好是无泄漏。对于输送有毒液体、易燃易爆液体、对环境有污染的液体时，要求机械密封无泄漏；机械密封的优点：密封性能好，泄漏量少，使用寿命长，轴和轴套不易损坏，功率消耗小，泵的效率比较高等。

当两台或两台以上离心泵串联时流量不变，而扬程叠加，总扬程等于各台泵的扬程之和。当两台或两台以上离心泵并联时，其系统的扬程不变，流量叠加。

（三）离心泵的主要性能参数及关系

离心泵的主要性能参数有：流量、扬程、效率、轴功率等。

1. 流量 $Q(\mathrm{m^3/h}$ 或 $\mathrm{m^3/s})$

离心泵的流量即为离心泵的送液能力，是指单位时间内泵所输送的液体体积，泵的流量取决于泵的结构尺寸（主要为叶轮的直径与叶片的宽度）和转速等。离心泵的转速越低，则流量越低,轴功率会降低。操作时,泵实际所能输送的液体量还与管路阻力及所需压力有关。离心泵铭牌上标明的是泵在效率最高时的主要性能参数。流量是离心泵的主要性能参数之一,离心泵铭牌上标注的流量为泵在效率最高时额定流量。一般来说,离心泵的效率与流量成开口向下的抛物线(形似抛物线)关系,也就是说,当泵效率在铭牌标注的额定流量下达到最高效率点之后,流量增加,效率随之而减小,所以离心泵铭牌上标明的参数就是最佳工况参数,也是效率最高点所对应的参数。

2. 扬程 $H(m)$

离心泵的扬程又称为泵的压头,是指单位质量流体从泵进口处至泵出口处所获得的能量增值(m)。泵的扬程大小取决于泵的结构(如叶轮直径的大小,叶片的弯曲情况等)、转速。

3. 效率

泵在输送液体过程中,轴功率大于排送到管道中的液体从叶轮处获得的功率,因为容积损失、水力损失、机械损失都要消耗掉一部分功率,而离心泵的效率即反映泵对外加能量的利用程度。泵的效率值与泵的类型、大小、结构、制造精度和输送液体的性质有关。大型泵效率值高些,小型泵效率值低些。

4. 轴功率 $N(W 或 kW)$

泵的轴功率即泵轴所需功率,由电动机输进泵轴的功率称为泵的轴功率,其值可依泵的有效功率 Ne 和效率 η 计算。

离心泵性能参数之间的关系可以从不同泵的性能曲线看出。

离心泵流量调节的方法有调节出口阀开度、改变叶轮转速、改变叶轮直径。改变离心泵出口阀开度达到调节离心泵流量的方法,是离心泵流量调节中能量损失最大的。离心泵用出口阀门调节流量,是为了改变管路特征曲线,以增大出口管路损失。

离心泵特性曲线包括:流量、扬程曲线,流量、功率曲线,流量、效率曲线。

离心泵的扬程与泵的吸入口和排出口的距离、吸入口真空度大小、排出口的压力高低、结构、转速和流量等有关,与被输送液体的密度无关。离心泵进口管线的长短影响泵的性能。离心泵运行时,泵内存有气体、吸入管内存有气体、泵内或管路有杂物堵塞将引起流量扬程降低。

(四)离心泵各部件的作用

离心泵的主要部件有叶轮、泵壳和轴封装置。

叶轮是对液体做功的部件,作用是将原动机的机械能直接传给液体,以增加液体的静压能和动能(主要增加静压能)。叶轮一般有 6~12 片后弯叶片,有开式、半闭式和闭式三种。

泵壳的作用是将叶轮封闭在一定的空间,以便由叶轮吸入和压出液体。泵壳多做成蜗壳形,故又称蜗壳。由于流道截面积逐渐扩大,故从叶轮四周甩出的高速液体逐渐降低流速,使部分动能有效地转换为静压能。泵壳不仅汇集由叶轮甩出的液体,同时又是一个能量转换装置。泵壳是离心泵机用于收集液体,并引向扩散管至泵出口的部件。

轴封装置的作用是防止泵壳内液体沿轴向外泄漏或外界空气漏入泵壳内。常用轴封装置有填料密封和机械密封两种。填料一般用浸油或涂有石墨的石棉绳。机械密封主要的是靠装在轴上的动环与固定在泵壳上的静环之间端面做相对运动而达到密封的目的。

叶片泵由转子、定子、叶片、配油盘和端盖等部件所组成。

由于泵轴上装有叶轮等配件，在重力的长期作用下会使轴弯曲，经常盘车可改变轴的受力方向，使轴的弯曲变形为最小；还可以检查运动元件的松紧配合程度，避免运动部件因长期静止而锈死，使泵能够随时处于备用状态；盘车可以把润滑剂带到轴承各部，防止轴承生锈，而且由于轴承得到初步润滑，紧急状态能马上启动。备用的离心泵应每天进行一次盘车，备用离心泵盘车每次至少应转动 1.5 圈，设备运转时不得盘车。

（五）离心泵切换的方法

现场检查备用泵润滑油位、润滑油质、密封辅助系统、冷却系统等正常，备用离心泵启动前要打开入口阀，泵壳内先充满所输送的流体，目的是避免气缚。离心泵切换时，启动备用泵电动机，慢慢打开出口阀的同时，同步慢慢关闭待停泵的出口阀。待停离心泵停运时，依次关闭的顺序是：出口阀、电源、入口阀。

（六）离心泵启动前、运行中、停泵前的工作内容

离心泵启动前的工作内容：

(1)检查电动机和泵体的地脚螺栓、联轴节防护罩螺栓、各法兰口连接螺栓等。

(2)外操检查各阀门、压力表及铅封是否完好。

(3)检查润滑油的油质、油量是否合乎要求。

(4)外操检查冷却水、封水是否接通。

(5)外操盘车确认是否轻松自如，无卡滞现象。

(6)外操打开压力表阀门，关闭泵出口阀门，开入口阀并充分排气。

(7)检查电动机是否送电并确定转向是否正确。

离心泵运行中的工作内容：

(1)检查润滑油位、油质。

(2)检查轴承以及泵体的声音、温度等。

(3)检查出口压力是否到控制值、是否波动。

(4)检查电流是否稳定。

(5)保持泵体及基础整洁。

带有机封冲洗液的离心泵在启动前必须首先通入冲洗液，离心泵在开启之前要关闭出口阀，离心泵若长期停泵，要将液体排放净，离心泵停泵时先关出口阀再断电停泵，以防高压液体倒流入泵，损坏叶轮。

（七）高速泵中各部件的作用

高速泵外设润滑油泵的作用是在启动主电动机前，给增速箱内的轴承和齿轮进行预润滑。

高速泵主要由三大部分组成：动力部分、增速部分、泵体部分。动力部分：采用立式或卧式电动机，用花键轴与增速部分连接。增速部分内部装有增速齿轮、轴承、密封。外部有油过滤器，润滑油系统采用强制循环润滑，润滑油由内摆线油泵（在低速轴下端）增压，经冷却器与过滤器注入轴承和喷油管，再经小孔喷在齿轮上。泵体部分由叶轮、扩散器与泵壳等组成，叶轮为开式，叶片是径向反射状，开有平衡孔，泵的吸入管和排出管布置在同一水平直线上。泵的压出室为圆环形，液体经扩散器的切线方向喷嘴流出，喷嘴尺寸对泵的性能影响很大。根据吸程的要求,有些泵叶轮前面还装有诱导轮,诱导轮的作用是防止汽蚀。

（八）高速泵启动前、运转中的操作方法

1. 启动高速泵前准备的步骤

（1）检查:

① 检查泵地脚螺栓,电动机法兰连接螺栓,应牢固拧紧。

② 检查电动机动力线和接地线,应连接正确。

③ 检查油冷却器冷却水管路,应连接完好无泄漏。

④ 检查与泵运转有关的仪表,应处于良好使用状态。

⑤ 检查机械密封辅助控制系统连接是否正确。

（2）给增速箱加油:如增速箱内有防锈油,应先排除干净。

（3）预润滑系统试验:操纵手动油泵手柄,上下运动或启动油泵,从润滑油压力表观察油压,油压不低于规定值为合格。带压检查润滑油路的密封性,如有漏油处应予排除。重新检查增速箱油位情况,如油位低于 2/3 则应补充加油。

（4）灌泵:排放泵腔内的气体,让液体充满泵腔。对于低温或高温介质,泵需预冷或预热。当机械密封为双端面密封或串联密封时,应先通密封缓冲液,后灌泵。

（5）确认电动机转向。卸下电动机冷却风扇的防护罩。带油压点试电动机,从电动机顶部看叶轮旋转方向应为逆时针方向。

（6）给油冷却器通冷却水。

（7）投用机械密封辅助控制系统,使其处于良好状态。

2. 启动高速泵的步骤

（1）微开泵出口阀门,高速泵不能在出口阀门关闭状态下启动。

（2）操纵手动油泵手柄,上下运动 4~5 次,或启动辅助油泵约 30s,如果油压不低于规定值,就可带油压启动主泵,主泵启动后,就应停止操纵手动油泵或在 7~10s 内关闭辅助油泵。

（3）调节泵出口阀门的开度到正常位置。

（4）检查泵的扬程和电动机的电流电压。

（5）调节冷却水流量,使齿轮箱油温控制在 60~80℃ 之间。大约需要 1h,油温才能稳定下来。

（6）观察齿轮箱润滑油压力,应在 0.2~0.6MPa 范围内。

（7）观察密封的泄漏情况;高速泵运转中,如果发现参数不正常或有异常声音,应立即停机检查。

高速泵正常运转时,从电动机顶部看叶轮旋转方向应为逆时针方向。高速泵增速箱油温过高的原因包括油冷却器堵塞、冷却水断流、油位过高、油位过低。正常运转时,高速泵增速箱油压应保持在 0.2~0.6MPa 之间。高速泵为防止在润滑油油路上存在气囊,油冷却器的安装位置必须低于油过滤器。

高速泵外设润滑油泵的作用是在启动主电动机前,给增速箱内的轴承和齿轮进行预润滑。高速泵外设润滑油泵在主电动机启动后可以关闭。高速泵运转 4000h 后,应停机更换齿轮箱润滑油和油过滤器。

（九）机泵冷却水

机泵冷却水的作用是降低轴承温度；带走从轴封渗漏出的少量液体，并导出摩擦热；降低填料函温度，改善机械密封的工作条件，延长其使用寿命；冷却高温介质泵的支座，防止因热膨胀引起泵与电动机同心度的偏移。

（十）机泵清理

离心泵应定期进行卫生清理，清理时，不可擦拭转动部件，可以用水冲洗泵体和基础，但不可以用水直接冲洗油杯、电动机，也禁止用水冲洗轴承箱，防止水通过油杯及注油孔处进入油箱。

（十一）润滑油更换

机泵更换新润滑油前，应放净污油，污油用专门的容器承接后回收。齿轮箱内应保证清洁，不得有水或杂物，不可以用水清洗轴承箱内的残油，应使用新鲜的润滑油对轴承箱进行冲洗。更换润滑油时，应确保所更换的润滑油新、旧型号相同，并补充至满足要求的油位。加注润滑油要遵守"三级过滤"。加油完成检查放油丝堵是否渗油，无问题时，盖上轴承箱油盖，按要求做好保养记录，清理现场，回收工具、用具。

（十二）磁力泵

磁力泵主要由泵头、磁力传动器、电动机、底座等几部分零件组成。磁力泵的磁力传动器由外磁转子、内磁转子、不导磁的隔离套三部分组成。当电动机通过联轴器带动外磁转子旋转时，磁场能穿透空气间隙和非磁性物质隔离套，带动与叶轮相连的内磁转子做同步旋转，实现动力的无接触同步传递，将容易泄漏的动密封结构转化为零泄漏的静密封结构，磁力泵工作时，叶轮不与电动机直接接触。由于泵轴、内磁转子被泵体、隔离套完全封闭，从而彻底解决了"跑、冒、滴、漏"问题。

（十三）蒸汽喷射器

蒸汽喷射器由喷嘴、进气管、收缩段、扩大段组成。蒸汽喷射泵由喷嘴、混合室、扩大管组成。

（十四）液环式真空泵

液环式真空泵是靠泵腔容积的变化来实现吸气、压缩和排气的，因此它属于变容式真空泵。在泵体中装有适量的水作为工作液。当叶轮按顺时针方向旋转时，水被叶轮抛向四周，由于离心力的作用，水形成了一个取决于泵腔形状的近似于等厚度的封闭圆环。水环的下部分内表面恰好与叶轮轮毂相切，水环的上部内表面刚好与叶片顶端接触（实际上叶片在水环内有一定的插入深度）。此时叶轮轮毂与水环之间形成一个月牙形空间，而这一空间又被叶轮分成和叶片数目相等的若干个小腔。如果以叶轮的下部 0° 为起点，那么叶轮在旋转前 180° 时小腔的容积由小变大，且与端面上的吸气口相通，此时气体被吸入，当吸气终了时小腔则与吸气口隔绝；当叶轮继续旋转时，小腔由大变小，使气体被压缩；当小腔与排气口相通时，气体便被排出泵外。在液环式真空泵中，叶轮是用偏心的形式装在泵壳内。在液环式真空泵中，液体被叶轮带动形成液环并离开中心，由于液体的重力作用，气体被不停地吸入和排出。液环式真空泵在运行中，为了保持泵内液环的活塞作用，必须定时向泵内补充液体。

（十五）屏蔽泵

屏蔽泵在启动前应灌泵，充分排气，启动前应点动泵确认泵转向是否正确，屏蔽泵在启动前应打开循环冷却水系统。如果介质温度较高则应进行预热，升温速度为 50℃/h，以保证各部位受热均匀。屏蔽泵流量不足的原因是叶轮流道堵塞、进出口管道及阀门堵塞、叶轮密封环磨损过大、管道漏气、叶轮腐蚀磨损。

（十六）单级屏蔽泵启动顺序

先打开入口阀门，使介质进入灌泵，再打开排气阀门排气；排气结束后，关闭排气阀；启动泵，确认泵转向正确后慢慢打开出口阀门，观察出口压力表及流量计，开到额定扬程和流量；观察在额定工况下，电流表示值是否正常，如有异常应停机排查；观察泵整机是否有振动、声音、温度等异响，如电动机带冷却夹套，需通冷却介质；如以上事项均无异常，表示运转正常。

屏蔽泵 TRG 表监测屏蔽泵轴承使用情况，若指针指在绿区表明泵可以安全运行；指示在黄区表明磨损在加剧，需要检修更换轴承。

二、汽轮机及压缩机基础知识

（一）汽轮机

1. 工作原理

汽轮机也称蒸汽透平发动机（简称透平），是一种旋转式蒸汽动力装置，高温高压蒸汽穿过固定喷嘴成为加速的气流后喷射到叶片上，使装有叶片排的转子旋转，同时对外做功。

汽轮机是能将蒸汽热能转化为机械功的外燃回转式机械。来自锅炉的蒸汽进入汽轮机后，依次经过一系列环形配置的喷嘴和动叶，将蒸汽的热能转化为汽轮机转子旋转的机械能。蒸汽在汽轮机中，以不同方式进行能量转换，便构成了不同工作原理的汽轮机。通常，作为保护装置的汽轮机主汽门装在汽轮机的高压进汽侧，主汽门的作用是在危急状态下迅速切断汽轮机的汽源。

汽轮机种类很多，按工作原理分为冲动式、反动式、混合式。简单的汽轮机在大多数情况下采用冲动式。

2. 分类

汽轮机种类很多，根据结构、工作原理、热力性能、用途、气缸数目等有多种分类方法。

汽轮机按工作原理分为冲动式、反动式、混合式。蒸汽主要在各级喷嘴（或静叶）中膨胀，从喷嘴喷出直接冲击转子上的叶片，是冲动式汽轮机；蒸汽在静叶和动叶中都膨胀是反动式汽轮机。按用途分为电站用、工业用、船用；按气流方向分为轴流式、辐流式；按汽缸数目分为单缸、双缸和多缸；按热力特性分为凝汽式、供热式、背压式、抽汽式、饱和蒸汽等类型。

凝汽式汽轮机排出的蒸汽流入凝汽器，做功蒸汽以水的形式排出，排汽压力低于大气压力，因此具有良好的热力性能，是最为常用的一种汽轮机；供热式汽轮机既提供动力驱动发电机或其他机械，又提供生产或生活用热，具有较高的热能利用率；背压式汽轮机是排汽压力大于大气压力的汽轮机；抽汽式汽轮机是能从中间级抽出蒸汽供热的汽轮机；饱和蒸汽轮机是以饱和状态的蒸汽作为新蒸汽的汽轮机。

汽轮机调速系统的作用就是使汽轮机输出功率与负荷保持平衡。当负荷增加时，调速系统就要开大汽门，增加进汽量（负荷减小时相反）。在负荷变化时必须保持汽轮机的正常运转速度。另外当负荷突然减小时，调速系统也要防止转速急速升高。汽轮机的调速系统就是起着适应负荷需要，调节转速的作用。

（二）压缩机

1. 螺杆压缩机的工作原理及工作过程

螺杆压缩机的工作循环可分为进气、压缩和排气三个过程，随着转子旋转，每对相互啮合的齿相继完成相同的工作循环。

（1）进气过程：转子转动时，阴阳转子的齿沟空间在转至进气端壁开口时，其空间最大，此时转子齿沟空间与进气口的相通，因为在排气时齿沟的气体被完全排出，排气完成时，齿沟处于真空状态，当转至进气口时，外界气体即被吸入，沿轴向进入阴阳转子的齿沟内。当气体充满了整个齿沟时，转子进气侧端面转离机壳进气口，在齿沟的气体即被封闭。

（2）压缩过程：阴阳转子在吸气结束时，其阴阳转子齿尖会与机壳封闭，此时气体在齿沟内不再外流。其啮合面逐渐向排气端移动。啮合面与排气口之间的齿沟空间渐渐减小，齿沟内的气体被压缩压力提高。

（3）排气过程：当转子的啮合端面转到与机壳排气口相通时，被压缩的气体开始排出，直至齿尖与齿沟的啮合面移至排气端面，此时阴阳转子的啮合面与机壳排气口的齿沟空间为0，即完成排气过程，在此同时转子的啮合面与机壳进气口之间的齿沟长度又达到最长，进气过程又再进行。

螺杆压缩机是阴、阳螺杆在缸体内互相啮合，由轴端的同步齿轮带动回转，实现气体的吸入和排出的。螺杆压缩机中的阴、阳螺杆之间有微小间隙，相互不接触。螺杆压缩机中，由吸入口吸进的气体被封闭在阴、阳螺杆的螺齿之间，随着转子旋转而容积逐渐减小，使气体压力上升，阴、阳转子和缸体之间的空间和排气口连通，气体从排气口送出。

尾气压缩机中安装同步齿轮的作用是维持双螺杆之间的同步关系。

2. 活塞式压缩机

活塞式压缩机主要由机体、曲轴、连杆、活塞组、阀门、轴封、油泵、油循环系统等部件组成。

机体包括汽缸体和曲轴箱两部分，一般采用高强度灰铸铁铸成一个整体。它是支撑汽缸套、曲轴连杆机构及其他所有零部件并保证各零部件之间具有正确的相对位置的本体。

曲轴是活塞式压缩机的主要部件之一，传递着压缩机的全部功率。其主要作用是将电动机的旋转运动通过连杆改变为活塞的往复直线运动。

连杆是曲轴与活塞间的连接件，它将曲轴的回转运动转化为活塞的往复运动，并把动力传递给活塞对气体做功。连杆包括连杆体、连杆小头衬套、连杆大头轴瓦和连杆螺栓。

活塞组是活塞、活塞销及活塞环的总称。在活塞式压缩机中主要的做功元件是活塞，它必须有足够的刚度和强度，活塞组在连杆带动下，在汽缸内做往复直线运动，从而与汽缸等共同组成一个可变的工作容积，以实现吸气、压缩、排气等过程。在活塞式压缩机中，活塞环的作用主要是密封活塞与汽缸之间的间隙。

汽阀是压缩机的一个重要部件，属于易损件。它的质量及工作的好坏直接影响压缩机的输气量、功率损耗和运转。汽阀包括吸气阀和排气阀,活塞每上下往复运动一次,吸、排气阀各启闭一次,从而控制压缩机并使其完成吸气、压缩、排气等工作过程。

压缩比较高的压缩机,必须设置中间冷却设备,起到冷却作用。

3. 活塞式压缩机压缩气体的过程

电动机启动后带动曲轴旋转,通过连杆的传动,活塞做往复运动,由汽缸内壁、汽缸盖和活塞顶面所构成的工作容积则会发生周期性变化。活塞从汽缸盖处开始运动时,汽缸内的工作容积逐渐增大,这时,气体即沿着进气管推开进气阀而进入汽缸,直到工作容积变到最大时为止,进气阀关闭;活塞反向运动时,汽缸内工作容积缩小,气体压力升高,当汽缸内压力达到并略高于排气压力时,排气阀打开,气体排出汽缸,直到活塞运动到极限位置为止,排气阀关闭。当活塞再次反向运动时,上述过程重复出现。总之,曲轴旋转一周,活塞往复一次,汽缸内相继实现进气、压缩、排气的过程,即完成一个工作循环。

一般来说,往复式压缩机压缩气体的过程有等温压缩过程、绝热压缩过程、多变压缩过程。实际生产中,往复式压缩机压缩气体的过程均属多变压缩过程。

压缩机开车前气缸排液,目的是防止少量的液体在压缩机内存在损坏阀片、防止液体撞缸。

往复式压缩机的曲轴柄和连杆位于同一条直线上时,此状态就形成活塞行程死点。

三、阀类设备基础知识

(一)疏水器

蒸汽疏水器能排出设备或管道内的冷凝液和空气。所有疏水器投用时的排凝方式为间歇排凝(放)。疏水器根据作用、工作原理不同,可分为三种类型。

(1)机械型疏水阀:机械型也称浮子型,是利用凝结水与蒸汽的密度差,通过凝结水液位变化,使浮子升降带动阀瓣开启或关闭,达到阻汽排水目的。机械型疏水阀的过冷度小,不受工作压力和温度变化的影响,有水即排,加热设备里不存水,能使加热设备达到最佳换热效率。最大背压率为80%,工作质量高,是生产工艺加热设备最理想的疏水阀。机械型疏水阀有自由浮球式、自由半浮球式、杠杆浮球式、倒吊桶式等,浮球型疏水器是通过感知液面的变化来实现凝水排放的。

(2)热静力型疏水阀:这类疏水阀是利用蒸汽和凝结水的温差引起感温元件的变形或膨胀带动阀芯启、闭门。热静力型疏水阀的过冷度比较大,一般过冷度为15~40℃,它能利用凝结水中的一部分显热,阀前始终存有高温凝结水,无蒸汽泄漏,节能效果显著。它是用在蒸汽管道,伴热管线、采暖设备、温度要求不高的小型加热设备上最理想的疏水阀。热静力型疏水阀有膜盒式、波纹管式、双金属片式。

(3)热动力型疏水阀:这类疏水阀根据相变原理,靠蒸汽和凝结水通过时的流速和体积变化的不同热力学原理,使阀片上下产生不同压差,驱动阀片开关阀门。因热动力式疏水阀的工作动力来源于蒸汽,所以蒸汽浪费比较大。其结构简单,耐水击,有噪声,阀片工作频繁,使用寿命短。热动力型疏水阀有热动力式(圆盘式)、脉冲式、孔板式。

(二)安全阀

安全阀是一种根据介质压力而自动启闭的阀门,安全阀的起跳压力应低于设备的设计压力,安全阀起跳时能发出较大的响声,起到报警作用,安全阀起跳后能自动恢复原位。安全阀按压力控制元件不同可分为弹簧式安全阀、杠杆式安全阀、重锤式安全阀。弹簧式安全阀应直立安装。

当安全阀阀瓣下的介质压力超过弹簧的压紧力时,阀瓣就被顶开。阀瓣顶开后,排出介质由于下调节环的反弹而作用在阀瓣夹持圈上,使阀门迅速打开。随着阀瓣的上移,介质冲击在上调节环上,使排放方向趋于垂直向下,排放产生的反作用力推着阀瓣向上,并且在一定的压力范围内使阀瓣保持在足够的提升高度上,随着安全阀的打开,介质不断排出,系统内的介质压力逐步降低。此时,弹簧的作用力将克服作用于阀瓣上的介质压力和排放的反作用力,从而关闭安全阀。

四、加热炉类设备基础知识

（一）管式加热炉

管式加热炉主要以炉内火焰与高温烟气以辐射传热的方式进行热交换。炉管按受热方式的不同,可分为辐射炉管和对流炉管。炉管内积有凝液会对炉管造成冲击,会造成炉管传热不良。

炉底的油气联合燃烧器喷出高达几米的火焰,主要以辐射传热的方式,将大部分热量传给辐射室的炉管内流动的介质。烟气沿着辐射室上升到对流室,温度降低。以对流传热的方式继续将部分热量传给对流室炉管内流动着的介质,最后烟气从烟囱排入大气。

管式加热炉通常由辐射室、对流室、燃烧器和通风系统组成。加热炉的"三门一板"包括油门、风门、汽门、烟道挡板。化工装置中,加热炉的风门常用来调节进炉空气量。加热炉烟囱的作用是将烟气排入高空,减少地面的污染;当加热炉采用自然通风燃烧器时,利用烟囱形成的抽力将外界空气吸入炉内供燃料燃烧。

（二）蒸汽加热炉

加热炉防爆门的作用是防止加热炉炉膛发生闪爆或爆炸,炉膛压力突然升高时,防爆门及时打开,防止加热炉炉膛因压力受到破坏。

联锁阀在化工装置中主要起安全作用,当某一工艺参数出现异常达到设定值时,联锁阀接收信号后自动关闭或打开,防止异常情况扩大。

加热炉炉管日常检查维护包括:炉管应无异常振动、变形和渗漏,颜色应正常;炉管没有局部超温现象;炉管拉钩托架应无过热、变形损坏。

炉管由于严重腐蚀、冲蚀或爆皮,管壁厚度小于计算允许值;有鼓包、裂纹或网状裂纹;水平炉管相邻两支架间的弯曲度大于炉管外径 2 倍;炉管外径大于原来的外径 4%~5%,炉管应更换。

五、管道类设备基础知识

（一）管道防腐、保温

管道防腐的目的是使管道不受地下水、大气腐蚀、本身所输送的介质以及电化学腐蚀。刷漆可以保护大气中的金属结构不受腐蚀,使用有机涂料保护大气中的金属结构,是最广泛使用的防腐手段。涂料施工程序第一步是表面处理,涂料覆盖在金属面上,干后形成薄膜,使金属与大气完全隔绝。

管道保温的目的是控制管内介质温度,预防烫伤;减少热量与冷量的损失;防止冻结或产生凝结水。化工装置内的常温设备管道一般不进行保温。

(二)管道系统试压

管路试压的目的是检查已安装好的管道系统的强度和严密性是否能达到设计要求;对承载管架及承载基础进行检验,保证管路正常运行。

管道系统试压前应编制试压方案;管道系统试压前安全阀、爆破片及仪表原件等已拆下或加以隔离;管路系统试压时,埋地敷设的管路试压前不得埋土。高压管路系统试压前应对有关资料进行审查;管路系统试压时,管道焊缝和其他应检查的部位应未经涂漆和保温;对于气体管道或按空管确定支架跨度的管道,做水压实验前要增设临时支架;管路系统试压时,应拆除管路中不能参加试压的仪表、阀件,装上临时短管;管道系统试压过程应进行记录;管道系统试压的压力值,应按试压方案确定。

(三)管道吹扫和清洗

管道系统吹扫前,不应安装孔板、节流阀、安全阀、仪表件等。氮气管线和仪表风管线的吹扫方法完全相同,而吹扫介质不同。氮气管线的吹扫介质使用的是氮气,氮气管线吹扫时,应先吹主管后吹支管,吹扫时在排放口设立警戒标志。仪表风管线吹扫使用的介质是干燥空气。

管道在压力试验合格后,开展吹扫和清洗工作,吹扫和清洗前应编制吹扫和清洗方案;吹洗介质应根据设计规定或按管线的用途及施工条件选择,不允许吹扫和清洗的设备及管道应与吹扫和清洗系统隔离,清洗排放的脏液不能就地排放。管线吹扫时,应尽量从高处往低处吹;吹扫和清洗时应设置禁区;使用蒸汽吹扫时,管道上及其附近不得放置易燃物,非热力管道不得用蒸汽吹扫;管道、设备在水冲洗结束以后,要打开管道和设备的低点导淋,确认导淋畅通并排尽设备和管道内的水分。管道吹扫和清洗合格并复位后,不得再进行影响管内清洁的其他作业。

(四)保温材料

保温材料必须满足的要求:导热系数低,保温材料的导热系数应小于 $0.2kcal/(m \cdot h \cdot ℃)$,且本身不易变形或破裂;保温材料的材质应性质稳定,化学稳定性好,不腐蚀管材,使用温度范围宽;密度小;保温材料应施工方便。

(五)盲板

盲板主要的作用是用来将生产介质完全隔离,防止由于切断阀关闭不严而影响生产,甚至造成事故。

"8"字盲板是一种管道用件,一半是盲板一半是空圈,用于更改管道流程,主要是为了方便检修。当用实心盲板一端时,可以截断管线,换空圈一端时,可保持管线通畅。"8"字盲板拆除后需确认垫片的材质、压力等级符合要求,所有螺栓把满扣且材质、大小符合规范。"8"字盲板调向必须应具备一定的条件,满足系统检修结束,盲板两侧没有压力或者微正压的要求,且盲板两侧原则上不会有大量油溢出。

六、其他化工设备基础知识

(一)气动执行器

气动执行器是由气压力驱动启闭或调节阀门启闭的执行装置,执行机构、调节机构组成。

气动执行器的执行机构,通常称为气动调节阀,有正作用和反作用两种类型。气动执行器有时还配备一定的辅助装置,常用的有阀门定位器和手轮机构。阀门定位器的作用是利用反馈原理来改善执行器的性能,使执行器能按控制器的控制信号,实现准确的定位。手轮机构的作用是当控制系统因停电、停气、控制器无输出或执行机构失灵时,利用它可以直接操纵控制阀,以维持生产的正常进行。

(二)涡街流量计

涡街流量传感器是一种速度式流量计,根据"卡门涡街"原理研制成功的一种流体振动式仪表。当流体流过传感器壳体内垂直放置的漩涡发生体时,在其后方两侧交替地产生两列漩涡,一侧漩涡分离的频率与流速成正比。

(三)水冷器

冬季生产时需将水冷器冷却水旁路打开,防止管线发生冻凝。

(四)空冷器

空气冷却器是以环境空气作为冷却介质,横掠翅片管外,使管内高温工艺流体得到冷却或冷凝的设备,简称空冷器。空冷器一般是由管束、管箱、风机、百叶窗、喷水装置和构架等部分组成,一般空冷器的管束采用翅片管。

(五)空冷风

轴流风机启动前应将叶轮手动盘车,目的是检查叶片是否有摩擦现象,叶片是否有卡住现象,是否有妨碍叶片转动的情况。对轴流风机进行检查时,瞬时启动,检查风机各部响声是否异常,电动机回转方向是否正确,检查风机振动情况。

轴流风机运转后,可以使用动叶调节、前导叶调节、转速调节、节流板等方法调节风量、风压。

(六)筛板塔

筛板塔内装若干层水平塔板,板上有许多小孔,这种塔的塔板没有降液槽和溢流堰,传质在两塔盘之间进行。筛板塔结构特点为塔板上开有许多均匀的小孔,带降液管的就是筛板塔盘,没有降液管的就是穿流塔盘。降液管不是筛板塔特有的。

(七)固定床反应器

固定床反应器的日常维护内容包括:定时检查人孔、阀门、法兰等密封点,安全阀、压力表等安全设施是否灵活好用,严禁设备超温、超压;开停工中严格控制升温、升压、降温、降压速度。

(八)径向反应器

径向反应器是一种气体流动方向与设备轴向相垂直的反应器。径向反应器的部件有进口分布器、金属罩、中心管、扇形管。

(九)耐火陶瓷纤维

耐火陶瓷纤维是一种纤维状轻质耐火材料,具有化学稳定性好、隔声效果好、质量小、耐高温、热稳定性好、热导率低、比热容小及耐机械振动等优点。耐火陶瓷纤维按其所用黏合剂不同,分为陶纤硬毡、陶纤软毡、陶纤湿毡。耐火陶瓷纤维使用温度较高,可以到 1000℃ 。

(十)防涡器

设备底部防涡器的作用是防止形成泡沫和旋涡,以及防止大的杂物进入管道。

项目二 屏蔽泵的投用

一、准备工作

(1)穿戴劳保着装,选择正确的工具用具。

(2)对讲机、防爆扳手、屏蔽泵及附属设备、废料桶准备齐全。

(3)确认设备管线阀门完好。

二、操作规程

(1)检查确认内容。检查确认设备,管路,仪表,电气正常。

(2)启动泵。打开泵体夹套冷却水,循环冷却器冷却水,循环冷却器循环液出入口阀;打开泵出入口阀门,灌泵,打开泵体放气阀,用废物料桶接排出的物料,放气完成后关闭放气阀。关闭出口阀、压力表阀。启动泵,缓慢打开泵出口阀,压力表阀,根据泵出口压力判断泵转向,也可用转向监测器。运行正常后用出口阀调节流量。

(3)检查内容。检查泵体、相连管路、电流、出口压力、冷却水流量,并记录。

三、注意事项

(1)启泵前必须灌泵、排气。

(2)有些屏蔽泵设有自冷却系统,不设外部冷却水,所以不可空转。

(3)开出口阀要缓慢,发现振动或超温等异常情况马上停泵检查。

项目三 离心泵的使用

一、准备工作

(1)穿戴劳保着装,选择正确的工具用具。

(2)对讲机、防爆扳手、离心泵准备齐全。

(3)确认设备管线阀门完好。

二、操作规程

(一)离心泵正常停泵

(1)检查确认。检查停泵前该泵的运行情况,包括轴承温度、油温、运行声音、振动、泵出口压力、有无泄漏,做好记录。

(2)操作程序。缓慢关闭泵出口阀,再按停止按钮,泵停稳后,盘车检查转子有无卡阻现象,关闭泵入口阀,关闭压力表阀,停密封冲洗液,泵体温度降到80℃以下停冷却水,若需要，将泵体倒空，填写停泵记录。

（二）离心泵备用的操作条件

（1）检查确认。检查油杯或储油腔油液位正常，盘车检查转子转动良好，盘车线转到正确位置，各压力表、温度表等测量仪表正常，确认电气送电。

（2）自启动泵操作程序。自启动泵出、入口阀全开，启动控制按钮处于自动位置，冷却器冷却水出、入口阀全开，密封冲洗出、入口阀全开。

（3）非自启动泵操作程序。非自启动泵出口阀关闭、入口阀全开，冷却器冷却水出、入口阀全关闭，密封冲洗出、入口阀全关闭。

（4）防冻。需要进行防冻的泵需要将泵体、冷却器管、壳程倒空。

（三）离心泵的切换操作

（1）切泵前检查。检查确认备泵管路、仪表、电气正常，备用设备要进行润滑油液位和盘车检查。

（2）操作程序。按离心泵开车步骤，打开备用泵入口阀门灌泵，启动备用泵，出口压力正常时，逐渐打开出口阀，与此同时，逐渐关闭被切换泵的出口阀，无异常现象即可停被切换泵，准确调整备用泵的流量。

（3）切泵后检查。检查备用泵泵体、相连管路、电流、出口压力、冷却水流量，并记录。被切换泵关闭压力表阀，如果要检修该泵或要求防冻，应将泵体倒空。

（四）离心泵切出检修的操作

（1）切泵。按离心泵的切换操作规程进行切泵，启动备用泵，停运被切换泵。

（2）处理方法：将该被切换泵倒空，即关闭泵出、入口阀、压力表阀、冷却水管线进、出泵的阀门，润滑油系统进、出泵的阀门，密封冲洗管路的进、出口阀。最后打开排气阀将物料、润滑油倒干净。若同时检修油冷器，密封冲洗冷却器，也应将它们倒空。

（3）电气仪表的处理。通知电气或填写停电通知单，将要检修的泵断电，要求电动机、仪表拆线的要通知电气、仪表人员拆线，在检修工作票上签字。

三、注意事项

（1）注意阀门关闭顺序：先关出口阀，再停车，最后关入口阀；待泵体温度降到80℃以下才能关闭冷却水，不得提前关冷却水。

（2）注意备用泵启动后压力、流量、声音、振动等有无异常，检查密封有无泄漏；注意启动备用泵的开车步骤，备用泵启动后确认无异常现象方可停被切换泵。

（3）注意待检修泵必须断电，是否拆线按检修要求进行；注意切泵后，备用泵启动后确认无异常现象方可停被切换泵。

项目四　更换阀门的操作

一、准备工作

（1）穿戴劳保着装，选择正确的工具用具。

（2）对讲机、防爆扳手、阀门、石棉垫、梅花扳手准备齐全。

（3）确认设备管线阀门完好。

二、操作规程

（1）阀门和垫片的选择：确定被换阀门的类型、结构、压力等级、公称直径、法兰密封面形式、材料，选择正确的阀门更换。根据流程中介质性质、压力、温度、阀门规格确定垫片材料、规格。

（2）更换方法：关闭被换阀门的上、下游阀门，将这一段管线倒空，使用梅花扳手或至少使用一把梅花扳手，拧松阀门法兰螺栓，确认无压后拆掉螺栓，确认阀门流向标示与介质流向一致，垫片安装正确，法兰不要把偏。

三、注意事项

被换阀门段管线内不可有压力，不能带压操作。

项目五　清理泵入口过滤网的操作

一、准备工作

（1）穿戴劳保着装，选择正确的工具用具。

（2）对讲机、防爆扳手、过滤网、石棉垫、梅花扳手准备齐全。

（3）确认设备管线阀门完好。

二、操作规程

（1）泵的处理：清理过滤网时，泵需要先停机，关闭压力表阀、泵出、入口阀、出口旁路阀，泵体倒空。

（2）清滤网的方法：拆开过滤器法兰，取出过滤网，使用毛刷和合适溶剂或使用其他方法，将过滤网清干净，滤网腐蚀严重或破损应更换，回装过滤器时滤网要安装到位，方向正确，选择合适垫片，垫片放正，法兰不要把偏。

三、注意事项

打开过滤器前管线内不可有压力，不能带压操作。

项目六　加法兰垫片的操作

一、准备工作

（1）穿戴劳保着装，选择正确的工具用具。

（2）对讲机、防爆扳手、法兰、垫片、梅花扳手或开口扳手准备齐全。

（3）确认设备管线阀门完好。

二、操作规程

（1）更换前的准备：关闭该法兰前、后阀门，将这段管线倒空、置换，若不能置换干净，用铜扳手进行拆法兰操作。根据管内介质条件、法兰的标准和规格，选择合适垫片，垫片选择时应考虑的条件包括是否耐油、耐高温、耐高压；垫片的结构型式是否合适；规格是否合适。

（2）更换方法：采用对称拧松螺栓、确认管内无压力，最后拆开法兰，用薄钢片或锯条取出垫片并将法兰面清理干净，新垫片要放正位置，螺栓要分 2~3 次对称把紧，把好后法兰面要平行，缓慢打开该法兰前后阀门，检查把紧的法兰是否泄漏。

三、注意事项

法兰所在管段内压力必须泄放，不得带压操作。

模块三　事故判断与处理

项目一　相关知识

一、判断事故

(一)工艺的事故判断

1.反应压力异常及处理

反应器的压力能表现出催化剂的操作状况。在烷基化反应器的出口物料中夹带催化剂粉尘、催化剂结炭,表明床层可能堵塞。压降仪表指示误差、乙烯进料量大、苯流量高,反应器压降增大。脱氢反应器压降增大主要是由于取压点部分堵塞、压降仪表出错、催化剂粉尘引起部分床层堵塞等。

当烷基转移反应器主冷器入口、平衡冷却器液位高,出口管线不畅通,进料量大时,反应器压力将会升高。脱氢反应器压力升高则可能是由于尾气压缩机入口阀部分关闭,造成吸入量降低而引起的;压缩机入口阀堵塞,压力指示仪表错误,压缩机入口某些设备液位过高,也会引起反应器压力升高。

2.反应温度异常及处理

烷基化反应器的温度指示器和控制器产生误差,苯流量低、温度指示器和控制器误差、入口温度高,可引起反应器出口温度高。空气进入反应器、温度指示器出错、催化剂后期,以及进料量低、操作压力高、炉子出口温度高等原因将会引起脱氢反应器出口温度升高。

3.蒸汽过热炉

蒸汽加热炉火焰燃烧不稳定,主要原因包括火嘴部件有腐蚀、火嘴上积炭、炉膛内缺少空气、火嘴不对中、烟道挡板开度波动等。

使用燃料油的燃料油黏度太大,会使燃料油雾化不好,火焰燃烧不稳定,出现火星或烟囱冒黑烟。燃料油大量含水,会形成汽化而破坏燃料油流的均匀性,引起火焰脉动和爆音。蒸汽加热炉的燃料油泵自启动,两台运转,以及火嘴结焦造成管线堵塞,将会引起燃料油压力升高。

蒸汽加热炉烟道挡板开度过大,炉内负压升高;蒸汽加热炉风门开度过大;蒸汽加热炉看火门关不严;加热炉漏风都会造成炉内氧含量高。

4.尾气压缩机

经尾气压缩机压缩后的气体通过注入水,以维持压缩机出口温度,如果不注入水,出口温度将会高得多。尾气压缩机吸入口节流阀故障,排放压力太高,夹套冷却不正常,入口过滤器脏,将会引起压缩机出口温度高。

尾气压缩机的能力小于系统要求，导致系统压力升高。尾气压缩机的压力控制失灵，可能导致压缩机出口压力升高。

尾气压缩机吸入压力低的原因包括压缩机转速太高；压缩机入口堵塞；乙苯蒸发量突然降低，短时间未恢复；脱氢反应器催化剂床层堵塞；尾气压缩机入口气量减少。

5. 油水分离器常见故障处理

脱氢混合物/水分离器油相液位高的原因包括：

(1)工艺凝液泵故障，水界面高。

(2)脱氢单元负荷过大，未调整至正常。

(3)脱氢液泵不上量。

脱氢混合物/水分离器水界面液位高的原因包括：

(1)脱氢液/水聚结器堵塞，出料不畅。

(2)界面液位计失灵。

(3)工艺凝液泵不上量。

(4)液位控制器失灵。

6. 工艺凝液汽提塔常见故障处理

工艺凝液汽提塔的加热蒸汽增加，塔顶汽相流量升高，塔顶的温度相应升高。塔顶温度偏低时，可以适当增加加热蒸汽量；降低处理量，避免淹塔；或对温度显示仪表的故障进行检修。

工艺凝液汽提塔顶气相流量低的原因有：加热蒸汽量降低或停止；加热蒸汽不变，进料量增加；进料温度降低；淹塔。

工艺凝液汽提塔进料预热器故障，造成进料温度低，在加热蒸汽量不变时，塔顶气相流量降低。

7. 精馏塔常见事故处理

影响苯乙烯塔塔压的原因主要包括：

(1)塔顶冷凝器冷剂量不足，真空泵吸入气量增加，负荷变大。

(2)塔顶冷凝器结垢严重，换热效果下降，造成真空系统负荷过大，塔压控制失效。

(3)苯乙烯塔顶到真空系统的气相管线被聚合物堵塞或节流，塔顶气相量增大。

(4)真空泵停转。

(5)到真空系统排放管线堵死。

(6)空气漏入塔内。

(7)塔顶回流罐液位太高，真空泵入口不畅通，其液位过低，回流泵运转不正常，塔压升高。

苯乙烯精馏塔淹塔的主要原因包括：塔釜采出量长时间偏小或停止；进料量过大；加热蒸汽过小；真空系统故障，塔压高无法闪蒸，塔釜液位高；操作人员监盘失职，长时间未对塔进行调整，也将会造成淹塔。

乙苯精馏塔进料量突然停止，或回流泵故障，导致回流量时断时续或回流量小；加热蒸汽过大等情况下，易发生冲塔现象。

系统压力升高，乙苯蒸发量停止，脱氢反应器温度高，乙苯/蒸汽过热器出口温度也将升高。

8.锅炉常见事故处理

装置内的余热回收系统用以回收加热炉的排烟余热。回收方法有两类：一是靠余热燃烧空气来回收烟气余热，使回收的热量再次返回炉中；另一类是采用另外的系统回收热量。前者称为空气预热方式，后者通常用水回收，称为废热锅炉方式。

废热锅炉常出现的问题：

（1）废热锅炉给水水质不好，将影响废热锅炉使用，锅炉给水硬度大，废热锅炉易结垢。

（2）乙苯蒸发系统控制不稳定，会使得废热锅炉管出口温度过高；液位没控制好，造成干锅，产生过热点；乙苯进料中带有 H^+，腐蚀设备，造成管子损坏。

（3）引起低压废热锅炉出口温度高的原因主要有入口温度高、锅炉给水量变小、废热锅炉液位偏低等。

（二）设备的故障判断

1.主冷器

主冷器出口温度高的原因：

（1）翅片灰尘积累过多，冷却效果下降，出口温度升高。

（2）风机螺栓松动，桨叶角度不合适，影响冷却效果，造成主冷器出口温度高。

（3）出入口工艺管线不畅通，会造成主冷器出口温度高。

（4）风机部分停运，风机运转不正常，气温过高，都将会引起出口温度高。

2.高速泵

由于背压调节阀缘故或泵并联操作，控制的流量太小会造成高速泵出口压力波动过大。流量太小、汽蚀余量不够、压力表假指示也会引起高速泵出口压力波动过大。

高速泵增速箱的油冷却器堵塞、冷却水断流、油位过高会造成油温过高。

3.屏蔽泵

泵轴与电动轴不同心，运行时不平稳；叶轮和泵体间发生磨损；泵的口环有磨损；润滑不好，形成干磨；屏蔽泵的轴承磨损严重时，易造成屏蔽泵电流超高。

4.离心泵

离心泵是指靠叶轮旋转时产生的离心力来输送液体的泵。离心泵有立式、卧式、单级、多级、单吸、双吸、自吸式等多种形式。

向双密封或单密封的高压侧部位直接注入液体称"冲洗"。一般泵均应进行冲洗，尤其是轻烃泵更应如此。冲洗的作用包括：散热、降低液温、改变密封腔压力、清洁工艺液体、控制密封件的大气侧。机封冲洗分为单端面密封、双端面密封、气体密封。单端面密封常用于清洁常温流体，且被输送流体非常黏稠或容易固化的情况下，冲洗不能直接冲洗密封面，必须保证充足的循环量，机封冷却不能过度。

离心泵机械密封冲洗温度高的原因：

（1）由于冲洗管路上的过滤网堵塞，使冲洗量减少。

（2）冲洗压力太小。

（3）限流孔板堵塞。

（4）冲洗液导热性不好。

离心泵流量的调节方法：

（1）节流调节。

（2）变速调节。

（3）改变泵的运行台数。

（4）汽蚀调节。

（5）轴流泵和混流泵常采用改变叶轮、叶片角度的办法。

造成离心泵出口流量低的原因：

（1）排出管路中有气囊存在。

（2）泵出口的系统管路不畅。

（3）泵的平衡装置发生磨损。

（4）泵的转速太低。

离心泵运行时流量扬程降低的原因：

（1）叶轮运行方向不对。

（2）吸入液体有汽化现象。

（3）吸入管路或排出管路阀关闭。

（4）叶轮损坏，吸不上液体。

（5）吸入高度高、吸入液体压力太高。

离心泵运行时流量扬程降低的解决方式：

（1）叶轮方向有误，重新进行电动机或原动机的旋转方向调整。

（2）吸入管路或泵内有空气，需要排出气体。吸入管路漏气，查出漏气部位并修复。

（3）吸入管路或排出管路阀关闭，需要打开相关阀门。

（4）叶轮损坏，导致泵送的介质被切割不足，需要更换叶轮；叶轮流道堵塞，需要清除流道内的异物；叶轮转速不足，查明转速不足的原因如电动机匹配不合适等，按照相应原因进行调整。

（5）吸上高度太高，重新计算安装高度；吸入管路太小或被堵塞，调整进口管路口径。装置扬程高于泵的扬程，需要重新计算选型。

关于离心泵轴承温度高的原因：

（1）冷却水量少。

（2）润滑油的质量低，起不到润滑作用。

（3）冷却系统结垢、堵塞，使冷却水供应不足或中断。

（4）腐蚀性液体进入离心泵的轴瓦或轴承，轴承温度将升高。

5. 真空泵

水环式真空泵的叶轮与侧盖之间的间隙过大时，会发生达不到要求的真空度的现象。

水环式真空泵水环的补充水供给不足；水环变热，温度升高；密封部分漏气，会出现真空度低的情况。

二、处理事故

(一)DCS 控制台死机

DCS 控制台死机后,立即联系仪表人员进行处理,如有其他操作站能够运行,可利用其对装置进行控制。同时室外操作人员应对重点设备、部位加强现场监控,利用现场仪表进行监视,保证装置稳定运行,必要时可利用现场阀门等设备进行控制。

(二)公用工程中断

1. 氮气中断

停氮气后装置停车,需要把塔隔离。这是为了避免在没有氮气情况下停车,系统冷却下来后把空气引入系统中。

乙苯单元停氮气,为维持塔的运行,可减少再沸器的加热量或打全回流避免停车。如果停氮气时间较长,不能维持热苯循环,应按正常停车程序停乙苯单元。

乙苯脱氢单元停氮气后,尾气压缩机不能正常运行,应立即停车。

2. 蒸汽中断

乙苯单元蒸汽中断后,手动将所有蒸汽调节阀全关,迅速将精馏塔顶、釜的采出切至不合格品系统,乙苯产品切至不合格品系统,防止产品罐受到污染。

乙苯脱氢单元蒸汽中断后,室外迅速灭火嘴,降低炉温,室内逐渐将系统压力升高,停尾气压缩机,停止乙苯蒸发。

苯乙烯精馏单元系统蒸汽中断,将再沸器壳程放空打开,保证产品不污染罐,并保护好屏蔽泵。

(三)联锁动作

1. 乙烯压缩机

乙烯压缩机联锁动作后,将位于排放线上的电磁阀打开,把系统内的压力泄掉。

乙烯压缩机联锁停车,立即打开旁通阀,将系统压力卸载,然后关出口阀,再关入口阀。迅速查明联锁原因,查明原因消除故障后,尽快恢复生产。

2. 乙苯脱氢单元

脱氢反应器入口温度高联锁后室内人员保证反应器入口温度不会下降太快,检查跳闸系统是否已动作,尽快恢复燃料油、燃料气。如果压缩机停车,应保证润滑及密封系统安全。

乙苯脱氢单元过热炉和反应器联锁停车后,检查跳闸系统是否已工作正常,关闭进过热炉的每种燃料截止阀,迅速查找联锁动作原因,尽快恢复过热炉烧嘴燃料总管压力。

乙苯脱氢反应系统少量空气漏入后,氧含量达到联锁值,压缩机联锁动作停车。因此发现泄漏点后,应降低乙苯蒸发量,慢慢停止乙苯进料,找到泄漏点后,以全量蒸汽吹扫反应器,吹扫完毕后降低主蒸汽流量。

3. 尾气压缩机

尾气压缩机联锁停车后,室外操作人员应立即关闭蒸汽大阀,打开机体导淋,必要时关闭密封介质,避免油带水。为了防止加热炉温度迅速升高,立即调节加热炉火嘴,保证加热炉温度;确保乙苯蒸发系统正常,查明原因消除故障后,尽快恢复生产。

（四）原料事故

1. 乙苯进料中断

乙苯进料中断后，要及时调整加热炉，继续通入蒸汽，减少加热炉的加热量，降低炉子的温度，防止反应器飞温。如果乙苯进料不能及时恢复，应按照正常停车步骤处理。

2. 燃料气带液事故

燃料气带液应及时对其进行脱水处理。发现燃料油带水，应立即对燃料油储罐进行切水操作。

（五）其他故障

1. 蒸汽加热炉常见故障及处理

1）炉管结焦处理

及时调节火焰，使火焰成型，稳定，不烧炉管，可避免炉管结焦。为解决蒸汽加热炉炉管结焦的问题，在操作中应保持进料稳定，各路流量均匀。如发生进料中断，加热炉须熄火。

2）火焰脱火

保持燃料喷出速度低于脱火极限，可防止蒸汽加热炉火焰脱火。

3）炉温调整

提高蒸汽加热炉温度的方法包括：减少加热炉的排烟量，降低烟道带走的热量；减少主蒸汽进料量，满足蒸汽加热炉的负荷要求；对加热炉破损的炉墙保温进行维修。

2. 工艺凝液汽提塔升高塔顶温度的措施

增加工艺凝液汽提塔的加热蒸汽，提高塔顶汽相流量；降低处理量，避免淹塔；修理有故障的温度显示仪表，塔顶温度相应升高。

3. 冷凝器常见故障及处理

1）水冷却器泄漏

在石油化工装置中，大部分产品都必须冷却到50℃以下。而油品在150℃以下的热量回收成本都较高，所以这些低温热量，一般都是采用水冷却或空气冷却的方式将热量取走。换热管是组成冷却器管束的重要元件，也是一个重要的承压部件，一旦发生泄漏，不是影响产品质量，就是被迫停车。

水冷却器泄漏，可以采用堵管消漏的办法暂时解决；或者采用补胀消漏的方法消除水冷却器泄漏，补胀不能超过三次，否则将会使管板孔处材料冷作硬化而胀不紧。换热器泄漏严重时，需更换冷却器。

2）水位上升

乙苯/苯乙烯精馏塔冷凝器水包水位不断缓慢上升后，应检查进料系统是否带水，检查塔顶冷凝器是否泄漏，检查再沸器是否泄漏，及时对水包进行切水。

4. 冲塔事故原因及处理

苯塔发生冲塔事故的原因有加热蒸汽量过大、回流量小、塔顶采出量大，保持苯塔进料组成稳定，也可以防止发生冲塔事故。减小加热蒸汽量，降低上升气量是解决苯塔冲塔事故的一种方法。

5. 常压塔系统压力高

常压塔放空系统压力升高,原因是常压塔放空系统管线堵塞,排气不畅;进料组成中轻组分增加;气相出口线阻塞;回流量过小;加热蒸汽量大。可以采取加大回流,降低蒸汽量气相线吹扫的方法解决。

6. 泵压力不足

叶轮腐蚀严重,泵入口过滤器堵塞,导致多乙苯塔顶泵压力不足。清理泵入口滤网,清除堵塞叶轮的杂物,更换腐蚀严重的叶轮,降低吸入液体黏度,提高吸入液体的液面压力,可以解决泵压力不足的问题。

7. 机泵事故

运行机泵循环冷却水堵塞应及时进行清理,疏通冷却水的堵塞;不能及时清理,应切换至备用泵运转。

8. 产品事故

来自乙苯/苯乙烯分离塔的釜液中乙苯过高;乙苯从不正常来源进入精馏塔内,如乙苯冲洗漏入塔内;产品罐受到污染,都将会造成苯乙烯产品纯度太低。

苯乙烯产品聚合物含量高,保持较低塔压操作,增加苯乙烯精馏塔釜采出,加大阻聚剂的加入量,检查阻聚剂进料泵的运转情况,清除塔顶罐内壁上的聚合物沉积。

9. 调节阀故障

调节阀常见故障及处理方法:调节阀外泄,可以采用增加密封油脂、增加填料处理办法进行处理;调节阀经常卡住或堵塞,可以采取卸开阀门进行清洗或安装管道过滤器的处理办法;调节阀的密封性能差,通过研磨消除痕迹,提高密封面的表面粗糙度,减小密封间隙,增大执行机构输出力的处理办法。

调节阀使用柔性石墨填料比使用四氟填料密封性好。提高调节阀密封的方法包括增加密封油脂;增加填料;更换石墨填料;改变流向;采用透镜垫密封;更换密封垫片;对称拧螺栓;增大密封面宽度。

(六)安全事故

1. 着火事故

1)蒸汽灭火原理与操作要点

蒸汽灭火的原理是将蒸汽释放到燃烧区时,使其含氧量降低,将火扑灭,饱和蒸汽的灭火效果大于过热蒸汽。蒸汽灭火需要一定的蒸汽量,与环境温度无关。

蒸汽灭火应注意的操作要点是要保持一定的蒸汽供给压力,饱和蒸汽的灭火效果大于过热蒸汽,因此灭火时尽量使用饱和蒸汽,不使用过热蒸汽。

半固定式蒸汽灭火设备用于扑救火灾,利用水蒸气的机械冲击力量吹散可燃气体,并在火焰周围高速形成蒸汽层,扑灭火灾。

固定式蒸汽灭火设施用于扑灭整个房间、舱室的火灾,使其燃烧的房间惰性化而将火焰熄灭。

2)可燃气体报警

动火作业前,使用测爆仪对动火点进行测爆,可燃气体报警后,应立即停止动火作业,操作人员到现场检查有无漏点,消除漏点,迅速消除报警原因,再次检测合格后方可动火;有进容器作业的,先终止进容器作业,置换合格后再恢复作业。

3)消防水炮的使用方法

消防水炮喷射时,应注意水炮口前不能站人。水炮应在使用压力范围内使用、应使用清洁水,以避免造成水炮堵塞。为保证水炮在喷射时的稳定性,水炮在喷射时不要任意回转,应缓慢回转,水炮的转动部位应经常加注润滑脂,以保证转动灵活。

带电设备发生火灾时,选择使用不导电的灭火器具,如二氧化碳、"1211"或干粉灭火器,不能使用水溶液或泡沫灭火器材。

2. 中毒事故

1)NSI中毒

发生眼睛接触NSI事故时,应用大量流动清水或生理盐水清洗眼睛,请医生治疗。皮肤接触后,用水彻底清洗接触的皮肤;发生NSI中毒事故,将吸入者迅速脱离至空气新鲜处,服用可食用的脂肪或食用油,诱使他呕吐。

2)苯中毒

发生皮肤接触苯事故时,应用清水彻底清洗皮肤,并立即脱下被污染的衣服;眼睛接触后,应用大量清水清洗眼睛;误食的人员服用温水,诱使他呕吐,及时请医生治疗。

项目二　脱氢反应器泄漏的判断

一、准备工作

(1)穿戴劳保着装,选择正确的工具用具。

(2)对讲机、氧分析仪准备齐全。

(3)确认设备管线阀门完好。

二、操作规程

(1)操作判断。脱氢反应器是高温、负压操作,反应器泄漏,空气进入反应器里面,氢气过度燃烧,反应温度升高;反应器泄漏,压力升高;温度高,副反应多。

(2)分析结果判断。

(3)清理工作场地。

三、注意事项

(1)反应器泄漏,判断依据是反应温度和尾气氧含量高。

(2)注意指出反应器泄漏后的现象及后果。

项目三　正压罐泄漏的判断

一、准备工作

(1)穿戴劳保着装,选择正确的工具用具。

(2)对讲机、可燃气体报警器、可燃气体测爆准备齐全。

(3)确认设备管线阀门完好。

二、操作规程

(1)室内判断。正压罐泄漏可能出现的室内现象包括：罐附近有可燃气体报警器报警；室内记录、指示中的压力、液位下降。

(2)室外判断。正压罐泄漏可能出现的室外现象包括：现场发现有液体流出；罐压力、液位下降；现场听到有泄漏的声音，闻到物料的气味；用可燃气体测爆仪可以发现罐泄漏。

(3)清理工作场地。

三、注意事项

(1)注意携带正确工具。

(2)指出正压罐泄漏后现场有液体流出。

(3)详细说明室内外观察到的现象。

项目四 换热器泄漏的判断

一、准备工作

(1)穿戴劳保着装，选择正确的工具用具。

(2)对讲机、可燃气体报警器、可燃气体测爆仪准备齐全。

(3)确认设备管线阀门完好。

二、操作规程

(1)考核换热器内漏的判断。分析是否有对侧物料；观察换热器出口温度是否变化大；气相漏入液相有时可以根据声音判断；一侧是水可以通过另一侧排水观察。

(2)考核换热器外漏的判断。外漏的现象包括：换热器附近可燃气体报警；室内发现有一股流量变小；现场看到或听到泄漏；现场闻到并用可燃气体测爆仪测到泄漏。

(3)清理工作场地。

三、注意事项

(1)换热器泄漏后做出分析判断。

(2)交代好观察的现象、听到的声音、闻到的气味。

项目五 淹塔的事故判断

一、准备工作

(1)穿戴劳保着装，选择正确的工具用具。

(2)对讲机、塔附件若干准备齐全。

(3)确认设备管线阀门完好。

二、操作规程

(1)考核淹塔事故判断。淹塔事故的现象包括：室内外塔的液位超量程而不变化；塔加热量不够；塔釜温度突然升高；回流罐液位低；回流量达不到正常值；塔顶压力低；温度低、塔压差高；塔顶采出量小；塔釜采出量大。

(2)清理工作场地。

三、注意事项

(1)淹塔后首先出现塔液位变化。

(2)各个现象判断要全面。

项目六 压缩机组润滑油温度高的判断

一、准备工作

(1)穿戴劳保着装,选择正确的工具用具。

(2)对讲机、温度仪、分析仪若干准备齐全。

(3)确认设备管线阀门完好。

二、操作规程

(1)油冷却器问题。压缩机组润滑油冷却器效果不好、油量少、水量少、结垢、水温高、压缩机本体冷却水量低或温度高。

(2)工艺问题。压缩机入口介质温度高或密度大、压缩机压缩比大、环境温度高。

(3)设备故障。压缩机机械故障、压缩机本体呼吸阀堵塞。

(4)清理工作场地。

三、注意事项

(1)压缩机机械故障将会导致压缩机组润滑油温度高。

(2)可能引起润滑油温度高的原因较多,要全面认真分析。

项目七 苯乙烯产品纯度不合格原因的判断

一、准备工作

(1)穿戴劳保着装,选择正确的工具用具。

(2)对讲机、分析单准备齐全。

(3)确认设备管线阀门完好。

二、操作规程

（1）乙苯/苯乙烯分离塔操作不好。乙苯/苯乙烯分离塔塔底物料含有过量的乙苯,该塔操作不正常,塔釜温度低、塔压高、进料大、淹塔、液泛、塔内带水、蒸汽流量低、乙苯从乙苯冲洗管线漏入该塔中。

（2）苯乙烯塔不正常。产品中含有过量的 α-甲基苯乙烯,一方面是由脱氢原料异丙苯多生成的,另一方面是由苯乙烯塔不正常重组分蒸到上面。

（3）串料。乙苯从不正常来源进入苯乙烯塔:从乙苯冲洗管线漏入苯乙烯塔,罐区不合格品串入合格品中。

（4）清理工作场地。

三、注意事项

（1）串料将导致产品不合格。

（2）产品纯度与原料组成相关。

项目八　离心泵振动值增大的故障判断

一、准备工作

（1）穿戴劳保着装,选择正确的工具用具。

（2）对讲机、防爆扳手、听针准备齐全。

（3）确认设备管线阀门完好。

二、操作规程

（1）设备检查。检查泵轴与驱动机轴对中性,检查地脚螺栓是否松动;检查轴承磨损程度;检查转动部分平衡;检查连轴节。

（2）工艺检查。检查泵抽空,汽蚀;检查物料介质黏度。

三、注意事项

排除工艺原因设备检查要全面。

项目九　加热炉联锁事故的处理

一、准备工作

（1）穿戴劳保着装,选择正确的工具用具。

（2）对讲机、防爆扳手、手套若干准备齐全。

（3）确认设备管线阀门完好。

二、操作规程

（1）判断。检查联锁系统是否动作以及联锁动作原因。

（2）联锁动作及消除。消除联锁，炉 A/B 段、反应器、主冷器或乙苯蒸气分离罐温度高；中压蒸汽或低压锅炉液位低；蒸汽流量低；点火气、燃料油、油蒸气压差低；炉膛压力高；手动按钮（各装置根据具体要求）。

（3）故障处理。关闭炉前燃料油、气（尾气、长明灯）、雾化蒸汽阀，压缩机每小时盘车一次，反应器温度不要下降太快。排除故障，按程序点炉子，长时间停车，按正常降温步骤降温停车。

（4）清理工作场地。

三、注意事项

（1）查到联锁原因，全部进行消除，防止漏项。

（2）故障处理时，降温不可过快。

项目十　中低压凝液中断事故的处理

一、准备工作

（1）穿戴劳保着装，选择正确的工具用具。

（2）对讲机、防爆扳手、手套若干准备齐全。

（3）确认设备管线阀门完好。

二、操作规程

（1）烃化单元。乙苯单元停车，停止烷基化、烷基转移乙烯进料，热苯循环，防止废热锅炉干烧。

（2）乙苯精馏单元。乙苯精馏系统防止冷凝器干烧，切断各塔再沸器的蒸汽。冷凝液短时间不能供给，进一步按正常停车处理。

（3）乙苯脱氢及苯乙烯精馏单元。乙苯脱氢短时间内可通过胶管（临时管线）补充冷凝水降量生产，防止废热锅炉干烧。凝液短时间不能供给，乙苯脱氢反应系统应停车，停进料，关闭炉子系统，其他正常停车处理。苯乙烯精馏可维持运行。

（4）清理工作场地。

三、注意事项

（1）停车时防止废热锅炉干烧。

（2）乙苯精馏系统再沸器蒸汽切除。

项目十一　苯乙烯产品含乙苯高的处理

一、准备工作

(1)穿戴劳保着装,选择正确的工具用具。
(2)对讲机、防爆扳手、分析单准备齐全。
(3)确认设备管线阀门完好。

二、操作规程

(1)调整乙苯/苯乙烯分离塔。提高分离塔塔顶采出量;提高分离塔的塔釜温度;降低进料量;提高进料苯乙烯的含量;降低塔压,减少回流;因液泛造成乙苯高,降低蒸汽或回流。
(2)防止串料。关闭苯乙烯不合格罐的阀门;关闭乙苯冲洗(乙苯/苯乙烯分离塔、苯乙烯塔、薄膜蒸发器等)阀门。
(3)清理工作场地。

三、注意事项

流程切换操作时要先关闭进入不合格罐的阀门,然后再打开进入合格罐的阀门,防止两个罐相互串料。

项目十二　装置停原料苯突发事故的处理

一、准备工作

(1)穿戴劳保着装,选择正确的工具用具。
(2)对讲机、防爆扳手、手套准备齐全。
(3)确认设备管线阀门完好。

二、操作规程

(1)原因判断及联锁检查。判断事故原因,检查联锁是否动作。
(2)烷基化系统。先维持苯和烷基化液循环,停乙烯,关闭进料截止阀,停止苯进料切断换热器的蒸汽;短时间不能供给原料,按正常程序停车。
(3)烷基转移。先维持苯循环,停止多乙苯进料,长时间不能供给原料,按正常程序停车。
(4)乙苯精馏。维持单塔循环;长时间不能供给原料,按程序停车。
(5)其他系统。维持生产,长时间不能供给原料,按正常程序停车。
(6)清理工作场地。

三、注意事项

（1）首先切断乙烯，停至多乙苯进料，两反应系统维持苯循环。

（2）精馏系统维持单塔循环。

项目十三　装置停燃料突发事故的处理

一、准备工作

（1）穿戴劳保着装，选择正确的工具用具。

（2）对讲机、防爆扳手、手套准备齐全。

（3）确认设备管线阀门完好。

二、操作规程

（1）炉子及脱氢反应系统。装置停燃料检查确认联锁动作，检查关闭炉子燃料的截止阀（燃料油、燃料气、排放气/尾气、残油、焦油），关闭炉子雾化蒸汽阀门（考虑其他装置）。

（2）其他系统。检查关闭氧气阀门，将主蒸汽阀门调至最小，关闭进料阀；短期燃料故障，其他单元可维持运行；短期燃料不能供给，其他单元按正常程序停车。

（3）清理工作场地。

三、注意事项

（1）首先检查联锁并确认。

（2）按停工程序一次关闭各个截止阀。

项目十四　反应器温度异常的处理

一、准备工作

（1）穿戴劳保着装，选择正确的工具用具。

（2）对讲机、防爆扳手、手套准备齐全。

（3）确认设备管线阀门完好。

二、操作规程

（1）检查炉子。检查炉子温度是否有异常波动，若有应及时调节炉子。检查氧气进料量是否有突然变化，若有应及时调节。

（2）检查仪表。温度表失灵，找仪表处理。

（3）检查氧气量或反应器系统泄漏。排除上述原因后，应立即停氧气进料，停压缩机，系统升压，慢慢地停止乙苯进料。一旦系统升至正压，立即检查反应系统的泄漏，发现漏点，按正常停车程序处理,消除漏点。

(4)清理工作场地。

三、注意事项

(1)排除炉子、仪表等因素,反应系统升压处理。

(2)若因系统泄漏,及时停车消除漏点。

项目十五　换热器内漏的处理

一、准备工作

(1)穿戴劳保着装,选择正确的工具用具。

(2)对讲机、防爆扳手、手套、胶管准备齐全。

(3)确认设备管线阀门完好。

二、操作规程

(1)切断换热器。关闭热物料入口、出口阀门;关闭冷物料入口、出口阀门。

(2)倒空、置换。低点导淋接胶管,胶管另一端放入油漏,并且固定。观察胶管流量,微开导淋阀,观察排出液体不带压后,打开放空阀进一步排液,至排净为止。从放空阀接胶管通氮气置换至合格。

(3)停氮气,设备交出处理。

(4)清理工作场地。

三、注意事项

切除换热器时,先关热源,再关冷源。

项目十六　气体中毒的现场抢救

一、准备工作

(1)穿戴劳保着装,选择正确的工具用具。

(2)对讲机、防爆扳手、防护衣若干准备齐全。

(3)确认设备管线阀门完好。

二、操作规程

(1)自我防护情况。判断毒气性质,戴好防毒面具,穿好防护衣才能进现场。

(2)采取抢救措施。尽快将中毒人员移至新鲜空气处,离开中毒区域,松解中毒者颈胸部纽扣和腰带,保持呼吸畅通。衣物被污染,立即脱去衣服,用水冲洗,不能冲洗的,擦干净体表毒物,保暖。经口进入体内的毒物,可用催吐法和洗胃法,呼吸或心跳停止,可用人工呼吸或胸外按压法恢复。尽快送医院处理。

(3)切断现场毒气,切断现场毒物泄漏。

(4)清理工作场地。

三、注意事项

(1)做好自我防护。

(2)中毒人员离开中毒场地。

项目十七　使用蒸汽灭火的操作

一、准备工作

(1)穿戴劳保着装,选择正确的工具用具。

(2)对讲机、防爆扳手、手套、胶管、铁丝准备齐全。

(3)确认设备管线阀门完好。

二、操作规程

(1)自我保护。戴好手套,防止烫伤自己。

(2)使用过程。用铁丝将胶管接到蒸汽接头上,并且接牢;用手抓紧胶管另一端,缓慢开阀门,将蒸汽对准火焰根部,垂直切割火焰,迅速摆动,使蒸汽覆盖燃烧面,至火被扑灭。

(3)使用要点。使用蒸汽灭火的人员,应站在上风口,蒸汽不允许对准人或扫向他人,防止烫伤他人。

(4)清理工作场地。

三、注意事项

(1)做好自我防护,防止烫伤。

(2)灭火时,应站在上风口。

项目十八　废热锅炉干锅的处理

一、准备工作

(1)穿戴劳保着装,选择正确的工具用具。

(2)对讲机、防爆扳手、手套若干准备齐全。

(3)确认设备管线阀门完好。

二、操作规程

（1）核实废热锅炉干锅。发现废热锅炉无液位，排除仪表假指示，核实启动液位低联锁系统，切忌往废热锅炉加水。

（2）检查炉子。检查确认燃料（尾气/排放气、雾化蒸汽、燃料气、燃料油、残油、焦油、点火气）停止进入炉子并相应关闭截止阀。

（3）检查进料。检查确认氧气停止进入反应器，并关闭相应的阀门（兼顾其他装置）；检查确认乙苯停止进入反应器，并关闭相应的阀门，停乙苯循环泵，乙苯改进罐区（兼顾其他装置）；检查确认主蒸汽流量减至最小。

（4）清理工作场地。

三、注意事项

（1）确认锅炉干锅后，及时启动联锁系统。
（2）在锅炉温度较高的情况下，切忌加水，防止出现较大事故。

项目十九　回流中断的处理

一、准备工作

（1）穿戴劳保着装，选择正确的工具用具。
（2）对讲机、防爆扳手、手套准备齐全。
（3）确认设备管线阀门完好。

二、操作规程

（1）检查处理回流罐液位。若液位空，造成回流泵抽空则停泵，待液位恢复后启泵打至回流。

（2）检查处理回流控制阀。若控制阀失灵则改副线控制，立即联系仪表处理。

（3）检查处理泵抽空。泵出口排气，检查过滤器是否堵，启动备用泵，停抽空泵并处理，清理过滤器。

（4）检查处理泵损坏。泵本身故障，立即启动备用泵，停事故泵，联系钳工处理。

（5）检查处理管线堵。开导淋检查，若堵应及时处理。冬季检查，若冻堵，应加热处理。

（6）清理工作现场。

三、注意事项

（1）回流中断，首先检查回流罐液位是否正常。
（2）启动备用泵前，要进行排气。

模块四 绘图与计算

项目一 相关知识

一、绘图

（一）简单工艺流程图

工艺流程图是用图表符号形式，表达产品通过工艺过程中的部分或全部阶段所完成的工作。典型的流程图中包括的资料有数量、移动距离、所做工作的类别以及所用的设备，也可以包括工时。为了便于画出工艺流程图，一般均采用国际通用的记录图形符号来代表生产实际中的各种活动和动作，并表明工艺流程所使用的机械设备及其相互联系的系统图，见表 3-4-1。

表 3-4-1　工艺流程图中图例符号示例

名称	图例
立式油池泵	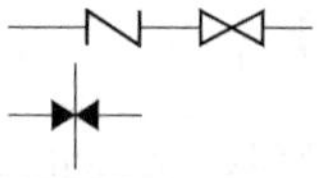
电气控制点流程图电动机式执行器	
电气控制点流程图弹簧膜片式执行器	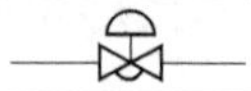
"8"字盲板	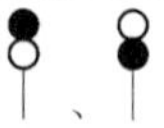
"8"字盲板状态为通	
永久性 Y 型过滤器	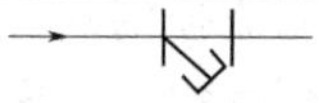
工艺管道材料、等级、分界线图例	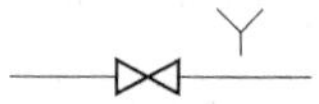
闭式排放漏斗	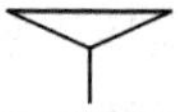
DCS 停止蜂鸣器响声键	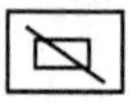
工艺流程图隔膜阀	
流程方块图	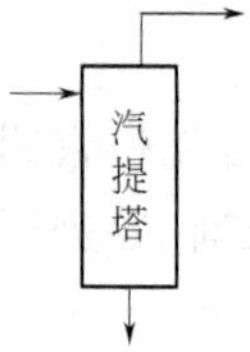

可拆卸短管、电伴热管、蒸汽伴热管、夹套管、地下管线是表示工艺管道类的设备;隔膜阀、闸阀、蝶阀是表示泵类符号;控制组键、趋势组画面键、显示键、报警画面键是表示 DCS 仪表控制键类。

(二)设备图

化工设备立式设备装配图,一般采用主视图、俯视图;卧式设备装配图,一般采用主视图、左视图、右视图。

(三)仪表方框图

仪表方框图的示例见表 3-4-2。

表 3-4-2　仪表串级图例

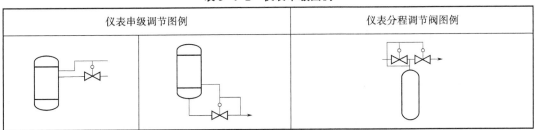

仪表串级调节图例		仪表分程调节阀图例

二、基本概念

(一)负荷率

装置负荷率指装置平均负荷与设计负荷的比值,影响装置负荷率计算结果的因素有装置实际负荷与装置设计负荷。

(二)开工率

一般装置开工率是指装置实际开工小时数与当月(或当年)小时数之比,影响装置开工率计算结果的因素有装置实际运行时间与某时间段的运行小时数。

(三)物耗

苯乙烯装置的物耗指乙烯和苯的单耗量。苯乙烯装置的苯的物耗量是指当月苯的用量与当月产品苯乙烯产量之比,乙烯的物耗量是指当月乙烯的用量与当月产品苯乙烯产量之比。

(四)离心泵的主要性参数

离心泵的主要性能参数有转速 n、流量 Q、扬程 H、功率 N、效率 η 等。

1. 转速

转速是泵轴在单位时间内转过的圆周数,用 n 表示,单位是 r/min。

2. 流量

流量是泵在单位时间内输送出去的液体量,用 Q 表示体积流量,单位为 m³/s、m³/min、L/s 和 m³/h;用 G 表示质量流量,单位为 kg/s、kg/min、kg/h 和 t/h。$G = Q\rho$,其中 ρ 为液体密度。

3. 扬程

扬程是单位质量液体从泵进口(泵进口法兰)处到泵出口(泵出口法兰)处能量的增值,

也就是牛顿液体通过泵获得的有效能量，其单位是 m，即泵抽送液体的液柱高度。扬程也称有效能量头。

液体获得能量后，可将液体升扬到一定高度 ΔZ，而且还要用于静压头的增量 $\Delta p/(\rho g)$ 和动压头的增量及克服输送管路的损失压头，而升扬高度是指将液体从低处送到高处的垂直距离，可见，升扬高度仅为扬程的一部分，泵工作时，其扬程大于升扬高度。

$$H = (p_2 - p_1)/(\rho g) + (c_2 - c_1)/(2g) + z_2 - z_1$$

式中　　H——扬程，m；

　　　　p_1、p_2——泵进出口处液体的压力，Pa；

　　　　c_1、c_2——流体在泵进出口处的流速，m/s；

　　　　z_1、z_2——进出口高度，m；

　　　　ρ——液体密度，kg/m³；

　　　　g——重力加速度，约 9.81m/s²。

由上式可以看出，在其他参数不变的情况下，单级离心泵的出口与入口压力差越大，其扬程越大；出口与入口流速差越大，其扬程越大。

（五）泵的功率、效率及汽蚀余量

1. 功率

有效功率是指单位时间内泵排出口流出的液体从泵中取得的能量，用 N_{eff} 表示。内功率是指单位时间内做功元件所给出的能量，用 N_i 表示。轴功率是指单位时间内由原动机传递到泵主轴上的功，用 N 表示。

2. 效率

容积效率是衡量泵泄漏量大小，即密封好坏的指标，用 η_v 表示。水力效率是衡量液体流经泵的阻力损失大小的指标，用 η_{hyd} 表示。机械效率是衡量泵运动部件间机械摩擦损失及轮阻损失大小的指标，用 η_{mec} 表示。总效率是以上三种效率的乘积，用 η 表示。

3. 汽蚀余量

汽蚀余量又叫作净正吸头，用 $NPSH$ 表示。汽蚀余量分为有效汽蚀余量和必须汽蚀余量。

有效汽蚀余量是指液流自吸液罐（池）经吸入口管路到达泵吸入口后，高出汽化压力 p_v 所富余的那部分能头，用 $NPSH_\alpha$ 表示。必须汽蚀余量是指泵入口到叶轮内最低压力点处的静压能头降低值，用 $NPSH_r$ 表示。该值越小，泵越不易发生汽蚀。

离心泵叶轮直径越大，流量越大，因为水流出的速度取决于叶轮旋转时产生的离心力和切线上的线速度，直径越大，离心力和线速度越大。

（六）传热效率

固定管板式换热器有单管程和多管程两种结构类型。多管程换热器是在换热器的一端或两端的管箱内设置一个或若干个隔板，使流体每次只流过换热器中的一组换热管，最后由出口流出换热器。流体每流过一组换热管，称为一个管程。几组换热管就称为几管程。

当管程数为偶数时,管程流体的出、入口均安装在换热器的同一端;当管程数为奇数时,管程流体的出入口则分别安装在换热器的两端。偶数管程的换热器,无论制造、操作和检修都比较方便,因此应用的较为广泛。常用的管程数有 2、4、6 三种。奇数管程除单程外,其他则很少使用。

多管程换热器可以提高管内流体流速,提高传热效率,但是由于管程数较多,流体与换热管摩擦损失和进、出口的局部阻力损失都增大;隔板占去的布管面积较多;构造复杂,设备的安装、拆卸和清洗比较困难,因此管程数不宜过多。单管程固定管板换热器除制造、操作和检修比较方便,管程阻力小外,它的最大优点是能实现纯逆流传热,即壳程流体的流动方向与管程流体的流动方向相反,因而它的传热效率大大高于其他顺、混流式换热器。因此在设计、选用时应考虑单管程固定管板换热器的这一特点。列管、套管、板式、夹套换热器中,换热效率较高的是板式换热器。

对流传热的热阻主要集中在流动流体的层流内层。铁、水、空气、铜等物质中,空气的导热系数最小。

(七)空气过剩系数

空气过剩系数为实际空气用量与理论空气量之比,加热炉空气过剩系数是根据烟道气分析数据中的氧气体积分数来确定的。空气过剩系数高是因为在烟道系统中渗漏入过量的空气,因此空气过剩系数越大,烟道气量也越大,则损失也越大。

(八)热负荷

换热器的冷热两股流体在单位时间内所需要更换的热量称为换热的热负荷,也称供热能力。热负荷大小表示炉子生产能力的大小,炉子的热负荷为加热炉内被有效利用的热量。只有当热负荷燃料发热量非常稳定时,才推荐使用较低的过剩空气量。

对于辐射—对流型的加热炉,对流室是靠辐射室排出的高温烟气进行对流传热来加热物料。烟气以较高速度冲刷炉管壁,有效地进行对流传热,其热负荷占全炉 20%~30%。辐射室是加热炉进行热交换的主要场所,其热负荷占全炉的 70%~80%。

(九)收率

收率是指在化学反应或相关的化学工业生产中,投入单位数量原料获得的实际生产的产品产量与理论计算的产品产量的比值。同样的一个化学反应在不同的压力、温度下会有不同的收率。收率是表明化学反应的实际效果,衡量主反应和副反应,目的产物和副产物,参加主反应的原料和副反应原料之间的相互关系的一个指标。

影响乙苯脱氢反应收率的因素有原料中的乙苯含量、反应温度、水比。生产中,常以乙苯投料量作为脱氢液量来计算乙苯转化率和苯乙烯选择性和收率,收率等于转化率与选择性的乘积。操作中调节反应温度、反应压力、稀释蒸汽,可以使乙苯脱氢反应增加收率。但是乙苯脱氢反应温度越高,反应越快,乙苯转化率增加,但副反应也同时加快。

(十)水比

水比为总蒸汽量与乙苯量之比。乙苯脱氢反应过程中,控制水比是为了降低反应物分压,水比过大,蒸汽量消耗大,生产成本上升;水比过小,催化剂表面易积炭,降低催化剂性能。

（十一）转化率

化工生产中由原料或半成品变为半成品或成品的化学反应叫作转化，转化的百分率叫作转化率。因此反应转化率是指反应物反应的量与反应进料中的原料量之比。

转化率＝转化原料的量÷原料的量×100％。

（十二）选择性

选择性＝生成该产物所消耗的原料的量÷参加反应的原料的量×100％。

（十三）塔顶、塔釜采出量的计算

塔顶、塔釜采出量的计算根据塔的物料平衡进行计算，等于进料中物料的质量与塔顶、塔釜出料量的总和。

项目二　绘制苯塔塔顶压力控制流程图

一、准备工作

（1）绘图器具、尺具等准备齐全。

（2）2B 等绘图铅笔、绘图用橡皮。

（3）绘图板、绘图纸。

二、操作规程

（一）流程走向正确

（1）苯塔塔顶采出经冷凝器、塔顶罐、塔顶压力控制流程清楚。

（2）不凝气排火炬支线清楚。

（3）补充氮气的支线清楚。

（二）阀门位置

主流程调节阀、截止阀、安全阀位置清楚、不遗漏。

（三）调节阀

压力、流量测量调节系统表示清楚。

（四）苯塔冷凝器

（1）进出料位置正确。

（2）压力表、温度表、液位计位置清楚、不遗漏。

（3）蒸汽、凝液进出位置正确。

（五）塔顶罐

（1）进出料位置正确。

（2）温度表、液位计位置清楚、不遗漏。

（六）仪表系统

控制点、信号线、仪表位号清楚、不遗漏。

(七)流程卷面

排布合理,卷面清晰。

三、注意事项

(1)工艺流程绘制正确、整齐。
(2)标注完整、清晰。
(3)卷面清晰、整洁。

项目三 绘制乙苯/苯乙烯塔塔釜采出至苯乙烯精馏塔流程图

一、准备工作

(1)绘图器具、尺具等准备齐全。
(2)2B 等绘图铅笔、绘图用橡皮。
(3)绘图板、绘图纸。

二、操作规程

(一)流程走向正确
(1)塔釜物经塔釜泵、过滤器、调节阀至苯乙烯精馏塔流程走向清楚、正确。
(2)经冷却器去脱氢液罐的支线走向清楚、正确。
(二)阀门位置
主流程调节阀、截止阀、安全阀位置清楚、不遗漏。
(三)调节阀
温度、液位、流量测量调节系统表示清楚。
(四)过滤器
(1)进出料阀、放空、排凝阀位置正确。
(2)压差表位置清楚、不遗漏。
(五)苯乙烯精馏塔
苯乙烯精馏塔进料位置正确。
(六)仪表系统
控制点、信号线、仪表位号清楚、不遗漏。
(七)流程卷面
排布合理,卷面清晰。

三、注意事项

(1)工艺流程绘制正确、整齐。

(2)标注完整、清晰。

(3)卷面清晰、整洁。

项目四 绘制乙苯/苯乙烯分离塔塔顶采出至脱氢液罐流程图

一、准备工作

(1)绘图器具、尺具等准备齐全。

(2)2B等绘图铅笔、绘图用橡皮。

(3)绘图板、绘图纸。

二、操作规程

(一)流程走向正确

(1)塔顶采出经冷凝器、塔顶罐、塔顶泵、不合格物料冷凝器至脱氢液罐流程清楚。

(2)塔回流支线清楚。

(3)去乙苯塔的支线清楚。

(二)阀门位置

主流程调节阀、截止阀、安全阀位置清楚、不遗漏。

(三)调节阀

温度、液位、流量测量调节系统表示清楚。

(四)冷凝器

(1)进出料位置正确。

(2)压力表、温度表、液位计位置清楚、不遗漏。

(3)蒸汽、凝液进出位置正确。

(五)塔顶罐

(1)进出料位置正确。

(2)温度表、液位计位置清楚、不遗漏。

(六)塔顶泵

(1)泵出入口位置正确。

(2)压力表位置清楚、不遗漏。

(七)不合格物料冷凝器

(1)冷凝器出入口流程正确。

(2)温度表位置清楚、不遗漏。

(3)冷却介质流程正确。

(八)仪表系统

控制点、信号线、仪表位号清楚、不遗漏。

（九）流程卷面

排布合理,卷面清晰。

三、注意事项

（1）工艺流程绘制正确、整齐。

（2）标注完整、清晰。

（3）卷面清晰、整洁。

模块五　液相分子筛

项目一　相关知识

一、烷基化反应器的反应及操作

（一）烷基化反应

1.定义

烷基化反应通常定义为烯烃与非烯烃化合物（可以是链烷烃、环烷烃或芳烃）的加成。烷基化反应是烷基由一个分子转移到另一个分子的过程，是化合物分子中引入烷基（甲基、乙基等）的反应，如苯和乙烯发生反应。

烷基化反应需在烷基化催化剂存在的条件下，在催化剂的酸性活性中心上进行。

苯和乙烯发生烷基化反应可以生成乙苯、二乙苯、三乙苯，其中乙烯与乙苯在烷基化催化剂的作用下又生成二乙苯，乙烯与又生成三乙苯。

在烷基化催化剂上，既能进行烷基化反应，又能进行烷基转移反应。

$$C_2H_4 \quad + \quad C_6H_6 \quad \longrightarrow \quad C_2H_5C_6H_5$$
$$\text{乙烯} \qquad \text{苯} \qquad\qquad \text{乙苯}$$

$$C_2H_4 \quad + \quad (C_2H_5)C_6H_5 \quad \longrightarrow \quad (C_2H_5)_2C_6H_5$$
$$\text{乙烯} \qquad \text{乙苯} \qquad\qquad \text{二乙苯}$$

$$C_2H_4 \quad + \quad (C_2H_5)_2C_6H_5 \quad \longrightarrow \quad (C_2H_5)_3C_6H_5$$
$$\text{乙烯} \qquad \text{二乙苯} \qquad\qquad \text{三乙苯}$$

烷基化催化剂是反应器外再生。烷基化催化剂卸出前，需对其进行处置，方法主要有蒸汽吹扫、氮气干燥、空气冷却。其步骤为液体排放，降压，通蒸汽，氮气置换，冷却。降压操作的主要作用为汽化吸附在催化剂上的有机物，通蒸汽的主要作用为将有机物置换解吸出来，通氮气的主要作用为置换水分。

烷基化催化剂到期后不具备再生条件时卸出的旧剂以固体废物掩埋处理。

2.冷苯充填

烷基化反应苯循环前，需确认反应器已冷苯已充填，精馏塔已开车，苯泵具备启动条件，苯循环流程打通。冷苯充填过程中，要缓慢小流量充填。

烷基化反应冷苯充填的步骤：打通冷苯充填流程，全开反应器压力控制器，向精馏塔回流罐进苯，启动苯进料泵，精馏塔见液位，停苯进料泵，及时关闭反应器进出口阀。充填过程中，应注意判断反应器是否充满，并观察精馏塔液位。

3.苯循环

苯循环时，流量控制应先小后逐渐提高。苯循环过程中，应注意控制升温速度，保护催化剂。烷基化反应热苯循环升温时,首先设置反应器操作压力至正常,打开反应器出口阀门,启动烷基化苯进料泵,以小流量热苯循环,投用进料预热器,按照当前负荷升温,控制升温速率,最大升温速率不超过50℃/h,提高热苯循环量,启动循环泵,反应器缓慢升温。烷基化反应热苯循环升温过程中,应先不投用中间冷却器,到各级反应器温度相同时再投用。

4. 投乙烯

烷基化反应床层必须达到180~210℃时,可以具备投乙烯的温度条件。温度太低会降低催化剂的活性,降低乙烯的转化率。烷基化反应器投乙烯时必须确认反应器出口温度高高联锁投用。

为保证烷基化反应正常操作,其仪表控制主要有出口压力、末段反应器入口温度、苯进料、循环量、一段反应器入口温度、乙烯进料。在自动控制状态下出现故障,必须将自动控制改为手动控制,联系仪表人员处理。

乙烯原料中乙炔及丙烯烃含量应小于10×10^{-6}。

投乙烯时必须确认的条件包括:反应器出口温度高高联锁投用后,系统开车,合格乙烯已进入装置,反应器压力高联锁投用,反应温度达到要求,乙烯压缩机已挂负荷运转。

烷基化反应投乙烯过程中,应注意缓慢投入乙烯,观察反应床层温度,防止超温;观察反应压力,防止超压;按反应器先下床层后上床层的前后顺序投乙烯。

5. 压力影响

烷基化反应器的操作压力主要是循环苯进料流量的影响,稳定系统的操作压力是为了保证反应中的苯处于液相,其大小对催化剂的活性基本无影响。

6. 苯烯比影响

苯/乙烯比大,对烷基化反应的影响有能耗增加、乙苯选择性增加、重质物增加、物耗增加;而苯/乙烯比小,乙基化选择性不变,多乙苯生成量增加,重质物增加。

烷基化反应冷却器在正常状态下通过冷却烷基化反应产生的反应热回收热能,此热能加热脱盐水在冷却器的壳程产生低压蒸汽,通过调整产生蒸汽的流量可以控制反应器的操作温度。

7. 停车注意事项

烷基化反应器在正常停车时,应注意摘除出口温度低低联锁,不可以联锁停车,保压,避免压力有大的波动。需继续维持热苯循环一定时间,保证系统中的乙烯反应完,然后停下。若精馏系统也同时停车,则烷基化反应系统应处于将苯封闭在反应器状态;若精馏系统仍处于正常运行状态,则烷基化反应系统应处于热苯循环状态;若需更换催化剂,则烷基化反应系统应处于将苯排出反应器状态。

烷基化反应器在正常停车后,进入反应进料加热炉的主物流苯大阀立即关闭,反应系统处于短路循环状态。

(二)安全操作

为保护乙烯压缩机安全操作,其联锁条件主要有压缩机出口乙烯压力高高、润滑油供油管压力低低、压缩机轴承温度高高。

为保证烷基化反应安全稳定操作,其联锁条件主要有苯和循环烷基化液低低流量、出料高高温度、出料低低压力、出料低低温度、苯烯比低低、出料高高压力、进料高高压力。设置出口压力低低的主要目的是防止苯在低压下出现汽化，造成催化剂失活。其中出口温度低低联锁的作用是防止催化剂活性降低，乙烯未完全反应，穿透床层，进入精馏系统。

二、烷基化转移反应器的反应及操作

（一）烷基化转移反应

1. 催化剂

苯和多乙苯发生化学反应，需在烷基转移催化剂存在的条件下，在催化剂内部的酸性活性中心上进行反应，转烷基反应催化剂的作用主要是将副产的二乙苯与苯发生反应生成乙苯，烷基转移反应可以生成乙苯、二乙苯、三乙苯、苯，二乙苯与乙苯在烷基转移催化剂的作用下生成苯和三乙苯。

$$二乙苯 + 苯 \rightleftharpoons 乙苯$$
$$三乙苯 + 苯 \rightleftharpoons 二乙苯 + 乙苯$$
$$四乙苯 + 苯 \rightleftharpoons 三乙苯 + 乙苯$$

当烷基转移催化剂活性下降到一定程度，或者烷基转移反应在转化率低时，就要相应提高反应温度。烷基转移反应需要提高反应温度之前，主要计算转化率，然后根据分析出口组成、入口组成和转化率来相应提高反应温度。

适当提高烷基化转移反应的操作温度，乙苯的选择性升高。

2. 冷苯充填

烷基转移反应冷苯充填的步骤：打通流程，全开反应器压力控制器，向精馏塔回流罐进苯，启动苯进料泵，精馏塔见液位，停苯进料泵，关闭反应器进出口阀，精馏塔见液位。冷苯充填时必须缓慢、小流量充填。防止床层中的催化剂和瓷球掺混。冷苯充填后，应将烷基转移反应器进出口阀门关闭，将苯封存在反应器内。

3. 苯循环

烷基转移系统苯循环，打通流程之后确认苯已合格，反应器已充满苯，苯塔已开车，苯进料泵具备启动条件。

烷基转移系统热苯循环时，以先小流量后逐渐提高控制循环，缓慢地使催化剂床层各点温度达到一致。热苯循环期间，需注意分析进料水含量，控制升温速度要缓慢，并及时调整精馏塔的操作。

4. 升温

烷基转移反应热苯循环升温的步骤为：设置反应器操作压力，将流程改为正常流程，打开反应器出口阀门，手动进料温度控制器，启动烷基转移苯进料泵，以小流量热苯循环，启动进料预热器，控制升温速度，提高热苯循环量，温控器投自动。烷基转移反应器热苯循环升温应缓慢，最大速率是 $50℃/h$。

5. 停车注意事项

烷基转移反应器多乙苯进料停止后，苯循环仍需继续一定时间，保证多乙苯反应完。

烷基转移反应器在正常停车时，应注意摘除出口温度低低联锁，保压，避免压力有大的波动。若需更换催化剂，则烷基转移反应系统应处于将苯排出反应器状态；若精馏系统也同时停车,则烷基转移反应系统应处于将苯封闭在反应器状态;若精馏系统仍处于正常运行状态,则烷基转移反应系统应处于热苯循环状态。

(二)安全操作

为保证烷基转移反应正常操作,其仪表控制主要有出口压力、入口温度、苯进料、多乙苯进料。在冬季气温较低时,投用伴热系统主要目的是防止仪表引压管出现冻凝造成仪表假指示。仪表控制出现故障,需要联系仪表人员检查、处理。

为保证烷基转移反应安全操作,其联锁条件主要有出口压力高高、出口温度高高、入口压力高高、苯流量低低、苯/多乙苯比值低低、出口压力低低。烷基化反应必须设置反应压力高联锁及反应压力低联锁。

项目二　烷基化反应系统开车

一、准备工作

(1)穿戴劳保着装,选择正确的工具用具。

(2)对讲机、防爆扳手、手套准备齐全。

(3)确认设备管线阀门完好。

二、操作规程

(1)打通工艺流程。

(2)反应器冷苯充填。将压力控制器置于手动并完全打开,启动苯进料泵,确认反应器充满,停苯进料泵,关闭反应器出口阀。

(3)热苯循环的建立。确认预分馏塔开车正常,打开反应器出口阀,压力控制器设定至操作压力并打至自动,投用压力高高联锁,启动苯进料泵,控制流量,投用进料加热器,控制温升小于50℃/h,进口温度控制器投自动,投用中间冷却器,启动循环泵。

(4)乙烯的投入。检查乙烯压缩机,启动乙烯压缩机,先投前面的反应器,控制乙烯进料量,调整苯、乙烯进料量及循环量,调整反应温度。

三、注意事项

(1)烷基化反应投乙烯过程中,应注意缓慢投入乙烯,观察反应压力,防止超温超压,按反应器前后顺序先下床层后上床层投乙烯。投乙烯要缓慢,防止床层出现超温。

(2)烷基化反应苯循环过程中,应注意控制缓慢升温,保护催化剂。

(3)烷基化反应热苯循环期间,需注意应小流量循环,控制升温速度,调整精馏塔的操作。

(4)在正常状态下,烷基化反应中间冷却器的作用主要有调节反应温度,回收热量,产生低压蒸汽。

项目三　烷基转移反应系统开车

一、准备工作

（1）穿戴劳保着装,选择正确的工具用具。

（2）对讲机、防爆扳手、手套准备齐全。

（3）确认设备管线阀门完好。

二、操作规程

（1）打通工艺流程。

（2）反应器冷苯充填。将压力控制器置于手动并完全打开,检查烷基转移苯进料罐液位,启动苯进料泵,确认反应器充满,停苯进料泵,关闭反应器出口阀。

（3）热苯循环的建立。确认预分馏塔开车正常,确认苯塔开车正常,打开反应器出口阀,压力控制器设定至操作压力并打至自动,投用压力高高联锁,启动苯进料泵,控制流量,投用进料换热器,控制温升小于50℃/h,进口温度控制器投自动。

（4）多乙苯的投入。检查多乙苯进料流程,启动多乙苯进料泵,控制多乙苯进料量,调整苯、多乙苯进料量,调整反应温度。

三、注意事项

（1）热苯循环时,注意控制温升小于50℃/h。

（2）注意控制多乙苯进料量。

项目四　烷基化反应系统停车

一、准备工作

（1）穿戴劳保着装,选择正确的工具用具。

（2）对讲机、防爆扳手、手套准备齐全。

（3）确认设备管线阀门完好。

二、操作规程

（1）停止乙烯进料。逐渐关闭乙烯进料,摘除反应器出口温度低低联锁,停止乙烯压缩机。

（2）停止热苯循环。继续热苯循环,反应器床层无温升时,停止进料加热器蒸汽,手动逐渐关闭苯进料调节阀,停苯进料泵,关闭泵出口阀。

（3）停止烷基化液循环。停烷基化液循环泵,关闭泵出口阀、入口阀。

（4）反应器苯封存。关闭反应器入口阀,关闭反应器出口阀。

三、注意事项

(1)乙烯进料应逐渐关闭。

(2)乙烯停止后,摘除联锁,防止跳车。

(3)反应器床层没有温升后再停止热苯循环。

(4)苯进料调节阀应手动逐渐关闭。

项目五　烷基转移反应系统停车

一、准备工作

(1)穿戴劳保着装,选择正确的工具用具。

(2)对讲机、防爆扳手、手套准备齐全。

(3)确认设备管线阀门完好。

二、操作规程

(1)停止多乙苯进料。逐渐关闭多乙苯进料调节阀,停多乙苯进料泵。

(2)维持热苯循环。维持反应器温度,维持反应器压力,维持热苯循环。

(3)停止热苯循环。手动逐渐关闭苯进料调节阀,停止苯进料泵。

(4)反应器苯封存。关闭反应器入口阀,关闭反应器出口阀。

三、注意事项

(1)多乙苯进料阀应逐渐关闭。

(2)维持热苯循环时温度、压力不变。

理论知识练习题

初级工理论知识练习题及答案

一、单项选择题(每题有4个选项,其中只有1个是正确的,将正确的选项号填入括号内)

1. ABC001　单位体积物体所具有的(　　　)称为物体的密度。
   A. 数量　　　　　　　B. 重量　　　　　　　C. 表面积　　　　　　D. 质量

2. ABC001　在SI(国际单位)制中,密度的单位是(　　　)。
   A. N/m^3　　　　　B. kg/m^2　　　　　C. kg/m^3　　　　　D. kg/m

3. ABC001　选用密度数值时,一定要注意它的(　　　)。
   A. 体积　　　　　　　B. 湿度　　　　　　　C. 特征　　　　　　　D. 温度

4. ABC002　流体(　　　)作用于单位面积上的力,称为液体的压强。
   A. 流动　　　　　　　B. 平行　　　　　　　C. 冲击　　　　　　　D. 垂直

5. ABC002　当地大气压是$101.3×10^3$Pa,绝压表指示数是7000Pa,则容器内的真空度是(　　　)Pa。
   A. $108.3×10^3$　　B. 108300　　　　　C. $9.43×10^3$　　　D. $94.3×10^3$

6. ABC002　绝压、表压、大气压三者的关系式是(　　　)。
   A. 绝压＝表压＋大气压　　　　　　　B. 绝压＝表压－大气压
   C. 表压＝绝压＋大气压　　　　　　　D. 绝压＝表压×大气压

7. ABC003　在相同的流动情况下,黏度$μ$越大的流体,产生剪应力$τ$(　　　)。
   A. 越大　　　　　　　B. 越小　　　　　　　C. 变化不大　　　　　D. 不变

8. ABC003　黏度的国际单位是(　　　)。
   A. kg/cm^2　　　　B. m/s　　　　　　C. N/m^2　　　　　　D. $N·s/m^2$

9. ABC003　表示黏度的符号是(　　　)。
   A. u　　　　　　　　B. v　　　　　　　　C. $τ$　　　　　　　　D. $μ$

10. ABC004　单位时间内流体在流动方向上流过的距离,称为(　　　)。
    A. 流量　　　　　　　B. 质量流速　　　　　C. 平均流量　　　　　D. 流速

11. ABC004　单位时间内流过单位截面积流体的质量称为(　　　)。
    A. 流速　　　　　　　B. 平均流速　　　　　C. 质量流速　　　　　D. 流量

12. ABC004　单位时间内流体流过(　　　)的流体质量叫作质量流速。
    A. 孔板　　　　　　　　　　　　　　　B. 单位截面积
    C. 流量计　　　　　　　　　　　　　　D. 任一截面

13. ABC005　单位时间内通过导管(　　　)的流体质量,称为质量流量。
    A. 单位截面积　　　B. 管壁处　　　　　C. 中心处　　　　　　D. 任一截面

14. ABC005　当流体密度为$ρ$时,体积流量Q与质量流量W的关系为(　　　)。
    A. $W=Q/ρ$　　　　B. $Q=Wρ$　　　　　C. $W=Qρ$　　　　　　D. $ρ=QW$

15. ABC005　在流体流动过程中,单位时间内通过导管任一截面积的流体量,称为(　　)。
　　A. 流量　　　　　　　B. 流速　　　　　　　C. 流体　　　　　　　D. 其他选项都不对

16. ABD001　润滑学是一门通过在具有相对运动的两个固体表面之间施加一种叫作(　　)的物质来减少摩擦力的科学。
　　A. 润滑剂　　　　　　B. 液体　　　　　　　C. 减振　　　　　　　D. 防腐剂

17. ABD001　润滑就是用润滑剂减少或控制两摩擦面之间的(　　)。
　　A. 作用力　　　　　　B. 反作用力　　　　　C. 吸引力　　　　　　D. 摩擦力

18. ABD001　下列选项中,不属于润滑剂作用的是(　　)。
　　A. 润滑　　　　　　　B. 冷却　　　　　　　C. 密封　　　　　　　D. 防水

19. ABD002　能够防止泄漏的部件叫作(　　)。
　　A. 密封　　　　　　　B. 气封　　　　　　　C. 液封　　　　　　　D. 密封技术

20. ABD002　设备中起密封作用的零部件称为(　　)。
　　A. 紧固件　　　　　　B. 动密封　　　　　　C. 静密封　　　　　　D. 密封件

21. ABD002　机械密封属于(　　)。
　　A. 接触型密封　　　　　　　　　　　　　　B. 非接触型密封
　　C. 浮环密封　　　　　　　　　　　　　　　D. 旋转密封

22. ABD003　下列选项中,不是疏水器的是(　　)。
　　A. 钟形浮子式疏水器　　　　　　　　　　　B. 热动力式疏水器
　　C. 杠杆重锤式疏水器　　　　　　　　　　　D. 脉冲式疏水器

23. ABD003　疏水器一般安装在(　　)。
　　A. 蒸汽管线上　　　B. 物料管线　　　　　C. 水线　　　　　　　D. 其他选项都不对

24. ABD004　法兰按其本身结构型式分为整体法兰、活套法兰和(　　)法兰。
　　A. 凹凸型　　　　　　B. 条型　　　　　　　C. 螺纹　　　　　　　D. 平面型

25. ABD004　在化工生产中,管子与阀门连接一般都采用(　　)连接。
　　A. 法兰　　　　　　　B. 焊接　　　　　　　C. 承插式　　　　　　D. 螺纹

26. ABD004　整体法兰与被连接件(筒体或管道)牢固地连接成一个整体,其特点是法兰与被连接件变形(　　)。
　　A. 完全相同　　　　　B. 完全不同　　　　　C. 不确定　　　　　　D. 其他选项都不对

27. ABF001　由仪表读得的测量值与被测参数的真实值之间,总是存在一定的偏差,这种偏差就称为(　　)。
　　A. 测量误差　　　　　B. 精度　　　　　　　C. 灵敏度　　　　　　D. 偶然误差

28. ABF001　测量误差通常有(　　)两种表示法。
　　A. 偶然误差和相对误差　　　　　　　　　　B. 偶然误差和绝对误差
　　C. 系统误差和绝对误差　　　　　　　　　　D. 绝对误差和相对误差

29. ABF001　(　　)在理论上是指仪表指示值和被测量值的真实值之间的差值。
　　A. 相对误差　　　　　B. 绝对误差　　　　　C. 准确度　　　　　　D. 不确定度

30. ABF002　测量误差按其产生的原因不同可分为(　　)、疏忽误差、偶然误差。
　　A. 绝对误差　　　　　B. 系统误差　　　　　C. 相对误差　　　　　D. 人为误差

31. ABF002 偶然误差的大小反映了测量过程的( )。
    A. 精度　　　　　B. 灵敏度　　　　　C. 线性度　　　　　D. 不确定度

32. ABF002 由仪表本身的缺陷造成的误差属于( )。
    A. 系统误差　　　B. 绝对误差　　　　C. 相对误差　　　　D. 偶然误差

33. ABF003 转子流量计中的流体流动方向是( )。
    A. 自上而下　　　　　　　　　　　B. 自下而上
    C. 自上而下或自下而上都可以　　　D. 水平流动

34. ABF003 椭圆齿轮流量计是( )流量计。
    A. 速度式　　　　B. 质量　　　　　　C. 差压式　　　　　D. 容积式

35. ABF003 涡轮流量计是( )流量计。
    A. 速度式　　　　B. 质量式　　　　　C. 差压式　　　　　D. 容积式

36. ABF004 液柱式压力计是依据( )原理工作的。
    A. 液体静力学　　B. 静力平衡　　　　C. 霍尔效应　　　　D. 动力平衡

37. ABF004 常用的液柱式压力计有( )。
    A. U 形管压力计、单管压力计、斜管压力计
    B. 弹簧管式压力计、波纹管式压力计、膜盒式微压计
    C. 扩散硅式、电感式、电容式
    D. 活塞式压力计、浮球式压力计、钟罩式微压计

38. ABI001 为保护头部不因重物坠落或其他物件碰撞而伤害头部的防护用品是( )。
    A. 安全帽　　　　B. 防护网　　　　　C. 安全带　　　　　D. 防护罩

39. ABI001 《中华人民共和国安全生产法》规定,( )安全帽禁止使用。
    A. 塑料　　　　　B. 钢制　　　　　　C. 柳条编制　　　　D. 各种材质

40. ABI001 根据使用环境不同,安全帽有效期可以适当调整,但最长不得超过( )。
    A. 1 年　　　　　B. 2 年　　　　　　C. 3 年　　　　　　D. 4 年

41. ABI002 从事( )作业时,作业人员必须穿好专用的工作服。
    A. 电焊　　　　　B. 酸碱　　　　　　C. 高空　　　　　　D. 气焊

42. ABI002 专业从事机动车驾驶人员需戴( )变色镜,保护眼睛。
    A. 墨色　　　　　B. 橙色　　　　　　C. 棕色　　　　　　D. 防冲击

43. ABI002 从事酸碱作业时,作业人员所需的劳动保护有( )。
    A. 变色镜　　　　B. 真丝工作服　　　C. 耐油手套　　　　D. 封闭式防护眼镜

44. ABI003 从事有( )、热水、热地作业时应穿相应胶鞋。
    A. 硬地　　　　　B. 腐蚀性　　　　　C. 检修作业　　　　D. 机床作业

45. ABI003 从事检修、机床作业的工人应穿( )。
    A. 皮鞋　　　　　B. 胶鞋　　　　　　C. 防穿刺鞋　　　　D. 隔热鞋

46. ABI003 防护鞋的鞋底均须有( )功能。
    A. 隔热　　　　　B. 防穿刺　　　　　C. 防油　　　　　　D. 防滑

47. ABI004 从事酸碱作业时,作业人员需戴( )。
    A. 布手套　　　　　　　　　　　　B. 皮手套
    C. 耐酸碱各种橡胶手套　　　　　　D. 塑料手套

48. ABI004　从事焊接、切割、电气作业时需戴相应的(　　)。

　　A. 绝缘专用手套　　B. 皮手套　　　　　　C. 线手套　　　　　　D. 棉手套

49. ABI004　线手套或(　　)只可作为一般的劳动防护用品。

　　A. 皮手套　　　　　B. 布手套　　　　　　C. 橡胶手套　　　　　D. 塑料手套

50. ABI005　耳的防护即(　　)的保护。

　　A. 听力　　　　　　B. 耳郭　　　　　　　C. 头部　　　　　　　D. 面部

51. ABI005　在企业中,(　　)不是听力防护设施。

　　A. 耳罩　　　　　　B. 耳塞　　　　　　　C. 防声头盔　　　　　D. 耳机

52. ABI005　衡量声音对人耳是否有损伤的指标是(　　)。

　　A. 场功率　　　　　B. 声功率　　　　　　C. 强度　　　　　　　D. 衰减

53. ABI006　在严重污染或事故抢救中,因污染严重,作业人员应佩戴(　　)。

　　A. 过滤式防毒面具　　　　　　　　　　　B. 隔绝式防毒面具

　　C. 口罩　　　　　　　　　　　　　　　　D. 防护面罩

54. ABI006　进入有毒设备内的作业人员,应备有(　　)。

　　A. 防护口罩　　　　　　　　　　　　　　B. 过滤式防毒面具

　　C. 长管呼吸器　　　　　　　　　　　　　D. 普通面具

55. ABI006　呼吸系统的防护即(　　)的防护。

　　A. 消化系统　　　　B. 口腔和鼻腔　　　　C. 血液系统　　　　　D. 肺部

56. ABI007　从事易燃、易爆岗位的作业人员应穿(　　)工作服。

　　A. 腈纶　　　　　　B. 防静电　　　　　　C. 涤纶　　　　　　　D. 防渗透

57. ABI007　从事酸碱作业人员应穿(　　)工作服。

　　A. 棉布　　　　　　B. 防静电　　　　　　C. 耐酸碱　　　　　　D. 阻燃隔热

58. ABI007　从事苯、石油液化气等易燃液体作业人员应穿(　　)工作服。

　　A. 耐腐蚀　　　　　B. 阻燃　　　　　　　C. 隔热　　　　　　　D. 防静电

59. BAA001　苯乙烯的主要生产方法为(　　)和环氧丙烷共氧化法,前者约占苯乙烯生产
　　　　　　能力的90%。

　　A. 绝热脱氢法　　　B. 等温脱氢法　　　　C. 乙苯脱氢法　　　　D. 吸热脱氢法

60. BAA001　苯乙烯装置生产的副产品为氢气,(　　)和混合二乙苯。

　　A. 甲苯　　　　　　B. 乙苯　　　　　　　C. 多乙苯　　　　　　D. α-甲基苯乙烯

61. BAA001　苯乙烯装置的原料为苯和(　　)。

　　A. 甲烷　　　　　　B. 丙烯　　　　　　　C. 乙烯　　　　　　　D. 氢气

62. BAA002　苯的爆炸极限为上限7.9%(体积分数),下限为(　　)(体积分数)。

　　A. 3.33%　　　　　B. 2.33%　　　　　　C. 1.33%　　　　　　D. 1.23%

63. BAA002　苯不能与下列物质中的(　　)发生混溶。

　　A. 乙醇　　　　　　B. 丙酮　　　　　　　C. 水　　　　　　　　D. 醋酸

64. BAA002　下图是(　　)的结构式。

　　A. 甲苯　　　　　　B. 苯　　　　　　　　C. 二甲苯　　　　　　D. 环烷烃

65. BAA003　乙烯的相对密度为(　　)。

　　A. 0. 2　　　　　　B. 0. 57　　　　　　C. 0. 68　　　　　　D. 0. 75

66. BAA003　乙烯的沸点为(　　)。

　　A. -100℃　　　　B. -103. 7℃　　　　C. -105. 2℃　　　　D. -110℃

67. BAA004　甲苯的爆炸极限为下限(　　)(体积分数),上限为7%(体积分数)。

　　A. 1. 2%　　　　　B. 2. 3%　　　　　C. 3%　　　　　　D. 5%

68. BAA004　甲苯的沸点为(　　)。

　　A. 80℃　　　　　B. 110. 6℃　　　　C. 120. 5℃　　　　D. 145. 2℃

69. BAA004　下图是(　　)的结构式。

$$\underset{\bigcirc}{\overset{CH_3}{|}}$$

　　A. 甲苯　　　　　　B. 苯　　　　　　C. 二甲苯　　　　　D. 环烷烃

70. BAA005　苯乙烯的沸点为(　　)。

　　A. 110. 6℃　　　　B. 120. 5℃　　　　C. 145. 2℃　　　　D. 160. 5℃

71. BAA005　苯乙烯的爆炸极限为下限1. 1%(体积分数),上限为(　　)(体积分数)。

　　A. 4. 1%　　　　　B. 5. 1%　　　　　C. 6. 1%　　　　　D. 7. 1%

72. BAA006　苯乙烯产品储存温度为(　　)。

　　A. 30℃　　　　　B. 15℃　　　　　　C. 5℃　　　　　　D. -5℃

73. BAA006　苯乙烯的相对分子质量(　　)。

　　A. 100　　　　　　B. 102　　　　　　C. 104　　　　　　D. 106

74. BAA007　国家标准合格品苯中杂质硫的含量控制指标为(　　)。

　　A. ≤10mg/L　　　B. ≤8mg/L　　　　C. ≤5mg/L　　　　D. ≤3mg/L

75. BAA007　苯乙烯装置原料苯中杂质碱氮化合物的含量控制指标为(　　)。

　　A. ≤0. 01mg/L　　B. ≤0. 1mg/L　　　C. ≤1mg/L　　　　D. ≤10mg/L

76. BAA007　烷基化反应进料苯中,含水量指标维持在(　　)。

　　A. 10~100mg/L　　　　　　　　　B. 100~600mg/L

　　C. 600~800mg/L　　　　　　　　　D. 800~1200mg/L

77. BAA008　工厂循环冷却水的出口温度一般不得超出(　　)。

　　A. 30℃　　　　　B. 40℃　　　　　　C. 50℃　　　　　　D. 60℃

78. BAA008　工厂循环冷却水的入口温度一般不得超出(　　)。

　　A. 20℃　　　　　B. 24℃　　　　　　C. 28℃　　　　　　D. 32℃

79. BAA008　工厂循环冷却水的入口压力一般为(　　)。

　　A. 0. 2~0. 3MPa　　B. 0. 4~0. 55MPa　　C. 0. 7~0. 8MPa　　D. 0. 8~0. 95MPa

80. BAA009　氮气管线吹扫时的注意事项是(　　)。

　　A. 用压缩空气进行吹扫,先吹扫主管、然后再吹扫支管

　　B. 用氮气进行吹扫,先吹主管后吹支管,吹扫时在排放口设立警戒标志

　　C. 用氮气进行吹扫,先吹支管后吹主管,吹扫时在排放口设立警戒标志

　　D. 用压缩空气进行吹扫,先吹扫支管、然后再吹扫主管

81. BAA009 氮气置换合格后设备内的气体排放,应排入(　　)。
    A. 主火炬系统　　　　　　　　　　B. 排放气火炬系统
    C. 大气　　　　　　　　　　　　　D. 主火炬或者排放气火炬均可以

82. BAA009 检修系统进行氮气置换时,被置换出来的气体应排向(　　)。
    A. 主火炬系统　　　　　　　　　　B. 地下槽系统
    C. 排入大气　　　　　　　　　　　D. 没有具体要求,由操作人员自行决定

83. BAA010 氮气管线的吹扫介质使用的是(　　)。
    A. 氮气　　　　　B. 工业风　　　　C. 仪表风　　　　D. 蒸汽

84. BAA010 仪表风管线的吹扫介质使用的是(　　)。
    A. 氮气　　　　　B. 工业风　　　　C. 仪表风　　　　D. 蒸汽

85. BAA011 中高压蒸汽管道的吹扫检验,应以检查装于排汽管的铝板为准,如铝板上肉眼
    可见的冲击波斑痕不多于(　　)即为合格。
    A. 1 点　　　　　B. 5 点　　　　　C. 10 点　　　　D. 15 点

86. BAA011 蒸汽吹扫反应器时,排出的蒸汽中的烃类浓度小于(　　),才能停止。
    A. 5mg/L　　　　B. 10mg/L　　　　C. 15mg/L　　　　D. 20mg/L

87. BAA012 原料乙烯的纯度(质量分数)最低控制在(　　)。
    A. 96%　　　　　B. 97.2%　　　　C. 98.5%　　　　D. 99.7%

88. BAA012 关于分子式 $CH_2=CH_2$,下列表达正确的是(　　)。
    A. 丁二烯　　　　B. 乙烯　　　　　C. 丙烯　　　　　D. 丁烯

89. BAA013 国家标准产品苯乙烯优级品色度的控制要求为(　　)。
    A. ≤5APHP　　B. ≤10APHP　　C. ≥5APHP　　D. ≥10APHP

90. BAA013 国家标准产品苯乙烯优级品中过氧化物的控制要求为(　　)。
    A. $\leq 50\times10^{-6}$　　B. $\leq 100\times10^{-6}$　　C. $\leq 150\times10^{-4}$　　D. $\leq 200\times10^{-2}$

91. BAA013 国家标准产品苯乙烯优级品中聚合物的控制要求为(　　)。
    A. $\leq 10\times10^{-8}$　　B. $\leq 10\times10^{-6}$　　C. $\leq 10\times10^{-4}$　　D. $\leq 10\times10^{-2}$

92. BAA014 国家标准中,原料苯控制的合格品冰点温度为(　　)。
    A. 5℃　　　　　B. 5.35℃　　　　C. 5.40℃　　　　D. 5.7℃

93. BAA014 国家标准中,原料苯控制的优级品冰点温度为(　　)。
    A. 5℃　　　　　B. 5.35℃　　　　C. 5.40℃　　　　D. 5.7℃

94. BAA014 国家标准中,原料苯控制的一级品冰点温度为(　　)。
    A. 5℃　　　　　B. 5.35℃　　　　C. 5.40℃　　　　D. 5.7℃

95. BAA015 高压消防水的压力为(　　)。
    A. 0.1MPa　　　B. 0.45MPa　　　C. 0.6MPa　　　D. 0.8MPa

96. BAA015 苯乙烯装置消防设施有(　　)。
    A. 消防栓　　　　B. 消防炮　　　　C. 消防蒸汽　　　D. 其他选项都正确

97. BAA016 蒸汽管线吹扫时,所用介质是(　　)。
    A. 消防水　　　　　　　　　　　　B. 压缩空气
    C. 氮气　　　　　　　　　　　　　D. 与管道压力等级相同的蒸汽

98. BAA016 蒸汽管线吹扫时,排放口的设置要求是(   )。

  A. 在主管线的末端并设立警戒标志

  B. 排放口设置没有明确要求,但在排放口必须设立警戒标志

  C. 排放口分别设置在主管线及支管线的末端并设立警戒标志

  D. 排放口分别设置在各支管线的末端并设立警戒标志

99. BAA016 蒸汽管线吹扫时,应(   ),沿着蒸汽的流动方向进行。

  A. 用压缩空气,采用爆破法

  B. 用相同压力等级的蒸汽并进行充分暖管、排凝后

  C. 用低压蒸汽并进行充分暖管、排凝后

  D. 用中压氮气

100. BAA017 仪表风要求露点温度控制为(   )。

  A. <5℃   B. <0℃   C. <-10℃   D. <-40℃

101. BAA017 下列关于仪表风的描述错误的是(   )。

  A. 仪表风指的是给各生产用气动动力

  B. 气动阀和用来控制、显示工艺参数的仪表用气

  C. 空气质量要求较高,压力稳定

  D. 仪表风就是压缩空气

102. BAA018 脱氢反应器出口膨胀节双波纹管内通入氮气产生微正压后切断氮气,如果内层波纹管泄漏,压力表指示为(   )。

  A. 正压   B. 零   C. 负压   D. 压力上升

103. BAA018 在膨胀节双波纹管内通入氮气产生微正压后切断氮气,如果外层波纹管泄漏一段时间后,压力表指示为(   )。

  A. 正压   B. 零   C. 负压   D. 压力下降

104. BAA019 1.0MPa 饱和蒸汽温度控制指标为(   )。

  A. 270℃   B. 183℃   C. 145℃   D. 109℃

105. BAA019 3.5MPa 过热蒸汽温度控制指标为(   )。

  A. 480~500℃   B. 430~450℃   C. 340~400℃   D. 270~320℃

106. BAA020 蒸汽管线吹扫时,应用(   )等级的蒸汽进行充分暖管、排凝。

  A. 相同   B. 高等级   C. 低等级   D. 都可以

107. BAA020 暖管的目的是(   )。

  A. 使管线受热均匀 B. 防止出现水锤 C. 保护管线和设备 D. 其他答案全部正确

108. BAA021 下列关于储罐切水,说法正确的是(   )。

  A. 防止进料带水 B. 防止液位过高 C. 脱水应密闭回收 D. 其他答案全部正确

109. BAA021 粗苯乙烯储罐切水的频次是(   )。

  A. 一次/月   B. 一次/季   C. 一次/半年   D. 一次/年

110. BAA022 机泵加油的目的是(   )。

  A. 为了润滑轴承部分   B. 减少轴承旋转时的摩擦阻力

  C. 提高泵送效率   D. 其他答案全部正确

111. BAA022 尾气压缩机润滑油的回油温度为（　　　）。

  A. 50℃　　　　　　B. 55℃　　　　　　C. 60℃　　　　　　D. 65℃

112. BAA023 锅炉给水中的电导为（　　　）。

  A. 小于等于 50μS　B. 小于等于 70μS　C. 大于等于 50μS　D. 大于等于 70μS

113. BAA023 除去锅炉水中氧的目的是（　　　）。

  A. 防止传热面出现沉积　　　　　　　　B. 防止金属腐蚀

  C. 防止形成爆炸性气体　　　　　　　　D. 增加蒸汽纯度

114. BAA024 苯乙烯装置常用蒸汽的规格为（　　　）。

  A. 1.0MPa、2.5MPa　B. 1.5MPa、3.5MPa　C. 2.5MPa、3.5MPa　D. 1.5MPa、4.5MPa

115. BAA024 低压蒸汽的压力通常为（　　　）。

  A. 0.04~0.35MPa　B. 0.5~0.6MPa　　C. 0.7~0.8MPa　　D. 0.8~0.9MPa

116. BAA025 装置仪表风的管网压力是（　　　）。

  A. 0.2~0.4MPa　　B. 0.5~0.7MPa　　C. 0.8~1.0MPa　　D. 1.2~1.4MPa

117. BAA025 装置仪表风规格是（　　　）。

  A. 露点 40℃　　　　　　　　　　　　B. 压力 0.3~0.5MPa、露点 -40℃

  C. 压力 0.5~0.7MPa、露点 -40℃　　　D. 压力 0.6~0.7MPa、露点 -30℃

118. BAA026 公用工程系统低压氮气的正常压力是（　　　）。

  A. 0.6~0.8MPa　　B. 0.8~1.0MPa　　C. 1.0~1.2MPa　　D. 0.1~0.3MPa

119. BAA026 公用工程系统氮气的纯度是（　　　）。

  A. ≥99.5%（质量分数）　　　　　　　B. ≥99.5%（体积分数）

  C. ≥99.9%（质量分数）　　　　　　　D. ≥99.9%（体积分数）

120. BAA026 有关氮气作用，下列描述不正确的是（　　　）。

  A. 防止油品氧化

  B. 防止或者减少油品挥发

  C. 防止设备氧化

  D. 正常生产时可以向常压精馏塔内注入大量氮气

121. BAB001 苯乙烯装置可用的脱氢催化剂的型号是（　　　）。

  A. AEB 系列　　　　B. EBZ 系列　　　　C. GS 系列　　　　D. OC 系列

122. BAB001 苯乙烯装置脱氢催化剂的使用寿命一般为（　　　）。

  A. 1 年　　　　　　B. 2 年　　　　　　C. 3 年　　　　　　D. 5 年

123. BAB001 GS-10 型号的脱氢催化剂的堆积密度为（　　　）。

  A. (2.5±0.05)kg·m^{-3}　　　　　　B. (2.2±0.05)kg·m^{-3}

  C. (1.2±0.05)kg·m^{-3}　　　　　　D. (0.8±0.05)kg·m^{-3}

124. BAB002 $C_6H_5C_2H_3+CH_4\rightarrow C_6H_4-C_2H_3-CH_3+H_2$ 反应是（　　　）产生的副反应。

  A. 烷基化反应　　　　　　　　　　　　B. 烷基转移反应

  C. 乙苯脱氢反应　　　　　　　　　　　D. 乙苯氧化脱氢反应

125. BAB002 在乙苯脱氢反应中通入（　　　），可以降低结焦现象的发生。

  A. 氮气　　　　　　B. 稀释蒸汽　　　　C. 仪表风　　　　　D. 杂用风

126. BAB002 $C_6H_5C_2H_5+H_2 \longrightarrow C_6H_6+C_2H_6$ 反应是( )产生的副反应。

 A. 烷基化反应 B. 烷基转移反应

 C. 乙苯脱氢反应 D. 乙苯氧化脱氢反应

127. BAB003 乙苯脱氢反应是( )。

 A. 等温反应 B. 等压反应 C. 吸热反应 D. 放热反应

128. BAB003 α-甲基苯乙烯是由( )物质生成。

 A. 乙苯 B. 二乙苯 C. 多乙苯 D. 异丙苯

129. BAB003 生成二乙烯基苯的物质是( )。

 A. 乙苯 B. 二乙苯 C. 多乙苯 D. 异丙苯

130. BAB004 国家标准中,苯乙烯产品中的TBC含量应控制在( )。

 A. 10~30mg/L B. 10~15mg/L C. 10~20mg/L D. 15~20mg/L

131. BAB004 在苯乙烯生产工艺过程中,可以减缓温度诱发聚合的阻聚剂为( )。

 A. TBC B. NSI C. 1403A D. HK-1512

132. BAB004 在苯乙烯生产工艺过程中,可以防止苯乙烯在氧气存在下聚合的阻聚剂为

 ( )。

 A. TBC B. NSI C. 1403A D. HK-1512

133. BAB005 ( )是产品质量特性应达到的标准。

 A. 技术标准 B. 生产标准 C. 产品标准 D. 效益标准

134. BAB005 对产品质量起决定作用的工序称为( )。

 A. 重点工序 B. 关键工序 C. 指导工序 D. 控制工序

135. BAB005 原料苯中硫含量应控制为( )。

 A. ≤2mg/L B. ≤4mg/L C. ≤10mg/L D. ≤15mg/L

136. BAB006 原料乙烯中硫含量应控制为( )。

 A. ≤2mg/L B. ≤3mg/L C. ≤5mg/L D. ≤7mg/L

137. BAB006 原料乙烯中氯化物的含量应控制为( )。

 A. ≤2mg/L B. ≤3mg/L C. ≤5mg/L D. ≤7mg/L

138. BAB006 ( )是对确定和达到质量要求所必需的职能活动的管理。

 A. 技术管理 B. 生产管理 C. 产品管理 D. 质量管理

139. BAB007 切换离心泵在关闭进口阀倒料时,应确认( )。

 A. 泵出口阀门及热备用阀门全关

 B. 确认泵的出口阀门全关

 C. 泵体、过滤器及总的排污阀全开

 D. 泵出口阀门及热备用阀门全开,泵体、过滤器及导淋全开

140. BAB008 离心泵过滤器发生堵塞的特征是( )。

 A. 流量、压力明显上升

 B. 流量正常

 C. 温度下降

 D. 出口压力或者流量开始下降,泵内有明显的响声并伴有振动

141. BAB008　关于离心泵进口过滤网的作用，下列表述不正确的是(　　)。

A. 防止管道内的机械杂质进入泵内

B. 防止吸入口管道内的液体杂质进入泵内

C. 防止吸入口液体中的机械杂质进入泵内

D. 防止吸入口液体中的固体杂质进入泵内

142. BAB009　伴热蒸汽管线投用的注意事项是(　　)。

A. 没有明确的要求

B. 先开凝水侧，后快速开蒸汽侧

C. 先开凝水侧，后缓慢开蒸汽侧并确认畅通

D. 先缓慢开蒸汽侧，后再开凝水侧

143. BAB009　伴热管线在使用过程中应注意(　　)。

A. 开通期间要确认其畅通并定期进行检查确认

B. 开通时只打开蒸汽阀

C. 夏季应关闭所有伴热

D. 蒸汽伴热管线应一直开通并确认其畅通，除非装置进行了停车

144. BAB009　装置部分物料管线进行伴热的作用是(　　)。

A. 充分利用工厂余热，提高热量利用率

B. 只能防止管线内的物料冻结、冷凝

C. 保持管道内的流体有合适的黏度

D. 根据其用途，防止管线内的物料冻结、冷凝或者减慢管道内的物料温度下降

145. BAB010　离心泵启动前，泵内物料温度应处于(　　)。

A. 热态　　　　　　　　　　　　　B. 冷态

C. 与输送物料温度相近　　　　　　D. 与输送物料温度相差 50℃

146. BAB010　离心泵开车前，关闭出口阀门的目的是(　　)。

A. 防止离心泵反转

B. 防止电动机超电流而跳闸或者损坏电动机

C. 离心泵出口泄漏时能及时停车，避免发生严重泄漏

D. 防止离心泵启动时因过大的流量而产生汽蚀

147. BAB010　备用离心泵进行热备用时，与其有关的阀门状态为(　　)。

A. 单向阀旁路全开、进口阀全开，其余阀门全关

B. 单向阀旁路适度打开、进口阀全开，其余阀门全关

C. 单向阀旁路、进口阀适度打开

D. 出口阀、排污阀全关，其余阀门全部打开

148. BAB011　水冷却器投用时，对水冷却器进行排气的目的是(　　)。

A. 防止水冷却器内有空气的存在而产生液击

B. 防止水冷却器内有空气的存在减少水冷却器的传热面积并防止形成气阻液击水

C. 防止冷却器内有空气的存在减少水冷却器的有效传热面积并防止形成气阻

D. 防止水冷却器内的空气存在形成气阻

149. BAB011 水冷却器中,冷却水走管程下进水、上出水的目的是( )。

A. 便于管程内充满水,最大限度地利用其传热面积

B. 便于工艺物料与水形成逆流,增大传热温差

C. 便于水冷却器水侧进行充液排气

D. 防止水中的杂质在水冷却器的底部沉积,影响水冷却器的效果

150. BAB011 装置引入循环水时应( ),确保各水冷却器内充满水。

A. 全开水冷却器的进出口阀门

B. 先打开水冷却器的出口阀门进行排气,然后再打开其进口阀门

C. 先打开水冷却器的进口阀门进行排气,然后再打开其出口阀门

D. 没有具体要求,可以根据需要随时打开水冷却器的进出口阀门

151. BAB012 下列属于蒸汽加热炉长明灯点火时的注意事项的是( )。

A. 吹扫完成 　　B. 炉膛测爆合格 　　C. 烟道挡板微开 　　D. 烟道挡板全开

152. BAB012 加热炉长明灯点火时应首先点燃( )。

A. 1#阀门 　　　B. 2#阀门 　　　　C. 按习惯即可 　　　D. 任意阀门

153. BAB013 乙苯/苯乙烯分离塔真空设备是( )喷射器组成。

A. 单级 　　　　B. 双极 　　　　　C. 三级 　　　　　D. 多级

154. BAB013 能引起精馏塔塔压变化的因素不包括( )。

A. 进料量、进料组成 　　　　　　B. 进料温度

C. 塔盘数 　　　　　　　　　　　D. 回流量

155. BAB013 真空系统的不凝气液相被送到( )。

A. 脱氢反应单元 　　B. 乙苯反应单元 　　C. 乙苯精馏单元 　　D. 脱氢精馏单元

156. BAB014 一般进料缓冲罐的作用是( )。

A. 储存物料

B. 当下游装置出现问题时,提供一定的缓冲处理时间

C. 减少物流的波动

D. 保证进料高负荷

157. BAB014 缓冲罐的作用不包括( )。

A. 缓冲系统压力波动 　　　　　　B. 消除水锤

C. 稳压卸荷 　　　　　　　　　　D. 储存原料

158. BAB015 以下不属于向下游送出产品苯乙烯时注意事项的是( )。

A. 及时与下游接收单位联系 　　　　B. 现场准备好外送流程

C. 对外送管线进行检查,防止跑料,漏料 　　D. 打开流量表

159. BAB015 苯乙烯产品阻聚剂是( )的 TBC 溶液。

A. 75% 　　　　　B. 80% 　　　　　C. 85% 　　　　　D. 90%

160. BAB015 适量( )会提高苯乙烯产品阻聚剂的阻聚效果。

A. 氧气 　　　　　B. 空气 　　　　　C. 氮气 　　　　　D. 温度

161. BAB016 下列疾病是由于长期接触苯而引起的是( )。

A. 白血病 　　　　B. 心脏病 　　　　C. 高血压 　　　　D. 肾炎

162. BAB016　职工在生产环境中由于工业毒物,不良气象条件,生物因素,不合理的劳动组织等职业性有害因素而引起的疾病称为(　　　)。

A. 职业中毒　　　　　　　　　　　　B. 日射病

C. 职业病　　　　　　　　　　　　　D. 振动性疾病

163. BAB017　蒸汽引入系统前需要将蒸汽(　　　)。

A. 暖管排凝　　　B. 直接引入　　　C. 缓慢引入　　　D. 无须准备

164. BAB017　使用(　　　)进行换热的设备在投用前需要彻底排凝后才能投入使用。

A. 蒸汽　　　　　B. 循环水　　　　C. 冷冻水　　　　D. 物料

165. BAB018　要保证火炬系统为(　　　),绝对禁止空气串入火炬管网系统。

A. 微正压　　　　B. 正压　　　　　C. 微负压　　　　D. 负压

166. BAB018　火炬线末端需要使用(　　　)吹扫。

A. 氮气　　　　　B. 工业风　　　　C. 仪表风　　　　D. 尾气

167. BAB019　离心泵检修的大修周期为(　　　)。

A. 3~6 个月一次　　　　　　　　　　B. 5~8 个月一次

C. 7~10 个月一次　　　　　　　　　 D. 12~18 个月一次

168. BAB019　热油离心泵如需停车检修,在离心泵停车以后(　　　),停冷却水。

A. 立即　　　　　　　　　　　　　　B. 泵内液体排尽且冷却到常温以后

C. 离心泵冷却过程中　　　　　　　　D. 泵内液体排尽以后

169. BAB019　离心泵切换后进行停车时,应确认(　　　)。

A. 备用泵运行状况及流量正常,待停泵出口阀已完全关闭

B. 只需待停泵出口阀已完全关闭

C. 备用泵出口压力、流量、声音正常

D. 备用泵出口阀全开、待停泵出口阀全关

170. BAB020　加热炉燃烧时对火焰形状及颜色的要求为(　　　)。

A. 刚度好、不能舔炉管,火焰明亮呈金黄色

B. 刚度好、不能舔炉管,火焰呈白色

C. 火焰明亮呈金黄色、向上,火焰允许小幅摆动

D. 火焰明亮呈金黄色、向上,焰尖允许有少量黑烟

171. BAB020　加热炉烧嘴点火之后要确保火焰高度不超过(　　　)。

A. 加热炉高度的三分之二　　　　　　B. 加热炉辐射段高度的三分之二

C. 加热炉辐射段高度　　　　　　　　D. 加热炉高度的二分之一

172. BAB020　调节加热炉温度时应(　　　)调节火嘴,防止偏烧。

A. 对称　　　　　B. 逐个　　　　　C. 任意　　　　　D. 间隔

173. BAB021　压缩机密封系统投用时,密封蒸汽和密封氮气的投用顺序为(　　　)。

A. 先投密封蒸汽后投密封氮气　　　　B. 先投密封氮气后投密封蒸汽

C. 可以同时投用　　　　　　　　　　D. 无先后顺序

174. BAB021　压缩机在投用时,密封氮气的压力要(　　　)密封水(密封蒸汽)的压力,防止水(密封蒸汽)进入到润滑油系统中。

A. 高于　　　　　B. 低于　　　　　C. 等于　　　　　D. 不确定

175. BAB021　压缩机密封系统在投用时要先通(　　)后通冷却水(或密封蒸汽),以防止水进入到润滑油系统中,造成润滑油乳化。

　　A. 氮气　　　　　　　B. 空气　　　　　　C. 氧气　　　　　　　D. 氨气

176. BAB022　电磁阀的信号只有(　　)状态。

　　A. 开和关两种　　　　B. 可以连续调节　　C. 全开　　　　　　　D. 全关

177. BAB022　以下不属于电磁阀的作用的是(　　)。

　　A. 接通　　　　　　　B. 切断　　　　　　C. 连续调节　　　　　D. 转换气路

178. BAB022　电磁阀不适用于含有(　　)介质。

　　A. 腐蚀性　　　　　　B. 黏稠物料　　　　C. 有毒　　　　　　　D. 高低温

179. BAB023　关于乙苯/苯乙烯分离塔塔压过高的原因,下列表述不正确的是(　　)。

　　A. 进料中含有大量的水

　　B. 排气管线进入液体

　　C. 空气(或氮气)漏入乙苯/苯乙烯分离塔

　　D. 塔的回流量太大

180. BAB023　乙苯/苯乙烯塔压力高的原因是(　　)。

　　A. 塔顶罐液位低　　　B. 进料量大小　　　C. 加热蒸汽量小　　　D. 空气漏入塔内

181. BAB023　以下表述错误的是(　　)。

　　A. 苯乙烯塔中带水压力升高　　　　　　　B. 苯乙烯塔中带水压力降低

　　C. 苯乙烯塔顶压力控制器不正常塔压高　　D. 苯乙烯塔顶冷凝器冷量不足压力高

182. BAC001　巡检的三件宝是(　　)。

　　A. 安全帽、工作服、防护眼睛　　　　　　B. 扳手、听棒、抹布

　　C. 巡检包、安全帽、劳保着装　　　　　　D. 扳手、听棒、安全帽

183. BAC001　巡回检查时,值班人员对设备进行巡回检查不包括(　　)。

　　A. 规定时间　　　　　　　　　　　　　　B. 规定内容

　　C. 规定线路　　　　　　　　　　　　　　D. 规定设备

184. BAC002　屏蔽泵的TRG表主要用来检测(　　)部位。

　　A. 叶轮　　　　　　　B. 轴承　　　　　　C. 推力盘　　　　　　D. 定子

185. BAC002　屏蔽泵的TRG表情况应(　　)检查。

　　A. 每天进行　　　　　B. 每班进行　　　　C. 每次进行　　　　　D. 每周进行

186. BAC003　关于加热炉燃料气罐巡检时检查的主要内容,下列说法最正确的是(　　)。

　　A. 罐内是否有液体,燃料气压力是否正常

　　B. 燃料气温度、燃料气总流量

　　C. 燃料气压力、温度

　　D. 是否有泄漏、罐内是否有液体,燃料气压力是否正常

187. BAC003　加热炉巡检时,火焰高度应低于辐射段炉膛高度的(　　)。

　　A. 1/2　　　　　　　B. 2/3　　　　　　　C. 1/3　　　　　　　D. 2/5

188. BAC003　装置运行中注意检查加热炉火焰颜色为(　　)。

　　A. 偏蓝色　　　　　　B. 偏红色　　　　　C. 偏白色　　　　　　D. 偏黄色

189. BAC004 中间罐区的液位高度最大不得大于设备容积（   ）。
    A. 30%   B. 50%   C. 80%   D. 100%

190. BAC004 关于要求进入罐区的物料的温度 ≤ 40℃ 的目的，下列说法最正确的是（   ）。
    A. 减少油品的挥发损失
    B. 减少油品的挥发损失、减少环境污染
    C. 防止油品温度高产生的饱和蒸气压危及油罐的安全
    D. 减少油品的挥发及环境污染，保证储罐安全

191. BAC004 中间罐巡检时应检查的内容不包括（   ）。
    A. 储罐呼吸阀运行情况   B. 氮封运行情况
    C. 储罐的温度、液位情况   D. 过桥情况

192. BAC005 下列属于用来确认取样管线畅通始终是可靠的方法是（   ）。
    A. 取样管线处于热态
    B. 调节取样流量的针形阀处有节流声
    C. 在分别关闭取样管线的上、下游阀以后，分别打开取样阀始终有带压的液体长时间流出
    D. 取样阀打开以后，始终有带压的液体流出

193. BAC005 下列说法最正确的是，油品采样点进行取样前，应确认（   ）。
    A. 冷却水畅通
    B. 取样管线内的被分析物料已经建立了流动
    C. 取样器出口物料温度已接近环境温度
    D. 冷却水畅通、取样管线内的被分析物料经取样冷却器在流动

194. BAC006 苯乙烯精馏单元提负荷操作，主要操作是（   ）。
    A. 乙苯/苯乙烯分离塔   B. 乙苯回收塔
    C. 苯乙烯塔   D. 苯/甲苯分离塔

195. BAC006 苯乙烯精馏单元提负荷过程中的调整不正确的是（   ）。
    A. 适当降低塔釜加热蒸汽   B. 适当增加回流量
    C. 适当增加采出量   D. 适当提高灵敏板温度

196. BAC007 乙苯脱氢单元的岗位任务是（   ）。
    A. 将乙苯产品分离出来
    B. 乙苯高温脱氢生成苯乙烯回收反应热得到脱氢液
    C. 脱氢液精馏分离得到苯乙烯回收乙苯，苯，甲苯
    D. 分离苯乙烯

197. BAC007 苯乙烯精馏单元的岗位任务是（   ）。
    A. 将脱氢单元来的芳烃化合物的液体混合物分离出高纯度苯乙烯产品
    B. 将脱氢单元来的芳烃化合物的液体混合物分离出高纯度乙苯循环回到脱氢单元
    C. 将脱氢单元来的芳烃化合物的液体混合物分离出高纯度苯适合作为乙苯单元的进料
    D. 分离高纯度甲苯

198. BAC007 苯乙烯精馏单元岗位的任务是将苯乙烯与( )进行分离。

A. 残渣如焦油等重组分 B. 苯

C. 乙苯 D. 甲苯

199. BAC008 环境污染主要是通过( ),大气污染,噪声污染,固体废物和有毒化学品等五个方面表现出来。

A. 水质污染 B. 空气污染 C. 白色污染 D. 温室效应

200. BAC008 不属于物理法处理污水的是( )。

A. 过滤 B. 浮选 C. 中和 D. 活性炭吸附

201. BAC008 污水排放时化学耗氧量不能超过( )。

A. 50mg/L B. 100mg/L C. 500mg/L D. 1000mg/L

202. BAC009 尾气压缩机润滑油的上油温度为( )。

A. 5~10℃ B. 22~35℃ C. 38~42℃ D. 60~65℃

203. BAC009 尾气压缩机润滑油的回油温度为( )。

A. 100℃ B. 85℃ C. 65℃ D. 42℃

204. BAC009 关于润滑油的品质要求,下列说法不正确的是( )。

A. 润滑油应清澈、透明 B. 润滑油应不乳化

C. 润滑油应型号正确 D. 含有微量水无影响

205. BAC010 残油洗涤塔使用的填料为( )。

A. 鲍尔环 B. 环形填料 C. 阶梯环 D. 球形填料

206. BAC010 残油洗涤塔的作用是回收( )。

A. 水 B. 二氧化碳 C. 芳烃 D. 氢气

207. BAC011 残油汽提塔一般在( )下操作。

A. 常压 B. 一定压力加压 C. 减压 D. 视情况而定

208. BAC011 残油汽提塔使用的填料为( )。

A. 鲍尔环 B. 拉西环 C. 阶梯环 D. 球形填料

209. BAC011 残油汽提塔塔底使用( )蒸汽汽提。

A. 中压 B. 次中压 C. 低压 D. 超低压

210. BAC012 汽包正常运行时不采用的排污方式是( )。

A. 连续排污 B. 间歇排污

C. 紧急排污 D. 连续排污和间歇排污

211. BAC012 调节汽包水中可溶性固体物含量的排污方式是( )。

A. 连续排污 B. 间歇排污

C. 紧急排污 D. 紧急排污和间歇排污

212. BAC013 实际生产中,改变精馏塔回流比主要通过的手段是( )。

A. 改变回流温度 B. 改变塔顶采出流量

C. 改变塔底加热量 D. 改变塔顶冷却量

213. BAC013 在回流量一定的情况下,通过改变( )来调整塔的回流比。

A. 回流温度 B. 进料量 C. 回流罐液位 D. 塔顶采出量

214. BAC014　工艺凝液气提塔脱除工艺凝液中的烃类物质,将凝液送至界区作为(　　)。

　　A. 锅炉给水　　　　B. 新鲜水　　　　C. 循环水　　　　D. 高温水

215. BAC014　工艺凝液气提塔塔压控制在(　　)。

　　A. 350kPa 到全真空　B. 常压　　　　C. 高压　　　　D. 微负压

216. BAC014　一般控制工艺凝液汽提塔底物流的烃化物含量小于(　　)。

　　A. 1mg/L　　　　B. 10mg/L　　　　C. 20mg/L　　　　D. 50mg/L

217. BAC015　往复泵不上量可能的原因是(　　)。

　　A. 物料的黏度变大　　　　　　　B. 泵吸入口未全开

　　C. 填料函填料太紧　　　　　　　D. 润滑不足

218. BAC015　下列调节流量的方法中,(　　)不能用来调节往复泵的流量。

　　A. 改变冲程　　　　B. 改变回流量　　　C. 改变出口阀开度　　D. 改变电动机转速

219. BAC016　立式炉烟囱一般在(　　)的顶部。

　　A. 对流室　　　　B. 辐射室　　　　C. 公共段　　　　D. 炉膛

220. BAC016　加热炉烟囱的作用不正确的是(　　)。

　　A. 使炉膛内形成负压

　　B. 将烟气排入高空,减少对地面的污染

　　C. 减少辐射炉管上部的传热量

　　D. 当加热炉采用自然通风燃烧器时,利用烟囱形成的抽力将外界空气吸入炉内供燃料
　　　燃烧

221. BAC017　脱氢反应中水蒸气的作用是(　　)。

　　A. 水蒸气可以连续不断地清除催化剂表面的焦炭

　　B. 水蒸气为放热反应提供热载体

　　C. 增加产物和产品的分压,使反应向生成苯乙烯方向进行

　　D. 提高反应转化率

222. BAC017　下列关于脱氢反应中水蒸气的作用说法,不正确的是(　　)。

　　A. 蒸汽可以连续不断地清除催化剂表面的焦炭

　　B. 蒸汽为吸热的脱氢反应提供热量

　　C. 减少产物和产品的分压,使反应向生成苯乙烯方向进行

　　D. 提高反应转化率

223. BAC018　苯乙烯装置大气中苯的含量要求控制为(　　)。

　　A. ≤20mg/m³　　　　B. ≤40mg/m³　　　　C. ≤60mg/m³　　　　D. ≤80mg/m³

224. BAC018　苯乙烯装置大气中甲苯的含量要求控制为(　　)。

　　A. ≤50mg/m³　　　　B. ≤100mg/m³　　　　C. ≤150mg/m³　　　　D. ≤200mg/m³

225. BAC019　尾气压缩机密封系统的作用(　　)。

　　A. 保护压缩机转子

　　B. 密封隔离,防止尾气中的氢气泄漏到环境中

　　C. 维持压缩机系统压力

　　D. 其他选项都不正确

226. BAC019 关于尾气压缩机密封系统,以下说法错误的是( )。

A. 尾气压缩机多以密封氮气和密封蒸汽作为密封介质

B. 密封隔离,防止尾气中的氢气泄漏到环境中

C. 投用时要先通氮气后通密封蒸汽

D. 密封氮气投用前不用进行排凝操作

227. BAC020 加热炉增点油嘴前,打开雾化蒸汽旁路的目的是( )。

A. 确认炉嘴燃料管线没有泄漏并对其进行预热

B. 确认炉前燃料管线没有泄漏

C. 确认燃料管线没有泄漏

D. 对炉前燃料油管线进行预热

228. BAC020 加热炉雾化蒸汽的作用是( )。

A. 使燃料气雾化   B. 使燃料油雾化

C. 使燃料气和燃料油雾化   D. 灭火

229. BAC020 蒸汽加热炉炉膛发暗时可以( )。

A. 减少雾化蒸汽   B. 加大雾化蒸汽   C. 打开观察孔   D. 再点燃一个火嘴

230. BAC021 脱氢反应器膨胀节双波纹管内通入氮气产生微正压后切断氮气,如果内层波纹管泄漏,压力表指示( )。

A. 正压   B. 零   C. 负压   D. 不变

231. BAC021 脱氢反应器出口膨胀节双波纹管内通入 N_2 的作用是( )。

A. 可以抑制乙苯脱氢过度反应   B. 可以防止苯乙烯聚合

C. 可以提高反应器压力   D. 吹扫反应器

232. BAC022 乙苯罐切换方法( )。

A. 先打开备用罐进出物料阀门,再关闭原乙苯罐进出物料阀门

B. 先打开原乙苯罐进出物料阀门,再关备用罐进出物料阀门

C. 两者同时进行

D. 没有先后顺序

233. BAC022 乙苯精馏单元产品不合格后要将不合格乙苯切入( )。

A. 苯乙烯储罐   B. 乙苯储罐   C. 芳烃储罐   D. 不合格乙苯罐

234. BAC023 脱氢反应乙苯直接进料的来源为( )。

A. 烃化单元   B. 乙苯精馏单元   C. 界区外   D. 中间罐区

235. BAC023 脱氢单元乙苯进料中( )的含量不能过高。

A. 乙苯   B. 二乙苯   C. 苯   D. 甲苯

236. BAC023 二乙烯基苯是由于乙苯进料中含有( )生成的。

A. 苯   B. 甲苯   C. 二乙苯   D. 三乙苯

237. BAC024 装置反应温度提高,在其他条件不变的情况下,反应选择性应( )。

A. 下降   B. 升高   C. 不变   D. 无法确定

238. BAC024 反应选择性是指反应出料中生成的目的产物与( )之比。

A. 反应进料量   B. 反应出料量   C. 未转化的原料   D. 已转化的原料量

239. BAC024 催化剂的选择性与温度（　　　）。
   A. 成正比　　　　　　　　　　　　B. 成反比
   C. 有影响但无线性关系　　　　　　D. 无关系

240. BAC025 正常生产时,加热炉观火孔打开以后,造成其热效率下降的原因是（　　　）。
   A. 空气从观火孔进入以后,不参加燃烧直接被加热后排放且氧分析仪无法检测
   B. 空气从观火孔进入以后,增加了二次风门的进风,炉膛燃烧状况差
   C. 空气从观火孔进入以后,与燃料混合不充分,燃烧不完全
   D. 部分热量通过观火孔的辐射传入环境且空气从观火孔进入以后,不参加燃烧直接被加热后排放

241. BAC025 加热炉观火孔的作用是（　　　）。
   A. 加热炉回火时气体也从此处泄放,因此具有防止加热炉爆炸的作用
   B. 便于操作人员观察炉内的燃烧、炉管、炉墙状况
   C. 便于操作人员观察炉内的燃烧、炉管、炉墙状况同时方便操作人员对加热炉进行点火
   D. 便于操作人员观察炉内的燃烧、状况,燃料油及燃料气的泄漏情况

242. BAC026 在保持加热炉烟道气氧含量相对稳定的情况下,用（　　　）调整炉膛负压。
   A. 烟道挡板　　　　　　　　　　　B. 二次风门
   C. 以烟道挡板为主,二次风门为辅　D. 以二次风门为主,以烟道挡板为辅

243. BAC026 加热炉烟气氧含量过低通常会造成（　　　）。
   A. 炉膛灰暗　　　B. 烟气温度高　　　C. 烟气温度低　　　D. 火焰过高

244. BAC026 化工装置中加热炉风门常用来调节（　　　）。
   A. 空气温度　　　B. 进炉空气量　　　C. 烟气氧含量　　　D. 炉膛温度

245. BAC027 废白土一般进行（　　　）。
   A. 填埋处理　　　　　　　　　　　B. 回收再使用
   C. 工业处理回收其中有用成分　　　D. 堆放处理

246. BAC027 废白土从反应器卸出前,应进行（　　　）处理。
   A. 烧焦　　　　　B. 蒸煮　　　　　C. 氢气气提　　　D. 水洗

247. BAC027 废脱氢催化剂从反应器卸出前,不应进行（　　　）处理。
   A. 烧焦　　　　　　　　　　　　　B. 蒸汽置换
   C. 氢气气提　　　　　　　　　　　D. 氮气置换

248. BAC028 再沸器投用时操作错误的是（　　　）。
   A. 低点排凝　　　　　　　　　　　B. 暖管
   C. 直接投用调节阀来控制暖管速度　D. 开主气阀要慢

249. BAC028 关于再沸器暖管结束的标志,下列现象正确的是（　　　）。
   A. 无水击声　　　　　　　　　　　B. 导淋无凝水
   C. 无水击声且导淋排出大量洁净蒸汽　D. 管道烫手

250. BAC028 再沸器升温速度太快,可能会出现（　　　）。
   A. 水击　　　　　B. 泄漏　　　　　C. 无法升温　　　D. 没有影响

251. BAC029 打开公用站工业水阀进行排放防冻的最基本条件是( )。

    A. 气温下降   B. 气温可能下降至5℃以下

    C. 气温可能下降至0℃以下   D. 气温可能下降至-5℃以下

252. BAC029 冬天,防止离心泵冻的主要措施是( )。

    A. 打开热备用阀,使泵内物料流动   B. 关闭循环冷却水

    C. 全开循环水进出口阀   D. 提高循环水温度

253. BAC029 冬天气温较低时,蒸汽伴热管线疏水器阀组导淋应( )。

    A. 稍微打开   B. 关闭   C. 定期排放   D. 全开

254. BAC030 反应转化率是衡量( )的一项重要指标。

    A. 催化剂选择性   B. 催化剂活性   C. 催化剂寿命   D. 反应空速

255. BAC030 反应转化率是指反应出料中已转化的原料量与( )之比。

    A. 反应进料量   B. 反应出料量   C. 未转化的原料   D. 生成的目的产品量

256. BAC030 装置转化率偏高,则应( )。

    A. 提高反应压力   B. 提高氢烃比   C. 提高反应温度   D. 降低反应温度

257. BAD001 根据国家二级标准,一般工业废水可容许排放的 pH 值要求为( )。

    A. 5~6   B. 6.5~7.5   C. 6~9   D. 7~8

258. BAD001 根据国家二级标准,工业废水排放含油量要求( )。

    A. <100mg/L   B. <200mg/L   C. <10mg/L   D. <600mg/L

259. BAD001 "三废"是指( )。

    A. 废油、废气、废催化剂   B. 废水、废气、废催化剂

    C. 废水、废气、废渣   D. 废水、废气、废白土

260. BAD002 对于既无心跳又无呼吸的中毒人员,应立即进行( )。

    A. 胸外按压   B. 人工呼吸

    C. 送医院   D. 胸外按压和人工呼吸

261. BAD002 中毒人员抬至安全地点后,应( )。

    A. 侧躺   B. 俯卧   C. 仰卧平躺   D. 无具体要求

262. BAD002 当使用空气呼吸器过程中发出低压鸣叫后,( )。

    A. 可继续工作

    B. 仍可工作 8~10min 再撤离

    C. 注意观察压力表读数,当压力降至 4MPa 以下时再撤离

    D. 应立即撤离

263. BAD003 屏蔽泵灌泵后,应充分( )。

    A. 冷却   B. 排气   C. 倒空   D. 盘车

264. BAD003 烷基化反应器停车倒空时,要控制物料排放( ),防止催化剂破损。

    A. 压力   B. 温度   C. 速度   D. 其他答案都不对

265. BAD003 烷基化反应器停车倒空时,( )打开床层压力平衡阀。

    A. 需要   B. 不需要

    C. 只考虑其他阀门   D. 其他答案都不对

266. BAD004　乙苯脱氢单元临时停车时,不用注意的事项是(　　)。
　　A. 主蒸汽系统的排凝　　　　　　　B. 反应器床层是否有局部过热点
　　C. 膨胀节系统是否自由伸缩膨胀　　D. 蒸汽过热炉是否停运

267. BAD004　苯乙烯精馏真空泵临时停车时需要(　　)。
　　A. 将密封液补充阀关闭　　　　　　B. 精馏塔倒空
　　C. 反应系统停车之后　　　　　　　D. 其他答案都不对

268. BAD004　蒸汽过热炉临时停车时不需要检查的内容有(　　)。
　　A. 炉管　　　　　　B. 炉墙　　　　　　C. 衬里　　　　　　D. 支架

269. BAD005　在苯乙烯单元生产降负荷的情况下,首先要(　　)。
　　A. 降低再沸器蒸汽　B. 降低塔的进料量　C. 降低回流量　　　D. 降低塔釜采出量

270. BAD005　在苯乙烯单元生产降负荷的情况下,首先是要注意(　　)。
　　A. 塔顶温度　　　　B. 塔顶压力　　　　C. 塔的灵敏板温度　D. 塔釜液位

271. BAD005　苯乙烯单元生产降负荷的步骤为(　　)。
　　A. 降低塔的进料量,注意塔的灵敏板温度
　　B. 增加再沸器蒸汽量,降低塔釜采出量
　　C. 减少塔顶回流量,增加塔釜采出量
　　D. 增加塔顶压力,降低塔顶温度

272. BAD006　在乙苯脱氢单元生产降负荷的情况下,首先要(　　)。
　　A. 降低乙苯进料量　　　　　　　　B. 降低主蒸汽流量
　　C. 降低一次蒸汽流量　　　　　　　D. 降低压缩机转速

273. BAD006　在乙苯脱氢单元生产降负荷的情况下,首先是要注意(　　)。
　　A. 水比　　　　　　B. 乙苯进料量　　　C. 反应温度　　　　D. 反应压力

274. BAD006　乙苯脱氢单元生产降负荷的步骤为(　　)。
　　A. 降低主蒸汽进料量,降低乙苯进料量,保持水比不变
　　B. 降低乙苯进料量,降低主蒸汽和一次蒸汽量,注意水比,观察反应温度和压力变化
　　C. 降低乙苯进料量,降低一次蒸汽流量,注意反应温度变化
　　D. 降低一次蒸汽流量,降低乙苯进料量,增加水比,注意反应温度和压力变化

275. BAD007　燃料油系统用(　　)吹扫、置换。置换之前各炉燃料油线上的单向阀阀芯已抽出。
　　A. 空气　　　　　　B. 氮气　　　　　　C. 仪表风　　　　　D. 蒸汽

276. BAD007　在火炬系统起始点,通入氮气,并打开装置界区上的放空阀,朝着火炬方向对系统进行氮气吹扫、置换,直至系统内氧含量小于(　　)为止。
　　A. 0.5%　　　　　　B. 1.0%　　　　　　C. 2.0%　　　　　　D. 3.0%

277. BAD007　装置停车氮气冷却、置换,禁止在密闭空间排放(　　)。
　　A. 氢气　　　　　　B. 氮气　　　　　　C. 氧气　　　　　　D. 其他答案都不对

278. BAD008　管道加盲板时应选用合适的材料做盲板及其垫片,不用考虑的是介质的(　　)。
　　A. 黏度　　　　　　B. 介质性质　　　　C. 压力　　　　　　D. 温度

279. BAD008 盲板的直径应依据管道法兰密封面( )制作,厚度要经强度计算。

    A. 直径   B. 半径   C. 周长   D. 截面积

280. BAD008 盲板选材要适宜、平整、光滑,经检查无裂纹和孔洞;( )盲板应经探伤合格。

    A. 高压   B. 低压   C. 中压   D. 常压

281. BAD009 装置停车需要乙苯冲洗的设备,冲洗后液体排入罐区( )内。

    A. 苯罐   B. 不合格乙苯罐   C. 脱氢液罐   D. 不合格苯乙烯罐

282. BAD009 苯乙烯塔顶到苯乙烯塔冷凝器之间的管线和设备用( )冲洗。

    A. 苯   B. 乙苯   C. 苯乙烯   D. 其他答案都不对

283. BAD009 停车过程中,随着乙苯进料开始减少,通过调整蒸汽加炉燃料油量来控制反应器入口温度,当乙苯进料全部停止后,反应器入口目标温度约为( ),停止系统的乙苯冲洗,关闭压缩机 GB-301 入口碟阀,不要停止压缩机,因为氮气循环降温时还要通过压缩机进行循环。

    A. 300℃   B. 400℃   C. 530℃   D. 600℃

284. BAD010 苯乙烯精馏真空泵临时停车时需要( )。

    A. 将密封液补充阀关闭   B. 精馏塔倒空

    C. 反应系统停车之后   D. 其他答案都不对

285. BAD010 下列关于系统隔离的说法错误的是( )。

    A. 隔离的最高操作是采用盲板隔离

    B. 隔离前,必须将隔离系统置换合格

    C. 抽加盲板时,作业人员需经过个体防护训练,并做好个体防护

    D. 系统隔离根据现场实际情况进行,不需要参照盲板图

286. BAD011 如果排污单位在同一个排污口放两种或两种以上工业污水,且每种工业污水中同一污染物的排放标准又不同时,则混合排放时该污染物的最高允许排放浓度应( )。

    A. 取其中限值最严的标准   B. 取其中限值最宽的标准

    C. 通过一定的方法计算所得   D. 无法求得

287. BAD011 苯乙烯泄漏应急处理,迅速撤离泄漏污染区人员至安全区,并进行( ),严格限制出入。

    A. 隔离   B. 开放   C. 限行   D. 其他答案都不对

288. BAD011 苯乙烯中毒人员转移到空气新鲜的安全地带,脱去污染外衣,冲洗污染皮肤,用大量( )冲洗眼睛,淋洗全身,漱口。大量饮水,不能催吐,即送医院。加强现场通风,加快残存苯乙烯的挥发并驱赶蒸气。

    A. 水   B. 盐水   C. 牛奶   D. 其他答案都不对

289. BAD012 降低乙苯脱氢反应器的压力的方法描述错误的是( )。

    A. 通过增大压缩机的功率可以降低脱氢反应器的压力

    B. 关小返程控制调节阀

    C. 降低主稀释蒸汽流量

    D. 增加系统负荷

290. BAD012　下列关于乙苯脱氢反应器的说法错误的是（　　）。
    A. 乙苯脱氢反应在负压下操作　　　　　B. 乙苯脱氢反应时吸入反应
    C. 高温有利于正反应的发生　　　　　　D. 高压有利于正反应的发生

291. BAD013　下列关于降低乙苯脱氢反应器温度的说法,错误的是（　　）。
    A. 可以通过调节辐射段的火嘴,慢慢降低反应器入口温度
    B. 降低 HS-201 混合气流量
    C. 降低 HS-219 混合气流量
    D. 降低反应器压力

292. BAD013　脱氢反应器出口温度高高联锁跳车值是（　　）。
    A. 610℃　　　　　B. 620℃　　　　　C. 630℃　　　　　D. 649℃

293. BAD014　下列关于残油洗涤塔、残油汽提塔倒空的说法错误的是（　　）。
    A. 残油倒空操作时,为了尽量倒空残油,可以让机泵长时间处于抽空状态
    B. 残油洗涤塔、残油汽提塔停车时,在高液位时用泵倒出物料
    C. 排不出后停止倒料泵,在塔顶部接氮气加压在低点导淋用桶接倒出的物料
    D. 倒料时,室内 DCS 调节阀控制要从自动调节改为手动调节

294. BAD014　残油洗涤塔、残油汽提塔倒空步骤说法错误的是（　　）。
    A. 残油洗涤塔、残油汽提塔的倒空可通过汽提塔塔釜退料下退至焦油储罐
    B. 倒料时,室内 DCS 调节阀控制要从自动调节改为手动调节
    C. 残油洗涤塔、残油汽提塔的残油倒空,可直接由低点导淋排放
    D. 倒空前,需停用汽提塔的汽提蒸汽

295. BAD015　关于停车后进入设备时的注意事项,下列说法错误的是（　　）。
    A. 与设备相连接的管线要进行盲板隔离
    B. 进入容器前要测氧测爆合格
    C. 进入容器前应办理受限空间作业票
    D. 监护人应随同作业人员一同进入设备空间内监护

296. BAD015　受限空间取样,在各种气柜、储油罐、球罐中取样,取样长杆插入深度（　　）以上。
    A. 4m　　　　　B. 8m　　　　　C. 12m　　　　　D. 15m

297. BAD016　蒸汽加热炉的主要作用是为反应提供（　　）的蒸汽,它是乙苯脱氢岗位的关键设备,本体由烟囱、对流段、辐射段、烧嘴、炉管组成。
    A. 高压低温　　　B. 高温低压　　　C. 高温高压　　　D. 低温低压

298. BAD016　停车时确认炉膛（　　）符合要求。
    A. 正压　　　　　B. 负压　　　　　C. 常压　　　　　D. 其他答案都不对

299. BAD016　蒸汽加热炉停炉后反应器继续（　　）循环降温。
    A. 空气　　　　　B. 氧气　　　　　C. 氮气　　　　　D. 仪表风

300. BAD017　切苯乙烯产品至脱氢液储罐的注意事项,确认苯乙烯产品冷却器投用,苯乙烯产品（　　）投用。
    A. 深冷器　　　　B. 再沸器　　　　C. 分布器　　　　D. 其他答案都不对

301. BAD017　切苯乙烯产品至脱氢液储罐与(　　)协调。

A. 乙苯单元　　　　B. 中仓单元　　　　C. 公用工程单元　　D. 脱氢单元

302. BAD018　回流比增大后,完成同一分离任务所需要的理论板数将减小,冷凝器、再沸器的负荷都(　　),显然,这是不利的因素。

A. 减小　　　　　　B. 增大　　　　　　C. 不变　　　　　　D. 其他答案都不对

303. BAD018　苯塔塔釜再沸器用(　　)蒸汽加热。

A. 0. 9MPa　　　　B. 1. 3MPa　　　　C. 3. 0MPa　　　　D. 4. 0MPa

304. BAD018　塔的灵敏板温度,由温度控制器和苯塔再沸器的壳程凝液液位控制器(　　)。

A. 手动控制　　　　B. 串级控制　　　　C. 自动控制　　　　D. 其他答案都不对

305. BAD019　关于紧急停乙烯压缩机的处理方法,下列表述正确的是(　　)。

A. 先关出口阀,后关入口阀　　　　　B. 先关入口阀,后关出口阀

C. 打开与生产系统联系的进、出口阀　　D. 其他答案都不对

306. BAD019　乙苯单元反应器的排放和泄压时一次只能对一台反应器进行排放和泄压,如果多台反应器一起进行排放和泄压,建议先进行反烃化烷基化反应器的排放和泄压,因为这台反应器最不容易维持(　　)。

A. 温度　　　　　　B. 压力　　　　　　C. 液位　　　　　　D. 其他答案都不对

307. BAD019　乙苯单元反应器的排放和泄压时,应该先对转烷基化反应器进行操作以免使反应器冷却至180℃以下,在较低的开始温度下,卸压期间闪蒸的有机物较少。因此,随后的氮气吹扫时间要(　　)。

A. 较短　　　　　　B. 较长　　　　　　C. 任意时间　　　　D. 其他答案都不对

308. BBA001　从事动火作业过程中,出现不明气味应停止作业,使用(　　)进行检测。

A. 可燃气体报警仪　B. 测厚仪器　　　　C. 测流速仪器　　　D. 测流量仪器

309. BBA001　可燃气体报警仪检测到可燃气体(　　)达到报警器设置的报警值时,就会发出声、光报警信号。

A. 质量　　　　　　B. 浓度　　　　　　C. 体积　　　　　　D. 密度

310. BBA002　当截止阀阀芯脱落时,流体(　　)。

A. 不能通过　　　　B. 流量不变　　　　C. 流量减少　　　　D. 流量增大

311. BBA002　截止阀在开启和关闭过程中,由于阀瓣与(　　)间的摩擦力比闸阀小,因而耐磨。

A. 阀座　　　　　　B. 阀体密封面　　　C. 阀体　　　　　　D. 阀芯

312. BBA003　以下内容属于截止阀的缺点的是(　　)。

A. 流阻系数大　　　B. 启闭力矩小　　　C. 密封面易磨损　　D. 使用寿命长

313. BBA003　(　　)可以通过阀门的开度用于调节流量。

A. 疏水阀　　　　　B. 截止阀　　　　　C. 止回阀　　　　　D. 闸阀

314. BBA004　离心泵(　　),操作时要防止气体漏入泵内。

A. 具有干吸能力　　　　　　　　　　B. 无干吸能力

C. 无法确定有无干吸能　　　　　　　D. 其他选项都正确

315. BBA004　离心泵启动前应(　　)。

　　A. 灌泵　　　　　　　B. 排气　　　　　　　C. 关闭出口阀　　　　D. 其他选项都正确

316. BBA005　屏蔽泵在外部看不出旋转方向,首次启动可以根据(　　)来判断。

　　A. 泵内声音　　　　　B. 出口压力　　　　　C. 入口压力　　　　　D. 振动情况

317. BBA005　带夹套的屏蔽泵,在使用前要先给夹套(　　),提前预热或冷却。

　　A. 关闭　　　　　　　B. 清理　　　　　　　C. 放空　　　　　　　D. 通入介质

318. BBA006　下面对于屏蔽泵的描述不正确的是(　　)。

　　A. 电动机的转子和泵的叶轮固定在同一根轴上

　　B. 转子在被输送的介质中运转

　　C. 利用屏蔽套将电动机的转子和定子隔开

　　D. 电动机和泵是靠联轴器连接的

319. BBA006　屏蔽泵是由屏蔽电动机和泵组成一体的无泄漏泵,主要由泵体、(　　)、轴承及推力盘等零部件组成。

　　A. 叶轮　　　　　　　B. 定子　　　　　　　C. 转子　　　　　　　D. 其他选项都正确

320. BBA007　离心泵停车时要(　　)。

　　A. 先关出口阀后断电　　　　　　　　　　　B. 先断电后关出口阀

　　C. 先关出口阀或先断电均可　　　　　　　　D. 单级式的先断电,多级式的先关出口阀

321. BBA007　热油泵停运时,应待泵体(　　)降低后再停冷却水。

　　A. 振动　　　　　　　B. 温度　　　　　　　C. 压力　　　　　　　D. 流量

322. BBA008　当屏蔽泵有(　　)时,应立即停车。

　　A. 异常响声　　　　　　　　　　　　　　　B. 振动异常

　　C. TRG 表指针进入红区　　　　　　　　　　D. 其他选项都正确

323. BBA008　屏蔽泵停车时要(　　)。

　　A. 先关出口阀后断电　　　　　　　　　　　B. 先断电后关出口阀

　　C. 先关出口阀或先断电均可　　　　　　　　D. 其他选项都不正确

324. BBA009　机械密封是靠与轴一起旋转的动环端面与静环端面间的紧密贴合,产生一定的(　　)而达到密封的。

　　A. 比压　　　　　　　B. 紧力　　　　　　　C. 压力　　　　　　　D. 弹簧力

325. BBA009　机械密封一般主要由(　　)部件组成。

　　A. 缓冲补偿机构　　　B. 密封端面　　　　　C. 辅助密封圈　　　　D. 其他选项都正确

326. BBA010　玻璃板液位计是(　　)物位仪表。

　　A. 差压式　　　　　　B. 浮力式　　　　　　C. 光学式　　　　　　D. 直读式

327. BBA010　浮筒液位计是(　　)物位仪表。

　　A. 差压式　　　　　　B. 浮力式　　　　　　C. 光学式　　　　　　D. 直读式

328. BBA011　减压阀是将设备或管道内介质的压力降低到所需的压力的一类(　　)阀门。

　　A. 自动　　　　　　　B. 电动　　　　　　　C. 气动　　　　　　　D. 手动

329. BBA011　减压阀通过改变节流面积,使流速及流体的动能改变,造成不同的(　　),从而达到减压的目的。

　　A. 压力损失　　　　　B. 流量损失　　　　　C. 温度损失　　　　　D. 方向改变

330. BBA012　正确选型才能保证液位计的使用,选用液位计应根据(　　)和化学性质来决定。

　　A. 物理性质　　　　　B. 温度　　　　　　C. 压力　　　　　　D. 介质

331. BBA012　在测量蒸汽或其他高温介质时,其温度不应超过液位传感器使用时的(　　)。

　　A. 极限压力　　　　　B. 极限温度　　　　C. 设计压力　　　　D. 上限

332. BBB001　下列属于离心泵备用泵盘车目的的是(　　)。

　　A. 环境低温时发现泵内介质是否冻凝　　　B. 发现泵入口过滤器堵塞

　　C. 防止轴承损坏　　　　　　　　　　　　D. 防止叶轮锈蚀

333. BBB001　下列不属于离心泵备用泵盘车目的的是(　　)。

　　A. 避免由于长时间停置导致泵轴发生弯曲变形

　　B. 发现泵叶轮和泵壳是否有摩擦

　　C. 发现各转动部件是否存在卡涩现象

　　D. 防止轴承损坏

334. BBB002　一般情况下,离心泵备用泵多长时间盘车一次(　　)。

　　A. 24h　　　　　　　B. 36h　　　　　　　C. 48h　　　　　　　D. 72h

335. BBB002　离心泵备用泵每次盘车多少度(　　)。

　　A. 90°　　　　　　　B. 180°　　　　　　　C. 270°　　　　　　D. 360°

336. BBB002　下列关于离心泵备用泵盘车说法正确的是(　　)。

　　A. 盘车方向应与电动机转动方向相反　　　B. 盘车方向应与电动机转动方向相同

　　C. 盘车方向必须为顺时针方向　　　　　　D. 盘车方向必须为逆时针方向

337. BBB003　下列属于离心泵盘不动车的原因的是(　　)。

　　A. 泵体内没有充满介质　　　　　　　　　B. 泵轴弯曲变形

　　C. 泵入口过滤器堵塞　　　　　　　　　　D. 油箱内没有添加足够的润滑油

338. BBB003　下列不属于离心泵盘不动车的原因的是(　　)。

　　A. 泵轴弯曲变形　　　　　　　　　　　　B. 轴承损坏

　　C. 泵内介质冻凝　　　　　　　　　　　　D. 泵入口过滤器严重堵塞

339. BBB004　下列不属于动设备润滑油的作用的是(　　)。

　　A. 减少摩擦面相对运动所产生的摩擦　　　B. 防止锈蚀

　　C. 防止泵叶轮损坏　　　　　　　　　　　D. 冷却作用

340. BBB004　下列不属于动设备润滑油的作用的是(　　)。

　　A. 冲洗杂质　　　　　　　　　　　　　　B. 减低摩擦,提高机械使用寿命

　　C. 防止盘不动车　　　　　　　　　　　　D. 降低摩擦面的温度

341. BBB005　降低润滑油黏度最简单易行的办法是(　　)。

　　A. 提高轴瓦进油温度　　　　　　　　　　B. 降低轴瓦进油温度

　　C. 提高轴瓦进油压力　　　　　　　　　　D. 降低轴瓦进油压力

342. BBB005　关于润滑油黏度,描述不正确的是(　　)。

　　A. 黏度表示润滑油的黏稠程度,是润滑油的重要质量指标

　　B. 润滑油的黏度随温度变化而异

C. 润滑油常用的测试温度为 50℃、100℃

D. 工作温差较大的情况下，润滑油黏度的变化越大越好

343. BBB005　关于润滑油黏度描述不正确的是(　　)。

A. 黏度分为绝对黏度和相对黏度两种　　　B. 绝对黏度分为动力黏度和运动黏度

C. 运动黏度单位为 mm^2/s　　　　　　　D. 润滑油黏度变化与温度无关

344. BBB006　下列不属于润滑油的主要质量指标的是(　　)。

A. 黏度　　　　　　　B. 湿度　　　　　　C. 闪点　　　　　　D. 机械杂质

345. BBB006　关于润滑油水分质量指标描述不正确的是(　　)。

A. 油品中含水量的多少，以水占油的百分率表示

B. 优良润滑油含水量不足 0.5%

C. 油中混入水会破坏油膜的形成

D. 润滑油含水会产生乳化现象

346. BBB006　关于机械杂质质量指标描述不正确的是(　　)。

A. 机械杂质指悬浮或沉淀在润滑油中的物质，如砂粒

B. 机械杂质不会堵塞油路

C. 机械杂质的存在会加速磨损

D. 机械杂质的存在会破坏油膜

347. BBB007　润滑油"五定""三过滤"中"五定"的含义是(　　)。

A. 定位、定质、定时、定量、定桶　　　　B. 定位、定质、定时、定滤、定人

C. 定位、定质、定时、定量、定人　　　　D. 定位、定质、定色、定量、定人

348. BBB007　润滑油"五定""三过滤"中"三过滤"的含义是(　　)。

A. 从润滑油厂家→领油大桶→油壶→润滑部位的过滤

B. 从润滑油厂家→白瓷桶→油壶→润滑部位的过滤

C. 从领油大桶→润滑油油间→油壶→润滑部位的过滤

D. 从领油大桶→白瓷桶→油壶→润滑部位的过滤

349. BBB007　润滑油管理应遵守的原则是(　　)。

A. "五定""三过滤"　　　　　　　　　　B. "五定""五过滤"

C. "三定""三过滤"　　　　　　　　　　D. "三定""五过滤"

350. BBB008　润滑油一级过滤的滤网精度是(　　)。

A. 60 目　　　　　　B. 80 目　　　　　　C. 100 目　　　　　　D. 120 目

351. BBB008　润滑油二级过滤的滤网精度是(　　)。

A. 60 目　　　　　　B. 80 目　　　　　　C. 100 目　　　　　　D. 120 目

352. BBB008　润滑油三级过滤的滤网精度是(　　)。

A. 60 目　　　　　　B. 80 目　　　　　　C. 100 目　　　　　　D. 120 目

353. BBB009　离心泵油箱中润滑油应保持在油杯的(　　)处。

A. 1/3～1/2　　　B. 1/2～2/3　　　C. 1/3～2/3　　　D. 1/4～1/2

354. BBB009　下列不属于离心泵日常维护项目的是(　　)。

A. 定期加油加脂　　B. 备用泵定期盘车　　C. 清理卫生　　　　D. 化验分析

355. BBB010　离心泵运行时,滑动轴承温度不大于(　　　)。

A. 55℃　　　　　　B. 60℃　　　　　　C. 65℃　　　　　　D. 70℃

356. BBB010　离心泵运行时,滚动轴承温度应不大于(　　　)。

A. 55℃　　　　　　B. 60℃　　　　　　C. 65℃　　　　　　D. 70℃

357. BBB011　下列不属于冬季防冻凝的方法的是(　　　)。

A. 长期停用设备与生产系统用盲板隔离,并把积水吹扫干净

B. 加强现场巡检,确保伴热线运转正常

C. 备用泵要按时盘车

D. 备用泵入口阀应保持全开状态

358. BBB011　下列属于冬季防冻凝方法的是(　　　)。

A. 定期记录在用泵出口压力　　　　　B. 定期对备用泵进行盘车

C. 定期更换备用泵润滑油　　　　　　D. 定期检查机泵润滑油质量

359. BBB012　下列选项不属于压力容器安全附件的是(　　　)。

A. 压力表　　　　B. 流量计　　　　C. 液位计　　　　D. 安全阀

360. BBB012　下列选项不属于压力容器异常情况的是(　　　)。

A. 工作压力、介质温度或者壁温超过规定值

B. 安全附件损坏

C. 主要受压元件发生变形

D. 降低操作压力

361. BBB012　以下选项不属于压力容器日常巡检内容的是(　　　)。

A. 工作压力　　　B. 介质温度　　　C. 检测　　　　D. 密封点泄漏情况

362. BBB013　阀门阀杆的螺纹部分应保持有少许油量的原因是(　　　)。

A. 密封作用　　　B. 散热作用　　　C. 消除静电作用　　D. 防止锈蚀作用

363. BBB013　关于阀门的日常保养,以下说法错误的是(　　　)。

A. 阀门的阀杆应定期涂抹润滑脂　　　B. 室外阀门要对阀杆加装保护套

C. DN100 以上的阀门可以用来支撑重物　D. 阀门紧固件要经常检查

364. BBB014　下列不属于备用离心泵运行时的检查内容的是(　　　)。

A. 检查泵的出口压力　　　　　　　　B. 检查地脚螺栓是否松动

C. 检查介质温度　　　　　　　　　　D. 检查机械密封是否泄漏

365. BBB014　下列不属于备用离心泵运行时检查内容的是(　　　)。

A. 地脚螺栓松动情况　　　　　　　　B. 润滑油油位情况

C. 泵叶轮腐蚀情况　　　　　　　　　D. 轴承箱声音情况

366. BBB015　下列不属于离心泵单试检查项目的是(　　　)。

A. 润滑油油质、油位　　　　　　　　B. 地脚螺栓是否松动

C. 入口管线充满介质　　　　　　　　D. 泵叶轮腐蚀情况

367. BBB015　关于离心泵单试检查内容,下列说法错误的是(　　　)。

A. 检查出入口流程正确　　　　　　　B. 手动盘车 90°

C. 检查密封液、冷却液是否投用　　　D. 检查入口管线是否充满介质

368. BBB016　下列不属于听棒的作用的是（　　）。
A. 判断轴承故障情况　　　　　　　　B. 判断设备内部机械运动部位故障情况
C. 了解设备内部介质流动情况　　　　D. 判断电动机是否漏电

369. BBB016　下列选项,不属于听棒使用部位的是（　　）。
A. 轴承箱　　　　　　　　　　　　　B. 电动机轴承
C. 联轴器　　　　　　　　　　　　　D. 泵壳

370. BBB016　下列选项,属于听棒作用的是（　　）。
A. 判断泵叶轮磨损情况　　　　　　　B. 判断泵是否存在汽蚀现象
C. 判断电动机是否漏电　　　　　　　D. 判断润滑油油位是否正常

371. BBB017　下列不属于监火人职责的是（　　）。
A. 纠正和制止作业过程中的违章行为
B. 核实特种作业人员资质
C. 对动火点的空气质量实施化验分析
D. 动火作业结束后,监督现场没有遗留火种

372. BBB017　下列不属于监火人职责的是（　　）。
A. 现场出现异常情况立即终止作业
B. 出现火情及时进行报警、灭火、人员疏散、救援等初期处置
C. 动火作业期间不得擅离现场
D. 制订动火作业安全工作方案

373. BBB018　动火作业时,下列说法错误的是（　　）。
A. 动火点附近排水口、各类井口、地沟等应封严盖实
B. 动火前需对空气质量进行化验分析
C. 焊接作业人员应持证上岗
D. 氧气瓶、乙炔瓶混放一起

374. BBB018　关于监火,下列说法错误的是（　　）。
A. 新入厂员工可以监火　　　　　　　B. 监火人员需经过培训合格
C. 监火人员应熟练使用消防器材　　　D. 监火人员应熟悉相关管理规定

375. BBB018　用电气焊动火作业时,下列说法错误的是（　　）。
A. 乙炔瓶使用时必须有防倾倒措施
B. 大雨天气室外可进行电焊作业
C. 氧气瓶和乙炔瓶应远离热源及电气设备
D. 电焊工具应完好

376. BCA001　关于脱氢反应器温度高的原因,下列说法错误的是（　　）。
A. 乙苯进料突然中断　　　　　　　　B. 有空气进入脱氢反应器
C. 加热炉热负荷变大　　　　　　　　D. 乙苯进料增加

377. BCA001　脱氢反应器温度低的原因是（　　）。
A. 乙苯进料突然中断　　　　　　　　B. 有空气进入脱氢反应器
C. 加热炉热负荷变大　　　　　　　　D. 乙苯进料增加

378. BCA002 油压下降的原因有( )。

    A. 润滑油泵发生故障   B. 电力中断

    C. 油路堵塞   D. 其他答案全部正确

379. BCA002 关于机组润滑油系统说法错误的是( )。

    A. 机组的润滑油系统采用汽轮机油

    B. 润滑油系统的正常运行,直接对机组的安全起着保障作用

    C. 油压若低到一定程度,系统中设置的保护压力开关将使机组紧急停机

    D. 油路堵塞会造成油压升高

380. BCA003 苯塔灵敏板温度高的原因是( )。

    A. 苯回收塔加热蒸汽控制阀失灵,加热蒸汽量突然增加

    B. 塔回流泵故障,回流中断

    C. 回流温度高

    D. 其他答案全部正确

381. BCA003 乙苯回收塔灵敏板温度高的原因是( )。

    A. 进料中多乙苯含量增加   B. 增加塔顶采出导致的回流量降低

    C. 回流温度高   D. 其他答案全部正确

382. BCA004 蒸汽加热炉油嘴漏油的原因是( )。

    A. 油管内存有不易雾化的冷油   B. 管线泄漏

    C. 法兰连接松动   D. 其他选项都正确

383. BCA004 蒸汽加热炉混合气压力低,联锁跳车值是( )。

    A. 4.1kPa   B. 5.1kPa   C. 6.1kPa   D. 7.1kPa

384. BCA005 乙苯塔灵敏板温度高的原因是( )。

    A. 精馏塔的进料换热器出现异常   B. 进入塔内的热量增加

    C. 回流量低   D. 其他答案全部正确

385. BCA005 乙苯塔塔釜馏出物是( )。

    A. 苯   B. 甲苯   C. 乙苯   D. 苯乙烯

386. BCA006 多乙苯塔压力高的原因( )。

    A. 真空系统故障   B. 冷却水温度高

    C. 真空喷射器蒸汽压力低   D. 其他选项都正确

387. BCA006 多乙苯塔顶回收的组分为( )。

    A. 苯、甲苯   B. 甲苯、乙苯   C. 二乙苯、三乙苯   D. 三乙苯、四乙苯

388. BCA007 苯塔塔顶乙苯超标的原因是( )。

    A. 塔釜蒸汽量大   B. 塔顶回流量低   C. 回流温度高   D. 其他答案全部正确

389. BCA007 苯塔塔顶组分是( )。

    A. 苯   B. 乙苯   C. 二乙苯   D. 三乙苯

390. BCA008 多乙苯塔灵敏板温度高的原因是( )。

    A. 精馏塔的进料换热器出现异常   B. 进入塔内的热量增加

    C. 回流量低   D. 其他答案全部正确

391. BCA008　多乙苯塔塔底组分是(　　　)。
　　A. 四乙苯等重组分　　　　　　　　　B. 乙苯
　　C. 二乙苯　　　　　　　　　　　　　D. 三乙苯

392. BCA009　乙苯回收塔塔釜甲苯含量高原因(　　　)。
　　A. 蒸汽量小　　　B. 回流量小　　　C. 蒸汽量大　　　D. 塔压低

393. BCA009　乙苯回收塔塔底分离的组分是(　　　)。
　　A. 苯　　　　　　B. 甲苯　　　　　　C. 乙苯　　　　　D. 苯乙烯

394. BCA010　乙苯/苯乙烯分离塔塔底主要组分是(　　　)。
　　A. 苯　　　　　　B. 甲苯　　　　　　C. 乙苯　　　　　D. 苯乙烯

395. BCA010　乙苯/苯乙烯分离塔塔顶压力的高原因是(　　　)。
　　A. 塔釜蒸汽量大　B. 塔顶回流量低　C. 回流温度高　　D. 其他选项都正确

396. BCA011　乙苯/苯乙烯分离塔塔釜加热不好的原因有(　　　)。
　　A. 加热蒸汽带液
　　B. 阻聚剂加入量不足,苯乙烯聚合物含量增多
　　C. 蒸汽凝液泵故障,蒸汽不上量
　　D. 其他选项都正确

397. BCA011　乙苯/苯乙烯分离塔塔顶组分是(　　　)。
　　A. 苯、甲苯、乙苯　　　　　　　　　B. 甲苯、乙苯、苯乙烯
　　C. 苯、甲苯、苯乙烯　　　　　　　　D. 苯、乙苯、苯乙烯

398. BCA012　吹灰器常见故障有(　　　)。
　　A. 轴承卡涩　　　B. 电路故障　　　C. 链条断裂　　　D. 其他答案全部正确

399. BCA012　苯乙烯装置 HS-201/219 有(　　　)吹灰器。
　　A. 1 台　　　　　B. 2 台　　　　　C. 3 台　　　　　D. 4 台

400. BCA013　下列关于空冷器说法正确的是(　　　)。
　　A. 空气冷却器以环境空气作为冷却介质
　　B. 空气冷也叫作空气冷却式换热器
　　C. 空冷器配套的喷淋装置是为夏季最炎热的天气时准备的
　　D. 其他答案全部正确

401. BCA013　空冷器配套的喷淋装置由(　　　)组成。
　　A. 喷淋泵　　　　B. 托水盘　　　　C. 喷淋管　　　D. 其他选项都正确

402. BCA014　原料苯中进水危害有(　　　)。
　　A. 会降低乙苯催化剂的活性　　　　　B. 严重时会造成催化剂的物理损坏
　　C. 会腐蚀设备　　　　　　　　　　　D. 其他答案全部正确

403. BCA014　轻组分脱出塔塔底,苯的控制指标为(　　　)。
　　A. ≥90　　　　　B. ≥92　　　　　C. ≥95　　　　　D. ≥97

404. BCA015　蒸汽管线内有液击声音的原因包括(　　　)。
　　A. 蒸汽带液　　　　　　　　　　　　B. 排凝不及时
　　C. 废热锅炉内的锅炉水液位计故障　　D. 其他选项都正确

405. BCA015　下列关于水击的说法错误的是(　　)。

　　A. 水击又叫水锤　　　　　　　　　　B. 水击是由于蒸汽带液引起的

　　C. 排凝不及时可能导致水击　　　　　D. 水击就是水冲击管线

406. BCA016　屏蔽泵流量不足的原因有(　　)。

　　A. 叶轮流道堵塞　　　　　　　　　　B. 进出口管道及阀门堵塞

　　C. 叶轮密封环磨损过大　　　　　　　D. 其他说法全部正确

407. BCA016　下列关于屏蔽泵流量不足的原因说法错误的是(　　)。

　　A. 叶轮腐蚀磨损　　　　　　　　　　B. 进出口管道及阀门堵塞

　　C. 叶轮密封环磨损过大　　　　　　　D. 入口阀门开度大

408. BCA017　下列关于离心泵灌泵的说法正确的是(　　)。

　　A. 离心泵启动前应灌泵、排气

　　B. 如果排气不充分,会出现泵不上量的现象

　　C. 离心泵启动时,应先关闭出口阀,防止电动机长时间超电流而损坏

　　D. 其他选项都正确

409. BCA017　离心泵运行时,滑动轴承温度应(　　)。

　　A. 不大于55℃　　　　　　　　　　　B. 不大于60℃

　　C. 不大于65℃　　　　　　　　　　　D. 不大于70℃

410. BCA018　下列关于屏蔽泵的说法正确的是(　　)。

　　A. 屏蔽泵全密闭式无轴封的结构可以保证不泄漏

　　B. 屏蔽泵可输送任何介质而不对环境造成污染

　　C. 屏蔽泵电动机的转子和泵的叶轮固定在同一根轴上

　　D. 其他选项都正确

411. BCA018　下列关于屏蔽泵启动的说法正确的是(　　)。

　　A. 启动屏蔽泵时,应点动泵以确认泵转向是否正确

　　B. 屏蔽泵启动前不需要进行灌泵排气

　　C. 当屏蔽泵有异常响声时,应立即停车

　　D. 其他选项都正确

412. BCA019　下列关于屏蔽泵启动的说法正确的是(　　)。

　　A. 离心泵基础刚度不足,易造成振动

　　B. 入口过滤网堵也是离心泵振动的原因

　　C. 离心泵发生汽蚀

　　D. 其他选项都正确

413. BCA019　离心泵启动前应检查(　　)。

　　A. 检查泵轴与驱动机轴对中性　　　　B. 检查地脚螺栓是否松动

　　C. 检查连轴节　　　　　　　　　　　D. 其他选项都正确

414. BCA020　离心泵电动机电流高的原因有(　　)。

　　A. 叶轮的口环严重磨损　　　　　　　B. 间隙太大

　　C. 物料黏度大　　　　　　　　　　　D. 其他答案全部正确

415. BCA020　离心泵出口压力突然大幅度下降并激烈地振动,这种现象称为(　　)。
　　A. 汽蚀　　　　　　　B. 气缚　　　　　　　C. 喘振　　　　　　　D. 抽空

416. BCA021　压力表盘刻度极限值应为最高工作压力的(　　)。
　　A. 1.5~3 倍　　　　　B. 1.5 倍　　　　　　C. 2 倍　　　　　　　D. 3 倍

417. BCA021　压力表常见的故障有(　　)。
　　A. 指针不动　　　　　　　　　　　　　B. 指针抖动
　　C. 指针在无压时回不到零位　　　　　　D. 其他说法全部正确

418. BCA022　疏水器的型号有(　　)。
　　A. 超声波型　　　　　B. 波纹管型　　　　　C. 自立型　　　　　　D. 反冲洗型

419. BCA022　疏水器的作用是(　　)。
　　A. 水封　　　　　　　B. 止逆　　　　　　　C. 仅排水　　　　　　D. 排水阻汽

420. BCA023　常用的测温元件有(　　)。
　　A. 热电偶　　　　　　　　　　　　　　B. 双金属温度计
　　C. 套管温度计　　　　　　　　　　　　D. 其他选项都正确

421. BCA023　利用固体受热膨胀的原理进行测量的温度计是(　　)。
　　A. 热电阻式温度计　　　　　　　　　　B. 双金属温度计
　　C. 热电偶式温度计　　　　　　　　　　D. 玻璃温度计

422. BCA024　调节阀操作不动的原因有(　　)。
　　A. 仪表风无压力　　　　　　　　　　　B. 阀门定位器信号线故障
　　C. 调节阀芯有异物卡死　　　　　　　　D. 其他选项都正确

423. BCA024　调节阀操作不动时应检查(　　)。
　　A. 仪表风压力是否正常　　　　　　　　B. 阀门定位器气动放大部分是否堵
　　C. 调节阀芯,阀座是否有异物卡死　　　D. 其他选项都正确

424. BCA025　工艺凝液汽提塔压力、温度高的原因有(　　)。
　　A. 废热锅炉排污量大　　　　　　　　　B. 塔釜气体蒸汽量大
　　C. 塔顶压力控制调节阀失灵　　　　　　D. 其他选项都正确

425. BCA025　工艺凝液汽提塔塔顶温度偏低的处理方法有(　　)。
　　A. 增加加热蒸汽量　　　　　　　　　　B. 修理有故障的温度显示仪表
　　C. 降低处理量,避免淹塔　　　　　　　D. 其他选项都正确

426. BCA026　阻聚剂中断的原因有(　　)。
　　A. 阻聚剂储罐空　　　　　　　　　　　B. 阻聚剂进料泵故障
　　C. 阻聚剂进料泵出入口管线堵塞　　　　D. 其他选项都正确

427. BCA026　产品阻聚剂的名称为(　　)。
　　A. DNBP　　　　　　　B. TBC　　　　　　　C. EC-3335　　　　　D. QA-6655

428. BCA027　主蒸汽带液的原因为(　　)。
　　A. 蒸汽温度高　　　　B. 蒸汽压力高　　　　C. 蒸汽未充分排凝　　D. 环境温度高

429. BCA027　苯乙烯装置主蒸汽压力等级为(　　)。
　　A. HP　　　　　　　　B. MP　　　　　　　　C. IP　　　　　　　　D. LP

430. BCA028　蒸汽带油的原因是(　　　)。

　　A. 蒸汽温度高　　　　　　　　　　B. 蒸汽压力高

　　C. 上游蒸汽发生器泄漏　　　　　　D. 环境温度高

431. BCA028　蒸汽带油的处理措施有(　　　)。

　　A. 打开再沸器壳程放空及蒸汽管网的放空排油

　　B. 稳定蒸汽系统的压力

　　C. 及时查找漏点和消漏

　　D. 其他选项都正确

432. BCB001　人工呼吸方法不包括以下(　　　)。

　　A. 俯卧背压法　　　　　　　　　　B. 仰卧压胸法

　　C. 心脏按压方法　　　　　　　　　D. 俯卧压胸法

433. BCB001　心脏按压方法单人抢救按压频率为(　　　)。

　　A. 60 次/min　　　B. 70 次/min　　　C. 80 次/min　　　D. 90 次/min

434. BCB002　下列不属于正确的消防、气防报警程序的是(　　　)。

　　A. 报警人员尽量使用普通话,说话要清楚

　　B. 报火警电话时,要首先讲清着火地点、时间、火灾情况、着火介质及已经采取的措施、
　　　　联系电话、人员伤亡情况、报警人姓名

　　C. 报警完毕后,报警人或是指定专人去路口引导消防车到达火灾现场

　　D. 查找泄漏点,切断气源

435. BCB002　发生火灾后,报警人首先拨打(　　　)向消防队报警。

　　A. 110　　　　　　B. 120　　　　　　C. 114　　　　　　D. 119

436. BCB003　二氧化碳灭火器灭火时,距燃烧物(　　　)左右。

　　A. 5m　　　　　　B. 6m　　　　　　C. 7m　　　　　　D. 8m

437. BCB003　消防栓使用时,将手轮(　　　)打开阀门。

　　A. 左旋转　　　　　B. 右旋转　　　　　C. 左右均可　　　　D. 与型号有关

438. BCB004　从发出报警声到压缩空气用完大约使用(　　　)。

　　A. 6min　　　　　　B. 7min　　　　　　C. 8min　　　　　　D. 9min

439. BCB004　空气呼吸器检查气瓶压力表读数不得小于(　　　)。

　　A. 25MPa　　　　　B. 26MPa　　　　　C. 27MPa　　　　　D. 28MPa

440. BCB005　扑救初期火灾,工作人员发现火情,应立即采取的措施不当的是(　　　)。

　　A. 立即摁下附近的按钮　　　　　　B. 拨打电话通知其他人员

　　C. 使用消火栓、灭火器等设施器材灭火　　D. 逃跑

441. BCB005　装置现场发现初期着火,应立即使用(　　　)灭火。

　　A. 手边能用的器材　　　　　　　　B. 消火栓、灭火器等消防设施

　　C. 水　　　　　　　　　　　　　　D. 抹布

442. BCB006　负压泵启动前,与离心泵不同的是需(　　　)。

　　A. 开入口阀　　　　　　　　　　　B. 灌泵

　　C. 开出口阀　　　　　　　　　　　D. 通过泵出口的平衡线排气

443. BCB006　负压泵若灌泵不充分,将会导致泵的出口流量(　　)。
　　　A. 偏高　　　　　　B. 偏低　　　　　　　C. 无影响　　　　　　D. 不确定

444. BCB007　尾气压缩机出口氧含量升高,可能的原因有(　　)。
　　　A. 仪表指示故障　　B. 吸入口压力高　　C. 出口管线堵塞　　D. 吸入口温度高

445. BCB007　尾气压缩机出口氧含量升高,最大的可能是(　　)。
　　　A. 管线泄漏　　　　B. 吸入口压力高　　C. 出口管线堵塞　　D. 吸入口温度高

446. BCB008　当废热锅炉的排污量或泄漏量与蒸发量之和大于供水量时,液位(　　)。
　　　A. 上升　　　　　　B. 下降　　　　　　　C. 不变　　　　　　　D. 不确定

447. BCB008　为保证设备的安全运行,每个废热锅炉均设置(　　),防止锅炉缺水引发
　　　事故。
　　　A. 仅高液位报警　　　　　　　　　　B. 仅低液位报警
　　　C. 高、低液位报警及低液位联锁　　　D. 仅高、低液位报警

448. BCB009　空冷器运行中可以通过调节(　　),调整风机的冷却效果。
　　　A. 风机桨叶　　　　B. 风机速度　　　　　C. 挡板角度　　　　　D. 翅片多少

449. BCB009　空气冷却器是以(　　)作为冷却介质。
　　　A. 环境空气　　　　B. 氮气　　　　　　　C. 水　　　　　　　　D. 仪表风

450. BCB010　如苯塔操作不稳,发生冲塔事故时,塔顶(　　)含量会超高。
　　　A. 苯　　　　　　　B. 乙苯　　　　　　　C. 甲苯　　　　　　　D. 芳烃

451. BCB010　多乙苯泵压力不足时,应及时调整(　　),保持稳定,避免波动。
　　　A. 烷基反应器　　　B. 烷基转移反应器　　C. 苯回收塔　　　　　D. 乙苯回收塔

452. BCB011　多乙苯塔的作用是将从乙苯塔送来物料进行分馏,从塔顶得到(　　)。
　　　A. 苯　　　　　　　B. 多乙苯　　　　　　C. 甲苯　　　　　　　D. 乙苯

453. BCB011　当多乙苯塔塔釜含轻组分较高时,可以适当(　　)灵敏板温度或者降低回
　　　流量。
　　　A. 提高　　　　　　B. 降低　　　　　　　C. 调整　　　　　　　D. 不用调整

454. BCB012　当苯塔塔釜含轻组分较高时,可以适当(　　)灵敏板温度或者降低回流量。
　　　A. 提高　　　　　　B. 降低　　　　　　　C. 调整　　　　　　　D. 不用调整

455. BCB012　当塔顶压力较高时,就要(　　)塔顶冷凝器发生蒸汽的压力。
　　　A. 提高　　　　　　B. 降低　　　　　　　C. 调整　　　　　　　D. 不用调整

456. BCB013　离心泵输送的物料中苯乙烯聚合时,将造成机泵(　　)。
　　　A. 抽空　　　　　　B. 汽缚　　　　　　　C. 入口压力高　　　　D. 出口压力高

457. BCB013　离心泵启动前,必须灌泵,将所送液体灌满的位置不包括(　　)。
　　　A. 管路　　　　　　B. 叶轮　　　　　　　C. 泵壳　　　　　　　D. 出口管线

458. BCB014　乙苯产品中二乙苯含量高于规定值,立即(　　)。
　　　A. 切到不合格罐　　　　　　　　　　B. 停止乙苯塔
　　　C. 乙苯塔底再沸器蒸汽切断　　　　　D. 稳定操作

459. BCB014　当苯塔塔釜含轻组分较高时,可以适当(　　)灵敏板温度或者降低回流量。
　　　A. 提高　　　　　　B. 降低　　　　　　　C. 调整　　　　　　　D. 不用调整

460. BCB015 蒸汽加热炉排烟温度高的原因有( )。

    A. 烟道挡板开度过大   B. 烟道挡板开度过小

    C. 风门开度过大   D. 加热炉热负荷低

461. BCB015 蒸汽加热炉排烟温度高的处理方法有( )。

    A. 及时吹灰   B. 控制好炉膛氧含量

    C. 烟道挡板调整适度   D. 其他选项都正确

462. BCB016 尾气压缩机排出罐液位高的处理方法有( )。

    A. 增加压缩机的排出压力

    B. 液位计故障,造成液位假指示,应联系仪表人员维修处理

    C. 排液管路不通,及时处理

    D. 其他选项都正确

463. BCB016 尾气压缩机排出罐液位高的原因有( )。

    A. 凝管线流通不畅   B. 液位计故障

    C. 液位计假指示   D. 其他选项都正确

464. BCB017 蒸汽加热炉负荷变动的原因有( )。

    A. 加热炉出口温度的变化,火焰不稳定从而影响炉子出口温度

    B. 运行中蒸汽加热炉控制仪表失灵

    C. 蒸汽加热炉进料突然中断

    D. 其他选项都正确

465. BCB017 关于蒸汽加热炉降负荷的说法错误的是( )。

    A. 炉子降低负荷要根据降负荷幅度的大小,逐渐关小火嘴

    B. 当降低负荷的幅度不大时,也可以关小烟道挡板来解决

    C. 室外根据氧含量及时调整风门

    D. 其他选项都正确

466. BCB018 蒸汽加热炉炉膛发暗的原因是( )。

    A. 加热炉火嘴燃烧不好,造成蒸汽加热炉炉膛发暗

    B. 长明灯高度小

    C. 氧含量高

    D. 烟道挡板开度大

467. BCB018 蒸汽加热炉炉膛发暗的处理方法正确的是( )。

    A. 整火嘴燃烧状况   B. 调整底部风门挡板的开度

    C. 保证适当的氧含量   D. 其他选项都正确

468. BCB019 蒸汽加热炉烟囱冒黑烟的原因有( )。

    A. 燃料油压力突然升高   B. 火嘴熄灭

    C. 燃料油喷入炉膛   D. 其他选项都正确

469. BCB019 蒸汽加热炉烟囱冒黑烟的处理方法有( )。

    A. 稳定燃料油压力,点燃熄灭的火嘴   B. 开大烟道挡板

    C. 开大风门   D. 提高加热炉热负荷

470. BDA001　下列符号表示的是(　　)。 ⊣D

　　A. 闭式排放漏斗　　　　　　　　　B. 开口排放漏斗
　　C. 永久性 Y 型过滤器　　　　　　D. 焊接管帽

471. BDA001　下列符号表示的是(　　)。 ⊣▷⊢

　　A. 8 字盲板　　　　B. 管线盲板　　　　C. 初始进料　　　　D. 异径管

472. BDA001　下列符号表示的是(　　)。 —J—J—

　　A. 地下管线　　　　B. 可拆卸短管　　　　C. 电伴热管　　　　D. 夹套管

473. BDA002　下列符号表示的是(　　)。 ⊏◁⊐

　　A. 控制组键　　　　B. 工艺报告键　　　　C. 报警画面键　　　　D. 流程图键

474. BDA002　下列符号表示的是(　　)。 ⌐☼¬

　　A. 控制组键　　　　B. 趋势组画面键　　　　C. 报警画面键　　　　D. 显示键

475. BDA002　下列符号表示的是(　　)。 ⌐⌐¬

　　A. 控制组键　　　　B. 工艺报告键　　　　C. 报警画面键　　　　D. 流程图键

476. BDA003　下列符号表示的是(　　)。

　　A. 活塞式执行器(单作用)　　　　B. 弹簧膜片式执行器
　　C. 电机式执行器　　　　　　　　D. 差压薄膜式执行器

477. BDA003　下列符号表示的是(　　)。

　　A. 活塞式执行器(单作用)　　　　B. 弹簧膜片式执行器
　　C. 电机式执行器　　　　　　　　D. 差压薄膜式执行器

478. BDA004　下列符号表示的是(　　)。

　　A. 止逆阀　　　　B. 截止阀　　　　C. 针型阀　　　　D. 旋塞阀

479. BDA004　下列符号表示的是(　　)。

　　A. 快开或快关阀　　　　B. 制动止逆阀　　　　C. 角阀　　　　D. 联动阀

480. BDA004　下列符号表示的是(　　)。

　　A. 隔膜阀　　　　B. 球阀　　　　C. 闸阀　　　　D. 蝶阀

481. BDA005　下列符号表示的是(　　　)。

A. 蝶形调节阀　　　B. 角型调节阀　　　C. 闸阀　　　D. 球型调节阀

482. BDA005　下列符号表示的是(　　　)。

A. 隔膜调节阀　　　B. 截止阀　　　　C. 球芯型调节阀　　D. 球型调节阀

483. BDA005　下列符号表示的是(　　　)。

A. 蝶形调节阀　　　B. 角型调节阀　　　C. 闸阀　　　D. 球型调节阀

484. BDA006　下列符号表示的是(　　　)。

A. 计量泵或隔膜泵　B. 往复活塞泵　　　C. 齿轮泵　　　D. 离心泵

485. BDA006　下列符号表示的是(　　　)。

A. 计量泵或隔膜泵　B. 往复活塞泵　　　C. 齿轮泵　　　D. 离心泵

486. BDA006　下列符号表示的是(　　　)。

接电机

A. 计量泵或隔膜泵　B. 往复活塞泵　　　C. 齿轮泵　　　D. 离心泵

487. BDB001　某物流的体积流量为 $10m^3/h$,流体在该工作温度下的密度为 $769kg/m^3$,则质量流量为(　　　)。

A. 7.69kg/h　　　B. 76.9kg/h　　　C. 769kg/h　　　D. 7690kg/h

488. BDB001　标准状态下,11.2L 氧气的质量为(　　　)。

A. 15g　　　B. 20g　　　C. 18g　　　D. 16g

489. BDB001　1 标准大气压等于(　　　)。

A. 103300Pa　　　B. 98100Pa　　　C. 101325Pa　　　D. 10000Pa

490. BDB002　反应转化率是指反应出料中已转化的原料与(　　　)之比。

A. 反应进料中的原料量　　　　　　　B. 反应出料量

C. 未转化的原料　　　　　　　　　　D. 生成的目的产品量

491. BDB002　反应器的操作温度越高,转化率(　　　)。

A. 越低　　　B. 越高　　　C. 没有对应关系　　D. 不变

492. BDB003　反应进料量一定的情况下,反应出料中生成的目的产物含量越高则反应选择性(　　　)。

A. 越低　　　B. 越高　　　C. 没有对应关系　　D. 不变

493. BDB003　反应选择性是衡量(　　　)的一项重要指标。

A. 装置运行参数是否合适　　　　　　B. 催化剂活性

C. 催化剂寿命　　　　　　　　　　　D. 反应空速

494. BDB004　空速是反应器进料量与（　　）之比。

　　A. 反应器重量

　　B. 反应器中催化剂装填量

　　C. 反应器中去掉密封和沉降催化剂后的催化剂装填量

　　D. 反应器体积

495. BDB004　精馏塔在一定的塔内上升气相速度下，塔内蒸气的体积流量越大则需要的塔径（　　）。

　　A. 越大　　　　　　　B. 越小　　　　　　C. 与塔板数成正比　　D. 与塔高成反比

496. BDB004　乙苯脱氢反应过程中，如果空速降低，要达到相同的转化率，反应温度必须（　　）。

　　A. 不考虑　　　　　　B. 不变　　　　　　C. 提高　　　　　　D. 降低

497. BDB005　一般精馏塔的回流比为（　　）。

　　A. 回流与进料比　　　　　　　　　　B. 进料与回流比

　　C. 回流与塔顶采出比　　　　　　　　D. 回流与塔底采出比

498. BDB005　回流进料比是指精馏塔的（　　）。

　　A. 回流量与塔顶采出量之比　　　　　B. 采出量与回流量之比

　　C. 回流量与精馏塔进料量之比　　　　D. 精馏塔进料量与回流量之比

499. BDB005　在回流量一定的情况下，影响回流比计算结果的变量是（　　）。

　　A. 回流温度　　　　B. 进料量　　　　　C. 回流罐液位　　　D. 塔顶采出量

500. BDB006　压缩机出口气体绝对压力和入口气体绝对压力之比是（　　）。

　　A. 压缩倍数　　　　B. 压缩比　　　　　C. 压力级　　　　　D. 压差倍数

501. BDB006　在不考虑温度变化的前提下，压缩机的压缩比是指（　　）之比。

　　A. 进口压力与出口压力　　　　　　　B. 出口流速与进口流速

　　C. 出口流量与进口流量　　　　　　　D. 进口体积流量与出口体积流量

502. BDB007　乙苯脱氢反应过程中，控制水比是为了（　　）。

　　A. 增加反应物分压　　　　　　　　　B. 降低反应物分压

　　C. 增加水煤气　　　　　　　　　　　D. 降低转化率

503. BDB007　水比的表达式是（　　）。

　　A. 水/油　　　　　　B. 油/水　　　　　C. 水/油的循环量　　D. 油/水的循环量

504. BDB007　水比是指乙苯脱氢反应的（　　）。

　　A. 乙苯共沸水量与乙苯进料量之比　　B. 总蒸汽量与乙苯量之比

　　C. 乙苯水循环量与主蒸汽量之比　　　D. 乙苯蒸气量与乙苯进料量之比

505. BDB008　绝对压力是容器中的气体作用于容器（　　）的真实压力。

　　A. 外壁　　　　　　B. 内壁　　　　　　C. 内外壁　　　　　D. 表面

506. BDB008　绝压=表压（　　）大气压。

　　A. +　　　　　　　　B. -　　　　　　　C. ×　　　　　　　D. ÷

507. BDB009　某设备绝对压力为 500mmHg，若当地大气压为 1at，设备的真空度为（　　）。

　　A. 1235.6mmHg　　B. 235.6mmHg　　　C. 500mmHg　　　　D. 435.6mmHg

508. BDB009 真空泵的极限真空度是指( )。

    A. 正常工作时的真空度   B. 能抽出的气体压力

    C. 能达到的最高真空度   D. 每小时能吸入的气体体积

509. BDB010 某真空精馏塔,塔顶真空度为 200mmHg,大气压为 750mmHg,绝对压力为

      ( )。

    A. 550mmHg   B. 500mmHg   C. 450mmHg   D. 510mmHg

510. BDB010 以绝对零压做起点计算的压力名称是( )。

    A. 绝对压力   B. 表压   C. 真空度   D. 大气压

511. BDB011 加热炉热效率越高说明燃料的有效利用率( )。

    A. 越高   B. 越低   C. 两者无关   D. 不确定

512. BDB011 一燃料油罐直径为 4m,油密度为 920kg/m³,接班时罐内油面高度 3.5m,交班

      时油面高度为 2m,本班消耗燃料油( )。

    A. 16.5t   B. 15t   C. 17.3t   D. 15.1t

513. BDB012 某反应器进料量160m³/h,密度 0.764t/m³,反应器催化剂装填量 115t,堆密

      度为 0.65t/m³,其液体体积空速为( )。

    A. 0.9h⁻¹   B. 0.7h⁻¹   C. 1.2h⁻¹   D. 0.86h⁻¹

514. BDB012 某反应进料量为 150t/h,反应器内催化剂装填量为 102t,则重量空速为( )。

    A. 1.47h⁻¹   B. 1.47h   C. 0.687h⁻¹   D. 0.687h

515. BDB012 某反应进料量为 150t/h,重量空速为 1.5h⁻¹,则反应器内催化剂装填量为

      ( )。

    A. 100t   B. 100m³   C. 225t   D. 225m³

516. BDB013 某罐的内径为 200cm,假设从罐中打出 500L 甲苯,该罐液面下降( )。

    A. 200mm   B. 180mm   C. 159mm   D. 169mm

517. BDB013 某乙苯罐的内径为 100cm,若罐液面下降 100mm,则外送乙苯( )。

    A. 7.85L   B. 78.5L   C. 785L   D. 7850L

518. BDB014 差压液位计是根据( )的变化来测量液位的。

    A. 浮筒所受浮力的变化   B. 浮子位置

    C. 压差   D. 压力

519. BDB014 一精馏塔塔顶压力为 0.35MPa,塔釜压力为 0.4MPa,该塔的压差为( )。

    A. 0.04MPa   B. 0.02MPa   C. 0.05MPa   D. 0.03MPa

520. BDB014 某设备进出口测压仪表的读数分别为 500mmHg(表压)和 20mmHg(真空),

      则两处的绝对压差为( )。

    A. 520mmHg   B. 510mmHg   C. 500mmHg   D. 480mmHg

521. BDB015 苯塔回流量为 40t/h,回流进料比为 1.1,侧线苯采出量为 10t/h,则进料量为

      ( )。

    A. 44t/h   B. 11t/h   C. 36.4t/h   D. 9.1t/h

522. BDB015 某精馏塔回流量为 28m³/h,塔顶产品量为 40m³/h,则塔顶回流比为( )。

    A. 0.43   B. 0.11   C. 0.7   D. 0.35

523. BDB015　某精馏塔的回流比为 1.2，进料量为 50t/h，塔顶采出量为 19t/h，则回流量为（　　）。

　　A. 15.8t/h　　　　　B. 22.8t/h　　　　　C. 60t/h　　　　　D. 41.7t/h

524. CAA001　在一定温度、压力条件下，乙烯与苯在（　　）催化剂上进行烷基化反应生成乙苯。

　　A. 酸性　　　　　　B. 碱性　　　　　　C. 中性　　　　　　D. 无

525. CAA001　烷基化反应生成的目的产物是乙苯，在反应系统中应尽量控制减少多乙苯的生成，特别是（　　）以上物质的生成。

　　A. 二乙苯　　　　　B. 三乙苯　　　　　C. 四乙苯　　　　　D. 五乙苯

526. CAA001　烷基化反应均为（　　）反应。

　　A. 一级可逆　　　　B. 一级不可逆　　　C. 二级可逆　　　　D. 二级不可逆

527. CAA002　烷基转移反应是苯和（　　）在催化剂的作用下，生成乙苯的反应。

　　A. 乙烯　　　　　　B. 二乙苯　　　　　C. 三乙苯　　　　　D. 多乙苯

528. CAA002　烷基转移反应是（　　）反应。

　　A. 一级可逆　　　　B. 一级不可逆　　　C. 二级可逆　　　　D. 二级不可逆

529. CAA002　在烷基转移反应器中要求一定的苯与多乙苯的比例的主要原因是（　　）。

　　A. 保证反应温度　　　　　　　　　B. 保证反应压力

　　C. 保证多乙苯的转化率　　　　　　D. 保证空速

530. CAA003　烷基化反应生成的乙苯还可以进一步与乙烯反应生成（　　）。

　　A. 苯　　　　　　　B. 二苯基乙烷　　　C. 多乙苯　　　　　D. 甲苯

531. CAA003　乙烯与二乙苯反应可以生成（　　）。

　　A. 三乙苯　　　　　B. 四乙苯　　　　　C. 五乙苯　　　　　D. 六乙苯

532. CAA003　乙烯与两个苯环发生耦合反应生成（　　）。

　　A. 二乙苯　　　　　B. 二苯基乙烷　　　C. 乙苯　　　　　　D. 苯乙烯

533. CAA004　烷基转移反应除生成乙苯外，还可生成（　　）。

　　A. 苯　　　　　　　B. 多乙苯　　　　　C. 重质化合物　　　D. 异丙苯

534. CAA004　烷基转移反应的副反应产生的重组分通过（　　）排出。

　　A. 苯塔　　　　　　B. 乙苯塔　　　　　C. 多乙苯塔　　　　D. 脱非芳塔

535. CAA004　烷基转移反应的副反应主要影响装置的（　　）。

　　A. 能耗　　　　　　B. 物耗　　　　　　C. 乙烯转化率　　　D. 其他答案都不对

536. CAA005　苯/乙烯比小，对乙基化选择性基本没有影响，但（　　）的选择性下降。

　　A. 苯　　　　　　　B. 乙苯　　　　　　C. 二乙苯　　　　　D. 三乙苯

537. CAA005　苯/乙烯比大，（　　）的选择性高。

　　A. 乙苯　　　　　　B. 苯　　　　　　　C. 二乙苯　　　　　D. 三乙苯

538. CAA005　苯/乙烯比大，在系统中循环的（　　）流量较大，能耗增加。

　　A. 苯　　　　　　　B. 乙苯　　　　　　C. 二乙苯　　　　　D. 三乙苯

539. CAA006　苯/多乙苯比太高，将会增加（　　）的负荷，增加能耗。

　　A. 烷基化反应器　　B. 烷基转移反应器　C. 苯塔　　　　　　D. 多乙苯塔

540. CAA006　苯/多乙苯分子比是指进料苯与多乙苯的(　　　)。
　　A. 体积比　　　　B. 摩尔比　　　　C. 质量比　　　　D. 重量比

541. CAA006　苯/多乙苯比越高,越有利于化学平衡向着生成(　　　)的方向移动。
　　A. 苯　　　　　　B. 乙苯　　　　　C. 二乙苯　　　　D. 三乙苯

542. CAA007　烷基化反应器出料组成中,乙苯的含量一般控制在(　　　)(质量分数)。
　　A. 10%~12%　　B. 18%~21%　　C. 32%~35%　　D. 38%~44%

543. CAA007　烷基化反应器出料组成中,乙苯含量高的原因是(　　　)。
　　A. 乙烯负荷高　　B. 苯负荷高　　　C. 苯烯比高　　　D. 循环量高

544. CAA008　在负荷恒定的条件下,控制烷基化反应器出料温度的方法为(　　　)。
　　A. 调节乙烯负荷　B. 调节苯负荷　　C. 调节苯烯比　　D. 调节循环量

545. CAA008　设置烷基化反应器出料温度低联锁的目的是(　　　)。
　　A. 防止乙烯负荷突然降低
　　B. 防止苯进料突然增加
　　C. 防止催化剂活性降低,乙烯穿透催化剂床层
　　D. 防止循环量突然增加

546. CAA008　下列方法可以降低烷基化反应器顶部温度的是(　　　)。
　　A. 提高循环量　　B. 降低苯流量　　C. 提高乙烯进料　　D. 降低反应压力

547. CAA009　若烷基化反应进料中,水含量长期在较高的水平,会使催化剂(　　　)。
　　A. 永久失活　　　B. 不会失活　　　C. 暂时失活　　　D. 活性降低

548. CAA009　烷基化反应进料中水含量高会使催化剂的活性(　　　)。
　　A. 增加　　　　　B. 降低　　　　　C. 先增加后降低　D. 先降低后增加

549. CAA009　烷基化反应进料中水含量低,会使催化剂的失活率(　　　)。
　　A. 增加　　　　　B. 降低　　　　　C. 先增加后降低　D. 先降低后增加

550. CAA010　考核烷基化催化剂的性能,其乙烯转化率应接近于(　　　)。
　　A. 100%　　　　　B. 99%　　　　　C. 86%　　　　　D. 90%

551. CAA010　考核烷基化催化剂的性能,其乙基化选择性一般应大于(　　　)。
　　A. 86%　　　　　B. 72%　　　　　C. 95%　　　　　D. 99%

552. CAA010　考核烷基化催化剂的性能,其乙苯选择性一般应大于(　　　)。
　　A. 72%　　　　　B. 80%　　　　　C. 86%　　　　　D. 90%

553. CAA011　考核烷基转移催化剂的性能,其二乙苯转化率一般应大于(　　　)。
　　A. 72%　　　　　B. 80%　　　　　C. 86%　　　　　D. 90%

554. CAA011　考核烷基转移催化剂的性能,其三乙苯转化率一般应大于(　　　)。
　　A. 70%　　　　　B. 72%　　　　　C. 86%　　　　　D. 99%

555. CAA011　考核烷基转移催化剂的性能,其乙苯选择性一般应大于(　　　)。
　　A. 72%　　　　　B. 80%　　　　　C. 86%　　　　　D. 99%

556. CAA012　由北京石油化工科学研究院研制的烷基化催化剂的堆密度为(　　　)。
　　A. 400~440kg/m^3　　　　　　　　B. 440~480kg/m^3
　　C. 480~520kg/m^3　　　　　　　　D. 520~560kg/m^3

557. CAA012 由北京石油化工科学研究院研制的烷基化催化剂的比表面积为(   )。
    A. 400~420m²/g   B. 420~440m²/g   C. 440~460m²/g   D. 460~480m²/g

558. CAA012 由北京石油化工科学研究院研制的烷基化催化剂的耐压强度为(   )。
    A. 8~10kg/cm   B. 12~14kg/cm   C. 16~18kg/cm   D. 20~22kg/cm

559. CAA013 由北京石油化工科学研究院研制的烷基转移催化剂外观为(   )。
    A. 球形   B. 圆条形   C. 三叶草条形   D. 不规则

560. CAA013 由北京石油化工科学研究院研制的烷基转移催化剂的粒度范围为(   )mm。
    A. $\phi1.5×(5~10)$ B. $\phi1.6×(5~10)$ C. $\phi1.7×(5~10)$ D. $\phi1.8×(5~10)$

561. CAA013 由北京石油化工科学研究院研制的烷基转移催化剂的堆密度为(   )。
    A. 400~450kg/m³   B. 450~500kg/m³   C. 500~550kg/m³   D. 550~600kg/m³

562. CAA014 若烷基转移反应进料中水含量超出控制范围,达到一定量时,会使催化剂(   )。
    A. 立即失活   B. 不会失活   C. 缓慢失活   D. 活性降低

563. CAA014 若烷基转移反应进料中水含量超出控制范围较大时,会使催化剂(   )。
    A. 永久失活   B. 不会失活   C. 暂时失活   D. 活性降低

564. CAA015 原料苯中的碱性物质如胺、甲醇、氧化剂等会造成催化剂(   )。
    A. 无影响   B. 不可恢复的失活
    C. 可恢复的失活   D. 其他选项都不正确

565. CAA015 原料苯中的碱性物质应控制在(   )。
    A. $<0.1×10^{-6}$ B. $<0.5×10^{-6}$ C. $<1.0×10^{-6}$ D. $<1.5×10^{-6}$

566. CAA015 原料苯中的碱性物质如胺、甲醇、氧化剂等会与两种催化剂的(   )发生反应,造成催化剂失活。
    A. 酸性中心   B. 碱性中心   C. 表面组分   D. 分子筛

567. CAA016 在(   )温度下,乙苯选择性高,但是催化剂的活性较低。
    A. 较高   B. 较低   C. 无影响   D. 正常

568. CAA016 (   )的反应温度可以加速乙烯的转化,以及烷基转移反应;同时也会加速催化剂的失活,缩短催化剂的运行时间,增加重质物的生成,降低乙苯收率。
    A. 较高   B. 较低   C. 恒定   D. 正常

569. CAA016 随着运行时间的延长,催化剂逐渐失活,烷基化催化剂床层上的最高温度点将(   )。
    A. 先上移后下移   B. 向下移动   C. 向上移动   D. 先下移后上移

570. CAA017 反应温度是控制催化剂活性的主要工艺参数之一,温度(   ),烷基转移催化剂活性越高。
    A. 越高   B. 越低   C. 恒定   D. 不恒定

571. CAA017 当烷基转移催化剂逐渐失活时,通过(   )使其活性恢复。
    A. 降低进料水含量   B. 提高反应温度
    C. 降低反应温度   D. 增加进料水含量

572. CAA018　在烷基化反应单元生产提负荷的情况下,首先是要注意(　　)。

A. 正常苯/乙烯的分子比　　　　　　　B. 苯进料量

C. 乙烯进料量　　　　　　　　　　　　D. 反应温度

573. CAA018　在烷基化反应单元生产提负荷的情况下,首先要(　　)。

A. 提高乙烯进料量　　B. 提高苯进料量　　C. 提高循环量　　D. 增加压缩机负荷

574. CAA018　在提高乙烯进料时,应(　　)增加乙烯负荷,防止超温超压。

A. 快速　　　　　　　B. 缓慢　　　　　　C. 先快后慢　　　　D. 先慢后快

575. CAA019　在提高多乙苯进料时,应(　　)增加多乙苯负荷,防止超压。

A. 快速　　　　　　　B. 缓慢　　　　　　C. 先快后慢　　　　D. 先慢后快

576. CAA019　在烷基转移反应单元生产提负荷的情况下,主要是注意(　　)。

A. 多乙苯进料量　　　　　　　　　　　B. 苯进料量

C. 苯/多乙苯的配比　　　　　　　　　　D. 反应温度

577. CAA019　在烷基转移反应单元生产提负荷的情况下,首先要(　　)。

A. 提高多乙苯进料量　　　　　　　　　B. 提高苯进料量

C. 苯、多乙苯同步　　　　　　　　　　D. 观察苯/多乙苯比

578. CAA020　烷基化反应器停车排放物料时,排料速度要(　　)。

A. 快速　　　　　　　B. 缓慢　　　　　　C. 先快后慢　　　　D. 先慢后快

579. CAA020　烷基化反应器停车排放物料时,打开床层压力平衡阀的作用是(　　)。

A. 物料排放彻底　　　　　　　　　　　B. 避免排料和泄压时催化剂床层压降过大

C. 物料排放快速　　　　　　　　　　　D. 保持反应器压力稳定

580. CAA020　烷基化反应器停车开始排放物料时,关键是要(　　)。

A. 打开床层压力平衡阀　　　　　　　　B. 停止进料

C. 打开排放物料阀门　　　　　　　　　D. 关闭进出料阀门

581. CAA021　烷基化单元主要目的是由苯和乙烯发生烷基化反应生成(　　)。

A. 苯乙烯　　　　　　B. 乙苯　　　　　　C. 多乙苯　　　　　D. 异丙苯

582. CAA021　烷基化反应单元的目的是(　　)。

A. 通过乙烯与苯反应生成乙苯等物质　　B. 通过苯与多乙苯反应生成乙苯等物质

C. 通过乙苯脱氢生成苯乙烯等物质　　　D. 通过丙烯与苯反应生成异丙苯

583. CAA022　烷基转移反应单元的目的是(　　)。

A. 通过乙烯与苯反应生成乙苯等物质　　B. 通过苯与多乙苯反应生成乙苯等物质

C. 通过乙苯脱氢生成苯乙烯等物质　　　D. 通过丙烯与苯反应生成异丙苯

584. CAA022　转烷基化单元主要目的是由苯和多乙苯发生转烷基化反应生成(　　)。

A. 乙苯　　　　　　　B. 苯乙烯　　　　　C. 丙苯　　　　　　D. 二乙烯基苯

585. CAA023　烷基化反应单元出料常规分析项目为(　　)。

A. 苯、乙苯、三乙苯　　　　　　　　　B. 苯、乙苯、二乙苯、重组分

C. 苯、乙苯、二乙苯、三乙苯　　　　　D. 苯、乙苯、二乙苯、三乙苯、重组分

586. CAA023　烷基化反应单元进料常规分析项目为(　　)。

A. 苯　　　　　　　　B. 乙苯　　　　　　C. 水　　　　　　　D. 苯、乙苯

587. CAA024　烷基转移反应单元苯进料常规分析项目为(　　)。

　　A. 非芳　　　　　　B. 乙苯　　　　　　C. 水　　　　　　D. 多乙苯

588. CAA024　烷基转移反应单元出料常规分析项目为(　　)。

　　A. 苯、乙苯、三乙苯　　　　　　　　B. 苯、乙苯、二乙苯、重组分

　　C. 苯、乙苯、二乙苯、三乙苯　　　　D. 苯、乙苯、二乙苯、三乙苯、重组分

589. CAA024　烷基转移反应单元进料不需要分析的项目为(　　)。

　　A. 苯　　　　　　B. 乙苯　　　　　C. 二乙苯、三乙苯　　D. 重组分

590. CAA025　在烷基化反应单元生产降负荷的情况下,首先是要注意(　　)。

　　A. 正常苯/乙烯的分子比　　　　　　B. 苯进料量

　　C. 乙烯进料量　　　　　　　　　　　D. 反应温度

591. CAA025　在降低乙烯进料时,应(　　)降低乙烯负荷,观察出料温度,防止温度低低联锁。

　　A. 快速　　　　　　B. 缓慢　　　　　C. 先快后慢　　　　D. 先慢后快

592. CAA025　在烷基化反应单元生产降负荷的情况下,首先要(　　)。

　　A. 降低乙烯进料量　B. 降低苯进料量　C. 降低循环量　　　D. 降低压缩机负荷

593. CAA026　在烷基转移反应单元生产降负荷的情况下,主要是注意(　　)。

　　A. 多乙苯进料量　　　　　　　　　　B. 苯进料量

　　C. 苯/多乙苯的配比　　　　　　　　D. 反应温度

594. CAA026　在降低多乙苯进料时,应(　　)降低多乙苯负荷。

　　A. 快速　　　　　　B. 缓慢　　　　　C. 先快后慢　　　　D. 先慢后快

595. CAA026　在烷基转移反应单元生产降负荷的情况下,首先要(　　)。

　　A. 降低多乙苯进料量　　　　　　　　B. 降低苯进料量

　　C. 苯、多乙苯同步　　　　　　　　　D. 降低温度

596. CAA027　烷基化反应器停车时,要避免(　　)。

　　A. 先停乙烯,后停苯　　　　　　　　B. 热苯循环

　　C. 催化剂床层压力降低过快　　　　　D. 关闭进出料阀

597. CAA027　烷基化反应器停车时,催化剂床层压力降低过快的主要危害是(　　)。

　　A. 易使催化剂粉碎,降低活性及使用寿命

　　B. 乙烯未完全反应完

　　C. 损坏设备

　　D. 影响精馏系统操作

598. CAA028　可能造成烷基化反应器出口压力高的原因有(　　)。

　　A. 反应器入口压力高　　　　　　　　B. 乙烯进料压力高

　　C. 催化剂活性低　　　　　　　　　　D. 床层堵塞

599. CAA028　可能造成烷基化反应器出口压力高的原因有(　　)。

　　A. 催化剂活性低　　B. 乙烯进料压力高　C. 压力指示错误　　D. 床层堵塞

600. CAA028　可能造成烷基化反应器出口压力高的原因有(　　)。

　　A. 压力控制器故障　B. 乙烯进料压力高　C. 催化剂活性低　　D. 床层堵塞

601. CAA029 因仪表指示错误而引起的烷基化反应器出口压力高,可以采取的处理措施是( )。

A. 联系仪表校验温度指示
B. 联系仪表维修压力控制器
C. 联系仪表校验压力指示
D. 联系仪表更换压力控制器

602. CAA029 因压力控制器故障而引起的烷基化反应器出口压力高,可以采取的处理措施是( )。

A. 联系仪表校验温度指示
B. 联系仪表维修或更换压力控制器
C. 联系仪表校验压力指示
D. 联系仪表校验压差指示

603. CAA029 因反应器入口压力高而引起的烷基化反应器出口压力高,可以采取的处理措施是( )。

A. 切换进料机泵
B. 检查床层压降
C. 检查出口管线是否有堵塞
D. 联系仪表维修或更换压力控制器

604. CAA030 烷基转移反应器出口压力高的原因是( )。

A. 催化剂活性低
B. 调节阀开度大
C. 反应器入口压力高
D. 床层堵塞

605. CAA030 烷基转移反应器出口压力高的原因是( )。

A. 调节阀开度大　　B. 催化剂活性高　　C. 压力指示错误　　D. 床层堵塞

606. CAA030 烷基转移反应器出口压力高的原因是( )。

A. 调节阀开度大　　B. 床层压降大　　C. 出口管线不畅　　D. 床层堵塞

607. CAA031 下列方法可以降低烷基化反应器出料多乙苯含量的是( )。

A. 提高反应温度　　B. 降低苯烯比　　C. 降低水含量　　D. 提高循环量

608. CAA031 下列方法可以降低烷基化反应器出料多乙苯含量的是( )。

A. 提高苯烯比　　B. 降低苯烯比　　C. 降低水含量　　D. 提高水含量

609. CAA032 因反应器入口压力高而引起的烷基转移反应器出口压力高,可以采取的处理措施是( )。

A. 切换进料机泵
B. 检查床层压降
C. 检查出口管线是否有堵塞
D. 联系仪表维修或更换压力控制器

610. CAA032 可以解决因压力控制器故障而引起的烷基转移反应器出口压力高的措施是( )。

A. 联系仪表校验温度指示
B. 联系仪表维修或更换压力控制器
C. 联系仪表校验压力指示
D. 联系仪表校验压差指示

611. CAA032 可以解决因仪表指示错误而引起的烷基转移反应器出口压力高的措施是( )。

A. 联系仪表校验温度指示
B. 联系仪表维修或更换压力控制器
C. 联系仪表校验压力指示
D. 联系仪表校验压差指示

二、判断题(对的画"√",错的画"×")

( )1. ABC001 液体的密度受压强的影响很大,一般应考虑计算误差。

（   ）2. ABC002　某地的大气压强是定值。

（   ）3. ABC003　油的黏度比水大,因此油的流动性比水强。

（   ）4. ABC004　实验证明:流体在导管截面上各点的流速相同。

（   ）5. ABC005　单位时间内通过导管任一截面积的流体体积,称为体积流量。

（   ）6. ABD001　利用润滑液膜将固体表面隔开,可防止过热,减少磨损,降低功率损失。

（   ）7. ABD002　根据密封部位结合面的状况可把密封分为动密封和静密封两大类。

（   ）8. ABD003　疏水器是一种手动作用的阀门,也叫作阻气排水阀。

（   ）9. ABD004　常用法兰密封面的形式有平面型、凹凸型、槽型三种。

（   ）10. ABF001　将很多次的测量结果平均起来就是真实值。

（   ）11. ABF002　系统误差在测量过程中不容易消除或加以修正。

（   ）12. ABF003　转子流量计对上游侧的直管要求不严。

（   ）13. ABF004　单管压力计同 U 形管压力计相比,其读数误差不变。

（   ）14. ABI001　女工在从事转动设备作业时必须将长发或发辫盘卷在工作帽内。

（   ）15. ABI002　从事对眼睛及面部有伤害的危险作业时必须佩戴防护镜或防护面罩。

（   ）16. ABI003　穿用防护鞋时应将裤脚插入鞋筒内。

（   ）17. ABI004　从事车工的人员,作业时严禁戴手套。

（   ）18. ABI005　在整个听觉系统中,噪声对耳蜗中的听觉细胞的损害是不可恢复的。

（   ）19. ABI006　进入有毒设备内的作业人员,应备有长管呼吸器。

（   ）20. ABI007　在夏季生产中可以穿短袖衣、短裤上岗。

（   ）21. BAA001　苯乙烯装置主要产品为苯乙烯。

（   ）22. BAA002　苯是浅黄色有芳香味的液体。

（   ）23. BAA003　乙烯是最简单的烯烃分子。

（   ）24. BAA004　甲苯能被氧化成苯甲酸。

（   ）25. BAA005　苯乙烯受热或暴露在光线或空气中易聚合成稠厚或透明固体。

（   ）26. BAA006　苯乙烯单体可以用来与其他单体共聚制造多种不同用途的工程塑料。

（   ）27. BAA007　原料苯中的杂质硫会使烷基化/烷基转移催化剂失活,缩短使用寿命,而且它还会腐蚀设备。

（   ）28. BAA008　循环水引入装置后,检查确认所有使用循环水的换热器的循环水系统已正常投用,流程设定正确。

（   ）29. BAA009　装置氮气置换时,应逐个打开所有排污阀和放空阀进行排放。

（   ）30. BAA010　新建装置所有蒸汽、蒸汽冷凝水、仪表风、工厂风、氮气管线在安装完成后都必须进行吹扫。

（   ）31. BAA011　中高压蒸汽管线吹扫是否合格,应通过检查装于排汽口光滑木板来确定。

（   ）32. BAA012　乙烯的相对分子质量为 28。

（   ）33. BAA013　国家标准中,产品苯乙烯一级品纯度控制的纯度要求为 99.5%（质量分数）。

（   ）34. BAA014　苯产品中有水存在,对冰点的影响不大。

（　　）35. BAA015　DCS 操作盘着火应用二氧化碳灭火器。

（　　）36. BAA016　管线吹扫前,应将系统内孔板、喷嘴、滤网、节流阀、单向阀及疏水器内芯拆除。

（　　）37. BAA017　仪表风的关键参数是露点,要求小于-40℃。

（　　）38. BAA018　正常生产时不可以向全冷凝的精馏塔内注入氮气,否则塔顶冷凝器效率急骤下降。

（　　）39. BAA019　3.5MPa 饱和蒸汽温度控制指标为 240℃。

（　　）40. BAA020　暖管的目的是使管线受热均匀,防止水锤,保护管线和设备。

（　　）41. BAA021　烃化液储罐排水的目的是防止液位高,难以让不合格物料进入。

（　　）42. BAA022　润滑油在机泵内部部件做相对运动时,在表面形成油膜。

（　　）43. BAA023　装置长时间不检修,会在换热器的管线上形成结垢现象是由于锅炉给水的原因。

（　　）44. BAA024　苯乙烯装置中压蒸汽的压力通常为 1.0MPa。

（　　）45. BAA025　要求仪表风的露点≤-40℃,是为了防止环境温度低于-40℃时仪表风内的水冷凝结冰。

（　　）46. BAA026　氮气是惰性气体,可以起到防止设备氧化的作用。

（　　）47. BAB001　乙苯脱氢生成苯乙烯在高温下进行,副反应生成的焦油和炭都凝结在催化剂上,堵塞了催化剂活性表面和活性中心。

（　　）48. BAB002　可以通过增加高温时反应物的停留时间来降低乙苯脱氢反应副反应的发生。

（　　）49. BAB003　在没有催化剂的作用下,乙苯难以发生脱氢反应生成苯乙烯。

（　　）50. BAB004　在高温,高活性的催化剂等有利于脱氢反应的条件下,苯乙烯会脱氢生成苯乙炔。

（　　）51. BAB005　苯乙烯精馏单元回收的乙苯中含有甲苯,它会在乙苯脱氢单元生成 α-甲基苯乙烯。

（　　）52. BAB006　原料乙烯中硫化物与氯化物不能超标。

（　　）53. BAB007　离心泵倒料结束以后进行拆检前,一定要关闭泵的排污阀总阀门及排放到火炬管线上的阀门。

（　　）54. BAB008　离心泵入口过滤器堵塞表现为入口压力降低,出口流量不足。

（　　）55. BAB009　蒸汽疏水器能排出设备或管道内的冷凝液。

（　　）56. BAB010　离心泵启动时进行热备用的目的,是确保泵的内件受热后膨胀均匀,防止损坏泵的机械密封。

（　　）57. BAB011　作为冷却或者冷凝用的循环水冷却器,多数换热器循环水均走管程,主要考虑的是循环水易结垢,便于停车时进行清洗。

（　　）58. BAB012　加热炉的长明灯炉前压力低,可通过炉前阀的开度来调节。

（　　）59. BAB013　乙苯回收塔塔压控制方法,是通过调节从真空泵出口分离罐返回到真空泵吸入口的旁路气体流量来控制塔压。

（　　）60. BAB014　缓冲罐按结构可分为隔膜式和气囊式两种。

（　）61. BAB015　产品苯乙烯中 TBC 阻聚剂的含量需要控制在 10~15mg/L。

（　）62. BAB016　人体吸入苯后,应马上将受害人转送到新鲜空气处。

（　）63. BAB017　停车检修后恢复生产,可以直接将蒸汽引入管线中。

（　）64. BAB018　火炬气盲板必须加装在装置界区阀外侧法兰处。

（　）65. BAB019　离心泵停车降温过程中,盘车的目的是防止泵轴在热态下弯曲变形。

（　）66. BAB020　加热炉熄灭烧嘴或者进行烧嘴切换前,应与控制室保持联系,防止其发生停车。

（　）67. BAB021　由于氮气为气体,所以在投用氮气的时候不用排凝。

（　）68. BAB022　连接在仪表风管线的电磁阀断电以后自动关闭,调节阀气源被切断放空,相应的调节阀自动关闭。

（　）69. BAB023　乙苯/苯乙烯分离塔塔压高可能是由于到真空系统的气相线被堵塞。

（　）70. BAC001　巡检时如发现不正常情况,应停止巡检首先处理问题。

（　）71. BAC002　屏蔽泵的易损部件应包括石墨轴承、推力环、轴套。

（　）72. BAC003　加热炉巡检时,对燃烧器的要求是:不结焦、不脱火、火焰高度低于辐射段炉膛高度的 1/3。

（　）73. BAC004　进入油罐的油品温度高将增加油品的挥发、增加环境污染且危及油罐的安全,因此进入油罐的油品温度越低越好。

（　）74. BAC005　所有从生产装置取到化验室的样品都应按要求贴上标签。

（　）75. BAC006　苯乙烯精馏单元提负荷时,无须同脱氢单元升负荷操作同步进行。

（　）76. BAC007　苯乙烯精馏塔都是在负压和低温条件下运行。

（　）77. BAC008　装置内的污水首先在油水分离器中进行分离,除去不溶的油,然后用泵打到界区外的污水处理场。

（　）78. BAC009　尾气压缩机润滑油系统是由小透平驱动的主油泵,通过循环而组成。

（　）79. BAC010　残油洗涤和汽提系统可以在不补充残油和排污的情况下,运转一段时间。

（　）80. BAC011　汽提塔是为了脱除 C_6 到 C_8 的芳烃组分。

（　）81. BAC012　废热锅炉排污只能通过一次性排放达到排污效果。

（　）82. BAC013　一般回流比控制在最小回流比的 1.2~2 倍为宜。

（　）83. BAC014　工艺凝液汽提系统汽提出的凝液直接就地排放到地沟里。

（　）84. BAC015　往复泵的活塞在缸体内的移动距离称为行程或冲程。

（　）85. BAC016　蒸汽过热炉的烟囱用来排除炉内燃料燃烧所生成的烟气并保持炉膛一定的负压。

（　）86. BAC017　脱氢反应中通入水蒸气降低了乙苯的分压,等于降低了系统的压力,使平衡向有利于生成苯乙烯的方向移动。

（　）87. BAC018　装置中产生的废料不能直接排入大气,防止对环境产生污染。

（　）88. BAC019　尾气压缩机中的润滑油作为压缩机两个转子之间传动动力的介质。

（　）89. BAC020　加热炉雾化蒸汽中断时,加热炉燃料油烧嘴能维持运行。

（　）90. BAC021　膨胀节泄漏并着火时,要让尾气在受控制的情况下燃烧,同时注意保护设备和管线的安全。

( )91. BAC022 乙苯罐切换方法是先打开备用罐进出物料阀门,再关闭原乙苯罐进出物料阀门。

( )92. BAC023 脱氢反应乙苯直接进料可以回收热量,节省能源。

( )93. BAC024 在其他条件不变的情况下,想提高催化剂的选择性,需降低反应压力。

( )94. BAC025 正常生产时,为便于操作人员的检查,加热炉的观火孔保持打开状态。

( )95. BAC026 烟气中的氧气较多,会使炉管表面氧化加剧,缩短炉管寿命。

( )96. BAC027 脱氢催化剂卸出前,需要蒸汽除焦处理。

( )97. BAC028 乙苯/苯乙烯分离塔投用前,首先投用冷换设备,再沸器蒸汽暖管排凝。

( )98. BAC029 含苯管线冬季温度降低至5℃前投用伴热。

( )99. BAC030 乙苯脱氢反应压力适当提高,在其他条件不变的情况下,反应选择性升高。

( )100. BAD001 无害化是指通过适当的技术对废物进行处理(如热解、分离、焚烧、生化分解等方法),使其不对环境产生污染,不致对人体健康产生影响。

( )101. BAD002 严禁在设备内部使用化学过滤式防毒面具。

( )102. BAD003 装置倒空物料时,屏蔽泵不能抽空。

( )103. BAD004 临时停车时要保持系统的温度、压力不要下降太快,必要时可以将系统隔离。

( )104. BAD005 乙苯/苯乙烯分离塔降负荷时,只需降低再沸器的加热蒸汽量。

( )105. BAD006 乙苯脱氢单元降负荷时,应先降乙苯进料量后降反应温度。

( )106. BAD007 精馏塔停车后首先用乙苯蒸煮,然后进行水煮除去有机物,用蒸汽吹干,最后用氮气冷却后进行检修。

( )107. BAD008 拆除盲板法兰复位时,法兰面应进行打磨。

( )108. BAD009 停车后乙苯冲洗的目的是为设备冷却。

( )109. BAD010 系统进行隔离前应保证倒空置换合格。

( )110. BAD011 现场发生污染事故时,首先采取措施控制污染事故蔓延,尽可能采取回收的方法进行处理。

( )111. BAD012 乙苯脱氢反应器取样后,需要用氮气对取样口进行反吹,如果氮气吹入量过大将会降低乙苯脱氢反应器的压力。

( )112. BAD013 当乙苯脱氢单元联锁停车后,所有的燃料的电磁阀将被切断,灭掉蒸汽过热炉的火嘴,防止反应器超温。

( )113. BAD014 残油洗涤塔、残油汽提塔的倒空可通过汽提塔塔釜退料下退至焦油储罐。

( )114. BAD015 在生产区域进入或探入(指头部探入)炉、塔、反应器、罐、槽车以及管道、烟道、下水道、沟、坑、井、池等封闭、半封闭设施及场所作业,均为进入设备作业。

( )115. BAD016 燃料气管线向炉膛内吹扫时,应直接快速吹扫。

( )116. BAD017 切苯乙烯产品至脱氢液储罐后,退料线需要用乙苯彻底冲洗,防止苯乙烯在退料线中发生聚合。

( )117. BAD018 再沸器停运时,应先停蒸汽,后停物料。

( )118. BAD019 烷基转移反应器要从顶部接冷却气,从下部排放不凝气。

( )119. BBA001 现场检测应使用防爆型可燃气体报警仪。

( )120. BBA002 截止阀在开启和关闭过程中,由于阀瓣与阀体密封面间的摩擦力比闸阀小,因而耐磨。

( )121. BBA003 截止阀制造和维修都比较困难。

( )122. BBA004 离心泵启动前如果排气不充分,会出现泵不上量的现象。

( )123. BBA005 屏蔽泵启动前不需要进行灌泵排气。

( )124. BBA006 屏蔽泵全密闭式无轴封的结构可以保证不泄漏。

( )125. BBA007 备用泵启动前应做好全面检查及启动前的准备工作。

( )126. BBA008 当发现带有 TRG 表的屏蔽泵指示在红区时,应立即停车。

( )127. BBA009 机械密封一般多用于离心泵、离心机、反应釜、压缩机等设备。

( )128. BBA010 液位计按测量方式可以分为连续测量和定点测量。

( )129. BBA011 减压阀是自动将设备或管道内介质的压力降低到所需的压力的一类自动阀门。

( )130. BBA012 冬季室外温度较低的情况下,液位计要做好保温保护。

( )131. BBB001 只要进行了日常盘车,正常切换的离心泵在启动时就不必盘车。

( )132. BBB002 离心泵备用泵每次盘车 360°。

( )133. BBB003 泵或电动机出现机械故障是泵盘不动车的主要原因。

( )134. BBB004 润滑油的作用分为润滑、冷却、冲洗、密封、减震、保护五个方面。

( )135. BBB005 润滑油选用原则,工作温度较低时,应选用黏度较低的润滑油。

( )136. BBB006 抗氧化安定性是指润滑油抵抗氧化变质的能力。

( )137. BBB007 润滑油一级过滤的滤网精度为 60 目。

( )138. BBB008 三级过滤的滤网精度为 100 目。

( )139. BBB009 离心泵运行中,出口阀不能长期关闭。

( )140. BBB010 离心泵运行时,滑动轴承温度应不大于 55℃,滚动轴承温度不大于 60℃。

( )141. BBB011 机泵定期加油可防止泵体内介质冻凝。

( )142. BBB012 压力容器的操作人员应当持有相应的特种设备作业人员证。

( )143. BBB013 阀门的填料应定期更换。

( )144. BBB014 备用离心泵启动前,必须盘车检查。

( )145. BBB015 离心泵单试应在不影响正常生产的前提下进行。

( )146. BBB016 操作人员使用听棒时应避免接触设备转动部位。

( )147. BBB017 监火人应核实特种作业人员资质。

( )148. BBB018 高处动火应采取防止火花溅落措施。

( )149. BCA001 空气进入脱氢反应器,反应器温度升高。

( )150. BCA002 润滑油系统的正常运行,直接对机组的安全起着保障作用。

( )151. BCA003 塔回流泵故障,回流中断,灵敏板温度升高。

( ) 152. BCA004 蒸汽加热炉开工时,由于火道砖和炉膛温度低,在油管内存有不易雾化的冷油,会引起加热炉油嘴漏油。

( ) 153. BCA005 生产中增加乙苯塔回流量,必定影响灵敏板温度。

( ) 154. BCA006 多乙苯塔负压由真空系统提供。

( ) 155. BCA007 即使苯塔加热介质大幅波动,塔顶乙苯也不会超标。

( ) 156. BCA008 多乙苯塔进料中轻组分增加,如未及时调整操作,塔的灵敏板温度将升高。

( ) 157. BCA009 乙苯回收塔灵敏板温度设定较低时,塔釜甲苯含量高。

( ) 158. BCA010 进料带水不会影响乙苯/苯乙烯分离塔塔顶压力。

( ) 159. BCA011 阻聚剂加入量不足,不会影响乙苯/苯乙烯分离塔塔釜加热。

( ) 160. BCA012 吹灰器管线本身的载荷及热膨胀不必全部由管线自身解决,可以由吹灰器承受一部分。

( ) 161. BCA013 调节挡板角度可以影响风机冷却效果。

( ) 162. BCA014 苯储罐切水及时,苯进料不会带水。

( ) 163. BCA015 乙苯反应放出的热量通过废热锅炉回收。

( ) 164. BCA016 屏蔽泵启动前未排气,泵的流量不受影响。

( ) 165. BCA017 离心泵启动前应灌泵、排气离心泵启动前应灌泵、排气。

( ) 166. BCA018 屏蔽泵全密闭式无轴封的结构可以保证不泄漏。

( ) 167. BCA019 离心泵基础刚度不足,易造成振动。

( ) 168. BCA020 物料黏度大是离心泵电动机电流高的原因。

( ) 169. BCA021 压力表盘刻度极限值应为最高工作压力的 1.5~3 倍。

( ) 170. BCA022 蒸汽疏水器密封面存有污物时,疏水器会发生不排现象。

( ) 171. BCA023 双金属温度计表盘损坏,不会导致温度计指示不准。

( ) 172. BCA024 阀门关不到位,可能是阀内有异物。

( ) 173. BCA025 工艺凝液汽提塔发生液泛时,塔顶压力低。

( ) 174. BCA026 阻聚剂配制过程中浓度控制不稳定,但精馏对其要求不高,不会影响操作。

( ) 175. BCA027 蒸汽用户减少过多,蒸汽压力高。

( ) 176. BCA028 苯塔塔顶废热锅炉泄漏,将会造成蒸汽系统带油。

( ) 177. BCB001 现场采用心脏挤压法进行急救时,应使双手放在心脏部位,挤压频率大致在每分钟 60~80 次。

( ) 178. BCB002 电话报火警后,报警人需要去路口接警。

( ) 179. BCB003 用手提式干粉灭火器灭火时,应对准火焰上部喷射。

( ) 180. BCB004 各种类型的滤毒罐,只能防护与其适应的有毒气体。

( ) 181. BCB005 工作人员发现起火情,应立即报警。

( ) 182. BCB006 负压泵不上量,调高吸入端液位高度是处理这一问题的最佳方法。

( ) 183. BCB007 在线分析仪管线漏、错开了阀门都会导致压缩机出口氧含量高。

( ) 184. BCB008 当废热锅炉的排污量或泄漏量与蒸发量之和大于供水量时,液位下降。

（　　）185. BCB009　空冷器风机部分停转,冷却效果差,空冷器出口温度高。

（　　）186. BCB010　烷基化反应器出料中多乙苯浓度高时,应检查苯和乙烯流量表,提高苯/乙烯比例。

（　　）187. BCB011　如多乙苯塔进料中重组分增加,应及时减少塔顶采出,保证塔顶重组分不超标。

（　　）188. BCB012　苯塔发生液泛现象时,塔釜苯含量高,此时应减少回流。

（　　）189. BCB013　降低离心泵的流量能缓解汽蚀的发生。

（　　）190. BCB014　控制好乙苯塔灵敏板温度,是保证乙苯产品合格的关键。

（　　）191. BCB015　调节挡板,控制好炉内空气含量,保证排烟温度符合要求。

（　　）192. BCB016　排出罐中液位缓慢升高,可能是排凝管线流通不畅。

（　　）193. BCB017　炉膛四角的温度要随负荷的变化而缓慢均匀地变化。

（　　）194. BCB018　因火嘴燃烧不好,火焰发黑,造成蒸汽加热炉炉膛发暗,应调整火嘴燃烧状况。

（　　）195. BCB019　燃料油压力突然升高,火嘴熄灭燃料油喷入炉膛,烟囱冒黑烟。

（　　）196. BDA001　工艺管道疏水器图例,符号如下—| TP |—。

（　　）197. BDA002　DCS 趋势组画面键,符号如下[〰]。

（　　）198. BDA003　电气控制点流程图活塞式执行器(单作用)图例,符号如下 ⊡ 。

（　　）199. BDA004　工艺流程图角阀图例,符号如下 ⊐ 。

（　　）200. BDA005　仪表蝶形调节阀图例,符号如下 ▷◁ 。

（　　）201. BDA006　工艺流程图计量泵或隔膜泵图例,符号如下——▭——。

（　　）202. BDB001　标准状态下,气体摩尔体积约为 22.4L/mol。

（　　）203. BDB002　催化剂床层温度降低,不会影响反应转化率。

（　　）204. BDB003　乙苯脱氢反应随温度增加反应选择性上升。

（　　）205. BDB004　精馏塔在一定的空塔速度下,塔内蒸气的体积流量越大则需要的塔径越大。

（　　）206. BDB005　在回流量一定的情况下,影响回流比计算结果的变量是塔顶采出量。

（　　）207. BDB006　压缩比表示气体被压缩的程度。

（　　）208. BDB007　乙苯脱氢反应过程中,控制水比是为了降低反应物分压。

（　　）209. BDB008　表压 = 绝压+大气压。

（　　）210. BDB009　设备内部流体的绝对压力越低,则它的真空度就越高。

（　　）211. BDB010　绝对压力是容器中的气体作用于容器内壁的真实压力。

（　　）212. BDB011　加热炉热效率是衡量燃料有效利用率的高低。

(　)213. BDB012　在实际生产中,空速的选择主要取决于催化剂的活性,不同性能的催
化剂要求的空速应不相同。

(　)214. BDB013　立式圆形储罐体积的计算方法: $V = \pi \cdot r^2 \cdot h$($V$ 为储罐的体积,r 为储
罐截面积半径,h 为储罐高度)。

(　)215. BDB014　精馏塔塔顶压力为 0.35MPa,塔釜压力为 0.4MPa,该塔的压差
为 0.05MPa。

(　)216. BDB015　在精馏操作中,若进料量不变,增大塔顶采出量,回流量也增大。

(　)217. CAA001　烷基化反应通常定义为烯烃与非烯烃化合物(可以是链烷烃、环烷烃
或芳烃)的加成。

(　)218. CAA002　转烷基化反应是指乙基从一个苯环转移到另一个苯环上。

(　)219. CAA003　理论上讲,烷基化反应可以生成从二乙苯一直到四乙苯,但不能生成
五乙苯、六乙苯。

(　)220. CAA004　理论上,所有的多乙苯都可以进行烷基转移反应,但实际上四乙苯几
乎不发生烷基转移反应。

(　)221. CAA005　苯烯比大,乙苯选择性低,多乙苯生成量大。反之,苯烯比小,多乙苯
生成量小。

(　)222. CAA006　苯与多乙苯分子比高,将不会增加苯塔的负荷。

(　)223. CAA007　液相分子筛工艺生成的反应物中的乙苯含量约为40%(质量分数)。

(　)224. CAA008　液相分子筛工艺采用调节循环量的方法,来控制反应器催化剂床层
的温升。

(　)225. CAA009　微量的水对烷基化催化剂活性的影响不是很明显。

(　)226. CAA010　烷基化催化剂可以再生。

(　)227. CAA011　对于烷基转移催化剂,多乙苯转化率高于二乙苯转化率。

(　)228. CAA012　适当的分子筛孔径不仅有利于单烷基苯的生成,而且能够抑制多烷
基苯及重质物的生成。

(　)229. CAA013　转烷基化催化剂能够保持相对稳定。

(　)230. CAA014　要提高烷基转移反应的活性,就要选择大孔径的分子筛。

(　)231. CAA015　原料苯中碱氮化合物会与催化剂的酸性中心发生反应,造成不可恢
复的失活,将极大地减少催化剂的寿命。

(　)232. CAA016　在较低温度下,乙苯选择性高,但是催化剂的活性较低,随着反应温
度升高,催化剂活性增加。

(　)233. CAA017　不能通过床层温度来判断烷基转移催化剂是否失活。

(　)234. CAA018　烷基化单元提负荷过程中,要先增加乙烯进料量,后增加苯进料量。

(　)235. CAA019　 烷基转移单元提负荷过程中,要先增加多乙苯进料量,后增加苯进
料量。

(　)236. CAA020　烷基化反应器停车倒空时,要控制物料排放速度,防止催化剂破损。

(　)237. CAA021　烷基化反应通常定义为烯烃与非烯烃化合物(可以是链烷烃、环烷烃
或芳烃)的加成。

( )238. CAA022 转烷基化反应是指乙基从一个苯环转移到另一个苯环上。

( )239. CAA023 不需要检测原料苯中的碱氮化合物的含量。

( )240. CAA024 要定期检测烷基转移单元进料中的水含量,以控制在正常范围之内, 保持催化剂的活性。

( )241. CAA025 降低烷基化单元负荷时,同时要注意乙烯压缩机的负荷。

( )242. CAA026 降低烷基转移单元生产负荷时,要主要观察反应器的操作压力。

( )243. CAA027 烷基转移单元降负荷时,先降低多乙苯进料,后降低苯进料。

( )244. CAA028 进料负荷高,易引起烷基化反应器压力高。

( )245. CAA029 校验烷基化反应器压力指示器时,无须摘除联锁。

( )246. CAA030 压力控制器正常操作时,不会引起烷基转移反应器压力高。

( )247. CAA031 调整苯烯比可以降低烷基化反应器出料多乙苯含量。

( )248. CAA032 仪表维修烷基转移压力控制器时,必须停车才能处理。

答　案

一、单项选择题

1. D	2. C	3. D	4. D	5. D	6. A	7. A	8. D	9. D	10. D
11. C	12. B	13. D	14. C	15. A	16. A	17. D	18. D	19. A	20. D
21. A	22. C	23. A	24. C	25. A	26. A	27. A	28. D	29. B	30. B
31. A	32. A	33. B	34. D	35. A	36. A	37. A	38. A	39. C	40. C
41. B	42. D	43. A	44. B	45. C	46. D	47. C	48. A	49. B	50. A
51. D	52. C	53. B	54. C	55. C	56. B	57. C	58. D	59. C	60. A
61. C	62. C	63. C	64. B	65. B	66. B	67. A	68. B	69. A	70. C
71. C	72. C	73. C	74. D	75. C	76. B	77. C	78. D	79. B	80. C
81. C	82. A	83. A	84. C	85. C	86. B	87. D	88. B	89. B	90. B
91. B	92. A	93. C	94. B	95. D	96. D	97. D	98. C	99. B	100. D
101. D	102. C	103. B	104. B	105. C	106. A	107. D	108. D	109. B	110. D
111. D	112. B	113. B	114. B	115. A	116. B	117. C	118. A	119. D	120. D
121. C	122. B	123. C	124. C	125. B	126. C	127. C	128. D	129. B	130. B
131. B	132. A	133. C	134. B	135. A	136. A	137. A	138. D	139. A	140. D
141. B	142. C	143. A	144. D	145. C	146. B	147. B	148. C	149. A	150. C
151. D	152. A	153. A	154. C	155. A	156. C	157. D	158. D	159. C	160. A
161. A	162. C	163. A	164. A	165. A	166. A	167. C	168. B	169. A	170. A
171. B	172. A	173. B	174. A	175. A	176. A	177. C	178. B	179. D	180. D
181. B	182. B	183. D	184. B	185. C	186. D	187. B	188. A	189. C	190. D
191. D	192. C	193. D	194. A	195. A	196. B	197. A	198. A	199. A	200. C
201. C	202. C	203. C	204. D	205. A	206. C	207. C	208. A	209. D	210. D
211. B	212. B	213. D	214. A	215. A	216. A	217. B	218. C	219. A	220. C
221. A	222. D	223. B	224. B	225. B	226. C	227. A	228. B	229. B	230. C
231. B	232. A	233. D	234. B	235. B	236. C	237. A	238. D	239. C	240. D
241. B	242. C	243. A	244. B	245. A	246. B	247. C	248. C	249. C	250. B
251. C	252. A	253. A	254. B	255. A	256. D	257. C	258. C	259. C	260. D
261. C	262. D	263. B	264. C	265. A	266. D	267. A	268. D	269. B	270. C
271. A	272. A	273. A	274. B	275. D	276. B	277. B	278. A	279. A	280. A
281. D	282. B	283. C	284. A	285. D	286. C	287. A	288. A	289. D	290. D
291. D	292. D	293. A	294. C	295. D	296. A	297. B	298. B	299. C	300. A
301. B	302. B	303. D	304. B	305. A	306. A	307. B	308. A	309. B	310. A

311. B	312. A	313. B	314. B	315. D	316. B	317. D	318. D	319. D	320. A
321. B	322. D	323. A	324. A	325. D	326. D	327. B	328. A	329. A	330. A
331. B	332. A	333. D	334. A	335. B	336. B	337. B	338. D	339. C	340. C
341. A	342. D	343. D	344. B	345. B	346. B	347. C	348. D	349. A	350. A
351. B	352. C	353. B	354. D	355. D	356. C	357. D	358. B	359. B	360. D
361. C	362. D	363. C	364. C	365. C	366. D	367. B	368. D	369. C	370. B
371. C	372. D	373. D	374. A	375. B	376. D	377. D	378. D	379. D	380. D
381. D	382. D	383. A	384. D	385. D	386. D	387. C	388. D	389. A	390. D
391. A	392. A	393. C	394. D	395. D	396. D	397. A	398. A	399. B	400. D
401. D	402. D	403. C	404. C	405. D	406. D	407. D	408. D	409. D	410. D
411. D	412. D	413. D	414. D	415. D	416. A	417. D	418. B	419. D	420. D
421. B	422. D	423. D	424. D	425. D	426. D	427. B	428. C	429. C	430. C
431. D	432. D	433. C	434. D	435. D	436. A	437. A	438. D	439. C	440. D
441. B	442. D	443. B	444. A	445. A	446. B	447. C	448. C	449. A	450. B
451. B	452. B	453. A	454. C	455. B	456. D	457. D	458. A	459. A	460. A
461. D	462. D	463. D	464. D	465. D	466. A	467. D	468. D	469. D	470. D
471. D	472. D	473. D	474. C	475. D	476. D	477. D	478. C	479. B	480. D
481. D	482. A	483. A	484. C	485. D	486. D	487. D	488. D	489. C	490. A
491. B	492. D	493. A	494. B	495. A	496. D	497. C	498. C	499. D	500. B
501. D	502. B	503. A	504. B	505. B	506. A	507. D	508. C	509. A	510. A
511. A	512. C	513. A	514. A	515. A	516. C	517. C	518. C	519. C	520. A
521. C	522. C	523. B	524. A	525. C	526. D	527. D	528. C	529. C	530. C
531. A	532. B	533. C	534. C	535. B	536. B	537. A	538. A	539. C	540. B
541. B	542. B	543. A	544. D	545. C	546. A	547. D	548. B	549. A	550. A
551. D	552. C	553. A	554. A	555. D	556. B	557. A	558. B	559. B	560. D
561. B	562. A	563. C	564. B	565. A	566. A	567. B	568. B	569. C	570. A
571. B	572. A	573. B	574. B	575. B	576. C	577. B	578. B	579. B	580. A
581. B	582. A	583. B	584. A	585. D	586. D	587. C	588. D	589. D	590. A
591. B	592. A	593. C	594. B	595. A	596. C	597. A	598. A	599. C	600. A
601. C	602. B	603. A	604. C	605. C	606. C	607. A	608. A	609. A	610. B
611. C									

二、判断题

1. ×　正确答案：液体的密度受压强的影响很小，一般可以忽略不计。　2. ×　正确答案：大气压强的数值不是固定不变的，它随大气的温度、湿度而变化，并不是定值。　3. ×　正确答案：油的黏度比水大，因此油的流动性比水差。　4. ×　正确答案：实验证明：流体在导管截面上各点的流速并不相同，管中心的流速最快。　5. √　6. √　7. √　8. ×　正确答案：疏水器是一种自动作用的阀门，也叫作阻气排水阀、凝液排除器等。　9. √　10. ×　正确答案:再多次的测量也不是真实值。 11.× 正确答案:系统误差在测量过程中容易消除或加以修正。 12.√ 13.× 正确答案:单管压力计同 U 形管压力计相比,其读数误差减少一半。 14.√ 15.√ 16.× 正确答案:穿用防护鞋时不能将裤脚插入鞋筒内。 17.√ 18.√ 19.√ 20.× 正确答案:在夏季生产中不可以穿短袖衣、短裤上岗。 21.√ 22.× 正确答案:苯是无色透明有芳香味的液体。 23.√ 24.√ 25.√ 26.√ 27.√ 28.√ 29.√ 30.√ 31.× 正确答案:中高压蒸汽管道的吹扫检验,应以检查装于排汽管的铝板为准。 32.√ 33.√ 34.√ 35.√ 36.√ 37.√ 38.√ 39.√ 40.√ 41.× 正确答案:烃化液储罐排水的目的是防止乙苯精馏单元进料带水,影响精馏塔的正常操作。 42.√ 43.× 正确答案:由于锅炉给水中不含 Ca^{2+}、Mg^{2+},装置长时间不检修,会在换热器的管线上形成结垢现象,这是由于循环水泄漏所致。 44.√ 45.× 正确答案:要求仪表风的露点≤-40℃,是为了防止其在低温环境下冷凝结冰。 46.√ 47.√ 48.× 正确答案:可以通过降低高温时反应物的停留时间来降低乙苯脱氢反应副反应的发生。 49.× 正确答案:在没有催化剂的作用下,乙苯也可以发生脱氢反应生成苯乙烯,转化率较低。 50.√ 51.× 正确答案:苯乙烯精馏单元回收的乙苯中含有甲苯,它不在乙苯脱氢单元生成 α-甲基苯乙烯,而会影响催化剂的使用寿命。 52.√ 53.√ 54.√ 55.√ 56.√ 57.√ 58.× 正确答案:加热炉的长明灯炉前压力低,可通过长明灯压力调节器来调节。 59.× 正确答案:乙苯回收塔塔压控制方法是采用分程控制,分别通过放空和补氮来对压力进行控制。 60.√ 61.√ 62.√ 63.× 正确答案:停车检修后恢复生产,必须待将蒸汽管线充分排凝后,缓慢地将蒸汽引入管线中。 64.× 正确答案:火炬气盲板必须加装在装置界区阀内侧法兰处。 65.√ 66.√ 67.× 正确答案:如果管线长时间不用,在初次通入氮气的时候要排凝,防止管线中带液。 68.× 正确答案:连接在仪表风管线的电磁阀断电以后自动关闭,调节阀气源被切断放空,相应的调节阀自动关闭(气开阀)或是自动打开(气关阀)。 69.√ 70.√ 71.√ 72.× 正确答案:加热炉巡检时,对燃烧器的要求是:不结焦、不脱火、火焰高度低于辐射段炉膛高度的 2/3。 73.× 正确答案:进入油罐的油品温度不能低于凝固点。 74.√ 75.× 正确答案:苯乙烯精馏单元提负荷时,需同脱氢单元升负荷操作同步进行。 76.√ 77.√ 78.× 正确答案:尾气压缩机润滑油系统是由小透平驱动的主油泵和电动机驱动的辅助油泵,通过循环而组成。 79.√ 80.√ 81.× 正确答案:废热锅炉排污通过间歇或是连续排放达到排污效果。 82.√ 83.× 正确答案:工艺凝液汽提系统汽提出的凝液可回收利用。 84.√ 85.√ 86.√ 87.√ 88.× 正确答案:尾气压缩机中的尾气作为压缩机两个转子之间传动动力的介质。 89.× 正确答案:加热炉雾化蒸汽中断时,加热炉燃料油在联锁控制下中断供应。 90.√ 91.√ 92.√ 93.√ 94.× 正确答案:正常生产时,关火孔处于关闭状态,防止大量的氧气进入炉膛内,会带走热量,降低加热炉的热效率。 95.√ 96.√ 97.√ 98.√ 99.× 正确答案:乙苯脱氢反应压力适当降低,在其他条件不变的情况下,反应选择性升高。 100.√ 101.√ 102.√ 103.√ 104.× 正确答案:乙苯/苯乙烯分离塔降负荷时,需要降低再沸器的加热蒸汽量,回流量、塔底采出、塔顶采出也要相应的调整。 105.× 正确答案:乙苯脱氢单元降负荷时,应先降乙苯进料量后调整反应温度。 106.× 正确答案:精馏塔停车后首先用乙苯蒸煮,然后进行水煮除去有机物,用蒸汽吹干,最后用空气冷却后进行检修。 107.× 正确答案:拆除盲板法兰复位时,法兰面不能打磨,应当清理光滑即可。 108.× 正确答案:停车后乙苯冲洗的目的防止苯乙烯聚合。 109.√ 110.√ 111.× 正确答案:乙苯脱氢反应器取样后,需要用氮气对取样口进行反吹,氮气吹扫流量经过限流孔板控制,不会影响系统真空度。 112.√ 113.√ 114.√ 115.× 正确答案:在氮气吹扫合格后,燃料气管线向炉膛内引入时,应缓慢引进。 116.√ 117.√ 118.× 正确答案:烷基转移反应器要从下部接冷却气,从上部排放不凝气。 119.√ 120.√ 121.× 正确答案:截止阀制造和维修都比较方便。 122.√ 123.× 正确答案:屏蔽泵启动前需要进行灌泵排气。 124.√ 125.√ 126.√ 127.√ 128.√ 129.√ 130.√ 131.× 正确答案:即使进行了日常盘车,正常切换的离心泵在启动时也要盘车。 132.× 正确答案:离心泵备用泵每次盘车180°。 133.√ 134.√ 135.√ 136.√ 137.√ 138.√ 139.√ 140.× 正确答案:离心泵运行时,滑动轴承温度应不大于65℃,滚动轴承温度不大于70℃。 141.× 正确答案:机泵定期加油不能防止泵体内介质冻凝。 142.√ 143.× 正确答案:阀门的填料老化时,可在装置停车时进行更换。 144.√ 145.√ 146.√ 147.√ 148.√ 149.√ 150.√ 151.√ 152.√ 153.√ 154.√ 155.× 正确答案:苯塔加热介质大幅波动,塔顶乙苯就会超标。 156.× 正确答案:多乙苯塔进料中轻组分增加,如未及时调整操作,塔的灵敏板温度将降低。 157.√ 158.× 正确答案:进料带水乙苯/苯乙烯分离塔塔顶压力将会忽高忽低。 159.× 正确答案:阻聚剂加入量不足,将影响乙苯/苯乙烯分离塔塔釜加热。 160.× 正确答案:吹灰器管线本身的载荷及热膨胀必须全部由管线自身解决,不能由吹灰器承受一部分。 161.√ 162.√ 163.√ 164.× 正确答案:屏蔽泵启动前未排气,会导致泵的流量不足。 165.√ 166.√ 167.√ 168.√ 169.√ 170.× 正确答案:蒸汽疏水器密封面存有污物时,疏水器会发生漏气现象。 171.√ 172.√ 173.√ 174.× 正确答案:苯乙烯精馏过程易聚合,必须严格控制阻聚剂浓度。 175.√ 176.√ 177.√ 178.√ 179.× 正确答案:用手提式干粉灭火器灭火时,应对准火焰根部喷射。 180.√ 181.√ 182.× 正确答案:当吸入端液位过低不足泵的允许吸上压力时,应调高液位,因其他原因时应采用其他方法。 183.√ 184.√ 185.√ 186.√ 187.√ 188.√ 189.√ 190.√ 191.√ 192.√ 193.√ 194.√ 195.√ 196.√ 197.√ 198.× 正确答案:此图例表示DCS停止蜂鸣器响声键。 199.× 此图例表示止回阀。 200.× 正确答案:此图表示快开或快关阀。 201.√ 202.√ 203.× 正确答案:催化剂床层温度降低,会降低反应转化率。 204.√ 205.√ 206.√ 207.√ 208.√ 209.× 正确答案:表压＝绝压－大气压。 210.√ 211.√ 212.√ 213.√ 214.√ 215.√ 216.× 正确答案:在精馏操作中,若进料量不变,增大塔顶采出量,回流量减小。 217.√ 218.√ 219.× 正确答案:理论上讲,烷基化反应可以生成从二乙苯一直到四乙苯,也能生成五乙苯、六乙苯,只是要求的条件越来越苛刻,不易产生。 220.√ 221.× 正确答案:苯烯比小,乙苯选择性低,多乙苯生成量大。反之,苯烯比高,多乙苯生成量小。 222.× 正确答案:苯与多乙苯分子比高,将会增加苯塔的负荷。 223.× 正确答案:液相分子筛工艺生成的反应物中的乙苯含量约为20%(质量分数)。 224.√ 225.√ 226.√ 227.× 正确答案:对于烷基转移催化剂,多乙苯转化率低于二乙苯转化率。

228. √   229. √   230. √   231. √   232. √   233. √   234. ×   正确答案:烷基化单元提负荷过程中,要先增加苯进料量,后增加乙烯进料量。   235. ×   正确答案:烷基转移单元提负荷过程中,要先增加苯进料量,后增加多乙苯进料量。   236. √   237. √   238. √   239. ×   正确答案:碱氮化合物是催化剂的毒物,必须监测原料苯中的含量。   240. √   241. √   242. √   243. √   244. √   245. ×   正确答案:校验烷基化反应器压力指示器时,由于反应器压力低低时有联锁,所以必须摘除联锁。   246. ×   正确答案:压力控制器正常操作时,能引起烷基化反应器压力高。   247. √   248. ×   正确答案:仪表维修烷基转移压力控制器时,只需要将联锁摘除,关闭压力控制器的一次阀后就可以处理,不必停车。

中级工理论知识练习题及答案

一、单项选择题（每题有4个选项，其中只有1个是正确的，将正确的选项号填入括号内）

1. ABC001　定态热传导中，单位时间内传导的热量与温度梯度成（　　　）。
　　A. 正比　　　　　　B. 反比　　　　　　C. 相等　　　　　　D. 无法确定

2. ABC001　傅里叶定律是（　　　）的基本定律。
　　A. 热对流　　　　　B. 热辐射　　　　　C. 传热　　　　　　D. 热传导

3. ABC001　因振动或碰撞将热能以动能的形式传给相邻温度较低的分子，这属于（　　　）。
　　A. 热传导　　　　　B. 热对流　　　　　C. 热辐射　　　　　D. 传质

4. ABC002　如果对流是由于受外力作用而引起的，称为（　　　）。
　　A. 自然对流　　　　B. 辐射　　　　　　C. 传导　　　　　　D. 强制对流

5. ABC002　强制对流传热的速率比自然对流传热速率（　　　）。
　　A. 相同　　　　　　B. 快　　　　　　　C. 慢　　　　　　　D. 无法比较

6. ABC002　由于系统内部温度差的作用，使流体各部分相互混合从而产生的（　　　）现象称为自然对流传热。
　　A. 传热　　　　　　B. 对流　　　　　　C. 传导　　　　　　D. 换热

7. ABC003　辐射传热（　　　）任何介质做媒介。
　　A. 需要　　　　　　B. 不需要　　　　　C. 有时需要　　　　D. 以上选项都不正确

8. ABC003　物体的温度越高，其辐射能力越（　　　）。
　　A. 强　　　　　　　B. 弱　　　　　　　C. 不变　　　　　　D. 无法确定

9. ABC003　传热的基本方式有热传导、热对流和（　　　）。
　　A. 强制对流　　　　B. 自然对流　　　　C. 热辐射　　　　　D. 传热

10. ABC004　工业上使用的喷洒式冷却塔的换热方式属于（　　　）。
　　A. 间壁式换热　　　B. 蓄热式换热　　　C. 热传导　　　　　D. 直接混合式换热

11. ABC004　化工企业生产中应用最广的一种换热方式是（　　　）。
　　A. 直接混合式换热　B. 热对流　　　　　C. 蓄热式换热　　　D. 间壁式换热

12. ABC004　直接混合式换热适用于两股流体（　　　）的场合。
　　A. 直接接触并混合　B. 不发生化学反应　C. 互不相容　　　　D. 互不溶解

13. ABC005　离心泵铭牌上标明的是泵在（　　　）时的主要性能参数。
　　A. 流量最大　　　　B. 压头最大　　　　C. 效率最高　　　　D. 轴功率最小

14. ABC005　离心泵工作时，流量稳定，则它的扬程（　　　）管路所需的有效压头。
　　A. 大于　　　　　　B. 等于　　　　　　C. 小于　　　　　　D. 小于等于

15. ABC005　与离心泵叶轮直径平方成正比的参数是（　　　）。
　　A. 流量　　　　　　B. 扬程　　　　　　C. 轴功率　　　　　D. 有效功率

16. ABD001　机器工作时,被连接零件间可以有相对(　　)的连接,称为机械动连接。

　　A.静止　　　　　　B.运动　　　　　　C.静止或运动　　　D.以上选项都不正确

17. ABD001　(　　)不属于不可拆连接。

　　A.法兰连接　　　　B.焊接　　　　　　C.铆钉连接　　　　D.胶接

18. ABD002　腐蚀按腐蚀机理分为(　　)两类。

　　A.化学腐蚀和电化学腐蚀　　　　　　B.均匀腐蚀和晶间腐蚀

　　C.化学腐蚀和选择腐蚀　　　　　　　D.全面腐蚀和电化学腐蚀

19. ABD002　影响大气腐蚀的因素有温度和(　　)。

　　A.含氧量　　　　　B.含氮量　　　　　C.相对湿度　　　　D.压力

20. ABD003　机械密封的动环是(　　)。

　　A.静止的　　　　　　　　　　　　　　B.平移运动的

　　C.既可静止又可转动的　　　　　　　　D.转动的

21. ABD003　离心泵常用的轴封有填料密封和(　　)。

　　A.密封气密封　　　　　　　　　　　　B.锯齿密封

　　C.迷宫密封　　　　　　　　　　　　　D.机械密封

22. ABD003　下列选项中,(　　)不属于填料密封的主要组成部分。

　　A.泵壳　　　　　　B.填料函壳　　　　C.软填料　　　　　D.填料压盖

23. ABD004　滚动轴承较滑动轴承的寿命(　　)。

　　A.长　　　　　　　B.一样　　　　　　C.短　　　　　　　D.不一定

24. ABD004　根据滚动形状,滚动轴承分为(　　)和(　　)。

　　A.径向轴承,轴向轴承　　　　　　　　B.向心轴承,离心轴承

　　C.球轴承,滚子轴承　　　　　　　　　D.径向轴承,滚子轴承

25. ABF001　测量仪表的准确度又被称为(　　)。

　　A.精密度　　　　　B.精确度　　　　　C.分辨度　　　　　D.灵敏度

26. ABF001　仪表的精度等级是以(　　)来表示的。

　　A.绝对误差　　　　　　　　　　　　　B.最大相对百分误差

　　C.仪表量程　　　　　　　　　　　　　D.回差

27. ABF001　两台测量范围不同的仪表,如果它们的绝对误差相等,测量范围大的仪表准确度(　　)。

　　A.低　　　　　　　　　　　　　　　　B.和测量范围小的一样

　　C.高　　　　　　　　　　　　　　　　D.高低不一定

28. ABF002　仪表指针的线位移或角位移与引起这个位移的被测参数变化量之比值称为仪表的(　　)。

　　A.精确度　　　　　B.灵敏度　　　　　C.线密度　　　　　D.复现性

29. ABF002　在数字式仪表中,往往用(　　)来表示仪表灵敏度的大小。

　　A.线密度　　　　　B.分辨力　　　　　C.角密度　　　　　D.其他都不能

30. ABF002　下列选项中,(　　)是表征检测仪表对被测量变化的灵敏程度。

　　A.精确度　　　　　B.精密度　　　　　C.准确度　　　　　D.灵敏度

31. ABF003　利用浮子本身的重量和所受的浮力均为定值,使浮子始终漂在液面上,并跟随液位的变化而变化的原理制成的液位计叫作（　　）液位计。

　　A. 恒浮力式　　　　B. 变浮力式　　　　C. 差压式　　　　D. 电容式

32. ABF003　浮力式液位计有两种,分别是恒浮力式和（　　）。

　　A. 浮球式　　　　B. 浮标式　　　　C. 恒浮标式　　　　D. 变浮力式

33. ABF004　电容式压力传感器是将压力的变化转化为（　　）的变化。

　　A. 电容　　　　B. 电阻　　　　C. 电感　　　　D. 机械位移

34. ABF004　能适应快速变化的脉动压力和高真空超高压条件下的压力传感器有压阻式压力传感器和（　　）。

　　A. 电阻式压力传感器　　　　　　　　B. 电流式压力传感器
　　C. 电感式传感器　　　　　　　　　　D. 电容式传感器

35. ABI001　各种皮带运输机、链条机的转动部位,除安装防护罩外,还应有（　　）。

　　A. 安全防护绳　　B. 防护线　　　　C. 防护人　　　　D. 防护网

36. ABI001　在传动设备的检修工作中,电气开关上挂有（　　）的安全警告牌,并设专人监护。

　　A. "有人作业,禁止合闸"　　　　　　B. "有人作业,禁止入内"
　　C. "禁止合闸"　　　　　　　　　　　D. "禁止入内"

37. ABI001　一般情况下,应将转动、传动部位用（　　）保护起来。

　　A. 防护罩　　　　B. 防护绳　　　　C. 禁止靠近牌子　　D. 其他选项都不对

38. ABI002　厂内机动车装载货物超高、超宽时,必须经厂内（　　）管理部门审核批准。

　　A. 安全　　　　B. 环保　　　　C. 监察　　　　D. 交通

39. ABI002　厂内行人要注意风向及风力,以防在突发事故中被有毒气体侵害。遇到情况时要绕行、停行、（　　）。

　　A. 顺风而行　　　B. 穿行　　　　C. 逆风而行　　　D. 快行

40. ABI002　（　　）标志在工厂适用。

　　A. 全部交通安全　　　　　　　　　　B. 部分交通安全
　　C. 不确定　　　　　　　　　　　　　D. 其他选项都不对

41. ABI003　在日常生活中,发生火灾时不正确的做法是（　　）。

　　A. 迅速报警　　　　　　　　　　　　B. 直接打开房门,迅速向户外撤离
　　C. 注意防烟　　　　　　　　　　　　D. 选择正确的逃生路线

42. ABI003　在禁火区发生化学危险品燃烧时,不正确的做法是（　　）。

　　A. 快速扑灭初期火灾　　　　　　　　B. 迅速报火警
　　C. 沿着顺风向快速脱离火灾区　　　　D. 若可能,切断燃烧物的供给

43. ABI003　身处高层建筑,下方发生火灾,不正确的做法是（　　）。

　　A. 乘坐电梯逃离　　　　　　　　　　B. 远离着火点
　　C. 用纺织物弄湿捂住口鼻　　　　　　D. 报警

44. ABI004　毒物侵入人体的主要途径有（　　）。

　　A. 呼吸道　　　　B. 皮肤　　　　C. 消化道　　　　D. 其他选项都对

45. ABI004 （　　）作用于人体所引起的发病称急性中毒。

　　A. 低浓度的毒物　　　　　　　　　　B. 高浓度的毒物

　　C. 弱毒性　　　　　　　　　　　　　D. 中强毒性

46. ABI004 引起慢性中毒的毒物绝大部分具有（　　）。

　　A. 蓄积作用　　　　B. 强毒性　　　　C. 弱毒性　　　　D. 中强毒性

47. ABI005 急性中毒现场抢救的第一步是（　　）。

　　A. 迅速报警　　　　　　　　　　　　B. 迅速拨打120急救

　　C. 迅速将患者转移到空气新鲜处　　　D. 迅速做人工呼吸

48. ABI005 休克病人应平卧位，头部（　　）。昏迷病人应保持呼吸道畅通，防止咽下呕
　　　　　　吐物。

　　A. 与身体平行　　　B. 抬高　　　　　C. 稍低　　　　　D. 其他选项都不对

49. ABI005 急性中毒患者心跳骤停应立即做胸外挤压术，（　　）次/min。

　　A. 60~80　　　　　B. 40~70　　　　C. 80~100　　　　D. 100~120

50. ABI006 高处作业是指在坠落高度基准面（　　）（含）以上，有坠落可能的位置进行的
　　　　　　作业。

　　A. 2m　　　　　　　B. 2.5m　　　　　C. 3m　　　　　　D. 5m

51. ABI006 进行（　　）（含）以上高处作业，应办理"高处作业许可证"。

　　A. 10m　　　　　　B. 15m　　　　　　C. 20m　　　　　D. 30m

52. ABI007 化工设备动火检修时，不可直接用于置换可燃气体的介质是（　　）。

　　A. 氮气　　　　　　B. 氦气　　　　　C. 氩气　　　　　D. 空气

53. ABI007 做动火分析时，取样与动火的间隔超过（　　），或动火作业中间停止作业时间
　　　　　　超过（　　），必须重新取样分析。

　　A. 30min,30min　　B. 30min,60min　　C. 60min,30min　　D. 60min,60min

54. ABI007 不属于动火作业的范围是（　　）。

　　A. 用砂轮　　　　　B. 电、气焊　　　C. 敲击除锈　　　D. 安装盲板

55. ABI008 （　　）不属于防坠落护具。

　　A. 安全带　　　　　B. 安全网　　　　C. 安全帽　　　　D. 安全绳

56. ABI008 高处作业高度在（　　）时，称为二级高处作业。

　　A. 2~10m　　　　　B. 5~10m　　　　　C. 5~15m　　　　D. 10~15m

57. ABI008 水平拴挂安全带时，人与挂钩之间应保持（　　）绳长的距离。

　　A. 1/4　　　　　　B. 1/3　　　　　　C. 1/2　　　　　D. 基本等于

58. ABI009 建设工程临时用电，按照三级配电（　　）的规定，合理布置临时用电系统。

　　A. 两级漏电保护　　B. 按图布置　　　C. 用电措施　　　D. 两级管理

59. ABI009 关于临时用电的要求，以下叙述不正确的是（　　）。

　　A. 在开关上接引、拆除临时用电线路时，其上级开关应断电上锁

　　B. 安装、维修、拆除临时用电线路的作业，应由电气专业人员进行

　　C. 各类移动电源及外部自备电源，不得接入电网

　　D. 动力和照明线路可以合用

60. ABI009　使用周期在 1 个月以上的临时用电线路应采用架空方式安装,并满足(　　)的要求。

　　A. 临时架空线最大弧垂与地面距离,在施工现场不低于 2.5m,穿越机动车道不低于 5m

　　B. 架空线路通过有起重机等大型设备进出的区域必须满足现场的施工安全要求

　　C. 在架空线路上不可以进行接头连接,以杜绝接头挣脱出现触电等事故

　　D. 架空线路应架设在电杆、支架、树木等固定物上面

61. BAA001　透平进行低速暖机的目的是(　　)。

　　A. 防止轴抱死　　　　　　　　　　B. 使机组各部件受热均匀

　　C. 防止气缸积水　　　　　　　　　D. 防止轴磨损

62. BAA001　一般透平在(　　)时需进行低速暖机。

　　A. 冷态启动　　　B. 热态启动　　　C. 冷态和热态启动　　D. 联锁后启动

63. BAA002　管道进行冲洗或者吹扫的目的是(　　)。

　　A. 清除管道内的固体杂质

　　B. 确认系统流程畅通并清除管道内的固体杂质

　　C. 确认系统流程畅通,以便发现问题及时处理

　　D. 发现漏点便于及时消除,确保装置开车时不泄漏

64. BAA002　点炉前,要对燃料气及其有关管道进行彻底吹扫,以除去(　　)等机械杂质。

　　A. 铁屑和灰尘　　B. 水　　　　　　C. C$_9$　　　　　D. 氧气

65. BAA002　若燃烧的是湿工艺燃料气,所有的(　　)都要吹扫,目的是不让冷凝液通过燃气燃烧器。

　　A. 冷凝器　　　　B. 换热器　　　　C. 分液灌　　　　D. 疏水器

66. BAA003　一般借助(　　)对设备和管线的连接点进行气密检查。

　　A. 氮气　　　　　B. 肥皂水　　　　C. 干冰　　　　　D. 循环水

67. BAA003　为避免开车后发生着火爆炸、污染环境、设备人身事故,保证各工艺参数正常,故在装置投料试车前,必须进行(　　)。

　　A. 氮气吹扫　　　B. 蒸汽吹扫　　　C. 气密试验　　　D. 暖管

68. BAA003　一般系统进行气密时通常可以使用的气体是(　　)。

　　A. 氮气　　　　　B. 压缩空气　　　C. 氮气或压缩空气　　D. 氢气

69. BAA004　在化工试车前进行深度干燥除水,一般都要达到(　　)露点的含湿量要求。

　　A. -10~0℃　　　B. -20~-10℃　　C. -30~-20℃　　　D. -60~-50℃

70. BAA004　蒸汽加热炉在进行水压试验后,应采用(　　)干燥和吹扫。

　　A. 氮气　　　　　B. 蒸汽　　　　　C. 氧气　　　　　D. 压缩空气

71. BAA004　化工装置开工前,以下系统不需要干燥的是(　　)。

　　A. 低温系统的干燥除水

　　B. 高温系统的干燥

　　C. 对耐火衬里和热壁式反应器等系统的设备的干燥除水

　　D. 对工艺介质进入系统后能与水作用的干燥除水

72. BAA005　在对压力容器进行水压试验时,压力应为设计压力的(　　)。

    A.1.25 倍　　　　　B.1.8 倍　　　　　C.2.0 倍　　　　　D.2.5 倍

73. BAA005　管道试压的目的是检查已安装好的管道系统的(　　)是否能达到设计要求,
也对承载管架及基础进行检验,以保证管理正常运行。

    A. 硬度和严密性　　B. 刚度和严密性　　C. 强度和严密性　　D. 硬度和刚度

74. BAA005　管路系统试压时,不能同管路一起试压的设备或管路系统,应加(　　)隔离。

    A. 临时短管　　　　B. 止回阀　　　　　C. 法兰　　　　　　D. 盲板

75. BAA006　连续排污、紧急排污和间歇排污,排污点的位置最高的是(　　)。

    A. 连续排污　　　　　　　　　　　　B. 紧急排污

    C. 事故排污　　　　　　　　　　　　D. 紧急排污和事故排污一样高

76. BAA006　废热锅炉正常运行时,以下排污方式最常用的是(　　)。

    A. 连续排污　　　　　　　　　　　　B. 紧急排污

    C. 机泵清理　　　　　　　　　　　　D. 打开设备清理污垢

77. BAA006　废热锅炉排污的目的是除去锅炉给水中的(　　),以防损坏设备。

    A.Ca^{2+}、Mg^{2+}　　B.Fe^{2+}、Cu^{2+}　　C.Na^+、K^+　　　D.H^+、OH^-

78. BAA007　一般借助(　　)对设备和管线的连接点进行气密检查。

    A. 氮气　　　　　　B. 肥皂水　　　　　C. 干冰　　　　　　D. 循环水

79. BAA007　气密试验时,用(　　)喷至密封点以不产生(　　)为合格。

    A. 水,气泡　　　　B. 水,雾状物质　　C. 肥皂水,气泡　　D. 肥皂水,雾状物质

80. BAA007　一般系统进行气密时通常可以使用的气体是(　　)。

    A. 氧气　　　　　　B. 二氧化碳气体　　C. 氮气或压缩空气　D. 氢气

81. BAA008　冬季气温较低时,蒸汽伴热管线疏水器阀组导淋应(　　)。

    A. 稍微打开　　　　B. 关闭　　　　　　C. 定期排放　　　　D. 全开

82. BAA008　水冷却器冷却水旁路在(　　)打开。

    A. 物料温度过低时　B. 物料温度过高时　C. 冬季　　　　　　D. 夏季

83. BAA009　系统气密试验结束后进行保压试验时,每小时的泄漏率应不大于(　　)为
合格。

    A.0.1%　　　　　　B.0.2%　　　　　　C.0.24%　　　　　D.0.28%

84. BAA009　系统进行气密试验时,不对焊缝进行气密检查正确的原因是(　　)。

    A. 系统焊接完成以后已经进行了焊缝的强度和泄漏试验

    B. 系统在焊接完成时已经进行了拍片,没有拍片的焊缝进行了强度和泄漏试验

    C. 焊缝发生泄漏是不可能的,因为焊工都有上岗合格证,焊接质量可靠

    D. 所有焊缝均进行了拍片检查,有问题的焊缝得到了及时的整改,确认所有焊缝不会泄漏

85. BAA009　检修系统结束后,气密检查的内容是(　　)。

    A. 所有检修的管道焊缝及拆检的管法兰

    B. 所有拆检的管法兰

    C. 所有拆检的管法兰及怀疑泄漏的法兰和阀门填料

    D. 所有连接的管道法兰及焊缝

86. BAA010　常压设备进行气密试验的压力一般为(　　　)。

　　A. 0.1MPa　　　　　B. 0.2MPa　　　　　C. 0.35MPa　　　　　D. 0.4MPa

87. BAA010　气密试验是指用适当的流体介质在操作压力的(　　)压力下,对已经吹扫合格并已复位的设备和管道的所有连接点进行试漏。

　　A. 1.1倍　　　　　B. 1.5倍　　　　　C. 2.0倍　　　　　D. 3.0倍

88. BAA010　真空试验合格标准是在(　　　)以内,系统压力下降至-0.07MPa 为合格。

　　A. 20min　　　　　B. 25min　　　　　C. 30min　　　　　D. 40min

89. BAA011　蒸汽过热炉引风机转速为(　　　)。

　　A. 2850r/min　　　　　B. 2900r/min　　　　　C. 1450r/min　　　　　D. 1000r/min

90. BAA011　投用引风机时,以下不属于要注意的事项的是(　　　)。

　　A. 要对引风机盘车,并检查油杯油量　　　B. 检查烟道挡板的开度以及风门的开度

　　C. 运转后检查有无异常声音和振动　　　D. 对引风机的油温进行监测

91. BAA011　脱氢前系统瞬间晃电后,首先启动下面设备中的(　　　)。

　　A. 引风机　　　　　B. 脱氢液泵　　　　　C. 乙苯循环泵　　　　　D. 乙苯/蒸汽分离罐

92. BAA012　空冷器的各叶片安装角度不一致,通常会造成(　　　)。

　　A. 振动大及发出异响　　　　　B. 风量小

　　C. 皮带易脱落　　　　　D. 电动机电流过大

93. BAA012　空冷器皮带经常脱落的原因可能是(　　　)。

　　A. 叶片不平衡　　　　　B. 叶片安装角度过大

　　C. 润滑不好　　　　　D. 找正不好

94. BAA012　空冷器皮带太松易出现(　　　)。

　　A. 振动大　　　　　B. 声音异常　　　　　C. 电动机电流大　　　　　D. 风量偏小

95. BAA013　烷基化反应器气密升压时要缓慢,分级逐渐升压,每升(　　　)为一个阶段,停止升压后进行漏点检查。

　　A. 0.5MPa　　　　　B. 1.0MPa　　　　　C. 1.5MPa　　　　　D. 2.0MPa

96. BAA013　气密时必须用(　　　)以上的压力表进行指示。

　　A. 1个　　　　　B. 2个　　　　　C. 3个　　　　　D. 4个

97. BAA013　气密性实验的程序是缓慢升压到设计压力后保持(　　　)。

　　A. 30min　　　　　B. 60min　　　　　C. 90min　　　　　D. 120min

98. BAA014　在工业下水和下水系统的隔油池的动火属(　　　)动火。

　　A. 一级　　　　　B. 二级　　　　　C. 三级　　　　　D. 特殊

99. BAA014　隔油池中的油品一般以(　　　)存在。

　　A. 悬浮状态　　　　　B. 乳化状态　　　　　C. 溶解状态　　　　　D. 以上选项都正确

100. BAA014　隔油池是利用水和油的(　　　)差异,达到水油分离的目的。

　　A. 质量　　　　　B. 密度　　　　　C. 体积　　　　　D. 相对分子质量

101. BAA015　在化学反应中催化剂的作用是(　　　)。

　　A. 加快反应速率　　　　　B. 改变化学反应平衡常数

　　C. 改变化学反应速率　　　　　D. 降低化学反应速率

102. BAA015 目前多乙苯液相生产乙苯的烷基转移催化剂是( )。

    A. AEB-1   B. GS-10   C. AEB-2   D. HK-1512

103. BAA015 乙苯脱氢反应催化剂有利于反应生成( )。

    A. 甲苯   B. 苯乙烯   C. α-甲基苯乙烯   D. 异丙苯

104. BAA016 反应器空气置换合格氧气浓度至少大于( )后方可进入反应器。

    A. 5%   B. 10%   C. 18%   D. 25%

105. BAA016 催化剂装填完毕后,封盖并用( )吹扫。

    A. 氮气   B. 杂用风   C. 蒸汽   D. 氧气

106. BAA016 在装填催化剂期间要通入( )。

    A. 氮气   B. 空气   C. 蒸汽   D. 氧气

107. BAA017 装置进行氮气置换后,从多点采样分析氧含量( )为合格。

    A. <0.2%   B. <0.3%   C. <0.5%   D. <0.4%

108. BAA017 加热炉点火前一般要用( )吹扫炉膛,且等测爆合格后才能按步骤进行。

    A. 空气   B. 氮气   C. 蒸汽   D. 水

109. BAA017 在乙苯脱氢反应器卸料操作中,应通入( ),人进入反应器必须佩带防尘罩。

    A. 空气   B. 氧气   C. 氮气   D. 蒸汽

110. BAA018 仪表联校前的准备工作不包括( )。

    A. 将所需要联校的仪表关闭

    B. 根据有效图纸,资料对所需联校的仪表回路系统进行校对、检查

    C. 核对所需联校仪表的信号,量程范围,调节器,报警联锁值等

    D. 选用联校所需的标准仪器及信号发生器

111. BAA018 仪表联校的目的是( )。

    A. 检验仪表回路的构成是否完整合理,能否可靠运行

    B. 信号传递能否满足实际生产要求

    C. 对存在的问题进行处理,对回路进行调整和校正

    D. 以上选项都正确

112. BAA018 单回路控制系统的联校应包括( )。

    A. 输入回路和输出回路的联校   B. 调节器联校

    C. 报警值联校   D. 联锁值联校

113. BAA019 蒸汽加热炉在进行水压试验后,应采用( )干燥和吹扫。

    A. 氮气   B. 蒸汽   C. 氧气   D. 压缩空气

114. BAA019 加热炉点长明灯前,炉膛内可燃气浓度应小于( )。

    A. 0.2%   B. 0.3%   C. 0.5%   D. 1%

115. BAA019 蒸汽加热炉点火之前,必须先开启( )。

    A. 引风机   B. 尾气压缩机   C. 乙苯循环泵   D. 汽提塔

116. BAA020 精馏塔进料前进行气密的目的是( )。

    A. 防止系统进料以后发生液体物料泄漏

    B. 防止发生气体物料泄漏

C. 防止系统发生泄漏以后,压力无法控制

D. 消除系统漏点,确保装置开车时不泄漏

117. BAA020　精馏塔进料前对阀门和盲板状态进行确认的目的是(　　)。

　　A. 防止串料　　　　　　　　　　B. 便于及时发现损坏的阀门,以便及时更换

　　C. 防止跑料跑到环境中造成污染和损失　　D. 防止跑料、串料

118. BAA020　精馏塔进料前进行氮气置换的主要目的是(　　)。

　　A. 防止油品氧化、防止生锈

　　B. 防止设备生锈以后,塔底泵和回流泵频繁堵塞影响开车进程

　　C. 防止可燃性气体与空气形成爆炸性混合物在高温明火条下产生爆炸事件

　　D. 防止精馏塔开车时,因为系统内空气的存在导致精馏塔超压

119. BAA021　开工需要化验的项目不包括(　　)。

　　A. 原料苯纯度　　　　　　　　　　B. 原料乙烯纯度

　　C. 阻聚剂浓度　　　　　　　　　　D. 杂用风纯度

120. BAA021　蒸汽过热炉点火前,必须对(　　)进行化验分析。

　　A. 燃料气组分　　　　　　　　　　B. 加热炉内氧含量

　　C. 加热炉内燃料气浓度　　　　　　D. 以上选项都正确

121. BAA021　装置进行氮气置换后,从多点采样分析氧含量(　　)为合格。

　　A. <0.2%　　　　B. <0.3%　　　　C. <0.5%　　　　D. <0.4%

122. BAA022　联锁在化工装置中起的主要作用是(　　)。

　　A. 安全保护　　　B. 防止爆炸　　　C. 防止超压　　　D. 防止伤人

123. BAA022　当某一参数偏离正常值到设定值时,某设备自动停止运行,该系统称为(　　)。

　　A. 联锁系统　　　B. 自启动系统　　C. DCS 系统　　　D. 备用系统

124. BAA022　以下不构成联锁系统的部分是(　　)。

　　A. 输入部分　　　B. 逻辑部分　　　C. 输出部分　　　D. 计算部分

125. BAA023　当某一参数偏离正常值到设定值时,某设备自动启动,该系统称为(　　)。

　　A. 联锁系统　　　B. 自启动系统　　C. DCS 系统　　　D. 备用系统

126. BAA023　自启动设备的开关位置不包括(　　)。

　　A. 停止　　　　　B. 启动　　　　　C. 自启动　　　　D. 备用

127. BAA023　A 泵为尾气压缩机润滑油泵的主油泵,B 泵为辅油泵,当 A 泵处于故障状态时,B 泵操作柱上开关处于(　　)位置可以自启动。

　　A. 自动　　　　　B. 停止　　　　　C. 手动　　　　　D. 其他选项都正确

128. BAA024　装置油运的目的不包括(　　)。

　　A. 检查装置的负荷　　　　　　　　B. 检查机泵的状况

　　C. 除去系统中防护油层　　　　　　D. 检查公用工程及仪表状况

129. BAA024　装置油运使用的介质一般是(　　)。

　　A. 空气　　　　　　　　　　　　　B. 蒸汽

　　C. 水　　　　　　　　　　　　　　D. 装置生产使用的物料

130. BAA024 关于苯乙烯装置开工前吹扫、水联运、油联运的先后顺序正确的是( )。

    A. 吹扫——水联运——油联运   B. 水联运——油联运——吹扫

    C. 油联运——水联运——吹扫   D. 吹扫——油联运——水联运

131. BAB001 乙苯脱氢反应催化剂的作用是( )。

    A. 多乙苯反烃化生产乙苯的催化剂

    B. 苯和乙烯液相烃化生产乙苯的催化

    C. 用作苯乙烯装置中乙苯脱氢反应生成苯乙烯的催化剂

    D. 填装在乙苯脱氢催化剂的两个床层中间,脱除物料中的氢气,提高苯乙烯的收率,提供反应所需热量

132. BAB001 乙苯脱氢反应催化剂有利于反应生成( )。

    A. 甲苯   B. 苯乙烯   C. α-甲基苯乙烯   D. 异丙苯

133. BAB001 乙苯在( )的作用下生产苯乙烯产品。

    A. 烷基化催化剂   B. 乙苯脱氢催化剂

    C. 任意催化剂   D. 其他选项都不正确

134. BAB002 向下游送副产蒸汽时,要求蒸汽压力( )总管压力。

    A. 低于   B. 等于   C. 高于   D. 没有确切要求

135. BAB002 废热锅炉蒸汽并网时,要求蒸汽并网阀( )打开。

    A. 快速   B. 缓慢   C. 直接   D. 迅速

136. BAB002 蒸汽并网时的温度要求是( )。

    A. 较高于下游蒸汽温度   B. 偏低于下游蒸汽温度

    C. 无要求   D. 等于下游蒸汽温度

137. BAB003 为残油洗涤塔提供残油的设备是( )。

    A. 乙苯精馏塔   B. 多乙苯精馏塔   C. 乙苯回收塔   D. 苯/甲苯分离塔

138. BAB003 ( )可以判断出残油已经进入残油洗涤塔。

    A. 通过残油洗涤塔液位

    B. 通过残油汽提塔到残油洗涤塔的循环温度

    C. 通过残油汽提塔到残油洗涤塔的循环量

    D. 通过残油汽提塔的液位观察

139. BAB003 苯乙烯装置( )不需要用残油的设备。

    A. 残油洗涤塔   B. 工艺凝液汽提塔

    C. 薄膜蒸发器或闪蒸罐   D. 残油汽提塔

140. BAB004 加热炉的升温一般以( )的速率进行。

    A. 60℃/h   B. 40℃/h   C. 25℃/h   D. 5℃/h

141. BAB004 首次开工前蒸汽加热炉必须烘炉的原因有( )。

    A. 延长加热炉使用周期,防止迅速升温损坏耐火材料

    B. 避免温度和压力的波动

    C. 降低温差

    D. 温升过快,受热不均

142. BAB004 蒸汽加热炉升温时,其注意事项不包括(   )。

    A. 应缓慢升温   B. 按照加热炉升温速度升温

    C. 对称调节火嘴,保证炉膛受热均匀   D. 迅速提高加热炉燃烧率

143. BAB005 乙苯精馏塔的乙苯产品中,二乙苯含量要求(   )。

    A. 不大于 10mg/L   B. 不大于 20mg/L

    C. 不小于 10mg/L   D. 不小于 20mg/L

144. BAB005 下列不属于乙苯精馏塔关键控制的是(   )。

    A. 塔顶出料中乙苯浓度   B. 塔底液中苯的浓度

    C. 乙苯产品中二乙苯含量   D. 塔底出料中乙苯浓度

145. BAB005 乙苯精馏塔顶中除关键控制乙苯含量外,另一关键指标是(   )的含量。

    A. 苯   B. 二乙苯   C. 甲苯   D. 三乙苯

146. BAB006 维持苯乙烯塔预定的苯乙烯产品浓度的关键是(   )。

    A. 依靠乙苯精馏单元的正常操作   B. 依靠乙苯/苯乙烯分离塔的正常操作

    C. 依靠乙苯回收塔的正常操作   D. 依靠苯/甲苯分离塔的正常操作

147. BAB006 苯乙烯精馏塔中完成的主要是(   )的分离。

    A. 乙苯和苯乙烯   B. 乙苯和甲苯   C. 苯和甲苯   D. 苯乙烯和重组分

148. BAB006 苯乙烯精馏塔底关键控制(   )。

    A. 乙苯   B. 二乙苯   C. 甲苯   D. 苯乙烯和重组分

149. BAB007 反应过程恶化,在反应器催化剂床层部分局部地区产生温度失控的现象是(   )。

    A. 过热点   B. 飞温   C. 偏流   D. 局部燃烧

150. BAB007 两个脱氢催化剂床层的(   )控制了乙苯转化率,因而也依次受到过热炉两组炉管出口温度的控制。

    A. 入口压力   B. 出口压力   C. 入口温度   D. 出口温度

151. BAB007 乙苯脱氢反应器中整个蒸汽进料与总烃类进料的质量比至少为(   )。

    A. 0.5   B. 1.3   C. 2.5   D. 3.0

152. BAB008 苯乙烯精馏单元采用先分离乙苯和苯乙烯的工艺方法,苯乙烯需要加热(   )。

    A. 1 次   B. 2 次   C. 3 次   D. 5 次

153. BAB008 苯乙烯精馏单元采用先分离苯和甲苯的工艺方法,苯乙烯需要加热(   )。

    A. 1 次   B. 2 次   C. 3 次   D. 5 次

154. BAB009 加热炉正常运行时,吹灰器清除的是(   )的积灰。

    A. 辐射段   B. 对流段   C. 烟囱   D. 辐射段和对流段

155. BAB009 启动加热炉蒸汽吹灰器前,应(   ),以防止吹灰时氧含量突降引起闷炉。

    A. 开大风门   B. 关小风门   C. 开大烟道挡板   D. 关小烟道挡板

156. BAB009 加热炉蒸汽吹灰的步骤顺序是(   )。

    ①吹灰;②开大烟道挡板;③暖管;④关闭蒸汽。

    A. ①②③④   B. ②①③④   C. ③②①④   D. ②③①④

157. BAB010 脱氢反应器系统氮气置换后开启尾气压缩机,使氮气循环加热催化剂床层,当床层温度超过(　　)时,停尾气压缩机。

　　A. 100℃　　　　　　　B. 200℃　　　　　　　C. 300℃　　　　　　　D. 400℃

158. BAB010 冷系统开车是指装置检修或停工后,脱氢单元(　　)水和有机物的界面,(　　)氮气循环预热。

　　A. 有;不需要　　　　B. 没有;需要　　　　C. 有;需要　　　　D. 没有;不需要

159. BAB011 加热炉的防爆门通常位于(　　)。

　　A. 烟囱底部　　　　　　　　　　　　B. 对流段底部

　　C. 对流段和辐射段连接处　　　　　　D. 辐射段上部

160. BAB011 加热炉防爆门的作用是(　　)。

　　A. 加热炉炉膛发生闪爆时及时打开,防止加热炉炉膛因压力高受到破坏

　　B. 防止加热炉炉膛发生爆炸

　　C. 便于观察加热炉辐射段顶部的炉墙

　　D. 加热炉回火时能及时打开,防止加热炉受损

161. BAB011 可以通过(　　)说明加热炉防爆门需要进行更换。

　　A. 防爆门前后温差指示　　　　　　　B. 加热炉炉膛压力

　　C. 加热炉炉膛温度　　　　　　　　　D. 加热炉对流段温度

162. BAB012 苯塔的灵敏板温度上升说明(　　)。

　　A. 轻组分上升　　B. 轻组分下降　　C. 重组分上升　　D. 重组分下降

163. BAB012 苯塔的灵敏板温度下降说明(　　)。

　　A. 轻组分上升　　B. 轻组分下降　　C. 重组分上升　　D. 重组分下降

164. BAB012 苯塔组成变化最敏感的部位是(　　)。

　　A. 塔顶　　　　　B. 进料板　　　　　C. 塔底　　　　　　D. 灵敏板

165. BAB013 生产上为了保持一个参数稳定,通常要改变(　　)参数,这种由一个调节器控制(　　)个以上调节阀的系统叫作分程控制调节。

　　A. 1个、2个　　　　　　　　　　　B. 2个、2个

　　C. 2个或2个以上、2个或2个以上　　D. 2个或2个以上、3个或3个以上

166. BAB013 分程控制系统的两个调节阀在某一刻通常(　　)在动作。

　　A. 只有一个调节阀　　B. 两个调节阀同时　　C. 两个调节阀先后　　D. 都不动

167. BAB013 分程控制系统是由(　　)。

　　A. 两个调节器控制两个调节阀　　　　B. 一个调节器控制两个或两个以上调节阀

　　C. 两个调节器控制一个调节阀　　　　D. 一个调节器控制一个调节阀

168. BAB014 苯塔的其他条件不变时,回流比增大则(　　)。

　　A. 塔顶产品纯度下降　　　　　　　　B. 塔底产品纯度上升

　　C. 塔顶产品纯度上升　　　　　　　　D. 不确定

169. BAB014 实际生产中,改变精馏塔回流比的主要手段是(　　)。

　　A. 改变回流温度　　　　　　　　　　B. 改变塔顶采出流量

　　C. 改变塔底加热量　　　　　　　　　D. 改变塔顶冷却量

170. BAB014　苯塔回流量与再沸量间的关系是(　　)。
　　A. 回流量增加,再沸量应减少　　　　　　B. 回流量减少,再沸量应减少
　　C. 回流量减少,再沸量应不变　　　　　　D. 没有对应关系

171. BAB015　填料塔内两层填料之间的温度变化,可以判断(　　)。
　　A. 加热蒸汽量是否够用　　　　　　　　　B. 进料组成的变化
　　C. 是否淹塔　　　　　　　　　　　　　　D. 薄膜蒸发器的运转情况

172. BAB015　下列条件通过控制(　　)不能改变苯乙烯精馏塔的塔釜温度。
　　A. 回流量的大小　　　　　　　　　　　　B. 苯乙烯塔再沸器加热蒸汽量
　　C. 返回到苯乙烯塔的苯乙烯温度　　　　　D. 薄膜蒸发器的运转情况

173. BAB015　生产上常用测量和控制(　　)的温度来保证苯乙烯产品的质量。
　　A. 塔顶　　　　　　B. 塔釜　　　　　　　C. 灵敏板　　　　　　D. 塔盘

174. BAB016　苯乙烯精馏塔控制适宜的回流是保证(　　)。
　　A. 塔釜馏出物合格　　　　　　　　　　　B. 精馏塔的温度
　　C. 精馏塔的压力　　　　　　　　　　　　D. 塔顶馏出物合格

175. BAB016　精馏塔回流过大,会出现(　　)。
　　A. 淹塔,造成产品不合格　　　　　　　　B. 冲塔,造成产品不合格
　　C. 塔顶温度过高　　　　　　　　　　　　D. 塔顶压力降低

176. BAB016　精馏塔回流量不能根据(　　)进行调整。
　　A. 塔底再沸器蒸汽量　　　　　　　　　　B. 精馏塔温度
　　C. 塔顶压力　　　　　　　　　　　　　　D. 塔盘数

177. BAB017　苯乙烯精馏塔塔压低的原因是(　　)。
　　A. 真空系统混乱
　　B. 全塔顶压力控制器不正常
　　C. 系统有水或者空气(氮气)漏入分离塔
　　D. 到真空系统的气相线被聚合物堵死和半堵死

178. BAB017　下列原因能引起苯乙烯精馏塔塔压高的是(　　)。
　　A. 塔顶采出量大
　　B. 塔底蒸汽量不足
　　C. 系统回流量低
　　D. 到真空系统的气相线被聚合物堵死和半堵死

179. BAB017　不能引起精馏塔塔压变化的因素是(　　)。
　　A. 进料量、进料组成　　　　　　　　　　B. 进料温度
　　C. 塔盘数　　　　　　　　　　　　　　　D. 回流量

180. BAB018　加热炉点长明灯时,风门应(　　)。
　　A. 全开
　　C. 保持少许开度　　　　　　　　　　　　B. 全关
　　　　　　　　　　　　　　　　　　　　　D. 在全开的基础上略关

181. BAB018　加热炉点长明灯前,炉膛内可燃气浓度应小于(　　)。
　　A. 0.2%　　　　　　B. 0.3%　　　　　　C. 0.5%　　　　　　D. 1%

182. BAB018　加热炉点长明灯时,需要将烟道挡板开(　　)。
　　A. 15%　　　　　　B. 50%　　　　　　C. 75%　　　　　　D. 100%

183. BAB019　蒸汽加热炉升温时,对称点火嘴的目的是(　　)。
　　A. 保护炉管,炉墙受热均匀　　　　　　B. 对称点火嘴比较美观
　　C. 温度上升均匀　　　　　　　　　　　D. 对称点火嘴火焰的利用率高

184. BAB019　蒸汽加热炉升温时,对称点火嘴能够(　　)。
　　A. 加热炉热效率高　　　　　　　　　　B. 减少热应力,避免炉管损坏
　　C. 加热炉使用率高　　　　　　　　　　D. 防止加热炉回火

185. BAB019　为保证加热炉升温时减少炉管热应力,需(　　)点燃炉嘴。
　　A. 对称　　　　　　B. 间隔　　　　　　C. 逐一　　　　　　D. 任意

186. BAB020　进料量增大,其他参数不变,则下列精馏塔各参数的变化,正确的是(　　)。
　　A. 塔压降低　　　B. 塔压差增大　　　C. 塔顶温降低　　　D. 灵敏板温度升高

187. BAB020　进料组成变重时,下列精馏塔操作正确的是(　　)。
　　A. 增大塔顶采出,减小塔釜采出　　　　B. 增大塔顶采出,增大塔釜采出
　　C. 减小塔顶采出,减小塔釜采出　　　　D. 减小塔顶采出,增大塔釜采出

188. BAB020　关于回流比对精馏操作的影响,下列说法正确的是(　　)。
　　A. 回流比越大越好　　　　　　　　　　B. 回流比越小越好
　　C. 回流比的大小对精馏塔的影响较小　　D. 正常操作下,回流比要相对稳定

189. BAB021　乙苯脱氢反应器应该在(　　)后进行氮气升温。
　　A. 氮气置换保压合格　　　　　　　　　B. 蒸汽吹扫合格
　　C. 杂用风吹扫合格　　　　　　　　　　D. 蒸汽升温

190. BAB021　脱氢反应器升温过程中加热炉炉膛内温度在(　　)时必须通入氮气。
　　A. 120℃　　　　　B. 300℃　　　　　　C. 550℃　　　　　　D. 628℃

191. BAB021　乙苯脱氢反应氮气循环升温不经过的设备是(　　)。
　　A. 蒸汽过热炉　　B. 过热蒸汽降温器　C. 残油洗涤塔　　D. 尾气压缩机吸入罐

192. BAB022　人体皮肤接触到苯乙烯后,下列处理方法不正确的是(　　)。
　　A. 脱去衣物　　　B. 用清水冲洗　　　C. 用酒精擦洗　　　D. 用肥皂水冲洗

193. BAB022　由于长期接触液体苯乙烯而引起的疾病是(　　)。
　　A. 白血病　　　　B. 心脏病　　　　　C. 高血压　　　　　D. 皮肤炎

194. BAB022　在含苯乙烯(　　)以上浓度的空气中,人的眼睛和鼻孔会立刻受到刺激。
　　A. 100mg/L　　　B. 500mg/L　　　　C. 800mg/L　　　　D. 1000mg/L

195. BAB023　人的眼睛接触到苯后,应立即用(　　)进行冲洗。
　　A. 酒精　　　　　B. 清洁水　　　　　C. 生理盐水　　　　D. 循环水

196. BAB023　现场工作时人身不小心被苯喷到后,下列正确的处理方法是(　　)。
　　A. 除去衣物,用大量流动的温水或清洁水冲洗
　　B. 用酒精擦洗
　　C. 苯挥发较快,无须清洗,待苯挥发即可
　　D. 用生理盐水冲洗

197. BAB023　人体吸入苯后,不能采取的处理方法是(　　)。
    A. 如需要对受害人进行人工呼吸　　　　B. 将受害人转送到新鲜空气处
    C. 为呼吸微弱者输氧　　　　D. 不做任何处理,待医生来后进行处理

198. BAC001　切换负压泵的步骤为(　　)。
    ①检查结束,打开备用泵的入口阀;②打开备用泵的出口阀;③微开出口旁路阀;④打开泵体排气阀,对泵体进行排气;⑤启动备用泵。
    A. ①②③④⑤　　　B. ①③②⑤④　　　C. ②①③⑤④　　　D. ③①②⑤④

199. BAC001　切换负压泵时,检查结束后以下做法错误的是(　　)。
    A. 要关闭备用泵的出口阀　　　　B. 要打开备用泵的出口阀
    C. 微开出口旁路阀　　　　D. 打开泵体排气阀,对泵进行排气

200. BAC002　通过感知温度的变化来实现凝水排放的是(　　)。
    A. 钟形浮子型疏水器　　　　B. 波纹管型疏水器
    C. 脉冲型疏水器　　　　D. 浮球型疏水器

201. BAC002　通过感知液面的变化来实现凝水排放的是(　　)。
    A. 恒温型疏水器　　B. 波纹管型疏水器　　C. 脉冲型疏水器　　D. 浮球型疏水器

202. BAC002　通过感知蒸汽压的变化来实现凝水排放的是(　　)。
    A. 恒温型疏水器　　B. 波纹管型疏水器　　C. 脉冲型疏水器　　D. 浮球型疏水器

203. BAC003　校验阻聚剂泵的方法,下列顺序正确的是(　　)。
    ①关闭罐至阻聚剂泵的进料阀;②打通玻璃板至泵入口的进料阀;③将罐的上下玻璃板上的截止阀关闭;④用秒表记录玻璃板下降的速度;⑤启动阻聚剂泵。
    A. ①②③④⑤　　　B. ②①④③⑤　　　C. ⑤③②①④　　　D. ①③⑤②④

204. BAC003　无硫阻聚剂进料泵密封为(　　)。
    A. 机械密封　　　　B. 碳环密封　　　　C. 迷宫密封　　　　D. 填料密封

205. BAC003　系统内需增加阻聚剂时,需(　　)调整阻聚剂泵冲程。
    A. 顺时针　　　　B. 逆时针
    C. 顺时针或逆时针均可　　　　D. 开大出口阀

206. BAC004　DCS 系统操作画面上表示输出开路的英文缩写是(　　)。
    A. AOF　　　　B. OOP　　　　C. NR　　　　D. IOP

207. BAC004　DCS 系统操作画面上 AOF 表示的中文含义是(　　)。
    A. 输出开路　　　B. 输入开路　　　C. 报警旁路　　　D. 正常

208. BAC004　DCS 画面上 RAMPTIME 符号表示(　　)。
    A. 开始时间　　　　B. 结束时间
    C. 平滑控制需要的时间　　　　D. 运行时间

209. BAC005　向下游输送副产蒸汽,用(　　)来调整温度,压力。
    A. 调节阀旁路　　B. 减温减压器　　C. 浇冷却水　　　D. 与冷物料换热

210. BAC005　向下游输送副产蒸汽时,需要达到的条件不包括(　　)。
    A. 压力稍高　　　B. 温度稍高　　　C. 管线预热　　　D. 无条件

211. BAC006 加热炉油火嘴炉前压力必须大于( )情况下才能点火。

A. 0. 8MPa B. 0. 2MPa C. 0. 12MPa D. 0. 17MPa

212. BAC006 加热炉气火嘴炉前压力必须大于( )情况下才能点火。

A. 0. 005MPa B. 0. 02MPa C. 0. 008MPa D. 0. 0017MPa

213. BAC006 加热炉火嘴出现泄漏,首先应( )。

A. 关闭雾化蒸汽 B. 关闭燃料进料 C. 开大燃料进料 D. 关小雾化蒸汽

214. BAC007 苯塔塔顶出料中乙苯浓度(质量分数)要求( )。

A. 低于1. 0% B. 低于5. 0% C. 高于1. 0% D. 高于5. 0%

215. BAC007 苯塔塔底液中苯的浓度(质量分数)要求( )。

A. 低于0. 17% B. 低于0. 5% C. 高于0. 17% D. 高于0. 5%

216. BAC007 降低苯塔塔顶出料中乙苯浓度的方法是( )。

A. 提高灵敏板的温度 B. 增加回流比

C. 降低灵敏板的温度 D. 减少回流量

217. BAC008 乙苯塔顶二乙苯含量过高,可以( )。

A. 提高塔底温度 B. 降低塔顶温度

C. 增大塔顶回流 D. 提高塔底再沸蒸汽量

218. BAC008 乙苯塔顶产品中( )的含量不能过高。

A. 乙苯 B. 二乙苯 C. 苯 D. 甲苯

219. BAC008 乙苯塔底产品乙苯含量过高,则( )。

A. 提高塔底温度 B. 增大塔顶回流量

C. 降低再沸器蒸汽量 D. 降低灵敏板温度

220. BAC009 多乙苯塔塔釜排出物料(重沸物或残油)中三乙苯浓度(质量分数)要求为
( )。

A. 大于4. 5% B. 小于4. 5% C. 大于8% D. 小于8%

221. BAC009 多乙苯塔塔顶多乙苯产物中二苯乙烷的浓度要求是( )。

A. 大于500mg/L B. 小于500mg/L C. 大于200mg/L D. 小于200mg/L

222. BAC009 多乙苯塔通过调节( )不能保证塔釜产品合格。

A. 提馏段灵敏板温度 B. 塔顶回流量

C. 再沸器的加热蒸汽量 D. 真空系统密封罐的液位

223. BAC010 工艺凝液汽提塔的预热器中加入直接蒸汽的作用是( )。

A. 稀释凝液 B. 作为汽提剂 C. 降低分压 D. 提高热效率

224. BAC010 在乙苯脱氢反应器操作时,有一个参数必须始终保持它的最低值的是
( )。

A. 第一脱氢反应器入口温度 B. 第二脱氢反应器入口温度

C. 第一脱氢反应器出口压力 D. 第二脱氢反应器出口压力

225. BAC010 当乙苯脱氢单元在低负荷下操作时,如果仅考虑经济因素,应使通过过热炉
的蒸汽量减小,使蒸汽/乙苯的比不超过( )。

A. 0. 5 B. 1. 0 C. 1. 7 D. 2. 5

226. BAC011　压缩机组润滑油过滤器的正常压差为（　　）。
　　A. 0. 01~0. 02MPa　　　　　　　　　　B. 0. 02~0. 04MPa
　　C. 0. 04~0. 08MPa　　　　　　　　　　D. 0. 02~0. 08MPa

227. BAC011　为了保护压缩机，防止液体进入运行中的压缩机气缸，下列采取的保护措施
　　　　　　　是（　　）。
　　A. 气液分离罐液位高高联锁
　　B. 气液分离罐液位低低联锁
　　C. 气液分离罐液位高低都引发压缩机联锁
　　D. 压缩机入口压力联锁

228. BAC011　下列不属于压缩机组启动时应具备的条件是（　　）。
　　A. 润滑油系统投入运行　　　　　　　B. 密封系统投入运行
　　C. 凝汽系统投入运行　　　　　　　　D. 控制油系统投入运行

229. BAC012　乙苯脱氢单元乙苯进料方式不包括（　　）。
　　A. 连续进料　　　　B. 间断进料　　　　C. 直接进料　　　　D. 间接进料

230. BAC012　乙苯脱氢单元直接进料的来源是（　　）。
　　A. 苯乙烯精馏塔　　B. 乙苯回收塔　　　C. 苯储罐　　　　　D. 脱氢液储罐

231. BAC012　乙苯脱氢反应器乙苯为（　　）进料。
　　A. 1 股　　　　　　B. 2 股　　　　　　C. 3 股　　　　　　D. 4 股

232. BAC013　残油加入薄膜蒸发器中的作用不包括（　　）。
　　A. 气提剂　　　　　B. 冷却剂　　　　　C. 转子机械密封液　D. 润滑剂

233. BAC013　残油经冷却后可以吸收脱氢尾气中的（　　）。
　　A. 氢气　　　　　　B. 芳烃　　　　　　C. 二氧化碳　　　　D. 一氧化碳

234. BAC013　残油吸收脱氢尾气中的芳烃后，使用（　　）进行汽提。
　　A. 高压蒸汽　　　　B. 中压蒸汽　　　　C. 低压蒸汽　　　　D. 超低压蒸汽

235. BAC014　乙苯脱氢单元的防爆膜安装在（　　）。
　　A. 废热锅炉与过热蒸汽降温器之间　　B. 脱氢反应器与主冷凝器之间
　　C. 加热炉出口集管线　　　　　　　　D. 压缩机吸入罐和压缩机之间

236. BAC014　脱氢单元的防爆膜的作用是（　　）。
　　A. 防止炉管发生爆炸　　　　　　　　B. 防止蒸汽集管压力超高，损坏炉子和管道
　　C. 防止脱氢反应器发生爆炸　　　　　D. 防止压缩机发生爆炸

237. BAC014　如果反应器压力得不到控制，系统超压首先容易使（　　）破裂。
　　A. 防爆膜　　　　　　　　　　　　　B. 设备
　　C. 乙苯进料管线　　　　　　　　　　D. 蒸汽过热炉稀释蒸汽

238. BAC015　防爆膜的膜片按其断裂时受力变形的基本形式，不包括（　　）。
　　A. 弹簧破坏型　　　B. 剪切破坏型　　　C. 拉伸破坏型　　　D. 弯曲破坏型

239. BAC015　防爆膜是装在压力容器（　　）以防止容器爆炸的金属薄膜，是一种安全
　　　　　　　装置。
　　A. 上部　　　　　　B. 中部　　　　　　C. 下部　　　　　　D. 底部

240. BAC016　精馏系统中乙苯冲洗的作用是(　　　)。

　　A. 防止苯乙烯聚合　B. 回收乙苯　　　　　C. 密封　　　　　　　　D. 冷却

241. BAC016　精馏系统中(　　　)需要乙苯冲洗。

　　A. 乙苯/苯乙烯塔　　B. 乙苯精馏塔　　　C. 苯乙烯精馏塔　　　D. 乙苯回收塔

242. BAC016　压缩机腔体需使用(　　　)冲洗。

　　A. 乙苯　　　　　　　B. 苯乙烯　　　　　C. 药剂　　　　　　　D. 甲苯

243. BAC017　尾气压缩机入口压力可以通过调整(　　　)来控制。

　　A. 压缩机转速　　　　B. 腔体冷却　　　　C. 药剂　　　　　　　D. 冲洗乙苯

244. BAC017　压缩机启动后转速达到(　　　)时,可以打远程由中控室调整压缩机入口压力。

　　A. 2000r/min　　　　B. 2500r/min　　　　C. 3000r/min　　　D. 4000r/min

245. BAC018　换热器按其换热特性不包括下列(　　　)。

　　A. 列管式换热器　　　　　　　　　　　B. 直接接触式换热器

　　C. 蓄热式换热器　　　　　　　　　　　D. 间壁式换热器

246. BAC018　间壁式换热器流体的流向不包括(　　　)。

　　A. 并流　　　　　　　B. 逆流　　　　　　C. 折流　　　　　　　D. 横流

247. BAC018　换热器中被冷却的物料一般走(　　　)。

　　A. 管程　　　　　　　B. 壳程　　　　　　C. 内层　　　　　　　D. 外层

248. BAC019　脱氢尾气压缩机转速表的测速方式有(　　　)。

　　A. 自动测速　　　　　B. 在线测速　　　　C. 电动测速　　　　　D. 机械测速

249. BAC019　脱氢尾气压缩机转速表的测速方式有(　　　)。

　　A. 自动测速　　　　　B. 手动测速　　　　C. 电动测速　　　　　D. 机械测速

250. BAC020　乙苯/苯乙烯分离塔的分离能力主要取决于(　　　)的大小。

　　A. 回流比　　　　　　B. 回流　　　　　　C. 采出　　　　　　　D. 塔底再沸器蒸汽量

251. BAC020　增大乙苯/苯乙烯分离塔回流比,就可提高产品纯度,但(　　　)能耗。

　　A. 不影响　　　　　　B. 增加　　　　　　C. 降低　　　　　　　D. 以上选项都不正确

252. BAC020　乙苯/苯乙烯分离塔塔顶组分可以通过改变(　　　)调节精馏塔的操作方便而有效。

　　A. 回流比　　　　　　B. 回流　　　　　　C. 采出　　　　　　　D. 塔底再沸器蒸汽量

253. BAC021　当进料中轻组分浓度增加,引起(　　　)。

　　A. 精馏段的负荷增加　　　　　　　　　B. 提馏段的轻组分每层塔板分布浓度减少

　　C. 塔釜出料合格　　　　　　　　　　　D. 精馏段的负荷减少

254. BAC021　当进料中重组分浓度增加,引起(　　　)。

　　A. 提馏段的负荷增大　　　　　　　　　B. 重组分带到塔底

　　C. 塔釜出料合格　　　　　　　　　　　D. 塔顶产品合格

255. BAC022　加热炉烟道挡板开度过小,引起(　　　)。

　　A. 加热炉炉膛产生黑色烟雾　　　　　　B. 烟道温度升高

　　C. 加热炉火嘴燃烧正常　　　　　　　　D. 加热炉热效率升高

256. BAC022　加热炉燃料油压力过大,会产生(　　　)。

　　A. 燃烧不完全,特别在调节火焰时容易引起冒黑烟或熄火

　　B. 燃料油供应不足,炉温下降

　　C. 火焰缩短

　　D. 个别炉嘴熄灭

257. BAC023　离心泵流量调节的方法下列描述错误的是(　　　)。

　　A. 调节进口阀开度　　　　　　　　B. 调节出口阀开度

　　C. 改变叶轮转速　　　　　　　　　D. 改变叶轮直径

258. BAC023　离心泵的扬程与下列(　　　)无关。

　　A. 结构、转速和流量等　　　　　　B. 泵的吸入口和排出口的距离

　　C. 电动机功率　　　　　　　　　　D. 排出口的压力高低

259. BAC024　乙苯进料中的成分对(　　　)要求较高。

　　A. 苯　　　　　　B. 二乙苯　　　　　　C. 甲苯　　　　　　D. 丁苯

260. BAC024　乙苯进料中二乙苯含量过高会导致(　　　)。

　　A. 产生比苯乙烯还容易聚合的二乙烯基苯

　　B. 生成副产物较多

　　C. 乙苯选择性下降

　　D. 苯乙烯产量升高

261. BAC025　苯乙烯产品国标中要求阻聚剂的含量在(　　　)。

　　A. 5～10mg/L　　　　B. 10～15mg/L　　　　C. 15～20mg/L　　　　D. 20～25mg/L

262. BAC025　工业用苯乙烯产品应储存在(　　　)以下,防止聚合变质。

　　A. 25℃　　　　　　B. 30℃　　　　　　C. 35℃　　　　　　D. 40℃

263. BAC025　苯乙烯产品使用桶装时应(　　　)储存。

　　A. 密闭　　　　　　B. 敞开　　　　　　C. 半封闭　　　　　　D. 半敞开

264. BAC026　离心泵轴承箱加油位置最佳在(　　　)。

　　A. 1/2 到 2/3　　　B. 低于 1/2　　　　C. 高于 2/3　　　　D. 高于 1/2

265. BAC026　离心泵轴承箱油位过高会导致(　　　)。

　　A. 有利于轴承转动　　　　　　　　B. 热量容易散发出去

　　C. 轴承油温过高,加速轴承损坏　　　D. 无不良后果

266. BAC027　乙苯脱氢单元紧急停车时,主蒸汽阀(　　　)。

　　A. 立即关闭　　　　　　　　　　　B. 需手动关闭

　　C. 延时关闭　　　　　　　　　　　D. 没有动作

267. BAC027　蒸汽过热炉入口主蒸汽阀的作用描述不正确的是(　　　)。

　　A. 紧急停车时可以迅速减少蒸汽量　　B. 调节蒸汽量

　　C. 调节水比　　　　　　　　　　　D. 防止蒸汽倒流

268. BAC028　装置运行中离心泵巡检内容不包括(　　　)。

　　A. 检查泵的冷却水是否正常　　　　B. 检查机械密封泄漏情况

　　C. 检查泵的润滑油位、油质情况　　　D. 检查机泵基座情况

269. BAC028 装置运行中离心泵巡检内容不包括(　　)。

　　A. 检查泵的出口压力、封油压力情况

　　B. 检查轴承箱及电动机温度、振动情况,设备无杂音

　　C. 检查电动机电流情况

　　D. 检查机泵基座情况

270. BAC029 如果乙苯脱氢反应器的床层压差变大,能解决的办法有(　　)。

　　A. 增加系统压力　　　B. 提高反应温度　　　C. 停工处理　　　　　D. 其他选项都正确

271. BAC029 乙苯脱氢反应器的床层压差变大,原因可能是(　　)。

　　A. 催化剂活性变大　　B. 催化剂存在破碎　　C. 无效空间变大　　　D. 系统压力增大

272. BAC030 装置运行中巡检加热炉时,无须检查的内容有(　　)。

　　A. 风门开度　　　　　　　　　　B. 长明灯燃烧情况

　　C. 混合气燃烧情况　　　　　　　D. 火嘴是否存在偏烧现象

273. BAC030 加热炉巡检时,对炉膛和火焰颜色要求是(　　)。

　　A. 炉膛明亮、油火焰呈白色/气火焰呈蓝色带黄色焰尖

　　B. 炉膛没有黑烟,油火焰、气火焰呈黄色

　　C. 炉膛明亮,油火焰明亮呈金黄色/气火焰呈蓝色带黄色焰尖

　　D. 炉膛没有黑烟,油火焰呈金红色/气火焰呈蓝色带黄色焰尖

274. BAC030 加热炉的长明灯炉前压力低,可通过(　　)来调节。

　　A. 炉前阀的开度　　　　　　　　B. 炉后阀的开度

　　C. 长明灯压力调节器　　　　　　D. 烟道挡板开度

275. BAC031 压缩机轴承温度高报警后,应检查(　　)。

　　A. 油箱油温　　　B. 压缩机入口温度　　C. 压缩机出口温度　　D. 循环水温度

276. BAC031 压缩机轴承温度高报警后,应检查(　　)。

　　A. 压缩机运转情况　　　　　　　B. 冷却器循环水流量

　　C. 润滑油液位　　　　　　　　　D. 压缩机其他部位是否有报警

277. BAC031 压缩机轴承温度高报警后,以下检查说法不正确的是(　　)。

　　A. 检查冷却器循环水流量

　　B. 检查压缩机出口药剂注入量

　　C. 检查润滑油回油视镜是否有油在流动

　　D. 检查比较附近温度测量仪表,是否为误报

278. BAC032 压力容器的定期检查分为外部检查、内部检查、(　　)。

　　A. 表面检查　　　　B. 腐蚀检查　　　　C. 耐压试验　　　　D. 安全附件检查

279. BAC032 装置运行中塔的主要巡检内容不包括(　　)。

　　A. 塔的运行情况　　　　　　　　B. 有无跑冒滴漏现象

　　C. 塔液位是否与室内相符　　　　D. 有无异响

280. BAC032 装置运行中罐区巡检时无须检查储罐(　　)。

　　A. 呼吸阀、氮封等安全附件　　　B. 储罐液位是否与中控相符

　　C. 罐区有无泄漏、异常　　　　　D. 现场有无人员

281. BAD001 装置临时停车反应器只有保温在（　　）以上才可以按热系统状态开车，并避免温降过大造成对催化剂的冲击。

    A. 150℃   B. 200℃   C. 300℃   D. 400℃

282. BAD001 乙苯脱氢反应器临时停车避免（　　）造成催化剂的失活。

    A. 温降过大   B. 温降过慢   C. 温度太高   D. 温度太低

283. BAD001 乙苯脱氢单元临时停车时，其注意事项不包括（　　）。

    A. 主蒸汽系统的排凝   B. 反应器床层是否有局部过热点

    C. 膨胀节系统是否自由伸缩膨胀   D. 蒸汽过热炉是否停运

284. BAD002 动火作业前，使用测爆仪或其他类似手段分析，被测气体或蒸气浓度小于爆炸下限（　　）。

    A. 5%   B. 10%   C. 15%   D. 20%

285. BAD002 停工检修的生产装置在经认真吹扫处理并化验分析合格后的动火是（　　）动火。

    A. 一级   B. 二级   C. 三级   D. 特级

286. BAD002 对装置动火前分析可燃气浓度不合格时（　　）。

    A. 可以动火   B. 用乙苯蒸煮   C. 氮气置换   D. 氮气冷却

287. BAD003 为了做好防冻预防工作，停用的设备，管线与生产系统连接处要加好（　　），并把积水排放吹扫干净。

    A. 阀门   B. 盲板   C. 法兰   D. 保温层

288. BAD003 乙苯/苯乙烯分离塔停车时塔釜 UC 阀处接氮气进行吹扫（　　），并且在吹扫时将引压管打开排放，避免积油。

    A. 8h   B. 12h   C. 24h   D. 72h

289. BAD003 氮气吹扫之前需要确定的内容有（　　）。

    A. 接气点   B. 排气点   C. 盲板隔离完毕   D. 其他选项都正确

290. BAD004 停苯塔再沸器步骤的顺序是（　　）。①打开再沸器壳程放空；②逐渐关闭再沸器加热蒸汽进口阀，停止加热；③倒空再沸器蒸汽凝液；④打开凝液罐调节阀前导淋。

    A. ①②③④   B. ②①④③   C. ③②①④   D. ②③①④

291. BAD004 正常停车时，停苯塔塔顶泵的最佳时机是（　　）。

    A. 苯塔无进料时   B. 再沸器停止加热（或无热量进入）时

    C. 苯塔顶罐液位低时   D. 苯塔顶罐无液位时

292. BAD004 当苯塔倒空压力低时，需通入（　　）维持塔压进行倒空。

    A. 杂用风   B. 氮气   C. 蒸汽   D. 空气

293. BAD005 乙苯塔停车时，应该确定（　　）。

    A. 乙苯脱氢单元进料已改为乙苯回收塔进料

    B. 乙苯脱氢单元已经停止进料

    C. 乙苯脱氢单元进料已改为间接进料

    D. 乙苯脱氢单元处于半负荷状态

294. BAD005　乙苯塔停车后,脱氢单元进料变为( )。

①来自乙苯精馏塔塔顶新鲜乙苯;②来自储罐的乙苯;③来自乙苯回收塔的循环乙苯。

A. ①②　　　　　　B. ②③　　　　　　C. ①③　　　　　　D. ③

295. BAD005　停车期间,排放到乙苯塔塔釜的液体由乙苯塔底泵排出,进入( )。

A. 乙苯罐　　　　B. 不合格乙苯罐　　C. 密排罐　　　　D. 废油罐

296. BAD006　( ),乙苯回收塔的循环乙苯切至乙苯储罐。

A. 苯乙烯精馏单元停车前 6h　　　　B. 苯乙烯精馏单元停车的同时

C. 乙苯/苯乙烯分离塔停车之后　　　D. 乙苯/苯乙烯分离塔停止进料的同时

297. BAD006　当乙苯回收苯塔倒空压力低时,需通入( )维持塔压进行倒空。

A. 杂用风　　　　B. 蒸汽　　　　　C. 空气　　　　　D. 氮气

298. BAD006　乙苯回收塔需进行蒸煮的时间为( )。

A. 4h　　　　　　B. 8h　　　　　　C. 12h　　　　　D. 24h

299. BAD007　停车后,打开真空泵入口阀的时机是( )。

A. 多乙苯塔停止进料后　　　　　　B. 多乙苯塔再沸器停止加热后

C. 多乙苯塔倒空结束后　　　　　　D. 氮气冲压后

300. BAD007　停多乙苯塔时,应首先( )。

A. 切断乙苯塔塔底进料　　　　　　B. 停去转烷基化反应器进料

C. 倒空多乙苯塔塔顶　　　　　　　D. 倒空多乙苯塔塔釜

301. BAD007　停多乙苯塔时,最后应停掉的泵是( )。

A. 乙苯塔塔底泵　　　　　　　　　B. 多乙苯塔塔顶泵

C. 多乙苯塔真空泵　　　　　　　　D. 残油泵

302. BAD008　苯乙烯塔停车后处理步骤的顺序是( )。

①乙苯冲洗;②氮气冷却;③乙苯蒸煮;④置换氮气;⑤水蒸煮;⑥蒸汽干燥。

A. ①②③④⑤⑥　B. ②①④③⑥⑤　C. ⑤③②①④⑥　D. ①③⑤⑥②④

303. BAD008　苯乙烯塔塔釜温度降至( )以下时,停乙苯/苯乙烯分离塔和苯乙烯塔的进料。

A. 100℃　　　　　B. 90℃　　　　　C. 60℃　　　　　D. 25℃

304. BAD008　苯乙烯塔进行蒸汽蒸煮时的进气渠道有( )。

①塔釜 UC 阀;②进料线导淋;③不合格苯乙烯线;④塔顶导淋。

A. ①②　　　　　　B. ②③　　　　　　C. ③④　　　　　　D. ①④

305. BAD009　仪表风管线的吹扫介质是( )。

A. 压缩空气　　　B. 杂用风　　　　C. 干燥空气　　　D. 氮气

306. BAD009　氮气管线吹扫时的注意事项是( )。

A. 用压缩空气进行吹扫,先吹扫主管、然后再吹扫支管

B. 用氮气进行吹扫,先吹主管后吹支管,吹扫时在排放口设立警戒标志

C. 用氮气进行吹扫,先吹支管后吹主管,吹扫时在排放口设立警戒标志

D. 用压缩空气进行吹扫,先吹扫支管、然后再吹扫主管

307. BAD009 下列介质不适用管道吹扫的介质类型有（　　）。
　　A. 氮气　　　　　　B. 蒸汽　　　　　　C. 杂用风　　　　　D. 水

308. BAD010 设备加装（　　）与系统隔离,配备相应的灭火器材,有专人监火等安全措施落实后方可进行动火。
　　A. 导淋　　　　　　B. 阀门　　　　　　C. 盲板　　　　　　D. 止逆阀

309. BAD010 隔离或控制能量方式包括（　　）。
　　①移除管线,加盲板;②退出物料,关闭阀门;③切断电源或对电容器放电;④双切断阀门,打开双阀之间的导淋。
　　A. ①②③　　　　　B. ②③④　　　　　C. ①②④　　　　　D. ①②③④

310. BAD010 打开塔设备的人孔时,设备不需要进行的步骤是（　　）。
　　A. 与火炬系统隔离　　　　　　　　B. 泄压
　　C. 与进出所有物料隔离　　　　　　D. 取样分析氧含量

311. BAD011 乙苯脱氢反应器烧焦前取样分析（　　）出口有机物含量,作烧焦准备。
　　A. 乙苯/蒸汽分离罐　　　　　　　　B. 第一脱氢反应器
　　C. 第二脱氢反应器　　　　　　　　D. 主空冷器

312. BAD011 可以通过（　　）来监视乙苯脱氢反应器催化剂的烧焦过程。
　　A. 乙苯/蒸汽分离罐出口的氧含量　　B. 第一脱氢反应器出口的氧含量
　　C. 第二脱氢反应器出口的氧含量　　D. 主冷器下游排放气中的氧含量

313. BAD011 烧焦产生的蒸汽、惰性气体和空气必须排放到大气,以防止（　　）。
　　A. 影响催化剂的使用寿命　　　　　B. 在排放系统积存燃烧混合物
　　C. 使反应器的压力超高　　　　　　D. 影响反应器的使用寿命

314. BAD012 乙苯/苯乙烯分离塔停车后进入设备检修前,需要进行处理的事项有（　　）。
　　①乙苯冲洗;②乙苯蒸煮;③水蒸煮;④蒸汽干燥。
　　A. ①②　　　　　　B. ②③　　　　　　C. ①③④　　　　　D. ①②③④

315. BAD012 乙苯/苯乙烯分离塔塔釜温度降至（　　）以下时,停 NSI 进料泵,并用乙苯冲洗 NSI 进料管线。
　　A. 100℃　　　　　B. 90℃　　　　　　C. 60℃　　　　　　D. 25℃

316. BAD012 乙苯/苯乙烯分离塔进料量降低到 50% 的设计负荷时,（　　）必须根据产品质量的需要,给予相应的重新设定。
　　A. 蒸汽进料量　　　　　　　　　　B. 塔釜产品的采出量
　　C. 塔顶产品的采出量　　　　　　　D. 尾气冷凝器的冷却水流量

317. BAD013 设备泄漏时要做到的环保工作中,不包括（　　）。
　　A. 要做到油不落地　　　　　　　　B. 油不排入下水道
　　C. 进行最大限量的废物料回收　　　D. 及时将泄漏处进行消漏

318. BAD013 设备检修前,物料应排入（　　）。
　　A. 现场　　　　　　B. 密排　　　　　　C. 污水线　　　　　D. 生活水线

319. BAD013 设备检修后,应用（　　）处理地面,防止油冲入地下管道。
　　A. 清水　　　　　　B. 吸油毡　　　　　C. 抹布　　　　　　D. 拖布

320. BBA001　磁力泵的关键部件磁力传动器由外磁转子、内磁转子与不导磁的(　　)(密封套)组成。

　　A. 隔离套　　　　　　B. 轴套　　　　　　C. 保持架　　　　　　D. 转子

321. BBA001　磁力泵的磁力传动器,内、外磁转子与隔离套之间均有约(　　)的间隙。

　　A. 1mm　　　　　　B. 2mm　　　　　　C. 3mm　　　　　　D. 4mm

322. BBA002　汽轮机(透平)种类很多,按工作原理分为(　　)、反动式、混合式。

　　A. 冲动式　　　　　　B. 轴流式　　　　　　C. 辐流式　　　　　　D. 背压式

323. BBA002　汽轮机(透平)调速系统的作用就是使汽轮机输出功率与负荷保持平衡。当负荷增加时,调速系统就要(　　)汽门,增加进汽量(负荷减小时相反)。

　　A. 开大　　　　　　B. 关小　　　　　　C. 不变　　　　　　D. 切断

324. BBA003　汽轮机按用途分类,其类型不包括(　　)。

　　A. 电站汽轮机　　　B. 工业汽轮机　　　C. 无冷凝蒸汽透平　　D. 船用汽轮机

325. BBA003　汽轮机按工作原理分类,其类型不包括(　　)。

　　A. 背压式汽轮机　　B. 反动式汽轮机　　C. 冲动式汽轮机　　D. 混合式所轮机

326. BBA003　汽轮机按气流方向分类,其类型包括(　　)。

　　A. 轴流式汽轮机　　　　　　　　　B. 凝汽式汽轮机

　　C. 无冷凝式汽轮机　　　　　　　　D. 背压式汽轮机

327. BBA004　螺杆压缩机中,由吸入口吸进的气体被封闭在阴、阳螺杆的螺齿之间,随着转子旋转而容积逐渐(　　),使气体压力上升,阴、阳转子和缸体之间的空间和排气口连通,气体从排气口送出。

　　A. 增大　　　　　　B. 减小　　　　　　C. 不变　　　　　　D. 不能确定

328. BBA004　螺杆压缩机是阴、阳螺杆在缸体内互相啮合,由轴端的(　　)带动回转,实现气体的吸入和排出的。

　　A. 主轴承　　　　　　B. 联轴节　　　　　　C. 同步齿轮　　　　　　D. 密封

329. BBA005　下列不属于蒸汽喷射器的组件的是(　　)。

　　A. 喷嘴　　　　　　B. 进气管　　　　　　C. 收缩段　　　　　　D. 膨胀管

330. BBA005　蒸汽喷射泵由:喷嘴、(　　)、扩大管组成。

　　A. 叶轮　　　　　　B. 混合室　　　　　　C. 轴流段　　　　　　D. 机械密封

331. BBA006　在液环式真空泵中,叶轮是用(　　)的形式装在泵壳内。

　　A. 同心　　　　　　B. 偏心　　　　　　C. 平行　　　　　　D. 垂直

332. BBA006　在液环式真空泵中,液体被叶轮带动形成液环并离开中心,由于液体的(　　)作用,气体被不停地吸入和排出。

　　A. 离心　　　　　　B. 惯性　　　　　　C. 活塞　　　　　　D. 重力

333. BBA007　关于机械密封,下列描述不正确的是(　　)。

　　A. 泵机械密封的作用是防止物料向外泄漏

　　B. 在实际应用中,机械密封可以彻底消除泄漏

　　C. 机械密封具有泄漏量少和寿命长等优点

　　D. 机械密封是一种旋转机械的轴封装置

334. BBA007　机械密封是靠与轴一起旋转的动环端面与静环端面间的紧密贴合,产生一定的(　　)而达到密封的。
　　A. 比压　　　　　　B. 紧力　　　　　　C. 压力　　　　　　D. 弹簧力

335. BBA007　泵机械密封的作用是(　　)。
　　A. 防止物料向内泄漏　　　　　　B. 防止物料向外泄漏
　　C. 防止物料向上泄漏　　　　　　D. 防止物料向下泄漏

336. BBA008　离心泵叶轮内的液体是按照(　　)作用的原理完成输送液体任务的。
　　A. 重力　　　　　　B. 惯性力　　　　　　C. 离心力　　　　　　D. 弹力

337. BBA008　离心泵铭牌上标明的是泵在(　　)时的主要性能参数。
　　A. 流量最大　　　　B. 压头最大　　　　C. 效率最高　　　　D. 轴功率最小

338. BBA008　运行中的离心泵出口压力突然大幅度下降并激烈地波动,这种现象称为(　　)。
　　A. 汽蚀　　　　　　B. 气缚　　　　　　C. 喘振　　　　　　D. 抽空

339. BBA009　运行中的离心泵出口压力突然大幅度下降并激烈地波动,这种现象称为(　　)。
　　A. 喘振　　　　　　B. 抽空　　　　　　C. 汽蚀　　　　　　D. 失效

340. BBA009　离心泵铭牌上标明的是泵在(　　)时的主要性能参数。
　　A. 流量最大　　　　B. 压头最大　　　　C. 效率最高　　　　D. 轴功率最小

341. BBA010　离心泵机械密封的作用是(　　)。
　　A. 防止物料向内泄漏　　　　　　B. 防止物料向外泄漏
　　C. 防止物料向上泄漏　　　　　　D. 防止物料向下泄漏

342. BBA010　离心泵机用于收集液体,并引向扩散管至泵出口的部件是(　　)。
　　A. 叶轮　　　　　　B. 泵壳　　　　　　C. 轴　　　　　　D. 密封

343. BBA010　离心泵机用于对液体进行做功的部件是(　　)。
　　A. 叶轮　　　　　　B. 泵壳　　　　　　C. 轴　　　　　　D. 密封

344. BBA011　离心泵运行时,流量扬程降低的原因,下列说法不正确的是(　　)。
　　A. 泵内存有气体　　　　　　B. 吸入管内存有气体
　　C. 排出管内存有气体　　　　　　D. 泵内或管路有杂物堵塞

345. BBA011　出口压力为 0.4MPa 的离心泵,扬程大约为(　　)。
　　A. 20m　　　　　　B. 30m　　　　　　C. 40m　　　　　　D. 60m

346. BBA012　离心泵切换时,当备用泵出口阀慢慢打开的同时,应(　　)。
　　A. 立即关闭待停泵的出口阀　　　　　　B. 同步慢慢关闭待停泵的出口阀
　　C. 观察一会,再关待停泵出口阀　　　　　　D. 无严格要求

347. BBA012　离心泵在开车前必须使泵壳内充满液体,是为了避免(　　)。
　　A. 汽蚀　　　　　　B. 气缚　　　　　　C. 振动　　　　　　D. 抽空

348. BBA012　离心泵停运时,以下应依次关闭的顺序是(　　)。
　　　　　①入口阀;②出口阀;③电源。
　　A. ①②③　　　　　B. ①③②　　　　　C. ②③①　　　　　D. ③①②

349. BBA013 离心泵启动前要( )，泵充满所输送的流体。

A. 打开出口阀　　　B. 打开电源　　　C. 盘车　　　　　　D. 打开入口阀

350. BBA013 离心泵启动前无须检查的内容有( )。

A. 检查电动机和泵体的地脚螺栓、联轴节防护罩螺栓、各法兰口连接螺栓

B. 盘车确认是否轻松自如，无卡滞

C. 关闭泵出口阀门，开入口阀并充分排气

D. 检查轴承以及泵体的声音

351. BBA014 通过感知液面的变化来实现凝水排放的是( )。

A. 恒温型疏水器　　B. 波纹管型疏水器　　C. 脉冲型疏水器　　D. 浮球型疏水器

352. BBA014 当蒸汽管网排放阀排出蒸汽为干气时，应( )。

A. 关导淋阀，打开各疏水器前后阀，关闭旁路阀

B. 开导淋阀，打开各疏水器前后阀，关闭旁路阀

C. 关导淋阀，打开各疏水器前后阀，打开旁路阀

D. 关导淋阀，关闭各疏水器前后阀，关闭旁路阀

353. BBA015 关于安全阀的描述下列说法不正确的是( )。

A. 弹簧式安全阀应直立安装

B. 安全阀是一种根据介质压力而自动启闭的阀门

C. 安全阀起跳后能自动恢复原位

D. 安全阀的起跳压力应高于设备的设计压力

354. BBA015 安全阀按压力控制元件不同分类，其类型不包括( )。

A. 弹簧式安全阀　　B. 开式安全阀　　　C. 杠杆式安全阀　　D. 重锤式安全阀

355. BBA015 下列说法不正确的是( )。

A. 弹簧式安全阀应直立安装

B. 安全阀是一种根据介质压力而自动启闭的阀门

C. 安全阀起跳后能自动恢复原位

D. 安全阀的起跳压力应高于设备的设计压力

356. BBA016 气动执行器配备的辅助装置，常用的有( )。

A. 调节阀　　　　　　　　　　　B. 阀门定位器和手轮机构

C. 定位器　　　　　　　　　　　D. 输出仪

357. BBA016 气动执行器由( )组成。

A. 报警机构　　　　　　　　　　B. 执行机构和调节机构

C. 控制机构　　　　　　　　　　D. 输出机构

358. BBA017 由于泵轴上装有叶轮等配件，在重力的长期作用下会使轴弯曲，经常盘车可改变轴的受力方向，使轴的弯曲变形为( )。

A. 最小　　　　　　B. 最大　　　　　　C. 不变化　　　　　D. 不确定

359. BBA017 可以检查( )的松紧配合程度，避免运动部件因长期静止而锈死，使泵能够随时处于备用状态。

A. 运动元件　　　　B. 轴承　　　　　　C. 齿轮　　　　　　D. 叶轮

360. BBA018　涡街流量计是一种(　　)流量计。

　　A. 容积式　　　　　　B. 速度式　　　　　　C. 差压式　　　　　　D. 电气式

361. BBA018　涡街流量传感器当流体流过传感器壳体内垂直放置的漩涡发生体时,在其后
　　方两侧交替地产生(　　)漩涡,一侧漩涡分离的频率与流速成正比。

　　A. 一列　　　　　　B. 两列　　　　　　C. 三列　　　　　　D. 多列

362. BBA019　屏蔽泵流量不足的原因可能是(　　)。

　　A. 液体循环管堵塞　　　　　　　　B. 冷却水管道堵塞

　　C. 泵内无介质　　　　　　　　　　D. 管道漏气

363. BBA019　下列不属于屏蔽泵流量不足原因的是(　　)。

　　A. 液体循环管堵塞　　　　　　　　B. 叶轮腐蚀磨损

　　C. 叶轮密封环磨损过大　　　　　　D. 管道漏气

364. BBB001　下列属于管道防腐的目的是(　　)。

　　A. 降低管道振动　　　　　　　　　B. 减少输送介质过程中发出的噪声

　　C. 降低管道内介质流动摩擦阻力　　D. 防止电化学腐蚀

365. BBB001　下列不属于管道防腐的目的是(　　)。

　　A. 降低管道内介质流动摩擦阻力　　B. 防止地下水腐蚀

　　C. 防止大气腐蚀　　　　　　　　　D. 防止电化学腐蚀

366. BBB001　下列不属于管道防腐的目的是(　　)。

　　A. 管道外表美观　　　　　　　　　B. 防止管道内壁受到输送介质的腐蚀

　　C. 防止电化学腐蚀　　　　　　　　D. 防止大气腐蚀

367. BBB002　下列不属于设备管道保温的目的是(　　)。

　　A. 防止设备管道发生大气腐蚀　　　B. 预防烫伤

　　C. 减少热量与冷量的损失　　　　　D. 防止介质冻结或产生凝结水

368. BBB002　下列不属于设备管线保温的目的是(　　)。

　　A. 降低能耗　　　　　　　　　　　B. 减少热量损失

　　C. 防冻防凝　　　　　　　　　　　D. 提高管线承重能力

369. BBB002　下列不属于设备管线保温的目的是(　　)。

　　A. 降低泄漏量　　　B. 降低能耗　　　C. 减少热量损失　　　D. 防冻防凝

370. BBB003　下列不属于管路试压的目的是(　　)。

　　A. 检查已安装好的管道系统的刚度和严密性是否能达到设计要求

　　B. 检查已安装好的管道系统的强度和严密性是否能达到设计要求

　　C. 对承载管架进行检验,保证管路正常运行

　　D. 对承载基础进行检验,保证管路正常运行

371. BBB003　下列不属于管路试压的目的是(　　)。

　　A. 检查安装好的管路系统的强度是否达到设计要求

　　B. 检查安装好的管路系统的密封性是否达到设计要求

　　C. 检查安装好的管路系统的刚度是否达到设计要求

　　D. 对承载管架进行检验,保证管路正常运行

372. BBB003　下列属于管路试压的目的是(　　　)。

A. 管路在动火作业前应对管路进行试压

B. 检查管路的保温能力是否达到设计要求

C. 对承载管架进行检验,保证管路正常运行

D. 检查安装好的管路系统的刚度是否达到设计要求

373. BBB004　下列可以保护大气中的金属结构不受腐蚀的是(　　　)。

A. 保温　　　　　　　　　　　　　　B. 保冷

C. 刷漆　　　　　　　　　　　　　　D. 安装防雷防静电装置

374. BBB004　涂料施工程序第一步是(　　　)。

A. 表面处理　　　B. 选用底漆　　　C. 选用面漆　　　D. 二次底漆

375. BBB005　下列不属于机泵冷却水的作用的是(　　　)。

A. 降低轴承温度

B. 降低电动机温度

C. 降低填料函温度

D. 带走从轴封渗漏出的少量液体,并导出摩擦热

376. BBB005　下列不属于机泵冷却水的作用的是(　　　)。

A. 降低填料函温度,改善机械密封的工作条件,延长其使用寿命

B. 降低轴承温度

C. 用来冲洗介质中的杂质

D. 冷却高温介质泵的支座,防止因高温引起的泵与电动机同心度的偏移

377. BBB005　下列不属于机泵冷却水的作用的是(　　　)。

A. 降低填料函温　　　　　　　　　B. 降低轴承温度

C. 灌泵　　　　　　　　　　　　　　D. 降低高温介质泵的支座温度

378. BBB006　当屏蔽泵 TRG 表指示在(　　　)区域时表明可以正常运行。

A. 红色　　　　　B. 蓝色　　　　　C. 黄色　　　　　D. 绿色

379. BBB006　下列选项中,属于屏蔽泵 TRG 表监测部位的是(　　　)。

A. 叶轮　　　　　B. 推力盘　　　　C. 轴承　　　　　D. 轴

380. BBB006　当屏蔽泵 TRG 表指示在(　　　)区域时表明磨损在加剧,需要检修更换轴承。

A. 红色　　　　　B. 蓝色　　　　　C. 黄色　　　　　D. 绿色

381. BBB007　关于高速泵外设润滑油泵的作用,下列说法正确的是(　　　)。

A. 启动主电动机前,给电动机轴承进行预润滑

B. 启动主电动机前,给增速箱内的轴承和齿轮进行预润滑

C. 启动主电动机后,给电动机进行加热

D. 启动主电动机后,给电动机的轴承进行润滑

382. BBB007　高速泵润滑油系统采用(　　　)循环润滑。

A. 强制　　　　　B. 自然　　　　　C. 机封　　　　　D. 泵轴

383. BBB008　下列关于保温材料性能要求描述不正确的是(　　　)。

A. 导热系数低　　B. 使用温度范围宽　C. 密度小　　　　D. 吸水率高

384. BBB008 下列关于保温材料性能要求描述正确的是( )。

    A. 导热系数高   B. 吸水率高   C. 化学稳定性好   D. 成本越低廉越好

385. BBB008 关于保温材料必须满足的要求,下列说法错误的是( )。

    A. 保温材料本身不易变形或破裂

    B. 保温材料的材质应性质稳定,不腐蚀管材

    C. 保温材料应施工方便

    D. 保温材料应尽量选择便宜的

386. BBB009 高速泵运转( )后,应停机更换齿轮箱润滑油和油过滤器。

    A. 3000h   B. 4000h   C. 5000h   D. 6000h

387. BBB009 高速泵运转4000h后,应停机更换( )。

    A. 齿轮箱润滑油和油过滤器   B. 单独更换齿轮箱即可

    C. 单独更换油过滤器   D. 不用更换部件

388. BBB010 下列选项属于加热炉烟囱作用的是( )。

    A. 降低炉膛中氧含量   B. 保护炉管

    C. 保护炉墙   D. 将烟气排入高空,减少地面污染

389. BBB010 加热炉采用自然通风燃烧时,利用( )形成的抽力将外界空气吸入炉内供燃料燃烧。

    A. 烟囱   B. 烟道挡板   C. 看火门   D. 风门

390. BBB011 关于加热炉炉管日常维护,下列说法错误的是( )。

    A. 炉管应无异常振动、变形和渗漏,颜色应正常

    B. 当炉管超温时,应立即切断炉管中的蒸汽

    C. 炉管没有局部超温现象

    D. 炉管拉钩托架应无过热、变形损坏

391. BBB011 下列选项中,炉管可以继续使用的情况是( )。

    A. 炉管由于腐蚀,管壁厚度小于计算允许值

    B. 有鼓包、裂纹或网状裂纹

    C. 炉管外径大于原来外径的1%

    D. 水平炉管相邻两支架间的弯曲度大于炉管外径两倍

392. BBB012 下列说法错误的是( )。

    A. 氮气管线的吹扫介质是氮气

    B. 仪表风管线吹扫介质是干燥空气

    C. 氮气管线吹扫时,应先吹支管后吹主管,吹扫时在排放口设立警戒标志

    D. 管道系统吹扫前,不应安装孔板、节流阀、安全阀仪表件等

393. BBB012 下列说法错误的是( )。

    A. 氮气管线的吹扫介质是氮气

    B. 仪表风管线吹扫介质是干燥空气

    C. 氮气管线吹扫时,应先吹主管后吹支管,吹扫时在排放口设立警戒标志

    D. 管道系统吹扫前,可以安装孔板、节流阀、安全阀、仪表件等

394. BBB013　关于固定床反应器的日常维护,下列说法错误的是(　　)。

A. 定时检查人孔、阀门、法兰等密封点

B. 安全阀、压力表等安全设施是否灵活好用

C. 设备可偶尔超温、超压

D. 开停工中严格控制升温、升压、降温、降压速度

395. BBB013　关于固定床反应器的日常维护,下列说法错误的是(　　)。

A. 定时检查人孔、阀门、法兰等密封点

B. 安全阀、压力表等安全设施是否灵活好用

C. 严禁设备超温、超压

D. 开停工中按工作经验控制升温、升压、降温、降压速度

396. BBB014　下列说法错误的是(　　)。

A. 管路系统试压时,应拆除管路中不能参加试压的仪表、阀件,装上止回阀

B. 高压管路系统试压前应对有关资料进行审查

C. 管路系统试压时,管道焊缝和其他应检查的部位应未经涂漆和保温

D. 对于气体管道或按空管确定支架跨度的管道,作水压实验前要增设临时支架

397. BBB014　关于管道系统试压,以下说法错误的是(　　)。

A. 管道系统试压的压力值,可根据工作经验确定

B. 管道系统试压前应编制试压方案

C. 管道系统试压前安全阀、爆破片及仪表原件等已拆下或加以隔离

D. 管道系统试压过程应进行记录

398. BBB015　关于管道吹扫和清洗,以下说法错误的是(　　)。

A. 清洗排放的脏液就地排放

B. 蒸汽吹扫时,管道上及其附近不得放置易燃物

C. 吹扫和清洗时应设置禁区

D. 不允许吹扫和清洗的设备及管道应与吹扫和清洗系统隔离

399. BBB015　关于管道吹扫和清洗,以下说法错误的是(　　)。

A. 管道吹扫和清洗前编制吹扫和清洗方案

B. 非热力管道不得用蒸汽吹扫

C. 管道在压力试验合格前,开展吹扫和清洗工作

D. 管道吹扫和清洗合格并复位后,不得再进行影响管内清洁的其他作业

400. BBB016　机泵清理卫生时,不可擦拭的部位是(　　)。

A. 基础　　　　　B. 泵壳体　　　　　C. 电动机　　　　　D. 转动部件

401. BBB016　机泵清理卫生时,可用水冲洗的部位有(　　)。

A. 基础　　　　　B. 油杯　　　　　C. 电动机　　　　　D. 轴承箱

402. BCA001　烷基转移反应器压力高的原因有(　　)。

A. 进料量大　　　B. 进料量小　　　C. 入口管线畅通　　　D. 出口管线畅通

403. BCA001　脱氢反应器压力高的原因不包括(　　)。

A. 压缩机入口阀部分关闭　　　　　B. 压缩机入口阀正常

C. 压力指示仪表错误　　　　　　　D. 压缩机入口某些设备液位过高

404. BCA002 苯乙烯塔压力高的原因不包括(   )。
　　A. 真空泵停转　　　　　　　　　B. 到真空系统排放管线堵死
　　C. 塔釜液位计堵塞　　　　　　　D. 空气漏入塔内

405. BCA002 苯乙烯塔压力高的原因有(   )。
　　A. 真空泵运转正常　　　　　　　B. 到真空系统排放管线畅通
　　C. 塔釜液位计堵塞　　　　　　　D. 空气漏入塔内

406. BCA003 主冷器出口温度高的原因不包括(   )。
　　A. 风机部分停运　　B. 风机运转不正常　　C. 气温过高　　　　D. 气温过低

407. BCA003 主冷器的出入口工艺管线不畅通,会造成的后果有(   )。
　　A. 风机部分停运　　　　　　　　B. 风机运转不正常
　　C. 主冷器翅片灰尘多　　　　　　D. 主冷器出口温度高

408. BCA004 烷基化反应器出口温度高的原因有(   )。
　　A. 苯流量低　　　　　　　　　　B. 苯流量高
　　C. 温度指示器和控制器正常　　　D. 催化剂活性低

409. BCA004 脱氢反应器出口温度高的原因有(   )。
　　A. 进料量大　　　　B. 空气进入反应器　　C. 温度指示器正常　　D. 系统负压程度高

410. BCA004 脱氢反应器温度高的原因,下列表述错误的是(   )。
　　A. 加热炉故障　　　　B. 催化剂后期　　　　C. 仪表显示错误　　　D. 空气进入反应器

411. BCA005 脱氢反应器压降增大的原因不包括(   )。
　　A. 取压点部分堵塞　　　　　　　B. 压降仪表出错
　　C. 催化剂粉尘引起部分床层堵塞　D. 压缩机入口阀部分关闭

412. BCA005 烷基化反应器床层压降增大的原因不包括(   )。
　　A. 床层堵塞　　　　　　　　　　B. 乙烯进料量大
　　C. 压降仪表指示正确　　　　　　D. 苯流量高

413. BCA006 蒸汽加热炉燃料油压高的原因是(   )。
　　A. 火嘴堵塞　　　　　　　　　　B. 燃料油泵运转正常
　　C. 炉膛温度升高　　　　　　　　D. 火嘴突然熄灭过多

414. BCA006 蒸汽加热炉燃料油压高的原因是(   )。
　　A. 燃料油性质发生变化　　　　　B. 燃料油泵自启动开关使两台泵同时启动
　　C. 进料量及进料温度变化　　　　D. 雾化蒸汽压力变化

415. BCA007 尾气压缩机出口温度高的原因不包括(   )。
　　A. 出口压力高　　　B. 入口过滤器脏　　C. 基础不适当　　　　D. 压缩机运转不正常

416. BCA007 引起尾气压缩机出口温度高的原因有(   )。
　　A. 压缩机出口注入适量水　　　　B. 排放气压力低
　　C. 夹套冷却水流量正常　　　　　D. 压缩机吸入口节流阀故障

417. BCA008 尾气压缩机吸入压力低的原因有(   )。
　　A. 压缩机转速太低　　　　　　　B. 压缩机转速太高
　　C. 主冷器冷却效果差　　　　　　D. 压缩机入口畅通

418. BCA008　尾气压缩机吸入压力高的原因有(　　　)。

　　A.脱氢负荷低　　　　　　　　　　　　B.尾气压缩机的压力控制失灵

　　C.压缩机转速升高　　　　　　　　　　D.压缩机入口管路堵塞

419. BCA009　关于蒸汽加热炉氧含量高的原因,下列表述正确的是(　　　)。

　　A.烟道挡板开度过大　　　　　　　　　B.烟道挡板开度过小

　　C.风门开度小　　　　　　　　　　　　D.雾化蒸汽压力低

420. BCA009　关于蒸汽加热炉氧含量高的原因,下列表述不正确的是(　　　)。

　　A.烟道挡板开度过大　　　　　　　　　B.烟道挡板开度过小

　　C.风门开度大　　　　　　　　　　　　D.加热炉漏风

421. BCA010　苯乙烯精馏塔淹塔的原因不包括(　　　)。

　　A.进料量过大　　　B.塔釜采出停止　　　C.加热蒸汽过小　　　D.回流量小

422. BCA010　关于苯乙烯精馏塔淹塔的原因有(　　　)。

　　A.进料量过大　　　B.进料量过小　　　C.塔顶采出量过大　　　D.塔釜采出量过大

423. BCA011　乙苯精馏塔冲塔的原因是(　　　)。

　　A.进料量大　　　B.加热蒸汽过大　　　C.加热蒸汽过小　　　D.回流量大

424. BCA011　乙苯精馏塔冲塔的原因表述错误的是(　　　)。

　　A.进料量小　　　B.加热蒸汽过大　　　C.加热蒸汽过小　　　D.回流量小

425. BCA012　低压废热锅炉出口温度高的原因是(　　　)。

　　A.入口温度高　　　　　　　　　　　　B.入口温度低

　　C.废热锅炉液位偏高　　　　　　　　　D.锅炉给水量变大

426. BCA012　低压废热锅炉出口温度高的原因不包括(　　　)。

　　A.入口温度高　　　　　　　　　　　　B.入口温度低

　　C.废热锅炉液位偏低　　　　　　　　　D.锅炉给水量变小

427. BCA013　乙苯/蒸汽过热器出口温度高的原因是(　　　)。

　　A.乙苯蒸发量大　　　　　　　　　　　B.乙苯蒸发量停止

　　C.脱氢反应器温度低　　　　　　　　　D.主冷器入口温度高

428. BCA013　乙苯/蒸汽过热器出口温度高的原因不包括(　　　)。

　　A.系统压力高　　　　　　　　　　　　B.乙苯蒸发量停止

　　C.脱氢反应器温度高　　　　　　　　　D.主冷器入口温度高

429. BCA014　工艺凝液汽提塔顶气相流量低的原因,不包括(　　　)。

　　A.加热蒸汽量大　　　　　　　　　　　B.加热蒸汽量小

　　C.加热蒸汽不变,进料量增加　　　　　D.进料温度降低

430. BCA014　以下引起工艺凝液汽提塔顶气相流量低的原因是(　　　)。

　　A.塔顶气相流量升高　　　　　　　　　B.工艺凝液汽提塔进料预热器故障

　　C.加热蒸汽升高　　　　　　　　　　　D.进料温度低

431. BCA015　脱氢混合物/水分离器油相液位高的原因是(　　　)。

　　A.脱氢液泵正常　　　　　　　　　　　B.液位调节阀开度大

　　C.脱氢单元负荷过大　　　　　　　　　D.脱氢单元负荷过小

432. BCA015　脱氢混合物/水分离器油相液位高的原因不包括（　　）。
　　A. 脱氢液泵不上量　　　　　　　　B. 工艺凝液泵不上量
　　C. 脱氢单元负荷过大　　　　　　　D. 脱氢单元负荷过小

433. BCA016　脱氢混合物/水分离器水界面液位高的原因是（　　）。
　　A. 工艺凝液泵不上量　　　　　　　B. 低压废热锅炉出口温度高
　　C. 低压废热锅炉出口温度低　　　　D. 液位控制器正常

434. BCA016　脱氢混合物/水分离器水界面液位高的原因不包括（　　）。
　　A. 工艺凝液泵不上量　　　　　　　B. 低压废热锅炉出口温度高
　　C. 脱氢液/水聚结器堵塞,出料不畅　D. 液位控制器失灵

435. BCA017　离心泵机械密封冲洗温度高的原因是（　　）。
　　A. 冲洗压力太小　　B. 冲洗压力太大　　C. 限流孔板正常　　D. 冲洗液导热性好

436. BCA017　离心泵机械密封冲洗温度高的原因不包括（　　）。
　　A. 冲洗压力太小　　B. 冲洗压力太大　　C. 限流孔板堵塞　　D. 冲洗液导热性不好

437. BCA018　废热锅炉损坏的原因是（　　）。
　　A. 液位没控制好,造成干锅,产生过热点,使管子损坏
　　B. 乙苯进料合格
　　C. 废热锅炉液位偏高
　　D. 废热锅炉液位偏低

438. BCA018　废热锅炉损坏的原因不包括（　　）。
　　A. 液位没控制好,造成干锅,产生过热点,使管子损坏
　　B. 乙苯进料中带有 H 离子,腐蚀设备
　　C. 废热锅炉液位偏高
　　D. 锅炉给水硬度大,结垢

439. BCA019　苯乙烯产品纯度太低的原因是（　　）。
　　A. 来自乙苯/苯乙烯分离塔的釜液中乙苯过高
　　B. 来自乙苯/苯乙烯分离塔的釜液中乙苯过低
　　C. 有苯乙烯冲洗漏入塔内
　　D. 苯乙烯塔进料量大

440. BCA019　关于苯乙烯产品纯度太低的原因,下列说法错误的是（　　）。
　　A. 有乙苯冲洗漏入塔内
　　B. 来自乙苯/苯乙烯分离塔的釜液中乙苯过高
　　C. 产品罐受到污染
　　D. 苯乙烯塔进料量大

441. BCA020　蒸汽加热炉火焰燃烧不稳定的原因不包括（　　）。
　　A. 火嘴部件有腐蚀　　B. 炉子负荷大　　　C. 火嘴上积炭　　　　D. 炉膛内缺少空气

442. BCA020　蒸汽加热炉火焰燃烧不稳定的原因有（　　）。
　　A. 炉膛内不缺少空气　　　　　　　B. 火嘴对中
　　C. 充分燃烧　　　　　　　　　　　D. 烟道挡板开度波动

443. BCA021 高速泵出口压力波动过大的原因有( )。
   A. 润滑油液位过高　　B. 流量太小　　　　C. 流量太大　　　　D. 汽蚀余量足够

444. BCA021 高速泵出口压力波动过大的原因不包括( )。
   A. 润滑油液位过高　　　　　　　　B. 流量太小
   C. 压力表假指示　　　　　　　　　D. 汽蚀余量不够

445. BCA022 屏蔽泵电流超高的原因不包括( )。
   A. 叶轮和泵体间发生磨损　　　　　B. 泵的口环有磨损
   C. 润滑不好,形成干磨　　　　　　D. 泵的转速不够

446. BCA022 屏蔽泵电流超高的原因有( )。
   A. 叶轮和泵体间发生磨损　　　　　B. 泵的口环无磨损
   C. 润滑效果好　　　　　　　　　　D. 泵的转速不够

447. BCA023 屏蔽泵振动有异常响声的原因有( )。
   A. 石墨轴承磨损过快　　　　　　　B. 轴承正常
   C. 转子平衡　　　　　　　　　　　D. 叶轮洁净

448. BCA023 屏蔽泵振动有异常响声的原因不包括( )。
   A. 石墨轴承磨损过快　　　　　　　B. 轴承弯曲
   C. 转子平衡　　　　　　　　　　　D. 叶轮堵塞

449. BCA024 水环式真空泵真空度低的原因不包括( )。
   A. 泵的供水量不够　　　　　　　　B. 水环变热,温度升高
   C. 水环变冷,温度降低　　　　　　D. 密封部分漏气

450. BCA024 水环式真空泵真空度低的原因不包括( )。
   A. 机泵不适合　　　B. 工作液流量小　　C. 系统轻度泄漏　　D. 工作液温度高

451. BCA025 高速泵增速箱油温过高的原因不包括( )。
   A. 油位过高　　　　B. 油冷却器堵塞　　C. 油冷却器畅通　　D. 冷却水断流

452. BCA025 高速泵增速箱油温过高的原因有( )。
   A. 油位正常　　　　B. 油冷却器堵塞　　C. 油冷却器畅通　　D. 冷却水正常

453. BCA026 关于变频离心泵出口流量低的原因,下列表述错误的是( )。
   A. 泵的转速太高　　　　　　　　　B. 泵的转速太低
   C. 泵出口的系统管路不畅　　　　　D. 泵的平衡装置发生磨损

454. BCA026 关于变频离心泵的出口流量低的原因,下列表述正确的是( )。
   A. 泵的转速太高　　　　　　　　　B. 泵出口的系统管路通畅
   C. 泵出口的系统管路不畅　　　　　D. 泵的平衡装置正常

455. BCA027 关于离心泵运行时流量扬程降低原因,下列表述错误的是( )。
   A. 泵的运行方向不对　　　　　　　B. 吸入液体有汽化现象
   C. 吸入液体压力太高　　　　　　　D. 吸入液体黏度太大

456. BCA027 关于离心泵运行时流量扬程降低原因,下列表述正确的是( )。
   A. 泵的运行方向正常　　　　　　　B. 吸入液体有汽化现象
   C. 吸入液体压力太高　　　　　　　D. 吸入液体黏度太低

457. BCA028 关于离心泵轴承温度高的原因,下列表述正确的是(   )。

A. 冷却水量少　　　B. 冷却水量大　　　C. 润滑油的质量高　　D. 输送介质温度正常

458. BCA028 关于离心泵轴承温度高的原因,下列表述正确的是(   )。

A. 泵轴对中正常

B. 冷却系统结垢、堵塞,使冷却水供应不足或中断

C. 运行工况正常

D. 润滑油在保质期内

459. BCB001 关于乙苯脱氢单元停氮气的处理方法,下列叙述正确的是(   )。

A. 反应器能正常运行

B. 乙苯脱氢单元不必立即停车

C. 停氮气后,停尾气压缩机

D. 停氮气后,尾气压缩机可继续运转,不受影响

460. BCB001 关于乙苯单元停氮气的处理方法,下列叙述不正确的是(   )。

A. 为保持塔的运行,可采用全回流以避免无氮停车

B. 停氮气时间较长,不能维持热苯循环,应按正常停车程序停乙苯单元

C. 停氮气时间较长,热苯循环不受影响,可长期维持

D. 为保持塔的运行,可减少再沸器的加热蒸汽量

461. BCB002 关于 DCS 控制台死机处理方法,下列表述不正确的是(   )。

A. 室外人员加强巡检

B. 利用现场仪表进行监视,保证装置稳定

C. 室外人员必要时可利用现场阀门等设备进行控制

D. 工艺操作员应立即自行修理 DCS 控制系统,不必等待仪表人员

462. BCB002 关于 DCS 控制台死机处理方法,下列表述正确的是(   )。

A. 室外人员不用巡检

B. 利用现场仪表进行监视,保证装置稳定

C. 室外人员休息即可

D. 工艺操作员应立即自行修理 DCS 控制系统,不必等待仪表人员

463. BCB003 关于乙烯压缩机联锁停车处理方法,下列表述正确的是(   )。

A. 立即打开旁通阀,将系统压力卸载　　　B. 保持系统压力

C. 先开出口阀　　　　　　　　　　　　　D. 先关入口阀

464. BCB003 关于乙烯压缩机联锁停车处理方法,下列表述不正确的是(   )。

A. 立即打开旁通阀,将系统压力卸载　　　B. 保持系统压力

C. 先关出口阀　　　　　　　　　　　　　D. 后关入口阀

465. BCB004 关于尾气压缩机联锁停车处理方法,下列表述不正确的是(   )。

A. 操作人员立即切断透平机主蒸汽　　　B. 室外人员立即调节加热炉火嘴

C. 室内人员确保乙苯蒸发系统正常　　　D. 将加热炉风门开大

466. BCB004 关于尾气压缩机联锁停车处理方法,下列表述正确的是(   )。

A. 操作人员开大透平机主蒸汽阀门　　　B. 加热炉不用调整

C. 室内人员确保乙苯蒸发系统正常　　　D. 将加热炉风门开大

467. BCB005 关于苯乙烯产品聚合物含量高处理方法,下列表述正确的是( )。
 A. 减少苯乙烯精馏塔釜采出   B. 减少苯乙烯精馏塔阻聚剂的加入量
 C. 清除塔顶罐内壁上的聚合物沉积   D. 将苯乙烯精馏塔升为正压操作

468. BCB005 引起苯乙烯产品聚合物含量高的原因,下列表述错误的是( )。
 A. 塔顶真空度   B. 塔釜温度低
 C. 回流量大   D. 精馏塔塔釜聚合物含量高

469. BCB006 关于燃烧器点不着火的处理方法,下列表述正确的是( )。
 A. 调节至合适的气油比   B. 燃料含水太少,进行补水
 C. 提高加热炉负荷   D. 将燃烧器的风门开度调大

470. BCB006 关于燃烧器点不着火的处理方法,下列表述错误的是( )。
 A. 调节至合适的气油比   B. 燃料含水太少,进行补水
 C. 检查燃料油压力是否正常   D. 将燃烧器的风门开度调小

471. BCB007 关于乙苯脱氢单元空气泄漏联锁停车处理方法,下列表述正确的是( )。
 A. 发现泄漏点后,应降低乙苯蒸发量,慢慢停止乙苯进料
 B. 发现泄漏点后,应提高乙苯蒸发量,慢慢增加乙苯进料
 C. 找到泄漏点后,以全量蒸汽吹扫反应器,提高主蒸汽流量
 D. 找到泄漏点后,不用调整

472. BCB007 关于乙苯脱氢单元过热炉和反应器联锁停车处理方法,下列表述错误的是
   ( )。
 A. 检查跳闸系统是否已工作正常   B. 关闭进过热炉的每种燃料截止阀
 C. 迅速查找联锁动作原因   D. 如果压缩机已停,应立即启动

473. BCB008 关于燃料气带液的处理方法,下列表述正确的是( )。
 A. 降低燃料气压力   B. 提高燃料气压力   C. 提高燃料油压力   D. 对燃料气进行排液

474. BCB008 燃料气带液的危害,下列表述正确的是( )。
 A. 炉膛温度急剧升高   B. 炉子出口温度降低
 C. 燃料气压力降低   D. 炉膛温度不变

475. BCB009 关于调节阀外泄处理办法,下列表述正确的是( )。
 A. 增加密封油脂   B. 减少密封油脂   C. 减少填料   D. 取出填料

476. BCB009 关于调节阀经常卡住或堵塞的处理办法,下列操作正确的是( )。
 A. 卸开阀门进行清洗   B. 增加密封油脂
 C. 拆除管道过滤器   D. 更换石墨填料

477. BCB009 关于调节阀的密封性能差的处理办法,下列操作正确的是( )。
 A. 通过研磨,消除痕迹,提高密封面的表面粗糙度,减小密封间隙
 B. 减少填料
 C. 安装管道过滤器
 D. 取出填料

478. BCB010 关于蒸汽加热炉火焰脱火的处理方法,下列操作正确的是( )。
 A. 打开风门   B. 增加主蒸汽进料量
 C. 增大挡板开度   D. 保持燃料喷出速度低于脱火极限

479. BCB010 蒸汽加热炉燃烧时,不能引起火焰脱火的原因有(   )。

    A. 瓦斯压力过高   B. 雾化蒸汽压力过大

    C. 风量过大   D. 油量过大

480. BCB011 关于运行机泵循环冷却水堵塞的处理方法,下列表述正确的是(   )。

    A. 停泵,重新启动   B. 对离心泵排气

    C. 不能及时处理时,应切换至备用泵   D. 其他选项都不正确

481. BCB011 关于运行机泵循环冷却水堵塞的处理方法,下列表述正确的是(   )。

    A. 停泵,重新启动   B. 对离心泵排气

    C. 疏通冷却水的堵塞   D. 其他选项都不正确

482. BCB012 关于苯中毒事故的处理方法,下列表述错误的是(   )。

    A. 用水彻底清洗接触的皮肤

    B. 用水彻底清洗眼睛

    C. 为吞下苯的人员服用可食用的脂肪或食用油,不要诱使他呕吐

    D. 为吞下苯的人员服用可食用的脂肪或食用油,诱使他呕吐

483. BCB012 关于苯中毒事故的处理方法,下列表述正确的是(   )。

    A. 用乙苯彻底清洗接触的皮肤

    B. 用乙苯彻底清洗眼睛

    C. 为吞下苯的人员服用可食用的脂肪或食用油,不要诱使他呕吐

    D. 为吞下苯的人员服用可食用的脂肪或食用油,诱使他呕吐

484. BCB013 关于 NSI 中毒事故的处理方法,下列表述错误的是(   )。

    A. 用流动清水彻底清洗眼睛

    B. 用水彻底清洗接触的皮肤

    C. 为食用的人员服用可食用的脂肪或食用油,不要诱使他呕吐

    D. 将吸入者迅速脱离至空气新鲜处

485. BCB013 关于苯乙烯喷溅事故的处理方法,下列表述错误的是(   )。

    A. 喷溅至眼部,要用大量的水冲洗眼睛,及时就医

    B. 皮肤接触用大量泡沫水冲洗,及时就医

    C. 脱去污染的衣物,用乙苯擦拭清洗

    D. 将吸入者迅速脱离至空气新鲜处

486. BCB014 蒸汽加热炉温度上不去的处理方法不包括(   )。

    A. 减少加热炉的排烟量

    B. 减少主蒸汽进料量,满足蒸汽加热炉的负荷要求

    C. 对加热炉破损的炉墙保温进行维修

    D. 增加主蒸汽进料量

487. BCB014 提高蒸汽加热炉出口温度的方法,有(   )。

    A. 开大烟道挡板

    B. 减少主蒸汽进料量,满足蒸汽加热炉的负荷要求

    C. 减少燃料气使用量

    D. 增加脱氢负荷

488. BCB015　关于乙苯/苯乙烯精馏塔冷凝器分水包水位不断缓慢上升的处理方法,下列表述错误的是(　　)。

A. 检查进料系统是否带水 　　　　　B. 检查塔顶冷凝器是否泄漏

C. 检查再沸器是否泄漏 　　　　　　D. 不用在意

489. BCB015　关于乙苯/苯乙烯精馏塔冷凝器分水包水位不断缓慢上升的处理方法,下列表述正确的是(　　)。

A. 不用检查进料系统是否带水 　　　B. 检查塔顶冷凝器是否泄漏

C. 不用检查再沸器是否泄漏 　　　　D. 不用对水包进行切水

490. BCB016　蒸汽灭火应注意的操作要点是(　　)。

A. 要保持一定的蒸汽供给压力 　　　B. 仅保持一定的蒸汽量就可达到灭火效果

C. 尽量不使用饱和蒸汽灭火 　　　　D. 尽量使用过热蒸汽灭火

491. BCB016　蒸汽灭火应注意的操作要点不包括(　　)。

A. 要保持一定的蒸汽供给压力 　　　B. 仅保持一定的蒸汽量就可达到灭火效果

C. 尽量使用饱和蒸汽灭火 　　　　　D. 尽量不使用过热蒸汽灭火

492. BCB017　乙烯压缩机联锁动作后,以下说法错误的是(　　)。

A. 打开旁通阀 　　　　　　　　　　B. 关闭旁通阀

C. 根据联锁条件延时打开 　　　　　D. 乙烯压缩机立即停车

493. BCB017　脱氢压缩机联锁动作的原因,不包括(　　)。

A. 乙苯脱氢反应系统少量空气漏入 　B. 氧含量达到联锁值

C. 振值达到联锁值 　　　　　　　　D. 润滑油乳化

494. BCB018　关于可燃气体报警后的处理方法,下列操作正确的是(　　)。

A. 终止进容器作业,置换合格后再恢复作业

B. 继续动火作业,不用在意漏点

C. 操作人员立即撤离

D. 装置立即停车

495. BCB018　关于可燃气体报警后的处理方法,下列操作错误的是(　　)。

A. 停止动火作业,消除漏点

B. 迅速消除报警原因

C. 操作人员到现场检查有无漏点

D. 操作人员通知消防人员到现场检查有无漏点

496. BCB019　关于苯塔发生冲塔事故的原因,下列表述正确的是(　　)。

A. 进料组成中重组分过多 　　　　　B. 塔釜采出量小

C. 塔顶采出量小 　　　　　　　　　D. 加热蒸汽量过大

497. BCB019　关于苯塔发生冲塔事故的原因,下列表述错误的是(　　)。

A. 回流量小　　　B. 塔釜采出量小　　　C. 塔顶采出量大　　　D. 加热蒸汽量过大

498. BCB020　关于多乙苯塔顶泵压力不足的处理方法,下列表述错误的是(　　)。

A. 清理泵入口滤网 　　　　　　　　B. 降低液体黏度

C. 降低泵的转速 　　　　　　　　　D. 更换腐蚀严重的叶轮

499. BCB020　关于多乙苯塔顶泵压力不足的处理方法，下列表述正确的是(　　)。

　　A. 清理泵入口滤网　B. 提高液体黏度　　C. 降低泵的转速　　D. 关小泵入口阀门

500. BCB021　关于水冷却器泄漏的处理方法，下列表述错误的是(　　)。

　　A. 堵管消漏　　　　　　　　　　B. 更换冷却器

　　C. 采用补胀消漏　　　　　　　　D. 调小冷却水上水阀开度

501. BCB021　关于水冷却器泄漏的处理方法，下列表述正确的是(　　)。

　　A. 堵管消漏　　　　　　　　　　B. 不用在意

　　C. 调大冷却水上水阀开度　　　　D. 调小冷却水上水阀开度

502. BCB022　关于乙苯进料中断时的处理方法，下列操作错误的是(　　)。

　　A. 继续通入蒸汽　　　　　　　　B. 减少加热炉的加热量

　　C. 增加加热炉的加热量　　　　　D. 降低炉子的温度

503. BCB022　关于乙苯进料中断时的处理方法，下列操作正确的是(　　)。

　　A. 停止通入蒸汽　　　　　　　　B. 减少加热炉的加热量

　　C. 增加加热炉的加热量　　　　　D. 提高炉子的温度

504. BCB023　关于常压塔放空系统压力高的处理方法，下列表述正确的是(　　)。

　　A. 回流量过大　　　B. 回流量正常　　　C. 加热蒸汽量大　　D. 加热蒸汽量小

505. BCB023　关于常压塔放空系统压力高的处理方法，下列表述错误的是(　　)。

　　A. 气相出口线阻塞　B. 回流量过小　　　C. 加热蒸汽量大　　D. 加热蒸汽量小

506. BCB024　关于苯乙烯精馏单元系统蒸汽中断的处理方法，下列表述错误的是(　　)。

　　A. 将再沸器壳程放空打开　　　　B. 将再沸器壳程放空关闭

　　C. 保证产品不污染产品罐　　　　D. 保护好屏蔽泵

507. BCB024　关于乙苯单元系统蒸汽中断的处理方法，下列表述正确的是(　　)。

　　A. 手动将所有蒸汽调节阀全关　　B. 手动将所有蒸汽调节阀全开

　　C. 将乙苯产品切至不合格品系统　D. 防止产品罐受到污染

508. BCB024　关于乙苯脱氢单元系统蒸汽中断的处理方法，下列表述错误的是(　　)。

　　A. 室外迅速灭火嘴　　　　　　　B. 室内逐渐将系统压力升高

　　C. 停尾气压缩机　　　　　　　　D. 将废热锅炉排空

509. BCB025　关于工艺凝液汽提塔塔顶温度偏低的处理方法，下列表述错误的是(　　)。

　　A. 增加加热蒸汽量　　　　　　　B. 降低加热蒸汽量

　　C. 修理有故障的温度显示仪表　　D. 降低处理量，避免淹塔

510. BCB025　工艺凝液汽提塔塔顶温度低的主要原因不包括(　　)。

　　A. 油水分离不彻底　　　　　　　B. 聚结器油相回收管路不畅通

　　C. 工艺凝液过滤器过滤效果差　　D. 汽提蒸汽量大

511. BCB026　关于脱氢反应器入口温度高联锁后的处理方法，下列表述错误的是(　　)。

　　A. 室内人员保证反应器入口温度不会下降太快

　　B. 室内人员保证反应器入口温度迅速下降

　　C. 检查跳闸系统是否已动作

　　D. 尽快恢复燃料油、燃料气

512. BCB026　关于脱氢反应器入口温度高联锁后的处理方法,下列表述正确的是(　　　)。

　　A. 室内人员保证反应器入口温度不会下降太快

　　B. 室内人员保证反应器入口温度迅速下降

　　C. 不用确定联锁电磁阀阀门状态

　　D. 不用恢复燃料油、燃料气

513. BCB027　关于蒸汽加热炉炉管结焦的处理方法,下列表述正确的是(　　　)。

　　A. 保持进料稳定,各路流量均匀　　　　B. 提高炉膛负压

　　C. 降低炉膛负压　　　　　　　　　　　D. 将风门开大

514. BCB027　可以避免蒸汽加热炉炉管结焦的方法,下列表述错误的是(　　　)。

　　A. 及时调节火焰,使火焰成型　　　　　B. 加热炉炉嘴燃烧正常

　　C. 加热炉火焰不烧炉管　　　　　　　　D. 将风门开大

515. BCB028　关于消防水炮的使用方法,下列表述错误的是(　　　)。

　　A. 水炮应在使用压力范围内使用

　　B. 水炮可以超出使用压力范围内使用

　　C. 应使用清洁水,以避免造成将水炮堵塞

　　D. 为保证水炮在喷射时的稳定性,水炮在喷射时不要任意回转

516. BCB028　关于消防水炮的使用方法,下列表述正确的是(　　　)。

　　A. 水炮在喷射时应缓慢回转

　　B. 水炮在喷射时应快速回转

　　C. 每次使用后无须将水炮内水放净

　　D. 水炮的转动部位不用注润滑脂,不用进行维护

517. BCB029　关于蒸汽灭火的原理,下列表述正确的是(　　　)。

　　A. 将蒸汽施放到燃烧区时,就会使其含氧量降低

　　B. 将蒸汽施放到燃烧区时,就会使其含氧量升高

　　C. 饱和蒸汽的灭火效果小于过热蒸汽

　　D. 饱和蒸汽的灭火效果和过热蒸汽的灭火效果一样

518. BCB029　关于蒸汽灭火的原理,下列表述错误的是(　　　)。

　　A. 将蒸汽施放到燃烧区时,就会使其含氧量降低

　　B. 将蒸汽施放到燃烧区时,就会使其含氧量变化

　　C. 饱和蒸汽的灭火效果大于过热蒸汽

　　D. 饱和蒸汽的灭火效果小于过热蒸汽

519. BDA001　下列符号表示的是(　　　)。

　　A. 立式油池泵　　　　B. 往复活塞泵　　　　C. 齿轮泵　　　　　　D. 离心泵

520. BDA001　下列符号表示的是(　　　)。

　　A. 闭式排放漏斗　　　　　　　　　　　B. 开口排放漏斗

　　C. 永久性 Y 型过滤器　　　　　　　　D. 焊接管帽

521. BDA001 下列符号表示的是( )。

  A. 闭式排放漏斗　　　　　　　　　　B. 开口排放漏斗

  C. 永久性 Y 型过滤器　　　　　　　　D. 焊接管帽

522. BDA002 炼化设备图标题栏包括的内容有( )。

  A. 设备的工艺特性　　　　　　　　　B. 设备的主要规格

  C. 设备零部件数量　　　　　　　　　D. 技术要求

523. BDA002 炼化设备图视图是用( )方法按照国家标准要求绘制。

  A. 正投影　　　　B. 轴侧图　　　　C. 零件图　　　　D. 图样

524. BDA002 炼化设备图的技术特性表是用表格形式列出设备的主要工艺特性及其他特性等,以下内容不在技术特性表列出的是( )。

  A. 工作压力　　　　　　　　　　　　B. 物料名称

  C. 容器类别　　　　　　　　　　　　D. 各管口有关数据和用途

525. BDA003 下列表示分程调节阀的图是( )。

526. BDA003 下列表示仪表串级调节的是( )。

527. BDA004 关于流程方块图,下列正确的画法是( )。

528. BDA004 关于工艺流程图隔膜阀,下列正确的画法是( )。

529. BDA005　如图,升温曲线中通主蒸汽的阶段是(　　　)。

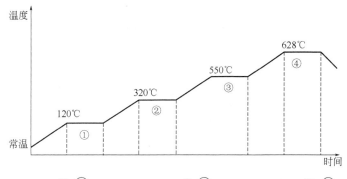

A. ①　　　　　　　B. ②　　　　　　　C. ④　　　　　　　D. ③

530. BDA005　如图所示③代表的阶段是(　　　)。

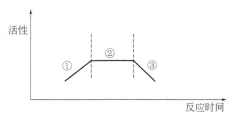

A. 稳定期　　　　　B. 减弱期　　　　　C. 衰退期　　　　　D. 过渡期

531. BDA005　如图所示①代表的阶段是(　　　)。

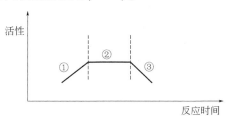

A. 稳定期　　　　　B. 成熟期　　　　　C. 渐进期　　　　　D. 过渡期

532. BDB001　1标准大气压等于(　　　)。

A. 1.0kgf/cm^2　　　B. 760mmHg　　　C. 10mH$_2$O　　　D. 1.0bar

533. BDB001　下列描述中正确的是(　　　)。

A. 真空度=大气压力−绝对压力　　　　B. 真空度=大气压力+绝对压力

C. 大气压力=绝对压力−真空度　　　　D. 表压=绝对压力+大气压力

534. BDB002　一般负荷率是指(　　　)。

A. 装置平均负荷与最高负荷的比值

B. 装置平均负荷与设计负荷的比值

C. 装置平均负荷与上一年平均负荷的比值

D. 装置设计负荷与平均负荷的比值

535. BDB002　装置负荷率表示(　　　)。

A. 装置的运行程度　　　　　　　　　B. 装置实际生产能力

C. 装置设计生产能力　　　　　　　　D. 装置设计负荷

536. BDB003　一般装置开工率就是指（　　）。

　　A. 指装置实际开工天数与当月（或当年）天数之比

　　B. 指装置当月（或当年）天数与实际开工天数之比

　　C. 指装置实际开工小时数与当月（或当年）小时数之比

　　D. 指装置当月（或当年）小时数与实际开工小时数之比

537. BDB003　影响装置开工率计算结果的因素有（　　）。

　　A. 装置实际运行时间与某时间段的运行小时数

　　B. 非计划停工时间

　　C. 装置设计运行时间

　　D. 装置停工次数

538. BDB004　苯乙烯装置的物耗指（　　）。

　　A. 多乙苯的消耗量　　　　　　　　B. 出料中苯乙烯的生产量

　　C. 乙烯和苯的消耗量　　　　　　　D. 乙烯和苯的单耗量

539. BDB004　苯乙烯装置的物耗的计算方式为（　　）。

　　A. 装置苯和乙烯消耗量与产品产量之比　B. 苯和乙烯消耗量与乙苯产量之比

　　C. 苯和乙烯消耗量与苯乙烯产量之比　　D. 乙苯产量与苯乙烯产量之比

540. BDB004　关于苯乙烯装置物耗，下列描述正确的是（　　）。

　　A. 装置苯耗是指当月原料苯消耗量

　　B. 装置乙烯耗是指当月原料乙烯消耗量

　　C. 装置苯耗是指当月产品产量与原料苯消耗量之比

　　D. 装置乙烯耗是指当月乙烯消耗量与产品量之比

541. BDB005　一台离心泵，输送密度为 $1000kg/m^3$ 的水，稳定运行时泵的扬程为 $50m\ H_2O$，电动机输出的轴功率为 200kW，泵的效率为 60%，此时泵出口流量为（　　）。

　　A. 880t/h　　　　　B. 780t/h　　　　　C. 850t/h　　　　　D. 820t/h

542. BDB005　有一台离心泵，输送的介质密度为 $450kg/m^3$，正常工作时流量为 $300m^3/h$，扬程为 300m 液柱，电动机轴功率为 138kW，则此台泵的效率约为（　　）。

　　A. 70%　　　　　　B. 75%　　　　　　C. 80%　　　　　　D. 85%

543. BDB005　已知一台离心泵打水时封闭压头（出口阀关闭）为 0.5MPa，进口真空表读数为 400mmHg，该泵扬程为（　　）水柱（大气压为 735mmHg，进口、出口压力表相距 1m）。

　　A. 65.3m　　　　　B. 75m　　　　　　C. 56.5m　　　　　D. 23.7m

544. BDB006　一离心泵出口物料体积流量为 $36m^3/h$，流体密度为 $1000kg/m^3$，每千克流体经泵后获得能量为 250J，电动机的轴功率为 4.17kW，该泵的效率为（　　）。

　　A. 60%　　　　　　B. 65%　　　　　　C. 70%　　　　　　D. 75%

545. BDB006　一离心泵出口物料体积流量为 $360m^3/h$，流体密度为 $1000kg/m^3$，泵的扬程为 150m 液柱，电动机的轴功率为 180kW，该泵的效率约为（　　）。

　　A. 62%　　　　　　B. 68%　　　　　　C. 72%　　　　　　D. 82%

546. BDB007 对流传热的热阻主要集中在流动流体的(   )。

   A. 湍流主体　　　　B. 过渡流区　　　　C. 间壁导热　　　　D. 层流内层

547. BDB007 下列物质中,(   )的导热系数最小。

   A. 铁　　　　　　　B. 水　　　　　　　C. 空气　　　　　　D. 铜

548. BDB007 有一台换热器,冷却水进口温度为283K,出口温度为293K,高温气体流量为
            100kg/h,进口温度为353K,出口温度为313K,高温气体的定压比热容为
            1.85kJ/(kg·K),水的定压比热容为4.18kJ/(kg·K),不计热损失,冷热流
            体热交换量应为(   )。

   A. 2050W　　　　　B. 2060W　　　　　C. 2055W　　　　　D. 2065W

549. BDB008 炉子烟道气的分析数据为CO_2为11.8%,O_2为3.4%,其过剩空气系数为
            (   )。

   A. 2.526　　　　　B. 1.178　　　　　C. 3.856　　　　　D. 2.478

550. BDB008 加热炉过剩空气系数是根据烟道气分析数据中的(   )体积百分数来确
            定的。

   A. 二氧化碳　　　　B. 氧气　　　　　　C. 氮气　　　　　　D. 可燃气

551. BDB009 某换热器用水冷却油,传热系数为400W/(m^2·K),换热器传热面积为
            17.4m^2,平均传热温差为40.32K,求该换热器的传热量为(   )。

   A. 256781W　　　　　　　　　　　　　B. 157453W

   C. 357126.2W　　　　　　　　　　　　D. 280627.2W

552. BDB009 某换热器用饱和蒸汽将原料由100℃加热到120℃,原料的流量为108t/h,平
            均等压比热容为2.93kJ/(kg·℃),其热负荷为(   )。

   A. 1.76×10^6W　　B. 2.35×10^6W　　C. 1.45×10^6W　　D. 3.2×10^6W

553. BDB010 某厂生产产品中含A产品为30t/h,经提纯后得A产品为25t,提纯工段A产
            品的收率为(   )。

   A. 75%　　　　　　B. 77.5%　　　　　C. 83.3%　　　　　D. 78.2%

554. BDB010 制定物质的转化率、收率、选择性三者之间的换算关系为(   )。

   A. 收率=转化率×选择性　　　　　　　B. 转化率=收率×选择性

   C. 选择性=转化率×收率　　　　　　　D. 收率=转化率+选择性

555. BDB011 乙苯脱氢反应过程中,总蒸汽量为18t/h,乙苯量为11t/h,水比为(   )。

   A. 2.12　　　　　　B. 1.27　　　　　　C. 1.6　　　　　　D. 2.5

556. BDB011 乙苯脱氢反应过程中,蒸汽量为20t/h,乙苯量为15.8t/h,水比为(   )。

   A. 2.12　　　　　　B. 1.27　　　　　　C. 3.5　　　　　　D. 2.5

557. BDB012 某碳二加氢反应器一段床进料为65000m^3/h,其乙炔含量为0.9%(体积分
            数),一段床出口乙炔为0.3%(体积分数),则乙炔转化率为(   )。

   A. 33%　　　　　　B. 67%　　　　　　C. 50%　　　　　　D. 100%

558. BDB012 某一反应器,进料中某种物料流量为10000kg/h,反应后测得该物料未参加反
            应的量为500kg/h,该物料在反应器中的转化率为(   )。

   A. 85%　　　　　　B. 90%　　　　　　C. 95%　　　　　　D. 99.5%

559. BDB012　进料组成中含有二乙苯 8.13%，出料中二乙苯为 1.8%，那么二乙苯的转化率为（　　　）。

　　A. 75.23%　　　　B. 77.86%　　　　C. 81.56%　　　　D. 79.85%

560. BDB013　烷基化反应出料组成中含有乙苯 18.46%，二乙苯为 2.44%，多乙苯为 0.21%，那么乙苯的选择性为（　　　）。

　　A. 90%　　　　B. 91.52%　　　　C. 85.56%　　　　D. 87.45%

561. BDB013　烷基化反应出料组成中含有乙苯 18.46%，二乙苯为 2.44%，多乙苯为 0.21%，高沸物 0%，那么乙基化的选择性为（　　　）。

　　A. 100%　　　　B. 93.68%　　　　C. 98.74%　　　　D. 94.52%

562. BDB013　某装置反应进料量为 150t/h，进料中甲苯含量为 65%（质量分数），C_9A 含量为 31%（质量分数），苯含量为 0.2%（质量分数），二甲苯含量为 0.3%（质量分数），汽提塔底出料量为 146t/h，甲苯含量为 41%（质量分数），C_9A 含量为 16%（质量分数），苯含量为 10%（质量分数），二甲苯和 EB 含量为 31.5%（质量分数），则反应选择性为（　　　）。

　　A. 99.7%　　　　B. 98.5%　　　　C. 42.2%　　　　D. 94.6%

563. BDB014　有一连续操作丙烯精馏塔，其进料为 25t/h，其中丙烯 98%，塔顶采出丙烯纯度为 99.5%，塔釜丙烷纯度为 95%（以上均为质量分数），则塔顶采出丙烯量为（　　　）。

　　A. 23.6t/h　　　　B. 24.6t/h　　　　C. 25.6t/h　　　　D. 26t/h

564. BDB014　有一连续操作丙烯精馏塔，其进料为 25t/h，其中丙烯 98%，塔顶采出丙烯纯度为 99.5%，塔釜丙烷纯度为 96%（以上均为质量分数），则塔釜采出丙烷量为（　　　）。

　　A. 0.3t/h　　　　B. 0.4t/h　　　　C. 0.6t/h　　　　D. 0.8t/h

565. BDB014　某连续精馏塔在压强为 101.3kPa 下分离苯-甲苯的混合液，已知处理量为 15300kg/h，原料中苯的含量为 45.9%，工艺要求馏出液的含量不小于 94.2%，残液中苯的含量不大于 4.27%，馏出液和残液的量为（　　　）。

　　A. 12752.8kg/h，2547.2kg/h　　　　B. 8728.4kg/h，6571.6kg/h

　　C. 7082.6kg/h，8217.4kg/h　　　　D. 10058.8kg/h，5241.2kg/h

566. CAA001　烷基化反应是在催化剂的（　　　）上进行反应的。

　　A. 内表面　　　　B. 酸性活性中心　　　　C. 外表面　　　　D. 孔道

567. CAA001　在烷基化催化剂上，既能进行烷基化反应，又能进行（　　　）反应。

　　A. 加氢　　　　B. 烷基转移　　　　C. 脱氢　　　　D. 氧化

568. CAA001　下列选项中不是烷基化反应产物的是（　　　）。

　　A. 乙苯　　　　B. 二乙苯　　　　C. 三乙苯　　　　D. 苯

569. CAA002　苯和多乙苯发生化学反应，需在（　　　）存在的条件下，才能反应。

　　A. 加氢催化剂　　　B. 烷基转移催化剂　　　C. 脱氢催化剂　　　D. 氧化催化剂

570. CAA002　烷基转移反应是在催化剂的（　　　）上进行反应的。

　　A. 内表面　　　　B. 酸性活性中心　　　　C. 外表面　　　　D. 孔道

571. CAA002 转烷基反应催化剂的作用主要是将副产的( )与苯发生反应生成乙苯。
    A. 二乙苯　　　　　B. 丁苯　　　　　C. 丙苯　　　　　　D. 二乙烯基苯

572. CAA003 烷基化反应投乙烯前,要确认( )。
    A. 压力高联锁摘除　　　　　　B. 后系统开车
    C. 冷苯循环　　　　　　　　　D. 乙烯压缩机零负荷运转

573. CAA003 烷基化反应投乙烯过程中,下列说法错误的是( )。
    A. 缓慢投入乙烯　　　　　　　B. 观察反应床层,防止超温
    C. 按顺序投乙烯　　　　　　　D. 各床层同时投乙烯

574. CAA003 烷基化反应投乙烯前,要确认( )。
    A. 压力高联锁摘除　　　　　　B. 后系统未开车
    C. 热苯循环　　　　　　　　　D. 乙烯压缩机零负荷运转

575. CAA004 烷基化反应苯循环,打通流程之后应确认( )。
    A. 建立热苯循环　　B. 反应器已充满　　C. 精馏塔未开车　　D. 苯泵具备启动条件

576. CAA004 烷基化反应苯循环时,流量控制应( )。
    A. 正常流量循环　　B. 大流量　　　　C. 小流量　　　　D. 先小后逐渐提高

577. CAA004 烷基化反应苯循环前,应首先确认( )。
    A. 苯循环流程打通　　B. 反应器充满　　C. 精馏塔开车　　D. 苯泵具备启动条件

578. CAA005 烷基转移系统苯循环,打通流程之后应确认( )。
    A. 建立热苯循环　　　　　　　B. 反应器已充满
    C. 精馏塔未开车　　　　　　　D. 苯泵具备启动条件

579. CAA005 烷基转移系统苯循环前,应首先确认( )。
    A. 苯循环流程打通　　　　　　B. 反应器充满
    C. 精馏塔开车　　　　　　　　D. 苯泵具备启动条件

580. CAA005 烷基转移系统苯循环,苯塔已开车之后应确认( )。
    A. 苯循环流程打通　　　　　　B. 反应器已充满
    C. 精馏塔未开车　　　　　　　D. 苯进料泵具备启动条件

581. CAA006 烷基化反应冷苯充填的步骤是( )。
    A. 打通流程,全开反应器压力控制器,向精馏塔回流罐进苯,启动苯进料泵,精馏塔见液位,停苯进料泵,关闭反应器进出口阀
    B. 打通流程,向精馏塔回流罐进苯,启动苯进料泵,精馏塔见液位,关闭反应器进出口阀,停苯进料泵
    C. 全开反应器压力控制器,向精馏塔回流罐进苯,启动苯进料泵,打通流程,精馏塔见液位,停苯进料泵,关闭反应器进出口阀
    D. 打通流程,全开反应器压力控制器,向精馏塔回流罐进苯,启动苯进料泵,精馏塔见液位,停苯进料泵

582. CAA006 烷基化反应冷苯充填过程中,不需要( )。
    A. 注意缓慢,小流量　　　　　B. 判断反应器是否充满
    C. 观察精馏塔液位　　　　　　D. 关闭反应器出口阀门

583. CAA007　烷基化反应热苯循环升温的步骤为（　　）。

A. 启动烷基化苯进料泵,设置反应器操作压力,打开反应器出口阀门,以小流量热苯循环,投用进料预热器,控制升温速度,提高热苯循环量,启动循环泵

B. 启动循环泵,设置反应器操作压力,打开反应器出口阀门,启动烷基化苯进料泵,以小流量热苯循环,投用进料预热器,控制升温速度,提高热苯循环量

C. 投用进料预热器,设置反应器操作压力,打开反应器出口阀门,启动烷基化苯进料泵,以小流量热苯循环,控制升温速度,提高热苯循环量,启动循环泵

D. 设置反应器操作压力,打开反应器出口阀门,启动烷基化苯进料泵,以小流量热苯循环,投用进料预热器,控制升温速度,提高热苯循环量,启动循环泵

584. CAA007　烷基化热苯循环升温时,下列步骤不正确的是（　　）。

A. 反应器出口压力设定为正常　　　　B. 快速升温

C. 缓慢升温　　　　　　　　　　　　D. 确保流程正确

585. CAA007　烷基化反应器热苯循环升温允许的最大升温速率是（　　）。

A. 30℃/h　　　　　B. 40℃/h　　　　　C. 50℃/h　　　　　D. 100℃/h

586. CAA008　烷基转移反应冷苯充填的步骤是（　　）。

A. 打通流程,全开反应器压力控制器,向精馏塔回流罐进苯,启动苯进料泵,精馏塔见液位,停苯进料泵,关闭反应器进出口阀

B. 打通流程,向精馏塔回流罐进苯,启动苯进料泵,精馏塔见液位,关闭反应器进出口阀,停苯进料泵

C. 全开反应器压力控制器,向精馏塔回流罐进苯,启动苯进料泵,打通流程,精馏塔见液位,停苯进料泵,关闭反应器进出口阀

D. 打通流程,全开反应器压力控制器,向精馏塔回流罐进苯,启动苯进料泵,精馏塔见液位,停苯进料泵

587. CAA008　烷基转移反应冷苯充填的步骤不包括（　　）。

A. 启动苯进料泵　　　　　　　　　　B. 关闭反应器出口阀

C. 确认流程畅通　　　　　　　　　　D. 确认乙苯产品合格

588. CAA009　烷基转移反应器热苯循环升温时不包括（　　）。

A. 设置反应器出口压力为正常值　　　B. 缓慢升温

C. 确认乙苯产品合格　　　　　　　　D. 确认流程畅通

589. CAA009　烷基转移反应器热苯循环升温的最大速率是（　　）。

A. 50℃/h　　　　　　　　　　　　　B. 60℃/h

C. 70℃/h　　　　　　　　　　　　　D. 80℃/h

590. CAA010　处置烷基化催化剂时,降压操作的主要作用为（　　）。

A. 汽化吸附在催化剂上的有机物　　　B. 汽化吸附在催化剂上的水分

C. 防止后续操作无法进行　　　　　　D. 压力不能维持

591. CAA010　处置烷基化催化剂时,通蒸汽的主要作用为（　　）。

A. 将有机物置换解吸出来　　　　　　B. 除掉催化剂上的积炭

C. 维持催化剂床层温度　　　　　　　D. 催化剂再生

592. CAA010　处置烷基化催化剂时,通氮气的主要作用为(　　)。

A. 将有机物置换解吸出来　　　　　B. 除掉催化剂上的积炭

C. 置换水分　　　　　　　　　　　D. 加热

593. CAA011　烷基化反应投乙烯,必须达到相应的温度条件,该温度约为(　　)。

A. 150~170℃　　　B. 180~210℃　　　C. 210~230℃　　　D. 230~245℃

594. CAA011　烷基化反应投乙烯温度太低将会(　　)。

A. 对催化剂的活性无任何影响　　　B. 降低催化剂活性

C. 乙烯转化率升高　　　　　　　　D. 乙苯收率增加

595. CAA011　烷基化反应投乙烯前温度太低会降低催化剂的活性,(　　)乙烯的转化率。

A. 降低　　　　　B. 增加　　　　　C. 不变　　　　　D. 不确定

596. CAA012　为保证烷基化反应正常操作,其仪表控制主要有(　　)。

A. 出口压力、一段反应器入口温度、苯进料、循环量、入口压力

B. 出口压力、末段反应器入口温度、苯进料、循环量、末段乙烯进料、入口压力

C. 出口压力、末段反应器入口温度、苯进料、循环量、一段反应器入口温度、入口压力

D. 出口压力、末段反应器入口温度、苯进料、循环量、一段反应器入口温度、乙烯进料

597. CAA012　烷基化反应可以不必设置的控制仪表有(　　)。

A. 反应压力　　　B. 反应床层温度　　　C. 反应床层压差　　　D. 反应入口温度

598. CAA013　为保护乙烯压缩机安全操作,其联锁条件主要有(　　)。

A. 压缩机出口乙烯压力低低、润滑油供油管压力高高、压缩机轴承温度高高

B. 压缩机出口乙烯压力低低、润滑油供油管压力低低、压缩机轴承温度高高

C. 压缩机出口乙烯压力高高、润滑油供油管压力低低、压缩机轴承温度高高

D. 压缩机出口乙烯压力高高、润滑油供油管压力高高、压缩机轴承温度低低

599. CAA013　为保证烷基化反应安全稳定操作,其联锁条件主要有(　　)。

A. 苯和循环烷基化液低低流量、出料高高温度、出料低低压力、出料低低温度、苯烯比低低、出料高高压力、进料高高压力

B. 苯低低流量、出料高高温度、出料低低压力、出料低低温度、苯烯比低低、出料高高压力、进料高高压力

C. 苯和循环烷基化液低低流量、出料高高温度、出料低低压力、出料低低温度、苯烯比高高、出料高高压力、进料高高压力

D. 循环烷基化液低低流量、出料高高温度、出料低低压力、出料低低温度、苯烯比低低、出料高高压力、进料高高压力

600. CAA013　烷基化反应可以不必须设置的联锁有(　　)。

A. 反应压力高　　　B. 反应压力低　　　C. 反应出口温度高　　　D. 反应入口温度低

601. CAA014　为保证烷基转移反应正常操作,其仪表控制主要有(　　)。

A. 出口压力、入口温度、苯进料、多乙苯进料、入口压力

B. 出口压力、入口温度、苯进料、入口压力

C. 出口压力、入口温度、苯进料、多乙苯进料、苯/多乙苯比

D. 出口压力、入口温度、苯进料、多乙苯进料

602. CAA014　烷基转移反应可以不必设置的控制仪表有（　　）。

    A. 入口压力　　　　　B. 出口压力　　　　　C. 入口温度　　　　　D. 其他选项都不正确

603. CAA015　为保证烷基转移反应安全操作,其联锁条件主要有（　　）。

    A. 出口压力高高、出口温度高高、苯流量低低、苯/多乙苯比值低低、出口压力低低

    B. 出口压力高高、出口温度高高、入口压力高高、苯流量低低、出口压力低低

    C. 出口压力高高、出口温度高高、入口压力高高、苯/多乙苯比值低低、出口压力低低

    D. 出口压力高高、出口温度高高、入口压力高高、苯流量低低、苯/多乙苯比值低低、出口压力低低

604. CAA015　烷基转移反应引起联锁动作的主要原因不包括（　　）。

    A. 出口压力　　　　　B. 出口温度高高　　　C. 入口压力高高　　　D. 乙烯流量低低

605. CAA016　确定烷基化反应系统操作压力的依据是（　　）。

    A. 设备制造　　　　　　　　　　　　B. 催化剂性能

    C. 反应完全在液相状态下进行　　　　D. 进料压力

606. CAA016　关于烷基化反应压力,下列说法不正确的是（　　）。

    A. 稳定操作压力是为了保证反应中的苯处于液相

    B. 操作压力的大小对催化剂的活性基本无影响

    C. 稳定操作是为了保证乙烯完全溶解

    D. 反应压力的大小对乙苯选择性无影响

607. CAA016　烷基化反应器的操作压力主要受（　　）影响。

    A. 乙烯进料流量　　　B. 循环苯进料流量　　C. 烷基化反应温度　　D. 催化剂装填量

608. CAA017　苯/乙烯比大,能耗（　　）;苯/乙烯比小,多乙苯生成量（　　）,重质物（　　）。

    A. 增加,增加,增加　　B. 降低,降低,增加　　C. 增加,降低,增加　　D. 降低,增加,降低

609. CAA017　苯/乙烯比小,乙基化选择性（　　）,乙苯的选择性（　　）,多乙苯选择性（　　）。

    A. 增加,增加,降低　　　　　　　　　B. 降低,降低,增加

    C. 不变,降低,增加　　　　　　　　　D. 不变,增加,降低

610. CAA017　苯/乙烯比大,乙苯的选择性（　　）,多乙苯生成量（　　）。

    A. 高,多　　　　　　　B. 高,少　　　　　　C. 低,高　　　　　　D. 低,少

611. CAA018　不属于烷基化反应中间冷却器在正常状态下作用的是（　　）。

    A. 控制反应温度　　　B. 回收热量　　　　　C. 产生蒸汽　　　　　D. 控制床层温升

612. CAA018　鲁姆斯工艺烷基化反应冷却器壳程产生（　　）。

    A. 高压蒸汽　　　　　B. 中压蒸汽　　　　　C. 低压蒸汽　　　　　D. 超低压蒸汽

613. CAA019　烷基化反应热苯循环升温时,应控制升温速度为小于（　　）。

    A. 20℃/h　　　　　　B. 30℃/h　　　　　　C. 40℃/h　　　　　　D. 50℃/h

614. CAA019　下列选项中不属于烷基化反应中间冷却器的作用的是（　　）。

    A. 产生低压蒸汽　　　　　　　　　　B. 调节反应温度

    C. 回收热量　　　　　　　　　　　　D. 降低催化剂床层温升

615. CAA020 烷基转移反应需要提高反应温度之前,主要应做的工作是(　　)。

　　A. 分析水含量　　　　B. 分析出口组成　　　C. 分析入口组成　　　D. 计算转化率

616. CAA020 烷基转移反应在(　　)情况下,应提高反应温度。

　　A. 水含量高　　　　　　　　　　B. 转化率低

　　C. 出口组成苯含量高　　　　　　D. 出口组成乙苯含量低

617. CAA020 下列选项中不属于烷基转移反应提温需做的工作是(　　)。

　　A. 分析入口组成　　　B. 分析出口组成　　　C. 分析水含量　　　　D. 计算转化率

618. CAA021 烷基化反应器在正常停车后,进入反应进料加热炉的主物流苯大阀处于(　　)的状态。

　　A. 开启　　　　　　　B. 立即关闭　　　　　C. 可开可关　　　　　D. 卸压后再关

619. CAA021 烷基化反应器在正常停车时,若精馏系统也同时停车,则烷基化反应系统应处于(　　)状态。

　　A. 将苯排出反应器　　　　　　　B. 将苯封闭在反应器

　　C. 热苯循环　　　　　　　　　　D. 冷苯循环

620. CAA021 烷基化反应器在正常停车时,若需更换催化剂,则烷基化反应系统应处于(　　)状态。

　　A. 将苯排出反应器　　　　　　　B. 将苯封闭在反应器

　　C. 热苯循环　　　　　　　　　　D. 冷苯循环

621. CAA022 烷基转移反应器在正常停车时,若需更换催化剂,则烷基转移反应系统应处于(　　)状态。

　　A. 将苯排出反应器　　　　　　　B. 将苯封闭在反应器

　　C. 热苯循环　　　　　　　　　　D. 冷苯循环

622. CAA022 烷基转移反应器在正常停车时,若精馏系统也同时停车,则烷基转移反应系统应处于(　　)状态。

　　A. 将苯排出反应器　　　　　　　B. 将苯封闭在反应器

　　C. 热苯循环　　　　　　　　　　D. 冷苯循环

623. CAA022 烷基转移反应器在正常停车时,若精馏系统仍处于正常运行状态,则烷基转移反应系统应处于(　　)状态。

　　A. 将苯排出反应器　　　　　　　B. 将苯封闭在反应器

　　C. 热苯循环　　　　　　　　　　D. 冷苯循环

二、判断题(对的画"√",错的画"×")

(　　)1. ABC001 定态热传导中,单位时间内传导的热量与导热面积成正比关系。

(　　)2. ABC002 在对流传热中,同样有流体质点之间的热传导,但起主导作用的还在于流体质点的相对位置变化。

(　　)3. ABC003 热量以无线电波形式传递的现象,称为辐射。

(　　)4. ABC004 工业上采用的换热方法很多,按其工作原理和设备类型可分为间壁式、蓄热式、直接混合式三种。

（　）5. ABC005　离心泵的主要性能参数有:流量、扬程、轴功率、效率。

（　）6. ABD001　焊接属于可拆卸连接。

（　）7. ABD002　化学腐蚀的特点是腐蚀介质中有能导电的电解质溶液存在。

（　）8. ABD003　离心泵常用的轴封有填料密封和机械密封。

（　）9. ABD004　滚动轴承的原理是以滚动摩擦代替滑动摩擦。

（　）10. ABF001　工业上应用仪表对准确度的要求总是越高越好。

（　）11. ABF002　通常仪表灵敏度的数值应不大于仪表允许绝对误差的一半。

（　）12. ABF003　变浮力式液位计的检测元件是漂浮在液面上的浮子。

（　）13. ABF004　压力传感器的作用是把压力信号检测出来,并转化为机械位移输出。

（　）14. ABI001　在设备一侧的转动、传动部位要做好外侧及内侧的防护。

（　）15. ABI002　限于厂内行驶的机动车不得用于载人。

（　）16. ABI003　高层建筑发生火灾时,应乘坐电梯迅速逃离。

（　）17. ABI004　职业中毒是指在生产过程中使用的有毒物质或有毒产品,以及生产中产生的有毒废气、废液、废渣引起的中毒。

（　）18. ABI005　急性中毒患者呼吸困难时应立即吸氧。停止呼吸时,立即做人工呼吸,气管内插管给氧,维持呼吸通畅并使用兴奋剂药物。

（　）19. ABI006　从事高处作业应制订应急预案,现场人员应熟知应急预案的内容。

（　）20. ABI007　动火安全作业证(票)的内容填写错误时,不可以在错误处直接进行更正。

（　）21. ABI008　遇到6级以上的风天和雷暴雨天时,不能从事高处作业。

（　）22. ABI009　所有临时用电作业,必须办理动火作业许可证。

（　）23. BAA001　尾气压缩机排放压力太高,出口温度也高。

（　）24. BAA002　管道系统吹扫前,不应安装孔板、节流阀、安全阀仪表件等。

（　）25. BAA003　在进行气密试验时,要拆换所有超量程仪表(主要是真空表)。

（　）26. BAA004　干燥过程中,固体物料中的湿分质量在不断地减少。

（　）27. BAA005　检修带压系统的设备时,事先应检查是否完全泄压,严禁带压操作。

（　）28. BAA006　废热锅炉排污的目的是除去系统内低点积聚的悬浮固体物。

（　）29. BAA007　进料系统气密时,升压应分段缓慢进行。

（　）30. BAA008　设备管线防冻的方法有:加伴热、加保温、将物料倒空、泵可以增加循环量。

（　）31. BAA009　对气密检查出的泄漏点的处理应在降压和泄压后进行。

（　）32. BAA010　对气密检查出的泄漏点的处理应在降压和泄压后进行。

（　）33. BAA011　加热炉点火之前须先开引风机试运行。

（　）34. BAA012　发现空冷器叶片断裂,可继续运行一段时间,等检修人员到位后停机。

（　）35. BAA013　气密升压应该将压力迅速提高到设计值。

（　）36. BAA014　隔油池分离时相对密度小于1的油品上浮水面加以回收,相对密度大于1的水或其他机械杂质沉入水池底部。

（　）37. BAA015　乙苯脱氢反应催化剂是苯和乙烯液相烃化生产乙苯的催化剂。

( )38. BAA016 在装填催化剂时,卸料口的盲板法兰应该安装好。

( )39. BAA017 在装填催化剂期间可以通入氮气。

( )40. BAA018 仪表联校时用热电偶测量温度的,可在热电偶接线盒处的补偿导线端输入等效热电势作为信号源。

( )41. BAA019 对于多管程的炉子,可以多个管程一起进行吹扫。

( )42. BAA020 精馏塔进料开车前所有公用工程必须投用。

( )43. BAA021 加热炉点火前必须对燃料气浓度进行分析。

( )44. BAA022 为防止燃气或燃油压力降低引起炉子联锁,可通过提高燃气或燃油压力的方式,维持压力。

( )45. BAA023 自启动设备在手动启动时不能运转,是因为监视参数的仪表设备出现故障。

( )46. BAA024 油联运的过程中不需要对系统进行查漏。

( )47. BAB001 乙苯脱氢催化剂在高温下不利于生产苯乙烯产品。

( )48. BAB002 蒸汽并网时,操作要缓慢以避免夹带液体进系统,影响到其他单元的用户。

( )49. BAB003 残油洗涤塔接残油时要注意检查流程,防止串料。

( )50. BAB004 加热炉点火前一般要用蒸汽吹扫炉膛,且等测爆合格后才能按步骤进行。

( )51. BAB005 乙苯精馏单元要求控制乙苯产品中二乙苯含量不大于 $10mg/L$ 的目的,是防止在苯乙烯单元中形成难溶的聚合物。

( )52. BAB006 乙苯/苯乙烯分离塔的正常操作是保证苯乙烯产品浓度的基础。

( )53. BAB007 为了保持乙苯脱氢单元催化剂长周期运行,要尽量避免脱氢反应温度过高。

( )54. BAB008 苯乙烯精馏单元可以采用先分离乙苯和苯乙烯的工艺方法,也可以采取先分离苯和甲苯的工艺方法。

( )55. BAB009 蒸汽加热炉使用高压蒸汽吹灰。

( )56. BAB010 乙苯脱氢单元冷系统开车是指脱氢单元没有进料量。

( )57. BAB011 加热炉防爆门是在加热炉炉膛压力突然升高时发生破裂而泄压。

( )58. BAB012 灵敏板温度可以预示塔内组成尤其是塔顶馏出液的变化。

( )59. BAB013 苯塔塔顶压力一般采用分程调节的方法保持生产稳定。

( )60. BAB014 苯塔回流量偏小,可以导致苯塔塔顶馏出物中乙苯含量高。

( )61. BAB015 苯乙烯精馏塔顶温度过高时可以通过调节塔釜再沸器蒸汽量来降低塔顶温度。

( )62. BAB016 苯乙烯精馏塔的回流放在塔顶的第一块塔板上。

( )63. BAB017 蒸汽系统不稳定,将会影响苯乙烯精馏塔压力波动。

( )64. BAB018 蒸汽加热炉吹扫时,将吹扫管道上安装的所有仪表元器件等拆除,管道上的调节阀也已拆除或已采取了保护措施。

( )65. BAB019 蒸汽加热炉对称点火嘴可以延长炉子寿命。

（　）66. BAB020　进料量突然增大可能引起精馏塔塔压升高。

（　）67. BAB021　脱氢反应器开车过程中先氮气升温,然后再蒸汽升温。

（　）68. BAB022　短期接触苯乙烯会刺激眼睛、鼻子、咽喉和皮肤。浓度较高时,会使人变得昏昏入睡以及失去意识等。

（　）69. BAB023　长期接触苯会引起心智衰弱、神经紧张、易怒、视力下降、呼吸困难。

（　）70. BAC001　切换负压泵时,检查结束后要打开备用泵的出口阀,微开出口旁路阀,打开泵体排气阀,对泵进行排气。

（　）71. BAC002　疏水器投用时无须排凝。

（　）72. BAC003　阻聚剂泵冲程需要根据系统内阻聚剂的含量来进行调整。

（　）73. BAC004　DCS 画面上"CLR"表示清除之前输入的字符。

（　）74. BAC005　向下游输送副产蒸汽时,要充分排凝后再预热以减少管道的热应力。

（　）75. BAC006　加热炉出现泄漏的火嘴停止使用后,应进行吹扫。

（　）76. BAC007　苯塔操作时要控制塔底液中苯的浓度,目的是保证乙苯产品的质量。

（　）77. BAC008　乙苯精馏塔塔底物料中的乙苯含量过高,可以降低塔的温度设定。

（　）78. BAC009　多乙苯塔中三乙苯馏分应尽量回收来生成乙苯产品。

（　）79. BAC010　乙苯脱氢反应器的蒸汽/乙苯比例不应降到设计值以下。

（　）80. BAC011　尾气压缩机汽轮机驱动为高压蒸汽。

（　）81. BAC012　新鲜乙苯的指示值是带流量补偿的,以允许新鲜乙苯的进料波动。

（　）82. BAC013　残油加入薄膜蒸发器中可以起到冷却,密封转子的作用,所以多加残油对薄膜蒸发器有利。

（　）83. BAC014　在任何情况下,防爆膜的爆破压力都不得大于压力容器的设计压力。

（　）84. BAC015　防爆膜是一种弯曲型的安全泄压装置。

（　）85. BAC016　乙苯/苯乙烯塔液位计需要使用乙苯冲洗。

（　）86. BAC017　尾气压缩机当达到汽轮机最低允许转速时,冷却的出口气部分打循环保持吸入口压力,以防止尾气压缩机喘振。

（　）87. BAC018　间壁式传热是指冷热两股流体被固体壁面隔开的传热过程,即冷热两股流体不直接接触。

（　）88. BAC019　脱氢尾气压缩机转速表的测速方式有手动测速和在线测速。

（　）89. BAC020　由于加大回流比对精馏塔塔顶产品质量有利,因此精馏塔应该在大回流比下进行操作。

（　）90. BAC021　当进料中重组分浓度增加,使提馏段的负荷增大,将造成重组分带到塔顶,使塔顶产品不合格。

（　）91. BAC022　烟道挡板开度小将会引起加热炉炉膛产生黑烟。

（　）92. BAC023　改变离心泵出口阀开度达到调节离心泵流量的方法,是离心泵流量调节中能量损失最小的。

（　）93. BAC024　乙苯进料中的二乙苯含量不能过高。

（　）94. BAC025　苯乙烯产品储存时对储罐温度没有要求。

（　）95. BAC026　离心泵轴承箱中的油位过低,轴承黏不到油,会因缺油而烧毁。

( ) 96. BAC027 蒸汽过热炉入口主蒸汽阀的作用之一是紧急停车时可以迅速减少蒸汽的进入量。

( ) 97. BAC028 装置运行中备用离心泵需要完好备用,防止出现紧急状况无法切换。

( ) 98. BAC029 如果乙苯脱氢反应器的床层压差变大,说明催化剂表面结焦,堵塞了催化剂间隙。

( ) 99. BAC030 加热炉出现漏油(气),应及时进行处理,否则可能会引起火灾。

( ) 100. BAC031 当压缩机组润滑油过滤器压差超过 0.05MPa,说明过滤器滤芯堵塞严重,需进行切换。

( ) 101. BAC032 发现塔出现异常要及时汇报班长及车间人员。

( ) 102. BAD001 临时停车反应器只有保温在 400℃ 以上才可以按热系统状态开车,并避免温降过大造成对催化剂的冲击。

( ) 103. BAD002 设备在动火前需要进行的处理有乙苯蒸煮、蒸汽干燥、氮气冷却、置换氮气。

( ) 104. BAD003 管道系统吹扫前,不应安装孔板、节流阀、安全阀仪表件等。

( ) 105. BAD004 苯塔倒空完毕后即要关闭导淋。

( ) 106. BAD005 停车操作时,可以通过压力分程控制调节对乙苯塔压进行控制,压力高时排向火炬,压力低时充入氮气。

( ) 107. BAD006 乙苯回收塔停车前应该通知脱氢单元减少循环乙苯量。

( ) 108. BAD007 停掉真空泵后,关闭真空泵入口阀,停止密封液,并关闭压力控制阀和截止阀,把塔和真空系统隔开。

( ) 109. BAD008 苯乙烯塔在停车期间,整个苯乙烯系统必须处于氮气的保护下。

( ) 110. BAD009 管道吹扫时,吹扫压力应按设计规定,若设计无规定时,吹扫压力一般不得大于等于工作压力,且不得低于工作压力的 25%。

( ) 111. BAD010 系统进行隔离时蒸汽管线可以不加盲板。

( ) 112. BAD011 空气通入后,注意观察乙苯脱氢反应器内部测温元件的温度指示,监测可能出现的过热点,如果任何一点的温度指示超过 450℃,则减少空气量。

( ) 113. BAD012 乙苯/苯乙烯分离塔在停车之前必须加大进入乙苯/苯乙烯分离塔尾气冷凝器的冷却水流量,为改变冷却负荷做准备。

( ) 114. BAD013 当机泵检修时将残余物料洒落在地时,油污要用棉纱或锯末等吸油物质进行吸油处理,严禁冲入下水道。

( ) 115. BBA001 磁力泵的关键部件磁力传动器由外磁转子、内磁转子与不导磁的隔离套(密封套)组成。

( ) 116. BBA002 汽轮机(透平)主汽门的作用是在危急状态下迅速切断透平的汽源。

( ) 117. BBA003 蒸汽从喷嘴喷出直接冲击转子上的叶片,该透平称为冲动式汽轮机。

( ) 118. BBA004 螺杆压缩机的工作循环可分为进气、压缩和排气三个过程。

( ) 119. BBA005 蒸汽喷射泵由:喷嘴、叶轮、扩大管组成。

（　）120. BBA006　液环式真空泵是靠泵腔容积的变化来实现吸气、压缩和排气的,因此它属于恒容式真空泵。

（　）121. BBA007　在实际应用中,机械密封可以彻底消除泄漏。

（　）122. BBA008　离心泵的主要部件有叶轮泵体、轴、轴承、密封装置和平衡装置等。

（　）123. BBA009　离心泵的转速降低,则流量升高,轴功率也降低。

（　）124. BBA010　轴是叶片泵的心脏部位,是泵最重要的工作元件。

（　）125. BBA011　离心泵进口管线的长短与泵的性能无关。

（　）126. BBA012　离心泵在开车前必须使泵壳内充满液体,目的是为了避免气缚。

（　）127. BBA013　离心泵在启动前需要进行灌泵排气。

（　）128. BBA014　蒸汽疏水器能排出设备或管道内的冷凝液和空气。

（　）129. BBA015　安全阀的起跳压力应高于设备的设计压力。

（　）130. BBA016　气动执行器的执行机构有正作用和反作用两种类型。

（　）131. BBA017　备用离心泵盘车每次至少应转动 1.5 圈。

（　）132. BBA018　涡街流量传感器根据"卡门涡街"原理,研制成功的一种流体振动式仪表。

（　）133. BBA019　屏蔽泵在启动前应灌泵,充分排气,启动前应点动泵确认泵转向是否正确,屏蔽泵在启动前应打开循环冷却水系统。

（　）134. BBB001　管线防腐能防止管线发生弯曲和变形。

（　）135. BBB002　化工装置内的设备管道都必须进行保温。

（　）136. BBB003　通过管路试压可以对承载基础进行检验。

（　）137. BBB004　涂料覆盖在金属面上,干后形成薄膜,使金属与介质完全隔绝。

（　）138. BBB005　机泵冷却水可以带走从轴封渗漏出的少量液体,并导出摩擦热。

（　）139. BBB006　屏蔽泵 TRG 表主要用来监测电动机的逆运转、缺相、短路等。

（　）140. BBB007　高速泵外设润滑油泵在主电动机启动后可以关闭。

（　）141. BBB008　绝热工程应选用施工方便、性质稳定、导热系数低的保温材料。

（　）142. BBB009　高速泵外设润滑油泵的作用是在启动主电动机前,给增速箱内的轴承和齿轮进行预润滑。高速泵外设润滑油泵在主电动机启动后可以关闭。

（　）143. BBB010　当加热炉采用自然通风燃烧器时,利用烟囱形成的抽力将外界空气吸入炉内供燃料燃烧。

（　）144. BBB011　管式炉炉管按受热方式的不同,可分为辐射炉管和对流炉管。

（　）145. BBB012　氮气管线和仪表风管线的吹扫方法是完全相同的。

（　）146. BBB013　固定床反应器的安全阀、压力表等安全设施应做到灵活好用。

（　）147. BBB014　管路系统试压时,应拆除管路中不能参加试压的仪表、阀件,装上临时短管。

（　）148. BBB015　管道、设备在水冲洗结束以后,要打开管道和设备的低点导淋,确认导淋畅通并排尽设备和管道内的水分。

（　）149. BBB016　机泵清理卫生时,可以用水冲洗电动机。

( )150. BCA001 主冷器入口、平衡冷却器液位高,造成反应器压力升高。

( )151. BCA002 苯乙烯塔顶冷凝器结垢严重,换热效果下降,造成真空系统负荷过大,塔压控制失效,高于正常压力。

( )152. BCA003 主冷器风机的螺栓松动,桨叶的角度不合适,影响冷却效果,造成主冷器出口温度高。

( )153. BCA004 入口温度高是导致烷基转移反应器出口温度高的原因之一。

( )154. BCA005 脱氢反应器的取压管部分堵塞,压力指示失灵,反应器显示压降增大。

( )155. BCA006 蒸汽加热炉燃料油泵自启动,两台运转,燃料油压力升高。

( )156. BCA007 尾气压缩机吸入口节流阀故障,压缩机出口温度高。

( )157. BCA008 脱氢反应器催化剂床层堵塞,尾气压缩机入口气量增加,吸入压力高。

( )158. BCA009 蒸汽加热炉风门开度过大,会造成炉内氧含量高。

( )159. BCA010 苯乙烯精馏塔塔釜采出量长时间偏小,易造成淹塔。

( )160. BCA011 进料量突然停止,这种情况下易发生冲塔。

( )161. BCA012 锅炉给水量变小,是低压废热锅炉出口温度高的原因之一。

( )162. BCA013 脱氢反应器温度高,是乙苯/蒸汽过热器出口温度高的原因之一。

( )163. BCA014 加热蒸汽不变,进料量增加,是塔顶气相流量低的原因之一。

( )164. BCA015 脱氢单元负荷过大,是脱氢混合物/水分离器油相液位高的原因之一。

( )165. BCA016 工艺凝液泵不上量,是脱氢混合物/水分离器水界面液位高的原因之一。

( )166. BCA017 离心泵机械密封冲洗量越大越好。

( )167. BCA018 液位没控制好,造成干锅,产生过热点,使管子损坏,是废热锅炉损坏的原因之一。

( )168. BCA019 乙苯从不正常来源进入苯乙烯精馏塔,会造成苯乙烯产品纯度太低。

( )169. BCA020 燃料油大量含水,会形成汽化而破坏燃料油流的均匀性,引起火焰脉动和爆音。

( )170. BCA021 高速泵的汽蚀余量不够,会造成高速泵出口压力波动过大。

( )171. BCA022 屏蔽泵的轴承磨损严重时,会出现电流超高的现象。

( )172. BCA023 轴承弯曲,是屏蔽泵振动有异常响声的原因之一。

( )173. BCA024 水环式真空泵水环的补充水供给不足,会出现真空度低的情况。

( )174. BCA025 油位过高,是高速泵增速箱油温过高的原因之一。

( )175. BCA026 被吸入液体温度升高,离心泵的出口流量下降,温度降低时不会影响泵的出口流量。

( )176. BCA027 离心泵的叶轮运行方向不对,其扬程降低。

( )177. BCA028 润滑油的质量低,起不到润滑作用,是离心泵轴承温度高的原因之一。

( )178. BCB001 乙苯单元停氮气,为维持塔的运行,可减少再沸器的加热量或打全回流避免停车。

( )179. BCB002 DCS控制台死机后,应立即联系仪表人员进行处理。

( )180. BCB003 乙烯压缩机联锁停车后,应迅速查明联锁原因,消除故障,尽快恢复。

（　　）181. BCB004　尾气压缩机联锁停车后,应立即重新开压缩机,尽快恢复生产。

（　　）182. BCB005　苯乙烯产品聚合物含量高,应检查苯乙烯精馏塔的阻聚剂流量和进料
　　　　　　　　　　　　泵的运转情况。

（　　）183. BCB006　燃烧器点不着火时,应调节至合适的气油比。

（　　）184. BCB007　乙苯脱氢反应系统少量空气漏入后,压缩机将立即停车。

（　　）185. BCB008　发现燃料油带水,应立即对燃料油储罐进行切水。

（　　）186. BCB009　改用软密封的调节阀,其密封性能更差。

（　　）187. BCB010　调高烟道挡板的开度,可防止蒸汽加热炉火焰脱火。

（　　）188. BCB011　运行机泵循环冷却水堵塞主要是因为机泵本身运转有问题,应及时修
　　　　　　　　　　　　理机泵。

（　　）189. BCB012　为吞下苯的人员服用可食用的脂肪或食用油,诱使他呕吐。

（　　）190. BCB013　发生 NSI 食入中毒事故,应为食入者饮足量醋,促使其呕吐。

（　　）191. BCB014　对加热炉破损的炉墙保温进行维修,能够提高加热炉温度。

（　　）192. BCB015　发现乙苯/苯乙烯精馏塔冷凝器分水包水位不断缓慢上升,应检查进
　　　　　　　　　　　　料系统是否带水。

（　　）193. BCB016　饱和蒸汽的灭火效果大于过热蒸汽。

（　　）194. BCB017　联锁动作后位于排放线上的电磁阀应打开,将压力泄掉。

（　　）195. BCB018　可燃气体报警后,应立即停止动火作业,消除漏点,再次检测合格后方
　　　　　　　　　　　　可动火。

（　　）196. BCB019　回流量过小,是苯塔发生冲塔事故原因之一。

（　　）197. BCB020　叶轮腐蚀严重,是多乙苯塔顶泵压力不足的原因之一。

（　　）198. BCB021　水冷却器泄漏后,可以采用堵管消漏的方法暂时解决。

（　　）199. BCB022　乙苯进料中断后,要及时调整加热炉,防止反应器飞温。

（　　）200. BCB023　进料组成中轻组分增加,常压塔放空系统压力升高。

（　　）201. BCB024　乙苯单元蒸汽中断后,应迅速将精馏塔顶、釜的采出切至不合格品
　　　　　　　　　　　　系统。

（　　）202. BCB025　增加工艺凝液汽提塔的加热蒸汽,提高塔顶汽相流量,塔顶温度相应
　　　　　　　　　　　　升高。

（　　）203. BCB026　脱氢反应器入口温度高联锁后,如果压缩机停车,应保证润滑及密封
　　　　　　　　　　　　系统安全。

（　　）204. BCB027　及时调节火焰,使火焰成型,稳定,不烧炉管,可避免炉管结焦。

（　　）205. BCB028　带电设备发生火灾时,可以用消防水炮进行灭火。

（　　）206. BCB029　固定式蒸汽灭火设施用于扑灭整个房间、舱室的火灾,使其燃烧的房
　　　　　　　　　　　　间惰性化而将火焰熄灭。

（　　）207. BDA001　工艺管道材料、等级、分界线图例,符号如下_____。

（　　）208. BDA002　化工设备卧式设备装配图,一般采用主视图和俯视图。

（　　）209. BDA003　用图形符号表明工艺流程所使用的机械设备及其相互联系的系统图。

( )210. BDA004 典型的流程图中包括的资料有数量、移动距离、所做工作的类别以及所用的设备。

( )211. BDA005 在加热炉升温曲线中在常温阶段开始点燃蒸汽过热炉的长明灯。

( )212. BDB001 表压为绝对压力与大气压力的差。

( )213. BDB002 装置负荷率指装置平均负荷与最高负荷的比值。

( )214. BDB003 影响装置开工率计算结果的因素有装置实际运行时间与某时间段的运行小时数。

( )215. BDB004 苯乙烯装置的苯的物耗量是指当月苯的用量与当月产品苯乙烯产量之比。

( )216. BDB005 离心泵串联工作特点是各台泵流量相等,总扬程等于各台泵的扬程之和。

( )217. BDB006 离心泵的功率分为轴功率的有效功率。

( )218. BDB007 全炉有效热负荷与燃料总发热量之比叫作全炉热效率。

( )219. BDB008 过剩空气系数越大,烟道气量也越大,则损失也越大。

( )220. BDB009 炉子的热负荷为加热炉内被有效利用的热量。

( )221. BDB010 乙苯脱氢反应温度越高,反应越快,乙苯转化率增加,但副反应也同时加快。

( )222. BDB011 乙苯脱氢反应过程中,控制水比是为了降低反应物分压。

( )223. BDB012 反应转化率是指反应物反应的量与反应进料中的原料量之比。

( )224. BDB013 进料组成中含有乙苯 18.46%,二乙苯为 2.44%,多乙苯为 0.21%,高沸物 0%,那么乙基化的选择性为 100%。

( )225. BDB014 当进料量为 390.9kg/h,其中苯乙烯含量为 60%,当采出为 228kg/h 时,满足塔顶苯乙烯纯度大于 99.3%,塔釜采出中苯乙烯含量小于 5%。

( )226. CAA001 苯和乙烯发生烷基化反应是在催化剂的外表面进行的。

( )227. CAA002 烷基转移反应是在催化剂的内部的酸性活基上发生的。

( )228. CAA003 烷基化反应投乙烯必须缓慢,防止床层出现超温。

( )229. CAA004 烷基化反应苯循环过程中,应注意控制升温速度,保护催化剂。

( )230. CAA005 烷基转移系统苯循环过程中,应缓慢地使催化剂床层各点温度达到一致。

( )231. CAA006 烷基化反应器冷苯充填结束后必须及时关闭反应器进出口阀门。

( )232. CAA007 烷基化反应热苯循环升温过程中,应先不投用中间冷却器,到各级反应器温度相同时再投用。

( )233. CAA008 冷苯充填后,应将烷基转移反应器进出口阀门关闭,将苯封存在反应器内。

( )234. CAA009 烷基转移反应器热苯循环升温的最大速率是50℃/h。

( )235. CAA010 烷基化催化剂是反应器外再生。

( )236. CAA011 对于烷基化反应来说,不必考虑反应温度多少,就可以投乙烯。

（　　）237. CAA012　烷基化反应仪表在自动控制状态下出现故障,必须将自动控制改为手动控制,联系仪表人员处理。

（　　）238. CAA013　烷基化反应系统开车前必须确认联锁控制系统完好。

（　　）239. CAA014　烷基转移反应的控制仪表在冬季气温较低时需要投用伴热系统主要目的是防止仪表引压管出现冻凝造成仪表假指示。

（　　）240. CAA015　烷基化反应必须设置的联锁有反应压力高、反应压力低。

（　　）241. CAA016　设定好操作压力的主要目的是为了保证烷基化反应中苯处于液相。

（　　）242. CAA017　苯烯比增加只对装置的能耗造成影响,对物耗没有影响。

（　　）243. CAA018　通过调整烷基化反应冷却器产生蒸汽的流量控制反应器的操作温度。

（　　）244. CAA019　烷基化反应热苯循环升温时,应控制升温速度为小于 50℃/h。

（　　）245. CAA020　提高烷基化转移反应的操作温度对乙苯的选择性没有影响。

（　　）246. CAA021　烷基化反应器在正常停车后,反应系统应处于短路循环状态。

（　　）247. CAA022　烷基转移反应多乙苯进料停止后,苯循环仍需继续一定时间,保证多乙苯反应完。

答　　案

一、单项选择题

1. A	2. D	3. A	4. D	5. B	6. A	7. B	8. A	9. C	10. D
11. D	12. A	13. C	14. A	15. B	16. B	17. A	18. A	19. C	20. D
21. D	22. A	23. C	24. C	25. B	26. B	27. C	28. B	29. B	30. D
31. A	32. D	33. A	34. D	35. A	36. A	37. A	38. A	39. C	40. B
41. B	42. C	43. A	44. D	45. B	46. A	47. C	48. C	49. D	50. A
51. B	52. D	53. A	54. D	55. C	56. C	57. D	58. A	59. D	60. A
61. B	62. A	63. B	64. A	65. C	66. B	67. C	68. C	69. D	70. D
71. B	72. A	73. C	74. D	75. A	76. A	77. A	78. B	79. C	80. C
81. A	82. C	83. C	84. B	85. C	86. B	87. C	88. C	89. C	90. D
91. A	92. A	93. D	94. D	95. A	96. B	97. A	98. A	99. D	100. B
101. C	102. A	103. B	104. C	105. A	106. B	107. C	108. B	109. A	110. A
111. D	112. A	113. D	114. C	115. A	116. D	117. D	118. C	119. D	120. D
121. C	122. A	123. A	124. D	125. B	126. D	127. A	128. A	129. D	130. A
131. C	132. B	133. B	134. C	135. B	136. A	137. B	138. D	139. B	140. B
141. A	142. D	143. A	144. B	145. B	146. B	147. D	148. D	149. B	150. C
151. B	152. B	153. C	154. B	155. C	156. C	157. C	158. B	159. D	160. A
161. A	162. C	163. B	164. D	165. C	166. A	167. B	168. C	169. B	170. B
171. C	172. D	173. C	174. D	175. A	176. D	177. B	178. D	179. C	180. C
181. C	182. A	183. A	184. B	185. A	186. B	187. D	188. D	189. C	190. B
191. C	192. C	193. D	194. C	195. B	196. A	197. D	198. A	199. A	200. B
201. D	202. C	203. D	204. D	205. A	206. B	207. C	208. C	209. B	210. D
211. D	212. C	213. B	214. A	215. A	216. C	217. C	218. B	219. A	220. B
221. D	222. D	223. B	224. D	225. C	226. D	227. A	228. C	229. B	230. B
231. C	232. A	233. B	234. D	235. C	236. B	237. A	238. A	239. A	240. A
241. C	242. A	243. A	244. A	245. A	246. D	247. A	248. B	249. B	250. A
251. B	252. D	253. A	254. A	255. A	256. A	257. A	258. C	259. B	260. A
261. B	262. A	263. A	264. A	265. C	266. C	267. D	268. D	269. D	270. D
271. B	272. A	273. C	274. C	275. A	276. B	277. B	278. C	279. D	280. D
281. A	282. A	283. D	284. B	285. B	286. C	287. B	288. C	289. D	290. B
291. C	292. B	293. C	294. B	295. B	296. A	297. D	298. D	299. C	300. A
301. D	302. D	303. C	304. A	305. C	306. B	307. D	308. C	309. D	310. D

311. A	312. D	313. B	314. D	315. C	316. D	317. D	318. B	319. B	320. A
321. B	322. A	323. A	324. C	325. A	326. A	327. B	328. C	329. D	330. B
331. B	332. D	333. B	334. A	335. B	336. C	337. C	338. D	339. B	340. C
341. B	342. B	343. A	344. C	345. C	346. B	347. B	348. C	349. D	350. D
351. D	352. A	353. D	354. B	355. D	356. B	357. B	358. A	359. A	360. B
361. B	362. D	363. A	364. D	365. A	366. A	367. A	368. D	369. A	370. A
371. C	372. C	373. C	374. A	375. B	376. C	377. C	378. D	379. C	380. C
381. B	382. A	383. D	384. C	385. D	386. B	387. B	388. B	389. A	390. B
391. C	392. C	393. D	394. C	395. D	396. A	397. A	398. A	399. C	400. D
401. A	402. A	403. B	404. C	405. A	406. D	407. D	408. A	409. B	410. A
411. D	412. C	413. A	414. B	415. C	416. D	417. B	418. B	419. A	420. B
421. D	422. A	423. B	424. C	425. A	426. B	427. C	428. D	429. C	430. A
431. C	432. D	433. A	434. B	435. A	436. B	437. C	438. C	439. C	440. D
441. B	442. D	443. B	444. A	445. A	446. B	447. C	448. C	449. C	450. A
451. C	452. B	453. A	454. C	455. C	456. B	457. A	458. B	459. C	460. C
461. D	462. B	463. A	464. B	465. D	466. C	467. C	468. B	469. A	470. B
471. A	472. D	473. D	474. A	475. A	476. A	477. A	478. D	479. D	480. C
481. C	482. C	483. D	484. C	485. C	486. D	487. B	488. D	489. B	490. A
491. B	492. B	493. D	494. D	495. D	496. D	497. B	498. C	499. C	500. D
501. A	502. C	503. B	504. C	505. D	506. B	507. C	508. D	509. B	510. D
511. B	512. A	513. A	514. D	515. B	516. B	517. A	518. D	519. B	520. C
521. A	522. B	523. A	524. D	525. D	526. B	527. C	528. A	529. B	530. C
531. B	532. B	533. A	534. D	535. A	536. C	537. A	538. D	539. A	540. D
541. A	542. C	543. C	544. A	545. D	546. D	547. C	548. C	549. B	550. B
551. D	552. A	553. C	554. C	555. C	556. B	557. B	558. C	559. B	560. D
561. A	562. B	563. B	564. B	565. C	566. B	567. B	568. D	569. B	570. B
571. A	572. B	573. D	574. C	575. B	576. D	577. A	578. B	579. A	580. D
581. A	582. D	583. D	584. B	585. C	586. A	587. D	588. B	589. B	590. A
591. A	592. C	593. B	594. B	595. A	596. D	597. C	598. C	599. A	600. D
601. D	602. A	603. D	604. D	605. C	606. D	607. B	608. A	609. C	610. B
611. D	612. C	613. D	614. D	615. D	616. B	617. C	618. B	619. B	620. A
621. A	622. B	623. C							

二、判断题

1. √ 2. √ 3. × 正确答案：热量以电磁波形式传递的现象，称为辐射。 4. √ 5. √
6. × 正确答案：焊接属于不可拆卸连接。 7. × 正确答案：电化学腐蚀的特点是腐蚀介质中有能导电的电解质溶液存在。 8. √ 9. √ 10. × 正确答案：应根据生产操作的实际情况和该参数对整个工艺过程的影响程度所提供的误差允许范围来确定。 11. √

12.×　正确答案:变浮力式液位计的检测元件是沉浸在液体中的浮子。　　13.×　正确答案:压力传感器的作用是把压力信号检测出来,并转化为电信号输出。　　14.×　正确答案:在设备一侧的转动、传动部位要做好外侧及周边的防护。　　15.√　16.×　正确答案:高层建筑发生火灾时,禁止乘坐电梯逃离。　　17.√　18.√　19.√　20.×　正确答案:动火安全作业证(票)的内容填写错误时,可以在错误处进行更正,并签字确认。　　21.√　22.×　正确答案:只有在易燃易爆作业区的临时用电作业,必须同时办理动火作业许可证。　　23.√　24.√　25.√　26.√　27.√　28.√　29.√　30.√　31.√　32.√　33.√　34.×　正确答案:发现空冷器叶片断裂,应立即停机。　　35.×　正确答案:气密升压应该将压力按阶段缓慢升至设计值。　　36.√　37.×　正确答案:乙苯脱氢反应催化剂是苯乙烯装置中乙苯脱氢反应生成苯乙烯的催化剂。　　38.√　39.×　正确答案:在装填催化剂期间要通入空气,防止装填人员窒息。　　40.√　41.×　正确答案:多管程的炉子不能多个管程一起进行吹扫。　　42.√　43.√　44.√　45.×　正确答案:自启动设备在手动启动时不能运转,是因为开关未放在自启动位置上。　　46.×　正确答案:在油联运的过程中必须进行查漏,降低开工过程中引发的风险。　　47.√　48.√　49.√　50.√　51.√　52.√　53.√　54.√　55.×　正确答案:蒸汽加热炉使用中压蒸汽吹灰。　　56.×　正确答案:乙苯脱氢单元冷系统开车是指脱氢单元没有水和有机物的界面。　　57.√　58.√　59.√　60.√　61.√　62.√　63.√　64.√　65.×　正确答案:蒸汽加热炉对称点火嘴可以减少热应力,避免炉管损坏。　　66.√　67.√　68.√　69.√　70.√　71.×　正确答案:疏水器投用时必须排凝。　　72.√　73.√　74.√　75.√　76.√　77.×　正确答案:乙苯精馏塔塔顶物料中的乙苯含量过高,可以降低塔的温度设定。　　78.√　79.√　80.√　81.×　正确答案:新鲜乙苯的指示值一般没有流量补偿。　　82.×　正确答案:残油加入薄膜蒸发器中可以起到冷却,密封转子的作用,但是残油也不能多加。　　83.√　84.×　正确答案:防爆膜是一种断裂型的安全泄压装置。　　85.×　正确答案:乙苯/苯乙烯塔液位计需要使用苯乙烯冲洗。　　86.√　87.√　88.√　89.×　正确答案:加大回流比对精馏塔塔顶产品质量有利,但塔的生产能力有所下降,水、电、汽消耗增加,回流比过大,容易导致液泛,破坏塔的正常操作。　　90.×　正确答案:当进料中重组分浓度增加,使精馏段的负荷增大,将造成重组分带到塔顶,使塔顶产品不合格。　　91.√　92.×　正确答案:改变离心泵出口阀开度达到调节离心泵流量的方法,是离心泵流量调节中能量损失最大的。　　93.√　94.×　正确答案:苯乙烯产品应储存在25℃以下,防止聚合变质。　　95.√　96.√　97.√　98.√　99.√　100.×　正确答案:当压缩机组润滑油过滤器压差超过0.08MPa,说明过滤器滤芯堵塞严重,需进行切换。　　101.√　102.×　正确答案:临时停车反应器保温在200℃以上可以按热系统状态开车,并避免温降过大造成对催化剂的冲击。　　103.√　104.√　105.√　106.√　107.√　108.√　109.√　110.×　正确答案:管道吹扫时,吹扫压力应按设计规定,若设计无规定时,吹扫压力一般不得大于等于工作压力,且不得低于工作压力。　　111.×　正确答案:系统进行隔离时蒸汽管线必须加盲板。　　112.×　正确答案:空气通入后,注意观察乙苯脱氢反应器内部测温元件的温度指示,监测可能出现的过热点,如果多数点的温度指示超过450℃,则减少空气量。　　113.√　114.√　115.√　116.√　117.√　118.√　119.×　正确答案:蒸汽喷射泵由:喷嘴、混合室、扩大管组成。　　120.×　正确答案:液环式真空泵是靠泵腔容积的变化来实现吸气、压缩和排气的,因此它属于变容式真空泵。　121.×　正确答案:在实际应用中,机械密封不可以彻底消除泄漏,疲劳损坏、操作不当等均可造成机械密封失效。　122.√　123.×　正确答案:离心泵的转速降低,则流量降低,轴功率也降低。　124.×　正确答案:叶轮是叶片泵的心脏部位,是泵最重要的工作元件。　125.×　正确答案:离心泵进口管线的长短与泵的性能有关。　126.√　127.√　128.√　129.×　正确答案:安全阀的起跳压力应低于设备的设计压力。　130.√　131.√　132.√　133.√　134.×　正确答案:管线防腐不能防止管线发生弯曲和变形,主要是防腐蚀。　135.×　正确答案:常温设备管道可不进行保温,如冷却水管道。　136.√　137.×　正确答案:干后形成多孔薄膜,不能使金属与介质完全隔绝。　138.√　139.×　正确答案:屏蔽泵 TRG 表主要用来监测轴承径向磨损情况。　140.√　141.√　142.√　143.√　144.√　145.√　146.√　147.√　148.√　149.×　正确答案:机泵清理卫生时,不可以用水冲洗电动机。　150.√　151.√　152.√　153.√　154.√　155.√　156.√　157.×　正确答案:脱氢反应器催化剂床层堵塞,尾气压缩机入口气量将减少。　158.√　159.√　160.√　161.√　162.√　163.√　164.√　165.√　166.×　正确答案:离心泵机械密封冲洗量保持在一定量的范围内。　167.√　168.√　169.√　170.√　171.√　172.√　173.√　174.√　175.×　正确答案:被吸入液体温度降低,黏度增加,会影响离心泵的出口流量。　176.√　177.√　178.√　179.√　180.√　181.×　正确答案:尾气压缩机联锁停车后,室外操作人员应立即关闭蒸汽大阀,打开机体导淋,必要时关闭密封介质,避免油带水。　182.√　183.√　184.×　正确答案:乙苯脱氢反应系统少量空气漏入后,氧表指示达到压缩机联锁条件后压缩机将立即停车。　185.√　186.×　正确答案:改用软密封的调节阀,其密封性能提高明显。　187.×　正确答案:保持燃料喷出速度低于脱火极限,可以防止蒸汽加热炉火焰脱火。　188.×　正确答案:运行机泵循环冷却水堵塞主要是因为循环水有问题,应及时疏通冷却水的堵塞。　189.√　190.×　正确答案:发生 NSI 食入中毒事故,应为食用的人员诱使呕吐。　191.√　192.√　193.√　194.√　195.√　196.√　197.√　198.√　199.√　200.√　201.√　202.√　203.√　204.√　205.×　正确答案:带电设备发生火灾时,不可以用消防水炮进行灭火。　206.√　207.√　208.×　正确答案:化工设备卧式设备装配图,一般采用主视图、左视图、右视图　209.√　210.√　211.√　212.√　213.×　正确答案:装置负荷率指装置平均负荷与设计负荷的比值。　214.√　215.√　216.√　217.√　218.√　219.√　220.√　221.√　222.√　223.√　224.√　225.√　226.×　正确答案:烷基化反应是在催化剂内部的酸性活性中心上进行的。　227.√　228.√　229.√　230.√　231.√　232.√　233.√　234.√　235.√　236.×　正确答案:对于烷基化反应来说,反应温度必须达到一定要求,才可以投乙烯。　237.√　238.√　239.√　240.√　241.√　242.×　正确答案:苯烯比增加反应器副产物减少,降低装置的物耗。　243.√　244.√　245.×　正确答案:提高烷基化转移反应的操作温度增加催化剂的活性,增加乙苯的选择性。　246.√　247.√

附 录

附录1 职业资格等级标准

1. 工种概况

1.1 工种名称

苯乙烯装置操作工。

1.2 工种代码

611021204。

1.3 工种定义

以乙苯为原料,通过脱氢、精馏等工序,生产苯乙烯产品的人员。或以裂解汽油为原料,通过抽提蒸馏、加氢、精馏等工序,生产苯乙烯产品的人员。

1.4 适用范围

苯乙烯装置各岗位。

1.5 工种等级

本工种共设五个等级,分别为:初级(国家职业资格五级)、中级(国家职业资格四级)、高级(国家职业资格三级)、技师(国家职业资格二级)、高级技师(国家职业资格一级)。

1.6 工作环境

室内、外及高处作业且大部分在常温下工作,工作场所中会存在一定的油品蒸汽、芳烃等有毒有害气体和噪声。

1.7 工种能力特征

身体健康,具有一定的学习理解和表达能力,四肢灵活,动作协调,听、嗅觉较灵敏,视力良好,具有分辨颜色的能力。

1.8 基本文化程度

高中毕业(或同等学力)。

1.9 培训要求

晋级培训期限:初级技能不少于120标准学时;中级技能不少于180标准学时;高级技能不少于210标准学时;技师不少于180标准学时;高级技师不少于180标准学时。

1.10 鉴定要求

1.10.1 适用对象

(1)新入职的操作技能人员。

(2)在操作技能岗位工作的人员。

(3)其他需要鉴定的人员。

1.10.2 申报条件

参照《中国石油天然气集团有限公司职业技能等级认定管理办法》。

1.10.3 鉴定方式

分理论知识考试和操作技能考核。理论知识考试采用闭卷笔试方式为主，推广无纸化考试形式；操作技能考核采用现场操作、模拟操作、实际操作笔试等方式。理论知识考试和操作技能考核均实行百分制，成绩皆达60分以上（含60分）者为合格。技师还需进行综合评审，综合评审包括技术答辩和业绩考核。综合评审成绩是技术答辩和业绩考核两部分的平均分。

1.10.4 鉴定时间

理论知识考试90分钟；操作技能考核不少于60分钟；综合评审的技术答辩时间40分钟（论文宣读20分钟，答辩20分钟）。

2. 基本要求

2.1 职业道德

(1)遵规守纪,按章操作；

(2)爱岗敬业,忠于职守；

(3)认真负责,确保安全；

(4)刻苦学习,不断进取；

(5)团结协作,尊师爱徒；

(6)谦虚谨慎,文明生产；

(7)勤奋踏实,诚实守信；

(8)厉行节约,降本增效。

2.2 基础知识

2.2.1 化学基础知识

(1)无机化学基础知识；

(2)有机化学基础知识。

2.2.2 单元操作基础知识

2.2.2.1 流体力学基础知识

(1)流体的物理性质及基本概念；

(2)流体的流动形态及流体阻力；

(3)流体输送基础知识。

2.2.2.2　传热基础知识

(1)传热基本概念;

(2)传热类型及计算方法;

(3)传热在生产中的应用。

2.2.2.3　蒸馏与精馏

(1)蒸馏与精馏的基本概念;

(2)精馏原理;

(3)精馏操作过程的影响因素。

2.2.3　机械与设备基础知识

(1)常用设备结构及维护保养基础知识;

(2)常用阀门、法兰、管道、垫片及密封填料的种类、规格和适用范围;

(3)设备、管道等材质选用知识;

(4)设备防腐知识及设备安全使用常识;

(5)设备的检修与验收。

2.2.4　仪表基础知识

(1)仪表基本概念;

(2)常用温度、压力、流量、液位测量仪表的原理;

(3)常规仪表、DCS 使用基础知识;

(4)仪表自动化控制系统。

2.2.5　安全及环保基础知识

(1)个体防护知识;

(2)安全用电知识;

(3)防火、防爆、防毒知识;

(4)环保基础知识;

(5)安全作业许可证制度;

(6)HSE 管理体系基础知识。

2.2.6　管理与培训

(1)班组管理;

(2)生产管理;

(3)设备管理;

(4)现场管理;

(5)工艺管理;

(6)培训教学常用的方法。

2.2.7　记录填写知识

(1)运行记录;

(2)交接班记录;

(3)设备维护保养记录;

(4)其他相关记录。

3. 工作要求

本标准对初级、中级、高级、技师、高级技师的要求依次递进,高级别包括低级别的要求。

3.1 初级

职业功能	工作内容	技能要求	相关知识
一、工艺操作	（一）开车准备	(1)能完成设备开车前检查工作 (2)能完成冬季设备防凝防冻操作 (3)能完成气密、吹扫试漏操作 (4)能投用蒸汽伴热线 (5)能完成计量表投用操作	(1)原料和产品的理化性质 (2)公用工程知识 (3)开车吹扫置换目的及注意事项
	（二）开车操作	(1)能完成相关设备的投用 (2)能进行过热炉的点火、升降温 (3)能完成原料罐进苯操作 (4)能完成流程切换操作	(1)乙苯脱氢反应机理和副产物生成机理 (2)苯和乙烯质量对产品质量的影响 (3)过热炉的点火步骤 (4)离心泵的开车步骤和投用换热器的注意事项 (5)多乙苯密封液系统操作步骤 (6)精馏塔的工作原理
	（三）正常操作	(1)能完成日常操作与调整及设备切换 (2)能按规定巡检,填写岗位记录 (3)能按指令改动工艺流程 (4)能确认现场压力、液位、阀位、冬防、防暑降温 (5)能判断与调整加热炉的燃烧状况 (6)能改控制阀副线 (7)能完成排凝液操作 (8)能完成储罐切换和脱水操作 (9)能完成加热炉火嘴的增点和减点火嘴任务	(1)仪表调节控制知识 (2)本岗位工艺指标 (3)废水、废气排放要求 (4)巡检路线、内容 (5)各精馏塔的作用 (6)切换操作注意事项
	（四）停车操作	(1)能完成本岗位的停车 (2)能停运机泵、换热器操作 (3)能完成熄灭加热炉火嘴的操作 (4)能完成装置设备置换、氮封操作	(1)本岗位停车步骤 (2)降负荷注意事项 (3)自救互救知识 (4)停工过程设备泄压、降温、倒空注意事项 (5)系统隔离添加盲板的要求
二、设备使用与维护	（一）使用设备	(1)能调节阀门开度 (2)能投用液位计、安全阀、压力表、疏水器等设备 (3)能看懂设备铭牌 (4)能使用可燃气体报警仪 (5)能使用电磁阀、气动阀 (6)能做好机泵的备用工作 (7)能判断单向阀的方向	(1)阀门、管道、垫片的分类、作用、工作原理 (2)机泵的分类、工作原理及使用要求 (3)换热器分类结构及适用范围 (4)测量仪表分类使用要求及工作原理 (5)设备管道的选材 (6)压力表的选型
	（二）维护设备	(1)能完成机泵的盘车 (2)能添加、更换机泵的润滑油 (3)能完成机泵、管线的防冻防凝工作 (4)能使用扳手、管钳等常用工具 (5)能完成设备检修时的监护 (6)能更换压力表、温度计	(1)润滑有关知识 (2)盘车有关知识 (3)防冻防凝管理制度 (4)动火常识、注意事项 (5)常用维修工具型号、规格 (6)"五定"及"三级过滤"的含义 (7)阀门日常维护知识 (8)设备检修的隔离与动火条件

续表

职业功能	工作内容	技能要求	相关知识
三、事故判断与处理	(一)判断事故	(1)能判断泵汽蚀、抽空等简单故障 (2)能发现主要运行设备超温、超压、超电流等异常现象 (3)能判断现场机泵泄漏 (4)能判断液位计指示失灵	(1)机泵故障的原因 (2)主要设备运行控制参数常见故障的原因 (3)精馏塔塔压、塔温超标的原因 (4)蒸汽带油、带液的原因 (5)仪表器材故障的原因
	(二)处理事故	(1)能处理各种机泵的故障 (2)能处理蒸汽系统波动的异常情况 (3)能处理中毒事故 (4)能处理仪表失灵故障 (5)能使用各种消防和安全器材	(1)蒸汽加热炉各种异常情况的处理 (2)消防气防报警程序 (3)初期火灾的扑救 (4)精馏塔异常情况的处理 (5)机泵故障的处理
四、绘图与计算	(一)绘图	(1)能绘制燃料气、蒸汽总管至蒸汽过热炉工艺流程图 (2)能绘制乙烯压缩机旁路冷却器循环流程图 (3)能绘制苯塔工艺流程图 (4)能绘制残油汽提塔底泵至残油洗涤塔流程图	(1)工艺流程图和仪表控制图中各种图例的符号 (2)阀类及泵类图例符号
	(二)计算	(1)能完成精馏塔计算 (2)能计算反应转化率、选择性、空速	(1)单位换算知识 (2)反应空速的定义 (3)塔的回流比的定义

3.2　中级

职业功能	工作内容	技能要求	相关知识
一、工艺操作	(一)开车准备	(1)能完成换热器开车前的确认 (2)能引入水、汽、风等介质 (3)能完成吹扫、气密、烘炉等工作 (4)能配合仪表工完成联锁试验、控制阀阀位的确认 (5)能完成氮气置换操作	(1)装置吹扫、试压、烘炉等知识 (2)开车准备注意事项 (3)仪表联锁知识 (4)仪表联校的工作内容 (5)联锁的作用 (6)精馏塔进料开车前应具备的条件 (7)气密的原则及标准 (8)油运的目的
	(二)开车操作	(1)能完成脱氢反应系统的氮气循环 (2)能完成阻聚剂注入乙苯/苯乙烯分离塔的操作 (3)能完成废热锅炉蒸汽并网的操作 (4)能完成精馏塔再沸器的投用	(1)反应温度、压力、稀释蒸汽量等参数对脱氢反应的影响 (2)精馏塔的操作指标 (3)乙苯脱氢反应器的关键控制 (4)影响产品质量的因素及控制方法 (5)精馏塔的操作原则 (6)乙苯脱氢反应氮气升温方法 (7)受到苯系物的危害后的处置方法
	(三)正常操作	(1)能根据分析结果,调节工艺参数 (2)能保证装置平稳运行 (3)能熟练操作 DCS (4)能进行质量管理有关数据的统计、整理 (5)加热炉的日常调节	(1)精馏塔产品质量控制方法 (2)装置运行检查 (3)DCS 画面知识 (4)乙苯脱氢单元防爆膜的作用 (5)加热炉燃烧的影响因素 (6)装置运行中加热炉、压缩机巡检内容 (7)乙苯进料中的主要杂质

职业功能	工作内容	技能要求	相关知识
一、工艺操作	(四)停车操作	(1)能做好多岗位的停车 (2)能进行降温降量操作 (3)能完成装置倒空、汽提、置换、蒸煮等操作 (4)压缩机切换的操作 (5)停加热炉的操作	(1)停车方案、注意事项 (2)设备泄漏检修时做好环保工作注意事项 (3)倒空、置换、蒸煮相关知识 (4)吹扫介质选用的原则 (5)精馏塔正常停车注意事项 (6)动火前的处理程序
二、设备使用与维护	(一)使用设备	(1)能开、停风机及多级离心泵等大型机泵 (2)能正确投用离心泵和屏蔽泵 (3)能完成离心泵切换工作	(1)设备的功能、工作原理 (2)设备的操作规程 (3)疏水器和安全阀的工作原理 (4)涡街流量计的工作原理 (5)离心泵的特性曲线 (6)管式加热炉的工作原理 (7)屏蔽泵流量的影响因素 (8)压缩机开车前气缸排液的目的
	(二)维护设备	(1)能发现机泵杂音、润滑油乳化、冷却水运行异常 (2)能配合有关工种做好检修工作 (3)能完成更换阀门的操作 (4)清理泵入口过滤网的操作 (5)能完成加法兰垫片的操作	(1)设备、管道的防腐、保温知识 (2)机泵清理注意事项 (3)设备的结构性能 (4)固定床反应器的日常维护 (5)蒸汽加热炉炉管的日常维护
三、事故判断与处理	(一)判断事故	(1)能判断反应器、罐、换热器等压力容器的泄漏 (2)能判断冲塔、串料等事故 (3)能分析装置波动的原因 (4)能判断一般质量事故 (5)能判断装置常见联锁停车事故的原因	(1)正常生产控制指标 (2)影响生产主要因素 (3)装置常见联锁停车事故的联锁条件 (4)分析精馏塔、机泵、加热炉、分离器等设备故障原因 (5)判断工艺指标波动原因
	(二)处理事故	(1)能完成加热炉事故处理 (2)能完成中、低压冷凝液中断事故处理 (3)能完成苯乙烯产品含乙苯高的处理 (4)能完成反应器温度异常处理 (5)能完成换热器内漏工艺处置 (6)能使用蒸汽灭火器 (7)能进行现场急救	(1)蒸汽加热炉火故障处理方法 (2)中、低压冷凝液的作用 (3)产品质量波动处理方法 (4)联锁动作后电磁阀打开的处理方法 (5)换热器泄漏处理方法 (6)消防设备的使用 (7)精馏塔故障的处理
四、绘图与计算	(一)绘图	能绘制装置岗位工艺流程图	(1)识别设备简图 (2)绘制简单的工艺流程 (3)识别仪表串级调节控制方框图
	(二)计算	(1)能进行反应、精馏的物料衡算 (2)能计算液体收率、转化率、产率	液体收率、转化率、产率、负荷率的、开工率等基本概念

3.3 高级

职业功能	工作内容	技能要求	相关知识
一、工艺操作	(一)开车准备	(1)能协调装置吹扫、气密、烘炉等各项开车准备工作 (2)能完成设定开车流程工作 (3)能引入燃料、原料等开车物料 (4)能确认投用仪表联锁系统	(1)本装置各项开停车准备工作 (2)仪表联锁条件 (3)装置水联运试车 (4)催化剂活化原理 (5)装置引蒸汽的注意事项 (6)蒸汽加热炉点火的安全要求
	(二)开车操作	(1)能根据盲板图完成盲板的抽堵操作 (2)能组织精馏塔和反应器的开车 (3)能完成加热炉的操作	(1)烃化反应、脱氢反应开车过程中的影响因素 (2)烃化反应、脱氢反应主要控制参数 (3)点火嘴时的注意事项 (4)乙苯脱氢反应蒸汽开车注意事项
	(三)正常操作	(1)能调节装置各工艺参数 (2)能判断和处理装置工艺波动 (3)能根据分析结果,调整与优化工艺操作 (4)能协调各岗位的生产操作	(1)装置各工艺操作指标 (2)主要技术经济指标的控制方法 (3)乙苯脱氢反应中二乙苯的危害 (4)压缩机的日常维护 (5)催化剂中毒的危害
	(四)停车操作	(1)能协调装置的停车 (2)能协调完成装置倒空、汽提、置换、蒸煮等工作 (3)能完成精馏塔的升降负荷操作	(1)工艺凝液处理的目的 (2)停车注意事项 (3)停车吹扫方法 (4)装置临时停车的程序 (5)停车检查的内容
二、设备使用与维护	(一)使用设备	能完成本装置机泵、加热炉、换热器、压缩机等设备操作	(1)压缩机的工作过程和工作原理 (2)压缩机启动和运转中的注意事项 (3)离心泵的汽蚀和气缚 (4)各种流量计的测量原理 (5)加热炉的主要工艺指标 (6)压缩机入口压力控制
	(二)维护设备	(1)能根据设备运行情况参与状态检测 (2)能完成设备检修后的验收调试工种 (3)能参与仪表参数的整定	(1)设备完好标准 (2)加热炉、压缩机的日常维护 (3)润滑油的品质要求
三、事故判断与处理	(一)判断事故	(1)能根据操作数据、分析数据判断装置异常情况与质量事故 (2)能及时发现事故隐患 (3)能判断各类仪表故障 (4)能判断加热炉、精馏塔、大机组运行故障	(1)反应器、精馏塔和压缩机操作压力和温度产生异常的原因及处理方法 (2)化验分析项目的有关知识 (3)换热器泄漏的判断方法 (4)DCS操作系统故障判断 (5)换热器泄漏故障判断
	(二)处理事故	(1)能处理公用工程中断的事故处理 (2)能处理尾气压缩机联锁停车事故 (3)能处理精馏塔的淹塔事故	(1)蒸汽系统出现异常情况的处理方法 (2)尾气压缩机联锁停车原因及处理步骤 (3)罐区发生火灾事故的应急处理 (4)安全施救的方法 (5)公用工程故障处理

职业功能	工作内容	技能要求	相关知识
四、绘图与计算	（一）绘图	能绘制 PID 流程图	（1）工艺配管单线图知识 （2）仪表联锁图知识 （3）简单设备结构图的绘制与识别
	（二）计算	（1）能进行简单的热量衡算 （2）能进行精馏塔的物料平衡 （3）能计算装置的能耗、物耗	（1）热量计算的相关知识 （2）能耗、物耗的概念和计算

3.4 技师

职业功能	工作内容	技能要求	相关知识
一、工艺操作	（一）开车准备	（1）能参与开车的组织工作 （2）能对开车过程中出现的各种情况进行处理，对关键控制点进行检查确认 （3）能完成精馏塔、吸收塔开车操作	（1）水气联运、换热器预膜的目的 （2）编制总体试车方案原则 （3）设备的调试与验收 （4）国内乙苯和苯乙烯生产技术
	（二）开车操作	（1）能参与开车的组织工作 （2）能对开车过程中出现的各种情况进行处理，对关键控制点进行检查确认 （3）能对开车方案进行优化	（1）加热炉操作注意事项 （2）避免反应器飞温的控制方法 （3）装置开车工艺方案的选择
	（三）正常操作	（1）能指导装置各系统的日常操作 （2）能对装置操作进行优化 （3）能处理和解决技术或工艺难题 （4）能根据装置工况变化提出处理方案 （5）能完成催化剂装卸操作 （6）能进行班组经济核算	（1）产品质量指标制订的依据、标准的内容 （2）使用公用工程的注意事项 （3）影响装置物耗的主要因素 （4）装置冬季操作注意事项 （5）联锁保护系统
	（四）停车操作	（1）能参与组织装置的停车工作 （2）能控制并降低停车过程中的物耗、能耗 （3）能完成装置停车前的准备工作 （4）能完成盲板的拆装操作	（1）装置全面停车注意事项 （2）停车方案的编制 （3）编制停车网络进度图 （4）装置局部停车作注意事项 （5）打开塔、加热炉、换热器检修时的注意事项
二、设备使用与维护	（一）使用设备	（1）能处理复杂的设备故障 （2）能提出设备大修或改进意见 （3）能参与组织设备、技措项目的验收 （4）能完成压缩机试车操作	（1）压缩机紧急停车 （2）设备选型原则 （3）常用金属的防腐 （4）蒸汽加热炉停工后的检查项目
	（二）维护设备	（1）能参与制定设备管理制度 （2）能参与编制装置检修计划 （3）能参与设备检修的各项工作 （4）能参与装置重点部位的检测	（1）设备管理的规定、标准知识 （2）计划编制的有关知识 （3）压力容器检验相关知识
三、事故判断与处理	（一）判断事故	（1）能判断催化剂中毒等较复杂事故 （2）能组织演练较复杂事故的应急预案 （3）压能判断缩机运行的故障	（1）各种工艺条件对生产的影响 （2）催化剂中毒或是结焦的故障判断 （3）精馏塔冬季运行的关键分析 （4）仪表故障原因
	（二）处理事故	（1）能组织、协调处理催化剂中毒事故 （2）能进行脱氢反应压力异常处理 （3）能处理 DCS 故障 （4）能处理过热炉故障	（1）复杂事故处理程序、处理方法 （2）防汛预案的内容 （3）精馏塔、反应器关键设备的异常处理 （4）在线仪表故障处理

续表

职业功能	工作内容	技能要求	相关知识
四、绘图与计算	(一)绘图	(1)能绘制脱氢反应 N_2 循环升温流程图 (2)能绘制尾气压缩机停车联锁逻辑图 (3)绘制苯乙烯装置蒸汽系统流程图 (4)绘制苯乙烯装置蒸汽凝液系统流程图	(1)仪表联锁逻辑方框图 (2)装置设计资料 (3)反应器催化剂装填图
	(二)计算	能对装置优化进行有关计算	(1)管道传热计算 (2)苯乙烯装置能耗计算 (3)蒸汽加热炉热效率计算

3.5 高级技师

职业功能	工作内容	技能要求	相关知识
一、工艺操作	(一)开车准备	(1)苯乙烯装置开车条件的确认 (2)能编制气密、置换、吹扫方案 (3)能组织乙苯脱氢反应系统的气密验收	(1)水气联运、换热器预膜的目的 (2)编制总体试车方案原则 (3)设备的调试与验收 (4)国内乙苯和苯乙烯生产技术 (5)装置历年来的改造情况及同类装置新技术发展趋势
	(二)开车操作	(1)能完成脱氢反应系统的开车操作 (2)能完成苯乙烯装置开车网络计划的优化操作	(1)开车条件确认的内容 (2)装置开车选择的工艺方案的目的 (3)加热炉操作注意事项 (4)避免反应器飞温的控制方法 (5)装置开车工艺方案的选择
	(三)正常操作	(1)能完成脱氢反应催化剂运行参数的优化 (2)能完成苯乙烯装置节能降耗的优化操作	(1)影响装置能耗、物耗的主要因素 (2)装置冬季运行时的注意事项 (3)产品质量指标制订的依据、标准的内容 (4)使用公用工程的注意事项 (5)影响装置物耗的主要因素 (6)联锁保护系统
	(四)停车操作	(1)能完成脱氢反应催化剂烧焦的操作 (2)能完成装置退料加盲板蒸煮方案的编制 (3)能完成苯乙烯装置停车网络计划的优化操作	(1)装置全面停车注意事项 (2)方案及工艺指导的编制 (3)编制停车网络进度图 (4)装置局部停车作注意事项 (5)打开塔、加热炉、换热器检修时的注意事项
二、设备使用与维护	(一)使用设备	(1)能完成大型往复压缩机机组单机试运的组织 (2)能完成泵单机试运的组织 (3)能进行压缩机、反应器运行状况的分析 (4)能延长加热炉炉管使用寿命的优化操作	(1)设备选型的原则 (2)压缩机应急停车处理 (3)提高加热炉热效率的方法 (4)设备选型原则 (5)常用金属的防腐
	(二)维护设备	(1)能根据原料和工艺条件的变化提出装置防腐措施 (2)能编制装置检修计划 (3)能组织设备检修的各项工作	(1)压力容器检验的内容 (2)压力容器管理的一般规定 (3)检修计划包含的基本内容 (4)设备管理的规定、标准知识

续表

职业功能	工作内容	技能要求	相关知识
三、事故判断与处理	（一）判断事故	(1)能判断催化剂严重结焦等复杂事故原因 (2)能判断装置出现严重聚合事故原因 (3)能判断压缩机常见故障原因	(1)仪表故障原因各 (2)催化剂中毒或是结焦的故障判断 (3)精馏塔冬季运行的关键分析 (4)工艺条件对生产的影响
	（二）处理事故	(1)能处理催化剂严重结焦等复杂事故 (2)能对国内、外同类装置的事故进行分析、总结	(1)国内外同类装置事故汇编 (2)复杂事故处理方法 (3)防汛预案的内容 (4)精馏塔、反应器关键设备的异常处理 (5)在线仪表故障处理
四、绘图与计算	（一）绘图	(1)能绘制苯乙烯装置环保三废排放点方框图 (2)能绘制苯乙烯装置界区进出物料盲板图 (3)能绘制脱氢反应漏入空气联锁停车逻辑图 (4)能反应器催化剂装填图的绘制 (5)能编写装置检修网络图	(1)仪表联锁逻辑方框图 (2)装置设计资料 (3)反应器催化剂装填图
	（二）计算	(1)能提供装置优化的核算方案 (2)能计算装置能耗	(1)装置设计基础数据 (2)装置能耗的计算方法 (3)管道传热计算 (4)苯乙烯装置能耗计算 (5)蒸汽加热炉热效率计算

4. 比重表

4.1 理论知识

项目		初级,%	中级,%	高级,%	技师,%	高级技师,%
基本要求	基础知识	6	7	8	8	8
	管理与培训	0	0	0	2	2
相关知识	工艺操作　开车准备	8	6	4	6	6
	工艺操作　开车操作	9	10	10	7	7
	工艺操作　正常操作	11	14	15	13	13
	工艺操作　停车操作	10	8	8	10	10
	设备使用与维护　使用设备	18	15	11	8	8
	设备使用与维护　维护设备	7	7	6	6	6
	事故判断与处理　判断事故	9	11	14	17	17
	事故判断与处理　处理事故	11	14	16	14	14
	绘图与计算　绘图	3	2	2	1	1
	绘图与计算　计算	3	2	2	2	2

项目			初级,%	中级,%	高级,%	技师,%	高级技师,%
相关知识	液相分子筛或气相分子筛	工艺操作	5	4	4	6	6
合计			100	100	100	100	100

4.2 技能操作

项目	初级,%	中级,%	高级,%	技师,%	高级技师,%
工艺操作	50	40	35	30	30
设备使用与维护	20	25	20	15	15
事故判断与处理	25	30	40	45	45
绘图与计算	5	5	5	10	10
合计	100	100	100	100	100

附录 2 初级工理论知识鉴定要素细目表

行业：石油天然气　　　　工种：苯乙烯装置操作工　　　　等级：初级工　　　　鉴定方式：理论知识

行为领域	鉴定范围（一级）	代码	鉴定范围（二级）	鉴定比重	代码	鉴定点	重要程度	备注
基础知识 A 6% (17：03：00)	基本要求 B	C	单元操作基础知识 (05：00：00)	2%	001	密度的概念	X	
					002	流体的压强	X	
					003	流体黏度的概念	X	
					004	流体流速的概念	X	
					005	流体流量的概念	X	
		D	机械与设备基础知识 (04：00：00)	2%	001	润滑的概念	X	
					002	密封的概念	X	
					003	疏水器的种类	X	
					004	常用法兰的种类	X	
		F	仪表基础知识 (02：02：00)	1%	001	误差的概念	X	
					002	误差的分类	X	
					003	常用流量计的种类	Y	
					004	常用压力计的种类	Y	
		I	安全环保基础知识 (06：01：00)	1%	001	头部的防护方法	X	
					002	眼睛和面部的防护方法	X	
					003	脚部的防护方法	X	
					004	手部的防护方法	X	
					005	耳部的防护方法	X	
					006	口鼻的防护方法	Y	
					007	皮肤的防护方法	X	
专业知识 B 89% (156：23：17)	工艺操作 A	A	开车准备 (12：07：07)	8%	001	装置概况	Z	
					002	苯的物理性质	Y	上岗要求
					003	乙烯的物理性质	Y	上岗要求
					004	甲苯的化学性质	Y	
					005	苯乙烯的物理性质	Y	上岗要求
					006	苯乙烯的用途	Z	
					007	原料苯质量要求	X	上岗要求
					008	装置循环水的规格	Z	
					009	装置氮气置换的目的	X	上岗要求
					010	装置管线吹扫注意事项	X	上岗要求

行为领域 （一级）	鉴定 范围 （一级）	代码	鉴定范围 （二级）	鉴定 比重	代码	鉴定点	重要 程度	备注
专业知识 B 89% (156：23：17)	工艺 操作 A	A	开车准备 （12：07：07）	8%	011	中、高压蒸汽管线吹扫合格标准	X	上岗要求
					012	原料乙烯的纯度要求	Y	
					013	苯乙烯的国家标准	X	
					014	苯的国家标准	Y	
					015	消防设施的要求	Z	
					016	管线吹扫的原则	X	上岗要求
					017	投用仪表风注意事项	X	
					018	投用氮气注意事项	X	上岗要求
					019	饱和水蒸气的压力与温度关系数据	X	
					020	暖管的目的	X	上岗要求
					021	储罐切水的目的	X	上岗要求
					022	机泵加油的目的	Y	上岗要求
					023	锅炉给水的作用	X	上岗要求
					024	装置常用蒸汽的规格	Z	上岗要求
					025	装置仪表风的规格	Z	
					026	装置常用氮气的规格	Z	
		B	开车操作 （21：02：00）	9%	001	乙苯脱氢反应催化剂物理化学性质	X	上岗要求
					002	乙苯脱氢反应的副反应机理	X	
					003	乙苯脱氢反应机理	X	上岗要求
					004	产品质量指标的影响因素	X	
					005	原料苯质量对产品质量的影响	X	上岗要求
					006	原料乙烯质量对产品质量的影响	X	上岗要求
					007	离心泵倒料方法	X	
					008	过滤器堵塞的处理方法	X	上岗要求
					009	蒸汽伴热的投用方法	X	上岗要求
					010	离心泵开车前的注意事项	X	上岗要求
					011	换热器投用循环水注意事项	X	上岗要求
					012	蒸汽加热炉长明灯点火时的注意事项	X	上岗要求
					013	精馏塔塔压的控制方法	X	上岗要求
					014	进料缓冲罐的作用	X	
					015	向下游送出产品苯乙烯的注意事项	X	
					016	苯对人体的危害	Y	
					017	消除"水击"的方法	X	
					018	向火炬线送尾气的注意事项	X	
					019	泵检修的处理措施	X	

续表

行为领域	鉴定范围（一级）	代码	鉴定范围（二级）	鉴定比重	代码	鉴定点	重要程度	备注
专业知识 B 89%（156∶23∶17）	工艺操作 A	B	开车操作（21∶02∶00）	9%	020	增减加热炉火嘴的方法	X	
					021	压缩机密封系统的投用程序	X	上岗要求
					022	电磁阀的作用	Y	
					023	乙苯/苯乙烯分离塔塔压力的影响因素	X	上岗要求
		C	正常操作（23∶04∶03）	11%	001	巡回检查制度	Y	上岗要求
					002	巡回检查屏蔽泵内容	Y	上岗要求
					003	装置运行中加热炉巡检内容	X	上岗要求
					004	产品中间罐的巡检内容	X	上岗要求
					005	取样注意事项	Z	
					006	苯乙烯精馏单元提负荷的程序	X	上岗要求
					007	苯乙烯脱氢精馏单元岗位任务	X	上岗要求
					008	污水排放时环保要求	Y	
					009	压缩机对润滑油的品质要求	Z	
					010	残油洗涤塔的作用	X	
					011	残油汽提塔的作用	X	
					012	锅炉排污的作用	X	
					013	增加精馏塔回流比的方法	X	
					014	工艺凝液气提塔的作用	X	上岗要求
					015	调节往复泵流量的方法	X	
					016	蒸汽过热炉烟囱的作用	Y	
					017	脱氢反应中水蒸气的作用	X	上岗要求
					018	苯乙烯装置大气中污染物控制要求	Z	
					019	脱氢尾气压缩机密封系统的作用	X	
					020	加热炉雾化蒸汽的作用	X	上岗要求
					021	脱氢反应器出口膨胀节双波纹管内通入 N_2 的作用	X	
					022	乙苯罐切换注意事项	X	
					023	乙苯脱氢单元原料乙苯进料时注意事项	X	
					024	催化剂选择性与温度的关系	X	上岗要求
					025	加热炉观火孔观察的内容	X	
					026	加热炉烟道挡板开度与氧含量的关系	X	上岗要求
					027	乙苯脱氢反应单元的废渣处理方法	X	
					028	乙苯/苯乙烯分离塔再沸器投用的注意点	X	上岗要求
					029	备用泵冬天防冻检查的内容	X	
					030	催化剂活性与温度的关系	X	上岗要求

续表

行为领域	鉴定范围（一级）	代码	鉴定范围（二级）	鉴定比重	代码	鉴定点	重要程度	备注
专业知识B 89% (156：23：17)	工艺操作A	D	停车操作 (17：01：01)	10%	001	装置"三废"的排放标准	Y	
					002	自救互救	Z	上岗要求
					003	装置倒空注意事项	X	
					004	临时停车系统保压注意事项	X	
					005	苯乙烯精馏单元降负荷的程序	X	上岗要求
					006	乙苯脱氢单元生产降负荷的程序	X	上岗要求
					007	装置停车氮气冷却、置换注意事项	X	
					008	添加盲板的要求	X	上岗要求
					009	装置停车乙苯冲洗注意事项	X	
					010	系统隔离的要求	X	
					011	现场发生污染事故时的处理方法	X	
					012	降低乙苯脱氢反应器的压力的方法	X	
					013	降低乙苯脱氢反应器的温度的方法	X	
					014	残油洗涤塔、残油汽提塔的残油倒空方法	X	上岗要求
					015	停车后进入设备时的注意事项	X	
					016	蒸汽加热炉停车以后的注意事项	X	
					017	切苯乙烯产品至脱氢液储罐的注意事项	X	
					018	再沸器停运注意事项	X	上岗要求
					019	设备泄压、降温的注意事项	X	
	设备使用与维护B	A	使用设备 (05：03：04)	18%	001	可燃气体报警仪的功能	Y	上岗要求
					002	截止阀的优点	Z	
					003	截止阀的缺点	Z	
					004	启动离心泵的注意事项	X	上岗要求
					005	启动屏蔽泵的注意事项	X	上岗要求
					006	屏蔽泵的定义	Z	
					007	停运离心泵的注意事项	X	
					008	停运屏蔽泵的注意事项	X	
					009	泵机械密封结构	Y	
					010	液位计的分类	Y	
					011	减压阀的工作原理	Z	上岗要求
					012	液位计的使用要求	X	上岗要求
		B	维护设备 (14：03：01)	7%	001	备用泵盘车的目的	X	上岗要求
					002	备用泵盘车的要求	X	
					003	泵盘不动车的原因	X	上岗要求
					004	润滑油的作用	X	上岗要求

行为领域	鉴定范围（一级）	代码	鉴定范围（二级）	鉴定比重	代码	鉴定点	重要程度	备注
专业知识 B 89% （156：23：17）	设备使用与维护 B	B	维护设备 （14：03：01）	7%	005	选用润滑油黏度的一般原则	Z	
					006	润滑油的主要质量指标	Y	
					007	"五定"及"三级过滤"的含义	X	上岗要求
					008	润滑油三级过滤的滤网精度	X	
					009	离心泵日常维护的内容	X	上岗要求
					010	检查机泵轴承箱温度的标准	X	
					011	防冻防凝的方法	X	
					012	压力容器的日常维护	X	
					013	阀门日常维护知识	Y	
					014	备用离心泵运行时检查内容	X	
					015	离心泵单试检查项目	X	上岗要求
					016	听棒的作用	Y	
					017	监火人职责	X	
					018	监火注意事项	X	
	事故判断与处理 C	A	判断事故 （28：00：00）	9%	001	脱氢反应器温度高原因分析	X	上岗要求
					002	汽轮机润滑油压力低原因	X	
					003	苯塔灵敏板温度高原因	X	上岗要求
					004	蒸汽加热炉油嘴漏的原因	X	
					005	乙苯塔灵敏板温度高原因	X	上岗要求
					006	多乙苯塔压力低的原因	X	上岗要求
					007	苯塔塔顶乙苯超标的原因	X	上岗要求
					008	多乙苯塔灵敏板温度高原因	X	上岗要求
					009	乙苯回收塔塔釜甲苯含量高原因	X	上岗要求
					010	乙苯/苯乙烯分离塔塔顶压力高原因	X	上岗要求
					011	乙苯/苯乙烯分离塔塔釜加热不好原因	X	
					012	吹灰器常见故障	X	
					013	空冷冷量不足的常见故障	X	上岗要求
					014	原料苯脱水的目的	X	
					015	蒸汽管线内有液击声音的原因	X	上岗要求
					016	屏蔽泵流量不足的原因	X	
					017	离心泵启动前灌泵的原因	X	上岗要求
					018	屏蔽泵泵体温度高的原因	X	
					019	离心泵产生振动和噪声的原因	X	上岗要求
					020	离心泵电动机电流高的原因	X	
					021	压力表常见故障	X	上岗要求

续表

行为领域	鉴定范围（一级）	代码	鉴定范围（二级）	鉴定比重	代码	鉴定点	重要程度	备注
专业知识 B 89% (156：23：17)	事故判断与处理 C	A	判断事故 (28：00：00)	9%	022	疏水器常见故障	X	
					023	双金属温度计常见故障	X	
					024	调节阀操作不动的原因	X	
					025	工艺凝液汽提塔压力、温度高的原因	X	上岗要求
					026	阻聚剂流量波动的原因	X	
					027	主蒸汽带液的原因	X	
					028	蒸汽带油的原因	X	
		B	处理事故 (19：00：00)	11%	001	现场急救方法	X	
					002	消防、气防报警程序	X	
					003	用消防器材扑灭初起火灾的方法	X	上岗要求
					004	用气防器材进行急救和自救的方法	X	上岗要求
					005	装置发生初起着火事故的处理要点	X	
					006	负压泵不上量的处理方法	X	上岗要求
					007	尾气压缩机出口氧含量高的处理方法	X	
					008	废热锅炉液面过低的处理方法	X	
					009	空冷器出口温度高的处理方法	X	
					010	苯塔塔顶物中乙苯含量高的处理办法	X	
					011	多乙苯塔塔顶塔顶产物中重组分含量高的处理方法	X	
					012	苯塔塔釜苯含量高的处理方法	X	
					013	离心泵抽空事故的处理方法	X	上岗要求
					014	乙苯产品中二乙苯含量高的处理方法	X	上岗要求
					015	蒸汽加热炉排烟温度高的处理方法	X	上岗要求
					016	尾气压缩机排出罐液位高的处理方法	X	上岗要求
					017	蒸汽加热炉负荷变动的处理方法	X	
					018	蒸汽加热炉炉膛发暗的处理方法	X	
					019	蒸汽加热炉烟囱冒黑烟的处理方法	X	上岗要求
	绘图与计算 D	A	绘图 (04：02：00)	3%	001	工艺管道流程图图例符号	X	上岗要求
					002	DCS仪表控制键图例符号	X	上岗要求
					003	电气控制点流程图图例符号	Y	
					004	阀类流程图图例符号	X	上岗要求
					005	仪表调节阀类流程图图例符号	Y	上岗要求
					006	泵类流程图图例符号	X	上岗要求
		B	计算 (13：01：01)	3%	001	常用单位的换算方法	Z	
					002	反应转化率的概念	X	上岗要求

行为领域	鉴定范围（一级）	代码	鉴定范围（二级）	鉴定比重	代码	鉴定点	重要程度	备注
专业知识 B 89% (156：23：17)	绘图与计算 D	B	计算 (13：01：01)	3%	003	反应选择性的概念	X	上岗要求
					004	空速的概念	X	上岗要求
					005	回流进料比的概念	X	上岗要求
					006	压缩比的概念	X	上岗要求
					007	水比的概念	X	上岗要求
					008	表压的定义	X	上岗要求
					009	真空度的定义	X	上岗要求
					010	绝对压力的定义	X	上岗要求
					011	蒸汽加热炉燃油消耗量	X	
					012	反应空速的计算	X	上岗要求
					013	罐液面的计算	Y	
					014	精馏塔压差计算	X	
					015	回流比的计算	X	上岗要求
相关知识(液相分子筛) C 5% (24：06：02)	工艺操作 A	A	工艺操作 (24：06：02)	5%	001	烷基化反应机理	Y	上岗要求
					002	烷基转移反应机理	Y	上岗要求
					003	烷基化反应的副反应机理	Y	
					004	烷基转移反应的副反应机理	Y	
					005	苯/乙烯比的概念	Z	上岗要求
					006	苯/多乙苯比的概念	Z	上岗要求
					007	烷基化反应器出料的组成	X	上岗要求
					008	烷基化反应器顶部温度的控制方法	X	
					009	烷基化反应器水超标的危害	X	上岗要求
					010	烷基化催化剂的特性	X	
					011	烷基转移催化剂的特性	X	
					012	烷基化催化剂物理化学性质	X	
					013	烷基转移催化剂物理化学性质	X	
					014	烷基转移反应器水超标的危害	X	
					015	原料苯中控制氮氧化物含量的目的	X	上岗要求
					016	烷基化催化剂活性与温度的关系	X	
					017	烷基转移催化剂活性与温度的关系	X	
					018	烷基化单元生产提负荷的程序	X	上岗要求
					019	烷基转移单元生产提负荷的程序	X	上岗要求
					020	烷基化反应器停车卸压注意事项	X	
					021	烷基化单元的岗位任务	Y	上岗要求
					022	烷基转移单元的岗位任务	Y	上岗要求

续表

行为领域	鉴定范围（一级）	代码	鉴定范围（二级）	鉴定比重	代码	鉴定点	重要程度	备注
相关知识（液相分子筛）C 5%（24：06：02）	工艺操作A	A	工艺操作（24：06：02）	5%	023	烷基化单元正常操作中的常规分析项目	X	
					024	烷基转移单元正常操作中的常规分析项目	X	
					025	烷基化单元生产降负荷的程序	X	上岗要求
					026	烷基转移单元生产降负荷的程序	X	上岗要求
					027	停车后烷基化反应器床层压力降低过快的危害	X	
					028	烷基化反应器压力高原因分析	X	
					029	烷基化二段反应器出口压力高的处理方法	X	
					030	烷基转移反应器压力高原因分析	X	
					031	烷基化反应器出料多乙苯含量高的处理方法	X	上岗要求
					032	烷基转移反应器出口压力高的处理方法	X	

注：X—核心要素；Y——般要素；Z—辅助要素。

附录3　初级工操作技能鉴定要素细目表

行业：石油天然气　　　　工种：苯乙烯装置操作工　　　　等级：初级工　　　　鉴定方式：操作技能

行为领域	鉴定范围（一级）	代码	鉴定范围（二级）	鉴定比重	代码	鉴定点	重要程度	备注
操作技能A 100%（59：00：00）	工艺操作A	A	开车准备（08：00：00）	10%	001	蒸汽伴热线的投用	X	
					002	机泵加油的操作	X	
					003	试压试漏的操作	X	
					004	油品管线的吹扫操作	X	
					005	加热炉吹灰的操作	X	
					006	冬季设备防冻的操作	X	
					007	投用计量表	X	
					008	离心泵启动前检查	X	
		B	开车操作（09：00：00）	15%	001	换热器的投用	X	
					002	离心泵的启动操作	X	
					003	原料罐进苯的操作	X	
					004	启动引风机的操作	X	
					005	废热锅炉的投用	X	
					006	苯乙烯产品由不合格流程到正常流程的切换	X	
					007	空冷器的启动操作	X	
					008	加热炉点长明灯的操作	X	
					009	投用进料过滤器的操作	X	
		C	正常操作（07：00：00）	10%	001	现场压缩机组压力检查	X	
					002	现场液位检查	X	
					003	冲洗废热锅炉液面计的操作	X	
					004	调节阀改副线的操作	X	
					005	苯乙烯产品罐切换的操作	X	
					006	回流罐脱水的操作	X	
					007	加热炉增点油火嘴的操作	X	
		D	停车操作（08：00：00）	15%	001	灭加热炉火嘴的操作	X	
					002	停换热器的操作	X	
					003	压缩机润滑油汽泵切换电泵的操作	X	
					004	苯乙烯产品切不合格罐的操作	X	
					005	空冷器的停用操作	X	

续表

行为领域	鉴定范围（一级）	代码	鉴定范围（二级）	鉴定比重	代码	鉴定点	重要程度	备注
操作技能 A 100% (59：00：00)	工艺操作 A	D	停车操作（08：00：00）	15%	006	冬季设备解冻的操作	X	
					007	容器置换的操作	X	
					008	容器氮封的操作	X	
	设备使用与维护 B	A	使用设备（04：00：00）	10%	001	机泵盘车的操作	X	
					002	投用控制阀的操作	X	
					003	安全阀的投用	X	
					004	疏水器的投用	X	
		B	维护设备（05：00：00）	10%	001	备用离心泵的维护	X	
					002	机泵管线防冻、防凝的操作	X	
					003	设备检修时的监护	X	
					004	更换压力表的操作	X	
					005	阀门密封填料的更换	X	
	事故判断与处理 C	C	判断事故（05：00：00）	10%	001	离心泵汽蚀现象的判断	X	
					002	离心泵抽空现象的判断	X	
					003	离心泵超电流异常现象的判断	X	
					004	现场机泵泄漏的判断	X	
					005	分离塔塔底液面计指示失灵的判断	X	
		D	处理事故（10：00：00）	15%	001	离心泵汽蚀的处理	X	
					002	离心泵抽空的处理	X	
					003	机泵机械密封泄漏的处理	X	
					004	苯类中毒事故的处理	X	
					005	水蒸气水击的处理	X	
					006	仪表调节阀失灵的处理	X	
					007	空气呼吸器的使用	X	
					008	过滤式防毒面具的使用	X	
					009	长管式防毒面具的使用	X	
					010	使用干粉灭火器的操作	X	
	绘图与计算 D	A	绘图（03：00：00）	5%	001	绘制苯塔再沸器蒸汽加热流程图	X	
					002	绘制苯塔塔底采出至乙苯塔流程图	X	
					003	绘制苯塔塔顶采出至烃化液罐流程图	X	

注：X—核心要素；Y——一般要素；Z—辅助要素。

附录4　中级工理论知识鉴定要素细目表

行业：石油天然气　　　　工种：苯乙烯装置操作工　　　　等级：中级工　　　　鉴定方式：理论知识

行为领域	鉴定范围（一级）	代码	鉴定范围（二级）	鉴定比重	代码	鉴定点	重要程度	备注
基础知识 A 7% （15：05：02）	基本要求 B	C	单元操作基础知识 （05：00：00）	2%	001	热传导的基本概念	X	
					002	热对流基本概念	X	
					003	热辐射基本概念	X	
					004	换热方式的种类	X	
					005	离心泵的主要性能参数	X	
		D	机械与设备基础知识 （04：00：00）	2%	001	管路连接方法	X	
					002	腐蚀的分类	X	
					003	常用密封的形式	X	
					004	滚动轴承的原理	X	
		F	仪表基础知识 （00：02：02）	1%	001	测量仪表的精度指标	Y	
					002	测量仪表的灵敏度	Y	
					003	浮力式液位计	Z	
					004	压力传感器基本知识	Z	
		I	安全环保基础知识 （06：03：00）	2%	001	机械设备对人体伤害的防护方法	X	
					002	厂内交通安全知识	Y	
					003	火场逃生知识	X	
					004	职业中毒的种类	Y	
					005	急性中毒的现场抢救方法	X	
					006	高处作业的防护措施	X	
					007	用火作业安全知识	X	
					008	高处作业安全知识	X	
					009	临时用电安全知识	Y	
专业知识 B 89% （144：32：27）	工艺操作 A	A	开车准备 （18：01：05）	6%	001	暖机的目的	X	
					002	管线吹扫的目的	X	
					003	装置气密试验的目的	X	
					004	系统干燥的目的	X	
					005	设备试压的目的	X	
					006	废热锅炉排污的目的	X	
					007	进料系统气密的方法	X	
					008	设备管线防冻的方法	X	

行为领域	鉴定范围（一级）	代码	鉴定范围（二级）	鉴定比重	代码	鉴定点	重要程度	备注
专业知识 B 89% (144∶32∶27)	工艺操作 A	A	开车准备 (18∶01∶05)	6%	009	气密检验标准	Z	
					010	气密试验压力的标准	Z	
					011	投用引风机的注意事项	X	
					012	投用空冷风机的注意事项	X	
					013	气密试验的原则	Z	
					014	隔油池工作原理	Z	
					015	苯乙烯装置用催化剂的作用	X	
					016	向反应器内填装催化剂注意事项	X	
					017	氮气置换合格标准	X	
					018	仪表联校的工作内容	Y	
					019	蒸汽加热炉点火前的准备工作	X	
					020	精馏塔进料开车前应具备的条件	X	
					021	开工需要化验的项目	X	
					022	联锁的作用	Z	
					023	自启动的作用	X	
					024	装置油运的目的	X	
		B	开车操作 (18∶04∶01)	10%	001	乙苯脱氢反应催化剂的作用	X	
					002	废热锅炉蒸汽并网注意事项	X	
					003	残油洗涤塔接残油的注意事项	X	
					004	蒸汽加热炉升温时的注意事项	X	
					005	乙苯精馏塔的关键控制	X	
					006	苯乙烯精馏塔的关键控制	X	
					007	乙苯脱氢反应器的关键控制	X	
					008	苯乙烯精馏单元分离方法	Y	
					009	蒸汽加热炉吹灰方法	Z	
					010	乙苯脱氢单元冷热系统开车方法	Y	
					011	加热炉防爆门的作用	X	
					012	苯塔温度的控制方法	X	
					013	苯塔压力的控制方法	X	
					014	苯塔回流量的控制方法	X	
					015	苯乙烯塔温度的控制方法	X	
					016	苯乙烯塔回流量的控制方法	X	
					017	苯乙烯塔压力的控制方法	X	
					018	蒸汽加热炉点长明灯的条件	X	
					019	蒸汽加热炉升温时对称点火嘴的目的	X	

行为领域	鉴定范围（一级）	代码	鉴定范围（二级）	鉴定比重	代码	鉴定点	重要程度	备注
专业知识 B 89% (144：32：27)	工艺操作 A	B	开车操作 (18：04：01)	10%	020	精馏塔的操作原则	X	
					021	乙苯脱氢反应氮气升温方法	X	
					022	受到苯乙烯伤害后的救护方法	Y	
					023	受到苯伤害后的救护方法	Y	
		C	正常操作 (22：05：05)	14%	001	负压泵的切换方法	X	
					002	疏水器的投用方法	X	
					003	阻聚剂泵调整冲程的方法	X	
					004	DCS 系统操作画面符号的含义	X	
					005	向下游送副产蒸汽的注意事项	Y	
					006	蒸汽加热炉更换火嘴的注意事项	X	
					007	苯塔质量调节方法	X	
					008	乙苯塔质量调节方法	X	
					009	多乙苯塔质量调节方法	X	
					010	脱氢岗位质量调节项目	Z	
					011	尾气压缩机正常操作参数	X	
					012	乙苯进入脱氢反应器的控制方法	X	
					013	残油的作用	Z	
					014	乙苯脱氢单元防爆膜的作用	X	
					015	苯乙烯精馏单元防爆膜的作用	X	
					016	乙苯脱氢单元后系统乙苯冲洗的作用	X	
					017	尾气压缩机入口压力的控制方式	X	
					018	冷热流体换热时的流动方式	X	
					019	脱氢尾气压缩机转速表的测速方式	Z	
					020	乙苯/苯乙烯分离塔回流比的大小对精馏操作的影响	X	
					021	进料组成变化对精馏操作的影响	X	
					022	加热炉燃烧的影响因素	Y	
					023	调节离心泵流量的方法	X	
					024	乙苯进料中的主要杂质	Z	
					025	苯乙烯产品的储藏条件	Y	
					026	离心泵轴承箱的加油位置	Y	
					027	蒸汽过热炉入口主蒸汽阀的作用	X	
					028	装置运行中离心泵巡检内容	X	
					029	乙苯脱氢反应器床层压差的概念	Z	
					030	装置运行中加热炉巡检内容	X	

行为领域	鉴定范围（一级）	代码	鉴定范围（二级）	鉴定比重	代码	鉴定点	重要程度	备注
专业知识 B 89% (144：32：27)	工艺操作 A	C	正常操作（22：05：05）	14%	031	装置运行中压缩机巡检内容	X	
					032	装置运行中塔巡检内容	Y	
		D	停车操作（09：03：01）	8%	001	临时停车反应器保温注意事项	Y	
					002	装置动火前的处理程序	X	
					003	氮气吹扫管线的注意事项	X	
					004	苯塔正常停车注意事项	X	
					005	乙苯塔正常停车注意事项	X	
					006	乙苯回收塔正常停车注意事项	X	
					007	多乙苯塔正常停车注意事项	X	
					008	苯乙烯精馏塔正常停车注意事项	X	
					009	吹扫介质选用的原则	Z	
					010	系统隔离时的注意事项	Y	
					011	乙苯脱氢反应器正常停车烧焦注意事项	X	
					012	乙苯/苯乙烯精馏塔正常停车注意事项	X	
					013	设备泄漏检修时做好环保工作注意事项	Y	
	设备使用与维护 B	A	使用设备（13：03：03）	15%	001	磁力泵的工作原理	Z	
					002	汽轮机的工作原理	Z	
					003	常用透平的类型	Y	
					004	螺杆压缩机工作原理	Y	
					005	蒸汽喷射器的结构	X	
					006	液环式真空泵的工作原理	X	
					007	离心泵机械密封的工作原理	X	
					008	离心泵的工作原理	X	
					009	离心泵的主要性能参数及关系	X	
					010	离心泵各部件的作用	X	
					011	影响离心泵流量和扬程的因素	Y	
					012	离心泵切换的方法	X	
					013	离心泵启动前灌泵的目的	X	
					014	疏水器的工作原理	X	
					015	安全阀的工作原理	X	
					016	气动执行器的概念	Z	
					017	机泵盘车的注意事项	X	
					018	涡街流量计的工作原理	X	
					019	屏蔽泵流量的影响因素	X	

行为领域	鉴定范围（一级）	代码	鉴定范围（二级）	鉴定比重	代码	鉴定点	重要程度	备注
专业知识 B 89% (144：32：27)	设备使用与维护 B	B	维护设备 (09：04：03)	7%	001	设备管道防腐的目的	Z	
					002	设备管道保温的目的	Z	
					003	管路试压的目的	X	
					004	油漆防腐的作用	Y	
					005	机泵冷却水的作用	X	
					006	屏蔽泵 TRG 表的作用	Y	
					007	高速泵外设润滑油泵的作用	X	
					008	保温材料必须满足的要求	Y	
					009	高速泵润滑油的运行小时要求	X	
					010	加热炉烟囱的作用	X	
					011	蒸汽加热炉炉管的日常维护	Y	
					012	管道系统吹扫前的操作方法	X	
					013	固定床反应器的日常维护	X	
					014	管道系统试压应具备的条件	X	
					015	管道吹扫和清洗的一般规定	X	
					016	机泵清理卫生的注意事项	Z	
	事故判断与处理 C	A	判断事故 (22：04：02)	11%	001	反应器压力升高原因	X	
					002	苯乙烯塔压力高原因	X	
					003	主冷器出口温度高原因	X	
					004	反应器出口温度升高原因	X	
					005	反应器床层压降增大原因	X	
					006	蒸汽加热炉燃料油压高原因	X	
					007	尾气压缩机出口温度高原因	X	
					008	尾气压缩机出口压力高原因	X	
					009	蒸汽加热炉氧含量高的原因	X	
					010	苯乙烯精馏塔淹塔的原因	X	
					011	乙苯精馏塔冲塔的原因	X	
					012	低压废热锅炉出口温度高原因	X	
					013	乙苯/蒸汽过热器出口温度高原因	X	
					014	工艺凝液汽提塔顶气相流量低原因	X	
					015	脱氢混合物/水分离器油相液位高原因	X	
					016	脱氢混合物/水分离器油水界面液位高原因	X	
					017	离心泵机械密封冲洗温度高的常见故障	X	
					018	废热锅炉损坏的原因	Y	

行为领域	鉴定范围（一级）	代码	鉴定范围（二级）	鉴定比重	代码	鉴定点	重要程度	备注
专业知识 B 89% (144∶32∶27)	事故判断与处理 C	A	判断事故 (22∶04∶02)	11%	019	苯乙烯产品纯度太低的原因	X	
					020	蒸汽加热炉火焰燃烧不稳定的原因	Y	
					021	高速泵出口压力波动过大的原因	X	
					022	屏蔽泵电流超高的原因	Z	
					023	屏蔽泵振动有异常响声的原因	X	
					024	水环式真空泵真空度低的原因	X	
					025	高速泵增速箱油温过高的原因	Y	
					026	离心泵出口流量低的故障判断	X	
					027	离心泵运行时流量扬程降低的原因	Y	
					028	离心泵轴承温度高的故障判断	Z	
		B	处理事故 (23∶04∶02)	14%	001	装置停氮气的处理方法	X	
					002	DCS控制台死机处理方法	X	
					003	乙烯压缩机联锁停车处理方法	X	
					004	尾气压缩机联锁停车处理方法	X	
					005	苯乙烯产品聚合物含量高的处理方法	X	
					006	燃烧器点不着火的处理方法	X	
					007	乙苯脱氢单元联锁后的处理方法	X	
					008	燃料气带液的故障处理方法	X	
					009	调节阀的常见故障处理方法	Y	
					010	蒸汽加热炉火焰脱火的处理	X	
					011	运行机泵循环冷却水的支管堵塞故障处理	Z	
					012	苯中毒事故的处理要点	X	
					013	NSI中毒事故的处理要点	X	
					014	蒸汽加热炉温度上不去的处理方法	X	
					015	乙苯/苯乙烯精馏塔冷凝器水位不断缓慢上升的处理方法	X	
					016	蒸汽灭火操作要点	X	
					017	联锁动作后电磁阀打开的条件	Y	
					018	可燃气体报警后的处理方法	Y	
					019	苯塔发生冲塔事故的处理要点	X	
					020	多乙苯塔顶泵压力不足的处理办法	X	
					021	水冷却器泄漏的处理方法	X	
					022	乙苯进料中断时的处理方法	X	
					023	常压塔放空系统压力高的处理方法	X	

行为领域	鉴定范围（一级）	代码	鉴定范围（二级）	鉴定比重	代码	鉴定点	重要程度	备注
专业知识 B 89% （144：32：27）	事故判断与处理 C	B	处理事故 （23：04：02）	14%	024	系统发生蒸汽中断时的处理方法	X	
					025	工艺凝液汽提塔顶温偏低处理方法	X	
					026	脱氢反应器入口温度高联锁后如何处理方法	X	
					027	蒸汽加热炉炉管结焦的处理方法	Y	
					028	消防水炮的使用方法	X	
					029	蒸汽灭火的原理	Z	
	绘图与计算 D	A	绘图 （04：01：00）	2%	001	简单工艺流程图符号的识别	X	
					002	设备图的识别	X	
					003	仪表串级调节控制方框图的识别	Y	
					004	绘制简单的工艺流程图	X	
					005	简单升温曲线图的识别	X	
		B	计算 （06：03：05）	2%	001	表压、绝对压力、真空度与大气压间的关系	X	
					002	负荷率的概念	Z	
					003	开工率的概念	Z	
					004	苯乙烯装置物耗的概念	X	
					005	扬程的计算	Z	
					006	轴功率的计算	Z	
					007	传热效率的计算	Z	
					008	过剩空气系数的计算	Y	
					009	热负荷的计算	Y	
					010	根据组成计算乙苯脱氢收率	X	
					011	根据组成计算乙苯脱氢水比	X	
					012	根据组成计算乙苯脱氢转化率	X	
					013	根据组成计算乙苯脱氢选择性	X	
					014	根据组成塔顶、塔釜采出量的计算	Y	
相关知识（液相分子筛） C 4% （16：05：01）	工艺操作 A	A	工艺操作 （16：05：01）	4%	001	烷基化反应催化剂的作用	Y	
					002	烷基转移反应催化剂的作用	Y	
					003	烷基化反应投乙烯注意事项	X	
					004	烷基化反应苯循环注意事项	X	
					005	烷基转移反应苯循环的注意事项	X	
					006	烷基化反应冷苯充填方法	X	
					007	烷基化热苯循环升温方法	X	
					008	烷基转移反应冷苯充填方法	X	

续表

行为领域	鉴定范围（一级）	代码	鉴定范围（二级）	鉴定比重	代码	鉴定点	重要程度	备注
相关知识（液相分子筛）C 4%（16：05：01）	工艺操作 A	A	工艺操作（16：05：01）	4%	009	烷基转移热苯循环升温方法	X	
					010	烷基化催化剂到期的处置方法	Z	
					011	烷基化投乙烯的温度条件	X	
					012	烷基化反应仪表控制系统	X	
					013	烷基化反应联锁控制系统	X	
					014	烷基转移反应仪表控制系统	Y	
					015	烷基转移反应联锁控制系统	Y	
					016	压力对烷基化反应的影响	X	
					017	苯烯比对烷基化反应的影响	X	
					018	烷基化反应冷却器在正常状态下的作用	Y	
					019	烷基化反应提温时注意事项	X	
					020	烷基转移反应提温时注意事项	X	
					021	烷基化反应器正常停车注意事项	X	
					022	烷基转移反应正常停车注意事项	X	

注：X—核心要素；Y—一般要素；Z—辅助要素。

附录5　中级工操作技能鉴定要素细目表

行业:石油天然气　　　　工种:苯乙烯装置操作工　　　　等级:中级工　　　　鉴定方式:操作教程

行为领域	鉴定范围（一级）	代码	鉴定范围（二级）	鉴定比重	代码	鉴定点	重要程度	备注
操作技能 A 100% (59：00：00)	工艺操作 A	A	开车准备 (07：00：00)	10%	001	乙苯/苯乙烯分离塔氮气置换的操作	X	
					002	脱氢反应系统氮气置换的操作	X	
					003	加热炉点炉条件的确认	X	
					004	换热器开车前的确认	X	
					005	装置开工引蒸汽的操作	X	
					006	装置引循环水的操作	X	
					007	高压蒸汽管线吹扫的操作	X	
		B	开车操作 (07：00：00)	10%	001	乙苯脱氢反应系统氮气循环的建立	X	
					002	阻聚剂打入乙苯/苯乙烯分离塔的操作	X	
					003	乙苯精馏系统烃化液循环的建立	X	
					004	残油洗涤系统残油循环的建立	X	
					005	工艺凝液汽提塔的开车操作	X	
					006	废热锅炉蒸汽并网的操作	X	
					007	苯乙烯精馏塔再沸器的投用	X	
		C	正常操作 (11：00：00)	12%	001	加热炉的日常巡检	X	
					002	压缩机的日常巡检	X	
					003	罐区的日常巡检	X	
					004	DCS 系统基本操作	X	
					005	DCS 操作参数的调出	X	
					006	加热炉炉膛温度的调节	X	
					007	加热炉氧含量的调节	X	
					008	烷基化反应系统开车	X	
					009	烷基转移反应系统开车	X	
					010	烷基化反应系统停车	X	
					011	烷基转移反应系统停车	X	
		D	停车操作 (05：00：00)	8%	001	废热锅炉蒸汽脱网的操作	X	
					002	乙苯/苯乙烯分离塔蒸煮的操作	X	
					003	乙苯/苯乙烯分离塔置换的操作	X	
					004	压缩机切换的操作	X	
					005	停加热炉的操作	X	

行为领域	鉴定范围（一级）	代码	鉴定范围（二级）	鉴定比重	代码	鉴定点	重要程度	备注
操作技能 A 100% (59：00：00)	设备使用与维护 B	A	使用设备 (04：00：00)	12%	001	屏蔽泵的投用	X	
					002	离心泵的正常停泵	X	
					003	离心泵备用的操作条件	X	
					004	离心泵的切换操作	X	
		B	维护设备 (04：00：00)	13%	001	离心泵切出检修的操作	X	
					002	更换阀门的操作	X	
					003	清理泵入口过滤网的操作	X	
					004	加法兰垫片的操作	X	
	事故判断与处理 C	A	判断事故 (07：00：00)	14%	001	脱氢反应器泄漏的判断	X	
					002	正压罐泄漏的判断	X	
					003	换热器泄漏的判断	X	
					004	淹塔的事故判断	X	
					005	压缩机组润滑油温度高的判断	X	
					006	苯乙烯产品纯度不合格原因的判断	X	
					007	离心泵振动值增大的故障判断	X	
		B	处理事故 (11：00：00)	16%	001	加热炉联锁事故的处理	X	
					002	中低压凝液中断事故的处理	X	
					003	苯乙烯产品含乙苯高的处理	X	
					004	装置停原料突发事故的处理	X	
					005	装置停燃料突发事故的处理	X	
					006	反应器温度异常的处理	X	
					007	换热器内漏的处理	X	
					008	气体中毒的现场抢救	X	
					009	使用蒸汽灭火的操作	X	
					010	废热锅炉干锅的处理	X	
					011	回流中断的处理	X	
	绘图与计算 D	C	绘图 (03：00：00)	5%	001	绘制苯塔塔顶压力控制流程图	X	
					002	绘制乙苯/苯乙烯分离塔塔釜采出至苯乙烯精馏塔流程图	X	
					003	绘制乙苯/苯乙烯分离塔塔顶采出至脱氢液罐流程图	X	

注：X—核心要素；Y——一般要素；Z—辅助要素。

附录6　高级工理论知识鉴定要素细目表

行业：石油天然气　　　工种：苯乙烯装置操作工　　　等级：高级工　　　鉴定方式：理论知识

行为领域	鉴定范围（一级）	代码	鉴定范围（二级）	鉴定比重	代码	鉴定点	重要程度	备注
基础知识 A 8% （28：02：00）	基本要求 B	C	单元操作基础知识 （13：00：00）	3%	001	饱和蒸汽的概念	X	
					002	流体静力学基本方程	X	
					003	传热的基本原理	X	
					004	换热器中折流挡板的作用	X	
					005	换热器操作的基本原则	X	
					006	热管式换热器的特点	X	
					007	列管式换热器的特点	X	
					008	过热蒸汽的概念	X	
					009	精馏的概念	X	
					010	回流比的概念	X	
					011	精馏段的概念	X	
					012	提馏段的概念	X	
					013	全回流的概念	X	
		D	机械与设备基础知识 （02：00：00）	1%	001	浮阀塔的主要结构	X	
					002	填料塔的结构	X	
		F	仪表基础知识 （01：00：00）	1%	001	气动执行器的组成	Y	
					002	气动执行器的分类	Y	
					003	简单控制回路组成	X	
		I	安全环保基础知识 （12：02：00）	3%	001	石化行业安全检查的内容	X	
					002	尘毒物质危害人体的主要因素	X	
					003	化工污染的控制方法	X	
					004	高毒物品的防护方法	X	
					005	灭火的机理	X	
					006	高处作业的安全程序	X	
					007	施工作业的安全程序	X	
					008	用火作业的安全程序	X	
					009	临时用电的安全程序	X	
					010	防冻防凝的知识	X	
					011	废水治理的常识	X	
					012	废气治理的常识	Y	

续表

行为领域	鉴定范围（一级）	代码	鉴定范围（二级）	鉴定比重	代码	鉴定点	重要程度	备注
基础知识 A 8% （28：02：00）	基本要求 B	I	安全环保基础知识 3% （12：02：00）		013	废渣处理的常识	Y	
					014	爆炸极限的概念	X	
专业知识 B 88% （126：38：11）	工艺操作 A	A	开车准备 （11：04：02）	4%	001	烘炉的目的	X	
					002	三剂装填的目的	Z	
					003	单机试车的目的	Y	JD
					004	仪表校验的方法	Y	
					005	安全阀定压的目的	X	JD
					006	储罐容积标定的要求	Y	
					007	装置引蒸汽的注意事项	X	
					008	装置从界区外引循环水时的注意事项	X	
					009	装置从界区外引燃料气时的注意事项	X	
					010	开工前设备的吹洗	X	
					011	开工前设备的水压试验	X	JD
					012	苯乙烯装置阻聚剂的作用	X	JD
					013	蒸汽加热炉点火的安全要求	X	JD
					014	催化剂活化原理	Z	JD
					015	苯乙烯装置冷冻水的作用	X	
					016	装置水联运试车方案	Y	JD
					017	装置进油前应具备的条件	X	JD
		B	开车操作 （09：03：00）	10%	001	点火嘴时的注意事项	X	
					002	蒸汽过热炉燃烧的影响因素	X	JD
					003	乙苯脱氢反应蒸汽开车注意事项	X	
					004	苯乙烯装置阻聚剂的作用	Y	
					005	乙苯脱氢反应出料注缓蚀剂的作用	Y	
					006	乙苯脱氢反应主要影响因素	X	JD
					007	防止催化剂结焦的方法	X	JD
					008	空速大小对反应的影响	X	
					009	温度高低对乙苯脱氢反应的影响	X	JD
					010	开车操作时各机泵开启的先后顺序的确定	Y	
					011	乙苯脱氢水比大小的影响	X	
					012	乙苯脱氢反应压力高低对反应的影响	X	JD
		C	正常操作 （13：07：00）	15%	001	苯塔塔顶乙苯含量高的调节方法	X	
					002	乙苯/苯乙烯塔塔顶苯乙烯含量的控制方法	X	JD

行为领域	鉴定范围（一级）	代码	鉴定范围（二级）	鉴定比重	代码	鉴定点	重要程度	备注
专业知识B88%（126：38：11）	工艺操作A	C	正常操作（13：07：00）	15%	003	乙苯脱氢反应的主要操作和设计变量	Y	
					004	不合格品的处理方法	X	JD
					005	调节加热炉炉膛负压时的注意事项	X	
					006	判断蒸汽过热炉燃烧是否处于正常状态的方法	X	JD
					007	调节阀阀门定位器的作用	Y	JD
					008	烟道气中氧含量对蒸汽过热炉操作的影响	X	JD
					009	乙苯脱氢催化剂烧焦的目的	X	JD
					010	压缩机备用油泵开关打在何处	X	JD
					011	水污染的危害	Y	JD
					012	催化剂中毒的危害	Y	JD
					013	蒸汽加热炉管内积有凝液的危害	X	JD
					014	乙苯脱氢反应进料中二乙苯的危害	X	JD
					015	投用废热锅炉时的注意事项	X	JD
					016	油嘴清理后的检查内容	Y	
					017	尾气压缩机机组油温控制方案	X	
					018	尾气压缩机机组油压控制方案	X	
					019	尾气压缩机自身联锁的功能	Y	
					020	尾气压缩机油系统联锁后确认条件	Y	JD
		D	停车操作（12：01：01）	8%	001	乙苯脱氢反应器催化剂层进水的处理方法	X	JD，JS
					002	蒸汽加热炉临时停车的检查内容	X	JD
					003	汽轮机系统临时停车的操作要点	X	JD
					004	停空冷风机注意事项	X	JD
					005	尾气压缩机的停车注意事项	X	JD
					006	蒸汽加热炉的停车注意事项	X	JD
					007	废热锅炉冲洗的目的	X	JD
					008	卸乙苯脱氢反应催化剂停车注意事项	X	JD
					009	真空系统停车注意事项	X	JD，JS
					010	换热器管壁污垢清扫方法	X	JD
					011	置换物料并完成吹扫工作	X	JD
					012	装置临时停车的程序	X	JD，JS
					013	反应器卸出催化剂的内部检查	Z	JD
					014	工艺凝液处理的目的	Y	JD，JS

行为领域	鉴定范围（一级）	代码	鉴定范围（二级）	鉴定比重	代码	鉴定点	重要程度	备注
专业知识B 88%（126∶38∶11）	设备使用与维护B	A	使用设备（23∶09∶03）	11%	001	压缩机的定义	Y	
					002	压缩机型号的含义	Z	
					003	压缩机排气量的含义	Y	
					004	压缩机压缩气体的工作过程	X	
					005	空冷风机使用注意事项	X	
					006	压缩机停车的注意事项	X	JD
					007	气液分离罐上部金属网的作用	X	
					008	尾气压缩机轴密封的特点	X	
					009	汽轮机启动前低速暖机的目的	X	
					010	往复压缩机的工作原理	X	
					011	决定加热炉大小的因素	Z	
					012	影响加热炉热效率的因素	X	JD
					013	清扫换热器管壁污垢的目的	X	
					014	尾气压缩机透平的轴封型式	Y	
					015	压缩机启动时的注意事项	X	
					016	压缩机运转中的注意事项	X	JD
					017	加热炉的主要工艺指标	Y	JD
					018	影响压缩机排气温度的因素	X	JD
					019	汽轮机的基本结构	Y	JD
					020	汽轮机临界转速的概念	Z	JD
					021	离心泵的能量损失	Y	
					022	往复式压缩机启动前应检查的内容	X	JD
					023	压缩机润滑系统的作用	X	
					024	屏蔽泵的易损件包括的内容	X	
					025	加热炉操作好坏的判断标准	X	JD
					026	压缩机入口压力的控制方法	X	JD
					027	尾气压缩机轴位移、振动的控制值	X	
					028	活塞式压缩机的调节排气量的方法	X	
					029	影响活塞式压缩机排气压力高低的因素	X	JD
					030	烟气氧含量高低对加热炉的影响	X	JD
					031	离心泵的气缚	X	JD
					032	离心泵的汽蚀	X	JD
					033	质量流量计的测量原理	Y	
					034	孔板流量计的测量原理	Y	
					035	转子流量计的测量原理	Y	

行为领域	鉴定范围（一级）	代码	鉴定范围（二级）	鉴定比重	代码	鉴定点	重要程度	备注
专业知识B 88% (126∶38∶11)	设备使用与维护B	B	维护设备（08∶03∶00）	6%	001	压缩机的完好标准	Y	JD
					002	压缩机的验收标准	X	JD
					003	压缩机的日常维护	X	JD
					004	加热炉的日常维护	X	JD
					005	压缩机的三级保养	X	
					006	对润滑油的品质要求	X	JD
					007	蒸汽加热炉正常操作时需要检查的项目	X	JD
					008	尾气压缩机润滑油系统各点压力的控制方法	X	JD
					009	离心泵完好标准	Y	JD
					010	离心泵检修后的验收标准	X	JD
					011	压缩机各级之间设置中间冷却器的原因	Y	JD
	事故判断与处理C	A	判断事故（22∶03∶00）	14%	001	装置停原料的原因	Y	JD
					002	装置停燃料的原因	Y	JD
					003	DCS 操作系统故障的原因	Y	
					004	产品苯乙烯中含水量高的原因	X	JD
					005	阻聚剂进料量中断事故的原因	X	JD
					006	聚合物堵塞设备管线事故的原因	X	
					007	产品苯乙烯中阻聚剂量与设定值不符的原因	X	JD
					008	汽轮机润滑油带水乳化判断	X	JD
					009	蒸气过热炉烟道温度高的原因	X	JD
					010	系统压力波动对催化剂的影响	X	JD
					011	乙苯脱氢催化剂失活的原因	X	JD
					012	蒸汽加热炉火焰燃烧不正常的原因	X	JD
					013	苯乙烯精馏塔再沸器停止蒸发的原因	X	JD
					014	安全阀不到起跳压力就起跳的原因	X	JD
					015	蒸汽加热炉温度上不去的原因	X	JD
					016	加热炉对流段防爆门或观察孔处形成正压的原因	X	JD
					017	压缩机排气温度太高的原因	X	JD
					018	尾气压缩机轴承温度高的原因	X	
					019	控制压缩机的排气温度的原因	X	JD
					020	活塞式压缩机运行中油压下降的原因	X	JD

续表

行为领域	鉴定范围（一级）	代码	鉴定范围（二级）	鉴定比重	代码	鉴定点	重要程度	备注
专业知识 B 88% (126：38：11)	事故判断与处理 C	A	判断事故 (22：03：00)	14%	021	压缩机冷却水系统排放温度太高的原因	X	
					022	乙烯压缩机中间冷却器的压力低于正常压力的原因	X	JD
					023	循环水冷却器泄漏的判断方法	X	JD
					024	换热器壳程泄漏的判断方法	X	JD
					025	换热器管程泄漏的判断方法	X	
		B	处理事故 (21：03：02)	16%	001	苯泄漏处理方法	X	JD
					002	FSC（ESD）故障处理方法	Y	JD
					003	中间罐区着火处理方法	X	JD
					004	产品质量事故的四不放过原则	Z	JD
					005	蒸汽带油事故的处理方法	X	JD
					006	氮气带水事故的处理方法	X	JD
					007	蒸汽带液事故的处理方法	X	JD
					008	联锁误动作引起事故的处理方法	X	
					009	短暂脱盐水中断的处理方法	X	JD
					010	仪表故障引起事故的处理方法	Y	
					011	乙苯脱氢单元后系统发生聚合事故的处理方法	X	
					012	紧急停蒸汽过热炉的处理方法	X	JD
					013	紧急停乙烯压缩机的处理方法	X	JD
					014	紧急停尾气压缩机的处理方法	X	JD
					015	雷击天气装置巡检注意点	Y	
					016	乙苯回收塔发生液泛的处理方法	X	
					017	装置停电突发事故的处理方法	X	JD
					018	装置停原料突发事故的处理方法	X	JD
					019	装置停蒸汽突发事故的处理方法	X	JD
					020	装置停燃料突发事故的处理方法	X	JD
					021	装置停循环水突发事故的处理方法	X	
					022	装置停仪表风的突发事故的处理方法	X	JD
					023	膨胀节发生泄漏处理方法	X	JD
					024	蒸汽过热炉氧含量突然下降的处理方法	X	JD
					025	机械密封泄漏的处理方法	X	JD
					026	心肺复苏的方法	Z	JD

行为领域	鉴定范围（一级）	代码	鉴定范围（二级）	鉴定比重	代码	鉴定点	重要程度	备注
专业知识 B 88% (126：38：11)	绘图与计算 D	A	绘图（03：02：00）	2%	001	复杂工艺流程图符号的识别	Y	
					002	绘制工艺配管单线图的要求	X	
					003	根据图例判断设备运行状况	X	
					004	简单设备结构图的绘制与识别	X	JD
					005	复杂升温曲线图的识别	Y	
		B	计算（04：03：03）	2%	001	能耗的概念	Y	JD，JS
					002	压缩比的计算	Z	JS
					003	单塔物料平衡的计算	X	JD，JS
					004	负荷率的计算	X	JS
					005	开工率的计算	Z	JS
					006	苯乙烯装置物耗的计算	X	JS
					007	苯乙烯精馏提取率的计算	Y	JS
					008	装置副产蒸汽能力计算	Y	JS
					009	换热器平均温差的计算	X	JS
					010	换热面积的计算	Z	JS
相关知识（液相分子筛）C 4% (14：05：00)	工艺操作 A	A	工艺操作（14：05：00）	4%	001	烷基化反应丙苯的产生机理	Y	
					002	烷基化反应丁苯的产生机理	Y	
					003	烷基转移反应影响因素	X	JD
					004	烷基化反应的影响因素	X	JD
					005	烷基化液循环的重要性	X	JD
					006	温度高低对烷基化反应的影响	X	JD
					007	温度高低对烷基转移反应的影响	X	
					008	烷基化反应器关键控制点	X	JD
					009	在烷基化反应中保持过量苯的目的	X	JD
					010	烷基化反应器入口温度高的调节方法	X	JD
					011	烷基转移反应转化率下降的调节方法	X	
					012	烷基化反应器水含量高的调节方法	X	
					013	二苯乙烷对烷基转移反应的影响	X	JD
					014	二苯乙烷的生成机理	Y	
					015	烷基化反应出口温度高的原因	X	JD
					016	烷基化反应催化剂失活的原因	X	JD
					017	烷基转移反应催化剂失活的原因	X	
					018	烷基转移反应催化剂再生判断依据	Y	JD
					019	烷基化反应器催化剂再生判断依据	Y	JD

注：X—核心要素；Y—一般要素；Z—辅助要素。

附录7　高级工操作技能鉴定要素细目表

行业:石油天然气　　　　工种:苯乙烯装置操作工　　　　等级:高级工　　　　鉴定方式:操作技能

行为领域	鉴定范围（一级）	代码	鉴定范围（二级）	鉴定比重	代码	鉴定点	重要程度	备注
操作技能 A 100% (45:00:00)	工艺操作 A	A	开车准备 (04:00:00)	5%	001	装置引入燃料气的操作	X	
					002	压缩机组联锁系统投用的确认	X	
					003	脱氢反应系统气密的操作	X	
					004	乙苯/苯乙烯分离塔气密的操作	X	
		B	开车操作 (04:00:00)	5%	001	建立苯塔全回流的操作	X	
					002	脱氢反应系统蒸汽开车的建立	X	
					003	苯乙烯精馏系统脱氢液循环的建立	X	
					004	加热炉烘炉的操作	X	
		C	正常操作 (10:00:00)	12%	001	根据分析结果调整乙苯/苯乙烯分离塔的操作	X	
					002	苯乙烯精馏塔压力波动的调节	X	
					003	DCS操作趋势画面的调出	X	
					004	调节阀进行手自动切换的操作	X	
					005	压缩机组润滑油温度调节的操作	X	
					006	空冷器温度调节的操作	X	
					007	烷基化反应系统气密操作	X	
					008	烷基转移反应系统气密操作	X	
					009	烷基化反应系统停蒸汽操作	X	
					010	烷基化催化剂卸出前的处理操作	X	
		D	停车操作 (04:00:00)	8%	001	苯塔的停车操作	X	
					002	脱氢反应系统的降温操作	X	
					003	乙苯/苯乙烯分离塔的减负荷操作	X	
					004	装置检修时抽堵盲板的操作	X	
	设备使用与维护 B	A	使用设备 (03:00:00)	7%	001	高速泵的投用	X	
					002	更换高速泵润滑油的操作	X	
					003	换热器的切换操作	X	
		B	维护设备 (04:00:00)	8%	001	油过滤器的切换操作	X	
					002	压缩机油冷器的切换	X	
					003	离心泵检修后的验收调试	X	
					004	大修后炉的验收	X	

续表

行为领域	鉴定范围（一级）	代码	鉴定范围（二级）	鉴定比重	代码	鉴定点	重要程度	备注
操作技能 A 100% (45：00：00)	事故判断与处理 C	A	判断事故 (06：00：00)	20%	001	脱氢反应系统压力异常原因的判断	X	
					002	精馏塔顶压力异常原因的判断	X	
					003	透平蒸汽带水事故的判断	X	
					004	仪表故障的判断	X	
					005	冷换设备故障的判断	X	
					006	加热炉故障的判断	X	
		B	处理事故 (08：00：00)	25%	001	装置停水故障的处理	X	
					002	装置长时间停电故障的处理	X	
					003	装置停氮气故障的处理	X	
					004	装置停蒸汽故障的处理	X	
					005	装置停仪表风故障的处理	X	
					006	装置物料管线泄漏事故的处理	X	
					007	尾气压缩机联锁停车的处理	X	
					008	淹塔事故的处理	X	
	绘图与计算 D	A	绘图 (02：00：00)	10%	001	绘制乙苯塔 PID 流程图	X	
					002	绘制苯乙烯精馏塔 PID 流程图	X	

注：X—核心要素；Y——般要素；Z—辅助要素。

附录8 技师、高级技师理论知识鉴定要素细目表

行业:石油天然气　　　工种:苯乙烯装置操作工　　　等级:技师　　　鉴定方式:理论知识

行为领域	鉴定范围(一级)	代码	鉴定范围(二级)	鉴定比重	代码	鉴定点	重要程度	备注
基础知识 A 9% (53:24:08)	基本要求 B	C	单元操作基础知识 (20:02:00)	3%	001	离心泵的选型	X	
					002	精馏原理	X	JD
					003	稳定流动下物料衡算	X	
					004	稳定流动下能量衡算	X	
					005	往复式压缩机送气量的调节方法	X	JD
					006	离心式压缩机常用的气量调节方法	X	
					007	压缩过程的分类	X	
					008	轻关键组分的概念	X	
					009	重关键组分的概念	X	
					010	最小回流比的概念	X	
					011	连续精馏塔理论塔板数的确定	X	
					012	连续精馏的热量衡算	X	
					013	进料状况对精馏塔操作的影响	X	
					014	回流比对精馏塔操作的影响	X	
					015	塔顶产品采出量对精馏塔操作的影响	X	
					016	塔釜产品采出量对精馏塔操作的影响	X	
					017	操作压力对精馏塔操作的影响	X	
					018	填料的主要性能参数	X	
					019	填料的种类	X	
					020	泡点与露点	Y	
					021	稳定传热过程中逆流传热、并流传热	Y	
					022	精馏塔的物料衡算	X	
		D	机械与设备基础知识 (11:04:01)	2%	001	化工设备选材原则	Z	JD
					002	压力容器的检验程序	Y	
					003	延长加热炉使用寿命的措施	Y	
					004	机械密封失效的原因	X	JD
					005	换热器更换方案的主要内容	Y	
					006	板式塔检修方案的主要内容	X	
					007	填料塔检修方案的主要内容	Y	
					008	离心式压缩机检修方案的主要内容	X	

行为领域	鉴定范围（一级）	代码	鉴定范围（二级）	鉴定比重	代码	鉴定点	重要程度	备注
基础知识 A 9% （53：24：08）	基本要求 B		机械与设备基础知识 （11：04：01）	2%	009	往复式压缩机检修方案的主要内容	X	JD
		D			010	填料塔的验收标准	X	
					011	板式塔的验收标准	X	
					012	换热器的验收标准	X	
					013	离心式压缩机大修后的试车程序	X	JD
					014	影响离心式压缩机使用寿命的因素	X	
					015	机械设备的润滑标准	X	JD
					016	设备完好标准	X	JD
		F	仪表基础知识 （02：05：02）	1%	001	PLC 基本概念	Y	
					002	DCS 的基本构成	X	
					003	DCS 的显示操作画面知识	X	
					004	选择性控制系统	Y	
					005	串级控制系统	Y	
					006	分程控制系统	Y	
					007	比值控制系统	Y	
					008	串级控制系统的特点	Z	JD
					009	串级控制系统的应用场合	Z	JD
		I	安全环保基础知识 （17：07：05）	2%	001	预防静电的方法	X	
					002	电动机运行的主要参数	X	
					003	静电的危害	X	
					004	触电人员的救护	X	
					005	产生静电的原因	X	
					006	有限空间作业的要求	X	
					007	电动机运行监视的内容	X	
					008	常用防火防爆电气设备的操作	X	
					009	常用防火防爆电气设备使用的注意事项	X	
					010	临时用电的注意事项	X	
					011	化工生产对电器的安全防爆要求	X	
					012	防触电知识	X	
					013	装置电器设备灭火常识	X	
					014	心肺复苏的现场抢救要点	X	
					015	防噪声的技术措施	Z	
					016	防噪声的管理措施	Z	
					017	防火防爆的技术措施	X	
					018	常见危险化学品的火灾扑救方法	X	

行为领域	鉴定范围（一级）	代码	鉴定范围（二级）	鉴定比重	代码	鉴定点	重要程度	备注
基础知识 A 9% （53：24：08）	基本要求 B	I	安全环保基础知识 （17：07：05）	2%	019	石化行业污染的途径	Y	
					020	石化行业污染的特点	Y	
					021	HSE 审核的目的	Y	
					022	清洁生产的内容	Y	
					023	石化行业污染的来源	X	
					024	HSE 事故的定义	Z	
					025	HSE 管理体系的概念	Y	
					026	建立 HSE 管理体系的意义	Y	
					027	HSE 审核的概念	Z	
					028	清洁生产的定义	Y	
					029	防尘防毒的技术与管理措施	Z	
	管理与培训 C	A	管理培训 （03：06：00）	1%	001	班组管理的基本概念	Y	
					002	班组的成本核算	Y	
					003	班组管理的基本要求	X	JD
					004	班组管理基本内容	Y	
					005	生产管理理念	X	
					006	设备管理理念	Y	
					007	现场管理理念	Y	
					008	工艺管理理念	Y	
					009	培训教学常用的方法	X	
专业知识 B 84% （87：21：07）	工艺操作 A	A	开车准备 （08：01：03）	6%	001	水汽联运的目的	X	JD
					002	换热器预膜的目的	X	JD
					003	投料试车方案	X	JD
					004	大型关键机组的定义	X	JD
					005	编制总体试车方案的原则	X	JD
					006	编制开车网络进度图的目的	Y	JD
					007	拆加盲板位置应符合系统开车的要求	X	
					008	分子筛催化剂的作用原理	X	
					009	国内乙苯脱氢生产技术概况	Z	
					010	设备的调试与验收	X	
					011	国内苯乙烯装置生产技术概况	Z	
					012	国内乙苯生产技术概况	Z	
		B	开车操作 （11：03：00）	7%	001	建立燃料油炉前压力时的注意事项	X	JD
					002	乙苯脱氢反应氮气改蒸汽升温的注意事项	X	
					003	避免反应器飞温控制方法	X	JD

行为领域	鉴定范围（一级）	代码	鉴定范围（二级）	鉴定比重	代码	鉴定点	重要程度	备注
专业知识 B 84% (87：21：07)	工艺操作 A	B	开车操作 (11：03：00)	7%	004	提高加热炉效率的途径	X	JD
					005	开车条件确认的内容	X	
					006	蒸汽加热炉炉管分布形式	Y	
					007	装置开车选择各工艺方案的目的	Y	
					008	装置吹扫要求	X	JD
					009	水冲洗的目的及原则	X	
					010	水冲洗使用的水源	Y	
					011	装置设备管线水压试验的要求	X	JD
					012	装置设备管线气压试验的要求	X	JD
					013	装置开工前引水的注意事项	X	
					014	组织装置开车介质的引入注意事项	X	
		C	正常操作 (08：03：00)	13%	001	使用公用工程的注意事项	Y	JD
					002	防止苯乙烯产品污染的操作要点	X	JD
					003	苯乙烯装置提高负荷时注意事项	X	
					004	延长催化剂使用寿命的操作要点	X	JD
					005	影响装置物耗的主要因素	X	
					006	降低装置能耗的途径	X	JD
					007	冷热系统开车注意事项	X	JD
					008	苯乙烯装置压差测液位仪表的工作原理	Y	JD
					009	联锁保护系统	X	JD
					010	循环水常见的金属腐蚀类型	Y	JD
					011	装置冬季运行时注意事项	X	
		D	停车操作 (07：01：01)	10%	001	拆加盲板注意事项	X	JD
					002	催化剂烧焦注意事项	X	
					003	装置全面停车注意事项	X	JD
					004	蒸汽加热炉降温曲线	X	
					005	停车网络进度图	Z	JD
					006	打开塔设备人孔时的注意事项	X	
					007	方案及工艺指导的编制	X	JD
					008	监护设备检修时的注意事项	Y	
					009	装置局部停车注意事项	X	
	设备使用与维护 B	A	使用设备 (07：03：01)	8%	001	常用金属材料的防腐方法	Y	
					002	往复式压缩机应紧急停车的情况	X	
					003	汽轮机禁止启动的情况	X	JD
					004	提高加热炉热效率的方法	X	JD

行为领域	鉴定范围（一级）	代码	鉴定范围（二级）	鉴定比重	代码	鉴定点	重要程度	备注
专业知识 B 84% （87：21：07）	设备使用与维护 B	A	使用设备 （07：03：01）	8%	005	透平应做超速试验的情况	X	JD
					006	蒸汽加热炉停工后需要检查的项目	X	JD
					007	往复式压缩机运行过程中引起机身振动的原因及处理方法	X	JD
					008	离心泵选型的方法	Y	JD
					009	压缩机多级压缩时级数不能太多的原因	Z	JD
					010	耐火陶瓷纤维使用时的注意事项	X	JD
					011	设备选型的原则	Y	JD
		B	维护设备 （05：02：01）	6%	001	压力容器管理的一般规定	Y	JD
					002	检修计划包含的基本内容	X	JD
					003	蒸汽加热炉检修后的验收标准	X	
					004	压缩机在安装或检修后进行试运转的目的	X	JD
					005	压力管道的使用管理	X	
					006	压力容器的定期检验的分类	Z	
					007	压力容器的定期检验周期	Y	
					008	压力容器检验的内容	X	JD
	事故判断与处理 C	A	判断事故 （21：01：00）	17%	001	脱氢催化剂失活的原因	X	JD
					002	蒸汽加热炉烟道温度高的原因	X	JD
					003	苯乙烯产品色度不合格的原因	X	JD
					004	乙苯回收分离塔系统带水的原因	X	
					005	乙苯/苯乙烯分离塔系统带水的原因	X	
					006	乙苯脱氢反应后系统氧含量高的原因	X	JD
					007	换热器内管破裂的原因	X	
					008	脱氢反应乙苯进料中二乙苯含量高的原因	X	JD
					009	催化剂结焦的故障判断	X	JD
					010	催化剂中毒的故障判断	X	JD
					011	苯/甲苯分离塔冻塔的故障判断	X	JD
					012	苯乙烯精馏真空泵振动大的原因	X	JD
					013	苯乙烯精馏真空泵吸入压力低的原因	X	
					014	精馏塔产品质量突然变化的原因	X	
					015	真空系统的故障分析	X	JD
					016	透平运行中的故障分析	X	JD
					017	压缩机运行中的故障分析	X	
					018	乙苯/苯乙烯精馏分离效果不好，塔顶、釜都不合格的原因	X	JD

行为领域	鉴定范围（一级）	代码	鉴定范围（二级）	鉴定比重	代码	鉴定点	重要程度	备注
专业知识 B 84% （87：21：07）	事故判断与处理 C	A	判断事故 （21：01：00）	17%	019	尾气压缩机喘振的故障分析	X	JD
					020	DCS输入卡件故障的工艺现象	Y	JD
					021	在线分析仪故障的现象	X	JD
					022	乙苯/苯乙烯精馏塔压差增大的原因	X	JD
		B	处理事故 （16：02：00）	14%	001	防汛预案内容	Y	JD
					002	火灾事故的预案内容	X	
					003	重大事故的处理原则	X	JD
					004	正常运行反应器飞温后的处理方法	X	
					005	反应压力控制系统故障处理	X	JD
					006	反应器进口控制温度故障处理	X	JD
					007	减压塔泄漏事故的处理方法	X	JD
					008	负压塔压力抽不下来的处理方法	X	JD
					009	苯乙烯塔塔顶产品出不去的处理方法	X	
					010	废热锅炉液位低联锁的处理方法	X	
					011	蒸汽加热炉引风机故障处理方法	X	JD
					012	反应系统法兰泄漏着火的事故处理方法	X	JD
					013	尾气中氮气量不断上升的处理方法	X	
					014	装置区内的燃料气管道发生大量泄漏的处理方法	X	
					015	换热设备泄漏事故的处理方法	X	
					016	反应器催化剂床层进水的处理方法	X	
					017	透平运转中发生水冲击的处理方法	X	
					018	在线分析仪故障的处理方法	Y	
	绘图与计算 D	A	绘图 （01：02：00）	1%	001	装置设计资料	Y	JD
					002	仪表联锁逻辑方框图的识别	Y	JD
					003	反应器催化剂装填图的绘制	X	
		B	计算 （03：02：01）	2%	001	装置管道的传热计算	Y	JS
					002	板式精馏塔的计算	Y	JS
					003	加热炉热损失的计算	X	JS
					004	蒸汽管道热损失的计算	Z	JS
					005	蒸汽加热炉热效率的计算	X	JD，JS
					006	苯乙烯装置能耗计算	X	JS
相关知识（液相分子筛）C 6% （09：03：01）	工艺操作 A	A	工艺操作 （09：03：01）	6%	001	烷基化反应器床层温升的控制方法	X	JD
					002	乙烯压缩机润滑油压高的原因	Y	
					003	乙烯压缩机润滑油压低的原因	Y	JD

续表

行为领域	鉴定范围（一级）	代码	鉴定范围（二级）	鉴定比重	代码	鉴定点	重要程度	备注
相关知识（液相分子筛）C 6%（09：03：01）	工艺操作 A	A	工艺操作（09：03：01）	6%	004	烷基化反应乙苯选择性低的原因	X	
					005	烷基转移反应多乙苯转化率低的原因	X	JD
					006	烷基化反应器中间出料换热器泄漏判断	X	JD
					007	烷基转移进料换热器泄漏判断	X	
					008	烷基化反应压力控制的重要性	X	JD
					009	乙烯多段进料的原因	X	JD
					010	烷基转移催化剂的性能	X	
					011	烷基化反应器气密的注意事项	X	JD
					012	沸石分子筛的性质	Z	
					013	烷基化催化剂的性能	Y	

注：X—核心要素；Y—一般要素；Z—辅助要素。

附录9　技师操作技能鉴定要素细目表

行业:石油天然气　　　　工种:苯乙烯装置操作工　　　　等级:技师　　　　鉴定方式:操作技能

行为领域	鉴定范围（一级）	代码	鉴定范围（二级）	鉴定比重	代码	鉴定点	重要程度	备注
操作技能 A 100% (38：00：00)	工艺操作 A	A	开车准备 (05：00：00)	8%	001	乙苯/苯乙烯分离塔的气密验收	X	
					002	加热炉烘炉准备工作	X	
					003	压缩机组油系统启动的操作	X	
					004	苯乙烯装置系统开车方案的优化	X	
					005	苯乙烯装置开车前盲板的拆装操作	X	
		B	开车操作 (03：00：00)	5%	001	乙苯/苯乙烯分离塔的开车操作	X	
					002	苯塔的开车操作	X	
					003	残油吸收塔的开车操作	X	
		C	正常操作 (07：00：00)	10%	001	精馏塔在高负荷下应如何调整回流比	X	
					002	乙苯/苯乙烯分离塔进料带水的调节	X	
					003	填写班组经济核算报表的操作	X	
					004	烷基化反应催化剂中毒的判断	X	
					005	烷基转移反应催化剂中毒的判断	X	
					006	催化剂装填的操作	X	
					007	催化剂卸出的操作	X	
		D	停车操作 (04：00：00)	7%	001	乙苯脱氢反应系统停车的操作	X	
					002	乙苯/苯乙烯分离塔停车操作	X	
					003	装置正常停车前的准备工作	X	
					004	正常停车后盲板的拆装操作	X	
	设备使用与维护 B	A	使用设备 (04：00：00)	7%	001	塔类设备检修后的验收操作	X	
					002	机泵基础的验收操作	X	
					003	外径千分尺的使用	X	
					004	压缩机试车	X	
		B	维护设备 (05：00：00)	8%	001	固定管板式换热器检修后的验收	X	
					002	浮头式换热器检修后的验收	X	
					003	压缩机不停机进行润滑油脱水的操作	X	
					004	炉的定期维护和检查	X	
					005	压缩机的日常维护	X	
	事故判断与处理 C	A	判断事故 (03：00：00)	20%	001	组织事故应急预案的演练	X	
					002	脱氢反应催化剂中毒事故的判断	X	

续表

行为领域	鉴定范围（一级）	代码	鉴定范围（二级）	鉴定比重	代码	鉴定点	重要程度	备注
操作技能 A 100% （38：00：00）	事故判断与处理 C	A	判断事故 （03：00：00）	20%	003	压缩机轴承温度高的原因分析	X	
		B	处理事故 （05：00：00）	25%	001	脱氢反应催化剂中毒的处理	X	
					002	DCS 故障的处理	X	
					003	过热炉热效率不足的处理	X	
					004	精馏塔塔顶压力异常的处理	X	
					005	脱氢反应系统压力异常的处理	X	
	绘图与计算 D	A	绘图 （02：00：00）	10%	001	绘制脱氢反应 N_2 循环升温流程图	X	
					002	绘制尾气压缩机停车联锁逻辑图	X	

注：X—核心要素；Y—一般要素；Z—辅助要素。

附录10 高级技师操作技能鉴定要素细目表

行业:石油天然气　　　　工种:苯乙烯装置操作工　　　　等级:高级技师　　　　鉴定方式:操作技能

行为领域	鉴定范围（一级）	代码	鉴定范围（二级）	鉴定比重	代码	鉴定点	重要程度	备注
操作技能 A 100% （30：00：00）	工艺操作 A	A	开车准备 （05：00：00）	15%	001	乙苯脱氢反应系统的气密验收	X	
					002	装置气密置换方案的编制	X	
					003	装置氮气吹扫方案的编制	X	
					004	装置系统干燥方案的编制	X	
					005	苯乙烯装置开车条件的确认	X	
		B	开车操作 （02：00：00）	5%	001	脱氢反应系统的开车操作	X	
					002	苯乙烯装置开车网络计划的优化操作	X	
		C	正常操作 （02：00：00）	5%	001	脱氢反应催化剂运行参数的优化	X	
					002	苯乙烯装置节能降耗的优化操作	X	
		D	停车操作 （03：00：00）	5%	001	脱氢反应催化剂烧焦的操作	X	
					002	装置退料加盲板蒸煮方案的编制	X	
					003	苯乙烯装置停车网络计划的优化操作	X	
	设备使用与维护 B	A	使用设备 （05：00：00）	10%	001	大型往复压缩机机组单机试运的组织	X	
					002	泵单机试运的组织	X	
					003	压缩机运行状况的分析	X	
					004	延长加热炉炉管使用寿命的优化操作	X	
					005	反应器设备运行状况的分析	X	
		B	维护设备 （02：00：00）	5%	001	检修计划的编制	X	
					002	离心泵检修方案的编制	X	
	事故判断与处理 C	A	判断事故 （03：00：00）	23%	001	装置出现严重聚合事故原因的判断	X	
					002	催化剂严重结焦事故原因的判断	X	
					003	压缩机常见故障判断	X	
		B	处理事故 （03：00：00）	22%	001	装置出现严重聚合事故的处理	X	
					002	催化剂严重结焦事故的处理	X	
					003	压缩机润滑油压力低联锁事故的经验总结	X	
	绘图与计算 D	A	绘图 （05：00：00）	10%	001	绘制苯乙烯装置环保三废排放点方框图	X	
					002	绘制苯乙烯装置界区进出物料盲板图	X	
					003	绘制脱氢反应漏入空气联锁停车逻辑图	X	
					004	反应器催化剂装填图的绘制	X	
					005	编写装置检修网络图	X	

注:X—核心要素;Y——般要素;Z—辅助要素。

附录 11　操作技能考核内容层次结构表

项目		技能要求									
		工艺操作				设备使用与维护		事故判断与处理		绘图与计算	
		开车准备	开车操作	正常操作	停车操作	使用设备	维护设备	判断事故	处理事故	绘图	计算
初级	选考方式	选1	选1	选1	选1	选1	选1	选1	选1	选1	选1
	鉴定比重,%	25	25	25	25	20	20	25	25	5	5
	考试时间,min	15~30	15~30	15~30	15~30	15~30	15~30	15~30	15~30	20	20
	考核形式	仿真、模拟或笔试				仿真、模拟或笔试		仿真、模拟或笔试		计算机绘图或笔试	
中级	选考方式	选1	选1	选1	选1	选1	选1	选1	选1	选1	选1
	鉴定比重,%	25	25	25	25	15	15	30	30	5	5
	考试时间,min	15~30	15~30	15~30	15~30	15~30	15~30	15~30	15~30	20	20
	考核形式	仿真、模拟或笔试				仿真、模拟或笔试		仿真、模拟或笔试		计算机绘图或笔试	
高级	选考方式	选1	选1	选1	选1	选1	选1	选2	选2	选1	选1
	鉴定比重,%	15	15	20	20	20	20	40	40	5	5
	考试时间,min	15~30	15~30	15~30	15~30	15~30	15~30	30~60	30~60	30	30
	考核形式	仿真、模拟或笔试				仿真、模拟或笔试		仿真、模拟或笔试		计算机绘图或笔试	
技师	选考方式	选1	选1	选1	选1	选1	选1	选2	选2	选1	选1
	鉴定比重,%	15	15	15	15	15	15	45	45	10	10
	考试时间,min	15~30	15~30	15~30	15~30	15~30	15~30	30~60	30~60	30	30
	考核形式	仿真、模拟或笔试				仿真、模拟或笔试		仿真、模拟或笔试		计算机绘图或笔试	
高级技师	选考方式	选1				选1		选1		选2	
	鉴定比重,%	15				15		15		45	
	考试时间,min	15~30				15~30		15~30		30~60	
	考核形式	仿真、模拟或笔试				仿真、模拟或笔试		仿真、模拟或笔试		计算机绘图或笔试	
否定项		以实际考核项目为准									

说明:考核形式包括仿真、模拟或笔试等多种形式,可以独立使用也可以单独使用。

参 考 文 献

[1] 中石油化工集团公司人事部,中国石油天然气集团公司人事服务中心. 炼油基础知识[M]. 北京:中国石化出版社,2007.

[2] 中石油化工集团公司人事部,中国石油天然气集团公司人事服务中心. 化工化纤基础知识[M]. 北京:中国石化出版社,2007.

[3] 中石油化工集团公司人事部,中国石油天然气集团公司人事服务中心. 石油化工通用基础知识[M]. 北京:中国石化出版社,2010.

[4] 陆士庆. 炼油工艺学[M]. 北京:中国石化出版社,2011.

[5] 张克铮. 化工原理[M]. 北京:石油工业出版社,2014.

[6] 胡建生. 化工制图[M]. 第2版. 北京:化学工业出版社,2018.

[7] 姬忠礼,邓志安,赵会军,等. 泵和压缩机[M]. 北京:石油工业出版社,2008.

[8] 陈凤棉. 压力容器安全技术[M]. 北京:化学工业出版社,2004.

[9] 王艳玲,孟祥福,于翠艳,等. 无机化学[M]. 第2版. 北京:石油工业出版社,2017.

[10] 池秀梅,金玲,等. 有机化学[M]. 第2版. 北京:石油工业出版社,2018.